[개정 3 판]

건물자산관리학총론

김 일 효 저

남두도서

남두(南斗) : 남두육성(南斗六星)

은하의 중심인 사수자리에 있는 국자모양의 여섯 개의 별로서, 인간의 탄생을 결정하는 별로 알려져 있다.

머 리 말

건물자산은 현대생활에 있어서 없어서는 안 될 필수적 재화이자 소중한 대표 실물자산이다. 왜냐하면, 건물자산은 현대인의 삶과 생활과 일의 영위에 있어서 반드시 요구되는 건물의 기능과 공학적 서비스를 제공할 뿐만 아니라 현대인의 삶을 담고 있는 용기이고 생활의 터전이며 일의 기반으로서 사회적 기능과 경제적 역할을 담당하고 있기 때문이다.

특히, 건물은 사용가치와 교환가치를 함께 가지고 있는 재산으로서 인간의 사회생활과 경제생활에 지대한 영향을 주고 있는 유일무이한 자산이기 때문이며 도시의 구성요소로서 사회적 인프라이고 기반이며 개인과 기업의 경제적 수준의 척도로서 국부의 상징이자 얼굴이기 때문이다.

그러므로 건물은 개인과 기업, 단체 및 국가의 귀중한 자산으로서 개인이나 기업단체는 물론 국가마저도 건물자산을 소중하게 관리해야 하며 관리방법 또한 과학적이고 체계적이며 전문적 관리방법을 통하여 가장 경제적 방법으로 안전하게 효율적으로 적합하게 관리하여 시설물의 성능과 기능의 정상적 유지는 물론 건물자산의 경제적 가치의 유지와 극대화에 전략적으로 대응해야 한다.

그러나 유감스럽게도, 시설물의 기능과 성능의 유지관리에는 일정 수준의 기술적 관리가 이루어지고 있으나 건물자산관리의 중심인 경제가치의 관리는 일부 전문가집단을 제외하고는 건물자산 경제관리가 소홀히 취급되고 있어 건물자산의 경제적 가치의 유지 및 극대화에 대한 문제점이 여러 측면에서 나타나고 있다.

건물자산관리학은 이와 같은 건물자산관리의 문제를 학문적 방법으로 개선 또는 해결하여 개인이나 기업단체 및 국가소유의 건물자산의 경제가치를 보존, 유지하거나 극대화시켜 건물자산관리학의 주제인 건물자산 최유효 사용수익화를 실현하기 위하여 태동하였으며 이를 위하여 요구되는 건물자산관리의 이론과 정보 및 원리와 기술 등을 종합적으로 연구하고 체계화하기 위하여《건물자산관리학총론》의 서명으로 2006년에 편찬하였으나 그간의 건물자산관리 관계법의 개정으로 인한 내용 보완의 필요성과 미진한 이론부분을 바로잡고 선진외국의 건물자산관리론 도입이 불가피한데다 교과서 체계의 보완이 요구되는 부분이 있어 신개념의《건물자산관리학총론》개정2판을 출판하게 되었다.

또한 건물자산관리학 태동의 역사가 금년 들어 만 10년의 역사를 맞이함에 따라 다시 한번 건물자산관리학 이론 체계화의 개혁이 요구된 데다가 지난 2009년 2월 13일에 국내 대학 역사상 최초로 건물자산관리학 전공 박사 학위자 1명이 극동대학교 대학원에서 배출됨을 계기로 건물자산관리학의 학문적 수준을 높이고자《건물자산관리학총론》개정3판을 다시 출판하게 되었다.

이 책의 구성은 제Ⅰ편과 제Ⅱ편으로 편성하였으며 제Ⅰ편에 건물자산관리학의 이론적 기초편을 두고 건물자산관리의 기본개념과 건물자산시장과 자산관리업에 대하여 설명하였으며 건물자산관리문제의 대두와 개선의 필요성에서 건물자산관리문제의 대두의 원인과 종류 및 개선의 필요성과 개선의 대안으로 건물자산관리학의 태동과 학문적 과제 및 기본개념 등을 설명하였다. 제Ⅱ편에서는 건물자산관리학의 자산관리실무활동편을 두어 건물자산관리에 필요한 건물자산투자실무활동, AM실무활동, PM실무활동, FM실무활동에 대하여 실무 중심으로 접근함으로써 건물자산관리 영역의 개념을 이해하고 그 관리방법(절차)을 숙지하여 최종적으로 건물자산관리자 스스로 건물자산관리 실무활동을 최유효관리법에 따라 체계적으로 실행하여 양질의 건물자산 경영성과와 관리성과를 합리적으로 도출하도록 이론과 실무를 연계하였다.

이 책은 전술한 바와 같이 개정3판으로서 2006년도 초판에 이어 2007년도 개정2판을 토대로 그간의 건물자산관리학의 내용에다 관계법령의 개정부분을 보완하고 이론상의 오류를 바로잡아 이론체계를 수정하였으며 실무상의 신기술을 도입하여 수용함으로써 건물자산관리학 대표 이론서로서 면모를 갖추는 데 노력하였다.

또한 이 책을 통하여 건물자산관리학 교과체계를 1총론 6각론 13응용분야로 체계화하였으며 향후 전국 유수대학에 설치될 건물자산관리학과 이수 교과목인 전공필수와 전공선택 교과서 준비에 대비하였다.

그러나 이와 같은 노력에도 불구하고 아직도 미진한 부분이 있을 것으로 사료되는바 독자 재현의 이해와 지도편달을 바라면서 계속 연구정진으로 보다 나은 건물자산관리학의 이론체계화가 이룩되도록 노력할 것을 약속드린다. 아무쪼록 이 한 권의 책이 건물자산관리를 연구하거나 학습 또는 실무에 도움되기를 진심으로 희망해 마지않는다.

원고를 탈고하면서, 건물자산관리학의 태동과 학문발전에 크게 기여하여 준 몇 분을 소개하고 감사드리고자 한다.

국내대학 역사상 초유로 건물자산관리학 전공 석·박사 과정을 일반대학원에 신설하여 건물자산관리학 전공 석·박사 학위자를 배출하도록 교육의 장을 마련해 준 극동대학교 총장님과 건물자산관리학 연구의 장인 사단법인 한국건물관리학회 설립을 허가해 준 국토해양부 장관님, 건물자산관리학 전임교수제를 국내 대학 최초로 출범시켜 준 동원대학 총장님 세 분에게 지면으로나마 진심으로 감사의 인사를 드리며 경의를 표하는 바이다. 또한 건물자산관리학의 발전과 전국 대학화를 위하여 건물자산관리학 교과서 편찬에 물심양면으로 도와 준 남두도서 남승우 사장님 그리고 건물관리과를 국내 대학 처음으로 신설하여 건물관리전공 준학사를 배출토록 협력해 준 전북과학대학 총장님 모두에게 고마움을 표하며 건물자산관리학 태동과 발전에 끼친 은공에 대하여 지면으로나마 감사를 드리고 끊임없는 건물자산관리학의 학문연구로 학은에 보답하고자 한다.

특히 건물자산관리학의 학문적 가치를 인정하고 비전을 공유하여 학문태동 시부터 지금까지 건물자산관리학 학사과정과 석·박사 과정에서 건물자산관리학 연구에 동참하고 있는 제자 여러분의 은혜는 죽는 날까지 잊지 못할 은혜로서 마음속에 깊이 간직하고자 한다.

또한 건물자산관리학 교육을 위하여 건물자산관리학 강좌를 개설하고 강의 중에 있는 동원대학의 김원규 교수님, 경민대학의 유병조 교수님, 극동대학의 유한수 교수님 등 여러 분들에게도 감사의 인사를 드린다.

끝으로, 언제나 학문연구에 올인할 수 있도록 인내와 함께 지원을 다하고 있는 가족 모두에게 감사하고, 이 책에 작은 영광이 있다면 내가 믿고 의지하는 하나님께 이 모든 영광을 바친다.

(사)한국건물관리학회 연구실에서
저자 김일효 씀

차 례

제 I 편 ● 건물자산관리학의 이론적 기초

제Ⅱ편 ● 건물자산관리학의 자산관리 실무활동

제 I 편

건물자산관리학의 이론적 기초

건물자산관리학 총론의 구성은 건물자산관리학을 중심으로 건물자산관리의 이론과 실무의 상호조화를 위하여 제1편과 제2편으로 편성하였다.

제 I 편은 건물자산관리 이론 편으로서 건물자산관리학의 이론적 기초의 제목 아래 전체 5개 장을 두고 제1장에서 건물자산관리의 기본개념, 제2장에서 건물자산관리 시장과 건물자산관리업의 제목으로 건물자산시장의 현황과 발달배경과 시장환경의 변화, 건물자산관리업의 현황 및 창업정보 등을 구체적으로 소개하고 있으며 제3장과 제4장 및 제5장을 통하여 건물자산관리 문제의 대두와 개선의 필요성, 건물자산관리학의 이론구조와 이론체계 및 교육방향 등을 이론측면에서 접근하고 있다.

제1장 건물자산관리의 기본개념

제 I 편 제1장에서는 건물자산관리 기본개념의 제목 아래 일곱 개의 절을 두고 건물자산관리학의 건물자산관리개념을 설명하고 건물자산관리업무의 종류와 내용, 건물자산관리의 필요성과 목적, 건물자산관리의 주체와 객체, 수단 등을 소개하고 있으며 건물자산관리 법령체계와 제도 등을 설명함으로써 건물자산관리학의 이론적 기초가 되는 건물자산관리의 기본개념을 소개하고 있다.

- 제1절 건물자산관리학의 건물자산관리개념
- 제2절 관리객체 건물자산
- 제3절 건물자산관리의 필요성과 목적
- 제4절 건물자산관리업무의 종류별 내용과 업무의 흐름
- 제5절 건물자산의 관리주체
- 제6절 건물자산의 관리수단
- 제7절 건물자산관리의 법령체계와 제도

제1절 건물자산관리학의 건물자산관리개념

1. 건물자산관리개념의 정의

개념(Conception)의 사전적 의미는 여러 관념 속에서 공통적 요소를 뽑아 종합하여 얻어진 하나의 보편적 관념을 말하며 어떤 사물의 대강의 의미나 내용을 의미한다. 어떤 사물을 설명하고 이해하기 위해서는 어떤 사물의 개념화가 필요하며 건물자산관리에 있어서도 같은 논리가 적용된다. 그러나 건물자산관리를 개념화하고 정의화하여 하나의 보편적 관념으로 확립한다는 것은 쉽지 않은 지적 작업이라 인식된다.

그리함에도 불구하고 건물자산관리 개념화와 정의화는 건물자산관리학 연구에 있어서 불가피한 연구과제라 할 수 있다.

왜냐하면 건물자산관리학은 건물자산의 관리개념에 대하여 효율적으로 설명할 책무가 있기 때문이며 개념화의 내용에 따라 건물자산관리학의 연구 방향과 내용이 달라질 수 있기 때문이다.

건물자산관리의 개념화를 위해서는 건물자산관리의 업무 내용을 검토할 필요가 있다.

건물자산관리는 경영관리대상 건물자산에 대하여 취득단계, 보유단계, 처분단계 등 전 생애단계에 걸쳐 내부의 자원을 효율적으로 배분활용하고 외부환경의 능동적 극복과 함께 문제의 분석과 전략적 의사결정 및 실행을 통하여 건물자산의 경제적 가치(사용가치와 교환가치)를 보존, 유지, 개량하여 극대화하거나 사용가치와 교환가치의 최대화를 최유효 관리법을 통하여 건물자산 최유효 사용수익화를 실현하고 이를 건물자산관리 이해당사자에게 적절히 제공하여 최유효 경제적, 사회적으로 만족하는 데 요구되는 경영관리활동인 동시에 기술이자 원리라 할 수 있으므로 건물자산관리의 의미는 다음과 같이 개념화할 수 있다.

즉, 건물자산관리개념을 요약하면「건물자산의 전 생애 단계에 걸쳐 전략적 의사 결정과 실행으로 최적 건물 자산의 취득, 효율적 보유와 운영관리, 합리적 처분 등의 건물자산관리 목표와 건물자산가치의 보존, 이용, 개량 및 극대화 그리고 건물자산 최유효 사용수익화에 요구되는 자산경영관리서비스를 가장 경제적 방법으로 안전하게 효율적으로 적합하게 달성하는 데 필요한 경영관리 기술이자 원리인 동시에 활동」이라고 할 수 있다.

한걸음 더 나아가 건물자산의 관리개념을 다시 정의화하면 건물자산관리란「건물자산가치의 보존, 이용, 개량 및 극대화와 건물자산 최유효 사용수익화에 필요한 경영관리서비스 생산을 위한 경영관리기술이자 원리인 동시에 활동」으로 정의할 수 있다.

2. 건물자산관리개념의 내용

전술한 건물자산관리의 개념과 정의의 내용을 보다 구체적으로 이해하기 위해서는 건물자산관리 개념화와 정의화에 공통적 요소를 제공하여 보편적 개념화에 협력하고 있는 각각의 대상에 대하여 살펴봄으로써 구체적으로 이해가 가능하다.

왜냐하면 바람직한 건물자산관리의 효과인 건물자산의 경영성과와 관리성과를 최유효관리법을 활용하여 도출하려면 건물자산관리자는 무엇보다 먼저, 건물자산관리의 개념을 정확히 구체적으로 이해하고 관리방법과 절차를 숙지하여 건물자산관리자 스스로 경영관리활동을 능률적으로 수행해야 하기 때문이다.

따라서 건물자산관리의 개념화와 정의화에 공통적 요소를 제공하고 있는 각각의 대상들을 중심으로 건물자산관리개념을 설명하면 다음과 같다.

첫째, 건물자산관리개념상 자산관리(Asset Management)의 의미는 건물자산에 대한 경영관리(Building Asset Operation and Administration)를 의미한다.

또한 건물자산관리학의 이론이나 건물자산관리실무에서 언급되는 관리(Management)의 개념은 경영개념과 관리의 개념이 복합된 경영・관리개념(Operation and Administration)을 말한다.

뿐만 아니라, 건물자산관리는 건물자산 자체의 구성상 권리(소유권)와 물건의 결합된 것이므로 재산성과 물건성(재화성)의 특성으로 인하여 개별적으로는 관리대상에 따른 경영개념과 관리개념의 접목이 필요하고 통합관리의 경우 통합적 경영 관리개념의 접목과 접근이 불가피하게 요구되고 있다.

예컨대 건물자산의 매입이나 매각의 경우와 같이 경영적 의사결정이 필요한 경우에는 경영개념을 접목하여 자산위험의 최소화와 수익의 극대화를 통하여 경영효과를 최대화하고 취득 건물자산의 보유와 운영관리의 경우에는 관리개념을 접목하여 최소의 비용으로 최대의 관리효용(관리효과)을 창출하여 건물자산의 사용가치를 최대화하고 최유효 건물사용화를 도모하게 된다.

경영개념의 사전적 의미는「이익이 나도록 회사나 사업 따위를 운영하거나 방침 따위를 정하고 연구하여 일을 해나감」등으로 설명하고 있으나 관리의 개념은「어떤 일을 맡아 관할하고 처리하거나 물자나 설비의 이용, 보존, 개량 따위의 일을 맡아 처리하고 종사자인 사람을 통솔하고 감독함」등의 의미로 설명하고 있다.

또한 경영관리의 사전적 의미는「기업경영에서 최대의 이윤을 올릴 수 있도록 각종 업무의 수행 상태를 관리하는 일」로 설명하고 있다.

그러나 경영학 측면과 행정학 측면의 경영개념과 관리의 개념은 사전적 의미의 경영개념과 관리개념과는 다소 상이하며 다음과 같은 의미로 해석하고 있다.

경영이라 함은 조직의 Top Management(경영층)의 고유 업무로서 회사조직의 번영이나 이익 창출에 관계되는 업무 등에 대하여 포괄적이고 정책적이며 거시적 의사결정이나 정책결정 등을 의미하고 계획, 조직화, 지휘, 통제 등의 경영과정을 통하여 수행하는 일로 설명하고 있다.

그러나 관리의 개념은 관리층에 속한 업무로서 경영층이 결정한 경영업무를 관리자가 미시적이고 기계적이며 실천적으로 수행하는 것으로 계획, 조직화, 명령, 조정, 통제 등의 관리과정을 통하여 수행되는 것으로 이해하고 있다. 따라서 자산관리는 경영학의 경영관리의 의미가 아닌 경영 · 관리의 복합개념으로 이해해야 한다.

둘째, 건물자산관리는 건물자산의 전 생애단계에 모두 적용되는 개념이다.

건물자산의 일생은 업무의 흐름이나 차례를 따라 나아가는 과정이나 계단이 있는 바 이를 건물자산의 생애단계(Life Cycle of Building Asset)라 한다.

건물자산의 생애단계는 건물자산 소유자 입장에 건물자산과의 관계 중심으로 설정한 단계로서 이에는 건물자산 취득단계, 보유 및 운영관리 단계 그리고 처분단계 등 3단계가 있으며 건물자산 관리는 건물자산의 전 생애단계 모두에 적용된다. 참고로 건축학 측면의 건물의 생애단계는 기획단계, 설계단계, 시공단계, 유지관리단계, 폐기단계 등 5단계가 있으나, 부동산학의 부동산(건물) 생애단계는 신축단계, 안정단계, 노후단계, 폐물단계 등 4단계로 분류하고 있다.

건물자산의 생애단계별 업무내용과 비용의 정도가 다르며 비중 또한 다르다. 건물자산 관리측면의 생애 단계별 비중은 일반적으로 취득단계 20%, 보유 및 운영관리 단계 70%, 처분단계 10%로 보고 있다.

건물자산의 생애단계는 건물자산 생애주기라고도 하며 생애단계는 건물자체의 기능과 성능 변수와 비용 중심의 지출과 수익 중심의 수입과의 상호구조가 형성된다.

예컨대, 취득단계는 수입<지출의 구조를 띠며 보유 및 운영관리 단계에는 수입>지출의 구조가 되나 처분단계에서는 수입≦지출의 구조 또는 수입≧지출의 구조를 띨 수도 있다. 그러므로 건물자산 관리자는 취득단계를 제외하고 보유 및 운영관리단계, 그리고 처분단계 모두는 수입>지출 구조가 되도록 관리되어야 한다.

결론적으로 건물자산관리는 건물자산의 취득단계에서부터 보유 및 운영관리단계는 물론 처분단계까지 적용된다.

그러나 부동산학의 관리개념은 부동산(건물)의 보유단계에 국한하여 보존, 이용, 개량 중심의 부동산관리개념이므로 건물자산관리학의 자산관리개념과는 매우 상이한 점이 있다.

셋째, 건물자산관리는 전략적 의사 결정과 실행을 통하여 이루어지는 특징을 가지고 있다.

건물자산관리에 있어서 전략적 의사결정과 실행이라 함은 건물자산관리의 목적을 달성하기 위하여 준비, 계획, 실행, 조직 등에 대한 의사 결정과 실행을 의미한다.

다시 말하면, 건물자산관리의 목적을 달성하기 위한 전반적이고도 세부적인 의사결정과 실행을 의미한다.

의사결정(Decision making)은 매매행위 또는 투자행위 등의 직접적 원인이 되는 것을 심리작용을 통하여 결단을 내어 확정함을 의미하며 의사결정의 실행이란 전략적으로 결단을 내어 확정한 의사결정을 실제 활동으로 행하는 것을 의미한다.

건물자산관리에 있어서 전략적 의사 결정과 실행의 중요성은 투자에 있어서 건물자산은 주식과 같이 위험자산에 해당됨으로 사전 준비나 계획, 실행, 조사, 분석 등의 세부적이고도 전반적인 방책 없이는 얻고자 하는 투자 목적을 달성할 수 없을 뿐 아니라 오히려 큰 손실을 입을 수 있기 때문이다.

넷째, 건물자산관리는 최적 건물자산의 조사분석과 취득(Acquisition of the Best Building Asset)으로부터 시작된다.

최적 건물자산의 취득이란 건물자산 취득과정의 핵심가치이자 목표로서 건물자산관리의 성공의 열쇠가 된다. 최적 건물자산이란 건물자산의 취득목적(사용목적, 수익목적, 처분목적)에 합당하거나 효율적 보유와 운영관리 및 전략적 처분이 가능하여 운영수익 최대화와 양도차익 실현이 모두 가능한 건물자산으로서 수익가치와 사용가치 그리고 교환가치 모두를 가지고 있는 건물자산을 의미한다.

최적 건물자산의 취득을 위해서는 Portfolio 분석, Risk 분석, 시장조사 및 조세와 금리 동향분석, 권리분석, 자산실사 및 임대구조 분석 등과 함께 변호사, 법무사, 세무사, 회계사, 중개컨설턴트, 엔지니어 등의 전문가 자문을 거처 경제적, 법률적, 기술적, 행정적, 환경적, 안전적 타당성이 확보될 때 취득 의사결정과 실행이 가장 합리적인 방법으로 신속히 처리되어야 한다.

다섯째, 건물자산관리는 효율적 보유와 운영관리(Effective Maintaining and Operation)를 통하여 건물자산의 사용가치와 수익가치 및 교환가치 모두를 극대화하며 운영수익의 최대화를 도모하는 경제활동이다.

효율적 보유와 운영관리는 건물자산관리 생애과정 중 보유 및 운영관리 과정에서 이루어지는 건물자산관리 업무로서 건물자산 보유단계에 핵심적 가치이자 목표이나 보유 및 운영관리 과정에서는 비용통제와 수입관리로 운영수익 최대화와 최소 비용으로 최대 관리 효용을 창출하여 사용가치를 극대화하여 최유효 건물사용화 목표를 효과적으로 실현하는 단계이다. 또한 보유와 운영관리단계는 건물자산 위험의 최소화와 수익의 극대화(Risk-Min, Return-Max)하는 단계이다.

효율적 보유와 운영관리란 가장 합리적 방법으로 보유하고 운영관리 하는 것으로 가장 경제적 방법으로 안전하게 그리고 효율적으로 운영(Operation)하고 관리(Management)하여 정상적 상태 보존과 운영수익을 극대화하고 사용가치를 높여 건물자산 최유효 사용화와 수익화하는 것을 의미한다. 최유효 건물자산 사용화는 건물자산과 밀접한 관계에 있는 인간으로 하여금 삶의 질을 높이고 생활을 안전하고 편리하게 하며 일의 영위에 있어서 사무 생산성과 업무의 생산성을 높게 나타나도록 지원하며 최유효 건물자산 수익화는 건물자산이해당사자 모두에게 경제적 만족을 제공하게 한다.

보유 및 운영관리의 비중은 전체 건물자산 관리과정의 비중 중 약 70% 이상을 점하고 있으므로 건물자산관리 성공 여부가 보유 및 운영관리 단계에서 결정되는 특징이 있다.

왜냐하면, 수익가치와 사용가치는 보유 및 운영관리 과정에서 주로 창출되거나 결정되기 때문이다.

여섯째, 건물자산관리는 합리적 처분(Reasonable Disposal)을 통하여 종결된다.

합리적 처분(양도)은 건물자산관리 마지막 생애단계에 해당하는 업무로서 합리적 매각으로 양도차익의 실현과 취득목적 및 처분목적의 부합에 핵심적 가치와 목표가 있다.

처분의 방법에는 사실적 처분(교체, 용도변경, 리노베이션 등)과 법률적 처분(양도, 권리의 설정) 등의 방법이 있으며 일반적으로 매매계약에 의하여 양도(법률적 처분)방법으로 주로 처리된다.

건물자산 처분의 비중은 건물자산 전체 생애과정 중 약 10%의 비중을 차지하고 있으나 자산 수익 극대화(High Return)를 도모할 수 있는 마지막 단계이므로 처분과정 또한 매우 중요하게 다루어져야 한다.

일곱째, 건물자산관리는 건물자산가치의 보존, 이용, 개량 및 극대화를 가장 중요한 자산관리 목표로 인식하고 있다.

건물자산의 경제가치(Economic Value of Building Asset)라 함은 사전적 의미로는 건물자산가치의 의의나 중요성을 의미하나 경제학 측면의 가치란 어떤 욕망을 채워주는 정도에 따라 그 물건에 대하여 인정되는 의의로서 사용가치와 교환가치를 의미한다.

건물자산의 사용가치라 함은 사람의 욕망을 채워주는 재화의 효용성을 말하고 어떤 용도에 쓸 만한 수익가치를 의미하며 교환가치란 건물을 사용, 수익하거나 소유권을 이전할 목적으로 화폐를 매개로 소유권을 이전할 때의 가치로서 교환할 때의 상대적 가치인 가격을 의미한다.

건물자산의 경제가치는 전술한 바와 같이 사용가치와 교환가치가 있으며 사용가치를 통하여 인간의 삶과 생활과 일(사무, 생산 등의 업무) 등을 주(住)측면에서 지원하고 교환가치를 통하여 경제활동을 지원하고 있다.

여덟째, 건물자산관리는 건물자산 최유효 사용수익화를 건물자산관리활동 전체의 궁극적 목적으로 설정하고 있으며 따라서 건물자산관리학에서도 건물자산 최유효 사용수익화를 학문의 주제로 상정하고 있다.

건물자산관리에 있어서 건물자산관리의 활동의 목적은 시설관리 측면에서 유지관리비용의 최소화와 관리효용의 극대화 및 재산경영 측면의 자산위험의 최소화와 자산이익의 극대화를 통하여 관리대상 건물자산의 경영가치를 보전하고 극대화하며 최유효 사용수익화(The Best Use and The Highest Return)를 효과적으로 달성하는 데 두고 있다.

따라서, 건물자산관리 목적의 효과적 달성을 위해서는 무엇보다 관리대상 건물자산을 최유효 사용수익화할 필요가 있다. 건물자산 최유효 사용수익화는 관리대상 건물자산을 최고 최선의 사용가치와 교환가치를 가지고 있는 상태로 보전 유지하는 것과 극대화하는 것을 의미하며, 이를 위해서는 고도의 전문성과 경영관리 기술 및 학문적 지원이 요구된다.

건물자산관리자는 건물자산의 사용가치와 교환가치의 최유효화는 보유 및 운영관리 단계에서 주로 이루어짐을 유의하고 참고하여야 한다.

아홉째, 바람직한 건물자산관리 효과는 최유효 관리법(The Highest and The Best Management Method)에 의하여 창출(생산)되고 제공(분배)된다.

건물자산관리 개념의 설명에서 언급되는 요소적 개념과 건물자산관리 실무활동 방법론에는 최유효 관리법이 있다.

최유효 관리법이라 함은 건물자산 관리효과(효용)를 창출(생산)하고 분배, 소비하여 만족하는 데 요구되는 건물자산관리활동 효과는 경영관리활동의 경제화, 안전화, 그리고 효율화에 의하여 창출되어야 하며 건물자산관리활동효과(효용)의 건물자산관리 이해당사자 적합화를 제공하여 고객만족을 제공하는 관리법을 의미한다.

다시 말하면, 건물자산의 경제가치 즉 사용가치와 교환가치의 창출(생산)은 반드시 가장 경제적 방법으로 안전하게 그리고 효율적으로 달성해야 하며 창출된 경제가치는 반드시 건물자산관리 이해당사자인 소유자, 사용자(이용자 포함), 관리자 모두의 요구 목적에 적합해야 하므로 가장 최고 최선의 방법으로 관리활동을 실현하고자 하는 관리방법을 의미한다.

건물자산관리의 최유효 관리방법은 AM이나 PM 및 FM에 모두 적용되는 관리방법으로서 생산된 관리효과가 비경제적 방법으로 위험하게 그리고 비효율적으로 생산, 분배되거나 생산된 관리효과(관리서비스/효용)가 건물자산관리 이해당사자의 일부 또는 전부의 요구목적에 적합하지 않는 관리효과는 더 이상의 건물자산관리효과로서 가치가 저감되거나 상실하게 되는 것으로 인식하고 있다.

따라서 건물자산의 취득과정, 보유 및 운영관리 과정 그리고 처분과정에서 일어나는 관련 업무의 처리에 있어서 반드시 적용해야 할 관리방법이라 할 수 있다.

최유효 관리법의 4요건에는 건물자산관리활동의 경제화, 안전화, 효율화, 그리고 활동효과의 적합화 등이 있으며 건물자산관리활동의 4원칙과 일치하고 있어 건물자산관리활동과 맥을 같이하고 있다.

최유효관리법은 건물자산관리의 경영합리화연구(Business Management Rationalization Study)를 통하여 보다 발전될 수 있으며 발전된 경영관리활동의 합리화를 통하여 운영관리 비용의 최소화와 운영수익 극대화를 달성할 수 있을 뿐 아니라 건물자산의 위험의 최소화와 수익의 극대화에도 이바지할 수 있음은 물론이다.

열번째, 건문자산관리는 건물자산관리 이해당사자(The persons Concorned of Gain and Loss)의 요구 목적에 부합하는 경영관리성과 창출과 제공을 통하여 최유효 만족하도록 하는 데 핵심가치를 두고 있다.

건물자산관리를 중심으로 계약 기타 법률의 규정에 의하여 상호관계를 맺은 가운데 상호 권리 의무관계에 있는 본인과 상대방을 총칭하여 건물자산관리 이해당사자(Persons Concerned of Gain and Loss)라 한다.

일반 주거용 건물이나 소규모 업무용 또는 상업용 소매 점포 등은 건물소유자와 사용자만의 2인 건물자산관리 이해당사자 구조를 가지고 있으나 대형 수익성 임대건물의 경우 건물자산의 소유자와 사용자(임차인/입주자)와 관리자(관리회사) 등의 3인 이해당사자 구조를 가지고 있으며 관리신탁의 경우에도 3인 이해당사자 구조의 틀을 가지고 있다.

건물자산관리 이해당사자의 성립은 주로 계약 중심의 법률행위에 의하여 성립되나 경우에 따라서는 법률의 규정에 의해서도 성립되며 가장 중요한 특징은 상호관계를 맺고 있는 본인과 상대방의 이해는 주관적 또는 객관적으로 일치되기가 어렵다는 점이다.

대형 수익성 임대 상업용 건물의 경우, 가장 합리적 관리방법은 유지관리 비용의 최소화와 관리효용의 극대화 및 Low Risk-High Return 수익모델에 의해서 어느 정도 이해당사자의 요구목적에 적합하게 하여 Loss보다 Gain을 보다 많이 제공할 수 있으나 건물자산관리 이해당사자 3 Parties 구조는 상호관계에서 어느 일방이 얻는 이익(Gain)이 클 경우 상대방을 반드시 손해(Loss)가 많아지는 경향이 있으므로 이해당사자의 이해(Gain and Loss)가 균형을 이루도록 함이 합리적 관리방법의 첩경이라 할 수 있다.

열한 번째, 건물자산관리는 건물자산관리 이해당사자의 요구목적의 효과적 달성을 위한 경영관리 기술이자 원리인 동시에 취득, 운영관리, 개량 및 처분활동을 의미한다.

건물자산관리는 건물자산의 취득, 보유 및 운영관리 그리고 처분과정의 업무들을 가장 합리적 관리방법으로 처리하여 사용가치와 수익가치를 높여 궁극적으로 건물자산 가치 극대화를 실현하는 경영관리 기술이자 원리이며 취득, 운영관리, 개량 및 처분활동을 의미한다.

그러므로 건물자산을 효과적으로 관리하기 위해서는 건물자산의 경영관리기술과 원리 및 활동의 개념을 정확히 이해하고 수행방법과 절차를 숙지하여 직접 또는 간접 활동을 통하여 경영효과와 관리효과를 창출(생산)할 수 있어야 한다.

다시 말하면, 바람직한 건물자산관리가 되기 위해서는 다음에서 설명하는 건물자산의 경영관리 기술과 원리 및 활동 등에 대한 완전지식(概念知+方法知+行動知)을 갖출 필요가 있다.

(1) 건물자산의 경영관리기술

건물자산관리의 개념설명에서 언급되는 건물자산의 경영기술(Business Management Technology)이라 함은 조직의 목표를 정확하고 능률적으로 처리하는 솜씨나 과학지식을 건물자산 경영관리에 응용하여 가장 합리적 방법으로 경영목표를 달성하는 방법 등을 의미한다.

예컨대, 건물자산 취득단계의 경영기술이란 최적 건물자산의 취득관련 업무를 정확하고 능률적으로 처리하거나 과학지식을 활용하여 능률적으로 최적 건물자산을 취득하는 방법 등을 의미하며 보유 및 처분단계의 경영기술이란 효율적 보유 및 운영관리 그리고 전략적 매각을 통한 양도차익의 실현 등으로 사용가치와 수익가치 극대화를 정확하고 능률적으로 처리하는 솜씨나 방법들을 건물자산의 경영기술이라 한다.

(2) 건물자산 경영관리의 원리

건물자산의 경영원리(Business Management Principle of Building Asset Management)라 함은 건물자산 경영관리에 기본이 되는 이치나 법칙을 의미하며 건물자산관리에 바탕이 되는 근거나 보편적 원칙 등을 의미한다.

건물자산 경영의 원리에는 FM에 있어서 유지관리비용의 최소화와 관리효용의 극대화 원리, AM과 PM에 있어서 High Risk-High Return의 원리는 반드시 실천해야 할 건물자산 경영의 원리라 할 수 있다.

또한 건물자산관리의 또 다른 원리에는 사용가치와 수익가치 극대화를 통한 최유효 건물자산 사용 수익화 원리가 있으며 이와 같은 경영관리 원리가 건물자산관리 업무 전체에 영향을 주거나 지배하게 되는 점에서 건물자산 경영원리는 매우 중요하게 다루어져야 한다.

(3) 건물자산의 경영관리활동

건물자산관리는 건물자산의 취득, 운영관리, 개량 및 처분활동을 통하여 건물자산관리 효과를 창출하게 된다. 따라서 활동은 경영관리효과(Business Management Effect) 창출에 있어서 제품의 경우 생산공장과 같은 역할을 담당하고 있어 매우 중요한 건물자산관리 개념의 요소적 용어이다.

또한 경영관리활동(Business Management Activities)이란 건물자산 경영효과와 관리효과를 직접 창출하는 인간의 행위 또는 노력을 의미한다.

건물자산의 취득, 운영관리, 개량 및 처분에 관한 경영관리활동은 주어진 경영자원과 관리자원(인적자원, 물적자원, 재무적 자원, 기술적 자원, 정보자원)을 효과적으로 배분 활용하고 외부 건물자산관리 환경을 능동적으로 극복함으로써 마침내 바람직한 경영성과와 관리성과를 얻을 수 있다.

뿐만 아니라, 바람직한 경영성과와 관리성과를 얻기 위해서는 경영관리 기술을 바탕으로 경영원리를 효과적으로 활용하며 능률적인 의사결정을 통하여 상호 조화하고 상호 작용함으로써 마침내 합리적인 경영관리활동을 수행할 수 있게 된다.

합리적 경영관리활동(合理的經營管理活動)은 바람직한 경영성과와 관리성과(건물자산관리효과)를 가져와 건물자산의 소유자, 사용자(이용자 포함) 그리고 관리자 모두를 만족하게 하고 이와 같은 개별적 만족이 모이면 국민전체의 경제생활의 만족과 사회생활의 만족이 되며 종국적으로 국가경제 발전에 이바지하게 된다.

3. 건물자산관리개념과 부동산관리개념의 상이점

건물자산관리학의 건물자산 관리개념과 부동산학의 부동산 관리개념은 다음과 같은 점에서 상이성이 있으므로 연구자나 실무자는 상호 학문 간 관리개념의 유사성을 주장하거나 관리개념을 혼동하는 우를 범하지 말아야 한다.

왜냐하면, 건물자산관리학은 건물자산을 연구대상으로 설정하고 건물자산가치의 보존, 이용, 개량 및 극대화를 경영관리측면에서 접근하고 있으나 부동산학은 관리대상인 부동산(토지 및 그 정착물)의 보존・이용・개량을 관리개념측면에서 접근하고 있으므로 매우 큰 차이점이 있다. 그러므로 부동산학 일부 교수가 주장하는 것과 같이 건물자산관리 개념과 부동산학의 관리개념은 유사하지 아니하며 학문의 성격 또한 다르다. 왜냐하면 건물자산관리학은 독자적 연구대상과 영역을 가지고 독립된 연구과제와 학문적 이념을 가지고 있기 때문이다.

따라서 건물자산관리학과 부동산학은 별개의 응용과학이며 건물자산관리학의 건물자산 관리개념 역시 부동산학의 부동산관리 개념과 매우 상이한 차이점을 가지고 있다. 이를 논증하기 위해서 건물자산관리학의 건물자산관리개념과 부동산학의 부동산 관리개념의 상이점을 분석하면 다음과 같다.

첫째, 건물자산관리학의 건물자산 관리개념은 건물자산의 취득, 보유, 처분 등 건물자산의 전 생애단계에 걸쳐 경영개념과 관리개념이 모두 적용되나 부동산학의 부동산 관리개념은 부동산의 보유단계에 국한하여 보존, 이용, 개량 등의 관리개념만을 적용하고 있는 점

둘째, 건물자산관리학의 건물자산 관리업무는 AM, PM, FM업무 등 건물자산관리 전체

업무에 관계되나 부동산학의 부동산관리업무는 오직 PM과 FM업무에 한정하고 있어 건물자산의 경영관리의 범주보다 매우 제한적이고 통상적 부동산 관리의 범주에 머물고 있는 점

셋째, 건물자산관리학의 건물자산 관리개념은 건물자산경제가치 극대화(사용가치와 교환가치) 목표와 건물자산 최유효 사용수익화의 목적달성을 위한 건물자산관리활동의 경제화, 안전화, 효율화, 적합화(최유효 관리법)의 원리, 기술, 활동을 내용으로 하고 있으나 부동산학의 관리개념은 부동산활동의 능률화를 위한 원리 및 기술만을 내용으로 하고 있는 점

넷째, 건물자산관리학의 건물자산 관리개념은 건물자산의 실물과 권리 그리고 가치 등 유형성과 무형성 모두를 관리대상으로 설정하고 있으나 부동산학의 부동산 관리개념은 토지와 건물의 유형성 중심으로 관리대상을 설정하고 있는 점

다섯째, 부동산학의 부동산 관리개념은 토지 중심의 부동산 관리개념이나 건물자산관리학의 관리개념은 건물자산 중심의 경영·관리개념인 점

여섯째, 부동산학은 건물을 토지 정착물의 하나로 인식하고 있으나 건물자산관리학에서는 건물자산을 토지와는 별개의 부동산으로서 사용된 건축대지는 건물자산의 범주로 인식하여 Property 개념으로 이해하고 있으며 건물자산 가치평가에서 건물자산의 주물과 사용건축대지의 종물이 결합된 건물자산 중심의 복합 건물자산으로 평가하여 경영관리 되고 있는 점

따라서 건물자산관리학의 건물자산관리개념과 부동산학의 부동산관리개념은 이상과 같은 차이점으로 인하여 매우 상이함을 알 수 있다.

제2절 관리객체 건물자산

건물자산관리의 객체라 함은 건물자산관리의 대상을 의미하며 건물자산관리의 대상이란 건물자산관리의 목적물인 건물자산을 말한다. 따라서 건물자산관리자는 건물자산관리의 객체인 건물자산의 개념을 구체적으로 이해할 필요가 있다.

1. 건물자산의 의미와 용어적 개념

(1) 건물자산의 의미

건물자산관리의 개념을 명료하고 확실하게 이해하기 위해서는 건물자산관리의 중심이 되는 건물자산(Building Asset)의 의미를 정확히 살펴볼 필요가 있다.

왜냐하면, 건물자산의 개념을 정확히 이해하지 않은 상태에서 자산을 운용하거나 운영관리할 경우 자칫 수리적 경제이익에만 편중될 우를 범할 수 있기 때문이다.

건물자산의 사전적 의미는 개인이나 단체가 소유하고 있는 유형, 무형의 경제적 가치가 있는 재산(Valued Property)을 의미하며 돈과 같이 값이 나가는 재화와 경제가치가 있는 권리 등을 의미한다. 따라서 건물자산이란 개인이나 단체가 소유하고 있는 건물로서 경제적 가치가 있는 유형, 무형의 재물이나 재화 또는 권리를 의미한다.

건물을 건물자산으로 호칭하는 이유는 건물의 형태를 갖추고 있으나 권리상의 하자나 물건상의 하자 또는 행정상의 문제로 사용수익이 불가능하여 경제적 가치가 없어 재산으로서의 가치가 없는 건물이 존재하기 때문에 경제적 가치가 있는 재산으로서의 건물자산과 경제적 가치가 없는 건물자산과의 혼동을 피하기 위함에 있으며 국내 자산시장에서 자산의 개념을 일반적으로 금융자산 또는 재무자산으로 이해하여 실물자산의 중심에 있는 건물을 자산의 범주에서 제외하는 모순을 더 이상 방치할 수 없을 뿐만 아니라 자산으로서 독립적 영역을 설정해 둘 필요가 있기 때문이다.

건물자산의 호칭을 학문적으로 사용하는 또 다른 이유에는 건물의 유체적 물건성 때문에 건물을 오직 유지관리의 대상으로만 인식하고자 하는 건축공학적 인식의 오류가 아직도 시설관리업자 중심으로 팽배되어 있어 자산으로서의 건물의 위치를 공고히 할 필요가 있기 때문이다.

그러므로 경제적 측면에서 건물은 자산, 자본, 생산요소, 소비재, 상품, 자본재 등으로 인식되며 자산가치가 없는 건물은 건물자산으로서 평가할 수 없다.

따라서 건물자산 최유효 사용수익화의 과제를 안고 있는 건물자산관리학에서는 건물 뒤에 자산의 용어를 접미시켜 건물자산으로 호칭함으로써 자산개념의 건물로 인식하고 있으며 연구대상으로서의 건물을 물건성과 재산성 양면을 모두 경영관리의 개념으로 접근하여 사용가치와 교환가치를 함께 보존, 유지 및 극대화하는 이론체계와 경영관리활동시스템으로 발전시키고 있다.

그러나 건물이 건물자산이 되기 위해서는 다음과 같은 건물자산의 요건을 충족해야 한다.

첫째, 공부상에 소유권이 등기, 등록된 것으로 개인이나 단체가 소유한 건물일 것
둘째, 경제적 가치가 있는 것으로서 경제적 자원성격의 건물일 것

셋째, 돈과 같이 값이 나가는 재화적 성격의 건물이고 현재 또는 미래에 효익제공이 가능할 것

넷째, 유형성과 무형성 재산의 총체로서 유체물과 무체물로 일체화된 건물일 것

다섯째, 독립되고 관리가 가능한 건물일 것

여섯째, 일정한 용도가 있는 건물로서 내구성과 안전성 및 편리성이 어는 정도 확보되어 사용수익이 가능한 건물일 것

일곱째, 권리상의 하자나 물건 상의 하자가 없어 사용 수익 상에 지장이 없는 건물이어야 하고 행정상 또는 관계법상 문제가 없는 건물일 것

여덟째, 화폐단위로 측정이 가능하고 화폐와 교환이 가능할 것

(2) 건물자산의 용어적 개념

건물자산이라는 용어는 일반적으로 국내 학계에서 사용되는 용어는 아니었으나 저자가 건물자산관리의 이론적 체계화 연구를 시작하면서 연구대상 건물을 사람이 들어 살거나 일을 하거나 물건을 넣어두기 위하여 지은 집을 통틀어 이르는 말인 건축물에 개인이나 단체가 소유한 유형·무형의 경제적 가치가 있는 총체의 의미를 가지면서, 토지, 건물, 금전 따위 등 재산의 의미를 합하여 사용가치, 수익가치 그리고 교환가치를 복합적으로 가지고 있는 건물을「건물자산」이라 처음으로 호칭하기 시작하였다.

법학에서는 자본이 될 수 있거나 채무의 담보가 될 수 있는 재산을 자산으로 정의하고 있으며 경제학에서는 부동산의 일종인 건물을 자산(資産), 자본, 생산요소, 소비재, 상품 등으로 해석하고 있다.

또한 건물자산의 의미는 복합부동산으로서 눈에 보이는 유체물인 협의의 건물개념에다 눈에 보이지 않는 재산의 개념이 접목된 복합용어로서 경제적 가치가 있는 건물재산의 의미와 같으나 광의의 자산의미를 가지는 신조어라 할 수 있다.

건물자산 용어의 의미를 명확히 하고 확실히 이해하고자 하는 목적은 건물자산이 갖는 의미가 건물자산관리학 연구관점에 있어서나 우리의 삶과 생활과 일의 영위의 현장에서 그리고 건물자산관리의 실무 측면에서 연구의 중심이자 경제생활과 삶과 일의 터전이고 기반이며 자원이기 때문이다.

특히, 건물자산용어개념에 대한 정확한 인식과 이해는 건물자산관리학의 연구범위와 내용 그리고 건물자산관리활동의 방향과 범위는 물론 내용을 결정하는 데 직접 영향을 주기 때문에 건물자산은 무엇이며 우리의 삶과 생활과 일에 어떤 관계와 영향을 주게 되며 이를 위한 건물자산관리활동은 어떻게 수행되고 이로 인한 양질의 건물자산관리서비스와 건물유익의 제공은 어떻게 이루어지는지 그리고 건물자산과 우리 인간과의 관계는 어떤 관계로서 상호작용하고 있는지와 건물자산을 합리적으로 관리하는 데 영향을 주는 외부환경

과 법제도 및 내부자원들을 살펴봄으로써 건물자산관리 본래의 기능과 역할을 도모하는데 유익하게 작용하게 된다.

결론적으로, 건물자산용어의 의미는 기술적 산물로서 물건개념의 재화적 성격에다 경제적 성격의 재산적 개념이 접목되어 건물자산이라는 새로운 의미를 갖는 신조어로서 건물자산관리학의 연구대상의 실체이고 건물자산관리의 중심으로서 경제적 기능과 사회적 역할을 담당하는 건물을 의미한다.

뿐만 아니라, 건물자산관리의 중심인 건물은 재화적 성격과 재산적 성격으로 인하여 물건성(재화성)과 재산성의 속성을 지니는 양면성의 재화이므로 사용측면에서는 내구소비재이나 수익측면에서는 경제재이자 생산재이고 삶과 생활 일의 생존 측면에서는 보금자리이자 터전이고 기반이며 인프라로서 경제적 가치가 있는 재산이라 할 수 있다. 따라서 건물은 금융자산의 상대적 개념인 실물자산이라 할 수 있다.

건물 다음에 자산의 용어를 접목한 이유는 첫째, 자산의 개념을 일반적으로 금융자산으로 인식하고 있어 금융자산과 혼동을 피할 필요가 있고 둘째, 건물이 비록 재화성(물건성)의 속성이 있는 물건이나 부동산의 일종으로서 교환가치와 사용가치만 있는 물건이 아닌 가치측면에서 그리고 용도측면과 문화측면에서 부동산의 속성과 혼동을 불식시킬 필요가 있어 건물의 사회성과 공공성측면, 문화예술측면, 경제법률측면, 그리고 건축공학과 부동산학 측면 등을 모두 고려하여 건물자산으로 호칭하고 있다.

따라서 건물자산관리학은 부동산학의 일부가 아니며 건축 관련 공학의 인접 학문도 아닌 독자 연구 영역을 지닌 실용학문이자 종합응용과학의 성격을 가지고 있다.

다시 말하면, 건물자산관리학은 건물자산을 대상으로 건물자산관리의 문제와 활동, 현상을 연구하여 문제를 도출하고 문제개선의 대안의 추출을 학문적으로 연구하기 위하여 인접 학문인 부동산학, 법학, 경제학, 행정학, 재무학, 경영학, 건축 관련 공학 등의 이론을 차용하여 시스템화함으로써 이론체계를 구축하고 있다.

따라서 건물자산의 물건(부동산)속성과 재산속성을 자산개념에 용해하여 사용가치와 교환가치를 최대화하고 경제가치를 추구하면서 인간의 삶과 생활과 일의 영위에 건물의 사회성과 공공성, 문화성과 예술성의 가치를 더 높게 부여하고 있다.

전술한 건물자산의 개념을 바탕으로 건물자산의 개념을 보다 구체적으로 설명하면 다음과 같다.

건물자산은 첫째 건물은 건축물, 건축대지, 건축설비, 기타부대시설 등을 물리적 측면에서 부동산의 일종인 유체물로 인식하고 물적 실체(物的實體)로서 사용가치를 지니는 물건의 속성의 시설물로 파악하고 있으며 둘째, 건물 위에는 재산권의 일종인 소유권이 존재하여 사용, 수익, 처분 권능과 함께 사용가치와 교환가치 등을 지니고 있으므로 거래의 객체가 되거나 담보 기능도 함께 담당하고 있어 경제적 가치가 있는 재산으로 인식되고 있다.

이와 같이, 건물은 시설물로서의 일면과 재산으로서의 일면 등의 양면성이 존재하므로 경제적 가치가 있는 물건(부동산)으로서 특성을 지니고 있다.

건물자산관리는 건물자산을 경영관리대상으로 설정하고 사용가치와 교환가치를 높여 건물관리이해당사자 모두를 최유효 사용수익하도록 학문적으로 안내하는 실용학문이므로 시설물(물건) 속성의 완성된 건물은 물건관리대상으로 설정하고 관리개념으로 접근하여 최소의 유지관리비용으로 최대의 관리효용을 얻어 건물자산 최유효 사용화를 목적으로 설정하고 있다.

그러나 재산 속성의 건물은 건물자산으로 인식하고 경영 대상으로서 적정 건물자산의 취득, 전략적 처분을 통한 양도차익 실현과 건물임대소득 극대화를 경영목적으로 설정하고 건물자산 최유효 수익화를 목적으로 하고 있다.

이와 같은 물건 속성의 시설물과 재산 속성의 건물재산은 사용가치와 교환가치 및 사용권능, 수익권능, 처분권능을 가지는 이른바 경제가치를 지닌 재산이므로 건물자산관리학은 경제학과 부동산학 등의 이론을 차용하고 시스템화하여 건물자산으로 재해석하고 있다.

특히, 건물자산관리학은 건물자산의 현상과 문제 및 문제개선을 위한 활동 등을 연구하는 종합응용과학으로서 건물자산관리의 현상을 관찰하고 문제를 분석하여 학문적 방법으로 문제의 원인을 찾아내어 건물자산관리활동을 통하여 최적해(Optimal Solution)를 제시함으로써 건물자산관리학의 주제인 건물자산으로 하여금 최유효 사용수익화하는 이론이자 실무임으로 실용학문인 동시에 응용과학이라 할 수 있다.

뿐만 아니라, 건물자산은 건물자산의 취득, 보유 및 운영관리, 처분 등 전체 단계를 건물자산관리 연구 범위에 포함하고 있으므로 건물자산관리의 개념화에 가장 중요한 요소로서 작용하고 기여하고 있는 Key Word라 할 수 있다.

건물자산관리학이 연구대상으로 상정하고 있는 건물자산의 범주에는 주거용 건물, 상업용 건물, 공업용 건물(산업용 건물 포함), 문교사회용 건물, 기타 용도건물 등으로서 구체적인 내용은 후술하는 건물자산의 분류, 건물자산의 현황과 자산가치 편에서 설명하고자 한다.

이상과 같은 자산개념의 인식을 바탕으로 바람직한 건물자산관리 활동을 통하여 건물자산관리의 목표와 목적을 가장 합리적 방법으로 달성하려면 건물자산을 개념화하고 정의하여 명확하게 이해할 필요가 있다.

따라서 건물자산의 개념을 여러 각도에서 다시 접근하여 다시 조명하면 다음과 같은 의미로 이해할 수 있다.

첫째, 건물자산은 부동산으로서 건물만의 개념이 아니면서 또한 재산의미만의 건물개념이 아닌 독립된 개념으로서 건물자산의 의미만 가지고 있다.

둘째, 건물자산은 금융자산에 대한 상대적 자산개념으로서 경제적 가치에 무게를 두되

사용가치에 더 큰 무게를 두어 수익가치보다 사용가치에 더 큰 비중을 두고 경제적 만족에 앞서 생활의 만족을 강력히 추구하는 이른바 경제보다 인간생활 중심의 자산개념을 담고 있다.

셋째, 건물자산은 부동산의 일종이긴 한 토지의 정착물의 개념이 아닌 제3의 부동산개념을 가지고 있으며 건물자산의 건축에 사용된 토지(건축대지)는 완성된 건물자산의 일부로서 복합부동산의 의미를 가지며 전체적으로 건물자산의 개념에 통합되어 건물자산은 토지나 건물개념 위에 존재하는 상위개념으로서 인식되고 있다.

넷째, 건물자산은 복합부동산(Compound property)을 의미하나 주물개념의 건물과 종부개념의 건축대지를 합한 제3의 부동산 자산개념을 가지고 있다. 따라서 건물자산은 신개념의 부동산자산개념이라 할 수 있다. 향후 토지 중심의 부동산학보다 건물자산 중심의 건물자산관리학이 보다 실용학문으로서 학문적 가치가 높게 평가될 것으로 전망된다.

다섯째, 건물자산을 복합개념 측면의 건물자산으로 이해해야 한다.

건물자산의 특성이나 업무와 관리의 대상에는 기술성, 법률성, 행정성, 경제성, 환경성, 위험성 등의 제요인들이 건물자산에 내재되어 있거나 에워싸고 있으며 건물자산은 이와 같은 요인과 직간접적으로 밀접한 관련을 맺고 있다. 따라서 건물자산은 복수요인에 의한 복합개념의 실물자산이라 할 수 있다.

따라서 건물자산을 기술적 개념, 법률적 개념, 경제적 개념, 행정적 개념, 환경적 개념 그리고 위험적 개념 등의 복합개념을 가지고 있다. 따라서 건물자산관리는 최광의 관리개념을 바탕으로 관리해야 한다.

그러므로 건물자산은 토지부동산과 달리 기술, 법률, 경제 개념과 함께 행정, 환경, 위험개념이 추가적 요인으로 존재하므로 건물자산의 개념은 기술, 법률, 경제, 행정, 환경, 위험 등의 6대 측면에서 설명하고 이해하여 경영관리함이 타당하다.

저자는 이를 건물자산 복합개념의 6 측면으로 호칭하고 건물자산을 6대 복합성의 실체로 인식하고 있다.

이를 구체적으로 설명하고 도식화하면 [그림1-1]과 같다.

① 기술측면의 건물자산개념

건물은 기술과 자본과 노동력의 결합으로 생산된 건설물이다. 따라서 건축학, 토목공학, 기계공학, 전기공학, 환경공학, 전자공학, 통신공학 등의 기술 산업의 결과물이자 기술 과 종합과학의 생산물이다. 따라서 건물은 기술적 유체물로서 공간을 구축하고 위치성을 가지며 기능과 성능을 통하여 사용되고 수익되는 건축물이다.

설계/시공/관리/철거라는 건물의 일생 전체가 기술성이 지배하고 있다. 따라서 기술 측면에서 건물을 이해하는 것이 건물자산 이해의 첫 관문이 된다.

② 경제측면의 건물자산개념

건물의 경제학적 개념은 자산, 자본, 소비재, 상품, 자본재의 의미로 해석되며 자본과 기술과 노동력의 결합으로 생산된 건설물이다.

따라서 경제측면에서 설계비, 시공비, 유지관리비, 공시지가, 건축기준가, 수익성, 효율성 등과 건물자산의 수요와 공급, 건물자산관리시장, LCC, 건물자산의 가치와 가격 등의 경제성이 건물전체의 경영관리 요인으로 작용하고 있으며 영향을 주고 있다.

③ 법률측면의 건물자산 개념

소유권의 객체로서 재산권, 보존등기, 이전등기, 계약, 건축법, 주택법, 도시계획법, 시설물안전관리에관한특별법 등의 적용되는 대상이며, 건물자산공법의 지역지구제 제한용도, 사용제한 등의 요인들이 건물자산전체에 작용하고 있다.

따라서 건물자산의 개념은 법률개념 없이는 이해가 어렵다. 그러므로 법률측면에서 건물자산을 이해함이 필요하다.

④ 행정측면의 건물자산개념

건물의 일생 동안 건축허가, 착공계, 설계변경, 중간검사, 사용승인, 대수선허가, 멸실신고 등 크고 작은 행정개념이 접목되어 착공되고 시공되어 사용수익이 가능한 건물자산으로 탄생된다. 따라서 행정측면에서 건물자산을 파악하고 이해해야 한다. 왜냐하면 건물은 행정의 산물이기 때문이다.

⑤ 환경측면의 건물자산개념

건물자산은 외부환경과 내부환경을 가지고 있다. 따라서 자연환경, 법・제도환경, 생활환경, 사회・경제환경, 기술환경, 위생환경, 실내공기환경 등을 설계 시에 고려하여 설계하고 있으며 시공과 유지관리 등에 환경개념이 반영되고 있다.

특히, 자연환경 중 토지, 지질, 지형, 지반, 지대, 기상조건, 기후조건, 공기상태, 바람의 세기 등에 건물자산은 크게 영향을 받게 되므로 결국 건물은 환경개념 측면에서 건물자산 개념을 이해할 필요가 있다.

⑥ 위험측면의 건물자산개념

건축물의 설계 시 건물 안전을 충분히 고려하여 계산하고 시설물의 위험을 최소화하기 위하여 방화구조, 하중계산, 구조안전계산의 기초 위에 건축설계와 시공을 하게 된다.

따라서 건축물은 시설물의 안전성 고려가 충분히 반영된 시설물이라 할 수 있다. 뿐만 아니라, 건물은 자산이므로 자산위험이 항상 잠재하고 있다.

따라서 시설물의 안전과 자산위험(Facilities Safety and Asset Risk)의 개념 없이는 건물자산을 이해할 수 없다.

또한 건물 내에 장착된 설비 중에는 보일러, 엘리베이터, 고압수변전 전기설비, 가스 사용시설 등의 위험시설이 있으며 화재, 안전사고 예방과 관리를 위한 방재실장과 안전관리자, 방화관리자가 24시간 근무하고 일을 뿐만 아니라 운영관리 예산에 별도의 안전관리비가 책정되어 운영관리예산에 반영되고 있다.

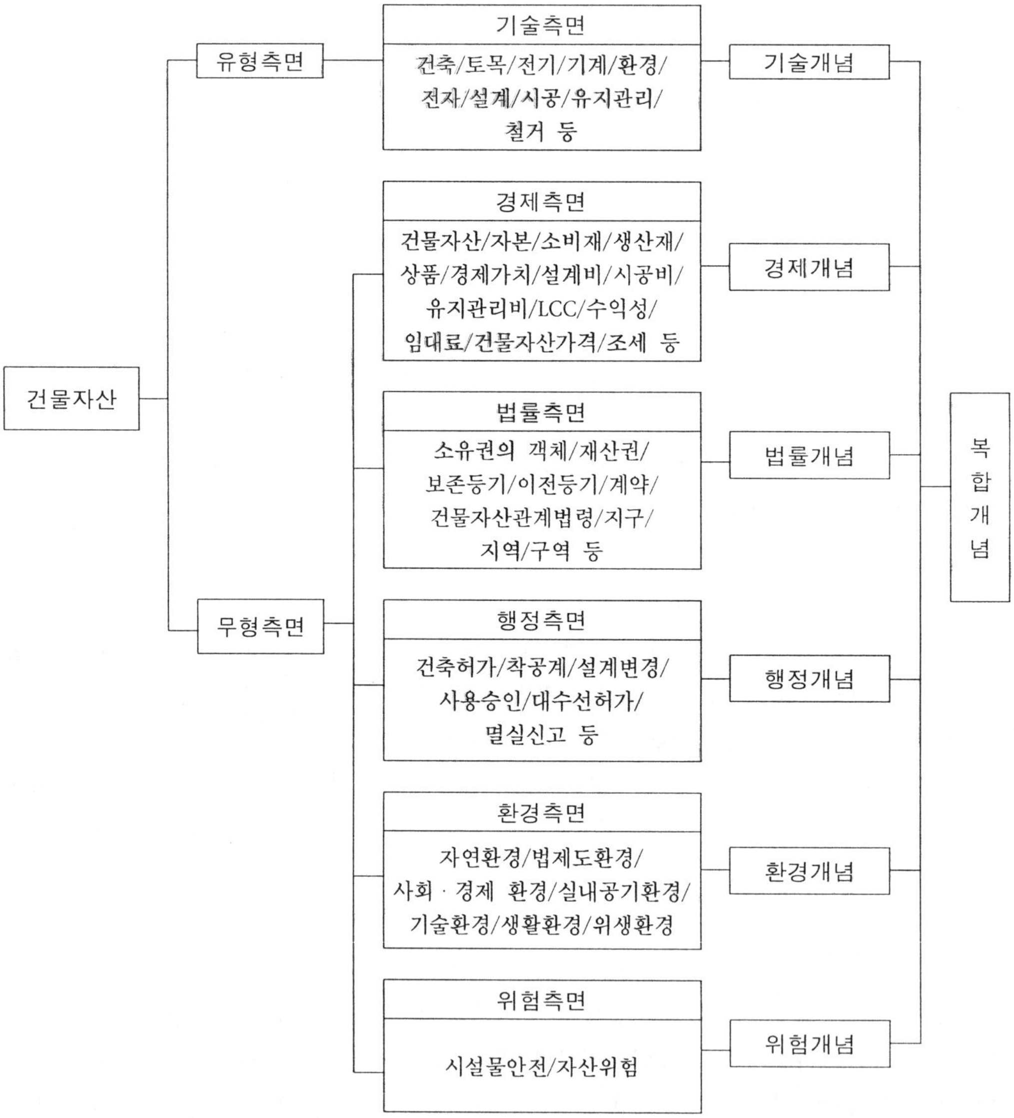

[그림 1-1] 건물자산의 복합개념

따라서 건물자산을 위험측면에서 파악하지 않는 한 건물자산의 기능과 역할은 없다. 그러므로 건물자산관리의 목표는 위험의 최소화와 수익의 극대화를 최고의 경영관리 목표로 설정하고 있다. 따라서 건물자산을 정확이 이해하기 위해서는 건물자산을 에워싸고 있는 전체 복합개념을 토대로 이해함이 현명하다.

다시 말하면, 하나의 단순 개념만으로 건물자산을 이해하는 경우 건물자산 실체의 전부를 이해하기란 불가능하며 제 요인들을 복합적으로 고려하여 전체 복합개념을 토대로 건물자산을 인식함이 타당하다.

이를 건물자산의 복합개념(Compound concept)이라 한다. 건물자산은 눈에 보이는 유형측면과 눈에 보이지 않는 무형측면이 있으며 무형측면은 주로 자산위험으로서 관념성이 강하고 유형측면은 시설물위험으로서 구체성이 강하다. 부동산학을 학문으로 개척한 김영진 교수는 건물을 포함한 토지 부동산을 기술, 경제, 법률의 복합개념측면에서 설명하고 있으며 이를 복합개념 3대 측면으로 호칭하고 있다.

이상에서 설명한 건물자산의 복합개념을 도식화하면 [그림 1-1]과 같다.

2. 관리객체 건물자산의 분류

건물자산의 분류는 크게 건축법에 의한 28종의 용도분류와 국토해양부 건설교통통계연보의 용도 분류기준에 의하여 5종의 건물자산용도로 분류할 수 있다.

건물자산관리학의 연구 대상 건물자산은 건설통계교통연보에 의한 용도분류 기준을 채택하고 있으므로 이에 따라 관리객체 건물자산을 대분류하면 [그림 1-2]와 같다.

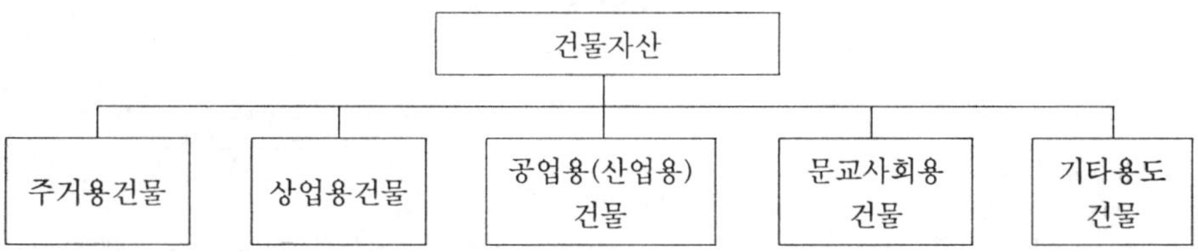

[그림 1-2] 관리객체 건물자산 대분류

(1) 주거용건물

주거용건물이란 주거를 목적으로 건축되고 사용 수익되는 건물을 의미한다. 다시 말하면 인간이 삶과 생활을 영위하기 위한 공간을 의미하며, 이를 위한 주택이나 비주거용 건물 내의 주거용도로 개조되었거나 주거용도로 사용되고 있는 건물을 말한다.

여기서 의미하는 주택의 개념은 주택법의 용어 정의에 따라 설명하면 다음과 같다. 주택이란 세대의 세대원이 장기간 독립된 주거생활을 영위할 수 있는 구조로 된 건축물의 전부나 일부 및 그 부속 토지를 의미한다. 이에는 단독주택과 공동주택 등이 있다. (주택법 제2조 제2항)

또한 주택이란 한 가구가 살 수 있도록 지어진 집으로서 일정한 요건을 갖춘 단독주택, 아파트, 연립주택, 비주거용 건물 내에서의 주택을 말한다.(인구 및 주택센서스 보고서)

그러므로 주거용건물이란 자연적 피해(더위나 추위, 비나 눈, 바람, 천둥 등)와 외부의 침입위험으로부터 안전하게 삶을 유지할 수 있는 거처로서 독립된 생활을 할 수 있도록 건축된 건축물을 의미한다.

1) 단독주택

주택의 분류 중 단독주택의 의미는 한 가구의 세대가 한 건물에 독립적으로 살 수 있도록 건축된 주택을 의미한다. 독립주택이라고도 하며, 주거용건물의 기본형태라 할 수 있다. 이에는 단독주택, 다가구주택, 다중주택 등이 있다(건축법시행령 제 3조의4).

이에 반하여 공동주택의 의미는 건축물의 벽·복도·계단 그 밖의 설비 등의 전부 또는 일부를 공동으로 사용하는 각 세대가 하나의 건축물 안에서 각각 독립된 주거생활을 할 수 있는 구조로 된 주택을 말한다(주택법 제2조 제2항). 집단건물이라고도 한다. 이에는 아파트, 연립주택, 다세대주택, 기숙사 등이 있다.

건축법과 동시행령 및 주택법시행령(제2조)에서 분류한 단독주택과 공동주택을 세분하면 [그림 1-3]과 같다.

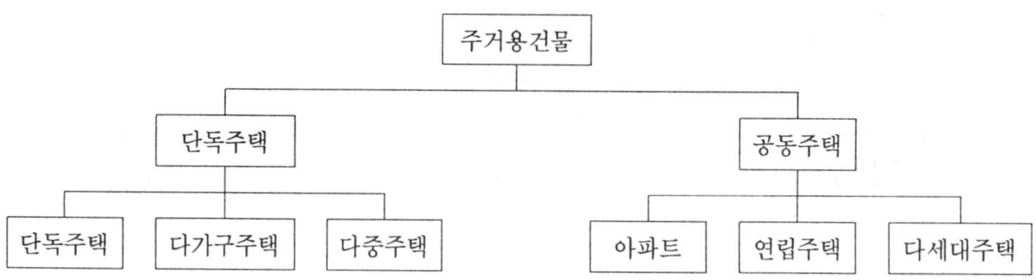

[그림 1-3] 주거용건물 소분류

이상에서 분류한 주택의 개념을 분설하면 다음과 같다.

① 단독주택

한 세대가 한 건물에 독립적으로 살도록 건축된 주택을 말한다.

② 다가구주택

한 동의 건물 안에 여러 세대가 주거생활을 할 수 있도록 건축된 건물로서 기능적으로 독립되고 구조적으로 공동주택이나 관계법상 단독주택으로 분류된 주택을 의미한다.

연면적이 660㎡ 이하의 도시형 주택으로서 주택정책에 의하여 개발되고 보급된 공동주거 형태의 주택이다.

건축법시행령의 유권해석에 의하면 다가구주택이란 다음의 주택을 의미한다.

즉, 다가구주택이란 다음의 요건 모두를 갖춘 주택으로서 공동주택에 해당하지 않는 주택을 의미한다.

- 주택으로 쓰이는 층수가 3층 이하일 것(지하층 제외 및 1층은 피로티 구조로 주차장으로 사용하는 경우, 피로티 부분은 층수에서 제외)
- 1개층의 주거면적의 합계가 660㎡ 이하일 것.(지하주차장 면적 제외)
- 19세대 이하가 거주할 수 있을 것

③ 다중주택

대학의 기숙사와 같이 다중이 한 건물에 모여 살 수 있도록 건축된 건물을 말한다. 즉, 학생・직장인 등 다수인이 장기간 거주할 수 있는 구조로 되어 있는 것으로서 독립된 주거의 형태가 아닌 주택으로 연면적이 330㎡ 이하 3층 주택을 말한다.

2) 공동주택

① 아파트

아파트란 Apartment House의 준말로 공동주택의 대표적 집합건물이다. 1동의 주택건물에 여러 세대가 기능적으로, 그리고 구조적으로 독립해서 주거가 가능한 공동주택의 일종이다.

공동주택으로서 5층 이상의 집합건물을 의미한다. 구분소유권이 인정되는 주택이다.

② 연립주택

공동주택의 일종으로서 연면적이 660㎡를 초과하고 4층 이하인 주택으로서 2세대 이상이 거주할 수 있는 공동주택을 말한다. 구분소유자 건물로 각 세대가 독립적으로 소유권 등기가 가능하다.

③ 다세대주택

주택으로 쓰이는 1개 동의 연면적(지하주차장 제외)이 660㎡ 이하이고 층수가 4개층 이하인 공동주택을 말한다.

(2) 상업용건물

상업용건물이란 판매나 서비스 제공을 통하여 수익이 발생되는 건물을 말한다. 상업용건물을 대별하면 사무실용도 건물과 판매용도 건물로 분류되며 [그림 1-4]와 같다.

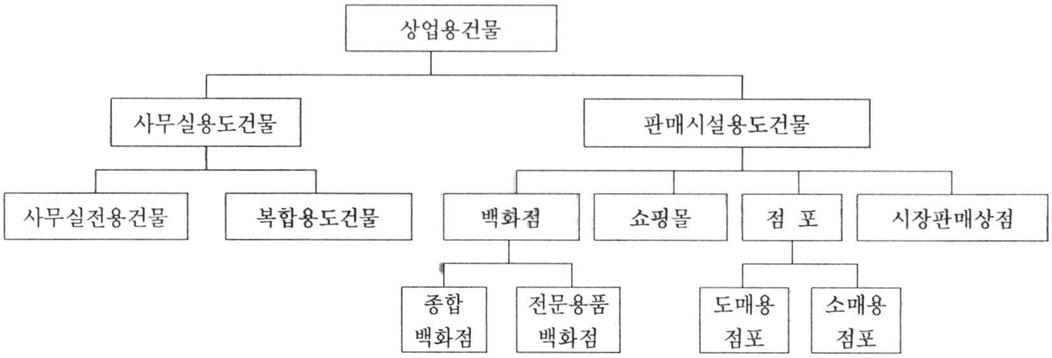

[그림 1-4] 상업용건물 소분류

(3) 공업(산업)용건물

공업(산업)용건물이란 생산 · 유통 · 보관 등에 사용되는 건물로서 이를 분류하면 [그림 1-5]와 같다.

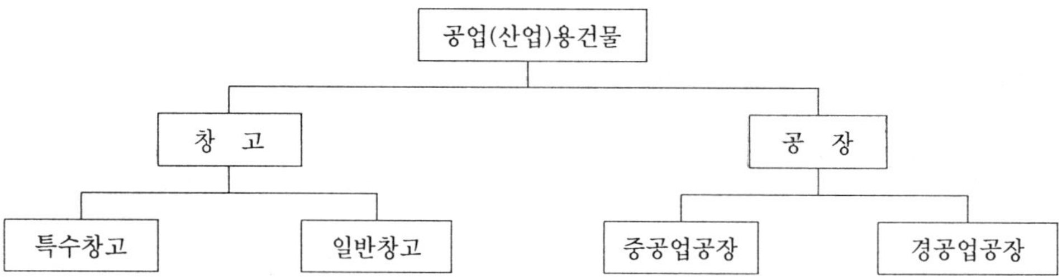

[그림 1-5] 공업(산업)용건물 소분류

(4) 문교사회용건물

문교사회용 건물은 학교, 연구소, 복지, 병원, 공공건물 등 교육과 연구, 사회치료, 공공 등의 용도로 사용되는 건물들을 의미하며 이를 분류하면 [그림 1-6]과 같다.

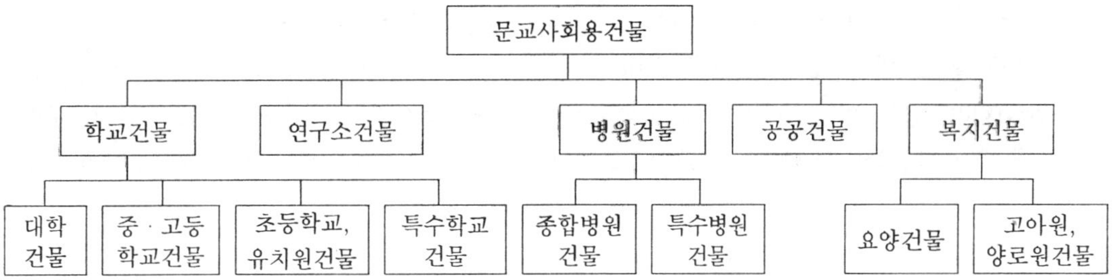

[그림 1-6] 문교사회용건물 소분류

(5) 기타 용도건물

기타 특수한 용도에 사용하기 위하여 건축된 건물로서 호텔, 콘도미니엄, 오피스텔, 전시실 건물, 농수산 건물 등을 말하며 이를 분류하면 [그림 1-7]과 같다.

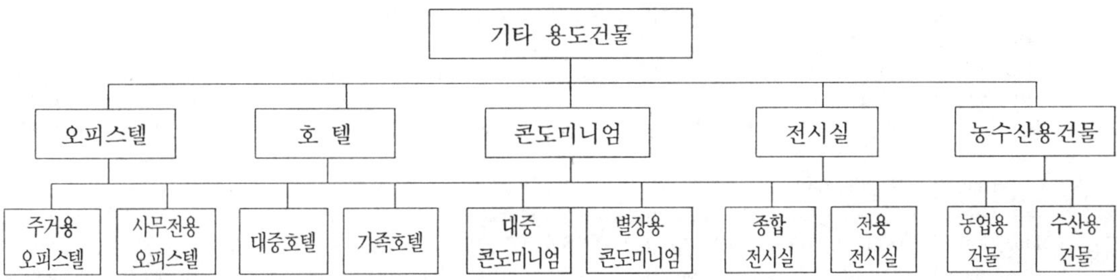

[그림 1-7] 기타 용도건물 소분류

3. 건물자산의 분포현황

2010년도 12월 31일 현재 전국의 국토해양부 통계자료에 따라 건물자산 분포현황을 살펴보면 <표 1-1>, <표 1-2>, <표 1-3>, 그리고 <표 1-4>와 같다.

전국의 건물자산 용도별 동수(Status of Buildings by use)는 2010년 12월 31일 현재 6,676,518동으로 나타나고 있으며 전국 용도별 건물자산 동수 현황은 다음과 같다.

(1) 용도별 전국 건물자산의 분포현황

단독주택과 공동주택으로 구성된 주거용 건물(Dwellings)의 동수는 무려 4,485,849동으로서 전체 동수 대비 67.2%를 점하고 있다.

상업용 건물(Commercial)은 주거용 건물 다음의 1,129,302동으로 집계되고 있어 전체 건물 동수 대비 16.9%를 차지하고 있다. 그리고 그 다음의 동수를 보유하고 있는 기타용도 건물(Others)은 637,034동으로 조사되고 있으며 공업용 건물(Factory)은 전체 대비 3.8%에 불과한 250,416동의 분포를 보이고 있다. 또한 문교사회용 건물(Educational Social)은 173,917동으로서 겨우 2.6%를 차지하고 있다.

이상에서 설명한 용도별 전국 건물자산 현황을 표로 정리하면 <표 1-1>과 같다.

〈표 1-1〉 용도별 전국건물자산 분포현황

(단위 : 동)

구 분	계 Total	주거용 Dwellings	상업용 Commercial	공업용 Factory	문교사회용 Eudcational Social	기타 Others
합 계 Total	6,676,518 100.0%	4,485,849 67.2%	1,129,302 16.9%	250,416 3.8%	173,917 2.6%	637,034 9.5%
서 울 Seoul	656,931 549,707,138	494,604 339,426,237	140,987 151,745,097	3,224 9,600,746	14,418 43,951,278	3,698 4,983,780
부 산 Busan	384,263 211,167,498	278,043 127,236,858	66,494 44,421,915	13,337 15,019,646	8,469 16,148,501	17,920 8,340,578
대 구 Daegu	252,832 153,650,737	178,321 88,696,186	49,462 26,968,409	11,686 15,100,642	5,856 19,351,896	7,507 3,533,605
인 천 Incheon	211,494 149,461,969	137,628 82,526,643	47,354 33,357,528	12,268 17,521,994	5,279 11,435,990	8,965 4,619,814
광 주 Gwangju	138,220 91,434,644	100,207 57,914,420	28,906 17,281,011	2,887 6,183,056	3,336 8,520,564	2,884 1,535,593
대 전 Daejeon	129,955 100,680,318	94,420 54,089,569	24,999 18,415,707	2,451 6,728,490	4,266 19,186,393	3,819 2,260,159
울 산 Ulsan	126,268 79,213,548	75,139 35,522,754	26,395 13,021,456	12,324 22,325,402	3,612 5,135,149	8,798 3,208,786
경 기 Gyeonggi	1,012,975 731,117,760	579,863 388,545,149	203,659 128,670,480	79,089 98,005,301	29,888 65,677,439	120,476 50,219,391
강 원 Gangwon	366,761 117,343,414	247,618 53,351,905	61,091 23,171,505	5,496 5,503,808	11,833 11,325,865	40,723 23,990,330
충 북 Chungbuk	348,788 158,891,233	231,362 57,120,841	53,106 19,440,618	13,396 22,348,943	9,587 48,276,300	41,337 11,704,530
충 남 Chungnam	498,011 160,166,152	322,216 71,904,603	72,767 25,781,408	18,318 25,161,278	13,641 14,547,678	71,069 22,771,185
전 북 Jeonbuk	409,254 144,977,532	266,638 62,102,170	67,046 24,131,446	9,999 27,580,600	12,778 14,616,895	52,793 16,546,420
전 남 Jeonnam	593,863 140,655,115	418,769 69,115,940	78,573 21,770,801	14,975 14,646,888	14,244 12,386,024	67,302 22,735,462
경 북 Gyeongbuk	740,652 202,433,298	508,514 90,060,572	96,309 29,652,230	26,691 39,167,845	19,815 17,531,371	89,323 26,021,281
경 남 Gyeongnam	660,422 238,407,940	471,196 125,946,015	94,268 41,768,400	23,398 34,939,561	13,690 17,654,385	57,870 18,099,579
제 주 Jeju	145,829 33,776,196	81,311 13,820,894	17,886 7,508,440	877 756,550	3,205 3,853,993	42,550 7,836,320

(주 : 수록된 수치는 '10. 12월말 기준으로 '11년에 조사한 자료임. 기타용도는 공공용, 농수산용 등임.)

(자료출처 : 국토해양부, 국토정책국, 도시정책관, 건축기획과, 2010.)

(2) 면적별 전국 건물자산의 분포현황

전국 건물자산 현황 중 100㎡ 미만의 건물 동수가 무려 3,232,586동으로서 전체 대비 48.4%를 점하고 있어 전국 건물 동수 중 약 2분지 1이 소규모 건물임을 알 수 있다.

이와는 대조적으로 1만㎡ 이상의 중대형 건물의 수는 불과 43,093동으로서 전체 대비 0.6%에 불과하다.

면적별 전국 건물자산 현황(Status of Buildings by Dimension)은 <표 1-2>와 같다.

〈표 1-2〉 면적별 전국 건물자산의 분포현황

(단위 : 동)

구 분	계	1백㎡미만	1백㎡~ 2백㎡미만	2백㎡~ 3백㎡미만	3백㎡~ 5백㎡미만	5백㎡~ 1천㎡미만	1천㎡~ 3천㎡미만	3천㎡~ 1만㎡미만	1만㎡ 이상
합 계 Total	6,676,518 100.0%	3,232,586 48.4%	1,547,111 23.2%	495,640 7.4%	611,430 9.2%	407,811 6.1%	218,836 3.3%	120,011 1.8%	43,093 0.6%
서 울 Seoul	656,931	150,584	167,706	111,097	92,537	75,462	33,124	18,004	8,417
부 산 Busan	384,263	184,801	103,717	21,076	28,223	23,062	13,094	6,808	3,482
대 구 Daegu	252,832	85,891	78,658	21,970	31,476	17,896	9,336	5,234	2,371
인 천 Incheon	211,494	73,336	42,713	20,672	31,095	23,846	10,733	6,807	2,292
광 주 Gwangju	138,220	53,612	46,216	7,897	12,792	7,133	5,071	3,695	1,804
대 전 Daejeon	129,955	44,091	36,894	9,460	18,013	10,756	5,322	3,811	1,608
울 산 Ulsan	126,268	50,691	33,315	9,681	14,054	9,149	5,234	2,869	1,275
경 기 Gyeonggi	1,012,975	307,687	274,624	100,728	144,020	96,621	45,988	32,661	10,646
강 원 Gangwon	366,761	218,660	75,199	20,833	25,375	13,114	8,578	3,975	1,027
충 북 Chungbuk	348,788	187,814	82,873	21,760	26,709	14,489	9,401	4,546	1,196
충 남 Chungnam	498,011	291,449	105,111	25,867	33,163	21,948	12,830	6,000	1,643
전 북 Jeonbuk	409,254	240,102	86,618	20,879	27,638	16,832	11,193	4,420	1,572
전 남 Jeonnam	593,863	397,184	111,551	23,545	28,432	16,554	11,377	4,075	1,145
경 북 Gyeongbuk	740,652	460,392	141,973	35,915	46,782	30,083	16,949	6,556	2,002
경 남 Gyeongnam	660,422	396,791	130,426	36,922	42,270	24,886	17,390	9,283	2,454
제 주 Jeju	145,829	89,501	29,517	7,338	8,851	5,980	3,216	1,267	159

(주 : 수록된 수치는 '10. 06월말 기준으로 '10년에 조사한 자료임. 기타는 세움터 상 연면적란이 미기록 혹은 기록오기임.)

(자료출처 : 국토해양부, 국토정책국, 도시정책관, 건축기획과, 2010.)

(3) 층수별 전국건물자산의 분포현황

층수별 전국 건물자산의 현황(Status of Buildings by Floor) 중 1층 규모의 건물이 무려 4,265,431동으로서 전체 대비 무려 63.9%로 집계되고 있어 우리나라 총 건물 동수 중 대종을 이루고 있으며 2층에서 4층 사이의 건물 동수는 2,113,762동으로서 31.7%를 점하고 있어 4층 이하의 건물 동수가 무려 95.6%를 차지하고 있다.

전문적 관리를 요하는 5층 건물의 동수는 125,642(1.9%), 6층에서 10층 규모의 건물 동수는 58,471(0.9%), 11층에서 20층 사이의 건물 동수는 70,049(1.0%) 그리고 21층에서 30층 규모의 건물은 불과 12,285(0.2%)에 지나지 않으며 초고층에 해당되는 31층

〈표 1-3〉 층수별 전국 건물자산의 분포현황

(단위 : 동)

구분	계(Total)	1층	2~4층	5층	6~10층	11~20층	21~30층	31층 이상	기타
합 계 Total	6,676,518 100.0%	4,265,431 63.9%	2,113,762 31.7%	125,642 1.9%	58,471 0.9%	70,049 1.0%	12,285 0.2%	753 0.0%	30,125 0.5%
서 울 Seoul	656,931	151,902	424,150	45,434	19,034	12,571	2,849	217	774
부 산 Busan	384,263	172,053	188,756	10,953	5,786	3,498	1,894	163	1,160
대 구 Daegu	252,832	96,818	143,592	5,538	1,944	3,312	576	57	995
인 천 Incheon	211,494	91,660	102,514	9,189	3,326	3,422	891	69	423
광 주 Gwangju	138,220	62,856	67,479	2,872	1,397	2,841	275	-	500
대 전 Daejeon	129,955	53,987	68,180	2,532	1,738	2,516	422	17	563
울 산 Ulsan	126,268	65,894	53,720	2,339	1,676	1,512	323	14	790
경 기 Gyeonggi	1,012,975	553,838	393,439	21,845	10,239	20,553	3,690	145	9,226
강 원 Gangwon	366,761	278,849	80,013	2,960	1,445	2,298	60	-	1,136
충 북 Chungbuk	348,788	266,156	75,622	2,410	1,322	2,279	90	13	896
충 남 Chungnam	498,011	406,695	79,706	3,052	1,640	3,051	207	14	3,646
전 북 Jeonbuk	409,254	334,226	66,548	2,725	1,182	2,601	47	-	1,925
전 남 Jeonnam	593,863	516,359	68,957	2,177	1,372	2,111	81	2	2,804
경 북 Gyeongbuk	740,652	608,154	120,951	4,461	1,878	2,672	281	30	2,225
경 남 Gyeongnam	660,422	494,574	148,598	6,073	3,567	4,594	599	12	2,405
제 주 Jeju	145,829	111,410	31,537	1,082	925	218	-	-	657

(주 : 수록된 수치는 '10. 12월말 기준으로 '11년에 조사한 자료임.)

(자료출처 : 국토해양부, 국토정책국, 도시정책관, 건축기획과, 2010.)

이상의 건물의 수는 753동으로서 전국 건물 동수 대비 0.1%로도 되지 않는 0.0%를 기록하고 있어 층수기준 전문적 관리 대상에 해당되는 건물자산의 동수는 겨우 267,200동으로 집계되고 있어 전체 대비 4%에 불과하다.

층수별 전국 건물자산의 현황을 표로 정리하면 <표 1-3>과 같다.

(4) 소유구분별 전국 건물자산의 분포현황

〈표 1-4〉 소유구분별 전국 건물자산의 분포현황

(단위 : 동)

구 분	계 Total	국공유 National&Public	개인 Private	법인 Corporation	기타 Others
합 계 Total	6,676,518	147,696 166,239,903	5,258,826 985,948,283	315,552 502,729,472	954,444 1,608,166,831
서 울 Seoul	656,931	10,380 19,540,994	467,367 123,104,971	19,315 50,329,118	159,869 356,732,055
부 산 Busan	384,263	6,959 9,549,942	309,195 50,330,498	17,055 28,949,976	51,054 122,337,082
대 구 Daegu	252,832	3,529 6,151,290	203,724 47,048,206	10,015 23,419,116	35,564 77,032,125
인 천 Incheon	211,494	5,248 6,493,673	140,823 33,340,887	12,270 19,430,333	53,153 90,197,075
광 주 Gwangju	138,220 91,434,644	1,922 3,859,233	114,061 21,931,591	6,359 12,551,141	15,878 53,092,678
대 전 Daejeon	129,955	3,346 14,008,743	104,065 23,862,725	6,655 16,397,073	15,889 46,411,777
울 산 Ulsan	126,268 79,213,548	2,881 2,902,678	91,775 20,811,760	16,050 24,953,077	15,562 30,546,033
경 기 Gyeonggi	1,012,975	19,957 35,446,211	737,128 180,953,926	59,592 102,871,792	196,298 411,845,831
강 원 Gangwon	366,761	14,636 8,525,347	303,046 54,005,324	14,912 13,663,606	34,167 41,149,137
충 북 Chungbuk	348,788	9,771 7,049,668	284,231 82,674,319	19,686 25,807,972	35,100 43,359,274
충 남 Chungnam	498,011	12,717 8,999,198	412,247 60,806,490	25,864 31,226,122	47,183 59,134,342
전 북 Jeonbuk	409,254	9,762 11,098,681	334,096 49,897,205	19,132 34,072,087	46,264 49,909,560
전 남 Jeonnam	593,863	16,874 9,861,059	495,951 60,756,337	26,728 23,466,783	54,310 46,570,936
경 북 Gyeongbuk	740,652	13,546 8,674,050	622,516 84,719,810	32,010 40,351,091	72,580 68,688,347
경 남 Gyeongnam	660,422	13,319 11,865,469	560,556 79,703,537	25,480 50,871,494	61,067 95,967,440
제 주 Jeju	145,829 33,776,196	2,849 2,213,668	78,045 12,000,697	4,429 4,368,692	60,506 15,193,139

(주 : 수록된 수치는 '10. 12월말 기준으로 '11년에 조사한 자료임. 동수가 소수점으로 표기된 이유는 공동소유 건축물이 존재하기 때문임.)

※ 공유 건축물의 경우, 전체 소유자의 소유구분 비율에 따라 산정(예 : 건축물 1동을 개인, 법인이 공유 시 개인에 0.5동, 법인에 0.5동 부여)

(자료출처 : 국토해양부, 국토정책국, 도시정책관, 건축기획과, 2010.)

소유주체의 구분에 따라 개인 소유건물, 법인 소유건물, 국공유 건물, 기타 소유의 건물 등으로 분류되는바 이 중 개인소유 건물이 무려 5,258,826동으로서 가장 많은 분포를 보이고 있으며 국공유 건물자산은 겨우 147,696동으로서 가장 적은 분포를 보이고 있어 건물자산 측면에서 볼 때 개인이 국가보다 부유함을 알 수 있다.

소유구분별 전국 건물 현황(Status of Building by Owner)은 <표 1-4>와 같다.

(5) 건축대지 분포현황

건물은 토지의 정착물이므로 건물의 건축에 사용된 건축대지 현황(Status of Residential Land)을 살펴볼 필요가 있다.

2009년도 통계청, 한국통계연감에 의하면 전국 토지 총면적 99,828㎢로 조사되고 있으며 이 중 건축대지 분포현황은 전국토지대비 2.7%에 불과한 2,659㎢에 불과하며 다음의 [그림 1-8]과 같다.

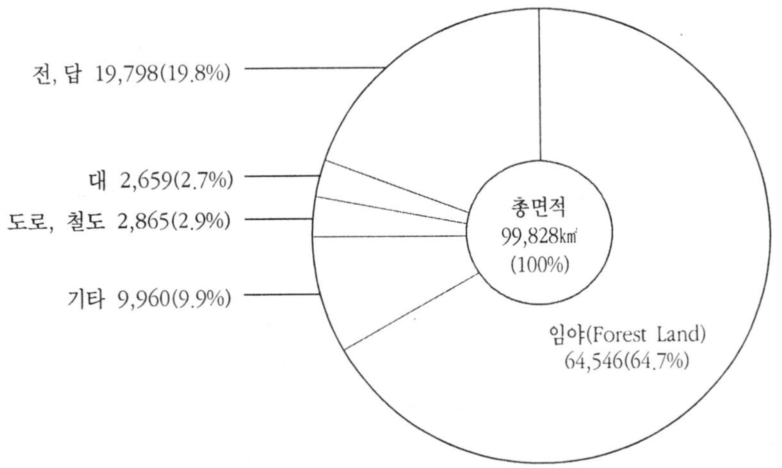

(자료출처 : 통계청, 한국통계연감, 2009)

[그림 1-8] 건축대지 분포현황

4. 전국 건물자산의 경제적 가치분석과 평가

국내 건물자산의 경제적 가치에 대하여 공식적 통계나 연구자료에 의하여 밝혀진 자료는 없으나 2007년 민주노동당 심상정 국회의원이 당시 재경부로부터 제출 받은 자료에 의하면 2007년 1월 1일 기준 전국의 유형 별 부동산 공시가액은 3,825조원에 달하고 있는 것으로 밝혀지고 있다.

〈표 1-5〉 전국 부동산 유형별 가액현황

(단위 : 조원)

부동산유형		2005.1.1 기준	2007.1.1 기준	증가액
〈주택①〉		1,083조원	1,569조원	486(44.9%)
	아파트	711	1,131	420(59.1%)
	단독주택	302	327	25(8.3%)
	연립 · 다세대	70	111	41(58.6%)
〈토지②〉		1,571조원	2,034조원	463(29.5%)
	전체공시지가	2,176	2,911	735(33.8%)
	주택 부속토지	(△605)	(△877)	272(45.0%)
〈상가 등 건물③〉		192조원	222조원	30(15.6%)
합계(①+②+③)		2,846조원	3,825조원	979(34.4%)

주1) 아파트는 국세청(2005.5.2)과 건교부(2007.04.30)공시가격 통계 기준.
주2) 단독주택은 건교부(2005.04.30)와 시 · 군 · 구(2007.04.30)의 공시가격 통계 기준.
주3) 연립 · 다세대는 건교부(2005.04.30, 2007.0430) 공시가격 통계 기준
주4) 전체 공시지가는 건교부(2005.04.31)와 시 · 군 · 구(2007.05.31) 공시가격 통계 기준.
주5) 2005.1.1 기준 주택 부속토지는 재경부가 '건교부 추정' 통계로 제출한 것임. 이는 2005년 주택 공시가격 총액의 55.8%에 해당함. 2007.1.1 기준 주택 부속 토지 가격은 별도 제출되지 않아 2007년 주택 공시 가격 총액 1,569조원의 55.8%에 해당하는 가격으로 추정한 것임
주6) 상가 등 건물은 현재 공시가격이 없으므로 행자부 재산세 과세표준액으로 계산, 다만 2006년 과세표준액은 발표 되지 않아 2005.1.1은 2004년, 2007.1.1은 2005년 과세표준액으로 계산

(자료출처 : 심상정, 민주노동당 국회의원, 2007. 10. 16 보도자료)

그러나 이는 전국 부동산 공시가액으로서 주택가액 1,569조원, 토지가액 2,034조원, 상가 등 건물 222조원 등을 합계한 총액이므로 실제 전국 건물자산의 공시가액기준 경제적 가치는 1,791조원으로 분석된다. 그러나 실제 건물자산의 가치(Present Value)는 20%정도를 더한 경제적 가치로 평가된다. 왜냐하면, 주거용 건물과 상업용도 등의 건물가액은 정부 당국에 의하여 고시된 공시가격 또는 기준가액이기 때문이다. 그러므로 실제 전국의 건물자산의 경제적 가치는 2,149조원으로 추정된다.

전국 건물자산의 경제적 가치를 나타내는 전국 부동산자산(건물자산과 토지자산) 유형별 가액 현황은 <표 1-5>와 같다.

5. 건물자산의 중요성과 특성

(1) 건물자산의 중요성

「사람이 건물을 지으나 지어진 건물은 사람을 다시 만든다」는 격언과 같이 건물은 인간의 삶과 생활과 일의 영위에 있어서 어느 재화보다 중요하다. 그러므로 인간이 삶과 생활과 일의 영위를 통하여 정상적으로 생존해가려면 적어도 衣·食·住로 표상되는 생활환경 조건에 적합해야 한다. 특히, 현대와 같이 시간과 공간의 이동이 심하고 복잡한 사회구조 속에서 삶과 생활과 일을 정상적으로 영위하기 위해서는 건물의 공간과 기능, 조화, 질서와 미 등 건물(住환경)의 도움이 절대적으로 필요하다. 왜냐하면, 인간은 농업사회에서 산업사회로 진입하면서 작업공간이 장외에서 실내로 이동하면서부터 1년 365일, 하루 24시간 대부분의 세월과 시간을 광의의 건물 및 협의의 건물과 관계를 유지하는 가운데 살아가고 있으며, 특히 지식경제사회로 진입한 오늘날 컴퓨터를 도구로 살아가는 현대사회의 경우, 최첨단 정보, 통신 전자시설들이 위치하고 있는 건물의 도움을 받아 삶과 생활과 일을 영위할 수밖에 없기 때문이다. 그러므로 인간생존 측면에서 볼 때 건물은 다른 어떤 재화보다 매우 중요한 자산이라 할 수 있다.

예컨대, 사람들의 일상을 살펴보아도 광의의 건물[1])과 함께 협의의 건물[2])과의 관계유지 속에 건물로부터 도움을 받아 살아가고 있음을 알 수 있다.

건물의 생애(Building Life Cycle)[3]) 측면에서 건물의 기능과 역할을 살펴보면, 인간의

1) 광의의 건물이란 인간의 자본과 기술과 노동력으로 결합하여 생산한 모든 종류의 건설물의 의미한다. 이에는 건축물, 시설물, 구축물, 구조물, 축조물 등이 모두 포함된다.

2) 협의의 건물이란 광의 건물의 종류 중 건축물만을 의미한다. 건축물은 토지의 정착물로서 3차원의 공간과 기능과 미(美) 등을 갖춘 건축물을 의미한다. 건물의 용도는 28종에 이르며 2007년 12월 31일 현재 약 649동을 상회하고 있다. 건물자산관리학의 연구범위는 협의의 건물인 주거용 건물, 상업용 건물, 공업용 건물, 문교사회용 건물, 기타 용도의 건물에 한정하고 있다.

3) 건축학측면의 건물의 생애(Building Life Cycle)는 건물의 설계단계, 시공단계, 유지관리단계 그리

요구나 목적 또는 필요에 의하여 기획・설계되고 시공됨으로써, 건물의 일생이 시작되고 유지관리됨으로써 사용가치와 수익가치(교환가치) 등을 유지 또는 증가시켜 사용수익의 유익을 제공하다가 스스로 붕괴되거나 인위적으로 철거되어 건물의 일생이 끝나게 됨으로써 마침내 인간과의 상호관계가 종료하게 된다.

그러나 건물의 기능과 역할에 있어서 중요한 점은 건물의 완성 즉시, 소유권이 누구의 소유와는 관계없이 그리고 소유자의 신분이나 의도와는 전혀 무관하게 한 도시의 구성요소가 되고 기반시설이 되며 사회적 인프라로서 기능과 역할은 물론 재화와 자산으로서 기능과 역할[4]을 하게 된다.

이와 같은 관점에서 볼 때 도시의 구성요소와 기반시설 및 인프라, 국부의 상징, 국부의 척도, 재화와 재산개념의 건물은 매우 중요한 개인적・사회적・국가적・경제적 기능과 사회적 기능과 역할을 담당하고 재화적 기능과 역할 및 재산적 기능과 역할을 동시에 수행하고 있다.

경제측면에서도 건물은 대단히 중요한 기능과 역할을 담당하고 있다.

경제개념의 건물은 재화이자 상품이며 재산의미의 자산개념을 가지고 있으면서 건물재화의 생산과 소비를 통하여 부가적 경제가치를 창출하며 건물사용에 필요한 서비스 역시 생산, 분배(제공), 소비하게 됨으로써 건물의 공급활동과 거래활동 및 서비스활동을 통하여 경제적 부가가치를 재창출하여 건물의 생산자, 유통업자, 건물의 소비자와 건물의 소유자, 사용자, 이용자, 관리자 등 이른바 건물자산관리 이해당사자나 건물자산관리 이해 관계자 모두에게 경제적 이익을 제공하여 일상의 사회생활과 경제생활을 함께 지원하고 있다.

또한, 경제측면의 건물은 경제적 강자인 자본가의 투자로 건축된 건물공간을 경제적 약자인 소자본의 입주자가 경제적 비용으로 임차하여 사용수익하게 함으로써 자본투자이익을 간접적으로 누리게 하는 사회 분배 효과도 함께 가지고 있다. 건축공학측면의 건물은 인간의 안전한 생활을 보호하는 쉼터(Shelter)의 기능과 역할을 하고 있다.

종전의 건축개념은 미(美), 기능, 안전개념을 바탕으로 건물을 설계, 시공하였으나 현대 건물의 설계개념은 종전의 미, 기능, 안전개념과 함께 환경과 에너지 개념을 추가적으로 접목하여 보다 안전하고 쾌적하며 편리한 건물로서 효율적으로 사용수익하도록 설계, 시공되고 있다. 따라서 현대 건물은 이와 같은 현대 설계개념의 설계와 시공을 통하여 편리하고 안전하며 쾌적하게 효율적으로 건물의 사용과 수익이 가능하도록 건축물을 완성하여

고 철거단계 등을 의미하며 부동산학 측면의 생애단계는 신축준비단계, 시공단계, 유지관리단계, 폐물단계 등으로 구분된다. 그러나 건물자산관리학측면의 생애단계는 취득단계, 보유 및 운영관리단계, 처분단계로 구분하고 있다.

4) 건물의 성격에는 재화적 성격과 재산적 성격이 있다. 따라서 재화적 기능과 역할 및 재산적 기능과 역할을 통하여 인간의 삶과 생활과 일을 지원하고 있다. 재화적 기능과 역할은 시설물 관리활동을 통하여 나타나며 재산적 기능과 역할은 시설관리활동을 토대로 수행되는 건물재산 경영활동의 결과로 얻어지는 특징이 있다.

인간생활을 지원해주고 있다.

따라서 건물자산관리학 측면에서도 건물개념을 자산개념으로 인식하고 건물자산에 보존·이용·개량개념을 접목함으로써 건물자산의 경제적 가치 보존과 이용과 개량을 통한 경제가치 창출을 도모함으로써 건물자산의 소유자와 사용자 모두에게 경제적 측면에서 상호 기여하도록 하고 있다.

또한 건물의 기능과 역할을 통하여 편리한 인간의 주생활(住生活)과 정서 및 정신건강과 육체적 건강에도 적지 않은 영향을 주고 있다. 왜냐하면 건물은 사람에 의하여 지어지나 지어진 건물을 사람을 다시 만들기 때문이다. 또한 건물은 인간의 주생활에 필요한 안전성·경제성·편리성·쾌적성 외에 보건성·내구성·미관성·청결성 등을 함께 제공하여 건물환경을 생활에 적합하게 조성하고 건강 환경을 확보해줌으로써 인간의 주거생활과 경제생활을 함께 지원하고 있다.

이상에서 설명한 건물 자산의 중요성을 요약정리하면 다음과 같다.

첫째, 건물은 인간의 삶과 생활과 일과의 관계에서 1년 365일, 하루 24시간 대부분의 세월과 시간동안 인간과 상호 밀접한 관계를 유지하면서 건물의 기능과 역할을 통하여 주(住)측면에서 인간의 삶과 생활과 일(생산과 서비스활동)을 직접 또는 간접으로 지원하고 있는 생존필수자산이다.

둘째, 건물은 소유자의 신분이나 의도와 상관없이 완성 즉시 한 도시의 구성요소가 되고 기반시설이 되며 인프라의 기능과 역할을 한다. 따라서 편리한 사회생활이 가능하게 하는 사회적 자산이다.

셋째, 국가적으로도 건물은 부의 척도가 되며 국가적 시설로서 국가존립의 기반이 되며 사회적 기능과 역할을 도모하는 국가적 자산이다.

넷째, 경제측면에서도 건물은 경제생활에 필요한 재화와 서비스의 원천으로서 현금을 매개로 상품이 되어 건물재화의 생산, 분배, 소비와 건물서비스의 생산, 분배, 소비과정을 통하여 사용가치와 교환가치를 높여 경제가치와 이익을 창출하게 함으로써 국민경제생활을 지원하는 경제적 자산이다.

다섯째, 건축공학측면의 건물은 비·바람이나 눈·태풍 등 자연재해와 여러 가지 위험으로부터 사람을 보호하는 Shelter 역할과 기능을 하고 있는 생존보호자산이다.

여섯째, 건물은 공간·미·안전·기능·환경·에너지 등 건물의 요소적 기능과 역할을 통하여 안전하고 편리하며, 건강하고 쾌적하게 건물의 사용과 수익이 가능하도록 지원하고 있는 사용수익자산이다.

일곱째, 건물자산관리학 측면의 건물은 연구의 중심으로서 자산으로 인식하고 사용가치와 수익가치를 함께 높여 최유효 건물 사용수익화함으로써 사회적 만족과 경제적 만족을 함께 제공하여 국민의 사회생활과 경제생활을 지원하고 있는 사회경제적 복합자산이다.

결론적으로, 건물은 생존 필수자산으로서 주(住)측면의 생존지원기능과 역할과 사회적 자산으로서 도시의 구성요소이자 기반시설이며, 인프라로서 국부의 상징이자 척도의 기능과 역할, 국가적 자산으로서 사회생활과 경제생활에 필요한 재화 등의 기능과 역할, 보호적 기능과 역할, 경제적 자산으로서 사용수익 지원 등의 기능과 역할 등을 통하여 인간의 삶과 생활과 일을 직접 또는 간접으로 지원하고 생존보호자산으로서 인간을 보호하는 Shelter 기능과 역할, 사용수익자산으로서 사용수익지원 기능과 역할, 사회경제복합자산으로서 사회생활과 경제생활을 지원하는 기능과 역할 등으로 건물은 인간에 있어서 매우 중요한 재화이고 자산으로서 인간의 사회생활과 경제생활의 영위를 위한 소중한 자산이라 할 수 있다.

(2) 건물자산의 특성

건물은 경제생활과 사회생활에 반드시 필요한 자산으로서 특별하고 고유한 성질이 있는 바 이를 건물자산의 특성이라 한다.

건물자산의 특성은 다음과 같다.

① 토지의 정착성과 비이동성

건물은 토지의 정착물이므로 이동이 어려운 재화이다. 이동이 어렵다 함은 이동에 큰 비용이 소요되거나 장시간 소요의 어려움 등으로 쉽게 이동할 수 없음을 의미한다.

미국, 유럽 등의 Mobil Home 또는 Mobil House 등은 이동이 가능하도록 설계되어 있으나 사용수익하기 위해서는 일정한 토지면에 정착하고 정착할 토지 상하에 미리 설치해둔 전화선, 가스선, 전기선, Cable TV, 상하수도 시설 등과 연결이 이루어져야 하므로 결국, 건물은 토지의 정착물로서 정착성과 비이동성의 특성이 있다. 그러나 일부 부동산학 학자가 건물의 이동성을 주장하고 있으나 건물이동의 대상은 부동산 본래의 성질을 충족하지 못하는 가건물, 비닐하우스, Mobil Home정도의 예외적 경우에 국한되고 있으므로 건물자산은 본질적으로 토지의 정착성과 비이동성의 특성이 있다 하겠다.

② 토지개별용도의 의존성과 토지공법의 제약성

건물은 토지개별용도에 따라 건축여부가 결정되며 따라서 건물은 건축 가능한 용도에 의존하여 건축하게 되며 건축법, 주거환경정비법 등 토지공법의 규정에 따라 건폐율과 용적률 등의 제약을 받는 성질이 있다. 따라서 건물은 토지개별용도의 의존성과 토지공법상의 제약성이 있다.

③ 생산가능성과 용도의 다양성

건물은 인간의 자본과 노동력과 기술의 결합에 의한 건설물이므로 생산(건축) 조건이 충족되는 경우, 언제든지 생산이 가능하다. 또한 건물은 건축법에 따라 28종의 다양한 용도성을 자기고 있으므로 용도다양성의 성질이 있다.

④ 물리적 비영속성과 경제적 감가상각성

건물은 물리적으로 일정한 내구연한을 가지는 내구소비재이며 경제측면에서도 매년 실시되는 감가상각으로 경제적 내용연수가 점차 경감됨으로써 물리적 또는 경제적으로 내구소비재의 성질이 있다. 따라서 토지의 자연적 특성의 하나인 영속성과는 반대의 특성을 가지고 있다. 이는 인간에 의하여 생산된 창조물의 물건한계성에 전적으로 기인하고 있기 때문이다. 그러므로 건물은 물리적 비영속성과 경제적 감가상각성을 동시에 가지고 있다.

⑤ 재화성과 재산성

건물자산은 물건이므로 재화적 성격을 가지고 있으며 동시에 경제적 가치로 인한 재산적 성격을 가지고 있어 재화성과 재산성 등의 양면성이 있다.

이와 같은 건물의 양면성이 건물로 하여금 자산성을 가지게 하고 있다. 따라서 건물은 자산 의 일종이므로 건물자산관리학에서는 건물자산으로 호칭하고 있다.

6. 건물자산의 생애주기와 총생애비용

건물은 일반적으로 기획설계단계를 시작으로 신축단계와 유지관리단계를 거쳐 특별한 재해나 안전사고가 없는 경우 일반적으로 노후화 과정을 거쳐 폐물이 되거나 철거되는 단계를 거치게 된다.

이와 같이 건물의 단계별 일생을 생애주기(Building Life Cycle)라 하며, 크게 건축학 측면의 건물생애주기와 부동산학 측면의 건물생애주기 그리고 건물자산관리학 측면의 생애주기로 대별된다.

(1) 건축학 측면의 생애주기

건물의 생애주기(Building Life Cycle)는 일반적으로 건물의 생애단계로 표현하고 있는 것으로 종래에는 부동산학에서 그 진행단계를 인간 생태학적 측면에서 신생단계, 안정단계, 노후단계, 폐물단계 등 4단계로 분류하여 왔으나 건물자산관리의 성질상 건물 진행단계를 정확히 할 필요가 있다. 건축공학 측면에서 건물생애주기를 구분하면 다음과 같다.

1) 제1단계 : 건물신축 준비단계

건물소유자가 신축하고자 하는 건물의 기획, 경제성과 기술성의 타당성 검토를 거쳐 신축계획안을 확정하고 부지의 구입 또는 준비, 설계, 건축허가, 시공자 선정, 자재, 장비, 자금의 준비, 착공계 제출 등 착공 전까지의 모든 준비단계를 건물신축 준비단계라 한다.

2) 제2단계 : 시공단계

착공하여 완공한 건물은 사용승인을 받은 후 보존등기하고, 설비의 작동시험(커미셔닝)과 시설의 운전점검 및 안전점검 후 건축주에게 인계하기까지를 시공단계로 본다. 소유자에 의한 관리 준비는 건물의 종류에 따라 다소 차이는 있으나 건물완공 6개월 전에 착수하지 않으면 안 된다. 건물이 대형이고, 고층건물이거나 건물의 설비 위험 정도가 클수록 완공 6개월 전에 관리조직을 구성하고 관리자를 사전에 선발하여 교육 및 훈련을 실시하는 등 관리를 시작할 만반의 준비를 진행하지 않으면 안 된다. 따라서 시공단계부터 관리의 사전준비 작업을 시작하고 인수준비 하는 것이 현명하다.

3) 제3단계 : 유지관리단계

완공 후부터 철거될 때까지의 단계를 말한다. 건물 총 생애비용(BLCC : Building Life Cycle Cost) 중 약 80% 이상이 소요되는 단계이며, 건물의 일생 중 가장 긴 단계이다. 이 단계에 건축주는 건물투자비의 회수와 투자이익 극대화 및 사용목적과 수익목적을 달성하게 된다. 즉, 사용수익을 최대화하여 경제적 만족을 극대화하게 된다. 유지관리단계 중에는 건물이 성장하고(성장단계), 노후 되며(노후화단계), 폐물 되는(폐물단계) 내부적 단계를 거치게 된다.

유지관리 단계에서는 [그림1-9]와 같이 건물의 초기성능이 경과시간이나 사용 잘못 등으로 인하여 초기기능이 점차 후퇴하게 되므로 초기성능을 계속 유지하거나 증가시키기 위해서는 점검/보수, 진단/교체의 유지관리 활동이 지속적으로 요구된다.

4) 제4단계 : 철거단계

건물의 생애 중 최종단계로서 인위적으로 토지의 재사용을 위하여 또는 물리적으로 수명이 다하여 철거하게 된다. 철거단계에서 반드시 검토해야 할 사항은 토지 재사용을 위한 철거의 경우, 철거하여 재건축하였을 때 소요되는 비용과 기존 건물을 리모델링하는 경우의 비용을 각각 산출하여 경제성 검토를 해야 한다. 또한 이 단계에서는 유지관리비의 지출을 최대한 억제해야 한다.

(2) 부동산학 측면의 건물생애주기

부동산학 측면의 건물생애주기는 전술한 바와 같이 인간 생태학적 측면에서 신축단계, 안정단계, 노후단계, 폐물단계로 구분한다.

1) 신축단계

건물이 기획, 설계, 건축허가, 시공과 완공을 거쳐 물리적으로 완공되고 권리상 보존등기가 경료될 때 즉, 새롭게 태어날 때를 신축단계라 한다.

건물 외관의 미관은 완공시 가장 완벽하게 나타나며 물리적 기능은 신축단계 1년 후부터 가장 높게 나타나기 시작한다.

수익성 임대 신축건물의 경우 완공 6개월 전부터 임대관리 업무가 시작되어야 하며 완공시 약 70% 이상의 임대가 완료되어야만 임대수익의 극대화가 효율적으로 달성될 수 있다.

특히, 건물의 신축단계에서 경기후퇴국면에 있는 경우 수요가 감퇴하여 건물자산임대가 계획대로 진행될 수 없으므로 특단의 공격적 임대마케팅이 필요하며 임대전략의 구사가 크게 요구된다.

신축건물이 공실상태로 겨울철을 지나는 경우 건물소유자의 관리비부담이 늘어나 건물의 경영에 손실이 크게 발생할 수 있으므로 유의해야 한다.

따라서 신축 전 건물수요분석과 사업타당성 조사 및 시장분석을 철저히 하여 미리 대비하여야 한다.

2) 안정단계

신축건물이 정상적 기능발휘와 공실이 전혀 없이 임대 완료된 상태에서 본격적으로 운영되는 단계로서 중년단계라 호칭하기도 한다.

건물관리가 정상적으로 이루어지면 안정단계는 정기적으로 유지되나 부실한 경우 안정단계가 단축되는 특징이 있다.

안정단계의 관리요령은 일상적 점검과 유지보수가 이루어지며 예방관리에 중점을 두고 노후화방지에 최선을 다해야 하며 조기 대수선을 미리 예방하여 경제적 관리를 해야 한다.

이 시기에는 자산재평가와 함께 임대관리가 효과적으로 수행되도록 하여 임대소득이 장기적으로 안정될 수 있도록 정기적 평가와 조정의 노력을 해야 한다.

3) 노후단계

안정단계 다음의 단계로서 건물의 물리적 상태가 급격히 악화되고 임대소득이 점차 줄어드는 상태를 말한다.

노후단계의 악화현상은 외관의 악화, 기능의 저하, 잦은 고장, 자산가치의 하락, 임대소득의 저감 등으로 나타난다.

노후단계에서부터 유지관리비의 급상승이 나타나므로 소극적 경제관리에 크게 신경 써야 한다.

또한 대수선 또는 매각을 결정해야 하는 단계이다.

4) 폐물단계

폐물단계는 노후단계 다음의 마지막 단계로서 물리적으로 외관의 악화와 설비의 노후화로 쓸모없는 정도의 악화된 상태를 의미한다.

또한 건물의 자산가치가 크게 떨어져 토지(대지)가격만이 자산가치로 평가받는 단계이다.

이 단계에서는 철거와 재개발을 검토해야 한다. 폐물단계의 건물은 물리・경제(재화와 재산가치) 양면 모두를 판단해야 한다.

(3) 건물자산관리학 측면의 생애주기

건물자산관리학 측면의 건물자산 생애주기는 건물자산 생애과정을 지준으로 다음과 같이 3단계로 이루어진다.

1) 취득단계
2) 보유 및 운영관리 단계
3) 처분단계

취득단계란 자산을 운용하여 건물자산을 매입하거나 신규개발 또는 재개발 등을 통하여 건물자산의 소유권과 점유권을 확보하여 법률적 또는 사실상 점유하는 단계를 의미하며 보유 및 운영관리 단계란 취득건물자산을 보유한 상태에서 사용가치와 수익가치를 증가 또는 극대화하는 단계를 말한다. 그리고 마지막 처분단계란 보유 및 운영관리 중인 건물자산을 법률적 처분을 통하여 양도하거나 담보 등의 이유로 권리설정하거나 보수, 개량, 증축, 개축, Renovation 등 물리적 처분 또는 사실적 처분 등의 단계를 의미한다.

생애주기를 정확히 읽고 이해해야 하는 목적은 시설관리 측면에서 생애주기(생애단계)별 시설관리 업무의 성격이 다소 상이하고 유지관리 비용의 증감이 일어나며 일정한 시기(예 점검시기, 보수시기, 진단시기, 교체시기, 대수선시기, 매입시기, 매각시기 등)를 놓치는 경우 삽으로 막을 수 있는 것을 쟁기로 막아야 하는 이른바 유지관리 요소인 비용과 시간 및 노력의 대가를 크게 지불해야 하기 때문이다.

자산운용 측면에서도 적정 시기에 최적자산의 매입을 놓치거나 전략적 매각 타이밍을 놓치는 경우 자산관리의 성패가 손실 쪽으로 결과가 나게 된다.

따라서 생애주기별 필요로 하는 점검보수, 진단교체나 대수선, 매입과 매각 등의 단계별(생애주기별) 업무를 적절히 처리하여 시설관리 측면에서 완성된 시설물의 구조적, 기능, 또는 미관상 건물의 기능과 성능을 장기적으로 유지하며 소극적 경제관리를 통하여 유지관리 비용의 최소화와 관리효용의 극대화가 이룩되고 적극적 경제관리를 통하여 자산운용 측면에도 자산위험의 최소화(Asset Risk-Minimum)와 자산이익의 최대화(Asest Return-Maximum)가 달성되도록 건물자산의 생애주기를 체계적으로 관리해야 한다.

큰 틀의 건물자산관리에 있어서 자산운용은 건물자산관리학의 생애주기(취득단계, 보유 및 운영관리단계/처분단계)에 따라 단계별 특성과 처리 업무를 효율적으로 처리하여 자산을 운용해야 하며 시설관리는 부동산학 측면의 생애단계(신축단계/안정단계/노후단계/폐물단계)에 따라 체계적으로 관리(점검보수, 진단, 교체)하여 건물 완공 초기의 기능과 성능이 정상적으로 유지되어 최유효건물 사용화 상태가 장기적으로 유지되도록 해야 한다.

시설관리 측면의 생애단계별 건물의 기능과 유지관리의 필요성, 점거보수 시기와 진단교체시기 그리고 사회적 변화와 변화에 따른 입주자의 요구들에 의한 사회적 기능 등의 종합적 내용을 도식화하면 [그림 1-9]와 같다.

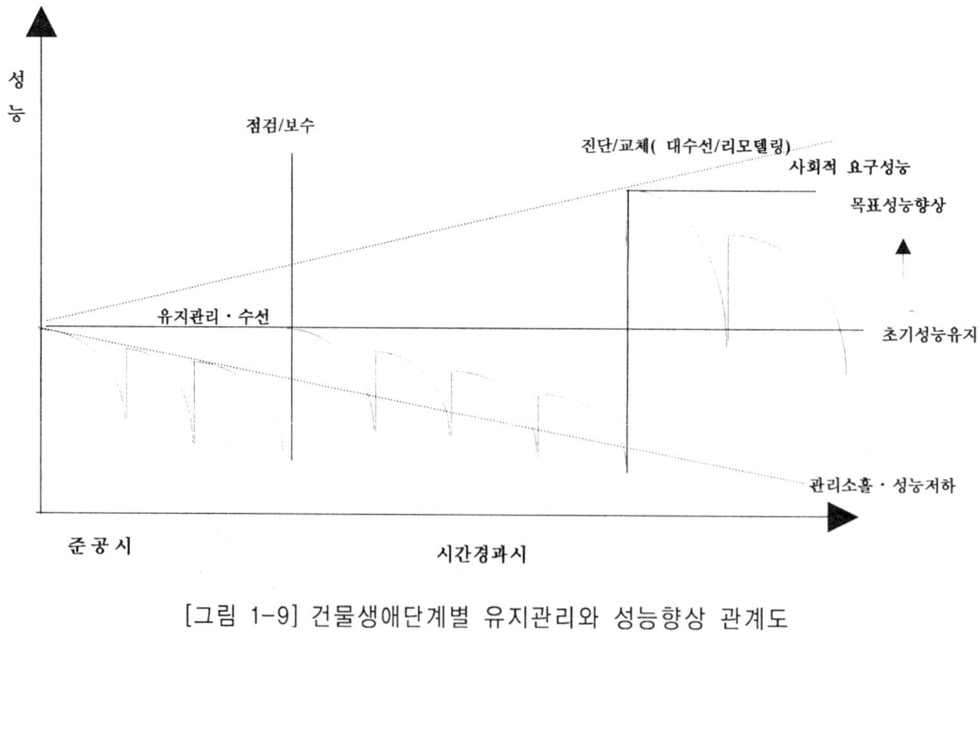

[그림 1-9] 건물생애단계별 유지관리와 성능향상 관계도

(2) 건물자산의 총 생애주기비용

건물의 총생애주기비용(BLCC, Building Life Cycle Cost)이란 건물의 기획, 설계, 시공, 유지관리 및 철거 등 건물의 일생동안 소요되는 총비용을 의미한다. 즉, 기획·설계비용, 건설비용, 유지관리비용 및 폐기처분비용 등의 합계비용을 의미한다.

건물총생애주기비용은 건물의 유용성보다 적어야 유리하며 건물 생애주기총비용은 자산관리 측면에서 보면 건물자산의 초기 매입, 운용, 유지관리, 처분에 소요되는 총비용을 지칭한다.

총 생애비용의 분석 목적은 건물자산의 경영관리에 있어서 가장 경제적 방법으로 자산을 운용하는 데 있으며 가장 경제적 관리모델이나 대안을 얻는 데 있다.

건물자산 LCC는 통상 취득(매입) 20%, 보유 및 운영관리 70%, 그리고 처분(매각)이 10%의 단계적 비중을 가지고 있다.

따라서 효과적인 건물시설관리는 유지관리비용의 경제화에 관건이 있다 하겠다.

이를 위해서 기획·설계 때부터 경제적 방법으로 유지관리가 될 수 있도록 설계되어야 하고 건축되어야하며 완공 후 체계적인 관리로 조기노후화 방지와 조기대수선 공사를 방지해야하고 재난, 재해 등을 예방하여 인적·물적 손실을 방지해야 한다.

BLCC란 Building Life Cycle cost를 의미하는 것으로 전술한 바와 같이 건물 총생애비용을 말한다.

시설관리에 있어서 BLCC관리의 목적은 총생애비용 중 약 80% 이상을 점하는 유지관리단계의 운영관리비를 사전점검과 보수, 진단과 교체 등으로 조기 대수선 공사를 방지하고 조기 노후화를 예방하여 완공 초기의 건물의 기능과 성능을 장기적으로 유지하고 점차 기능과 성능을 개선하여 향상시킴으로서 시간의 경과나 사회적 변화, 자재 장비의 발달, 입주자의 요구 증대, 시스템의 향상에서 요구되는 건물의 기능과 성능을 높이는 데 필요한 유지관리비를 통제하여 가장 경제적 방법으로 시설관리가 이루어지도록 처리하는 데 목적이 있다.

건물 총생애 비용의 비중은 일본능률협회가 조사한 연구자료에 의하면 기획설계비용 0.4%, 건설시공비용 16.0%, 운영관리비용 83.2%, 폐기처분비용 0.4% 등으로 조사되고 있다.[5)]

이상과 같은 Building Life Cycle Cost의 관리는 가장 큰 비용이 요구되는 유지관리단계에서 운영관리비용을 최소화하고 관리효용은 극대화하여 정상기능과 성능의 장기적 유지와 내용연수 연장 그리고 최유효 건물사용화가 가장 경제적 방법으로, 안전하게 그리고 효율적으로 적합하게 달성하는 데 그 목적이 있다.

---

5) 건설교통부(현, 국토해양부), 한국건설교통기술평가원, 집합건축물의 유지관리 및 보수기법개발 연구보고서, 2006. p.107, 재인용

7. 건물의 구성요소와 주요 구조부

(1) 건물의 구성요소

건물은 토지에 정착된 유체물로서 건축물(건축시설)과 건축설비 및 건축대지와 부대시설 등으로 구성되어 있다. 즉, 건축대지, 건축물(건축시설), 건축설비와 부대시설로 구성되어 공간과 함께 건물의 기능 등을 제공하고 있다.

건물 주요구성 부분의 내용은 다음과 같다.

1) 건축대지

건축대지란 건물의 건축에 사용된 토지를 의미하고, 건물 바닥면적과 수평투영면적을 포함한다. 건축대지에 건축된 바닥면적 외에 건축대지와 부지 및 상하에 설치된 옥외주차장 시설, 조경물, 맨홀, 상·하수도 배수관, 전기통신 인입배선 등이 관리의 대상이 된다.

2) 건축물

건축물(건축시설)이란 기초, 기둥, 벽, 보, 바닥(슬래브), 지붕, 주계단 등 구조체의 뼈대 부분과 수장(치장), 마감 등의 중요 구성부분과 부속시설 및 건축부재를 의미한다.

3) 건축설비

건축설비란 건물의 주요 구성부분으로서 건축물에 장착되어 설비기능을 나타내기 위한 전기·통신·기계 등의 설비들을 의미한다. 즉, 건축설비란 건축물에 부착되거나 장착된 것으로 전기설비, 전화설비, 가스설비, 급수(給水) 및 배수(配水)와 배수(排水)설비, 환기설비, 냉난방설비, 소화설비, 배연설비 및 오물처리설비, 굴뚝, 승강기, 피뢰침, 국기게양대, 공청시설 안테나, 유선방송 수신시설, 우편물 수취함 등의 설비를 의미한다.[6]

설비의 구체적 내용과 설비의 운전정비 및 보수, 기타 기술관리 내용은 이 책의 각론인 《건물자산기술관리론》에서 자세히 설명하고 있으므로 이를 참고하기 바란다.

4) 기타 부대시설

건물의 부대시설이란 담당, 대문, 조경시설물과 옥외의 가스·유류 저장시설과 관리용 창고, 관리사무실, 경비실, 옥외주차장, 냉각탑 등을 의미한다. 기타 부대시설은 종물로서 주물인 건물자산이 매매되는 경우 종물은 특약이 없는 한 함께 소유권이 이전된다.

---

6) 「건축법」, 제2조 제1항 제3호.

(2) 건물의 주요 구조부

건축물(건축시설)을 형성하는 주요 구조부에는 구조체와 구성부분이 있다. 뼈대를 구조체라 하는데 구조체란 ① 벽(내력벽), ②기둥, ③ 보, ④ 바닥, ⑤ 지붕, ⑥ 주계단을 말한다. 구조체를 통상 골조라 부르기도 한다. 구조체의 하자보수는 원칙적으로 소유자(임대인)의 책임과 비용으로 처리해야 한다. 건축물 구조체는 뼈대와 외피 및 실내공간으로 구성되어 있다. 시설관리대상건물의 구조체는 어떤 형태와 내용인지, 설계와 시공상의 차이점은 없는지 확인해두어야 한다.

건축물의 주요 구성부분의 종류와 역할은 대체로 다음과 같다.

관리대상건물(실체관리대상)의 주요 구성부분을 준공도면을 보고 현황을 확인하고 파악해두는 것이 실체건물관리에 도움이 된다.

1) 기초(Foundation, Footing)

건물 상부하중을 지반에 전달하여 안전하게 지지할 수 있게 지정을 포함한 하부구조를 의미한다.

2) 기둥(Column)

바닥판 · 지붕 등의 하중을 부담하는 수직재를 말한다.

3) 벽체(Wall)

수직공간을 차단시킨 구조를 말한다. 외벽과 내벽이 있으며, 상부의 하중을 지지하는 벽체를 내력벽(Bearing Wall)이라 한다.

4) 바닥(Slab, Floor)

건물의 수평체 부분으로서 사람이나 물건을 적재하는 공간으로 적재하중을 기둥 또는 내력벽에 전달한다.

5) 지붕(Roof)

건물의 최상부를 덮어씌운 부분으로 비나 눈을 막는 구체를 말한다. 경사진 지붕과 수평지붕이 있다.

6) 천장(Ceiling)

지붕이나 상층부의 밑을 막아 열 차단, 음향방지 및 장식을 겸한 것을 말한다. 일반적으로 천정과 같은 의미로 사용되나 천정은 보통 반자널이 없는 상층부의 바닥을 말한다.

7) 계단(Stairs)

계단이란 고저 차이가 있는 상부와 하부를 연결시키는 통로를 말한다.

8) 수장(Fixture)

바닥이나 벽면 천장에 방음·단열 등의 차단효과와 장식을 목적으로 본 구체에 붙여진 부재를 말한다.

9) 창호(Door and Window)

물건과 사람의 출입, 통풍, 채광, 기타 목적으로 벽채·지붕·천장 등에 개구부를 설치한 것을 말한다. 창은 채광 통풍의 통로이고, 문은 사람이나 물품의 통로이다. 창과 문을 합하여 창호 또는 문틀이라 한다.

10) 마무리(Finishing)

건축물의 마감재로서 건축물의 본 구조체를 덮어씌운 건물의 내구성을 증대시키고, 장식을 목적으로 시행하는 것을 말한다. 수장공사보다 나중에 하거나 같이 작업한다.

8. 건물의 내용연수

건물의 내용연수의 의미는 인간에 있어서 수명에 해당되는 것으로서 물리적 내용연수를 의미한다. 건물이 신축되어 철거에 이르는 과정은 건축설계능력, 시공기술, 사용조건, 관리상태 등에 따라 다소 다르지만 일반적으로 그 본래의 용도나 용법에 따라 예정한 이용효과를 올릴 수 있는 연수 즉, 물리적 내용연수인 유용성 지속연수를 건물의 내용연수라 한다.

내용연수에는 ① 물리적 내용연수, ② 기능적 내용연수, ③ 경제적 내용연수, ④ 행정적 내용연수, ⑤ 법정 내용연수 등 5가지 종류의 연수 개념이 있다. 이를 설명하면 다음과 같다.

① 물리적 내용연수

건물을 구성하는 주요 설비나 부재가 물리적으로 그 수명을 다하여 기술적으로 그 이상 사용이 불가능하게 되어 폐기할 때까지의 연수를 물리적 내용연수라고 한다. 건물의 사용으로 생기는 마멸, 경과연수, 파손과 훼손시간의 경과, 온도나 습도의 변화, 풍우 등의 자연현상으로 생기는 노후화, 지진, 화재 등 우발적 사고로 생기는 손상의 원인으로 사용이 불가능하게 될 때까지 견디는 연수를 의미한다.

건물은 사무용도의 건물을 기준하여 철근콘크리트조의 경우에는 80년, 연와조의 경우 60년, 시멘트 벽돌 PC조의 경우 50년, 시멘트 블록조의 경우 50년, 목조인 경우 역시 50년의 물리적 내용연수(Physical Life)를 가지고 있다.[7)]

가. 구조별 물리적 내용연수

건축물의 구조별 내용연수는 <표 1-6>과 같다.

〈표 1-6〉 건물의 구조별 내용연수

구조	주거용건물	사무용건물	숙박시설	점 포	창고공장
철근콘크리트조	80	80	80	80	70
연와조	60	60	60	60	50
벽돌조	50	50	50	50	50
브록조	50	50	50	50	40
목조	50	50	50	50	40

나. 건축물 주요시설의 수선주기

건축물의 주요시설의 범위와 내용연수는 <표 1-7>과 같다.[8)]

〈표 1-7〉 주요시설의 범위 및 내용연수

구 분	주요시설	내용연수
전 기	변압기 수전반 발전기(배연기관) 승강기 및 인양기	15년 15-20년 20년 15년
기 계	보일러 급수탱크 보일러수관 순환 펌프 가스 배관 유류 탱크 난방관	15년 15년 9년 10년 15년 20년 15년

(자료출처 : 한국감정원, 유형고정자산내용년수표, 1999, 일부인용)

7) 방경식, 「부동산학개론」, 범론사, 1997, p.541.
8) 「주택법 시행규칙」, 제26조 제1항 별표5.

② 기능적 내용연수

건물이 기능적으로 유효한 기간을 기능적 내용연수(Functional Life)라 한다. 부지와 건물의 부적응, 설계의 부실 그리고 부실 시공설비의 불량과 용량의 부족, 건물 외관의 부적절한 자재선택과 시공 등이 기능연수와 상관관계를 가진다. 즉, 건물의 기능이 한계점에 도달하여 더 이상 건물로서 사용할 수 없게 될 때 기능적 내용연수가 종료하게 된다.

③ 경제적 내용연수

경제적 내용연수(Eeconomic Life)라 함은 경제적 수명이 다하기까지의 한계연수를 말한다. 동일생활권의 변화, 인근 환경과 건물의 부적합, 동일생활권의 다른 건물과 비교한 시장성의 감퇴 등에 의하여 나타난다. 동일생활권은 사회적 · 경제적 · 행정적 요인에 의하여 항상 변화한다. 상업용 건물은 상업권의 중심이 타지역으로 이동함으로써 업무용 건물은 업무지구가 이동함으로써 수요가 감퇴하고, 임대조건이 나빠지는 것이 일반적 현상이다.

건물의 경제적 내용연수에 대한 법정규정은 없으나 다행스럽게도 한국감정원의 유형고정자산내용년수표에 의하면 다음과 같다.

철근콘크리트조와 철골철근콘크리트조 건물의 경제적 내용연수는 다음과 같다.[9)]

- 단독주택, 공동주택, 점포, 호텔, 여관, 극장 등 : 50년
- 청사, 사무실, 은행, 오피스텔, 방송국, 체육관 등 : 55년
- 정비공장, 주차장, 작업장, 식물원 등 : 45년

④ 행정적 내용연수

행정적 내용연수(Administrative Life)는 법 · 제도나 행정조건에 의해 건물의 수명이 다하기까지의 기간을 말한다.

⑤ 법정 내용연수

법정내용연수(法定耐用年數)란 평가 · 감정 · 과세 또는 감가상각을 목적으로 우리나라 법인세법에서 규정하고 있는 내용연수를 의미한다. 우리나라 관계법에 의하여 규정하고 있는 연수는 법정내용연수밖에 없다. 법정내용연수는 주로 감가상각, 건물의 잔존가 평가, 감정평가 등에 활용된다. 법정내용연수는 건물의 구조 · 재료 등에 따라 상이하다.

우리나라 법인세법에서 규정하고 있는 건물의 법정내용연수는 <표 1-8>과 같다.[10)]

9) 강길부, 한국감정원, 유형고정자산내용년수표 , 1999.
10) 「법인세법 시행규칙」, 제15조 제3항 별표 5.

〈표 1-8〉 건물 법정내용연수

구 분	내용연수
연와조, 블록조, 콘크리트조, 토조, 토벽조, 목조, 목골모르타르조, 기타 조의 모든 건물(부속설비 포함)과 구축물	20년 (최소 15년~최대 25년)
철골·콘크리트조, 석조, 연와석조, 철골조의 모든 건물(부속설비 포함)과 구축물	40년 (최소 30년~최대 50년)

(자료출처 : 법인세법 시행규칙 제5조 제3항 별표5)

제3절 건물자산관리의 필요성과 목적

1. 건물자산관리의 필요성

건물자산은 건물의 특성상 설계와 시공만으로는 인간의 삶과 생활과 일의 영위에 필요한 건물의 기능과 성능을 나타나게 하거나 제공할 수 없다. 왜냐하면 완성된 건물에 대한 시설측면의 보존·유지·개량과 운영관리 등 시설관리활동이 없는 경우 건물의 기능과 성능 및 역할이 만들어지고 제공될 수 없기 때문이다.

또한 재산경영측면에서도 자산의 경영(자산운용과 재무관리)없이는 건물자산의 경제가치 극대화와 경제적 이익이 창출이 투자목적을 효과적으로 달성할 수 없기 때문이다.

전술한 건물의 기능과 성능 및 인간과의 관계를 고찰해 볼 때, 건물은 인간의 생존에 매우 중요한 시설이자 자산이며 사회기반과 인프라이고 도시의 구성요소임이 분명하므로 건물은 인간이 창조한 재화 중 가장 중요한 재화임이 분명하다. 그러나 건물의 중요성을 평가할 때 유의해야 할 점은 건물 중요성의 판단기준은 완성된 건물 그 자체에 있지 않으며 인간의 삶과 생활과 일의 영위에 필요한 기능과 성능 및 역할을 충분히 감당하는 건물자산일 때 비로소 건물자산의 중요성을 평가해야 한다는 점이다.

예컨대 자동차는 이동수단으로서 기능과 성능 및 역할을 할 때 비로소 자동차의 가치가 인정되며, 나팔은 나팔의 소리를 낼 때 비로소 나팔의 가치가 인정되는 이치와 유사하다.

결론적으로, 인간의 삶과 생활과 일에 필요한 기능과 성능 및 역할을 제공할 수 없는 건물은 건물자산으로서 가치가 없다. 그러므로 완성된 건물은 건물의 관리활동을 통하여 인간의 요구와 목적에 부합하는 기능과 성능 및 역할을 감당할 수 있도록 관리되어야 한다.

왜냐하면, 건물의 기능과 성능 및 역할은 건물의 관리활동이 체계적이고 전문적이며 정상적으로 접목될 때 비로소 얻어지는 것이므로 건물자산의 관리는 건물의 설계나 시공 못지않게 매우 필요한 것으로 인식된다.

따라서 건물은 인간의 생활과 삶과 일에 있어서 대단히 중요한 시설이자 자산이며 도시의 구성요소인 동시에 기반시설이고 사회의 인프라이며 국가존립기반으로서 매우 중요한 재화이다.

그러나 건물에 있어서 더욱 필요한 것은 건물다운 건물의 기능과 성능 및 역할을 다할 수 있도록 하는 데 결정적으로 요구되는 것은 건물자산의 관리라 할 수 있다. 그러므로 건물자산의 관리는 선택적인 것이 아니라 필수적이라 할 수 있다.

건물의 중요성은 인간의 삶과 생활과 일에 필요한 적절한 기능과 성능 및 역할을 할 때 비로소 인정되며 이와 같은 건물의 기능과 성능 및 역할을 가능하게 하는 가장 중요한 요인은 건물자산의 관리활동이므로 건물자산의 관리야말로 건물의 설계나 건축의 중요성 못지않게 필요함은 전술한 바와 같다.

그러므로 바람직한 건물의 관리활동을 통하여 최유효 사용과 수익이 가능한 건물로서 기능과 성능 및 역할을 하게 하려면 전문적이고 정상적인 건물관리활동의 접목이 불가피하다.

따라서 이와 같은 전문적이고 정상적인 건물자산관리활동 접목의 불가피성이 건물자산관리 필요성의 근거가 되고 있다. 사람에 있어서 건강관리는 사람을 건강하게 하고 건강한 생활을 보장해 주는 것과 같이 건물에 있어서도 건물자산의 관리는 양호한 건물상태보존은 물론 정상적 기능과 성능을 제공하고 역할을 담당하므로서 건물의 사용수익을 보장해주게 된다.

뿐만 아니라, 안전하고 편리하며 쾌적하게 능률적으로 건물사용이 가능하게 함으로써 사무나 일의 영위에 있어서도 생산적인 사무와 일이 되게 하고 재화나 서비스의 생산에 있어서도 효율적인 생산이 가능하게 된다. 또한 건물자산의 관리는 사람이 건강관리의 결과 사람의 수명 연장을 가져오는 것과 같이 건물의 관리 역시 건물의 물리적 · 경제적 수명을 연장하는 내구화 효과를 가져 오게 한다.

그러나 정상적인 건물자산관리활동이 건물에 접목되지 않는 경우 나타나는 건물의 조기노후화는 물론 건물의 물리적 내구연수를 급격히 단축하게 하는 비내구화 효과와 물리적 · 경제적 내용연수를 크게 단축하게 한다.

또한 정상적 건물자산관리활동이 접목되지 않은 경우, 안심하고 건물을 사용 수익할 수 없으며 안전사고의 유발로 인적·물적 피해를 입게 된다.

그러므로 완성된 건물에 있어서 체계적이고 전문적인 시설관리활동의 접목이 없는 경우, 시설측면(재화측면)에서부터 안전사고나 잦은 고장 등으로 편리하고 안정하게 건물의 사용수익이 어렵게 된다.

또한 건물관리의 부실이나 부재는 건물의 재산경영측면에서도 건물의 경제적 가치를 떨어뜨려 경제적 수익을 감소하게 하고 건물재산경영에도 치명적인 손실을 입히게 한다. 그러므로 건물자산의 관리는 건물의 설계나 시공 못지않게 중요하고 또한 필요하다.

이상과 같은 건물자산관리 필요성의 사례와 설명을 토대로 건물자산관리의 필요 이유를 요약 정리하면 다음과 같다.

(1) 최유효 건물자산 사용수익화를 위한 관리의 필요성

건물의 일반적인 용도는 사용과 수익에 있다. 비수익성 건물은 사용에 가치를 부여하고 있으나 수익성 건물의 경우에는 주로 수익에 가치를 부여하고 있다.

그러므로 비수익성 건물은 주로 사용용도로만 사용된다. 예컨대 교회, 학교, 연구소 건물이 범주에 해당된다. 수익성 건물이나 비수익성 건물을 불문하고 건물의 사용과 수익에는 반드시 전제되어야할 요건이 있는바 이에는 안전성요건과, 쾌적성요건과 그리고 편리성요건 등이 있다.

안전이란 사람 생명의 사망, 부상, 상해, 위해 또는 질병의 감염으로부터의 자유와 재산의 감손으로부터 자유를 의미한다.

다시 말하면, 사람의 생명과 건강에 문제가 없는 상태, 또는 재산상의 멸실이나 손실이 없는 상태를 안전이라 한다.

건물의 소유자, 사용자, 이용자를 불문하고 건물의 사용과 수익활동을 함에 있어서 화재나 감전사고, E/L 추락사고, 붕괴 등의 안전사고가 발생되는 경우에는 건물안전사고는 사용수익의 문제보다 사람의 생명과 재산에 큰 문제점으로 작용하여 치명적인 인적·물적 손실을 발생하게 한다. 쾌적성은 건물 사용수익활동을 하는 사람의 주관적 만족을 의미한다. 건물 쾌적성의 직접 요인은 온도, 습도, 기류, 청정도 등이며 간접 요인으로는 소음, 진동, 냄새, 빛, 색 등의 요인이 있다. 편리성은 건물사용수익에 불편이 없는 상태를 의미한다.

그러므로 최유효 건물 사용수익을 위한 가장 중요한 안전성 요건이라 할 수 있으며, 안전성은 건물의 안전관리활동으로 확보될 수 있다.

건물의 안전사고는 건물위험이 인적 결함이나 물적 결함 등이 환경적 조건과 결합되어 사고로 나타나고 인적·물적 손실이 나타나며 재해로 결과 이어진다.

건물의 안전은 위험의 특성으로 인하여 제로화할 수는 없으나 제로화에 가깝도록 최소화할 수 있다. 이와 같은 위험최소화 사례는 건물관리현장에서 실시되는 1년 365일 무사고 무재해 운동의 사례에서 찾아볼 수 있다.

또한 최유효 건물 사용수익의 또 하나의 건물요건은 쾌적성 요건으로서 건물의 위생환경관리활동으로 해결될 수 있다. 쾌적성이란 건물의 재실자가 주관적으로 기분 좋은 상태를 의미하는 것으로 실내의 온도, 습도, 기류, 청정도 등에 의해서 실내 쾌적성이 만들어지므로 건물관리활동을 통하여 인간의 실내 활동에 적합한 실내온도, 습도, 기류와 청정도 조건이 유지되도록 관리되어야 한다.

또한 건물의 쾌적성에 영향을 주는 것에는 건물의 진동, 악취, 소음, 색채, 냄새, 인간의 호흡, 실내 마감재의 화학적 독성, 실내 활동에서 발생하는 부유분진 등이 있다.

이와 같이 건물실내의 쾌적성을 직접 결정하는 쾌적성 요소와 간접적으로 쾌적성에 영향을 주는 부유분진이나 소음, 진동, 악취 등은 건물관리활동(실내공기질관리, 공기조화관리)을 통하여 실내공기를 정화하고 관리하여 쾌적화해야 한다.

뿐만 아니라 최유효 건물사용 수익요건은 편리성요건으로서 건물의 유지관리활동으로 해결된다. 결론적으로, 최유효 건물의 사용과 수익을 위해서는 건물의 안전성과 쾌적성 및 편리성 등이 확보되어야 하는 바 이와 같은 세 가지 건물사용수익의 요건을 건물의 관리활동을 통하여 확보하여 안전하고 쾌적하며 편리한 건물의 수용수익을 보장하려면, 건물시설의 안전관리와 환경관리 및 건물자산의 위험관리는 기본적으로 필요하다. 따라서 쾌적하고 안전한 건물자산의 사용수익을 위해서 건물의 시설관리는 물론 건물의 자산 관리가 필요하다.

(2) 조기노후화 방지와 물리적 · 경제적 내용연수 장기화를 위한 관리의 필요성

사람에 있어서 건강관리를 하지 않는 경우, 건강이 악화되고 수명이 단축되는 것과 같이 건물의 경우에도 관리가 체계적으로 이루어지지 않거나 부실 관리되는 경우, 조기노후화 현상이 나타날 뿐 아니라 건물의 수명(물리적 · 경제적 내용연수)이 급격히 단축되어 경제적 손실을 크게 증가 시키게 된다. 이와 같은 조기노후화와 수명단축의 사례는 농촌의 이농현상으로 관리가 중단된 농촌주택의 빈집 사례에서 얼마든지 찾아볼 수 있다. 따라서 건물의 일생에 있어서 조기노후화 방지와 건물의 물리적 수명 연장은 건물의 건축 못지않게 중요하다.

건물의 노후화란 오래되거나 낡아서 쓸모가 없는 건물의 상태를 의미하며 노후화원인에는 경과연수, 기후조건, 사용 잘못, 부실설계, 부실시공, 그리고 부실관리, 특수화학적 환경 등이 있다.

특히, 부실관리는 건물 조기노후화를 촉진하는 원인으로 작용하므로 건물의 기능과 역할 및 건물자산관리의 목적을 효과적으로 달성하려면 건물의 조기노후화 방지를 위한 체계적이고 전문적인 건물자산관리가 필수적이다. 건물의 물리적 내용연수란 물리적으로 기능과 성능이 한계에 도달하여 지탱할 수 없는 상태까지의 연수를 의미한다.

따라서 건물의 조기노후화 방지와 물리적·경제적 수명연장을 위하여 건물자산의 관리가 필요하다.

(3) 건물자산의 경영목표와 관리목표의 효과적 달성을 위한 관리의 필요성

건물의 경우 용도에 따라 건물재산경영대상과 건물시설관리대상으로 분류되며 경영대상 건물의 경우 용도에 따라 건물재산경영조직이 조직화되고 건물자산경영목표가 주어지며 경제관리 중심으로 경영되며 관리대상의 경우에도 건물시설관리를 위한 시설관리조직이 조직화되고 시설관리목표가 주어지며 유지관리중심의 기술관리 중심의 업무가 수행된다.

이와 같은 건물재산의 경영목표와 건물시설의 관리목표는 경영관리활동과 기술관리활동(유지관리활동)의 접목 없이는 효과적 목표달성은 불가능하다.

그러므로, 건물재산의 경영목표와 건물시설의 유지관리(기술관리) 목표의 효과적 달성을 위하여 건물관리는 대단히 중요하고 필요하다.

(4) 건물자산의 경제가치 보전, 유지와 극대화를 위한 관리의 필요성

건물은 토지의 정착물로서 부동산의 일종이며 사용가치와 교환가치를 가지고 소유권의 객체로서 사용, 수익, 처분의 대상인 재산이자 재화이다.

그러므로 건물은 건물자산으로서 사용가치와 수익가치를 가지며 건물재화로서 교환가치를 함께 지니고 있다.

이와 같은 사용가치와 수익가치 등의 경제적 가치의 보전, 유지와 극대화는 건물재산의 경제관리와 건물시설의 기술관리의 접목 없이는 불가능하다. 그러므로 건물의 경제가치의 보전, 유지와 극대화를 위해서는 건물자산관리가 반드시 필요하다.

(5) 건물자산의 법적안정성과 권리보존 및 법적 피해방지를 위한 관리의 필요성

건물자산은 부동산의 일종이므로 소유권이 존재하고 소유권을 대상으로 제한물권이 설정될 수 있으며 가등기, 가처분, 가압류 등의 기타 권리도 설정될 수 있으므로 소유권 보존관리가 부실한 경우 법적안정성이 상실되고 소유권은 허유권화 될 수 있다. 따라서 건물자산의 소유권이 온전한 상태로 보존, 유지되지 않은 경우, 건물자산의 경제적 가치가 유지되고 건물의 사용수익이 보장될 수 없다.

또한 건물자산의 소유권은 범죄의 대상이 될 수 있으며 과도한 대출이나 물상보증행위, 전세중심의 과다한 임차보증금의 부실관리로 반환불능, 재판의 원인제공 등의 이유로 허유권화 될 수 있다. 또한 최악의 경우에는 소유권변동(이전승계)의 문제가 발생하게 되어 재산상의 피해(손실)가 나타날 수 있다.

그러므로 건물소유권의 온전한 상태의 보존유지와 법적 안정성을 위하여 그리고 법적 피해방지를 위하여 건물자산의 관리는 반드시 필요하다.

(6) 양호한 상태보존과 정상적 기능유지 및 바람직한 개량을 위한 관리의 필요성

전술한 바와 같이 건물에는 재산의 성격과 재화(시설, 물건)의 성격이 있는바 건물의 재화(시설)는 재화의 특성상 일상적으로 점검, 보수, 정비, 운전, 청소 등의 관리적 작업이 접목되지 않은 경우에는 스스로 고장을 일으키거나 마모, 훼손, 녹슴, 중성화, 박리, 박락, 곰팡이, 단전, 단수, 백화, 동파, 균열, 변경, 열화, 부동침하 등으로 건물의 양호한 상태보존이 어렵게 되고 정상적 기능과 성능의 유지가 어렵게 되며 건물의 경제적 가치나 권리 등을 위한 바람직한 개량은 더욱 어렵게 된다.

그러므로, 건물의 체계적 관리가 필요하다, 왜냐하면 건물의 정상적 보존과 유지 및 개량은 건물의 관리활동이 접목될 때 비로소 가능하기 때문이다.

건물보존의 의미는 관리대상건물을 특별히 보호하는 관리행위로서 훼손이나 조기노후화, 부식, 지반침하, 도괴, 붕괴, 고장 등으로부터 건물상태를 온전하게 지키는 것(Conservation of Property)을 의미한다. 또한 건물유지의 의미는 건물 당초의 기능과 성능을 그대로 지니고 가거나 지탱하고 지켜감을 의미한다.

또한 건물의 개량이라 함은 건물의 문제점을 개선하여 경제적 · 기술적 · 법률적 · 환경적 · 행정적 · 안전적 가치를 높이는 관리행위를 의미한다. 또한 건물의 개량은 안전성을 높이고 환경을 깨끗이 하여 유용성을 높이는 등 전체적으로 자산가치를 높이는 관리행위를 의미한다.

따라서 건물의 정상적 보존이나 효율적 유지, 바람직한 개량을 위해서는 무엇보다 건물자산의 관리가 필요하다.

(7) 작업 및 사무생산성 향상을 위한 관리의 필요성

건물자산은 건물의 관리에 의해서 유지되고 보전되며 개량됨으로써 비로소 사용과 수익이 보장된다. 또한 건물자산의 관리는 주어진 내부의 경영관리 자원을 효과적으로 배분하고 활용하는 활동이며 외부의 건물자산환경과 여건을 능동적으로 극복하는 활동을 통해서 건물재산의 경영목표와 건물시설관리목표를 가장 경제적 방법으로 안전하게 그리고 효율적으로 적합하게 달성하는 기술, 원리 및 활동을 의미한다.

그러므로 작업과 사무를 위한 건물환경은 건물관리에 의하여 조성된다. 따라서 건물환경관리가 매우 필요하다.

건물의 환경이라 함은 건물시설의 보존, 유지, 개량 등 건물시설의 유지관리와 건물재산의 경영에 직접·간접으로 영향을 미치는 자연 또는 사회경제적의 조건이나 형편, 그리고 건물 주변둘레로서 이에는 경제환경, 기술환경, 법·제도환경, 정치사회환경, 자연환경 등이 있다.

경제환경은 경기변동 상에 나타나는 확장기, 후퇴기, 침체기, 회복기 등의 경제순환과정과 생산, 분배, 소비의 환경을 의미하는 것으로 건물자산관리에 직접 또는 간접으로 영향을 미치고 있다. 이와 같은 경제환경의 적응과 대응은 과학적이고 전문적인 건물자산경제관리의 접목으로 어느 정도 개선이 가능하다.

기술환경은 기술에 관한 여건이나 주변으로서 건축 상이나 시설관리에 직접 영향을 미치는 환경으로서 분초를 다투어 건축설비의 기종과 성능과 기능이 향상되고 있으며 사용법마저 자동화되거나 자동제어화 됨으로써 기술의 변화속도를 따라 잡기가 쉽지 아니하다.

이와 같은 기술환경에 대한 변화적응은 건물자산관리기술의 연구와 조사 및 분석과 기술관리 교육강화로 해결될 수 있다. 따라서 이를 위한 건물자산의 관리가 필요하다.

이 밖에도 자연의 법칙에 의해서 변화되고 있는 자연환경 범주의 대기환경, 수질환경, 토양환경, 수목환경 등이 건물자산에 유익한 선기능(善機能)을 나타내도록 하기 위해서는 건물자산의 관리가 물론 필요하다.

뿐만 아니라, 법제도환경이나 정치사회환경 역시 적절히 관리적 대응으로 극복하여 건물자산관리에 필요한 환경으로 개선되도록 관리적 노력이 필요하다.

(8) 주(住)측면의 인간생존지원을 위한 관리의 필요성

건물자산의 관리는 미시적으로 건물시설의 정상적 관리활동으로 건물의 사용가치를 높여 최유효 건물사용화하는 것과 건물재산의 경영으로 교환가치(수익가치)를 높이고 자산가치를 극대화하여 최유효 건물수익화 함으로써 건물자산관리 이해당사로 하여금 경제적, 사회적 만족을 얻는 데 있으나, 거시적으로는 건물의 유익인 건물의 공간, 기능, 질서, 조화, 미(美) 등을 통하여 바람직한 인간의 삶과 생활과 일이 영위되도록 주(住)환경 측면에서 지원하는 데 더 큰 가치를 부여하고 있다.

이와 같은 건물관리의 큰 가치를 위해서는 보다 양질의 건물유익의 창출이 필요하다. 따라서 이를 위한 건물자산의 관리가 절대적으로 필요하다.

(9) 건물의 사회적 기능과 역할유지를 위한 관리의 필요성

건물은 완성즉시 개인이나 기업, 단체, 국가 등의 소유를 떠나 사회적 기반시설이고 국가적 인프라이며 도시의 구성요소로서 기능과 역할을 하게 된다. 따라서 건물의 사회적 기능과 역할 등이 유지 되도록 하기 위하여 건물자산의 관리가 필요하다.

(10) 최적건물자산의 취득, 효율적 보유와 운영관리, 합리적 처분을 위한 관리의 필요성

건물자산관리의 범주는 건물자산의 전생애과정인 취득단계, 보유 및 운영관리 단계 그리고 처분단계 모두를 포함하고 있다. 그러므로 건물자산관리학에서는 건물자산의 취득과 보유 및 운영관리 그리고 처분을 건물자산관리의 대상으로 설정하고 있다. 최적건물자산의 취득은 건물자산의 위험분석, 시장분석, Portfolio분석, 재무구조분석, 금융동향분석, 조세 등의 관리를 통하여 이루어지며 효율적 보유와 운영관리 그리고 합리적 처분 역시 전문적이며 기술적인 건물자산관리 활동을 통하여 달성된다. 따라서 최적건물자산의 취득, 효율적 보유와 운영관리 그리고 합리적 처분을 위하여 건물자산관리가 반드시 필요하다.

(11) 대량생산건물의 동수와 최첨단, 초고층건물의 전문관리를 위한관리의 필요성

현대건물의 특징인 최첨단, 초고층, 대형화 건물의 전문관리의 필요성에 따라 관리가 요구되고 있다.

2. 건물자산관리의 목적

(1) 건물자산관리목적의 의의

건물자산관리의 목적이라 함은 건물자산의 경영관리를 통하여 얻고자 하는 것이나 달성하고자 하는 것을 의미한다.

다시 말하면, 건물자산관리의 목적(Purpose of Building Asset Management)은 경영활동과 관리활동을 통하여 이룩하고자 하거나 도달하려고 하는 목표나 방향을 의미한다.

또한 건물자산관리의 목적은 어떤 계획, 행동(활동)에 의해 실현하려는 구체적이고 명확한 목표(Aim)를 의미하기도 하며 최종목표(End)의 의미와 동기에 중점을 두고 잘 짜여진 계획과 수단으로 도달하게 되는 목적을 의미한다.

결론적으로 건물자산의 경영관리 목적은 Aim(명확한 목표)나 End(최종목표)의 의미를 포함한 Purpose(목적)로서 명확한 의도와 강한 결의를 수반하는 목적을 의미한다.

건물자산관리의 목적에는 건물자산관리자의 실무적 목적과 건물자산관리 이해관계자의 경제사회적 목적이 있다.

건물자산관리자의 실무적 목적에는 시설물유지관리 목적과 건물재산경영 목적 그리고 건물자산관리 전체의 목적으로 세분되는 바 그 내용은 다음과 같다.

건물시설관리목적이란 관리비용의 최소화와 관리효용의 극대화에 의한 최유효 건물사용화를 의미하며 건물재산경영 목적은 건물재산위험(Building Asset Risk)의 최소화(Minimum)와 경제수익(Economic Return)의 최대화에 의한 최유효 건물재산 수익화를 의미한다. 그리고 건물자산관리 전체의 목적은 최유효 건물자산 사용수익화를 의미한다.

그러나 건물자산관리 이해관계자의 경제사회적 목적에는 투자자목적, 소유자목적, 사용자목적 그리고 이용자목적 등이 있다. 건물자산관리의 목적에 대하여 유의할 점은 건물자산관리학의 건물자산관리 이해관계자의 경제사회적 목적은 건물자산관리자의 실무적 목적 달성에 의하여 비로소 성취된다는 점이다. 따라서 실무적 목적과 경제사회적 목적은 별개의 목적이 아닌 것으로 상호보완적 관계에 있다.

(2) 건물자산관리 목적의 내용

1) 건물자산관리자의 실무적 목적

전술한 바와 같이 건물자산관리자의 실무적 목적에는 건물시설관리 목적과 건물재산의 경영 목적 그리고 건물자산관리 전체의 목적 등이 있다.

① 건물시설관리 목적

건물자산관리의 기초관리 영역이자 물적 관리 영역인 건물시설관리의 목적이란 최유효 건물시설사용화를 의미한다.

최유효 건물시설사용화(The Best and the Highest use)라 함은 체계적 관리와 효율적 관리로 정상적 기능과 성능을 장기화하고 관리비용의 최소화와 관리효용을 극대화하여 사용가치를 최대화하고 사무생산성과 거주의 안전과 편리 및 쾌적성을 향상시켜 가장 유리한 조건과 환경에서 건물의 시설물을 사용하는 것을 의미한다.

② 건물재산 경영목적

건물재산의 경영목적(Purpose of Building Asset Business Management)이라 함은 체계적이고 효율적인 경영활동을 통하여 얻고자 하는 것이나 이룩하거나 도달하고자 하는 목표와 방향을 의미한다.

건물재산의 경영목적은 건물재산의 위험(Building Asset Risk)은 최소화하고 경제이익(Economic Return)을 최대화하여 최유효 건물재산 수익화에 있다.

③ 건물자산관리 전체의 목적

건물자산관리 전체의 목적이란 최유효 건물자산 사용수익화를 의미한다.

2) 건물자산관리 이해관계자의 경제사회적 목적

건물자산관리 이해관계자의 경제사회적 목적에는 전술한 바와 같이 미시적 목적과 거시적 목적 등이 있다.

① 미시적 목적

건물자산관리 이해관계자의 경제사회적 목적의 하나인 미시적 목적이란 건물자산관리 이해관계자가 얻고자 하는 것, 도달하고자 하는 목표 및 방향을 의미하는 것으로 형이하학적 가치를 지닌 목적으로서 이에는 건물자산 투자자 목적, 건물자산 소유자 목적, 건물자산 사용자 목적 그리고 건물자산 이용자 목적 등이 있다.

가. 건물자산 투자자목적

투자자의 목적이란 가장 경제적 방법으로 안전하게 효율적으로 최적 건물자산의 취득, 효율적 보유와 운영관리에 의한 운영수익 최대화와 전략적 매각 양도 차익실현을 통하여 투자수익 극대화의 달성을 의미한다.

나. 건물자산 소유자목적

건물소유자의 목적은 소유권자의 측면에서 최유효 사용, 최유효 수익, 최유효 처분의 만족에 있다. 구체적으로 설명하면 자산가치의 유지와 증식으로 사용가치와 수익가치 극대화에 있다.

다. 건물자산 사용자목적

계약에 의한 주택, 점포, 사무실 등의 임차인 또는 관계법령에 의한 장기간 사용자 또는 점유자와 입주자 등의 목적은 건물사용자 측면에서 건물자산의 용도에 맞게 최유효 사용과 수익에 목적을 두고 있다.

라. 건물자산 이용자목적

업무, 쇼핑, 교육, 공무, 금융, 구매, 치료, 연구 등의 업무로 잠시 잠깐 또는 단기간 건물에 출입하거나 점유하고 이용하는 건물자산 이용자는 의욕하는 업무처리에 필요한 건물의 편의성과 안전성을 바탕으로 최유효 건물이용에 목적을 두고 있다.

② 거시적 목적

건물자산관리학 이론상 건물자산관리 이해관계자의 또 다른 경제사회적 목적에는 거시적 목적이 있는 바 이는 건물을 활용하여 생활을 영위하거나 삶을 이어가면서 일을 수행하는 전체국민의 포괄적 목적을 의미하는 것으로서 생활과 삶과 일의 영위에 필요한 건물의 유익과 건물사용에 필요한 서비스를 제공받아 주(住)문제를 적절히 해결하여 주(住) 환경측면에서 건물의 활용을 통한 생존에 유익하도록 건물관리자가 적극적으로 양질의 건물유익과 서비스를 적절히 생산, 공급(제공)하여 주(住) 환경측면에서 인간의 생존을 지원하는 이른바 주(住) 환경측면의 생존지원목적이 있다.

따라서 체계적이고 효율적 관리로 양질의 건물유익과 건물사용가치를 높이고 건물사용에 필요한 서비스를 생산하고 이를 적절히 공급하여 국민전체의 삶과 생활과 일의 영위에 도움을 주고자 하는 주(住) 환경측면의 생존지원은 미시적 목적이 개개인의 사용수익 처분 및 이용 등의 지엽적인 목적인데 반하여 국민모두에게 건강한 생활과 보람 있는 삶 그리고 성공적인 일(사업, 영업, 생산, 업무 등)의 수행이 가능하도록 지원하는 것이므로 포괄적 목적이자 형이상학적 가치를 지닌 목적이라 할 수 있다.

또한 건물자산관리 이해관계자의 경제사회적 목적인 거시적 목적에는 국가경제발전이바지의 목적이 있다. 이는 건물자산관리 실무상의 목적 내용과 같이 시설물의 사용가치와 건물재산의 수익가치를 증가시켜 최유효 건물자산 사용수익화하고 부가경제가치를 창출하여 국민경제 발전에 이바지하는 것을 의미한다.

왜냐하면, 건물자산 최유효 사용수익은 최유효 수익을 통한 국민경제 이바지 측면과 건물자산최유효사용 측면의 사용가치 증가로 인한 주(住) 측면의 생존지원으로 삶과 생활과 일의 영위에 사무생산성과 거주성 등이 증대하여 결국 국민경제발전에 통합적으로 이바지하기 때문이다. 뿐만 아니라 체계적인 건물자산관리는 전체 건물자산의 경제적 가치를 높여 국부를 신장시키는 작용을 하기 때문이다.

그러므로 건물자산관리업은 하나의 산업으로서 특정시장을 형성하고 경제활동을 지속적으로 영위함으로써 고용창출과 부의 창출에 공헌할 뿐 아니라 국가 경제발전에도 크게 이바지하고 있다.

제4절 건물자산관리업무의 종류별 내용과 업무의 흐름

1. 건물자산관리업무의 의의

건물자산관리업무(Business of Building Asset Management)라 함은 건물자산관리의목적을 효과적으로 달성하기 위하여 자산관리의 효과가 날 때까지 계속하여 진행되어야 하는 건물자산경영업무와 시설관리업무로서 경영과 관리를 지원하기 위한 일련의 사무행정적 업무나 기술 기능적 작업등을 의미한다.

건물자산관리 업무는 건물자산관리 개념과 같이 효과적으로 전체 자산관리 업무를 처리하기 위해서 반드시 이해하고 숙지해야 할 사실지식(事實知識) 또는 개념지식(概念知識)에 해당된다.

이와 같은 개념지식은 방법지식과 함께 결합하고 행동지식과 만나면 얻고자 하는 건물자산관리의 경영성과와 관리성과를 얻게 된다.

2. 건물자산관리업무의 종류별 내용

건물자산관리업무의 종류는 분류하는 기준에 따라 건물자산관리 2대 영역업무, 건물자산관리 3단계 업무, 건물자산관리 4대 업무 등으로 분류된다.

(1) 건물자산관리 2대 영역업무

건물자산관리의 영역에는 전술한 바와 같이 경영영역과 관리영역이 있다. 이를 건물자산관리 2대 영역이라 한다.

건물자산관리에 있어서 2대 영역이 존재하는 이유는 건물자산관리 대상에는 경영대상과 관리대상이 별도로 존재하기 때문이며 경영업무와 관리업무가 병존하여 존재하기 때문이다.

예컨대, 건물자산의 성격 중 재산 성격의 건물자산은 경영의 대상이나 재화성격의 건물시설은 관리의 대상이 되기 때문이며 건물자산의 취득과 처분은 경영 업무이나 보유와 운영관리는 관리업무이기 때문이다.

따라서 건물자산관리 영역은 경영영역, 관리영역으로 대별되므로 영역별 경영활동과 관리활동을 통하여 경영성과와 관리성과를 가장 경제적 방법으로, 안전하게 그리고 효율적으로 적합하게 창출해야 한다.

그러나 건물자산관리 2대 영역에 해당하는 경영영역의 경영활동을 통한 경영효과와 관리영역의 관리활동을 통하여 창출되는 관리효과는 별개의 독립된 것이 아니며 경영성과와 관리효과를 종국적으로 통합해야하므로 경우 마침내 건물자산관리의 경영관리 효과를 얻게 된다.

건물자산관리 2대 영역에 접목되는 경영개념과 관리개념은 유사성이 있으나 매우 다른 조직의 계층과 업무가 상이하며 처리과정 또한 다르다.

예컨대, 경영이란 조직에 있어서 Top Management 조직의 고유 업무로서 포괄적 의사결정, 정책결정, 거시적 결정 등 정책적이고 포괄적인 의사 결정 업무로서 투자결정, 건물자산 매입매각결정 등으로 나타난다.

경영은 계획, 조직화, 지휘, 통제 등의 경영과정에 의하여 수행되며 경영조직의 최고책임자인 경영자의 책임은 경영조직이 지속적으로 발전하고 경영이익을 창출하여 번영하도록 하는 데 있다.

반면에 관리개념은 경영층에 의하여 결정한 의사결정의 경영업무를 관리조직에 의하여 수행되는 것으로서 지엽적, 실천적, 기계적으로 수행하는 것을 의미하며 계획, 조직화, 명령, 조정, 통제의 관리과정에 의하여 수행된다.

따라서 경영개념과 관리의 개념은 다소 유사하나 매우 상이하다.

선진국에서는 경영과 관리개념을 유사한 것으로 이해하고 있어 경영이나 관리개념을 Management로 표기하고 있으나 개발도상국의 경우 경영은 Business Management로 표기하고 관리는 Management 또는 Administration으로 이해하고 있다.

저자는 건물자산관리의 대상과 업무를 분석하는 과정에서 경영업무와 경영대상 및 관리업무와 관리대상이 별도로 존재함을 발견하고 이를 적절히 처리하기 위하여 건물자산관리 영역을 경영영역과 관리영역으로 대별하고 영역별 성과를 각각 창출하여 종국적으로 양성과를 통합함으로써 마침내 건물자산관리성과로 인식하고 있다.

그러므로 건물자산관리 영역은 2대 영역이나 종국적으로는 하나의 건물자산관리라는 대영역에 흡수 통합하는 통합 경영관리 영역개념을 가지고 있다.

(2) 건물자산관리 3단계 업무

1) 3단계 업무의 의의

건물자산관리 3단계라 함은 건물자산관리 전체 과정에서 나타나는 3단계 과정으로서 건물자산 취득단계, 보유 및 운영관리 단계, 처분단계를 의미하며 3단계 업무란 건물자산 취득업무, 건물자산 보유 및 운영관리 업무, 건물자산 처분업무 등을 의미한다.

건물자산관리에 있어서 3단계가 존재하는 이유는 건물자산에는 취득, 보유 및 운영관리, 처분 등의 생애단계(Life Cycle)가 존재하기 때문이다.

건물자산관리 3단계의 업무의 중요성을 강조하는 이유는 단계별 업무가 서로 상이하나 얻고자 하는 경영성과와 관리성과는 건물자산관리 최종 목표성과와 동일하게 해야 하기 때문이다.

건물자산관리 3단계 중 초기 단계인 건물자산관리 취득단계는 전체 단계별 비중 중 약 20% 정도의 비중을 차지하고 있으나 자산관리 성패를 결정짓는 매우 중요한 단계라 할 수 있다.

초기단계인 취득단계의 핵심 목표는 최적 건물자산 또는 적정 건물자산의 취득에 있으며 효율적 보유와 운영관리, 전략적 매각을 통한 양도차익 실현을 위한 기반구축과 제공에 있다.

건물자산 취득단계에서의 핵심 업무는 건물자산매입의 의사결정 업무이며 이를 위한 부수업무로서 Portfolio관리업무, 위험분석업무, Finance 분석업무, 시장조사업무, 재무분석, 운영관리 비용분석 업무 등이 있으며 부수적 업무들을 선행적으로 처리해야 한다.

건물자산 취득업무는 건물소유자 또는 투자자에 의하여 선임된 AMC의 Asset Manager에 의하여 주로 처리되며 건물자산관리 중간단계인 보유 및 운영관리 단계는 효율적 보유와 운영관리 목표를 효율적으로 관리하여 운영관리 수익을 극대화하는 데 있으며 전체 건물자산 단계별 비중은 무려 70%를 점하고 있어 가장 중요한 건물자산관리 단계로 평가된다.

보유 및 운영단계의 주요 업무는 건물임대 관리업무와 시설관리 업무로서 주로 Property Manager가 담당하되 시설관리 업무는 PM에 의하여 전략적으로 고용된 Facility Manager가 처리하게 된다. 시설관리는 관리업무에 해당된다.

건물자산관리 마지막 단계는 처분단계로서 합리적 처분 또는 전략적 매각에 의한 양도차익 실현에 핵심가치를 두고 있다.

처분단계의 업무는 건물자산관리 단계별 비중 중 10%의 비중을 차지하고 있으며 Asset Manager에 의하여 주로 처리되고 경영업무에 해당된다.

2) 건물자산관리 3단계 업무의 내용

건물자산관리 3단계 업무는 다시 다음과 같이 세분된다.

① 취득단계 건물자산관리업무
② 보유 및 운영관리단계 건물자산관리업무
③ 처분단계 건물자산관리업무

건물자산관리 3단계 업무의 내용을 구체적으로 설명하면 다음과 같다.

가. 취득단계의 건물자산관리 업무

건물자산관리 실무는 취득단계, 보유 및 운영관리단계 그리고 처분단계로 진행된다.

따라서 단계별 업무가 별도로 존재하며 단계별로 진행해야 한다.

취득단계 업무의 핵심은 최적 건물자산의 취득(매입 또는 개발)에 있다.

최적 건물자산의 취득은 건물자산관리 단계별 비중은 약 20%정도이나 투자나 자산관리의 성패를 좌우하는 역할과 기능을 하므로 최적자산 매입이나 신축 건물의 개발에 의한 원시취득의 경우 전략적으로 접근하고 취득의사를 결정해야 한다.

왜냐하면, 최적 건물자산의 선택과 취득이 실패하거나 하자가 있는 경우 건물자산관리에 큰 문제가 생길 수 있기 때문이다.

따라서, 건물자산의 취득 시 매입의 경우 다음과 같은 업무가 발생하며 이를 건물자산 취득업무라 하고 취득절차(건물자산 취득 매뉴얼)에 따라 진행해야 한다.

① 건물자산투자자 투자 목적 조사 업무
② 대상 자산의 선정 및 자산실사와 최적자산 선정업무
③ 시장조사 분석업무
④ 건물자산 운영관리 방안 검토 및 운영관리 계획수립 업무
⑤ 매매계약 조항 검토 및 변호사, 회계사, 컨설턴트 등의 전문가 자문 업무
⑥ 금융조달 준비와 경제성 검토 업무
⑦ 매매계약 체결 및 이전등기 업무
⑧ 매매 목적물 인수 및 운영관리 업무 등이 있다.

전술한 취득관련 업무를 분설하면 다음과 같다.

건물자산 취득업무란 경영목표를 달성하기 위하여 요구되는 효율적 보유와 운영관리를 통한 운영이익의 극대화와 전략적 매각을 통한 양도차익의 실현 등에 가장 적합한 최적 건물자산을 가장 경제적 방법으로 안전하게 효율적으로 기존 건물자산의 소유권을 승계취득하고 점유하거나 신축 건물을 전략적으로 개발하여 소유권보존등기를 통한 원시 취득하는 2가지 방법이 있다.

① 기존 건물자산 승계 취득 방법

기존 건물자산을 매매, 교환, 경매 등의 방법에 의하여 소유권과 목적물을 승계취득하는 방법이다.

② 신축 건물 개발 원시 취득 방법

건물을 신축하고 최초 보존동기를 통하여 원시 취득하는 방법이다.

건물자산의 취득단계는 건물자산관리 단계 중 최초의 시작 단계로서 전체 건물자산관리

비중 중 약20%를 점하고 있어 보유 및 운영관리 단계(70%)보다 낮으나 처분(매각)단계(10%)보다 높다.

건물취득단계에서 최초로 행해지는 건물자산의 취득(Acquisition of Building Asset)이라 함은 건물 매입자나 투자자가 매입 또는 개발 등의 방법으로 목적물을 점유이전하고 소유권을 승계 취득하거나 보존 등기에 의한 원시 취득 등을 의미한다.

또한 취득방법을 건물자산(부동산)의 취득방법 중 매매에 의한 이전적 승계와 건물 신축에 의한 원시적 취득 외에 취득시효에 의하여 취득되는 경우도 있으나 원칙적으로 건물자산관리 취득과정에서 매매에 의한 승계취득과 건물신축에 의한 원시 취득만을 의미한다.

건물자산의 취득단계의 핵심업무는 최적건물자산 또는 적정건물자산의 취득에 있다.

최적건물자산 또는 적정건물자산의 취득이라 함은 전략적 임대나 매각이 가능하며 사용수익이 장기적으로 가능한 건물자산으로서 경제적, 기술적, 법률적, 행정적, 환경적, 안전적으로 하자가 없는 자산을 의미한다.

최적 건물자산의 취득이 이루어지기 위해서 건물자산관리자는 최적 건물자산의 조건과 건물자산관리 취득 기준을 이해하고 조건에 부합하는 건물자산을 취득기준에 맞게 취득하도록 해야 한다.

최적 건물자산의 조건과 최적 건물자산의 취득기준은 다음과 같다.

최적 건물자산이 되려면 다음의 조건은 충족해야 한다. 다음 조건 모두를 충족하는 것이 원칙적으로 바람직하나 예외적으로 소수항목에 해당하더라도 최적 건물자산으로 평가될 수도 있다.

① 사용, 수익, 처분의 목적에 부합한 건물자산일 것
② 유지관리 비용이 상대적으로 저비용이면서 관리효용이 큰 건물일 것
③ 접근성이 좋으며 이용자가 모이는 장소에 위치할 것
④ 주변 지역에 공지가 많아 개발 가능한 곳에 위치하고 있을 것
⑤ 건물의 위치가 성숙기에 있을 것
⑥ 임대운영수익(NOI, Net Operating Income)이 시중 무기명 상환채권이자를 웃돌 것
⑦ 주요 부재나 설비가 대수선 시기 전 또는 대수선 완료 후일 것
⑧ 감가상각 상태가 시작 초기 상태일 것
⑨ 물리적 내용연수와 경제적 내용연수가 장기적으로 남아 있을 것
⑩ 전략적 매각이 손쉬운 건물자산일 것
⑪ 경기변동 순환기 중 불황기의 저점(Lull)에서 매입 또는 신축한 건물자산일 것
⑫ 자산 Portfolio관리상에 문제없는 건물자산일 것
⑬ 위험한 제한 물권이나 기타 권리가 없어야 하며 온전한 소유권만이 존재한 건물일 것
⑭ 용적률, 건폐율의 여유가 있는 건물 자산일 것

⑮ 향후 예상되는 공적 규제나 제한이 건물자산 가치에 마이너스 영향이 없는 건물 일 것
⑯ 유지관리가 용이한 건물자산일 것
⑰ 완성된 건물에 불법 시설물이 없을 것
⑱ 유치된 임차인 중 악성 임차인이 없거나 상대적으로 양질의 임차인이나 유인력 있는 임차인(Anchor Tenant)이 상당 수 입주해 있는 건물자산 일 것
⑲ 시설관리 서비스 KS인증을 받은 건물 자산일 것
⑳ 담보비율(LTV)이 상대적으로 낮은 건물 자산일 것
㉑ Low Risk, High Return구조의 건물자산일 것
㉒ 지분 건물자산이 아닐 것(구분 소유건물이 아닐 것)
㉓ 지하상가 또는 매각 위험이 있는 건물자산이 아닐 것
㉔ 담보가치가 상대적으로 낮은 건물이 아닐 것
㉕ 소규모 건물자산이 아닐 것
㉖ 가능한 서울 도심에 위치해야 하고 부도심, 수도권, 광역시, 소도시에 위치하지 아니한 건물자산 일 것
㉗ 소매점포와 같이 Cash Flow Risk와 Exit Risk가 없는 건물자산일 것
㉘ 공업 및 산업용 건물, 소규모 주거용 건물자산이 아닐 것
㉙ 대규모 건물자산으로서 운영관리 위험이 적을 것
㉚ 과다 감가상각 건물이 아닐 것
㉛ 매각 Timing의 위험이 적은 건물자산일 것
㉜ 건물이나 주요기기의 경과시간이 길지 않은 건물자산일 것
㉝ 입주자의 사정으로 단기적 임대차가 빈번히 일어나는 건물이 아닐 것
㉞ 주변에 경쟁력이 큰 건물이 존재하거나 인근 건물의 공실률이 높지 않을 것
㉟ 인근 경쟁관계 건물에 비해 경쟁력이 있는 건물자산일 것
㊱ 임차인 대부분이 만기에 집중되어 있지 않는 임대 건물자산일 것
㊲ 재판이나 분쟁 중에 있는 건물자산이 아닐 것
㊳ 임대차 계약이 중도해약 또는 해지 위험이 적은 건물일 것
㊴ 임대료와 관리비 인상이 법적으로 제한 받는 건물자산이 아닐 것
㊵ 단기간 임차계약이 적은 건물자산일 것
㊶ 공부상에 소유권이 등기, 등록되어 개인 또는 단체가 소유한 건물자산일 것
㊷ 경제적 가치(사용가치와 교환가치)가 있는 재산성격의 건물자산 일 것
㊸ 독립되고 관리 가능한 건물자산 일 것
㊹ 사용수익이 가능한 건물자산일 것
㊺ 권리상의 하자나 물건 상에 하자가 없는 건물자산일 것
㊻ 행정상 또는 관계법 상 문제가 없는 건물자산 일 것 등

나. 보유 및 운영관리 단계의 건물자산관리 업무

건물자산 보유 및 운영관리 단계는 건물자산 취득단계 다음의 단계로서 건물자산생애(Building Asset Life Cycle)중 가장 장기간 진행되는 단계이며 단계의 비중은 약70%정도로서 가장 중요한 사용수익 단계이다.

건물자산의 보유 및 운영관리 단계의 핵심업무는 효율적 보유와 운영관리 업무로서 최소의 유지관리 비용(Operation Expenses Minimum)으로 최대의 관리효용(Operation Effect Maximum)을 창출하고 운영관리비용의 통제와 운영수익의 최대화로 영업이익을 극대화하여야 한다.

건물자산 보유 및 운영관리 단계에서는 건물임대 관리업무와 시설물 유지관리업무가 동시에 진행되며 PM업무와 FM업무가 함께 조화하여 수행하게 된다. FM을 통하여 정상적 기능과 성능을 장기화하여 건물 최유효화를 도모함으로써 건물 임대관리와 전략적 매각을 지원하는 기능을 가지고 있으며 이를 통하여 건물의 물리적, 경제적 내용연수를 연장하여 건물자산 가치를 제고하는 2차적 기능도 함께 가지고 있다.

다. 처분단계의 건물자산관리 업무

처분단계의 핵심업무는 합리적 처분 또는 전략적 매각의사 결정과 실행으로 양도차익을 실현하는 데 있으며 단계적 비중은 약10% 정도로서 취득단계보다 낮은 비중을 차지하고 있으므로 단계적 비중 측면에서는 가장 낮은 단계 비중이라 할 수 있다.

건물자산 처분단계에서 바람직한 양도차익을 실현하기 위해서는 보유 및 운영관리 단계에서 Property Manager가 Exit Plan(출구계획/매각계획)을 면밀히 수립하고 Exit Risk를 최소화하여 매각 Timing을 경기 변동 순환과정 확대기 말기에 맞추어 매각하는 것이 양도차익 실현에 가장 유리하다.

(3) 건물자산관리 4대 업무

건물자산관리 4대 업무는 건물자산관리의 전체 업무로서 이에는 자산운용업무, 재무관리업무, 임대관리업무 그리고 시설관리업무 등이 있다.

1) 자산운용업무

자산운용(Asset Use) 업무라 함은 투자자가 Asset Manager를 고용하고 Asset Manager로 하여금 매입/매각의 의결정정에 참여하거나 금융자산을 활용하여 매입/매각을 실행하며 효율적 보유와 운영관리를 통하여 영업이익을 극대화하고 양도차익을 실현하게 하여 자산가치를 증식하는 등 일련의 재무자산 운용업무를 의미한다.

(4) 건물자산관리관계법령체계도

건물자산관리관계법령은 전술한 바와 같이 특정법령에 의하여 체계화된 것은 의무관리대상 공동주택 아파트관리를 위한 공동주택관리법령체계 정도에 불과하다.

일반건물의 경우, 유지관리나 기타 설비, 안전, 위생, 환경 등의 관리는 여러 관계법령에서 산발적으로 명시하고 있을 따름이다. 그러나 건물자산관리는 단순한 시설관리가 아니므로 건물자산관리관계법령에서부터 안전, 환경위생 등의 법령에 대한 체계화와 이에 관한 연구와 이해가 필요하다. 따라서 체계적 연구와 이해를 위하여 건물자산관리관계법령을 한데 모아 인위적이나마 체계를 구성하여 연구와 학습에 대비할 필요가 있다.

이와 같은 목적으로 건물자산관리관계법령의 통일된 전체를 하나의 그림으로 구성하면 다음 페이지의 [그림 1-14]와 같다. 유의할 점은, 본서에 수록하고 있는 건물자산관리관계법령체계는 고층, 수익성, 상업용 건물에 적용되는 법령을 중심으로 구성되었음을 참고하기 바라며 법령의 종류와 내용의 적용은 경영·관리대상 건물자산의 규모나 성격, 용도, 설비의 종류와 용량 등에 따라 상당부분 달라질 수 있음을 유의해야 한다.

참고할 사항은 건물자산관리관계법령체계에는 하나의 관리항목에 관계되는 법령도 있으나 법령에 따라 여러 개의 관리항목에 중복으로 관계되는 법령도 있음을 참고하기 바란다.

또한 건물자산관리관계법령체계도에 기재된 법령은 해당 건물자산관리항목 관리에 대한 주요법령만을 명시한 것임을 참고하기 바란다.

2. 건물자산의 관리제도

(1) 건물자산관리제도의 의의

일반적으로 제도라 함은 어떤 행동이 반복하여 나타나고 있는 사실 즉, 패턴화된 행동이 존재하고 그 패턴화된 행동의 정당성이 규범에 의하여 보장되어 있으며 그것에 의해 인간의 욕구가 충족되는 여러 가지 시스템을 말한다.

따라서, 제도란 일정한 상황 하에서 결정자가 행하는 일정한 결정이 반복되어 패턴화되어 있는 정도가 안정되어 있고 또한 그것이 실정법이나 자치법규에 의해 정당성을 부여받고 있을 때의 결정을 의미한다.[19)]

건물자산관리에 있어서 건물자산관리제도라 함은 관리대상 건물자산의 경영, 관리에 있어서 구조체계 및 형태를 의미한다.[20)] 또한 제도란 정해진 법규나 마련된 절차나 법칙 등을 의미한다.

19) 홍성지, 「공동주택관리체계 개선에 관한 연구」, 건국대학교 대학원 박사학위 논문, p.65 재인용.
20) 이기문, 「동아새국어사전」, 두산동아, 2002, p.2014.

[그림 1-14] 건물자산관리관계법령체계도(계속)

(p.130에서 계속)

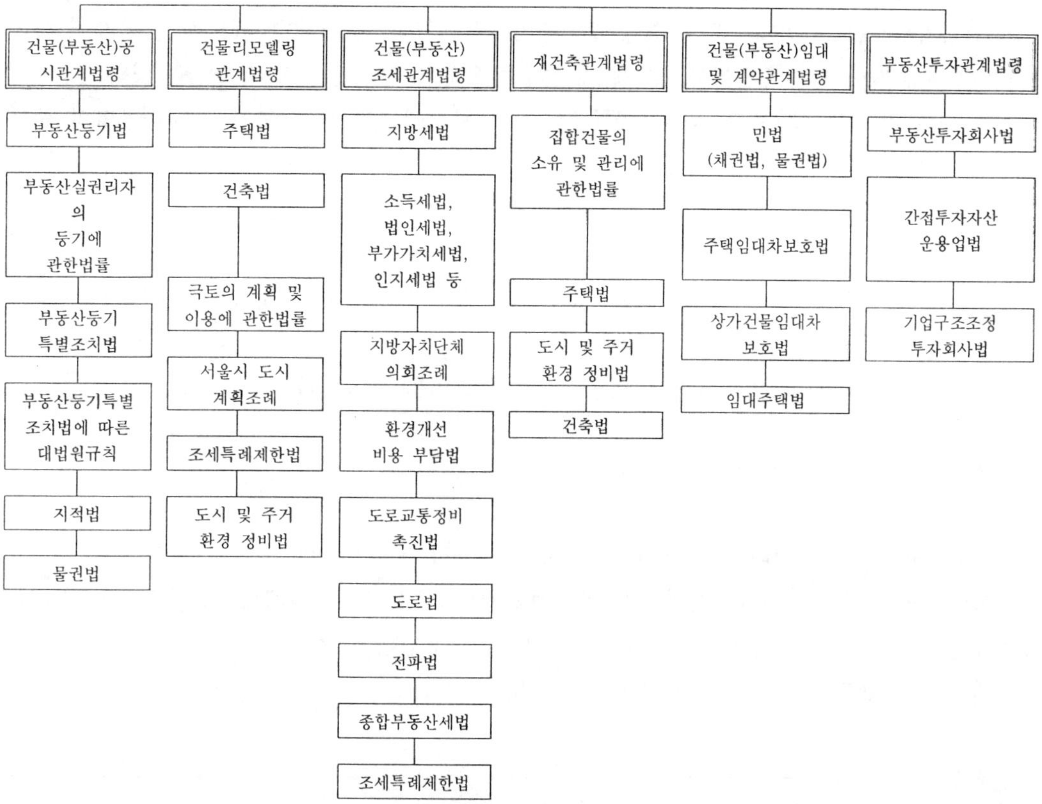

[그림 1-14] 건물자산관리관계법령체계도

건물자산관리에 관계되는 제도를 크게 분류하면 국회 또는 정부에 의하여 제정, 공포된 법령에 의하여 마련된 법정관리제도와 건물소유자 또는 관리주체 등에 의하여 제정된 사적 자치법규나 규정에 의하여 마련되어 사용되고 있는 임의관리제도가 있다. 건물자산관리와 관련한 법정관리제도에는 주택법에 의한 의무관리대상 공동주택 유지관리제도, 집합건물 유지관리제도, 민법(채권법)에 의한 건물임대차제도, 시특법에 의한 1종・2종 시설물 안전관리제도, 소방관련법에 의한 방화관리제도, 조세관계법에 의한 조세제도, 부동산투자법에 의한 부동산투자제도, 부동산 등기법에 의한 부동산등기제도 등이 있으며 임의관리제도에는 자치법규 등에 의하여 마련되어 사용하고 있는 건물용역관리제도, 건물관리서비스제도 등이 있다.

이와 같은 제도는 한번 정해져 시스템화되면 상호 유기적으로 작용하고 제도가 정한바대로 시행되어 효력을 가지므로 건물자산의 관리에 있어서도 건물자산관리 제도는 대단히 중요한 역할과 기능을 하게 된다.

특히 법령에 의하여 마련된 법정관리제도는 이행을 법으로 강제하고 이행하지 않을 때는 벌칙이나 과태료 처분 및 강력한 행정조치가 이어짐으로 강력한 제도적 장치가 된다는 점에서 건물자산관리 측면에서 볼 때 대단히 중요하고 필요한 제도라 할 수 있다.

우리나라의 경우, 의무관리대상 공동주택[21]의 관리에 있어서 건물자산관리 공법의 주택법과 건축법이, 건물자산관리 사법의 민법과 그리고 집합건물의소유및관리에관한법률과 공동주택관리관계법령들이 공동주택관리관계법령체계를 구축하여 효율적인 공동주택 법정유지관리제도를 구축하고 이를 효율적으로 뒷받침하고 있다.

그러나 유감스럽게도 개인소유 상업용건물의 관리에 있어서 유지관리를 뒷받침하는 기본법령이 없고 안전, 환경, 위생 등에 대한 특정 특별법규만이 입법되어 있어 법정관리제도가 정착되지 못하고 임의관리제도만이 적용되고 있는 실정이다.

(2) 건물자산관리 관련제도의 종류와 내용

개인소유 상업용 임대건물 관리조직체계에 있어서 시설관리와 임대관리에 관계되는 주요제도에는 [그림 1-15]와 같이 건물유지관리제도, 건물용역관리제도, 건물관리(대행)서비스제도, 그리고 건물임대차제도 등이 있으며 기타 제도에는 조세제도, 등기제도, 부동산투자제도, 리모델링제도, 재건축・재개발제도 등이 있다.

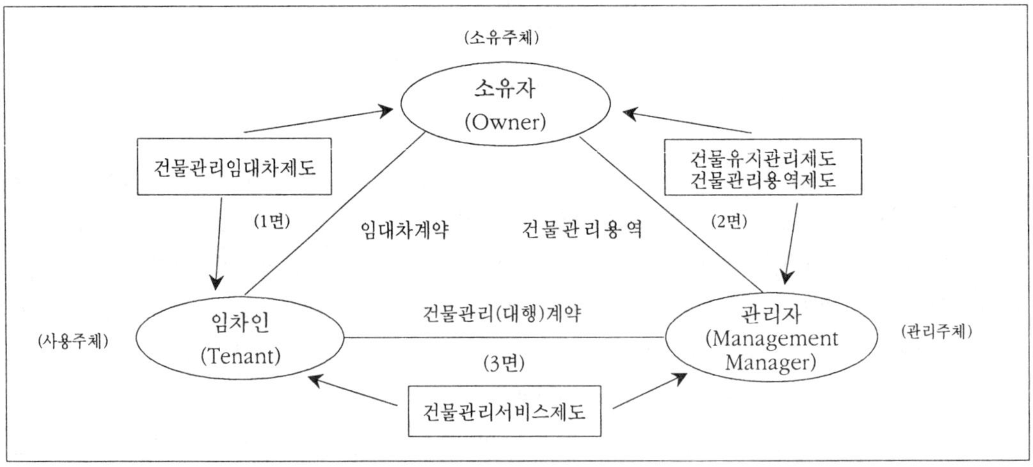

(자료출처: 김일효, 건물자산관리제도 개선방안에 관한 연구. 2007. P.12)

[그림 1-15] 상업용 임대건물 이해당사자 3면 3각 상호관계와 건물자산관리 관련제도

---

21) 의무관리대상 공동주택이란 300세대 이상의 공동주택, 150세대 이상으로써 중앙집중식 난방방식을 채택하고 있는 공동주택, 150세대 이상으로 승강기를 설치하고 있는 공동주택 등을 의미한다.

임대 상업용건물 이해당사자 3면 3각 상호관계의 의미는 [그림 1-15]와 같이 소유주체(Owner)와 관리주체(Management Manager) 및 사용주체(Tenant)가 건물관리용역계약, 건물임대차계약, 건물관리대행계약 등을 해당 계약당사자 사이에 각각 체결함으로써 3면 3각 상호관계로 형성되는 조직체계를 의미한다.

상업용 임대건물의 관리이해당사자 3면 3각 상호관계와 건물관리 관련제도는 [그림 1-15]과 같다.

1) 건물유지관리제도

건물유지관리제도라 함은 [그림 1-16]과 같이 상업용 임대건물 관리구조체계 2면을 구성하고 있는 건물소유주체와 관리주체 및 그 상호간의 관계를 규율하는 법적효력을 갖는 제도로서 건물의 유지관리에 필요한 구조체계와 형태 및 효율적 관리를 위한 법적 절차나 규칙 등을 의미한다.

일반적으로 제도라 하면 관계법령에 의해서 만들어진 법정제도를 의미하나 전술한 바와 같이 개인 또는 단체가 스스로 만든 자치법규에 의하여 만들어진 임의관리제도도 활용되고 있다. 건물자산관리에 있어서 유지관리법제도가 특히 필요한 것은 이미 설명한 바와 같이 제도의 기능과 역할 및 작용 때문이다.

하나의 제도가 구축되고 유용하게 활용되는 경우 해당업무를 효율화, 안전화, 경제화 등으로 유도하여 관리목표를 효과적으로 달성할 수 있을 뿐만 아니라 크고 작은 여러 기준에 따라 정돈하고 계통을 수립하여 논리적으로 통일적인 체계를 갖추어 제도화함으로써 구체적인 자산관리의 효과를 얻을 수 있다.

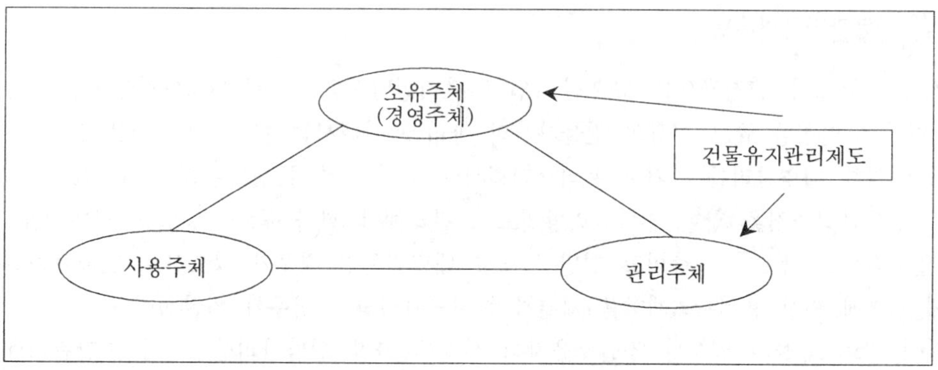

[그림 1-16] 건물유지관리제도와 적용범위

다시 말하면, 건물유지관리제도가 필요한 이유는 건물의 유지관리에 필요한 단위나 기능의 독립된 요소들을 하나의 법이나 자치법규로 묶어 공통목표(유지관리목표)를 달성하기 위하여 유기적으로 연결시켜 상호작용하게 함으로써 건물관리효과를 최유효 관리법에 의한 양질의 관리효과를 얻을 수 있기 때문이다.

건물자산관리 측면에서 이를 제도라 하고 이를 System이라 한다. 또한 건물유지관리제도는 유지관리에 필요한 요소나 규칙, 법칙들을 계통을 세워 체계화시키므로 건물자산관리의 개별업무가 질서정연하게 조직적으로 수행되어 가장 효과적 방법에 의하여 자산관리목표를 달성할 수 있게 됨으로 건물관리법제도는 반드시 필요하다.

그러나 이와 같은 건물관리제도는 건물관리기본법에 의하여 만들어진 법정관리제도일 필요성이 있다. 왜냐하면, 건물관리제도가 법정유지관리제도일 때 임의관리제도보다 더욱 강력하게 관리이해당사자 상호간을 구속하고 강제할 수 있기 때문이다.

법정관리제도가 정착되고 활용되는 경우 법에서 정한 강제성과 구속성이 동시에 작용함으로써 관리주체나 소유주체 모두가 의무이행에 성실히 임할 수 있게 되기 때문이다. 이와 같은 사례는 주택법에 의하여 제도화된 공동주택 법정유지관리체도에 의하여 관리되고 있는 의무관리대상 공동주택유지관리의 경우가 좋은 예라 할 수 있다. 그러나, 유감스럽게도, 개인소유 상업용 임대건물의 경우 건축법에서 건물관리에 관한 선언적 규정[22]은 두고는 있으나 아직은 구체적인 건물관리기본법은 입법되지 아니하고 있으므로 의무관리대상 공동주택과 같은 법정건물관리제도는 없다. 다만 관리관계법에 의하여 건물의 종류 중 특정 소유건물이나 용도에 따라 관리관계법이 적용되는 법정유지관리제도가 부분적으로 시행되는 유지관리규정은 건축법, 국유재산법, 시설물의안전관리에관한특별법, 집합건물소유및관리에관한특별법 정도에 그치고 있다.

2) 건물관리용역제도

건물의 규모가 일정규모를 넘으면 1인의 관리인만으로는 건물의 자산관리가 불가능하다. 따라서 일정한 규모 이상의 건물자산의 관리를 위해서는 자체관리조직을 갖추고 자체조직에 의한 직영관리를 하거나 용역관리회사에 용역을 주어 위탁관리하거나 또는 자체조직과 용역관리조직을 합한 혼합관리방법으로 관리해야 한다. 특히 상업용 임대건물의 경우 일반적으로 층수가 고층이고 연면적 또한 대형건물인 경우가 많으므로 건물관리전문회사에 입찰에 의한 용역관리계약을 체결하여 위탁관리하는 경우가 일반적이다.

이와 같이 건물의 규모나 건물소유자의 사정에 따라 위탁관리방법이나 혼합관리방법을 선택할 경우 건물관리용역계약 체결에 의하여 건물관리용역제도가 등장하게 되고 3면 3각 상호관계구조체계는 건물소유자와 관리자(관리주체)와의 2면 상호관계에 적용되고 법적 효력을 갖게 된다. 용역관리계약이란 위탁자와 수탁자 사이에 일정한 용역비를 제공하는 대

22) 건축법 제26조, 동시행령 제23조.

가로 관리용역을 제공하기로 약정한 계약을 의미한다.

이와 같은 용역관리계약이 체결되면 건물소유주체와 관리주체 사이에 용역비의 급부와 관리용역의 반대급부의 권리의무가 발생하고 위탁자와 수탁자 상호관계가 성립된다. 용역계약 역시 계약이므로 상호 평등한 입장에서 대등하게 계약이 체결되고 계약이 체결된 후에도 권리와 의무가 성실하게 지켜지며 상호관계가 원만하게 유지되고 인격이 존중되면서 최선을 다하여 양질의 관리용역을 제공하고 그 대가로 적정한 용역비를 지급함으로써 상호관계가 잘 유지되어야만 한다.

그러나 현실적으로 건물소유주체와 관리주체 상호간은 평등관계가 아닌 甲乙 관계로 변하여 같은 현장에서 관리업무를 협력하고 있으면서도 현실적으로 불평등 갈등구조를 보이고 있다. 이와 같은 불평등 甲乙 상호관계는 용역관리계약에서부터 불평등 조항으로 시작되지만 무엇보다 근본적인 문제는 법정건물관리 용역제도가 아직도 법에 의하여 정착되지 못하고 있는 데 근본적인 원인이 있다.

건물관리용역제도는 [그림 1-17]과 같이 2면 상호관계인 건물소유주체와 관리주체간의 상호관계에 영향을 미치는 임의관리제도로서 주로 시설용역관리, 청소위생용역관리, 경비보안용역관리, 안전용역관리, 정비보수용역관리 등의 건물유지관리와 관계되는 제도이다. 건물관리용역회사는 관리기술과 전문성을 확보하고 전문 관리가 가능한 건물관리전문회사임을 전제로 건물소유자가 용역회사를 신뢰하고 건물관리업무를 위탁하게 되는데 기술, 전문성, 재정 측면에서 신뢰받을 수 있는 관리용역회사의 수가 그리 많지 않은 것이 관리용역회사의 현실적 문제점으로 지적되고 있다.

뿐만 아니라, 건물소유자 역시 위탁계약을 체결하고 선임한 건물관리용역회사를 평등관계가 아니라 불평등 甲乙관계로 인식하여 일방적으로 의무만을 강요하고 있는 것도 오늘날 건물관리현장의 현실인 것으로 인식된다.

이와 같은 현실이 건물보존관리나 유지관리에 지장을 초래하여 건물의 조기노후화를 촉진하고 있으며 안전사고예방에도 부정적으로 작용하고 있다.

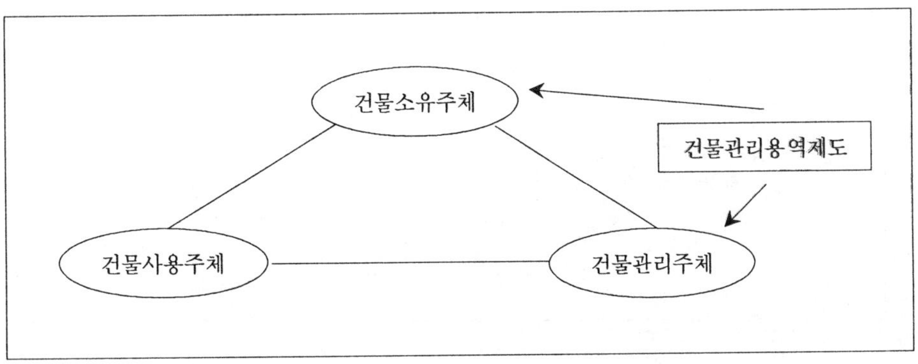

[그림 1-17] 건물관리용역제도와 적용범위

현행 우리나라 상업용건물관리용역제도는 관계법령에 의하여 확립된 법정관리제도가 아닌 임의관리제도로서 건물의 유지관리에 관계되는 시설관리용역계약, 주차시설관리용역계약, 청소위생관리용역계약, 경비보안관리용역계약, 안전관리용역계약, 조경시설물관리용역계약, 보수정비관리용역계약 등 계약에 의하여 구축되고 활용되고 있다.

그러나 아직은 건물관리기본법의 법제도적 뒷받침을 못 받는 관계로 용역절차, 용역입찰방법, 용역단가, 용역설계기준, 용역업자의 자격, 용역업자의 의무 등이 건물소유자에 의하여 임의 결정되므로 건물관리현장마다 상이한 제도의 틀을 보여주고 있다.

하루 빨리 건물관리기본법의 제정과 뒷받침으로 효율적인 건물관리용역제도가 정착되어지길 진심으로 희망해 마지않는다.

3) 건물관리서비스제도

건물관리서비스제도란 [그림 1-18]에서 보는 바와 같이 건물자산관리이해당사자 조직체계 상호관계에 있는 건물관리주체와 건물사용주체(임차인) 상호간에 적용되는 건물관리제도이다. 건물관리서비스의 시작은 관리주체와 사용주체(임차인 또는 소유자가 직접 사용할 때의 소유자)간 또는 건물소유주체와 건물사용주체간의 관리위임(또는 대행)계약체결로 시작되고 계약내용에 따라 일정한 관리서비스 공급이 시작된다.

건물관리(대행)계약은 임대건물에 있어서 건물소유주체가 사용주체인 임차인과 임대차계약을 체결할 때 관리계약을 동시에 체결하여 후에 선임된 관리주체에 위임되는 경우도 있으나 일반적으로 관리주체인 관리회사(관리소장) 소유주체를 대리해서 건물소유주체와 사용주체간의 임대차계약을 대행하면서 건물관리(대행)계약을 건물관리주체와 사용주체간에 별도로 맺어 임대차업무와 별개의 관리서비스업무로 관리주체에 의해서 수행된다.

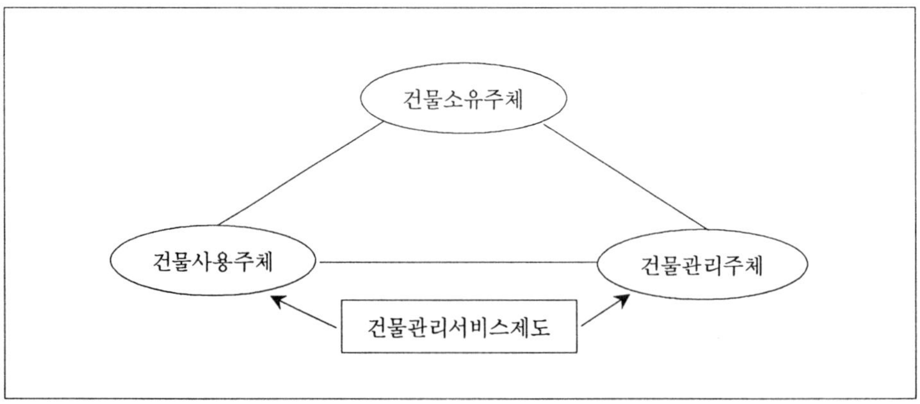

[그림 1-18] 건물관리서비스제도와 적용범위

건물관리(대행)계약이 체결되고 입주가 완료되면 마침내 관리계약에 따라 관리주체는 사용주체의 건물 사용수익에 필요한 건물의 유익이나 양질의 관리서비스를 제공해야하는 바 두 주체 간에 자연스럽게 건물관리서비스제도가 수립되고 작동되기 시작한다.

문제는 사용주체가 급부하는 관리비에 비하여 더 많은 반대급부(관리서비스)를 요구하거나 또는 관리주체가 비싼 관리비에 비하여 수준 이하의 관리서비스를 반대급부(제공)할 때 양당사자 간에는 분쟁이 야기된다는 점이다.

임대건물의 임차인은 어떤 사업이나 업무 등을 위하여 필요한 건물사용을 위해서는 소유주체에 의해 일방적으로 정해진 임대료와 관리비를 지급하는 조건으로 건물을 임차하는 것이므로 건물 임차목적물에 대한 최유효 사용수익을 당연히 예상하고 있으며 주관적이긴 하지만 본인의 건물 최유효 사용수익을 위한 공급서비스의 기준이 설정되어 있는 데 반하여 건물관리서비스를 공급하는 관리주체는 통상적이고 일반적이며 상식수준의 관리서비스를 일방적으로 입주자(임차인)에게 동일한 기준에 따라 공급함으로써 양당사자간의 상이한 서비스기준이 상호충돌하거나 불만으로 이어져 분쟁을 야기하게 된다. 특히 임차인이 외국인이 있는 경우, 임차인 자국의 관리서비스는 일정한 서비스품질기준에 따라 공급받음으로써 임차건물의 사용수익에 전혀 문제가 없었으나 우리나라의 경우, 일정한 관리서비스품질제도나 규격이 없어 무척 당황하고 불만을 노정하고 있다. 또한 건물관리주체와 사용주체간에 체결되는 관리위임계약서 역시 관리주체가 일방적으로 유리하게 작성하고 미리 인쇄하여 준비한 계약서를 사용하여 계약 체결시 임차인의 수정이나 특약사항 약정도 전혀 허용 없이 서명 날인하도록 강요하고 있어 건물사용주체는 불이익을 감수하도록 예정되어 있다. 그러나 다행스럽게도 지식경제부(전, 산업자원부) 기술표준원이 시설관리서비스 표준규격을 KS화하고 10,000㎡ 이상의 건물을 대상으로 임의조건 이긴 하나 매년 시설관리서비스 KS심사를 한국표준협회로 하여금 시설관리서비스 KS인증을 시행하게 함으로써 2009년도 하반기부터 건물시설관리서비스 품질이 다소 개선될 것으로 판단된다.

4) 건물임대차제도

임대건물의 관리에 있어서 임대관리는 건물운영관리업무에 있어서 중심이 되는 관리업무이므로 건물임대차제도는 매우 중요한 제도라 할 수 있다.

건물임대차제도는 [그림 1-19]에서 보는 바와 같이 건물소유주체와 건물사용주체간 상호관계에 작용하는 계약관련제도로서 건물의 사용수익에 대한 임대료 지급조건의 급부와 건물 사용수익의 임차권 수여라는 반대급부조건인 임대차계약이 체결됨으로써 임대인(건물소유주체)과 임차인(건물사용주체) 양당사자와 그 상호간의 당사자들을 구속하고 상호간의 권리의무를 강제하게 된다.

건물 사용수익에 관한 법정임대차제도에는 주택임대차보호법에 의한 주택임대차제도, 상가건물임대차보호법에 의한 상가건물임대차제도, 농지법에 의한 농지임대차제도, 임대주택법에 의한 임대주택임대차제도, 그리고 민법(채권법)에 의한 일반임대차제도[23] 등이 있다.

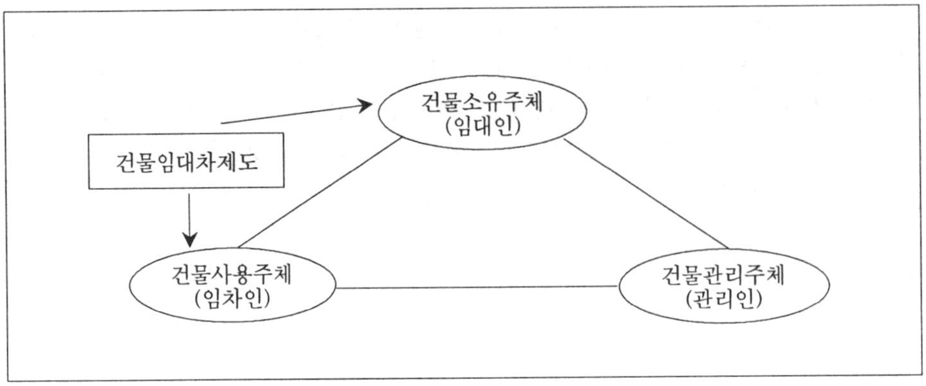

[그림 1-19] 건물임대차제도와 적용범위

일반건물임대차는 민법전 중 제3편, 채권 제2장에 계약규정과 제7절 임대차관련조항(민법 제618조 내지 제 654조)에 근거를 두고 있다. 이와 같이 건물소유주체와 사용주체간의 관계를 구속하고 상호권리의무를 성실히 이행하도록 하면서 양당사자 중 일방이 의무를 해태하는 경우, 해제, 해지 또는 금전적 손해배상 책임을 지도록 하고 있다.

특히, 수익성 건물자산관리에 있어서 자산의 운용수단 중 임대차관리는 대단히 중용한 수익창출의 방법 중 하나이고 자산관리의 중심업무로서 대단히 중요한 건물경영업무인 동시에 계약당사자를 구속하고 의무를 강제한다는 측면에서 상호간에 이익과 권리가 보호되도록 공평성과 평등관계가 보장되는 건물임대제도가 필요하다.

건물임대차제도는 건물 보유기간 효율적 보유로 직접 임대소득을 발생시켜 수익을 극대화하는 매우 중요한 건물자산운영방법이다. 건물임대는 자산가치를 증가시키고 투자목적달성에 있어서 양도차익의 실현과 함께 투자수익을 극대화하는 방안이므로 전략적으로 관리역량을 집중해야 한다.

5) 건물(부동산)등기제도

건물자산관리에 있어서 또 하나의 법정제도에는 부동산등기법에 의한 부동산(건물)등기제도가 있다.

건물을 원시 취득하는 경우 보존등기를 해야 하며 매매 등의 원인으로 이전하는 경우(승계 취득하는 경우) 소유권 이전등기를 해야 한다. 경매, 상속 등과 같이 법률의 규정에 의한 부동산(건물) 소유권의 취득인 경우에도 처분(거래)하기 위해서는 소유권 이전등기를 경료 해야 한다.

우리나라 부동산(건물)등기는 공시효력만 있고 공신력은 없다.

---

23) 일반임대차의 성질은 임대차를 규정하고 있는 민법이 일반법이므로 일반 토지, 건물 임대차 등에 일반적으로 적용된다. 따라서 특정 토지나 특정 건물이 아닌 일반 건물, 토지 임대차에 적용된다.

그러나 소유권은 해당 부동산(건물)의 재산권이므로 부동산(건물) 소유권등기 없는 건물은 자산으로서의 가치가 없다. 왜냐하면 사용, 수익, 처분에 문제가 있기 때문이다.

6) 건물리모델링제도

건물자산관리는 건물의 재산가치를 높이기 위하여 Renovation, Remodelling, Re-positioning 등의 시설개량을 실시해야 한다. 아파트 리모델링은 주택법에 구체적으로 명시하고 있으며 기타 건물의 리모델링은 건축법과 도시및주거환경정비법 등에서 규정하고 있다. 건물자산관리자는 건물의 자산가치 증식을 위하여 리모델링에 대한 이해와 실무를 익혀야 한다.

7) 부동산(건물)조세제도

건물은 부동산 자산이므로 토지, 건물 재산세 등 각종 조세와 부담금이 있다.

건물자산관리에 있어서 <표 1-11>과 같은 건물조세와 <표 1-12>와 같은 부담금관리를 체계적으로 해야 하며 운영계획(관리예산 포함)과 Cash Flow상에 조세후, 현금수지를 최종 산출해야 한다.

건물자산(부동산)관련 조세의 내역은 <표 1-11>과 같다.

〈표 1-11〉 건물자산(부동산)관련 조세

구 분	근거법과 부과기준	부담주체
종합토지세	지방세법 194조에 의거 토지가액의 0.2~5%를 부과	토지소유자
재산세	지방세법 182조에 의거 소유재산의 시가표준액의 0.3% 해당가액을 과세	건물소유자
도시계획세	지방세법 238조에 의거 도시계획사업에 필요한 비용을 충당하기 위하여 재산세 및 종합토지세 납부의무자에게 소유재산 시가표준액의 0.2% 과세	건물소유자
재산할 사업소세	지방세법 244조에 의거 환경개선/정비에 필요한 비용충당을 위하여 지역에 사업소를 둔 자에게 과세 (사업소 연면적 1㎡당 250원)	매년 7/1일 현재 사업소세 관리대장 등재 사업주
공동시설세	지방세법 239조에 의거 소방시설의 필요경비 충당을 위해 소유재산 시가표준액의 0.03% 과세	건물소유자
지역개발세	지방세법 253조에 의거 지하수를 이용하기 위해 채수된 물의 1㎥당 20원 과세	건물소유자
교육세	재산세/종합토지세액의 20%	건물소유자
인지세	재산의 권리 창설, 이전, 변경에 관한 문서작성시 부과되는 과세	문서작성자
간주임대부가세	부가세법 시행령에 의거 임대보증금에 일정 이자율을 곱해 계산한 간주임대료를 기준으로 부과	건물임대인

주) 정부조세정책에 따라 부과기준이 고정되지 아니하고 변경될 수 있음

건물자산(부동산)관련 부담금의 내역은 <표 1-12>와 같다.

〈표 1-12〉 건물자산(부동산)관련 부담금

구 분	근거법과 부과기준	부담주체
환경개선부담금 (대기/수질)	환경개선비용부담법에 따라 유통/소비과정에서 환경오염물질을 다량으로 배출하는 건물에 오염시킨 만큼의 복구비용 해당액을 부과	부과기준일 현재 시설물 소유자
과밀부담금	특정도시 과밀억제권역에 새로 들어선 일정규모 이상 업무/판매 시설에 대해 사업비의 일정액에 대해 부과 (신/증축/용도변경 건축비의 10%)	건축주
교통유발부담금	국토해양부장관이 도시교통의 원활한 소통과 교통편의 증진을 위하여 도시교통정비지역 안에서 교통유발의 원인이 되는 시설물에 부과	부과기준일 현재 시설물 소유자

주) 정부정책에 따라 부과기준이 달라질 수 있음

8) 재개발 및 재건축제도

건물의 경과연수로 노후화가 되거나 경제적 용도나 사용상의 문제가 있는 경우 건물의 재건축은 불가피하다. 건물의 재건축은 집합건물의소유및관리에관한법률에서 구체적으로 명시하고 있으며 도시및주거환경정비법에서 재건축과 재개발의 운영상의 문제를 보완하고 있다.

건물자산관리자는 관리대상 건물의 수익성이 악화되어 비경제적 운영구조를 갖는 경우, 지체 없이 관련 사정을 고려하고 관계법령을 검토하여 재개발 또는 재건축을 결정해야 한다.

9) 건물자산투자제도

건물자산(부동산)투자제도에는 부동산투자법에 의한 법정자산관리제도로서 직접투자제도와 간접투자제도 등이 있다. 최근 활성화되고 있는 부동산펀드나 REITs는 간접투자제도에 해당된다.

건물자산관리자는 REITs나 펀드에 관한 구체적인 연구가 필요하며 필요한 경우, 활용할 수 있어야 한다.

제2장 건물자산시장과 건물자산관리업

제 I 편 제2장에서는 건물자산시장과 건물자산관리업의 제목 아래 세 개의 절을 두고 건물자산시장의 발달배경과 자산시장의 변화 및 현황을 소개하고, 건물자산관리업의 종류와 창업정보를 기술하여 건물자산관리업 관련 단체의 현황을 소개함으로써 건물자산시장과 건물자산관리업의 현황 전반을 소개하고 있다.

- 제1절 건물자산시장의 발달과 변화 및 현황
- 제2절 건물자산관리업의 창업정보
- 제3절 국내외 건물자산관리업 관련 단체의 현황

제1절 건물자산시장의 발달과 변화 및 현황

건물자산관리업 분야의 하나인 시설관리업의 본격적인 효시는 1963년 서울 을지로 소재 삼성빌딩을 중앙개발이 시설관리를 시작하면서 부터라 할 수 있다. 그 후 현대건물의 특징을 가지고 신축된 삼성본관 신축과 대우센터빌딩의 신축은 체계적 관리의 필요성을 요구하게 하였으며 1980년대 고도경제성장과 '86아시안게임과 '88올림픽게임 및 200년 한일월드컵대회 등은 국내 대형빌딩 건축붐의 촉매제가 되어 건물시설관리시장을 성장시키는 기회를 제공하였다.

특히 1990년대부터 도입이 시작된 자동화설비인 BAS(Building Automation System)와 첨단지능형 건물인 IBS(Intelligent Building System)의 등장은 외국 선진 시설관리기술의 도입의 계기와 함께 본격적인 기술관리 중심의 시설관리시장을 태동케 하여 시설관리업계는 고도성장과 양적성장의 혜택을 잠시 누렸다. 그러나 1997년 IMF외환위기로 대대적인 구조조정의 시련을 겪었으며 1998년 부동산시장개방에 따라 해외 건물자산관리업체의 국내 진출로 시설관리시장은 무한경쟁시대를 맞아 생존차원의 각축을 벌이고 있다.

본 절에서는 우리나라 건물자산시장의 발달배경과 시장의 환경변화 및 건물자산관리업 관련 국내외 단체의 현황을 간략하게 살펴보고자 한다.

1. 건물자산시장의 발달배경과 시장환경의 변화

(1) 건물자산시장의 발달배경

오늘날 선진 외국과 우리나라의 건물자산시장의 발달은 우연하게 이루어진 것이 아니었다. 다시 말하면, 건물자산의 소유와 경영이 분리된 가운데 건물자산관리의 3측면인 AM과 PM 및 FM으로 자산관리 전문화와 분업화 체계를 가지고 과학적 관리법을 접목시켜 효율적이고 체계적이며 조사 분석을 토대로 건물자산의 경제적 가치인 사용가치와 수익가치를 극대화하여 건물자산의 소유자(투자자 포함)와 사용자 및 이용자 모두를 경제적으로 그리고 사회적으로 만족하게 하는 이른바 선진 건물자산관리제도는 우연하게 태동하여 발달한 것은 아니었다.

미국의 경우, 현재와 같은 건물자산관리제도는 1930년대 경제대공황으로 인하여 수많은 기업이 도산에 직면함에 따라 기업소유 부실자산이 대거 거래은행이나 보험회사 등 채권단에 인수되는 초유의 사태가 발생하자 채권자인 은행, 보험회사 등이 부실채권으로 취득한 부실기업자산을 효과적으로 관리하고자 은행과 보험회사 자체조직 내부에 별도의 부동산자산관리부서를 두고 협의의 자산관리개념으로 소극적으로 자산의 보존과 유지의 실무 차원에서 건물자산관리업무를 시작하였다.

그 후 1970년대에 접어들면서 은행, 보험회사, 연기금, 신탁회사의 자금에 의한 수익 창출을 목적으로 보유 부동산과 함께 타인의 건물자산을 전략적으로 매입하고 운용하여 매각함으로써 오늘날 같은 전문 건물자산관리업이 태동하게 되었다.

또한 민간 기업에 의한 건물자산관리업의 본격적 태동은 1980년대 미국 경제 불황으로 부실부동산에 대한 관리와 처리가 민간자산관리기업에 위탁됨에 따라 실질적으로 미국 건물자산관리업의 발달의 계기가 되었다.

다시 말하면, 미국 건물자산관리제도의 경우, 1930년대 대공황과 1980년대 극심한 경제 불황의 여파로 건물자산관리제도가 태동하고 결정적으로 발전하는 계기가 되었다.

우리나라의 경우, 1960년대와 같이 전문 관리대상 건물자산이 많지 않은 가운데 수익성 목적의 건물자산 취득보다 소유(보유)중심의 건물자산 취득 사고체계가 팽배한 가운데 소유와 경영이 분리된 건물자산관리시장의 부재로 건물자산전문관리업의 태동은 기대하기 어려웠다. 그러나 1980년대 이후 대기업중심으로 자사 보유 건물자산을 자체 회사 내에 관리부서를 두고 보존・유지중심의 시설관리차원에서 관리해왔다.

그러나 우리나라 건물자산관리제도와 자산관리시장의 결정적인 태동과 본격적인 출발은 아이러니컬하게도 1997년 IMF가 계기가 되어 부실기업의 구조조정과 해외 투자펀드의 국내 상륙 및 부동산간접투자 활성화정책에 힘입어 시설관리업 중심으로 전문 건물자산관리업이 본격적으로 태동하여 최근에는 810개사의 시설관리회사와 몇몇 대기업의 자회사가 PM형태와 FM형태로 건물자산관리업을 영위하고 있다.

따라서 현재 우리나라 건물자산관리업의 중심은 시설관리업무와 임대관리업무를 병행하는 형태의 건물자산관리업을 수행하고 있다. 또한 2001년부터 은행, 증권, 토지개발공사, 건설회사들이 자본을 투자하여 코람코, 코리츠, 리얼티 어드바이져 코리아, 맥쿼리 인터내셔널 자산관리, 한국토지신탁 명의로 코크랩 1~7호, 케이원, 리얼티코리아 1호 등의 자산을 운영하고 이를 건물자산(부동산)에 투자하여 투자수익을 창출하는 건물자산 투자시장이 형성되어 가고 있다.

이를 계기로, 국토해양부와 지식경제부 중심으로 건물자산관리의 중요성과 필요성이 정책적 차원에서 인식되기 시작하였으며 민간 건물자산관리회사와 건물자산관리종사자 및 건물의 소유자와 기관투자자에 이르기까지 건물자산관리의 중요성과 필요성을 인식하기 시작하면서 건물 사용목적의 보유중심에서 수익중심의 보유목적으로 바뀌고 있으며, 특히 건물자산의 소유자들이 고수하여 왔던 종래의 전통적인 직영관리방법에서 위탁관리방법으로의 전환을 시작하면서부터 건물자산관리 수요가 크게 늘어나 건물자산관리시장의 활성화가 가시화되기 시작하였다.

학계에서도, 부동산학, 건축학, 법학, 경제학 전공 석·박사과정의 연구자와 부동산학 교수중심의 학자들에 의하여 토지중심의 부동산자산문제관련 논문이 다수 발표되어 건물자산관리학 분야에 대한 학문적 관심을 보여주고 있다.

특히, 극동대학교에서는 2003년부터 저자에 의하여 개척한 건물자산관리학을 응용과학의 학문으로 인정하고 일반 대학원 정규과정에 건물자산관리학 전공 석·박사과정을 설치하여 건물자산관리학의 교육과 연구에 총력을 경주 하고 있다. 이와 같은 학문적 노력으로 건물자산관리문제에 대한 3편의 박사학위논문과 26편의 석사학위논문이 2009년 2월 현재 발표되었으며 사단법인 건물관리학회와 극동대학교 부설 건물관리연구소와 공동으로 협력하여 건물자산관리 문제개선과 정책개발에 관한 연구에 착수함으로써 우리나라 건물자산관리산업 발전에 필요한 제도, 정책, 시스템, 이론, 실무방법론, 기술매뉴얼 등을 개발하고 전문 인력을 양성하여 마침내 국내 건물자산관리시장의 활성화에 대한 대비와 해외자산관리시장 진출을 위한 고용창출과 건물자산관리 산업측면에서 국가경제발전 구상을 현실화시켜 가고 있다.

이와 같은 건물자산관리의 연구와 교육은 후진성을 가지고 있는 우리나라 건물자산관리 기술과 전문성을 업그레이드시켜 우리나라 건물자산관리기업이 불원장래에 선진국 자산관리기업과 경쟁하여 건물자산 시장에서 경쟁우위에 설 수 있도록 하는데 기여할 것으로 판단된다.

현재 우리나라 건물자산관리업은 건물시설관리업 중심으로 편제되어 건물자산 경영업과 건물자산 서비스업은 다소 부진한 형편에 있으며 전술한 바와 같이 시설관리업 중심의 소수대기업만이 자회사에 의한 Property Management 수준에서 건물임대관리업과 시설관리업에 머물고 있는 현황을 보여주고 있다. 또한 국내에 진출한 외국 자산관리회사에 의한 건물자산관리의 전문성과 기술 및 시스템, 매뉴얼, 기법 등의 차별성으로 인하여 대부분의 시설관리전문업이 시설관리 분야(FM Field) 외국 자산관리회사의 협력회사로 점차 종속되어가는 추세에 있어 국내 건물자산관리업계의 경영개선과 분발이 크게 요구되고 있다.

(2) 건물자산시장과 환경변화

1) 건물자산시장의 개념

건물자산시장이란 건물자산 매매 중심의 건물자산투자시장과 임대차 시장 및 건물자산관리관련 용역과 서비스를 제공하는 건물자산관리시장 등을 의미한다.

다시 말하면, 건물자산시장이란 매도자와 매수자, 임대인과 임차인, 도급인과 수급인, 위탁자와 수탁자 상호간에 상품과 서비스가 교환되는 장소로서 건물자산의 권리교환, 가액의 결정, 공간배분 또는 공간이용 방법 등의 결정과 수급조절을 지원하는 의도된 상업활동 장소를 의미한다.

건물자산시장은 건물자산의 투자시장(매매시장)과 임대차시장 및 건물자산관리시장 등으로 분류되며 건물자산관리시장은 다시 시설관리 용역시장과 건물자산관리 서비스시장으로 세분된다.

건물자산투자시장은 건물자산 매매시장이라고도 하며 매도자와 매수자사이에 매매계약에 의하여 소유권과 매매대금이 교환되는 시장을 의미하며 직접투자시장과 간접투자시장으로 다시 세분된다. 건물자산임대차시장은 임대인과 임차인사이에 건물 사용수익의 임차권을 임대차계약에 따라 이전하고 일정한 임차수익을 발생하게 하는 시장이다.

건물자산관리 시장 중 하나인 건물시설관리용역시장은 의뢰자의 요청에 따라 서비스(용역)계약에 의하여 서비스와 용역비가 교환되는 시장으로서 시설관리용역, 청소위생관리용역, 경비보안관리용역 등의 시설관리용역시장을 의미하며 건물자산관리 서비스시장이란 경영진단컨설팅, 투자컨설팅, 임대차컨설팅 등의 건물자산 상담서비스와 관리용품의 공급서비스 및 검사ㆍ진단 등의 안전검사서비스, 정비ㆍ보수 등의 기술서비스, 건물자산의 중개서비스, 건물조사서비스 등을 제공하는 서비스시장을 의미한다. 이와 같은 건물자산시장은 종류가 매우 다양한 시장형태로서 추상적으로 운영되고 있다.

2) 건물자산시장의 환경변화

1997년 IMF이전까지만 하더라도 건물자산의 소유와 경영의 미분리로 국내의 경우, 건물자산시장다운 건물자산시장은 전무하였다. 뿐만 아니라 IMF이전의 건물자산은 자산시장에서 증권이나 채권과 같은 투자대상의 상품이 아니었다.

그러나, 미국의 건물자산시장 형성과 발달이 전술한 바와 같이 1930년 경제공황과 1980년대의 극심한 경제 불황의 여파로 부실화된 건물자산의 효율적 관리의 필요성과 수익목적의 전문적 관리의 수요 등으로 채권단의 위치에 있던 은행, 보험사 등이 보유건물자산을 자사소속 관리부서로 하여금 1930년대에는 소극적 관리대응을 해오다가 1980년대에 진입하면서 본격적인 민간위탁관리의 전환으로 수익중심의 자산전문관리시대와 분업화관리시대를 열어 오늘날과 같은 건물자산시장의 태동과 발달을 가져왔다. 그러나 우리나라 건물자산시장의 본격적인 태동과 발달은 1997년 IMF 외환위기 후부터 시작되었다고 볼 수 있다.

이와 같이 태동한 국내 건물자산시장의 환경 역시 크게 변화하였다. 전술한 바와 같이 IMF이전까지만 하더라도 건물자산은 보유대상으로서 사용에 목적을 두고 취득(매입)하였으며 소유자의 물리적 시설관리의 품질에만 주력함으로써 수익목적의 건물자산 취득은 소수의 예에 불과하였다.

다시 말하면, 1997년 이전까지만 하더라도 건물자산은 보유의 대상으로서 사용에 목적을 두었으나 수익은 고려 대상이 아니었다.

그러나 오늘날의 건물자산은 투자대상상품으로서 수익에 목적을 두고 취득하는 이른바 수익목적의 투자대상으로 인식하고 있다. 즉, 오늘날 건물자산은 투자의 대상이며 수익이 건물자산 취득의 목적이 되고 있다.

투자목적의 건물자산은 단순한 물리적 공간이나 시설만으로는 투자의 대상이 될 수 없으며, 투자대상 건물자산은 친환경적이어야 하고 사람의 건강에 필요한 쾌적한 시설과 환경이 전제되어야만 매매나 임대의 목적물이 될 수 있는 것으로서 건물자산 취득자의 인식과 목적이 크게 변화하였다. 특히 건물자산시장의 구조 측면에서도 크게 변화하였다.

종전의 건물자산시장은 공급자 중심의 시장이었으나 현재의 건물자산시장 구조는 수요자중심의 시장으로 변화하였다. 또한 종전의 건물자산시장에서 거래되는 건물자산은 보유대상으로서 사용가치에 무게를 두었으나 현재의 건물자산은 투자대상으로 수익가치에 비중을 두고 있다.

뿐만 아니라, 건물자산관리체계는 건물소유자나 소유자에 의하여 구성된 자회사가 용역위주로 품질중심의 시설관리에 주력하였으나 현재의 건물자산관리체계는 수직적 분업체계[24)]로서 건물자산관리전문회사에게 공개경쟁으로 아웃소싱하여 효율을 크게 강조하고 있다.

따라서 종전의 건물자산관리개념인 시설관리는 단순한 시설관리 능력만 요구되었으나 현재 건물자산전문경영은 수직적 분업체계의 효율성 중심의 자산관리에 있어서는 건물자산관리의 정보력과 마케팅능력 및 글로벌 스탠다드의 품질규격에 맞는 One Stop Service의 종합건물자산관리 능력이 요구되고 있다.

최근 건축기술의 급속한 발달로 도시건물 등은 대형화, 초고층화, 다목적화, 과밀화, 첨단화의 경향을 보이고 있으며 이와 같은 현대 건물의 특징은 전문성과 기술에 의한 전문적 관리의 필요성을 요구하게 되어 국내에서 다수의 건물자산관리회사가 창업되었으며 대기업에서도 자사보유 건물자산에 대한 전문적 관리를 위하여 자회사를 설립하여 직접 관리하는 모습을 보이고 있다.

또한 IMF이후 외국자본이 국내시장에 상륙하면서부터 외국계 건물자산관리 전문 관리회사들이 선진기술과 글로벌 스탠다드 매뉴얼, 전문 인력, 전문 관리시스템으로 국내 건물자산관리 서비스시장에 진출하여 국내 건물자산 관리회사들과 차별적 관리와 전문적 관리 및 전문적 PM업무로 외국계가 건물자산관리시장을 선점하고 점차 전체 건물자산관리시장을 잠식하고 있는 실정이다.

이와 같은 건물자산시장의 상황 속에 국내 대기업들 중 일부는 외국 전문건물자산관리회사와 라이센스 계약을 체결하고 외국 선진기술과 전문 인력 및 시스템의 도입을 시도하여 건물자산관리 서비스시장에서 점유율을 점차 높이거나 건물자산관리시장 서비스 방어에 노력하고 있으나 대부분의 영세시설관리업체들은 재정의 악화와 기술력 부족 등으로 고전하고 있는 실정에 있다.

---

24) 수직적 분업체계란 자산관리 각 영역의 전문성을 가지고 있는 AM－PM－FM에 의한 수직적 관리체계를 의미한다.

또한 국내 건물자산관리시장에는 시설관리 용역시장인 FM시장은 물론 PM시장과 건물자산 서비스시장의 하나인 AM시장 등의 중요성이 크게 강조되고 있으며 전략적 제휴가 느린 속도로 이어지고 있다.

우리나라 건물자산시장의 형태는 주로 임대차시장과 투자시장 및 건물자산관리시장 등으로 3분되어 추상적 시장형태로 운영되고 있으며 건물자산관리시장의 하나인 시설관리용역시장은 공동주택관리와 빌딩관리로 양분되어 전문화되어 가는 양상을 띠고 있다.

법 · 제도 측면의 건물자산관리실태를 살펴보면 집합건물이나 국유재산 또는 공동주택은 법정관리제도에 의하여 관리되나 개인 또는 기업소유 건물의 경우에는 임의관리제도가 주로 활용되고 있다.

왜냐하면, 전자는 주택법이나 집합건물의소유및관리에관한법률 및 국유재산법 등관리기본법 등이 입법화되어 관리의무, 관리방법 등을 제도화하여 뒷받침하기 때문이나 후자의 경우에는 관리기본법이 없어 제도적으로 관리지원을 체계적으로 하지 못하기 때문이다.

따라서 비주거용 빌딩관리의 경우, 건물의 소유자나 기업에 의해서 자체관리방법과 관리관행에 의하여 임의적으로 관리되고 있는 실정이다.

건물자산시장은 전술한 바와 같이 건물자산관리 시장의 일종인 FM시장(시설관리용역시장)과 임대차시장의 PM시장, 투자시장 성격과 건물자산 서비스시장 성격을 가진 AM시장으로 나뉘어 시장이 형성되면서 거래가 점차 확장되어 가는 추세에 있다. CR-REITs의 경우 구조조정대상 부동산 매입을 중심으로 한시적 명목회사의 특성으로 반드시 고용이 요구되는 자산관리회사인 AMC(Asset Management Company)를 고용하여 AMC로 하여금 투자관리와 AMC나 건물소유자의 의뢰에 의한 PMC(Property Management Company)의 수익관리 중심의 재산관리 그리고 FMC(Facilities Management Compay)에 의한 건물시설관리 등으로 구분되어 업 형태로 운영되고 있으나 CR-REITs의 AMC의 투자관리는 한시적이고 명목상으로 이루어져 아직은 규모면에서 주목받지 못하고 있으며 PMC에 의한 수익관리 중심의 건물재산관리는 외국 PMC에 의해서 주도되고 있으나 국내 몇몇 회사들도 PM시장을 스스로 개척하여 참여하고 있다.

그러나 소수의 외국 부동산투자회사가 자국에서 부동산투자 또는 개발용도의 펀드를 조성, 국내에 상륙하여 여의도와 테헤란로 또는 서울특별시 중심지역에 문제가 있거나 투자가치가 있는 건물을 싼 값에 매입한 후 약간의 Renovation 또는 Re-positioning, 건물의 임대구조를 개선하여 자산가치를 높여 한국의 PM회사나 FM회사에게 임대관리나 시설관리 등을 위탁관리하게 한 후 일정한 시점에 유리한 조건으로 전략적으로 매각함으로써 엄청난 양도차익을 실현시킴으로서 건물자산투자시장의 성공사례가 되고 있으나 엄청난 양도차익의 실현은 사회적 문제가 되고 있다.

그러나 국내 대부분의 건물자산관리실태는 FMC에 의한 시설관리 중심의 자산관리시장이 형성되어 영위되고 있다. 즉, 재산경영과 시설관리가 이원화되어 각각 시설관리주체와 재산경영주체가 중심이 되어 별도의 관리시스템을 운용하고 있다.

그러나 관리대상이 개인자산인 경우에 재산경영주체와 시설관리주체가 동일하여 건물소유자의 비용과 책임으로 재산경영과 시설관리가 일원화구조를 가지고 관리되고 있다.

관리대상 건물이 기업소유인 경우에 재산관리는 회사조직에서 직접 전담하나 건물의 시설관리는 주로 관리회사에 위탁관리하게 하는 이원화 관리시스템을 운용하고 있다.

또한 국유재산관리는 조달청 또는 관리청별로 경쟁입찰방식으로 시설관리만을 위탁관리하거나 한국자산관리공사 또는 한국토지신탁 등에게 국유건물 또는 토지 등을 보관 또는 위임관리하게 하고 국유재산관리는 국유재산법에 따라 총괄청인 재정경제부장관 중심으로 각부 장관의 관리청과 재산관리관 또는 분임재산관리관 등에게 각각 위임하여 관리해 오고 있다.

다시 말하면, 건물자산관리시장은 시설관리업 중심으로 편제되어 간접 관리되고 있으며 재산관리부문은 소극적 방법으로 체계화되지 못한 가운데 소유자 개인 또는 기업에 의하여 직접 관리되고 있다.

건물자산시장은 종전과는 달리 많은 변화를 보이고 있는 바 이를 요약하면 <표 2-1>과 같다.

〈표 2-1〉 건물자산시장의 환경변화

구 분	종 전	현 재
건물자산의 소유목적	· 보유목적 · 사용목적	· 투자목적 · 수익목적
건물자산시장성격	· 공급자중심 시장 (소유자/임대인 중심) · 물리적 시설(공간)에 대한 임대시장 중심	사용자(매수인/임차인)중심 시장 · 친환경 Needs, Well-Being 욕구, 편의에 부합한 IBS건물 · 매각/임대 복합시장중심
건물자산관리구조와 목표	건물주 / 자회사 / 소속부서 · 용역위탁구조 · 품질우선목표	· 공개경쟁, 아웃소싱 관리구조 · 건물자산전문경영구조와 분업화구조 AM－PM－FM · 효율성지향목표
건물자산관리자 요구능력	시설관리기술능력	· 자산운용 능력 및 건물자산운영 능력 · 건물자산 정수집능력 및 마케팅능력 · Global Standard 적응능력

(자료출처: 한국생산성본부, 기업부동산 자산관리실무, 2006. 참조, 재구성)

(3) 건물자산시장의 거래규모와 변화요인

1) 건물자산 시장의 거래규모

국내 건물자산시장 규모에 관한 정확한 통계나 자료를 거의 찾아볼 수 없으며 소수의 연구 문헌에서조차 각기 다른 시장규모를 추상적으로 주장하고 있다. 그러나, 다행스럽게도 한국생산성본부의 기업부동산자산관리실무 교재에서 오피스빌딩의 자산시장 규모와 시설관리시장 규모를 다음과 같이 기술하고 있다.

먼저 국내 오피스빌딩의 PM시장 규모는 850억원[25]으로 집계하고 있으며 오피스빌딩의 시설관리규모는 약 8,500억원으로 추정하고 있다.[26]

그러나, 각종 시설물(호텔, 극장, 학교, 병원, 백화점, 컨벤션, 주상복합, 오피스텔, 콘도미니엄 등)까지 포함한 시설관리시장(FM시장)의 규모는 3배내지 5배까지 확대될 것으로 추정되어 약 6조원에서 10조원의 시장규모인 것으로 추정된다.

우리나라 서울특별시 소재, 오피스빌딩 거래 시장거래규모는 약 52조원 규모로서 2005년의 1년간 기준 매매건수는 45건으로 거래금액은 약 2조4천억원에 달하고 있다.[27]

시설관리시장 거래규모는 1997년 기준 2조원으로 추정되었으나 5년이 경과한 2002년의 경우 2조5,000억원으로 1997년 대비 25%의 성장을 보이고 있다.[28]

2) 건물자산시장의 변화요인

건물자산시장을 전술한 바와 같이 매도자와 매수자, 임대인과 임차인, 용역위탁자와 수탁자, 도급인과 수급인 사이에 이루어지는 가격에 의하여 상품과 서비스가 교환되는 장소이므로 교환가격과 수요공급, 자산가치 등은 여러가지 변수나 요인에 의하여 변화를 받게 된다.

따라서 건물자산관리자는 건물자산관리활동을 함에 있어서 건물자산시장의 변화요인을 면밀히 살피고 분석하여 미리 예측함으로써 경제적 변화나 추이가 나타나기 전에 필요한 조치를 적절히 해야 한다.

건물자산시장의 변화요인으로는 크게 경기순환적 변화요인과 계절적 변화요인, 무작위적 변화요인과 장기적 변화요인 그리고 정부정책적 변화요인 등이 있다.

---

25) 한국생산성본부, 기업부동산자산관리실무, 2006, p.47.
국내 오피스빌딩 연면적은 총 7,062,783평이고 PM Fee의 평균금액은 평당 1,000원으로 볼 때 1년 12개월을 다음과 같은 공식에 의해 얻은 수치임.
7,062,783×1,000×12개월=84,753,396,000 즉, 약 850억원으로 산정한 숫자임.

26) 시설관리시장 규모 8,500억원은 7,062,783×10,000(평균용역비/평)×12≒8,500억원으로 산출한 숫자임.

27) 한국생산성본부, 상게서, p.49.

28) 한양경제연구원, 적정 위탁대가 산정을 위한 용역, 2004, p.6.

① 경기순환적 변화요인

일반경기와 건물자산(부동산)경기는 상호밀접한 영향을 미치고 있다. 일반경기순환은 상승운동과 하강운동을 반복적 순환이라고 할 수 있으며 일반적으로 확장기(Expansion), 후퇴기(Recession), 수축기(Contraction) 그리고 회복기(Revival) 등 4가지 국면으로 변화된다. 이를 그림으로 구성하면 [그림 2-1]과 같다.

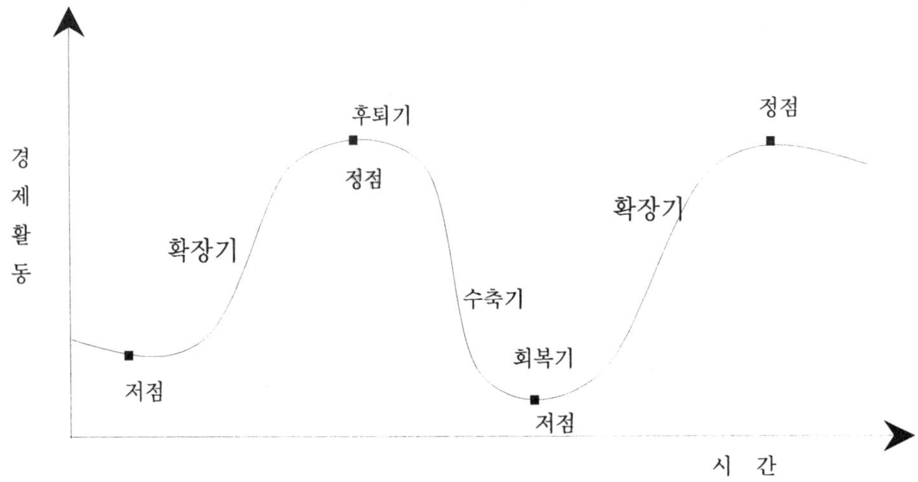

[그림 2-1] 경기순환주기변화

또한 경기순환주기 4국면의 경제적 특징은 다음의 <표 2-2>와 같다.

〈표 2-2〉 경기순환 4국면의 경제적 특징

국면	경제적 특징
확장기 (Expansion)	생산 및 공급 증가, 완전고용, 임금상승, 고용증대, 구매력상승, 수요증가, 가격상승, 화폐가치하락, 생산설비 확장, 임대료상승, 임차수요증가, 건축활동 활발, 관리비 상승, 공실률 최저
후퇴기 (Recession)	제품서비스 과잉공급, 건축공실과잉공급, 침체초기현황, 임대율 하강, 공실률 증가 조짐, 순환정점 신호
수축기 (Contraction)	제품서비스 수요감소, 공급감소, 고용감소, 상업률 급상승, 수축기 초기현상, 가격하락, 화폐가치 상승, 의·식·주 생활 보통수준 유지, 임대차유지, 건물자산가격 유지
회복기 (Revival)	초과공급소비, 구매현상, 생상증가, 공실률 감소, 경기최소 상승, 고용증대 초기현상, 생산설비 완만한 증가, 건축활동 증가, 확장국면 초기 신호

경기순환적 변동요인 관리방법으로는 경기변동 주기변화의 현상을 분석하고 신호를 읽어 사전에 적절히 대응하는 방법이 적절하다.

② 계절적 변화요인

봄, 여름, 가을, 겨울과 같이 자연 계절에 따라 일정한 기간 동안 정기적으로 나타나는 요인으로서 이를 계절적 변화요인이라 하고 건물자산시장에서 가격변동 요인으로 작용한다.

예컨대, 대학촌의 경우 여름방학, 겨울방학으로 임대주택 공실률의 증가와 임대료 하락은 계절적 변동요인의 영향 때문으로 풀이된다. 계절적 변화요인을 완전히 관리하기란 쉽지 않으나 미리 예측하여 사전에 적절히 대처해야 한다.

③ 무작위적 변화요인

무작위적 변화요인이란 인간의 작위적 노력 없이 자연재해나 법, 제도의 신설, 변화, 개혁, 폐지, 정치적 상황, 근로자파업, 전쟁 등에 의하여 건물자산시장에 영향을 미치는 변수들을 의미한다.

무작위적 변수의 관리방법은 경계와 대처를 통하여 어느 정도 대응할 수 있다.

④ 장기적 변화요인

20년 또는 30년의 세월이 흐르는 동안 인구의 증가, 기술의 변화, 수요자 변화, 신규산업의 태동, 최유효 이용의 균형, 성장패턴의 변화 등이 장기적 변수로 작용하여 건물자산시장에 영향을 미치게 된다.

⑤ 정부정책적 변화요인

건물자산시장은 정부정책에 따라 크게 영향을 받는다. 예컨대, 부동산개발정책, 조세제도개혁정책, 금융정책 등으로 건물자산시장의 가격의 상승과 하락에 영향을 미치게 된다.

2. 건물자산관리업업체와 종사자 현황

건물자산관리업체에는 건물자산관리업종에 따라 시설관리업체와 건물자산 경영업체 그리고 건물자산관리서비스업체 등으로 분류되며 시설관리 업체가 대종을 이루는 가운데 건물자산관리 시장을 주도하고 있다.

건물자산관리업체의 현황은 <표 2-3>과 같다.

〈표 2-3〉 전국 건물자산관리업 조직형태별 사업체의 수와 종사자수 현황

시도별	산업별	조직형태별	2006년	
			사업체수(개)	종사자수(명)
전국	건물자산관리업	계	21,265	185,350
		개인사업체	2,195	8,490
		회사법인	3,705	54,528
		회사이외의법인	665	8,107
		비법인단체	14,700	115,225
	주거용건물자산관리업	계	15,164	136,216
		개인사업체	296	1,569
		회사법인	1,761	25,000
		회사이외의법인	467	5,946
		비법인단체	12,640	103,701
	비주거용 건물자산관리업	계	6,101	5,0134
		개인사업체	1,899	6,921
		회사법인	1,944	29,528
		회사이외의법인	198	2,161
		비법인단체	2,060	11,524

(자료출처: 통계청 국가통계포털 서비스업 총조사, 2006 참조, 재구성)

건물자산관리업체의 수는 21,265개 업체이고 이에 종사자의 수는 186,350명에 달하나 이는 환경미화나 경비보안관리자를 제외한 건물자산관리업체(임대포함)의 수치이므로 실제로는 더 많은 건물관리종사자가 근무하고 있을 것으로 추정된다. 주거용 건물자산 관리업체가 비주거용 건물자산 관리업체의 수보다 월등히 많으며 관리회사형태 역시 개인 기업이 관리법인 또는 단체의 수보다 많음을 알 수가 있다.

그러나 시설관리업을 영위하고 있는 국내 시설관리회사의 경우 그룹회사에 관계되는 대형시설관리회사들을 제외하고는 재무구조가 건실한 편이 못되며 용역단가의 수익성 악화구조로 관리용역종사자의 경제적 대우는 매우 열악하고 건물자산관리용역의 직업에 대한 사회적 인정 역시 크게 높지 못하여 양질의 건물재화와 서비스 생산에 장애요인이 되고 있다.

또한 덤핑수주관행과 1년 단위의 계약조건은 기술개발이나 교육투자에는 여력이 없도록 하고 있으며 재무구조를 취약하게 하고 기업이익을 점차 악화시키는 원인이 되고 있다.

따라서 현재와 같은 시설관리입찰방식과 시설관리회사의 재무구조 및 형편과 사정은 더 이상 양질의 관리서비스와 건물재화의 경제적 이익 창출에 많은 문제점을 제공할 것으로 예측된다.

〈표 2-4〉 전체산업 평균임금과 시설관리서비스업의 임금 현황

구 분	월평균 임금	이직률	근무일수
전체산업	2,352,840(원)	3.09(%)	24/월
건물관리/임대업	1,468,596(원)	2.34(%)	20.8/월

(자료출처 : 노동부 기획관리실 노동경제담당관실, 2005, 통계자료)

건물시설관리종사자의 임금은 아래의 <표 2-4>와 같이 산업근로자의 평균임금의 62%에 불과하여 사기를 크게 떨어지게 하고 있으며 이는 양질의 건물관리서비스 생산에 결정적으로 지장을 초래하고 있다. 크게 개선이 요구되는 부분으로서 관계기관의 노력으로 개선작업이 진행 중에 있다.

3. 건물시설관리용역시장의 현황

(1) 건물시설관리자 생산성 현황

우리나라 건물시설관리업체에 의한 건물관리 서비스생산실태와 고객만족도 평당 리비실태, 건물관리 이해당사자 만족도 실태 등은 바람직한 건물자산관리를 위하여 매우 중요한 자료로써 지표가 된다. 따라서 이에 관한 자료를 참고문헌을 통하여 살펴보면 다음과 같다.

참고문헌[29]을 토대로 시설관리 인당관리 면적을 살펴보면 우리나라와 미국과 일본의 생산성 지표를 비교하면 다음과 같은 자료를 얻을 수 있다.

- 한국 1025 평/인
- 일본 2259 평/인
- 미국 2245 평/인

이상과 같은 인당관리면적 생산성 비교에서 알 수 있듯이 우리나라 시설관리자의 인당관리면적은 일본과 미국 시설관리자에 비하여 약 45%정도의 낮은 생산성을 보여주고 있다.

이는 저임금과 저수준의 기술력과 비효율적 관리 시스템으로 인한 고비용 저효과 관리구조에서 기인되고 있음을 읽을 수 있다.

29) 산업자원부(현, 지식경제부), 기술표준원, 시설관리 서비스 표준화 연구, 2005. p.64 「표3-16」인용

(2) 시설관리서비스 만족도 현황

참고문헌을 토대로 건물 사용자(임차인)의 시설관리 분야별 만족도 조사를 실시한 결과 다음과 같은 만족지수을 나타내고 있다.30)

- 시설관리 서비스 75.0%
- 미화관리 서비스 78.74%
- 보안관리 서비스 79.10%

따라서 자체 시설관리 서비스 만족지수는 평균 77.6%로 100% 만족지수에 훨씬 미달되고 있어 건물 사용자(임차인)의 불만이 있음을 알 수 있다.

그리고 기타 건물사용 서비스 항목에 대한 만족지수는 다음과 같이 매우 낮게 나타나고 있다.

- 고객 불편사항 조치 만족도 84.22%
- 사무환경 만족도 57.89%
- 실내온도 / 습도 만족도 57.5%
- 실내조명 만족도 72.2%
- 승강기 이용 만족도 70.2%

기타 건물사용 서비스 항목의 서비스 만족지수는 평균 64.4%로 나타나고 있어 건물사용자 대부분이 불만족 상태에 있는 것으로 분석되고 있다. 따라서 분야별 시설관리 서비스와 기타 건물사용 서비스항목 모두의 개선이 요구되고 있다.

(3) 평당 직접 관리비 현황

평당 직접 관리비를 문헌 중심으로 살펴보면 평당 7,951(원)으로 조사되고 있다. 따라서 일본의 평당 관리비 6,924(원)에 비하면 23%가 비싼 편으로서 개선이 요구되고 있다.31)

(4) 건물시설유지관리 매뉴얼 보유 현황

참고문헌32)을 토대로 그리고 건물유지관리 지침의 기능과 업무효율화의 역할을 담당하는 건물시설유지관리 매뉴얼 보유 실태를 설문조사해 본 결과 조사대상 현장의 28%만이

---

30) 산업자원부(현, 지식경제부), 기술표준원, 상계 연구보고서 .pp.51-53

31) 지식경제부, 기술표준원, 상계 연구보고서 p.57

32) 건설교통부, 한국건설교통기술평가원, 집합건축물의 유지관리 및 보수기법개발 연구보고서. 2006 p.61

유지관리 매뉴얼을 보유하고 있는 것으로 조사되고 있어 무려 72% 이상의 국내시설관리 현장들이 유지관리 매뉴얼 없이 시설관리자의 상식과 경험에 의한 주먹구구식 관리행태가 존재하고 있는 것으로 밝혀지고 있다. 이는 효율화를 지향하는 건물자산관리활동에 있어서 큰 문제점이 아닐 수 없다.

(5) 전문 인력 보유 현황

참고문헌[33]을 통하여 시설관리 현장의 전문 인력 보유 실태를 조산한 결과 38% 이상의 현장에서 전문 인력 부족을 호소하고 있어 문제점으로 지적되고 있다.

건물자산관리는 전문성을 가진 전문 인력과 기술인력에 의하여 관리되는 전문· 관리 분야임으로 반드시 전문 인력이 현장에 존재하여야 한다. 그러나 조사 대상 현장의 38%가 전문 인력의 부족으로 건물자산관리 업무에 지장이 있음을 호소하고 충원을 희망하고 있다. 전문 인력 부족 문제 또한 개선이 시급히 요구되고 있다.

제2절 건물자산관리업의 창업정보

1. 건물자산관리업의 개념

건물자산관리업이란 일정한 투자 또는 임대나 관리의 목적물인 건물자산을 경영계획과 타당성조사 및 경영분석에 따라 신축 또는 매입 등의 방법으로 취득하여 임대 또는 운영관리하다가 법률적 처분(양도)나 물리적 처분 또는 사실적 처분(개축, 증축, Renovation) 등의 처분으로 수익을 창출하는 건물자산경영업과 타인의 건물자산을 소유자 또는 권리자의 요구나 목적을 가장 경제적 방법으로 안전하게 효율적으로 충족시킬 수 있는 관리효과(양질의 건물관리서비스)와 건물의 재산의 경제적 이익을 창출(양질의 경영서비스)하여 의뢰자에 제공함으로써 일정한 용역대가를 받아 계속적으로 영위하는 건물시설관리용역업, 건물자산관리서비스업 등을 말한다.

33) 건설교통부(현, 국토해양부) 한국건설교통기술평가원, 상계 연구보고서. 2006. p.68

다시 말하면, 건물자산관리업이란 건물자산투자, 개발, 분양, 임대 사업 성격의 건물자산경영업과 일정한 용역대가를 받는 조건으로 일정한 관리용역을 제공하여 계속하여 경제행위를 영위하는 건물시설관리용역업 그리고 건물자산관리 상에 요구되는 서비스를 제공하여 경제행위를 영위하는 건물자산관리서비스업 등을 의미한다.

다시 말하면 건물자산을 투자대상으로 상정하고 투자자산의 운용, 재무적 관리 및 임대관리나 시설관리를 대상으로 영리를 목적으로 계획을 세워 조직화하고 지휘·통제하여 능률적으로 서비스를 창출하여 지속적으로 영위하는 경제활동 및 건물자산관리에 소요되는 각종 전문적 서비스를 제공하여 경제활동을 영위하는 업 등을 건물자산관리업이라 통칭하고 있다. 건물자산관리업은 경영의 특성상 건물자산이 위치한 장소를 중심으로 전개되는 사업으로서 경영의 3요소(장소, 자금, 사람) 중 장소적 요소가 중요한 역할을 하는 사업활동이라 할 수 있다.

건물자산관리업에 관한 문제와 현상을 설명할 수 있는 이론체계는 아직은 체계화되어가고 있는 상태이나 조속한 시일 내에 건물자산관리학의 인접과학인 경영학, 경제학 그리고 법학, 부동산학 등의 지원을 받아 이를 연구하고 이론을 더욱 체계화하여 건물자산관리업에 대한 이론지원을 해야 할 필요성이 있다.

왜냐하면 건물자산관리업의 경제화, 안전화, 효율화와 적합화는 건물자산관리학으로부터 이론 지원이 될 때 비로소 가능하기 때문이다.

건물자산관리는 경영활동과 관리활동을 통하여 완성된다. 따라서 건물자산관리에 있어서 경영활동은 매우 중요하다. 특히 건물자산관리업의 모든 영역에 있어서 경영조직과 관리조직이 병존하며 경영조직에 의하여 정책적 또는 거시적으로 의사결정된 것을 관리조직이 넘겨받아 기계적, 미시적 또는 실천적으로 관리함으로써 경영의 목표가 효과적으로 달성된다.

따라서 건물자산관리업종인 건물자산경영업, 건물시설관리용역업, 건물자산관리서비스업 모두는 경영개념의 접목이 반드시 필요하다. 왜냐하면 모든 건물자산관리는 경영조직에 의하여 조직의 목표에 대한 의사가 결정이 되고 조직의 항구적인 유지 발전과 번영을 추구하게 되며 경영조직의 최대 목표인 경영이익의 최대화는 경영층(Top Management)이 외부경영환경을 능동적으로 극복하고 내부의 인적자원, 물적자원, 재무적 자원, 기술적 자원 그리고 정보적 자원을 효과적으로 배분 활용하여 가장 경제적 방법으로 안전하게 효율적으로 적합하게 달성하게 하기 때문이다.

따라서 본 절에서는 건물자산관리업을 분류하고 건물자산경영업, 건물시설관리용역업, 건물자산관리서비스업의 창업요건과 설립요건들의 창업정보를 설명하여 건물자산관리업에 대한 경영활동의 기반구축에 필요한 정보를 제공하고 있다. 그리고 건물자산관리업의 구체적인 내용은 건물자산관리학의 응용분야인 건물자산관리업 경영론을 참고하기 바란다.

2. 건물자산관리업의 분류

건물자산관리업의 역사가 매우 짧은 관계로 이 분야의 업종이 관계법령에 의하여 법제도적으로 완전히 확립된 것은 아니나 대형건물의 대거 등장과 건물자산을 투자대상으로 상정하고 투자활동을 지속적으로 수행하여 경제적 이익을 창출하고 있는 외국 부동산투자회사를 중심으로 국내 소수의 PMC[34)]와 FMC[35)] 등이 상호 협력함으로써 자연스럽게 건물자산관리업은 건물자산경영업과 건물시설관리용역업 및 건물자산관리서비스업으로 그 영역을 구축하여 자리를 잡아가고 있다.

건물자산경영회사에는 직접투자회사와 간접투자회사 등이 있으며 간접투자회사에는 REITs와 CR-REITs 및 Fund, 프로젝트 파이낸싱 공급은행 등이 있다. 또한 REITs와 CR-REITs의 관련 회사인 AMC[36)]는 건물자산 투자를 위한 매입・매각 운용중심의 자산관리회사라 하며 투자건물자산의 수익극대화를 위한 임대중심의 투자건물자산의 운영회사를 PMC라 한다. 또한 건물시설관리용역업을 영위하는 회사를 FMC라 하며 기타 건물자산관리서비스 제공자를 건물자산관리서비스기업이라 한다.

PMC는 CR-REITs의 특성상 자동적으로 자산관리를 담당하는 AMC의 위임 또는 PM 계약에 따라 AMC나 건물소유자가 투자대상건물을 매입하거나 신축한 건물자산에 대하여 임대활동과 시설관리활동(광의의 PM)을 통하여 일정한 목표수익을 확보하는 임대관리를 하며 이와 같은 임대관리를 원활히 수행하기 위해서 건물시설관리는 여러 업종(경비업, 청소업, 소독업, 시설관리업, 주차관리업 등)의 협력사를 고용하여 시설(물)을 관리케 함으로써 건물소유자 본연의 사업에 전념할 수 있게 하고 있다.

FMC는 전술한 바와 같이 건물자산을 시설측면에서 시설물유지관리, 영선관리, 정비보수관리, 청소관리, 시설경비보안관리, 주차관리, 조경시설물관리, 위생소독관리 등을 전문용역업자와 FM용역계약을 체결하고 수행하게 함으로써 대상건물의 기능과 성능을 정상적으로 유지하고 편리성・쾌적성・보건성 청결성・기능성・안전성・미관성・경제성 등을 생산, 제공하고 있다.

34) PMC는 Property Management Company를 의미하며 임대수익 창출과 재산운영을 담당하는 건물자산관리회사의 한 형태로서 미국의 경우, 전문화, 일반화되어 있으나 우리나라의 경우에는 몇몇 대기업의 자회사만이 PMC형태의 PM업을 수행하고 있다.

35) FMC는 Facilities Management Company를 의미하는 것으로 건물의 시설(물)관리회사를 총칭한다. 우리나라의 경우, 대부분의 자산관리업은 시설관리업을 영위하는 FMC가 대종을 이루고 있다. 시설관리업은 자산관리업 중 기초 자산관리분야의 업으로서 건물자산관리업의 일부만을 커버하고 있을 뿐 전체의 자산관리는 아니다.

36) AMC는 Asset Management Company를 의미하는 것으로 투자자의 투자의사결정을 위한 시장조사분석, 자산운용의 타당성, 거시경제와 미시경제 분석, 재무관리 등을 통하여 지원하거나 투자자를 대리하여 자산투자에 참여하고 자산운용을 직접 담당하여 투자수익을 창출하는 이른바 건물소유자, 건물투자자를 대리하는 건물자산운용회사를 말한다. 특히 CR-REITs의 경우 CR-REITs의 특성상 자산관리회사성격의 AMC가 반드시 필요하고 자산을 직접 매입, 매각하고 운용한다.

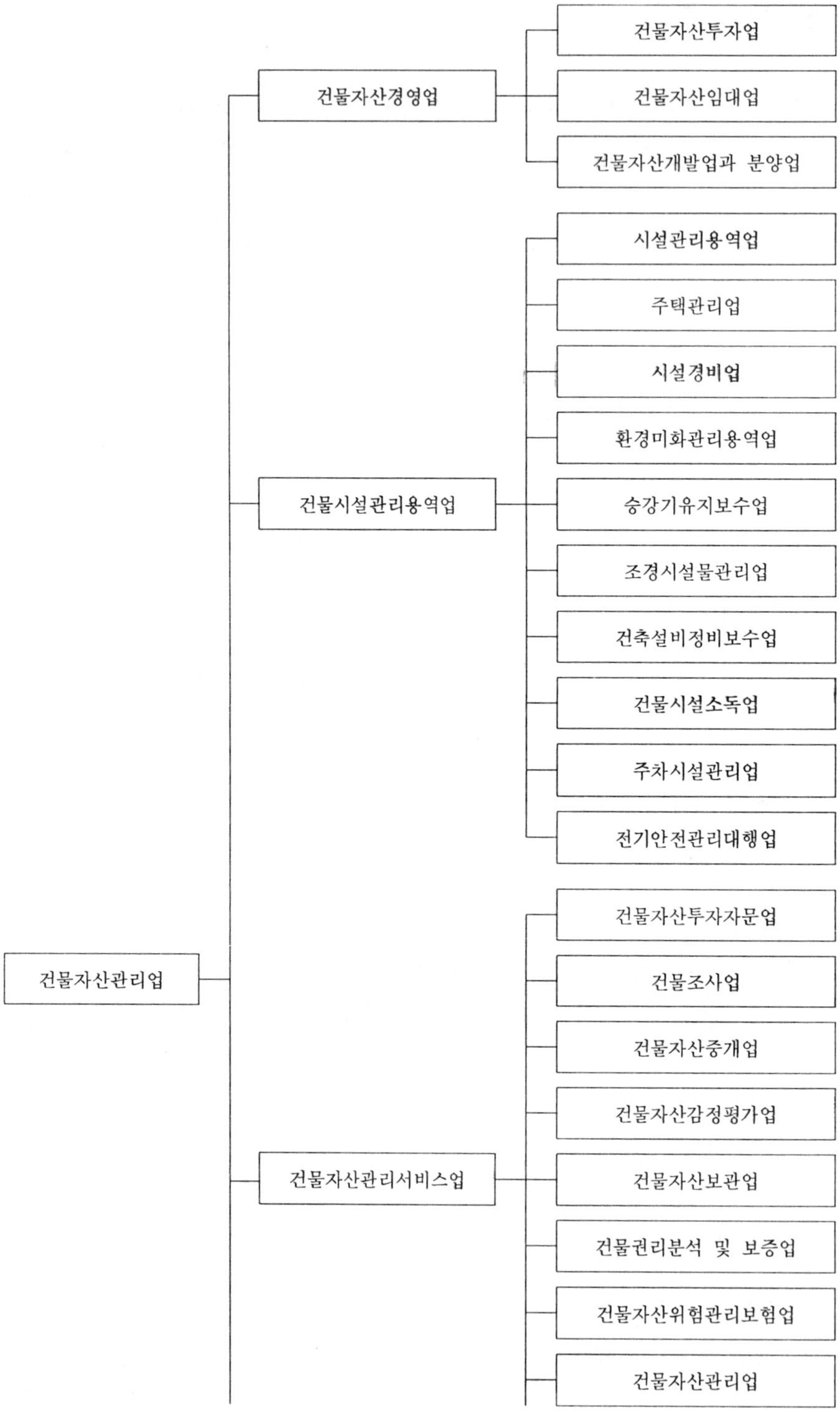

[그림 2-2] 건물자산관리업의 분류(계속)

(p.158에서 계속)

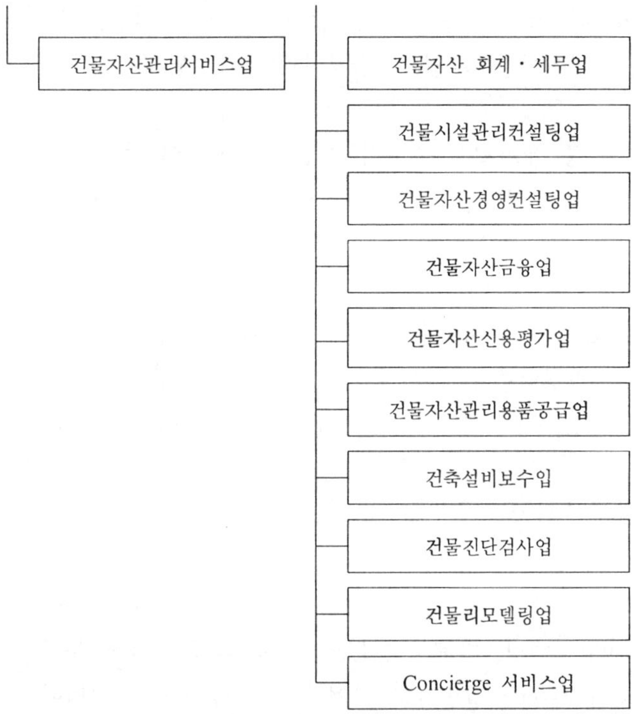

[그림 2-2] 건물자산관리업의 분류

결론적으로 건물자산관리업은 크게 건물자산경영업과 건물시설관리용역업 및 건물자산관리서비스업 등으로 분류되며 3종류의 업종에 바탕을 두고 각각의 전문회사가 나름대로의 경제활동을 지속적으로 수행하고 있다.

이상에서 설명한 건물자산관리업을 그림으로 정리하면 [그림 2-2]과 같다.

전술한 바와 같이 건물자산관리업에는 건물자산경영업, 건물시설관리용역업, 그리고 건물자산관리서비스업 등이 있다. 건물자산관리업의 창립요건은 관계법 상 반드시 갖추어야 할 조건으로서 요건 충족시 해당업의 창업이 가능하고 창업함으로써 시장에 참여할 수 있게 된다. 따라서 창업요건은 필요조건에 해당된다.

건물자산관리업의 종류 중 주요업의 창업요건에 대하여 관계법령을 토대로 설명하면 다음과 같다.

3. 건물자산경영업의 창업정보

건물자산경영업은 건물자산관리업종 중 하나인 경영조직에 의하여 정책적 의사결정과 경영전략에 따라 재무적 자원을 효과적으로 배분 활용하여 경영이익을 극대화하고자 하는 업종으로 이에는 건물자산투자업, 건물자산개발 및 분양업 그리고 건물자산임대업 등이 있다.

건물자산경영업 중 투자업은 재무적 자원을 운용하여 투자이익을 극대화하는 경영업종이며 건물자산개발 및 분양업은 건물자산의 신축, 증축, 개축 및 재개발 등의 방법으로 공간의 질과 양을 개량하여 새로운 공간과 기능 및 용도를 바람직하게 하여 매매 등의 방법으로 개발 이익을 최대화하는 경영업종이며, 건물자산임대업은 타인에게 보유 건물자산을 점유이전하고 건물의 사용수익의 대가로 일정한 금원을 받기로 약정함으로써 임대소득을 극대화하는 경영업종이다. 이상과 같은 건물자산경영업에 대하여 차례대로 살펴 필요한 정보를 이해함으로써 건물자산관리에 유용하게 활용할 수 있다.

(1) 건물자산투자업

1) 개 요

건물자산투자업은 개인, 단체, 기업, 국가 등의 공·사적 투자 주체에 의하여 행해질 수 있으나 투자의 특성상 상법상의 기업이 주로 담당하는 영역이므로 부동산 투자회사를 중심으로 살펴보고자 한다.

외국기업에 의한 건물자산투자 사례를 살펴보면 1997년 외환위기 이후 1999년에서 2001년의 약 3년간 투자 1세대라 할 수 있는 골드만삭스, 론스타, 모건스탠리, 리만브라더스, 랜드리스 등이 초기 외국자본의 국내 상륙으로 부실화된 건물자산을 단기투자 목적으로 헐값으로 매입하여 무려 20% 이상의 고수익(High Risk－High Return 투자수익모델)을 얻어 막대한 투자이익을 창출하였다.

그 후 2002년에서 2003년 사이의 약 2년간 투자 1.5세대에 해당하는 로담코, 맥쿼리, GIC, 칼라힐, 도이취뱅크 등이 국내 건물자산시장에 진출하여 초기 국내에 진출한 외국보유건물자산을 매입하거나 오피스빌딩중심으로 건물자산 신규 매입에 투자하여 Medium Risk－Medium Return 투자수익모델로 10%대의 투자수익을 얻었으나 2004년부터 최근까지는 투자 2세대에 해당하는 유럽계의 연기금 펀드로 무장한 DIFA, DECA, DEGI 등이 Low Risk－Low Return 투자수익모델로 10% 이하의 투자수익을 목적으로 장기투자에 진출하고 있다.

우리나라의 경우에도 외국 투자회사의 국내 건물자산투자활동에 크게 영향을 받아 IMF 이후 부동산투자회사법과 간접투자자산운용업법 등을 제정하여 부동산투자회사(REITs)와 부동산투자신탁회사(Fund)를 각각 설립하고 건물자산의 투자시장에 진출하여 투자수익을 창출하고 있으며 은행이나 보험사에 의한 프로젝트 파이낸싱 형태로 건물자산에 투자하고 있다.

따라서 건물자산투자기업의 대표적 성격을 가지고 있는 부동산투자회사와 부동산투자신탁회사를 중심으로 설립조건과 현황을 간략하게 살펴 창립정보를 설명하고자 한다.

2) 부동산투자회사의 설립조건과 현황

① 설립근거법

부동산투자회사 설립의 근거법은 부동산투자회사법으로서 2001년 4월 7일 법률 제6471호로 제정하여 3번의 개정을 거쳐 오늘에 이르고 있다.

부동산투자회사법의 제정목적은 부동산투자회사의 설립과 자산운용방법 및 투자보호 등에 관한 사항을 정함으로써 일반 국민이 부동산에 투자할 수 있는 기회를 확대하고 부동산에 대한 건전한 투자를 활성화하여 국민경제발전에 이바지함을 목적으로 하고 있다.

② 부동산투자회사의 개념

부동산투자회사(REITs ; Real Estate Investment Trusts)는 부동산투자를 목적으로 하는 상법상의 주식회사로서 주식을 발행하여 조성된 자금을 부동산에 집중투자하고 운용하여 창출한 수익을 투자자에게 배당하는 부동산투자회사이다.

부동산투자회사에는 위탁관리 부동산투자회사와 자기관리 부동산투자회사 및 기업구조조정 부동산투자회사 등이 있으나 우리나라의 경우에는 부동산투자회사법이 규정하고 있는 회사의 형태에는 일반 부동산투자회사와 기업구조조정 부동산투자회사(CR-REITs) 등이 있다.

기업구조조정 부동산투자회사(CR-REITs ; Corporate Restructuring REITs)는 기업구조조정 부동산투자회사법에 근거하여 설립된 회사로 투자자로부터 투자자금을 받아 기업구조조정을 위하여 매각하는 부동산에만 투자하고 관리와 운용을 통하여 투자수익을 창출하고 이를 다시 투자자에게 투자이익을 분배하는 뮤추얼 펀드(Mutual Fund) 형태의 부동산투자회사이다.

③ REITs의 현황

우리나라 REITs의 제도는 2001년 7월에 제정된 부동산투자회사법에 근거하며 일반 REITs와 기업구조조정리츠(CR-REITs)로 구분된다.

일반리츠는 투자회사법 제정후에 순조롭게 진행되지 못하였으나 CR-REITs는 자금모집에 성공하여 2003년말 공모사모형태로 7개가 설립되고 2005년 말에는 11개 REITs가 운영되어 오다가 2006년 6월 현재 리츠회사는 위탁관리, 부동산투자회사 2개사, 기업구조조정부동산투자회사 12개사 등 14개 회사가 영업 중에 있으며 총자산 규모는 2조 452억에 달하고 있다. 2006년 6월 현재의 REITs의 현황은 <표 2-5>와 같다.

〈표 2-5〉 REITs의 현황

(2006. 6 현재) (단위: 억원)

회사명	모집	인가일자	자본금	주요주주	자산관리회사	주요 투자부동산
교보메리츠퍼스트	공모	02.1.9	840	교보생명, 동양화재	코리츠	대한항공 등촌동 연수원, 사원아파트
코크랩제1호	공모	05.5.23	1,330	한화석유화학, 산업 · 우리은행	코람코	한화빌딩 · 대아빌딩
케이원	사모	02.10.7	309	GE캐피탈	한국토지신탁	디오센터 · 신송센터
코크랩제2호	공모	02.10.30	560	산업 · 우리은행 삼성 · LG화재	코람코	명동빌딩
리얼티코리아제1호	공모	03.4.29	660	교보생명, LG화재	리얼티어드바이저코리아	로지데일빌딩 · 엠바이빌딩
유레스메리츠제1호	공모	03.8.20	500	대한생명, 동양화재	코리츠	세이브존강남점 · 세이브존노원점
코크랩제3호	공모	03.8.20	680	우리 · 산업은행	코람코	한화증권빌딩 · 아이빌힐타운
맥쿼리센트럴오피스	공모	03.12.24	763	맥쿼리, 삼성생명	맥쿼리프로퍼티어드바이저스	극동빌딩
코크랩제4호	사모	04.4.8	760	YTN, 교원공제	코람코	YTN타워, 한솔엠닷컴
코트랩제5호	사모	04.12.15	500	국민연금, 교보 · 삼성 · 대한생명	코람코	데이콤빌딩
코크랩제6호	사모	05.7.26	1,310	우리은행, 대한지방행정공제회, 삼성생명	코람코	뉴코아아울렛 4개점
코크랩제7호	공모	05.10.26	600	우리은행, 대한지방행정공제회, 삼성생명 등	코람코	LG화재다동빌딩 · 코오롱빌딩별관
씨나인 Infinity	사모	06.4.7	357	외환은행 · 농협	씨나인	하이브랜드빌딩
코크랩8호	공모	06.5.17	460	삼성교보대한새명	코람코	거양빌딩
코크랩NPS제1호	사모	06.9.20	837	국민연금	코람코	시그마타워
코크랩NPS제2호	사모	06.12.21	2,255	국민연금	코람코	홈에버10개점포
코크랩11호	사모	07.4.23	250	STX	코람코	STX남산타워
맥쿼리NPS	사모	07.9.21	1,070	국민연금 · 맥쿼리은행	맥쿼리	ING빌딩, 르노삼성빌딩
코크랩ARIEF	사모	07.10.25	859	ARIEF펀드 · 우리은행	코람코	아바타쇼핑몰
케이원	사모	07.10.25	3,329	AHI홀딩스 · 경찰공제회	케이리츠앤파트너스	대우센터빌딩
펨코리테일1호	사모	07.11.15	250	칼버스트리펀드 · 퍼시픽	퍼시픽	키즈맘 평촌센터
오스타라씨나인	사모	07.11.29	730	오스타라펀드 · 대한생명	씨나인	팬택계열 R&D센터

주) 청산(4개) : 교보메리츠퍼스트, 코크랩1호, K-1, 코크랩2호
위탁리츠(4개) : 코크랩7호 · 8호 · NPS1호, 맥쿼리NPS, CR리츠(14개)
(자료 출처: 김범석, 유한수, 부동산금융론, 청목출판사, 2008. p. 193)

④ CR-REITs의 특성

CR-REITs는 다음과 같은 특성을 가지고 있는 명목회사이다.

- 실체가 없는 명목회사이다.
- 한시적이다.
- 자산의 투자와 운용업무는 자산관리회사(AMC)에게 위탁하고 자산보관은 자산보관회사에게 위탁하며 운영사무, 주식발행 및 명의개서, 법령공시업무, 결산사무 등은 해당되는 전문기관에 사무위탁에 의하여 처리한다.

⑤ REITs와 CR-REITs의 비교

일반 REITs와 기업구조조정투자 상품의 CR-REITs를 비교하면 <표 2-6>과 같다.

〈표 2-6〉 REITs와 CR-REITs의 비교

구분	부동산투자회사(REITs)	기업구조조정부동산투자회사 (CR-REITs)
근거법	◦ 부동산투자회사법	◦ 기업구조조정투자회사법
담당업무	◦ 부동산취득 · 개발 · 관리, 개량, 매매,임대차 및 처분	◦ 보유자산 · 운용 · 관리 및 처분
표방증권	◦ 주식	◦ 주식
자본금규모	◦ 100억 이상 (현물출자 : 자본금의 50%이내)	◦ 100억원 이상 (현물출자 : 자본금의 50%이내)
자본금조달	◦ 공모	◦ 공모 및 사보
자산관리 · 운영	◦ 자기관리 또는 위탁관리	◦ 위탁관리
사업비조달	◦ 자기자본금 ◦ 차입 및 사채발행	◦ 자기자본금 ◦ 차입 및 사채발행
수익금배분	◦ 주주에게 90% 이상 배당	◦ 주주에게 배당
영속성 여부	◦ 자기관리형리츠(영속회사) ◦ 위탁관리형리츠(한시적 명복회사)	◦ 한시적 명목회사(Paper Company)
감 독	◦ 국토해양부 인가 ◦ 국토해양부 감독	◦ 금감위 등록 ◦ 금감위 감독

(자료출처: 김벽석, 유한수. 부동산금융론, 청목출판사. 2008. p.188)

⑥ REITs의 기본구조와 CR-REITs의 운용구조

REITs의 기본구조는 [그림 2-3]과 같다.

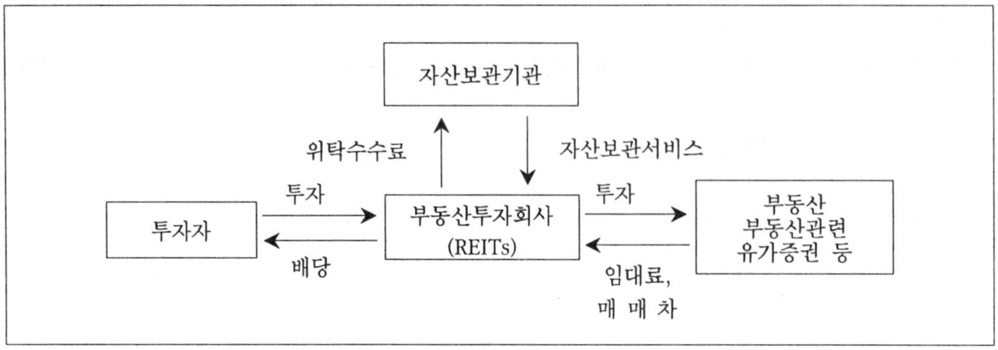

(자료출처 : 정군호, 유한수, 금융시장입문, 대경, 2004, p.104.)

[그림 2-3] REITs의 기본구조

CR-REITs의 운영기본구조는 [그림 2-4]와 같다.

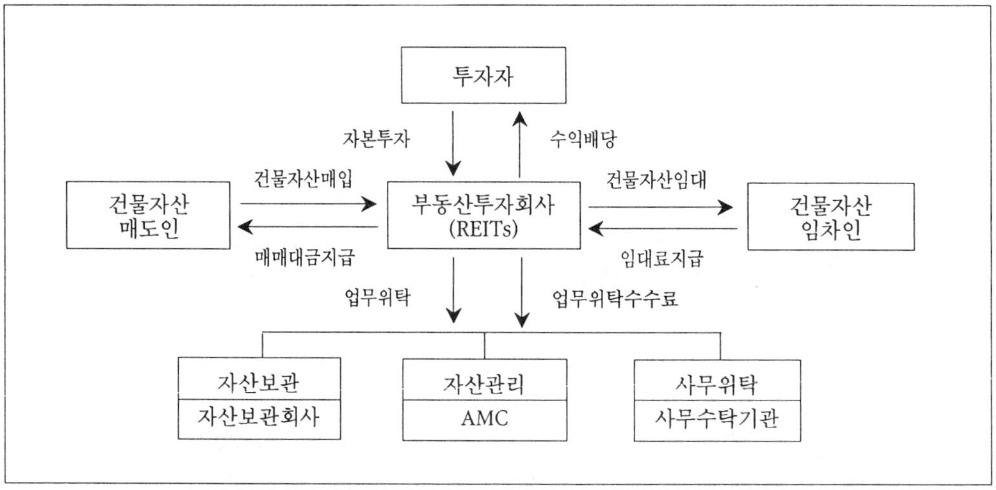

(자료출처 : 한국생산성본부, 기업부동산자산관리실무, 2006, p.124 재구성.)

[그림 2-4] CR-REITs의 운영기본구조

CR-REITs의 운영기본구조를 그림으로 표시하면 [그림 2-4]와 같으나 CR-REITs는 특성상 [그림 2-5]와 같은 운영세부구조를 갖는다.

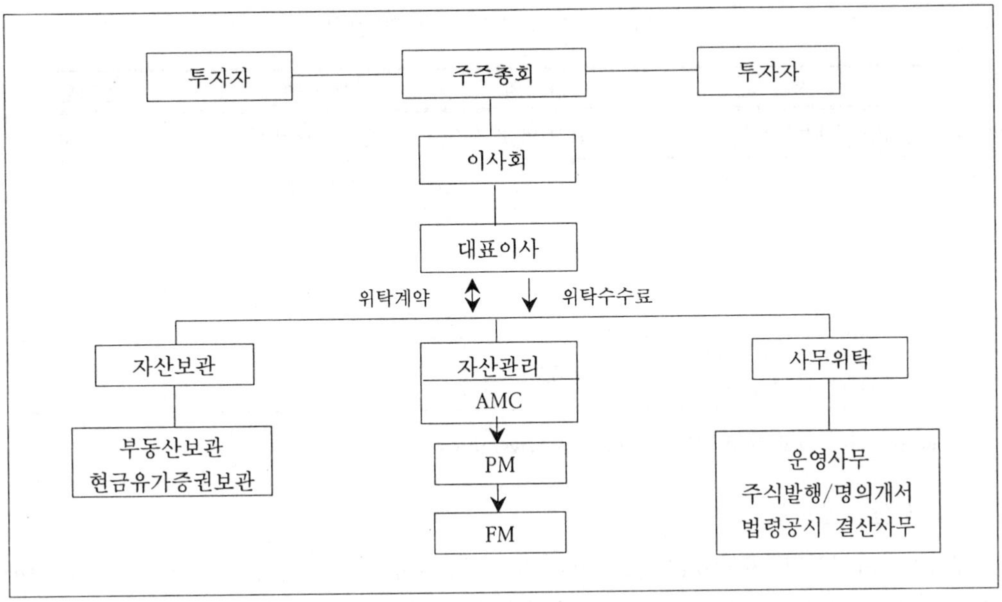

[그림 2-5] CR-REITs의 운영세부구조

⑦ 자산관리회사

CR-REITs의 특성상 실제 자산의 투자운영은 자산관리회사(AMC ; Asset Management Company)에 의하여 운영관리되므로 CR-REITs의 운영구조상 AMC의 역할과 기능은 대단히 중요하다.

자산관리회사는 자산운용관리에 대하여 수수료를 받는 조건으로 Asset Management Agreement를 체결하므로서 자산관리의 권한을 얻게 되나 수익에 대해서는 권리는 없다. 자산관리회사는 투자자 보호 차원에서 인가기준이 엄격할 뿐 아니라 겸업이 금지되고 있다.

자산관리회사의 최저 자본금은 70억원이며 자기관리형 REITs의 경우 자산운용 전문인력 3명의 채용이 요구되고 위탁관리형 REITs의 경우 자산운용 전문인력 5명의 채용이 요구된다. 국내 최초 자산관리회사는 교보생명, 교보증권, 하나은행, 정우부동산투자운용이 공동으로 출자하여 설립한 JW Asset으로 기록되고 있다.

2007년 9월 현재의 자산관리회사의 현황은 <표 2-7>과 같다.

〈표 2-7〉 자산관리회사의 현황

회사명	인가일	회사명	인가일
① (주)한국토지신탁	'01.9.28	⑥ 씨나인자산관리(주)	2005.9.30
② (주)코람코자산신탁	'01.11.17	⑦ KB부동산신탁(주)	2006.5.1
③ (주)리얼티어드 바이저스코리아	'02.1.9	⑧ (주)케이리트 앤파트너스	2007.5.2
④ (주)코리츠	'02.6.27	⑨ 퍼스픽자산관리(주)	2007.8.24
⑤ (주)맥쿼리프로퍼티어 어드바이저스코리아	'03.6.30		

(자료출처 : 건설교통부(현, 국토해양부) www.moct.go.kr)

⑧ 자산보관회사

부동산투자회사법 제35조(자산보관의 위탁)에 의하면 대통령령이 정하는 바에 의하여 REITs가 관리하는 투자자산(부동산, 유가증권, 현금 등)은 자산보관회사에 보관위탁하도록 명시하고 있다. 자산보관회사에는 신탁업에 의한 신탁회사, 대한주택공사법에 의한 대한주택공사, 한국토지공사법에 의한 한국토지공사, 한국자산관리공사설립에 관한 법률에 의한 한국자산관리공사 등이 이다.

⑨ 부동산투자자문회사

부동산투자회사는 자산의 투자, 운용에 대한 자문과 평가를 부동산투자자문회사에 위탁하여 수행한다. 설립요건은 자본금 최저 10억원 이상, 자산운용 전문인력 3인 이상 확보하여 국토해양부에 등록해야 한다. 투자자문회사는 자산의 투자운용에 대한 자문과 평가 외에 겸업이 가능하며 부동산투자자문회사의 현황은 <표 2-8>과 같다.

〈표 2-8〉 부동산투자자문회사 현황

회사명	등록일	회사명	등록일
(주)한국감정원	2001.9.11	(주)신영에셋	2002.5.4
(주)하나글로벌감정평가법인	2001.9.11	포유부동산투자자문(주)	2002.5.13
(주)SAMS	2001.9.11	(주)가온감정평가법인	2002.7.26
(주)디지털태인	2001.10.5	저스트알(주)	2004.4.30
알투코리아부동산투자자문(주)	2001.10.25	유니에셋(주)	2004.11.25
(주)나라감정평가법인	2001.12.12	(주)램코부동산투자자문	2006.5.29
코리아에셋인베스트먼트(주)	2002.2.14	삼성에버랜드(주)	2006.9.4
휘닉스개발투자(주)	2002.2.23		

(자료출처: 김범석, 유한수, 부동산금융론, 청목출판사, 2008. p.196)

⑩ CR-REITs의 설립절차와 요건

CR-REITs는 기업구조조정을 위하여 매각하는 부실기업 부동산 투자를 목적으로 5년 기간의 한시적 명목회사이나 전술한 바와 같이 투자자가 AMC를 위탁계약에 의하여 자산의 투자와 운용을 위임하므로 AMC의 Asset Manager가 구조조정대상 부실기업의 자산의 실질적 투자와 운용이 진행되나 구조조정 부동산투자회사의 성립절차는 승인 및 자산투자 ① 양해각서(MOU) 체결 → ② 자산매매계약 체결 → ③ 발기인 총회 → ④ 예비인가 신청(건교부) → ⑤ 예비인가 승인 → ⑥ 자산인수계약 체결 → ⑦ 일반 공모 → ⑧ 본인가 신청(건교부) → ⑨ 본인가 승인과 매매대금 지불 순으로 진행된다.

그러나 구조조정 부동산투자회사(CR-REITs)의 설립은 다음의 <표 2-9>와 같은CR-REITs의 설립요건을 충족해야 한다.

〈표 2-9〉 CR-REITs 설립요건

구 분	설 립 조 건
감독기관 및 인가	금융감독위원회 등록·감독
자본금	최저 100억원 이상
투자자산관리대상	기업구조조정 부동산
자산관리범위	외부 위탁
차입금	LTV 66% 이내
부동산투자비율	부동산 70% 이상
현물출자	자본금의 50% 이내
자금대여	불 가
개발사업범위	총자산의 30% 이내
주식공모	제한 있으며 사모가능
취득세와 등록세	50% 감면
법인세	90% 이상 배당 시 공제됨
1인당 보유지분	무제한

⑪ REITs 투자자 현황

리츠의 초기 투자자는 보험회사와 은행 등이 투자를 주도하였으나 현재는 연기금, 국내기업이나 해외기업, 중권사, AMC, 일반공모와 기타 주주들이 참여하고 있다.

이들에 의한 투자규모는 9,417억원에 달하고 있으며 12개의 펀드[37]별 투자자의 투자범위는 <표 2-10>과 같다.

〈표 2-10〉 투자자 투자지분 현황

투자자	투자지분
일반공모	23%
생명보험	18%
은 행	14%
연 기 금	13%
해외기업	12%
화재보험	9%
국내기업	8%
기타주주	2%
AMC	1%
9개 투자자군	100%

⑫ REITs의 투자유형

국내 REITs의 투자대상은 주로 사무실건물자산(오피스빌딩) 중심으로 주거용 건물자산, 소매용 건물자산(판매시설) 순으로 투자유형이 분포되고 있다.

그중 사무용 건물자산이 70%로 가장 중요한 높은 투자대상이 되고 다음이 소매용 건물자산(27%)이며 주거용 건물자산(3%) 순으로 분석되고 있다.[38)]

⑬ REITs의 운영실무

REITs에 의한 부동산 투자실무는 매물인 건물자산을 찾아내고 가치를 분석하며 매입전략을 수립함으로써 시작된다.

다시 말하면, 투자대상 건물자산의 미래임대료의 수준과 예상임차인, 자산가치 개량의 가능성 등에 대한 시장조사와 차입금리, 요구수익률 등의 재무구조 분석을 통한 자산가치 분석과 매입전략에 타당성이 있는 경우 투자를 위한 위원회를 구성하고 투자위원회로 하여금 건물, 법률, 재무 등의 실사와 감정평가를 통한 가치분석을 실시하고 투자대상 건물자산을 Nego과정을 거쳐 매매계약을 체결하고 발기인을 구성하고 이를 토대로 건교부 인허가를 신청하고 펀드를 설립하여 이를 자산관리회사(AMC)에 위탁계약에 의하여 투자와 운용업무를 진행하게 된다.

---

37) 12개의 국내 REITs는 교보메리츠, 코크렙 1호, 2호, 3호, 4호, 5호, 6호, 7호와 K-1, 리얼티코리아, 유레스메리츠, 맥쿼리 등을 의미한다.

38) 한국생산성본부, 「기업부동산자산관리실무」, 2006, p.134.

⑭ REITs관련 회사

REITs의 특성상 실체가 없는 한시적 명목회사이므로 자산의 투자운영은 자산관리회사(AMC ; Asset Management Company)에게 위탁하고 투자자문은 부동산투자 자문회사에게 위탁하며 자산보관은 자산보관회사에 각각 위탁한다.

AMC는 관리운용수수료를 얻는 업을 영위하며 투자수익에 대한 직접 권리는 없다.

인가조건이 까다로우며 자본금 70억과 자산전문운용인력 5인 이상을 갖추어야 한다.

우리나라 제1호 자산관리회사는 JW ASSET을 비롯하여 코람코(KORAMCO ; 한국기업구조조정 부동산투자회사), 생보부동산신탁, 한국토지공사 등이 있다.

부동산투자자문회사는 위탁받은 자산의 투자운용에 대한 자문, 평가업무를 수행하는 REITs관련 회사로서 이에는 한국감정원, SAMS, 글로벌감정평가법인, 디지털태인, 키파에셋, 알투코리아 부동산투자자문, 프라임감정평가법인, 나라감정평가법인 등 2003년 현재 16개사가 있다.

자산관리회사와 투자자문회사를 비교하면 <표 2-11>과 같다.

〈표 2-11〉 자산관리회사와 투자자문회사 비교

구 분	자산관리회사	투자자문회사
감독기관	국토해양부	국토해양부
업 무	부동산 투자, 관리, 운용	부동산 투자, 자문, 평가
최저자본금	70억원	10억원
전문인력	5인	3인

자산보관회사 역시 REITs관련 회사로서 리츠가 관리하는 투자대상(부동산, 현금, 유가증권 등)을 수수료를 받는 조건으로 수탁 보관한다.

자산보관회사에는 신탁법에 의한 신탁회사, 대한주택공사법에 의한 대한주택공사, 한국토지공사법에 의한 한국토지공사, 금융기관 자산 등의 효율적 처리 및 한국자산관리공사 성립에관한법률에 의한 한국자산관리공사 등이 있다.

2) 부동산투자신탁회사의 설립요건과 현황

① 근거 법률

부동산투자신탁회사의 창업의 근거 법률은 간접투자자산운용업법이다.

간접투자자산운용업법은 간접투자기구의 구성과 자산운용 및 투자자 보호에 필요한 사항을 규정함으로써 자본시장의 간접투자를 활성화하여 국민경제발전에 이바지하는 것을 목적으로 2003년 10월 4일 법률 제6987호로 제정, 공포되었다.

간접투자라 함은 투자자로부터 자금 등을 모아 투자증권, 부동산, 실물자산 등에 운용하고 그 결과를 투자자에게 귀속시키는 것으로 이에는 투자신탁과 투자회사가 있다.

② 부동산투자회사의 개념

투자자로부터 자금을 조성, 부동산에 투자, 운용하여 얻어진 수익을 다시 투자자에게 귀속(배당)하는 상법상의 간접투자회사(기구)이다. 이를 부동산펀드라고도 한다.

③ 부동산펀드의 운영기본구조

부동산펀드는 신탁형과 회사형이 있으며 기본운영구조는 [그림 2-6]과 같다.

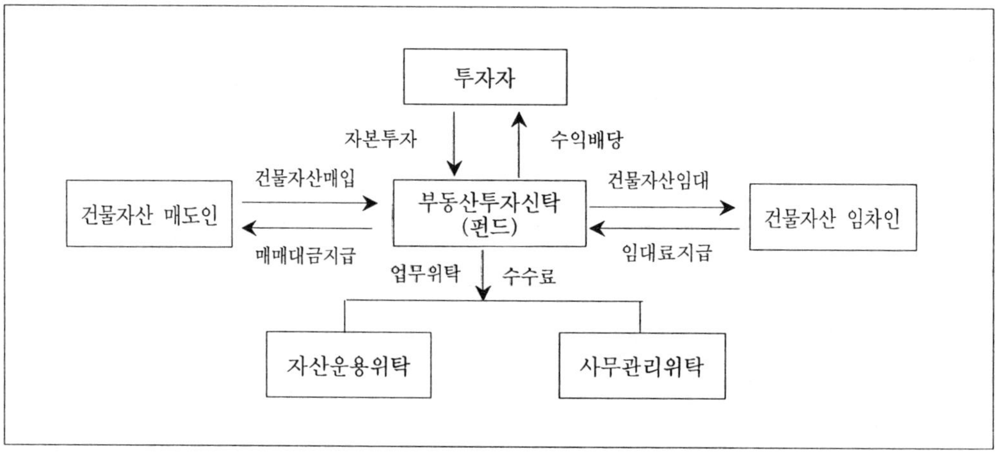

(자료출처 : 한국생산성본부, 기업부동산자산관리실무, 2006, p.125 재구성.)

[그림 2-6] 부동산투자펀드 운영기본구조

④ 부동산펀드 설립절차와 설립요건

부동산펀드의 설립절차는 양해각서를 체결한 후 금감원에 신탁약관을 제출하여 신탁약관이 승인되면 수익증권투자자에게 판매하여 조성된 자본(Fund)으로 매매계약을 체결하고 그 매매잔금을 지급하는 순으로 진행된다.

즉 부동산펀드의 설립절차는 ① 양해각서 체결 → ② 금감원 신탁약관 제출 → ③ 신탁약관 승인 → ④ 수익증권 판매 → ⑤ 매매계약 체결 → ⑥ 매매잔금 지급 순으로 진행된다.

또한 부동산펀드의 설립은 회사형과 신탁형에 따라 다음의 <표 2-12>과 같은 요건을 충족해야 한다.

〈표 2-12〉 부동산펀드 설립요건

구 분	신탁형 부동산펀드	회사형 부동산펀드
감독기관 및 설립방법	금감위 약관심사	금감위 등록
자본금	제한 없음	최저 10억 이상
자산관리범위	외부 위탁	외부 위탁
부동산 투자비율	제한 없음	부동산 70% 이상
자금대여	순자산 총액의 100% 이내	순자산 총액의 100% 이내
현물출자	사모의 경우 가능	사모의 경우 가능
개발사업	총자산의 30% 이내	총자산의 30% 이내
법인세	과세대상 아님	90% 이상 배당 시 공제
취득세와 등록세	50% 감면	50% 감면
주식공모	제한 없이 사모가능	제한 없이 사모가능
1인당 보유지분	제한 없음	제한 없음
차입금	LTV 66% 이내	LTV 66% 이내

⑤ 부동산투자신탁의 현황

2003년 현재의 우리나라 부동산 투자신탁의 현황은 <표 2-13>과 같다.

〈표 2-13〉 부동산투자신탁 현황

(단위 : 연%)

구 분	상품명	판매시점	현재 배당률
국민은행	부동산투자신탁 16호	2002.1.23	7.29
	부동산투자신탁 17~20호	2002.7.9	7.03~8.02
	부동산투자신탁 21~24호	2002.11.22	6.1~7.4
하나은행	부동산투자신탁 7호	2002.2.8	7.50
	부동산투자신탁 8호	2002.2.18	6.50~7.20
	부동산투자신탁 9호	2002.4.22	7.70~10.20
	부동산투자신탁 10호	2002.11.28	6.00

구 분	상품명	판매시점	현재 배당률
우리은행	부동산투자신탁 10~11호	2002.2.4	6.78~7.44
	부동산투자신탁 12~13호	2002.5.27	7.08~7.38
	부동산투자신탁 14호	2002.4.8	8.48
	부동산투자신탁 15~16호	2002.3.25	6.58~9.03
	부동산투자신탁 17~19호	2002.4.2	7.44~7.72
	부동산투자신탁 20호	2002.7.18	7.82
	부동산투자신탁 21~23호	2002.8.13	6.66~8.16
산업은행	부동산투자신탁 2~8차	2002.3~2002.12	정기예금 금리 +2.5% 이상
외환은행	부동산투자신탁 2호	2002.4	7.81
	부동산투자신탁 3호	2002.8	6.57
	부동산투자신탁 4~5호	2002.10	6.75~6.95
	부동산투자신탁 6호	2002.12	6.9

(자료출처 : 조선일보, 2003.3.5)

⑥ 부동산 간접투자상품 비교

우리나라 부동산 간접투자상품에는 전술한 바와 같이 부동산투자회사에 의한 REITs와 기업구조조정 부동산투자회사에 의한 CR-REITs 그리고 은행신탁에 의한 Fund 등이 있는바 이를 비교하면 <표 2-14>와 같다.

〈표 2-14〉 부동산 간접투자상품 비교

구 분	부동산투자회사(REITs)	기업구조조정 부동산투자회사	은행신탁
근거법	부동산투자회사법	기업구조조정투자회사법	신탁법 및 신탁업법
담당업무	부동산 매입 · 개발 · 관리 및 처분	보유자산 · 운용 · 관리 및 처분	신탁자금으로 부동산 매입 및 개발
표방증권	주식	주식	수익증권
자본금 규모	100억원 이상 (사업인가후 현물출자가능)	100억원 이상 (현물출자는 자본금의 30% 이내)	없음

구 분	부동산투자회사(REITs)	기업구조조정 부동산투자회사	은행신탁
자본금 조달	공모	공모 및 사모	없음
자산관리 · 운영	자기 관리	위탁 관리	은행 또는 위탁 관리
사업비 조달	자기자본금	• 자기자본금 • 차입 및 사채발행	투자자에게 수익증권 발행
수익금 배분	주주에게 90% 이상 배당	주주에게 배당	위탁자에게 배당
영속성 여부	영속회사(자기관리형리츠) (상법상 실체회사)	한시적 명목회사 (Paper Company)	한시적 금전신탁상품
감 독	• 건교부 (현, 국토해양부) 인가 • 건교부 (현, 국토해양부) 감독	• 금감위 등록 • 금감위 감독	금감위 감독

(자료출처 : 재정경제부, 기업구조조정부동산투자회사 도입추진, 보도자료, 2001.4.)

(2) 건물자산임대업

1) 개 요

건물자산임대업은 보유건물자산을 타인에게 사용수익하도록 약정하고 사용수익의 대가로 일정한 임료를 받기로 약정함으로써 임대 소득을 창출하는 건물자산경영업이다.

건물자산임대업은 개인, 단체, 기업 또는 국가도 임대가 가능하나 영리적 목적으로 계속해서 행하는 업의 형태이므로 주로 개인 임대 사업자와 기업 임대 사업자에 의하여 주도되고 있다. 그리고 주택의 임대와 상업용도 및 기타용도 건물의 임대 사업자는 관계법령에 따라 다소 상이하므로 주택임대와 상업용도 건물들의 임대로 나누어 살펴봄이 타당하나 본 절에서는 주택임대업 중심으로 설명하고자 한다.

2) 주택임대사업자 등록 요건

건물자산의 임대를 업으로 계속하고자 하는 자는 임대주택법 제6조, 동시행령 제7조 등에 의하여 임대사업자 등록을 하여야 한다.

임대사업자란 국가, 지방자치단체, 대한주택공사, 지방공기업법 제49조 규정에 의하여 주택임대사업을 목적으로 설립된 지방공사 등이 임대주택법 제6조 규정에 의하여 등록된 자 또는 법제 6조 규정에 의하여 설립된 임대주택 조합을 말한다. 임대사업자 등록 요건은 다음과 같다.

① 대통령령이 정하는 호수(단독주택 2호 이상 공동주택 2세대 이상) 이상의 주택을 임대하고자 하는 자는 주소지 관할 시장, 군수, 구청장(자치구의 구청장)에게 등록을 신청할 수 있다.
② 등록사항을 변경하고자 할 때도 시장, 군수, 구청장에게 신고하여야 한다.
③ 등록신청서, 개인인 경우 주민등록증 사본, 법인인 경우 법인등기부등본, 재외국민인 경우 재외군민등록증 사본 및 여권사본, 외국인일 경우에는 외국인 등록사실 증명서, 등록증명서, 국내등기소 법인등기부등본 중 1통을 제출해야 한다.

(3) 건물자산개발 및 분양업

1) 개 요

건물자산개발 및 분양업은 토지개발 중심의 부동산개발 개념과는 매우 상이하다. 건물자산 개발 및 분양업은 신규 개발 또는 재개발 및 개량 개발 형태로 진행되며 신규 개발은 나대지를 이용하여 신축하고 새로운 공간을 창조함으로써 이루어지는 개발형태이나 재개발은 기존 건물을 철거한 후 새로운 용도의 건물을 건축하는 개발 형태이고 개량 개발은 기존건물의 용도의 변경이나 공간 평수의 증가 또는 외형의 변경 등을 Renovation, Remodeling, Repositioning등을 통하여 자산가치를 증가시키는 개발형태를 의미하며 매매 중심의 마켓팅을 통하여 분양을 실행함으로써 개발 이익을 극대화하는 경영업은 말하며 건물자산경영업 중 하나이다. 또한 건물자산개발은 분류기준에 따라 신개발과 재개발로 나누어지기도 한다.

2) 개발 및 분양업의 창업 요건

건물자산의 개발과 분양 주체가 상법상 회사형태의 기업인 경우, 상법상의 회사 정관상 건물자산(부동산)개발과 분양사업이 명시되어 법인 설립과 사업자 등록을 필하므로서 창업요건을 충족하게 된다.

그러나, 개발 및 분양 주체가 국가, 지방자치단체, 대한주택공사, 지방공기업 지방공사 등인 경우 관련법의 요건을 별도로 충족해야 한다.

4. 건물시설관리용역업의 창업정보

건물시설관리용역업 중 주요 시설관리업종에 해당하는 시설관리용역업, 시설경비업, 주택관리업, 전기안전관리대행업, 위생관리용역업, 승강기보수업, 시설물유지관리업, 소독업 등을 소개하면 다음과 같다.

(1) 시설경비업

1) 개 요

시설경비업은 경비업법에 따라 소정의 조건을 갖추어 법인의 주된 주소지를 관할하는 경찰청장으로부터 허가를 받아야 창업할 수 있다.39)

우리나라 경비업체 수는 2002년 11월 30일 현재 전국적으로 2,388개 업체로서 경비원으로 근무하고 있는 경비종사자의 수는 무려 107,963명에 이르고 있다.40)

경비업은 경비업법에 의한 허가업종으로서 시설경비, 기계경비, 호송경비, 신변보호, 특수경비 등의 업무로 분류되며 경비용역(서비스)을 제공하고 일정한 대가(용역비)를 받아 영위하는 건물시설관리업(건물관리업)의 일종이라 할 수 있다.

또한 경비업은 경비대상에 대하여 안전과 서비스 등을 제공하는 안전서비스산업이라 할 수 있다.

국내 경비수요증가로 계속 발전의 여지가 많은 업종이라 판단된다.

2) 시설경비업의 허가조건

시설경비업의 허가조건은 다음과 같다(경비업 제4조).

시설경비업을 하고자 하는 자는 업무별 허가기준을 갖추어 그 법인의 주사무소 소재지를 관할하는 지방경찰청장의 허가를 받아야 한다(경비업 제4조).

시설경비업의 허가조건은 다음과 같다(경비업법 시행령 제3조 제2항).

가. 경비인력

경비회사를 창업하기 위해서는 최소 20명 이상의 경비인력이 필요하다.

나. 자본금

경비회사 창업요건의 하나인 시설경비업의 최소 자본금은 1억원 이상이어야 하며 기계경비업 자본금 역시 1억원 이상이어야 한다.

다. 시설경비장비

시설경비업의 창업에는 행정자치부령이 정하는 제복, 장구 등을 기준 경비인력수분 이상을 갖추어야 창업할 수 있다.

---

39) 「경비업법」, 제4조.

40) (사)한국경비협회, 「신임일반경비원 교재」, 2003, p.14.

라. 시설경비업 법인임원 중 결격사유

- 금치산자 또는 한정치산자
- 파산선고를 받고 복권되지 아니한 자
- 금고 이상의 형을 받고 그 형이 실효되지 아니한 자
- 경비업법 또는 대통령 경호실법에 위반하여 벌금형의 선고를 받고 그 형이 실효되지 아니한 자
- 경비업 또는 이 법의 명령에 위반하여 허가가 취소된 법인의 허가취소 당시의 임원이었던 자로서 그 취소 후 3년이 지나지 아니한 자

3) 허가유효기간

허가유효기간은 허가받은 날로부터 5년간 유효하다. 유효기간이 지난 후 계속적으로 경비업을 하고자 하는 법인은 행정자치부령(현, 행정안전부령)이 정하는 바에 의하여 갱신허가를 받아야 한다.

4) 경비지도사 선임(경비업법 제12조)

경비업자는 대통령령이 정하는 바에 따라 경비지도사를 선임해야 한다. 경비원 200명까지 경비지도사 1인, 초과 100인당 1인씩 추가배치하고 경비원이 근무하고 있는 지역의 지방경찰청 관할구역별로 1인씩 선임해야 한다.

(2) 주택관리업

1) 개 요

2004년 12월 31일 현재 우리나라 전체 주택수는 11,472,300호이며, 이 중 아파트의 가구수는 5,479,700에 이르고 있다.[41]

또한 주택건축물의 증가는 매년 증가 추세에 있으므로 주택관리업의 진출은 매우 바람직해 보인다.

특히 공동주택 중 의무관리대상 아파트가 계속 늘어감으로 이 분야의 사업은 크게 발전의 전망을 보이고 있다.

그러므로 주택관리업의 창업연구와 참여는 매우 바람직해 보인다.

주택관리업은 주로 공동주택관리에 편중되어 있으며 의무관리대상 공동주택(아파트)의 경우 사업자의 자체관리, 주택관리기구 자치관리의 경우에는 반드시 전문주택관리업자가 전문 관리하도록 규정되어 있다.

---

41) 건설교통부(현, 국토해양부),「건설교통통계연보」, 2005, p.241.

참고로 의무관리대상 공동주택이란 의무적으로 전문주택관리업자의 전문적 관리를 요하는 공동주택(건축물의 벽, 복도, 계단, 그 밖의 설비 등의 전부 또는 일부를 공동으로 사용하는 각 세대가 하나의 건축물 안에서 각각 독립된 주거생활을 영위할 수 있는 구조로 된 주택을 말하며 그 종류는 대통령령으로 규정하고 있으며 아파트, 연립주택, 다세대주택 등이 공동주택에 해당된다) 등이 이에 해당되다. 의무관리대상 공동주택(아파트)의 종류는 다음과 같다.

- 300세대 이상의 공동주택
- 150세대 이상으로서 승강기가 설치된 공동주택
- 150세대 이상으로서 중앙집중식 난방방식을 채택하고 있는 공동주택

2) 주택관리업의 등록조건

주택관리업을 하고자 하는 자는 등록기준을 갖추어 시장・군수・구청장에게 등록하여야 한다. 주택관리업의 등록기준은 다음과 같다.[42]

가. 자본금

자본금은 2억원 이상이어야 한다.

나. 기술능력

다음과 같은 기술인력을 보유해야 한다.

- 전기분야 기술자 : 전기산업기사 이상의 기술자 1인 이상
- 연료기기취급관련 기술자 : 열관리산업기사 이상의 기술자, 보일러시공취급기능사 1인 이상
- 고압가스 기술자 : 가스기능사 자격을 가진 1인 이상
- 위험물취급관련 기술자 : 위험물관리기능사 이상의 기술자 1인 이상

다. 장 비

주택관리업의 창업요건 중 하나인 장비구비조건은 다음과 같다.

- 5마력 이상의 양수기 1대 이상
- 누전측정기(절연저항계) 1대 이상

라. 주택관리사

주택관리사 또는 주택관리사(보) 1인 이상 확보해야 한다.

---

42)「주택법」, 제26조.

마. 기술인력 보완사항

주택관리업자가 등록을 필하고 주택관리현장에 투입되는 경우 또는 공동주택관리기구가 직접 관리하는 경우는 다음의 기술인력을 보완해야 한다.

- 기계산업기사 1인 이상의 기술자[43)]
- 승강기자체검사자격자 1인 이상[44)]
- 당해 공동주택의 건축설비의 종류 및 규모에 따라 전기사업법, 고압가스안전관리법, 액화석유가스의안전및사업관리법, 도시가스사업법, 에너지이용합리화법, 소방법 및 대기환경보전법에 의한 기준 이상의 기술자
- 비상용급수펌프(수중펌프) 1대 이상, 누전측정기 1대 이상

(3) 시설물유지관리업

1) 개 요

시설물유지관리업이란 1종시설물과 2종시설물에 대하여 안전점검(정기점검, 정밀점검, 긴급점검)을 실시하고 시설물의 안전유지를 목적으로 하는 안전진단업을 의미한다.

안전점검을 실시하고 일정한 안전진단 수수료를 받아 영위하는 업종이다. 시설물유지관리업은 건설산업기본법 제9조에 따라 시・도지사에게 등록해야 한다.

시설물유지관리업의 등록업체라야 원칙적으로 건축시설의 영선관리가 가능하다.

2) 시설물유지관리업 등록기준

시설물의 유지관리업의 등록기준은 다음과 같다.[45)]

가. 기술능력

기술능력은 건설기술관리법에 의한 토목분야, 건축분야 건설기술자 중 4인 이상이어야 한다.

나. 자본금

자본금은 3억원 이상이어야 한다.

다. 사업주체

사업주체는 개인 또는 법인도 가능하다.

---

43) 「국가기술자격법 시행령」, 별표 1.
44) 「승강기제조및관리에관한법률」, 제16조.
45) 「건설산업기본법 시행령」, 제13조.

라. 시설장비

시설장비조건은 다음과 같다.

- 육안검사 : 돋보기, 망원경, 카메라, 비디오카메라, 균열측정현미경
- 비파괴시험 : 반발경도측정기, 음파측정장비, 망치, 체인, 초음파측정장비
- 자기감응검사 : 콘크리트 피복측정장비
- 전기에 의한 부식검사 : 콘크리트 저항측정기, 전위차 측정장치
- 사무실 : 전용면적 20㎡ 이상

(4) 위생관리용역업

1) 개 요

위생관리용역업이란 공중이 이용하는 건축물 또는 시설물 등의 청결유지와 실내공기정화를 위한 청소대행을 하는 업을 말한다.

위생관리용역업은 보건복지부령이 정하는 바에 따라 시장・군수・구청장에게 신고해야 하는 업종으로서 공중이용시설의 건축물이나 시설에 대하여 청소 등 위생관리용역을 제공하고 그 대가인 용역비를 받아 업으로 영위하는 건물시설관리업의 일종이다.

공중이용시설로서 대통령령으로 정하는 건축물 또는 시설물의 소유자, 점유자, 관리자는 공중위생법에 따라 반드시 위생관리(청소・위생관리 등)를 해야 한다.[46]

그러므로 위생관리용역시 전망이 매우 밝은 업종으로 보이며 신고업이므로 창업 역시 간편하다.

전국의 위생관리업종 중 청소관리 용역업체수는 5,352개사이고, 청소・위생관리종사자의 수는 약 800,000명으로 집계되고 있다.[47]

2) 위생관리용역업의 신고기준

시설물 및 건축물에 관한 위생관리용역업의 신고는 영업종류별 시설 및 설비기준에 적합한 시설을 갖춘 후 1호 서식 신고서에 다음 서류를 첨부하여 시장・군수・구청장(자치구 구청장)에게 제출해야 한다.

- 영업시설 및 설비개요서
- 교육필증((사)한국위생관리협회 교부)

---

46) 「공중위생법」, 제26조.

47) (사)한국위생관리협회 국내위생관리업체내역 2005.

(5) 소독업

1) 개 요

소독업은 전염병예방법에 따라 공동주택, 숙박업소 등 다수인이 거주 또는 이용하는 시설 중 대통령령이 정하는 시설을 관리·운영하는 자는 보건복지부령이 정하는 바에 따라 전염병예방을 위한 소독을 해야 하는 바 청소, 소독과 쥐, 벌레 등의 구서조치를 하고 그 대가인 용역비를 받아 업으로 영위하는 보건관리업의 일종이다.

2) 소독업의 신고

소독업을 하고자 하는 자는 보건복지부령이 정하는 시설, 장비 및 인력을 갖추고 시·도지사에게 신고해야 한다.[48)]

3) 소독의 실시

- 소독업자는 보건복지부령이 정하는 기준과 방법에 따라 소독을 실시해야 한다.
- 소독 후 보건복지부령이 정하는 바에 따라 그 실시사항을 기록·보고해야 한다.

(6) 승강기보수업

1) 개 요

승강기보수업의 등장은 건설기술의 발전과 함께 승강설비 등 건축기자재의 발달로 인하여 탄생된 업종으로서 승강기는 1920년대 미국에서 본격적으로 건축물에 활용되기 시작되었다.

6층 이상의 건물에는 의무적으로 승강기를 설치해야 하는 시설로서 건축물, 기타 공작물에 부착되어 일정한 승강로를 통하여 사람이나 화물을 운반하는 데 사용되는 시설로서 이에는 엘리베이터, 에스컬레이터, 휠체어리프트 등 산업자원부령(현, 지식경제부령)이 정하는 것을 말한다.

승강기보수업이란 건축물 등에 설치된 승강기에 고장이 발생할 경우 이를 수리하거나 고장을 예방하기 위한 점검, 유지, 보수, 정비 등의 용역을 제공하는 대가로 일정한 보수를 받고 계속해서 업으로 하는 것을 말한다.

---

48)「전염병예방법」, 제40조의 3.

2) 승강기보수업의 등록

승강기보수를 업으로 하고자 하는 자는 시・도지사에게 등록하여야 한다.[49]

승강기보수업의 등록을 하고자 하는 자는 대통령령이 정하는 기술인력・자본금(개인의 경우 자산평가액) 및 보수설비를 갖추어야 한다.

승강기보수업의 변경등록이나 폐지・휴지하거나 휴지한 사업을 재개하는 경우 그 날로부터 30일 이내 시・도지사에게 신고해야 한다.

금치산자, 한정치산자, 파산선고를 받고 복권되지 않은 자, 이법에 의한 징역 이상의 선고를 받고 그 집행이 종료되지 않은 자 등은 승강기보수업의 등록을 할 수 없다.

승강기보수업자는 고의과실로 인한 손해를 배상하기 위하여 산업자원부령(현, 지식경제부령)이 정하는 보험에 가입해야 한다.

(7) 전기안전관리대행업

1) 개 요

건축물에 설치된 전기설비에 대한 안전관리를 위하여 소유자 및 점유자는 산업자원부장관이 고시한 기술기준에 적합하도록 유지해야 한다.[50]

또한 전기시설부착 건축물 등의 소유자나 점유자는 대통령령이 정하는 기술인력, 자본금 등 일정한 요건을 보유한 전기안전관리대행업자에게 안전관리업무를 대행시킬 수 있다.

이와 같이 일정한 요건을 갖춘 전기안전관리대행업자가 건축물 등의 전기설비에 대한 안전관리를 대행해주고 일정한 보수를 받고 계속해서 업으로 행하는 것을 전기안전관리대행업이라 한다.

2) 전기안전관리대행업의 등록 또는 신고

전기안전관리대행을 업으로 하고자 하는 자는 산업자원부장관(현, 지식경제부장관)이 정하는 요건을 갖추어 다음과 같이 산업자원부장관 또는 시・도지사에게 등록 또는 신고해야 한다.

- 전기안전관리 업무를 위탁받고자 하는 자는 산업자원부장관에게 등록해야 한다.
- 전기안전관리 업무를 대행하고자 하는 자는 시・도지사에게 신고해야 한다.

---

49)「승강기제조및관리에관한법률」, 제11조.

50)「전기사업법」, 제73조 제3항의 2.

(8) 시설관리용역업

건물의 관리에 있어서 가장 위험하고 중요하며 중추적 관리업무인 시설관리업은 허가, 신고 또는 등록업종이 아닌 상태로 방치되어 향후 큰 문제로 나타날 개연성을 가지고 있다. 왜냐하면, 시설관리는 건축설비의 운전과 정비, 건축물의 영선 등 건물관리의 기초관리업무이고 위험관리업무임에도 불구하고 전기, 기계, 소방 등의 기술자격만을 규정하고 있기 때문이다. 따라서 시설물의 안전관리와 효율적 관리를 위해서는 허가업종으로의 전환이 시급히 요구되고 있다.

5. 건물자산관리서비스업의 창업정보

건물자산관리서비스업은 건물자산관리업 중 하나로서 건물자산관리서비스를 제공하기 위한 업종으로서 주요 서비스업에는 건물자산 투자자문업, 자산관리업, 건물자산(부동산) 중개업, 건물자산평가업, 건물안전진단업 등이 있다.

관계법에 따라 신고, 등록, 인가, 허가되는 주요 건물자산관리서비스업의 창업요건을 기술하면 다음과 같다.

(1) 건물자산 투자자문업

1) 개 요

부동산 투자회사의 위탁으로 그 자산의 투자 운용에 관한 자문 및 평가 등의 서비스를 제공하고 일정한 서비스 Fee를 받음으로서 업을 계속해서 영위하는 건물자산관리 서비스업종이다.

건물자산 투자자문업은 부동산투자회사법 제23조에 근거하며 부동산투자자문회사 설립은 국토해양부장관에게 등록하여야 한다.

2) 창업요건

건물자산(부동산) 투자자문업을 영위하는 부동산 투자자문회사의 설립요건은 다음과 같다.

① 최소 자본금 10억원 이상으로서 대통령령이 정하는 자본금 이상 확보할 것
② 부동산투자회사법 제22조에 의한 자산운용 전문 인력 3인 이상 확보할 것
③ 요건을 맞추어 국토해양부장관에게 등록할 것

자산운용 전문 인력이란 다음 각 호의 어느 하나에 해당하는 자를 말한다.

① 부동산 투자회사, 자산관리회사, 이에 준하는 부동산관리회사나 기관 등에서 5년 이상 근무한 자로서 부동산(건물자산)의 취득, 처분, 관리, 개발, 자문 등의 업무에 3년 이상 종사한 경력이 있는 자
② 부동산자산의 투자, 운용업무를 수행하는 외국의 부동산회나 또는 이와 유사한 업무를 수행하는 기관에서 5년 이상 근무한 자로서 부동산(건물자산)의 취득, 처분, 관리, 개발, 자문 등의 업무에 3년 이상 종사한 경력이 있는 자
③ 자본시장과 금융업에 관한 법률 제28조 제 1항 제3호 다목에 해당되는 자

자산운용 전문인력은 다음의 교육 내용에 관한 교육과정을 이수해야 한다.

① 부동산자산의 투자, 운용에 관한 사항
② 부동산 관련 법률, 조세 및 회계 등 제도와 관련된 사항
③ 부동산관련 증권의 발행, 유통, 및 자본 시장에 관한 사항
④ 자산의 평가 및 분석에 관한 사항

자산전문인력의 교육과정을 통하여 교육내용을 교육하는 기관은 다음과 같다.

① 부동산, 금융관련 연구기관 및 단체
② 고등교육법 제22조 1호의 규정에 의한 대학
③ 국토해양부장관이 관계 중앙행정기관장과 협의하여 정하는 전문교육기관

3) 부동산 투자자문업의 업무

부동산 투자자문회사의 주요업무는 부동산 투자회사로부터 위탁받은 업무로서 다음과 같다.

① 부동산자산의 투자·운용에 관한 주주총회 또는 이사회의 의결사항에 필요한 조사·분석 및 정보 제공
② 부동산 투자회사법 제21조의 규정에 의한 부동산자산의 투자·운용에 관한 자문 및 평가 업무

(2) 자산관리업

1) 개 요

자산관리업이란 위탁관리 부동산 투자회사 또는 기업구조조정 부동산 투자회사의 위탁을 받아 자산의 운용업무를 수행하는 것을 목적으로 부동산투자회사법 제22조의 3의 규

정에 의하여 설립된 자산관리회사의 업으로서 Asset Management업과 취득 건물자산에 대한 Property Management업을 의미한다.

2) 창업요건

자산관리회사를 설립하고자 하는 자는 다음 각호의 요건을 갖추어 국토해양부장관의 설립인가를 받아야 하고 인가 받은 사항을 변경하려는 경우에도 또한 같다. 본인가전 예비인가를 받아야 한다.

① 자본금이 70억원 이상일 것
② 부동산투자회사법 제22조 규정에 의한 자산운용 전문인력을 5인 이상 확보할 것
③ 자산관리회사와 투자자산, 특정 투자자와 다른 투자자간의 이해상충을 방지하기 위한 체계를 갖출 것

3) 법정 자산관리업과 임의 자산관리업

자산관리업에는 투자회사법에 의한 법정 자산관리업과 투자자의 위탁에 의하여 위탁자산을 AM과 PM방법으로 관리하는 임의 자산관리업 등이 있다.

(3) 건물자산 감정평가업

1) 개 요

건물자산감정평가업은 건물자산관리 서비스업의 일종으로서 부동산 가격공시 및 감정평가에 관한 법률에 근거하여 타인의 의뢰에 의하여 일정한 보수를 받고 토지 등의 감정평가를 업으로 행하는 것을 말한다.

감정평가업은 부동산 가격 공시 및 감정평가에 관한 법률 제27조의 규정에 의하여 등록한 감정평가사와 동법 제28조의 규정에 의하여 인가를 받은 감정평가 법인이 행하는 업을 말한다. 감정평가법인의 경우 자산관리(AM)업을 영위할 수 있다.

2) 감정평가사 등록

감정평가사가 감정평가업을 영위하고자 할 때는 감정평가협회를 경유하여 국토해양부장관에게 감정평가사 개설등록을 하고 등록증을 교부받아야 한다. 개설등록 신청서에는 다음의 서류를 첨부해야 한다.

① 감정평가사를 증명하는 서류
② 사무실의 보유를 증명하는 서류

3) 감정평가법인의 인가

감정평가법인을 설립하고자 할 때는 다음의 요건을 갖추어 국토해양부장관에게 제출하여 인가서를 교부받아야 한다.

① 10인 이상의 감정평가사 전원의 발기인 서명 날인하여 작성한 신청서
② 정관
③ 사원 및 소속 감정평가사의자격을 증명하는 서류
④ 사원 또는 이사 취임예정자의 가입동의서 또는 취임승낙서
⑤ 사무실의 보유를 증명하는 서류
⑥ 그 밖에 국토해양부령이 정하는 서류

4) 감정평가사 및 감정평가법인의 업무

감정평가업을 영위하는 등록 감정평가사와 인가 감정평가법인의 감정평가 업무는 다음과 같다.

① 공시주택가격
② 보상
③ 토지거래 허가
④ 조세
⑤ 조성용지 분양
⑥ 관리처분
⑦ 자산관리
⑧ 경매 및 소송
⑨ 담보
⑩ 도시개발
⑪ 재건축, 재개발
⑫ 일반거래

5) 감정평가의 대상 물건

감정평가의 대상 물건은 다음과 같다.

① 부동산(토지, 건물, 아파트, 임야(산림)), 과수원 등
② 기업체(공장, 자동차, 중기, 선박, 항공기, 도안 등)
③ 특수 물건(광산 및 상업권, 영업권, 어장 및 어업권, 상장주식, 비상주식, 유가증권 기타 무형 고정 자산 등)

(4) 건물자산 중개업

1) 개 요

건물자산 중개업이란 공인중개사의 업무 및 부동산 거래신고에 관한 법률에 의하여 공인중개사 자격을 취득한 자가 타인의 의뢰에 의하여 일정한 보수를 받고 중개의 업무를 행하는 자(개인중개사사무소 또는 중개 법인)의 업을 말한다.

공인중개사 또는 중개법인이 행하는 중개란 중개 대상물(토지, 건축물 그 밖의 토지의 장착물, 그 밖에 대통령령이 정하는 재산권(임목, 공장재단, 광업재단, 물건 등)에 대하여 거래당사자간에 매매교환, 임대권, 그 밖의 권리득실 변경에 관한 행위를 알선 하는 것을 의미한다. 중개법인인 경우 자산관리 측면의 PM업무 수행이 가능하다.

2) 중개사무소의 개설등록

중개업을 영위하고자 하는 자는 국토해양부령이 하는 바에 따라 중개사무소(법인의 경우 주된 중개사무소)를 두고자 하는 지역을 관할하는 시장(구의 설치가 없는 시장), 군수 또는 구청장에게 중개사무소의 개설등록을 해야 한다.

공인중개사사 중개사무소를 개설하는 경우에는 다음 요건을 충족해야 한다.

① 중개사자격을 갖출 것.
② 법제 34조 제1항에 따라 실무교육을 받았을 것.
③ 건축물대장에 기재된 중개사무소를 소유, 전세, 임대차, 사용대차 등의 방법에 의하여 확보할 것.

그러나 법인이 중개사무소를 개설하는 경우에는

① 상법상 회사로서 자본금이 5천만원 이상일 것.
② 법제14조의 규정된 업무(상업용 건축물 및 주택의 임대관리 등 부동산의 관리대행, 부동산의 이용, 개발 및 거래에 관한 사항, 중개업자를 대상으로 한 중개업의 경영기법 및 경영정보의 제공, 대통령령이 정하는 주택 및 상가의 분양 대행)만을 영위할 목적으로 설립된 법인 일 것.
③ 대표자는 공인중개사이어야 하고 사원(무한 책임사원)의 과반수는 공인중개사일 것.
④ 임원 또는 사원 전원, 분사무소의 책임자는 법제 34조 제1항의 규정에 따른 실무교육을 받았을 것.
⑤ 건축물대장에 기재된 건물에 중개사무소를 확보할 것.

제3절 국내외 건물자산관리업 관련 단체의 현황

1. 국내 건물자산관리업 관련 단체의 현황

국내 건물자산시장과 건물자산관리업 등과 직접 또는 간접으로 관련되는 주요 협회와 학술연구단체의 현황은 <표 2-15>, <표 2-16>와 같다.

(1) 국내 건물자산관리관련 협회의 현황

건물자산관리관련 주요 국내 협회의 현황은 <표 2-15>와 같다.

〈표 2-15〉 건물자산관리 관련 협회의 현황

(무순) (2006년 기준)

협회명	회장	설립연도	설립목적	주 소
한국빌딩경영협회	송기환	1996	회원 상호간의 유대강화와 협력, 빌딩 임대와 관리산업의 육성과 발전, 빌딩관리 기술개발을 위한 인력양성과 교육훈련, 관련산업의 보호와 권익신장, 국제화 추진을 통한 경쟁력 강화로 국민경제 발전에 기여	서울시 서초구 반포동 736-8
한국건축물 유지관리협회	강규익	1990	1. 건축물유지관리에 대한 관련 제도 개선 2. 전문기술 향상을 통하여 국민 경제 발전 기여 3. 회원의 권익보호와 친목 4. 정보교환으로 상호이익 도모	서울시 성동구 성수동2가 3동 273-24
(사)한국건물위생 관리협회	엄영회	1984	옥내에 대한 위생적 환경유지관리에 관한 지식 및 기술의 향상과 증진을 도모하며 옥내의 환경관리용역업의 건전한 육성과 제반 옥내에 있어서의 위생적 환경조건의 유지향상 및 관리유지 업무의 발전에 노력함으로써 국민의 보건위생 향상에 기여함을 목적으로 함	서울시 성동구 성수동2가 3동 273-24 (경협회관 6층)

협회명	회장	설립연도	설립목적	주 소
(사)한국경비협회	황승모	1978	회원 상호간의 유대강화와 권익증진을 위하여 지역내 유관기관 및 업체에 대한 협조, 청원 및 건의 등을 할 때, 회원사 개개인이 아닌 법적근거를 가진 단체명의로 공신력을 가지고 본회 업무발전에 기여	서울시 성동구 성수동2가 3동 273-24 (경협회관 5층)
(사)한국방역협회	최홍식	1979	전염병의 예방 홍보와 전염병 예방 기술 향상을 통해 국민건강증진과 질병 없는 국가건설에 기여하고 회원권익 보호	서울시 성동구 성수동2가 3동 273-24 (경협회관 6층)
(사)한국건물행정 기술관리협회	한원덕	1999	1. 건물관리기술 현대화 2. 연구 · 관리자 양성 3. 관리기술개발	서울시 서초구 서초동 1321-6
(사)대한주택 관리사협회	주영미	2004 (법정단체 인가기준)	주택관리사 등의 경제적 · 사회적 지위향상과 권익보호를 위해 노력하며, 주택관리에 관한 기술 · 행정 및 법률문제 등에 관한 연구와 그 업무의 효율적인 수행으로 공동주택 등의 관리능력을 개발 및 향상시켜 입주자 등의 권익보호와 국가경제발전에 기여함을 목적으로 함.	서울시 영등포구 여의도동 35-4 (한국화재보험협회B/D 14층)
(사)한국주택협회	신 훈	1993	1. 회원의 품위보전, 권익옹호 및 상호 협력의 증진을 도모 · 주택건설사업 이미지 제고 홍보 · 각종 주택관련 행사참여 및 정부 포상 추천 · 주택관련 설명회 및 세미나 개최 · 홈페이지를 통한 분양 홍보 및 주택 관련자료 제공 등 2. 주택관련 제도 등의 개선 · 주택사업의 원활한 추진을 위해 지원책강구 · 각종 정책/제도의 불합리한 규제개선 · 법령의 조사/연구 개선 · 주택금융/세제 및 각종 부담금개선 등 3. 주택산업의 건전한 발전과 국민주거 생활의 향상에 기여 · 국민의 주거문화 향상을 위한 연구 개발 · 서민 주거 안정을 위한 임대주택연구 개발 · 고령화 시대의 노인주택을 위한 정책개선 · 국제세미나를 통한 선진주거 문화리서치	서울시 강남구 논현동 71-2 (건설회관 4층)

협회명	회장	설립연도	설립목적	주 소
(사)대한건축사협회	한명수	1965	건축에 대한 국민의 이해 증진과 쾌적한 도시 및 건축환경을 조성하게 하며 건축문화 발전 및 건축기술의 향상과 미래건축에 대한 연구.지원을 통해 국제경쟁력을 강화시킴은 물론 회원의 품위보전 및 권익증진과 친목을 도모하고 공익에 이바지	서울시 서초구 서초1동 1603-55
(사)전국아파트연합회	김길웅 박인규	2006 (통합승인)	주택법 및 동시행령에 의하여 운영되고 있는 전국공동주택 단지의 입주자대표회의 회장(이하 "회장"이라 한다.) 상호간의 친목도모와 공동주택의 효율적인 관리로 쾌적한 주거환경을 조성함으로써 입주민의 권익보호와 복리증진에 기여	서울시 동작구 사당동 160-52
(사)한국공동주택 전문관리협회	김광철	1990	1. 회원 상호간 친목 화합 도모 2. 회원사의 균형발전 3. 주민복지 증진기여	서울시 동작구 사당3동 252-17
(사) 한국리모델링협회	김진호	2001	21세기 새로운 건설산업의 선도적인 역할을 하고, 국민 주거 환경개선 및 환경보전에 이바지할 수 있도록 최선	서울시 강남구 논현동 71-2 (건설회관 10층)
(사)한국소방안전협회	박창순	1980	1. 소방기술과 안전관리에 관한 연구 조사 및 교육 2. 화재안전관리 및 의식고취를 위한 대국민 홍보 3. 소방업무에 관하여 행정관청이 위탁하는 사업수행	서울시 영등포구 영등포동8가 87-4
(사)한국방재협회	박경부	1999	자연재해로부터 국민의 생명과 재산을 보호하기 위하여 방재정책을 효율적으로 뒷받침하며, 방재관련 기술의 조사와 건의, 홍보, 교육 및 공공단체가 행하는 관련사업에 대한 기술협조, 자문과 사업수행 등을 통하여 총체적인 방재역량의 향상에 기여하고, 방재관련 종사자의 품위향상과 방재관련 업계의 건전한 발전을 도모	서울시 서초구 서초3동 1602-7
(사)한국설비기술협회	박종국	1967	사회 일반의 이익을 위하여 공익법인의 설립 운영에 관한 법률의 규정에 따라 공기조화, 냉동, 위생설비, 에너지 및 환경과 관련된 설비(전력, 전기, 통신, 소방 등을 제외한다. 이하 "설비"라 한다) 분야의 기술에 대한 연구 개발과 지도육성 및 부대산업의 발전을 도모하고, 설비인 및 관련 기술인의 사회적 지위 향상에 기여	서울시 동작구 사당동 1044-34 (건축회관 2층)
(사)한국열관리사협회	백두인	1995	연료 및 열관리분야의 기술자격자에 대한 품위와 기술향상에 기여하고 열관리 분야의 건전한 발전을 위하여 기여	서울시 영등포구 당산동6가 216-5

(2) 국내 건물자산관리 관련 학회 현황

건물자산관리에 대한 학술, 연구 등 학문적으로 관련을 가지고 있는 주요 학회 및 연구 단체의 현황은 <표 2-16>과 같다.

〈표 2-16〉 건물자산관리 관련 학회현황

(무순) (2006년 기준)

학회명	회장	설립연도	설립목적	주요사업	회원	주소
(사)한국건물관리학회	김일효	2005년	건물자산관리의 경제화, 안전화, 효율화와 적합화 위한 학문연구와 건물자산과리학 개발과 교육에 목적을 두고 있으며 이를 통해 우수한 건물자산관리학자, 유능한 건물관리자를 배출하고 양질의 경영관리효과를 창출하여 국민의 주(住)문제를 해결하며 住측면에서 인간생존을 지원하고 건물자산관리이해 관계자 모두를 경제적·사회적으로 만족케 하여 인간의 삶과 생활과 일이 성공적으로 영위되도록 하며 이를 통해 국가경제 발전에 이바지함에 있음	1. 건물자산관리 기초자료 조사 및 표준화 연구사업 2. 대학 등에 건물자산관리 학과 개설 지원사업 3. 건물자산관리학 교과서, 참고도서, 기타교재 편찬 사업 4. 건물자산관리 전문가 교육 훈련사업 5. 연구학회지 발간사업 6. 건물자산관리 교·강사 육성 사업 7. 정기적 학술 연구 및 산학 연대사업 8. 건물자산관리 연구 용역사업 9. 건물자산관리 정부정책 자문 및 학술 지원사업 10. 건물자산관리 자격제도 연구 및 개발 관리사업	임원:6 법인:10 개인:381	서울시 강동구 천호동 432-10 쌍용 프레티넘 리버 317호
(사)한국FM학회	이승복	1996년	기업 고정자산의 효과적 활용과 쾌적하고 효율적인 업무환경을 제공하기 위한 연구개발활동 추구 및 이를 통한 기업 경쟁력 제공과 국가와 국민 경제발전에 공헌함	1. FM관련 학술의 조사, 발표회 2. 학회지 및 연구도서 발행 3. FM관련 연구, 용역자문, 교육훈련 등의 수행 4. FM관련 산업 전시회 개최 5. 본 학회와 목적을 같이 하는 국내외 관계기관 및 산업계와 교류 6. 기타 학회의 목적달성에 필요한 사업	임원:63, 법인:51, 개인: 3,173	서울시 관악구 봉천1동 729-24
(사)대한건축학회	심우갑	1945년	건축에 관한 학술·예술·기술을 연구 연마하고 건축인의 지위향상과 회원 상호간의 친목을 도모함으로써 건축문화 창달에 기여	1. 건축에 관한 조사·연구 지도 및 이에 관련된 사업 2. 회지, 논문집, 연구보고서,, 기타 건축에 관한 도서의 간행 3. 건축에 관한 강습회·강연회·간담회·전람회·견학회 등의 개최 4. 건축에 관한 계획·감독 및 기술검토에 대한 국가 공공기관 기타 의뢰에 관한 사항 5. 국내외 관계 제학회와의 교류 및 회의참석 6. 기타 본회 목적달성에 필요한 사업	임원:275	서울시 동작구 사당동 1044-34

학회명	회장	설립연도	설립목적	주요사업	회원	주소
(사)한국 건설 관리학회	조문영	2000	1. 건설관리 분야의 체계적인 지식 기반의 구축 및 보급 2. 산 · 학 · 연 협동 연구개발을 통한 건설사업관리의 효율성 제고 3. 전문기술 · 경험 · 지식 · 정보의 교류와 교육을 통한 건설 관리 분야의 저변 확대 4. 국가간 기술 교류를 위한 국제적인 협력체계 구축	1. 건설관리 지식체계 및 교육프로그램 개발 및 교육 2. 건설관리 기술에 관련한 연구개발 용역 및 기술자문 3. 건설관리에 관한 학술대회, 강연회 등의 개최를 통한 학술교류 4. 전문 학회지 및 논문집 발간 5. 건설관리에 관한 기술정보, 자료의 조사, 수집 및 배포 6. 관련분야 전문 서적의 저작 및 번역 등 출판사업 7. 건설관리 관련 해외 전문기관과의 협력 및 교류 8. 건설관리 관련 분야의 회원 상호간 협력증진 9. 건설관리 기술에 관한 공로자 표창 및 장학 사업 10. 기타 본 학회의 사업 목적 달성에 필요한 사업	임원:59 법인:78	서울시 강남구 역삼동 635-4
(사)한국 주택학회	임덕호	1992	주택에 관한 이론 및 정책 분야를 연구하고 회원 상호간의 친목도모와 지지정보의 교환	1. 학술 세미나 개최 2. 학회지와 도서발행 3. 주택과 관련된 학술용역의 수행 4. 기타 본 학회의 목적달성을 위하여 필요한 부대사업		경기도 안양시 동안구 관양동 1591-6
(사)대한 부동산학회	김정호	1991	부동산학의 기초이론을 수립하고 부동산학의 저변확대와 특히 학문적 이론 및 응용분야를 개척. 연구하여 공공의 이익실현을 위한 부동산 정책의 기초 자료로 삼는 한편 올바른 부동산개념을 갖도록 함	1. 학회지 발간 2. 부동산 다이제스트 발간 3. 학술대토론회개최 (seminar) 4. 부동산 특강 개최 5. 국제학술교류 및 제휴 6. 부동산 Consultant 운용 7. 부동산 프로젝트 연구사업	임원:38	서울시 강남구 역삼동 708-30
(사)한국 감정 평가학회	홍길성	2001	학문연구와 실무활동을 통해 감정평가이론을 체계화하고, 국가 공공기관에 자료를 제공하여 부동산정책 개발에 기여함을 목적으로 함	1. 감정평가이론 및 정책에 관한 연구 활동 2. 부동산 문제의 합리적 개선을 위한 자료 수집 및 조사활동 3. 국제 학술교류 활동 4. 부동산컨설팅 지원 및 관련기관과의 자료 교환 5. 학회지 및 전문도서의 발간 6. 부동산 전문가의 양성 및 지원 7. 부동산관련 국가기관에 대한 업무협조와 연구활동 지원 8. 연구용역 9. 기타 본 학회의 목적 달성을 위하여 필요한 부대사업	임원:108	서울시 서초구 방배3동 1022-6

학회명	회장	설립연도	설립목적	주요사업	회원	주소
(사)한국부동산학회	이창석 최용규 김근전	1970년	한국부동산학의 모학회(母學會)로서 부동산학의 개발 및 그 보급	1. 부동산학 이론의 연구 및 그 발표 2. 부동산문제의 해결 및 개선을 위한 조사연구 3. 부동산학의 교과서 및 학회보의 발간 4. 장학기금의 조달 및 급여, 표창 5. 국내외 학술교류 6. 연구용역사업 7. 기타 본 학회의 목적을 위해 필요한 부대사업	임원:12명	서울시 강남구 삼성동 91-24
(사)한국 주거환경 학회	최재범	2004년	주거환경에 관한 연구와 산학협동 및 회원간의 연구교류, 국제간의 협력으로 올바른 주거생활을 개선	1. 재건축 재개발등 도시의 재생과 관련된 조사와 연구 2. 연구발표, 강연회 및 강좌의 개최 3. 학회지 등 학술간행물 및 서적 등 도서의 발간 4. 자문 및 연구용역의 수행 5. 연구의 장려와 우수한 업적의 표창 6. 국내 관련기관과 제휴 및 협력에 대한 참여 7. 일본거주복지학회와 중국주택부동산학회와 정기적인 교류 8. 기타 본회 목적 달성에 관련되는 사항	임원:40명	서울시 광진구 화양동 1번지 (건국 대학교)

2. 외국 건물자산관리 관련 단체의 현황

1930년대 대공황과 1980년대 극심한 경제불황을 겪은 미국은 이를 계기로 자산관리업과 자산관리시장이 크게 발전하였다.

참고로 미국 중심의 건물자산관리 주요 관련 단체조직을 소개하면 다음과 같다.

1) 1990년대 초 미국 시카고빌딩의 소유자겸 관리자인 Georg A. Holt에 의해 75명으로 Chicago Building Managers Organization의 최초 준비 모임을 가지고 1908년 전국 조직화
2) 1921년 미국내 여러 도시 건물관리조직의 변화요구에 의하여 BOMA(Building Owners and Managers Association) 지역조직의 전국연합조직이 출범하였다.
3) 1970년 미국의 BOMA가 영국, 일본, 캐나다, 호주, 남아프리카 등에 지부조직으

로 BOMAI(BOMA International)로 명칭 변경하고 일정한 건물자산관리과정 이수자와 경력자에게 RPA(Real Property Administrator)라는 부동산자산관리사 자격을 부여하였다.

4) 1933년, 미국의 부동사회사들은 전국적 조직인 부동산업자 연합회 NAR(National Association of Realtors) 산하학술단체로 IREM(Institute of Real Estate Management) 부동산관리학회를 창립하고 IREM이 정한 교육을 이수하고 경력이 인정되며 시험에 통과하면 공인 자산관리사 CPM(Certified Property Manger)자격을 수여하고 있다.

   또한, IREM은 유능한 자산관리회사에게 AMO(Accredited Management Organization)으로 지정하고 있으며 주거용 부동산관리전문가에게 ARM(Accredited Residential Manager)로 지정하고 있다.

5) 1939년, 미국 국립아파트협회 NAP(National Apartment Association)가 결성되었다.

6) 1988년, 미국의 전국 주거용 부동산관리협회인 NARPM(National Association of Residential Property Managers)을 창설하고 단독주택관리전문가 자격인 PPM (Professional Property Manager)와 MPM(Master Property Manager) 자격을 주고 적격 전문 관리회사에게는 CRMC(Certified Residential Management Company)의 자격을 수여하고 있다.

제3장 건물자산관리문제의 대두와 문제개선의 필요성

제Ⅰ편 제3장에서는 두 개의 절을 두고 제1절에서 건물자산관리의 목적달성에 저해요소로 작용하고 있는 건물자산관리 문제의 개념과 종류 및 그 내용 및 문제개선의 필요성과 개선방안을 통하여 개선이 요구되는 과제(Issue)와 해답이 요구되는 건물자산관리의 본질적 문제와 현실적 문제를 소개하였으며, 제2절에서는 대두되고 있는 건물자산관리 문제의 개선의 대안으로 건물자산관리학을 통한 학문적 법·제도 개선방안에 대하여 기술하고 있다.

제1절 건물자산관리문제의 대두

1. 건물자산관리문제의 개념

건물자산관리문제는 1980년도를 기점으로 건물 대량생산에 대비한 건물자산관리업계 내부의 준비부족과 당국의 외부적 대비소홀로 크고 작은 건물자산관리문제가 크게 대두되어 인적, 물적 손실을 크게 유발하여 사회문제화 됨으로써 소유자의 물적 손실은 물론 사회적 손실을 가져오고 있다. 일반적으로 문제라 함은 해답이 필요한 물음이나 개선이 요구되는 과제(Issue)를 의미한다.

그러나 건물자산관리에 있어서 문제란, 예컨대 건물자산은 왜 관리해야만 하는가? 그것도 왜 반드시 체계적으로 그리고 최유효 관리법과 과학적 관리방법에 의하여 관리되어야만 하는가? 뿐만 아니라 건물자산관리를 일상적으로 관리하고 있음에도 불구하고 왜 인적·물적 손실이 증가되고 있으며 건물수명은 단축되고 있는가? 왜 건물시설의 효율성·경제성·안전성·쾌적성·내구성·편리성·보건성·청결성·보안성 등의 사용가치가 떨어지고 있는가? 왜 경제가치가 떨어지고 임대소득과 자산가치가 늘어나지 않는가? 무엇 때문에 최선을 다하여 안전관리하고 있음에도 불구하고 건물화재, 건물붕괴 등의 안전사고는 줄어들지 않는가? 등과 같이 해답을 요하는 물음과 개선과제를 의미한다.

건물자산관리를 수행함에 있어서 실제적으로 건물자산의 취득, 보유 및 운영관리 과정이나 처분 시에 나타나는 건물자산관리상의 크고 작은 문제들은 한두 가지가 아니다. 건물자산의 위험문제, 운영관리 비용의 문제, 수익감소의 문제 외에 법제도측면의 문제, 건물자산관리자의 의식과 기술의 문제, 관리활동의 방법이나 효과 생산과 공급에 관한 최유효화 문제 등 건물자산관리상의 크고 작은 문제들이 다양하게 대두되어 산재되어 있다. 이와 같은 문제들은 해결하거나 개선하여 해답을 얻지 못하는 경우, 재산정용행인(財産正用行人)51)이나 건물자산관리의 목적인 자산가치의 보전과 극대화및 최유효 건물자산 사용수익화 그리고 건물관리 서비스를 가장 경제적인 방법으로 가장 안전하게 그리고 가장 효과적으로 적합하게 얻지 못할 뿐만 아니라 이로 인한 건물자산관리 이해당사자의 요구 또는 목적을 위한 최유효 건물자산 사용수익의 경제적 만족은커녕 주(住)측면의 국민생존 지원도 어렵게 된다. 그러므로, 건물자산관리의 문제로 대두되고 있는 여러 가지 문제들은 다양한 방법으로 연구하여 개선과 해결을 동시에 해야 할 필요가 있다.

---

51) 財産正用行人은 論語에 나오는 用語로 나의 재산은 바르게 사용하고 남의 재산 역시 바르게 관리해야 한다는 의미로 오늘날에도 재산관리원칙의 의미를 가지고 있다.

건물자산의 관리문제에는 여러 가지가 있으나 자산관리문제의 중요성의 정도에 따라 크게 분류하면 건물자산관리의 본질적 문제와 현실적 문제 등으로 대별된다.

건물자산관리 2대 문제 중 본질적 문제란 건물자산관리활동의 목표인 건물자산가치의 보전과 극대화 및 최유효 건물자산 사용수익화의 문제로서 건물자산관리의 기본적 문제인 동시에 건물자산관리학 연구대상의 하나인 건물자산관리의 목적에 관계되는 문제이다.

건물자산관리학은 이와 같은 건물자산관리의 본질적 문제를 학문적으로 해결하기 위하여 태동하였으며, 따라서 이에 관한 건물자산관리학의 학문적 연구와 지원을 건물자산관리학의 과제로 인식하고 있다.

이와 같은 건물자산관리의 본질적 문제는 경제학의 국민경제 3대기본문제와 맥을 같이 하는 문제로서 건물자산관리학에 중요한 연구대상을 제공하는 것 외에 다른 측면에서 건물자산관리개념의 정의화와 이론의 체계화에도 크게 기여하고 있으며 이를 저자는 건물자산관리 3대기본문제라 호칭하고 있다.

건물자산관리 3대 기본문제는 건물자산관리서비스의 창출과 분배(제공 또는 공급)와 소비에 관한 문제로서 건물자산관리 3대 기본문제가 여기에 해당된다.

건물자산관리 3대 기본문제는 건물자산관리에 있어서 핵심문제(Key Issue)로서 건물자산관리의 목적을 달성하는 건물자산관리조직의 목표에 관계되는 문제인 동시에 가장 중요한 건물자산관리문제로 인식되고 있다. 왜냐하면, 건물자산관리기본문제는 건물자산관리는 왜하는가에 대한 본질적 문제이기 때문이다.

건물자산관리는 왜하는가에 대한 해답은 건물자산 최유효 사용수익화를 통하여 건물자산소유자의 경우, 최유효 사용, 수익, 처분을 위해서 건물자산관리는 반드시 해야 하며 건물자산사용자의 경우, 최유효 사용, 수익을 위해서 건물자산관리는 불가피하기 때문이다.

이와 같은 건물자산소유자의 최유효 사용, 수익, 처분과 건물자산사용자의 최유효 사용, 수익의 건물자산소유자와 사용자의 목적은 건물자산관리활동을 통하여 얻어지는 건물자산관리효과 즉, 양질의 건물 사용수익에 필요한 서비스와 건물의 재산적 경제이익의 창출로 비로소 최유효 만족하게 되므로 본질적 문제인 건물자산관리기본문제는 건물자산관리학의 연구에 있어서도 대단히 중요한 연구과제 중 하나이다.

건물자산관리문제의 종류 중 또 하나의 문제인 건물자산관리의 현실적 문제는 건물자산관리시장이나 건물자산관리현장에서 현실적으로 존재하거나 현실적으로 발생되는 문제들로써 예컨대, 건물자산관리기본법의 부재문제, 건물자산관리의 중요성과 필요성에 대한 인식결여 문제, 안전 불감증 문제, 조기노후화와 내용연수단축 문제, 안전사고 증가로 인적·물적 피해증가 문제 등과 같이 건물자산관리시장이나 현장에서 현실적으로 발생되어 개선이나 해결이 요구되는 문제들을 의미한다.

이상에서 건물자산관리의 문제의 개념에 관하여 약술하였으나 보다 구체적인 건물자산관리의 본질적 문제와 건물자산관리의 현실적 문제 등의 내용에 관해서는 후술하고자 한다.

2. 건물자산관리 문제의 대두원인

건물자산관리 문제의 대두와 사회문제화의 원인은 무엇보다 먼저 건물대거 등장에 대비한 건물자산관리업계 내부의 준비부족과 건물자산관리 관계 당국 외부의 대비 소홀에서 그 원인을 찾아 볼 수 있다.

1960년 이전까지만하더라도 대형 건물의 동수는 미미한 수준이었으나 1980년대부터 대거 등장하기 시작한 대형건물의 홍수는 효율적 관리를 위한 관리기술, 관리시스템, 관리매뉴얼, 전문 인력 양성 등의 업계 내부의 준비부족이 첫 번째 문제 대두의 원인이 되었으며 정부관계 당국 역시 체계적 관리를 위한 정책, 제도, 관계법령 정비 등의 대비소홀이 두 번째 원인이 되어 시설관리의 현실적 문제에서부터 건물자산경영의 본질적 문제에 이르기까지 여러 가지 문제를 양산시켜 오늘에 이르고 있다.

전술한 제2장 건물자산시장의 발달과 건물자산관리업의 창업에서 살펴 본 바와 같이 우리나라 시설관리 인당관리 면적 생산성이 미국, 일본의 약 45% 수준에 머물고 있는가 하면 시설관리 서비스 만족도 역시 평균 77.6%, 건물사용 서비스 만족도 평균은 겨우 64.4% 등으로 분석되고 있어 시설관리 서비스 만족도가 문제점으로 나타나고 있다. 또한 건물시설관리 업무의 표준이 되는 건물 유지관리 매뉴얼 보유 실태는 응답자 중 겨우 28% 만이 건물유지관리 매뉴얼을 보유하고 있음을 응답하므로서 문제점으로 지적되고 있다.

전문 인력 부족 실태가 전체 응답자 중 38%에 달하고 있으며 시설관리자 급료 수준 역시 전체 산업근로자의 62% 수준으로 저임금에 시달리고 있음이 문제점으로 밝혀지고 있다. 특히 건물자산관리 이해당사자 상호관계 분석에서 상호관계는 매우 불만상태로 나타나고 있으며 건물유지관리법제도, 건물임대차제도, 건물관리용역제도, 건물관리서비스제도 등 총체적으로 건물자산관리제도 또한 문제점으로 지적되고 있다.

이와 같은 건물시설관리 실태조사 분석에서 도출된 문제점 등은 건물자산관리 전체문제의 원인이 되어 건물자산관리 서비스 생산에 관한 본질적 문제와 본질적 문제를 저해하는 현실적 문제를 낳고 있다.

그러므로 이하 절에서 본질적 문제와 현실적 문제 등을 살펴보고 개선의 대안으로 건물자산관리학의 태동을 통한 학문적 방법으로 최적해(Optimal Solution)를 도출하여 건물자산관리실무에 적용함이 바람직하다. 왜냐하면 건물자산관리 문제는 과학적 방법을 활용하는 학문적 개선 방안이 최적해 도출의 유일한 대안이 될 수 있기 때문이다.

3. 건물자산관리문제의 종류와 내용

건물자산관리문제에는 시설관리문제와 재산경영문제 등 분류기준에 따라 여러 가지가 있으나 건물자산관리의 본질과 건물자산관리 현장의 현상에 따라 크게 대별하면 본질적 문제와 현실적 문제 등으로 대별된다.

(1) 건물자산관리의 본질적 문제

건물자산관리학은 건물자산관리의 문제와 현상 등을 깊이 연구하여 건물자산관리에 대한 새로운 이치나 사실을 발견하고 이론을 체계화하여 이를 다시 건물자산관리실무(관리활동)에 효과적으로 응용함으로써 바람직한 건물자산관리가 이루어지게 하는 종합응용과학이다. 그러므로 건물관리의 본질적 문제에 관하여 사려 깊게 생각하고 관찰하여 건물자산관리의 원리와 법칙 및 이론을 발견하여 학문적 방법으로 해결해야만 한다.

이를 위해서는 건물자산관리학의 연구대상에 대한 체계적인 연구가 필요하다. 건물자산관리의 본질적 문제란 건물자산관리의 3대 기본문제를 의미하는 것으로서 건물자산이해당사자의 요구 목적에 부합하는 건물의 재산적 이익과 건물 사용수익에 필요한 서비스 및 건물의 유익의 생산, 분배, 소비에 관계되는 문제들을 의미한다.

즉, 건물자산관리의 3대 기본문제라 함은

첫째, 무엇을 언제, 어느 정도로 생산하느냐의 문제

둘째, 누가, 무엇에 대하여, 무엇을 가지고, 어떻게 생산하느냐의 문제

셋째, 생산된 것을, 어떤 방법으로 분배(제공)하고, 소비하게 하여, 누구를 어느 정도로 만족하게 하느냐의 문제 등을 의미한다.

전술한 건물자산관리 3대 기본문제에 관하여 보다 구체적으로 살펴보면 그 내용은 다음과 같다.

첫째, 무엇을 언제, 어느 정도로 생산하느냐의 문제는 건물자산관리활동을 통하여 얻고자 하는 양질의 사용가치와 수익가치 극대화를 위한 건물 사용수익 서비스와 건물의 유익 및 건물의 재산적 경제이익을 언제 창출하고 어느 정도로 얻을 수 있느냐의 문제이므로 결국 건물자산관리 요구와 목적에 부합하는 건물자산관리효과를 언제 어느 정도로 창출하느냐에 대한 본질적 문제의 하나이다.

둘째, 누가, 무엇에 대하여, 무엇을 가지고, 어떻게 생산하느냐의 문제는 건물자산관리주체와 관리조직의 구성원이 건물자산관리객체에 대하여 건물자산관리수단을 효과적으로 배분·활용하고 외부환경을 능동적으로 극복하여 가장 경제적 방법으로, 안전하게 그리고 효율적 방법으로 적합하게 양질의 경영효과와 관리효과를 창출하는 것으로 이른바 건물자산관리활동의 문제로 인식된다.

셋째, 생산된 것을, 누구에게, 어떻게 제공(분배)하고, 어느 정도로 만족케 하느냐의 문제는 결국 양질의 건물 사용수익 서비스를 통한 건물자산관리이해당사자들의 최유효 건물사용 만족의 문제와 건물의 재산적 이익을 통한 경제적 수익만족과 삶과 생활과 일(업무)의 영위에 요구되는 주(住)측면의 인간생존지원 문제로 귀결된다.

결국, 건물자산관리의 3대 기본문제는 건물자산관리를 왜하느냐에 대한 본질적 질문이고 물음으로써 건물자산관리활동을 통하여 얻고자 하는 것, 달성하고자 하는 것의 목적에 관한 본질적 문제이다. 또한 건물자산의 사용가치와 수익가치 극대화와 이를 위한 사용수익 서비스와 경제적 이익창출은 건물자산관리활동 3요소들의 조합과 결합 및 상호작용을 통하여 얻어지므로 건물자산관리개념의 정의화에도 크게 영향을 미치는 기초개념으로 판단되며 이는 건물자산관리의 본질적 문제인 동시에 건물자산관리학의 주된 연구대상이 되고 건물자산관리의 목적이 된다.

건물자산관리학은 이와 같은 건물자산관리의 본질적 문제를 학문적으로 해결하기 위하여 태동하였으며, 따라서 이에 관한 건물자산관리학의 학문적 연구와 지원을 건물자산관리학의 학문적 과제로 인식하고 있다.

이와 같은 건물자산관리의 본질적 문제인 3대 기본문제는 건물자산관리학에 중요한 연구대상을 제공하는 것 외에 다른 측면에서 건물자산관리개념의 정의화와 이론의 체계화에도 크게 기여하고 있다.

(2) 건물자산관리의 현실적 문제

건물자산관리의 현실적 문제란 건물자산관리시장이나 현장에서 지각하고 인식할 수 있는 문제로서 현실적으로 건물자산관리효과 창출을 저해하며 자산관리활동을 비정상화시켜 건물자산관리효과 생산을 비경제적 방법으로 불안전하게 그리고 비효율적으로 부적합하게 생산(창출)하게 한다.

우리나라 건물자산관리 시장과 현장에서 쉽게 찾아볼 수 있는 현실적 문제에는 대체로 다음과 같은 문제들이 있다.

1) 건물자산관리의 중요성과 필요성에 대한 총체적 인식부족문제

건물자산의 소유자나 관계자 중에는 완성 후의 건물은 관리하지 않아도 스스로 작동하고 유지·보존되며, 따라서 사용, 수익, 처분에 전혀 문제가 없는 것으로 인식하거나 착각하는 부류가 있다.

다시 말하면, 건물자산관리현장의 관리관계자 중에는 건물자산관리의 필요성과 중요성에 대한 이해가 부족한 사람이 많이 있음을 볼 수 있다.

이와 같은 인식부족문제는 건물자산관리활동을 왜곡시켜 비정상화함으로써 인적·물적 피해를 유발시키고 있다. 이는 참으로 안타까운 현실적 문제로서 이에 관한 근본적 개선이 없는 경우 붕괴, 화재 등으로 향후 건물자산관리상의 인적 피해는 물론 재산상의 피해마저 계속 늘어날 것으로 예상된다.

일부이긴 하나 건물자산소유자, 관계공무원, 관련 업종의 기업 대표들 중에도 건물자산의 관리가 얼마나 중요하고 필요하며, 이것이 인간의 사회적·경제적 삶과 생활과 일에 얼마나 지대한 도움을 주며 영향을 미치는가에 대한 인식 부족 경향을 보이고 있다.

건물자산관리 이해당사자 중에는 일부이긴 하나 건물자산관리에 대한 철학도 없이 건물자산을 한낱 투자대상 정도로 생각하고 건물자산관리에 대한 경제적 측면만을 강조하거나 건물의 관리에 대한 경시풍조를 보이고 있는 현실을 볼 때 참으로 한심한 현상이라고 치부하기에는 문제가 큰 것으로 인식된다. 특히 건물자산 소유자나 공공건물(국유재산 포함)의 관리책임자 중에는 '건물자산관리란 누구나 할 수 있다. 단순노동이나 기능 정도로 관리가 가능하다. 또한 쓸고, 닦고, 조이고, 지키면 건물관리 끝'이라는 생각을 하고 있는가 하면 건물자산관리 현재의 현실에 안주하기 원하여 문제개선과 과학적 관리으로의 변화를 싫어하는 경향마저 보이고 있다.

이로 인하여, 건물은 조기노후화가 촉진되고 건물의 수명은 급속도로 단축되고 있으며, 매일같이 관리부실과 관리부재로 건물화재가 발생하여 막대한 재산상의 손실과 함께 사람이 다치거나 죽어 가는데도 불구하고 관계자중 누구하나 책임지는 사람이 없고, 건물자산 소유자 역시 고민하는 사람이 적은 현실은 향후 계속해서 건물의 안전사고로 인하여 우리 국민 모두에게 크나큰 재앙으로 다가와 인적·물적 손실을 더욱 증가시킬 수 있다는 것을 시사하고 있다. 건물자산관리의 중요성과 필요성에 대한 총체적 인식부족 문제는 건물자산관리 소홀과 관리부재로 이어지고, 마침내 국민적 재앙이 된다는 것을 건물자산관리 관계자 모두는 크게 명심해야할 현실적 건물자산관리문제가 아닐 수 없다.

2) 비체계적·비과학적·비효율적 건물자산관리 시스템의 문제

건물자산관리는 취득단계, 보유 및 운영관리단계 그리고 처분단계에 이르기까지 체계적 시스템에 의하여 관리되어야 하며 연초에서 연말까지 실시되는 연간관리계획과 관리과업지시서, 관리예산, 건물관리법령의 관리기준 및 관리매뉴얼, 효율적 관리시스템 등에 의하여 전문적이고 과학적이며 최유효 관리법에 의하여 반드시 계속적으로 관리가 수행되어야 한다. 따라서 건물자산관리현장에서는 관리계획을 효율적으로 작성하고 이를 전 관리자와 관리종사자에게 적절한 방법으로 교육 훈련시켜 과학적 관리방법으로 최유효 관리방법에 따라 가장 경제적 방법으로 안전하게 그리고 효율적으로 적합하게 관리활동을 체계적으로 해야 한다.

따라서 시설관리계획과 함께 건물운영 계획 및 자산경영 계획에 따라 관리업무를 표준화하고 프로세스를 매뉴얼화하여 계획성 있게 추진해야 한다. 체계적·과학적 관리가 되지 아니하고 건물소유자가 자기방식과 자기경험에 따라 주먹구구식(Rule of Thumb)의 비과학적·비체계적 방법으로 관리하는 경우, 건물자산관리의 대원칙인 경제성과 안전성 및 효율성과 적합성 등이 위협당하여 물적·인적 손실을 초래하는 건물자산관리상의 악현상이 계속 나타나게 된다.

따라서 건물자산관리의 악현상을 방지하거나 건물관리상의 피해를 최소화하려면 체계적이고 과학적인 관리방법으로 관리계획에 의하여 최유효 관리법으로 효율적인 관리시스템에 의하여 관리되어야 하고 또한 표준화되고 매뉴얼화 된 관리지침, 기준과 규정 및 교육훈련된 유능한 관리자에 의하여 관리되어야 한다. 그러나 건물자산관리현장의 현실은 체계적·과학적 전문 관리 문제가 부분적으로 미흡한 상태에 있어 현실적으로 건물자산관리의 문제로 대두되고 있다. 또한 건물자산관리측면에서도 투자의사를 결정하기 전에 분석시스템에 의하여 철저한 Property Analysis와 Market Analysis, Financial Analysis, Issue and Concern 분석 그리고 위험분석 등으로 전략적이고 과학적 접근을 통하여 최적 건물자산의 취득, 효율적 보유와 운영관리, 합리적 매각을 실시하여 자산위험은 최소화하고 수익은 최대화하여 자산의 경제적 이익을 극대화해야 한다.

3) 단순기능과 노동력에 의존한 건물시설관리 경향의 문제

현대건물은 초고층화·대형화·단지화 등의 특징을 갖고 있을 뿐 아니라 건축설비 역시 첨단화되어 인공 지능화되고 친환경설비로 발전되고 있으며 사용에너지 또한 인화성 물질로 위험성이 클 뿐 아니라 각종 설비들은 컴퓨터나 제어설비에 의하여 운전, 자동제어, 조정, 기록되고 있으므로 고도의 기술성과 전문성을 가지고 관리되어야 하는 전문 관리대상이다.

그러나 아직까지도 건물의 일부 소유자 중에는 건물자산 보유 단계의 시설관리 측면에서부터 건물의 전기설비나 공기조화설비 등의 관리를 위하여 전기나 보일러, 냉동기 취급기능을 가지고 있는 기능직에 의존하고 청소·경비 등은 단순 노동력에 의존하여 관리하며 시설관리상의 문제는 전혀 없는 것으로 잘못 인식하는 경향이 건물시설관리현장에서 일반적으로 나타나고 있다. 또한 건물소유자 중에는 현상유지에 급급한 나머지 건물시설관리 과학화으로의 변화를 거부하고 있다.

이로 인하여 첨단화·대형화·고층화·단지화 된 현대건물에는 크고 작은 관리상의 기술적 사고가 끊임없이 나타나고 있으며 이로 인한 피해는 계속 증가일로에 있어 이에 관한 개선대책이 시급히 요청되고 있다.

따라서 경제적 대우의 개선으로 고도로 훈련되고 교육된 고급관리기술자와 전문성을 가진 전문자산관리자 등에 의하여 관리되지 않으면 건물시설관리효과는 저감될 뿐 아니라 이로 인한 건물재산경영 측면의 경영손실 역시 계속 증가될 것이 분명하다. 하루 빨리 개선되어야 할 건물시설관리현장의 현실적 문제가 아닐 수 없다.

4) 건물시설관리(FM)를 건물자산관리업무의 전체로 인식하는 관리개념오류의 문제

대부분의 건물자산관리자나 건물자산소유자들이 건물자산관리업무의 기초관리업무인 기술관리대상(건축대지, 건축물, 건축설비, 기타 부대시설)에 대한 건물시설관리를 건물자산관리 전체의 업무로 인식하는 관리개념의 오류는 건물자산관리의 핵심 업무인 Asset Management와 주요 업무인 Property Management 등의 자산운용과 운영업무를 간과하거나 건물자산의 경제관리・법률관리・위험관리・행정관리 업무 등을 등한시하고 무시하는 문제점으로 나타나고 있어 건물자산관리상의 악현상이 점증되거나 대형화하고 반복적으로 나타나게 하고 있다.

건물자산의 전체 관리범위는 건물자산의 취득, 보유, 처분 등 건물자산 전생애과정에 걸쳐 건물의 재산경영과 시설관리로서 이들에 대한 6대 복합관리항목 즉, 기술관리측면, 경제관리측면, 법률관리측면, 위험관리측면, 행정관리측면, 환경관리측면에서 각각 재산경영과 시설관리를 함으로써 그리고 이들 모두에 대하여 체계적으로 종합관리 할 때 비로소 완전한 건물자산관리효과가 나타나며, 비로소 건물로부터 사용가치와 교환가치를 극대화하고 건물의 재산적 경제이익과 양질의 건물의 사용수익 서비스를 얻어 만족을 하게 된다. 따라서 건물자산 관리개념의 오류문제는 시급히 개선되어야 할 현실적 문제라 인식된다.

5) 건물자산관리기본법의 부재문제

건물용도 중 공동주택(특히 의무관리대상 아파트)관리에 관해서는 주택법, 주택법 시행령, 주택법 시행규칙, 집합건물의소유및관리에관한법률 등의 공동주택관리기본법이 제정, 시행되고 있어 비교적 효율적 관리가 이루어지고 있다. 그러나 의무관리대상 공동주택을 제외한 일반건물의 관리에 관해서는 부처별로 소관업무 집행과 규제를 위하여 부분적이고 산발적으로 규정하고 있는 관리관계법에는 여러 종류의 법령이 제정, 시행되고 있으나 정작 모든 건물자산의 관리를 체계적이고 효율적으로 관리를 하기 위한 건물자산관리기본법은 미제정 상태에 있다.[52] 이와 같은 일반건물자산관리기본법 부재의 문제점은 건물자산관리현장에서 건물소유자나 건물자산경영자 등의 책임회피 수단이 되고, 건물소유자의 전횡과 우월적 지위에서 관리 및 임의관리제도화 함으로써 건물자산 소유자가 직접 책임지지 아니하며 책임 관리에 역행하게 하여 오히려 건물자산 관리책임자가 소홀한 대응을 조장 하게 하고 있다.

---

52) 건물자산관리에 있어서 일반건물 유지관리기본법은 미제정 상태이나 국유재산(건물)관리를 위한 기본법으로 국유재산법이 제정, 시행되고 있다 다만 건축법 제35조에서 건축법이 정한 기준에 적합하게 관리하도록 명시한 선언적 규정만 두고 있다. 또한 의무관리대상 공동주택(아파트)은 주택법에서, 그 밖의 집합건물은 집 합건물의소유및관리에관한법률에서 각각 관리에 관한 규정을 두고 있다.
그러나 공동주택관리의 기본법인 주택법을 제외한 기타 건물관리관계법의 경우 수정보완 해야 할 개선 부분이 산재되어 있다.

즉, 건물자산관리기본법의 부재는 결국 건물의 소유자가 직접 책임지지 아니하게 함으로써 건물소유자는 건물자산관리에 대한 중요성과 필요성에 대하여 가볍게 생각하거나 경시하는 경향을 가지도록 방조하고 있다. 또한 이로 인한 문제점은 안전사고를 사전에 막아 인적·물적 피해를 방지 또는 최소화하려는 건물의 안전성 확보를 계속 저해하고 있다. 또한 건물자산관리기본법의 부재는 건물자산관리를 체계적이고 과학적이며 효율적 관리를 방해하고 있다.

뿐만 아니라, 유능한 관리자의 교육훈련과 양성 및 관리자의 사기에도 나쁜 악영향을 주어 양질의 건물자산의 경제적 이익과 서비스의 생산에도 지장을 크게 초래하고 있다. 참으로 개선이 필요한 현실적 문제 중의 문제라 인식된다.

6) 건물자산관리 관계자의 무관심과 경시풍조의 문제

건물자산관리는 반드시 과학적이고 체계적인 방법으로 관리되어야 하고, 교육되고 훈련된 유능한 건물자산관리자에 의하여 관리계획과 표준매뉴얼에 따라 체계적으로 관리되어야 하며 자산경영 역시 고도의 전문성을 가진 유능한 건물자산관리자에 의하여 최적 건물자산의 취득과 효율적 보유 운영 관리 및 합리적 매각으로 건물자산가치를 극대화하고 수익을 최대화해야 하므로 우리나라 학계나 교육계, 건물자산관리산업계, 관계기관 등이 앞장서서 건물자산관련 분야를 연구하고 이론과 기술을 뒷받침하며 건물자산관리업무를 학문적으로 건물자산관리의 이론과 실무를 체계화하여 관리 제도를 개선하고 효율적 시스템을 개발하며 관리이론과 기법 및 기술, 원리와 법칙을 개발하고 유능한 건물자산관리자를 대학 교육을 통하여 양성하고 이들을 건물자산관리산업계에 접목하여야 한다.

뿐만 아니라, 건물자산관리에 관한 정책 입안자나 관계공무원이 관심을 가지고 건물자산관리의 중요성과 필요성에 대한 인식과 함께 관리와 지원 정책을 개발하고 지원해야 한다.

그러나 건물자산관리에 관한 관계자의 무관심과 경시풍조는 건물의 내용연수를 극도로 단축시키고 경제성·안전성·보건성 등을 위협하는 악현상을 양산하고 있으며 건물자산가치의 극대화와 수익최대화에 걸림돌이 되고 있다. 이와 같은 관계자의 무관심과 경시풍조는 건물자산관리시장과 현장에서 또 하나의 현실적 문제로 나타나고 있어 시급한 개선이 요구되고 있다.

7) 건물자산관리종사자의 자부심 실종문제

건물자산관리의 종사자에는 Asset Management 종사자와 Property Management종사자 그리고 Facility Management 종사자의 여러 부류가 있으나 모든 관리 종사자들은 건물자산소유자의 경제적 이익을 위하는 것 외에 입주자·사용자·이용자들의 생명과 건강, 그들의 재산까지도 보호하고 지켜주는 전문직이라 할 수 있다. 뿐만 아니라 소유자와 사용자에 대해서는 의무이나 국민과 나라에 대해서는 봉사하는 전문 직업임에도 불구하고 PM분야와 FM분야 관리종사자 대부분은 저임금, 비인격적인 대우, 일부 건물소유자의 독단과 전횡, 건물자산관리에 대한 사회적 편견과 인식부족 등으로 사기는 저하되고 자부심은 실종되거나 크게 저하된 상태에서 근무하고 있다.

이와 같은 건물자산관리자들의 자부심 실종은 건물자산관리상의 많은 문제들을 유발시키고 있으며 이로 인한 건물자산관리산업의 발전 저해와 건물자산상의 피해를 증가시키고 있다.

이러한 때에 2004년도에 전북과학대학에서 국내 최초로 '건물관리과'를 신설한 것과 동원대학 부동산컨설팅과와 극동대학교 경영행정대학원 및 일반대학원 등에서 건물자산관리학의 교과서 채택과 건물자산관리학의 강좌개설 및 건물자산관리학 전공 석·박사과정의 신설과 학위과정 전문교육은 참으로 건물자산관리산업 관계자의 자부심 회복에 청신호 역할을 하였다.

더 많은 대학에서 건물자산관리학과를 설치하고 건물자산관리학의 강좌개설의 경우 보다 많은 건물자산관리자 인재양성과 함께 자부심 회복에 큰 도움이 될 것으로 판단된다.

전국의 건물자산관리자와 종사자는 2006년도 기준, 통계청 국가통계포털서비스 총조사 자료에 의하면, 186,350[53]으로 집계되고 있으나 유능한 관리자 양성의 미흡 및 관리자의 자부심 실종은 건물관리효과를 반감시키는 악현상을 계속 증가시키고 되풀이되고 있다. 하루빨리 해답을 찾아 개선해야 할 현실적 문제라 인식된다.

8) 유능한 건물자산관리자의 양성미흡문제

건물자산관리는 유능한 건물자산관리자에 의하여 그리고 건물자산관리의 지식과 정보 및 Data를 기반으로 관리될 때 건물자산관리의 문제와 피해가 줄어들고 양질의 건물재화의 사용가치와 교환가치 극대화를 통하여 재산적 경제이익과 건물 사용수익 서비스를 크게 창출할 수 있다. 유능한 건물자산관리자란 실무경험 외에 관리자 자격, 관리지식, 관리정보, 관리자 품성 및 관리자 건강과 관리자의 정신자세 등 건물자산관리자에게 요구되는 필요조건과 충분조건들을 두루 갖춘 자를 의미한다.

유능한 관리자는 제도권 교육기관에서 건물자산관리학 이론과 건물자산관리실무를 중심으로 체계적으로 교육되고 건물자산관리자의 정신자세와 자질에 대한 훈련을 통하여 배출되어야 한다. 그러나 우리나라의 학계는 아직도 그 중요성을 인식하지 못한 채 다소 방관

53) 우리나라 건물자산관리산업은 시설관리업이 대종을 이루고 있으며 건물관리종사자의 수는 통계청의 2006년도 서비스업 총괄 조사자료 중 부동산관리업 자료에 의하면 186,350명이 근무하고 있는 것으로 조사되고 있으나 건물자산관리업계의 정확한 통계자료가 없다. 향후 건물자산관리의 정책과 제도개선을 위하여 기초자료와 통계문제가 조속히 해결되어야할 과제로 판단된다. 왜냐하면 학문연구와 산업발전을 위한 정책개발은 기초자료와 통계자료가 없이는 불가능하기 때문이다.

하고 있는 실정에서 건물자산관리자는 현장이나 사무실에서 OJT형식으로 교육되고 양성되고 있어 유능한 건물자산관리자 양성에 소홀함을 보이고 있다. 그러나 다행스럽게도 전북과학대학에서는 전술한 바와 같이 저자와 함께 2004년 최초로 건물관리과를 신설하고 학생을 모집하여 건물관리교육을 체계적이고 전문적으로 실시하였으며, 극동대학교와 동원대학 그리고 경민대학 등에서도 유능한 건물자산관리자 양성에 최선을 다하고 있어 참으로 인재양성에 다소나마 기여하고 있는 것으로 판단된다.

향후 수년 내에 국내 유수 대학에서 건물자산관리학과가 신설될 것으로 전망되며 유능한 건물자산관리자 양성소홀 문제가 불원장래에 해결될 것으로 판단된다.

9) 건물자산관리종사자의 정신적, 물질적, 사회적 대우 문제

건물자산관리는 위험하고 매우 중요한 관리업무이므로 고도의 전문성과 기술이 크게 요구되는 전문 관리분야이다.

건물자산의 시설관리 측면에서 살펴보면, 전기수변전설비, 보일러설비, 가스설비 등에 의한 폭발사고의 경우, 대형 인명사고와 함께 건물 구조체에 치명적인 안전을 위협하는 안전사고가 되므로 건물시설관리업무는 매우 위험한 업무임에 틀림없다. 뿐만 아니라, 자산의 운용에 따르는 자산위험 또한 철저히 분석되고 체계적인 위험관리로 경제적 손실을 방지해야 한다.

따라서 이와 같은 위험하고 중요한 업무에 종사하는 건물자산관리자와 그 종사자의 대우(정신적·물질적, 사회적 대우)는 타 직종 보다 높아야 하는 것은 지극히 당연하나 오히려 타 직종에 비하여 물질적·정신적 대우와 사회적 대우가 낮다는 것은 관리업무의 위험성과 중요성에 비추어 볼 때 크게 개선되어야 할 관리현장의 현실적 문제가 아닐 수 없다.[54)]

이와 같은 저임금의 물질적 대우(경제적 대우)는 건물자산관리자나 시설관리종사자의 사기를 떨어뜨리고 관심소홀로 나타나 완벽한 관리효과 창출에 도움을 주지 못하고 있으며 관리효과가 반감될 뿐 아니라 인력수급의 차질과 잦은 이직 등 심각한 문제를 낳고 있다. 하루속히 해답을 찾아야 할 현실적 문제로 인식된다.

10) 건물시설관리회사의 영세성과 전문성 문제

건물시설관리회사의 수는 비약적으로 증가하였으나 일부의 경우 관리기술이나 전문성이 매우 취약하고 재정상태가 영세하며 수주환경(특히 단기 계약기간과 덤핑 용역입찰)이 좋지 못하여 관리전문회사의 경영개선과 발전에 저해요인으로 작용하고 있다.

관리방식이 점차적으로 위탁관리 형태로 가야 하는 현실을 감안할 때 건물관리전문회사

54) 노동부 통계자료, 2005의 자료에 의하면 전산업 평균 임금이 2,352,840원인데 비하여 건물시설관리 종사자의 평균임금은 1,468,596원으로서 산업 근로자의 62%에 해당하는 저임금을 받고 있는 것으로 조사되고 있다.

(용역회사)는 기술적으로 더욱 발전되어야하고, 전문성 및 재무구조 역시 크게 개선되어야 한다. 그러나 현실적으로 건물시설관리회사 중 일부이긴 하나 건물시설관리에 관한 연구나 교육훈련의 시간을 갖지 못한 채 스스로 시설관리와 재산경영에 있어서 최고전문가임을 자처하는 오만으로 인하여 스스로 회사발전과 개인발전을 가로막고 있다. 건물자산관리산업과 자산관리기업 스스로의 발전을 위하여 하루 속히 개선해야할 현실적 문제라 인식된다.

11) 건축설계와 시공시 완성 후의 건물유지관리문제 미고려 경향문제

건축설계나 시공시에 건물완성 이후 건물유지관리 단계에서 나타날 수 있는 관리상의 예상 문제에 대한 미고려는 건물의 유지관리를 가볍게 생각하거나 그 필요성과 중요성에 대한 인식의 결여라 보여 진다. 이와 같은 완공 후의 건물자산관리에 대한 인식결여는 건물관리현장의 문제점으로 작용하여 건물자산관리효과 생산에 있어서 비경제성과 비안전성 및 비효율성으로 이어져 완전한 건물관리효과 창출에 실패하게 하고 있다. 따라서 설계시 건물완성 후의 유지관리상에 나타날 예상 문제점의 미고려는 경제적·안전적·효율적 관리를 방해하고, 건물의 수명단축을 촉진하는 건물자산관리현장의 현실적 문제이다.

그러나 다행스럽게도, 2006년 건설교통부(현, 국토해양부)에서 정책적 결정으로 집합건물의 유지관리 및 보수기법 연구용역을 실시함으로써 설계 당시에 반드시 참고 해야 할 유지관리 문제점을 분석하고 개선방안을 도출하여 매뉴얼화한 점은 높이 평가받을 만하다.

12) 건물자산관리 기술과 전문성 교육 및 학문적 연구부재문제

건물자산관리에 관하여 몇 년 전까지만 해도 우리나라 대학에 학과가 없었다는 것과 전공교과서와 참고서가 거의 없었다는 점 그리고 연구논문이 몇 편에 불과하였다는 점은 건물자산관리의 연구부족과 함께 학문적 연구부재와 학문적 지원이 거의 없었다는 것을 의미한다. 몇 년 전까지만 해도 건물자산관리의 참고도서들은 건축설비관리에 관한 단 몇 권의 일본서적, 미국서적 번역본뿐이었고 우리나라 소수의 저자가 쓴 몇 권의 자격시험 수험도서와 참고도서를 제외하고는 거의 모두가 공동주택 관련 주택관리사 시험을 위한 수험도서였음을 볼 때 건물자산 관리현장에 대한 학문적 지원은 전무 했다 해도 과언이 아니다. 건물자산관리의 교육기관이 전무했다는 당시의 현실은 관리현장의 전문성과 기술교육에 문제가 있었다는 것을 의미한다. 이와 같은 이유로 건물자산관리에 관한 기술과 전문성에 대한 개발이나 연구와 교육이 활발하지 못하여 유능한 건물자산관리종사자의 인재양성에 실패하고 있음을 시사하고 있다.

다행히 조직을 갖춘 대기업중심의 건물자산관리회사들이 부단한 건물자산관리실무연구와 교육 및 사단법인 한국건축물유지관리협회가 주도하여 2001년 8월에 설립한 '한국건축물관리교육원'과 2005년 5월에 창립하여 건설교통부장관(현, 국토해양부장관)의 허가를 받아 출범한 사단법인 한국건물관리학회 등은 건물자산관리교육의 황무지에서 피어난 교육과 연구, 학문연구소로서 건물자산관리에 관한 교육과 학문연구 및 인재양성에 초석의 역할을 보여주고 있다.

또한, 2003년도에 설치한 전북과학대학 건물관리과와 2005년도에 개설한 극동대학교 경영행정대학원 건물자산관리학 전공 석사과정의 경우와 특히 2006년도부터 개설된 극동대학교 일반대학원 건물자산관리학 전공 석·박사 과정, 2009년 3월학기부터 동원대 부동산컨설팅과의 건물자산관리학 강좌 개설과 경민대학 부동산경영과의 건물자산관리학 강좌개설 및 교육은 건물자산관리에 대한 학문적 연구와 교육 및 건물자산관리 산업계에 크게 기여하게 될 것으로 전망된다.

13) 건물자산관리 전문자격제도의 문제

미국과 일본 등 선진국에서는 수십 년 전부터 건물자산관리자의 전문자격제도를 정착시켜 건물자산관리 선진화를 추진하여 왔으나 우리나라에서는 최근에 와서 비로소 '공동주택관리(아파트관리)를 위한 주택관리사(보)' 제도만 국가자격으로 개발 정착되었을 뿐 일반건물에는 전문자격제도가 국가적으로 공인되지 못하고 있다. 다만 자격기본법에 의한 건물종합관리사 및 빌딩경영관리사, 시설관리사 정도가 자격시험을 실시했거나 실시 중에 있으나 현재에 이르기까지 국가공인을 받지 못하고 있다.

우리나라에서도 하루빨리 건물자산관리의 선진화와 현대화를 위하여 미국의 CPM, 일본의 빌딩경영관리사와 같은 공인건물관리전문자격제도 시대의 도래가 크게 요청되고 있다. 참고로 미국, 일본 및 우리나라의 건물자산관리 관련 국가자격제도를 상호 비교해보면 <표 3-1>과 같다.

14) 안전의식의 결여와 안전 불감증 문제

우리나라 건물자산관리현장에서 찾아볼 수 있는 또 하나의 현실적 문제는 안전의식의 결여와 안전 불감증 상존의 문제이다. 불확실성의 변화가능성(위험)의 결과를 사고라 하고, 사고로 인하여 인적·물적 피해가 발생할 경우 이를 재해라 한다. 이와 같은 건물재해를 방지하려면 건물시설관리현장에서 1년 365일 재해발생률을 제로화해야 한다.

건물 내에는 안전사고와 재해의 원인이 되는 위험시설 즉, 전기설비, 이동설비, 보일러설비 등의 설비위험과 작업위험, 화재위험, 위험물위험 등 기술적 위험 외에 경영위험, 법률위험, 환경위험, 보안위험 등 여러 가지 위험이 항상 존재하는 곳이므로 건물시설의 시설물 안전위험과 건물재산의 경영위험 및 건물자산 자체 위험 등을 철저히 분석하고 사전에 예방 또는 제거해야 한다.

〈표 3-1〉 건물자산관리 관련 자격제도 비교

자격 명칭	국가명	시험 실시기관	시험 실시방법	시험 과목	합격자 선발방법	응시자 자격	합격자 처우	관리 업무영역
공인 자산 관리사 certified property manager (CPM)	미국	미국 부동산 관리학회 (IREM)	① IREM의 소정의 교육이수 ② 자격 시험 합격	① 건축설비운전과 정비 ② 인력관리 ③ 광고와 임대 ④ 자금운용 ⑤ 재무회계관리 ⑥ 관계법령 ⑦ 위험시설물 안전관리	① 1차학회 교육이수 ② 2차객관식 시험 결과일정 점수 이상 취득자 합격	① 부동산자격 소지자 ② 만18세 이상 미국시민 남여 ③ 부동산관리학회가 인정하는 일정 규모와 중층 이상의 건물관리 경력 ④ 고등학교 학력 이상 인자 ⑤ CPM 직업윤리 규정에 합당한자 (협회제정윤리규정)	① 자산관리전문가로 공인 ② 관리현장 매니저로 취업이 용이함 ③ 타직종 보다 고수입가	① 주거용 건물관리 ② 상업용 건물관리 ③ 산업용 건물관리
빌딩 경영 관리사	일본	재단법인 일본빌딩 경영센터	① 1차시험 객관식필기 시험 ② 2차시험 면접시험	① 임대빌딩기획입안 ② 오피스빌딩임대 영업 ③ 임대빌딩관리운영	① 1차합격자 2차시험 응시 자격 부여 ② 2차시험 합격자 등록 후 자격 부여	① 시험일 현재 5층이상으로 1000㎡ 이상의 B/D관리에 종사하고 있거나 종사하려고 하는 자 ② 부동산 경영관리에 7년 이상 경력자 ③ 상기 ②항에 해당 업무 중 임대오피스빌딩 경영관리에 3년 이상 실무경험 가진 자 ④ 일본빌딩경영센터의 일정교육 이수자	공인빌딩경영관리사 자격부여	① 임대오피스빌딩 관리 ② 업무용 빌딩관리
주택 관리사 (보)	한국	국토 해양부 (산업 인력 관리 공단)	① 1차 필기 객관식 합격 주택관리사(보) 자격부여 ② 일정근무 경력 인정될 경우 주택관리사 자격 인정	① 민법총칙 ② 회계원리 ③ 공동주택시설개론 ④ 공동주택관계법령 ⑤ 공동주택관리실무	1차시험 합격 40점 과락 없이 평균 60점 이상자 절대평가방법으로 합격결정	① 만 20세 이상 남녀 ② 학력 제한 없음	① 주택관리사(보) 합격자의무리대상 공동주택 관리현장소장으로 의무채용, 배치 ② 또는 관리소장보로 취업가능	① 300세대 이상의 공동주택 관리 ② 엘리베이터 설치된 150 세대 이상의 공동주택관리 ③ 중앙집중식 난방방식을 채택한 150 세대 이상의 공동주택 관리

그러나 건물자산소유자와 관리종사자 및 관계자의 안전의식의 결여와 불감증으로 인하여 안전사고 발생이 계속되고, 이로 인한 인적·물적 피해가 계속 발생되고 있다.

2007년도 소방방재청의 화재현황분석에 의하면 2007년 한 해 동안 화재발생 건수는 무려 47,882건으로서 사망 424명, 부상 2,035명, 재산피해액 248,417백만원, 소실면적 4,601,993㎡, 소실동수 21,094동, 이재가구수 1,370가구, 이재민수는 3,205명으로 나타나고 있다.

2007년 한 해 동안 화재만으로 건물의 동수가 무료 21,094동이 잿더미로 변해버림으로서 약 2500억 원이 공중으로 날라가고 말았다. 이는 전적으로 국민 모두의 안전의식의 결여, 안전불감증으로 인하여 국민의 부가 소실되고 있음을 의미한다. 통계자료에 의하면 최근 5년간 매년 평균 화재발생건수는 35,222건으로 사망 521명, 부상 1,963명, 재산피해약 193,286백만원 소실면적 2,989,442㎡로 나타나고 있다.

최근 십여년간 우리나라에서 발생된 대형안전사고 발생원인과 이로 인한 인적·물적 피해내용을 종합적으로 살펴보면 <표 3-2>와 같다.

〈표 3-2〉 최근 14년간 대형안전사고 발생원인과 피해내용

① 성수대교 붕괴사고

발생일	원 인	피해내용
1994. 10. 21	① 대교 자체 이음새 부식으로 상판 48m 내려앉음(붕괴) ② 정기점검 소홀 ③ 관리부재	인적 피해 : 사망 32명 부상 17명 물적 피해 : 차량 6대 추락

② 대구지하철 가스 폭발사고

발생일	원 인	피해내용
1995. 4. 28	공사 중 포크레인이 현장을 관통하는 200㎜ 도시가스관을 잘못 건드려 가스 누출로 폭발됨	인적 피해 : 사망 1명 중경상 158명 물적 피해 : 80여대 차량전복, 파손

③ 삼풍백화점 붕괴사고

발생일	원 인	피해내용
1995. 6. 29	① 무리한 증축(설계당시 연건평이 4200평 이었으나 붕괴시 9100평으로 증축되었음 ② 부실시공(설계당시 지지기둥이 18개이었으나 완공시 8개로 축소 시공되었음) ③ 부실작업(5F 옥상 5개의 냉각탑을 대형 크레인에 의한 이동 또는 해체이동하지 아니하고 삼풍아파트 방향에서 도로(전 사법연수원)방향으로 인력과 장비에 의해 수평 이동시킴 로 인하여 편하중 받음) 뿐만 아니라 관리상의 복합적인 문제점과 위험 불감증 및 안전 결핍증이 복합적으로 작용함 ④ 무단용도변경(5F의 당초용도는 어린이 롤러스케이트장이었으나 붕괴 당시 용도는 전문식당가였음) ⑤ 건물붕괴 조짐인 균열의 진행을 완전 무시하였음 ⑥ 건물자산 소유자와 관리관계자 및 담당공무 원들의 총체적 부정직과 과도한 물질적 욕망의 결과임	인적 피해 : 사망 502명 부상 937명 실종 2명 물적 피해 : 건물 2개동 중 북측 건물 1동 완전붕괴

④ 씨랜드(sea land) 화재사고

발생일	원 인	피해내용
1999. 6. 30	3층 301호실 원인 미상의 화재발생 스티로폼 내장 및 화재에 약한 조립식 건물로 좁은 통로 및 피난시설 부재, 늦장신고, 소방도로 없음으로 인하여 조기 소방차 진입 실패	인적 피해 : 어린이 23명 사망

⑤ 인천 호프집 화재사고

발생일	원 인	피해내용
1999. 10. 30	화기취급 부주의로 난로가 넘어져 인화물질 신나에 인화, 우레탄폼(내부 장식재)에 인화 연소됨	인적 피해 : 57명 사망 80명 부상

⑥ 경기도 광주 예지학원 화재사고

발생일	원 인	피해내용
2001. 5. 16	휴게실 소파 부근의 담뱃불 인화	인적 피해 : 10명 사망 25명 부상

⑦ 대구지하철 화재사고

발생일	원 인	피해내용
2003. 2. 18	① 40대 남자가 지하철 차량 내에서 인화성 물질(휘발유)이 든 우유통에 불을 붙인채 객차 내로 던져 화재사고가 발생됨 ② 더욱 안타까운 것은 반대편에서 화재사고가 발생됨을 알고도(사령실에서 통보함) 다른 객차가 역구내에 진입함으로써 이동속도에 의하여 바람을 급속히 이동시켜 화재가 더욱 확대됨 ③ 피난통로 부족, 화재사고 피난 진화훈련 교육 전무, 객차 내 불연재·내연재 사용하지 않음 등이 복 합적으로 작용하여 대형화재 참사로 연결됨	인적 피해 : 178명 사망 (사실은 더 많은 사람이 사망한 것으로 추정됨. 1000℃ 이상의 고열로 사람들이 완전 연소되어 DNA검사조차 불가능 및 행불자(실종자) 신고가 사망자의 2배에 달한점 참조) : 103명 부상

⑧ 이천 냉동창고 화재사고

발생일	원 인	피해내용
2008. 1.7	외부 용접 스파크 →유증기 폭발 우레탄 연료통과 만나 화재 확산, 안전 불감증, 허술한 소방검사 방화설비 미작동	인적피해 : 40명 사망 물적피해 : 이천 냉동창고 코리아 2000 건물 전소

⑨ 숭례문 화재사고

발생일	원 인	피해내용
2008. 2. 10	- 고의에 의한 방화 - 소방훈련 형식적 - 스프링쿨러 시스템 없음 - 엉터리 문화재 관리 매뉴얼 - 화재 기본 소방수칙 없음 - 야간 경비자 없음 - 민간시설 경비업체에 형식적 위탁관리 - 노숙자 자주 불 피워 놓고 노숙해도 방치 - 최소한의 화재 안전장치 없음 - 문화제 화재 무방비 상태, 관리 부재	숭례문 전소 나라의 역사 문화 모두 태워버림 값으로 따질 수 없는 문화유산이 소실됨

15) 시설관리용역입찰제도의 비합리성 문제

건물자산관리업무는 국유재산은 물론 공공건물이나 대형건물의 경우 주로 입찰방식에 의하여 관리계약이 체결되고 위탁관리 된다. 이와 같은 입찰방식의 조건 중 계약기간은 보통 1년으로 정하고 있어 건물시설관리용역을 수주한 건물시설관리용역회사는 1년간의 계약기간밖에 보장되지 아니하므로 관리대상건물의 자산과 시설 보존유지에 관심이 없으며, 투자나 연구 등은 생각조차 하지 않게 된다.

또한 입찰참가자격 중 신용상태를 신용조사회사에 의하여 신용을 평가하여 일정수준에 있는 회사만이 참여시키고 있으나 신용평가시 철저한 평가가 이루어져야 한다. 또한 입찰시 어떤 요인(㉑ ISO 인증)으로 특정입찰자에게 주어지는 가점제도 등의 일관성 없는 제도(ISO 가점제도는 현재 효력이 없으나 지식경제부 기술표준원의 시설관리서비스 KS인증은 금명간 조달청 입찰에 있어서 가점제도로서 활용될 것으로 예상됨)와 입찰시 입찰참가자들의 담합병폐를 철저히 경계해야 한다. 뿐만 아니라 입찰설계 시 시설관리 용역업의 경영이 보장되도록 합리적으로 설계되어야 한다.

따라서, 국유재산·공공재산 등의 보존상태가 입찰제도의 비합리성으로 인하여 점차적으로 보존유지상태가 악화되고 구조체와 주요 설비의 물리적 내용연수(건물의 수명)가 크게 단축되고 있으며 성능과 기능 역시 부실화현상이 현실적으로 나타나고 있다. 그러므로 현행 입찰제도의 비합리성 문제는 조속히 개선되어야할 현실적 문제로 판단된다.

16) 건물자산의 보존상태 불량 문제

전술한 바와 같이 건물관리용역입찰제도의 비합리성 문제로 인하여 국유재산이 단기간(보통 1년)의 계약기간 동안만(예외 있음) 위탁 관리됨으로 관리용역회사는 관리대상건물의 자산보존에 관심을 보이지 않고 있는 구조 속에, 투자나 연구는 생각조차 못하고 있는 실정이다.

이와 같은 모순은 관리대상건물의 자산보존에 있어서 불량한 상태로 방치하게 만들고 설비의 기능과 성능마저 떨어뜨리는 건물 보존 불량현상을 보이고 있다.

특히 국유재산의 경우, 부실 관리용역회사에 의존하는 경우, 국유재산의 보존 상태는 더욱 심각한 상태가 될 수 있다. 참으로 한심한 현상이 아닐 수 없다. 하루 속히 개선의 해답을 찾아야 할 건물자산관리의 현실적 문제로 인식된다.

17) 조기노후화현상과 물리적, 경제적 내용연수의 단축문제

조기노후화와 내용연수 단축이란 건물의 구조체, 설비, 마감부재 등이 물리적으로 견디지 못하거나 기능이 저하되거나 성능을 상실하는 등 건물부재로서 기능과 성능이 급격히 저하되어 건물을 물리적으로 더 이상 사용이 불가능하여 마침내 조기 철거하는 현상을 의미한다.

건물의 조기노후화란 예컨대, 80년의 물리적 내용연수를 가지고 있는 철근콘크리트조 업무용빌딩의 경우 여러 가지 원인으로 준공 후 60년 정도에서 건물로서의 기능과 성능을 상실함으로써 폐물화 되어 조기철거나 재개발 또는 재건축의 운명을 맞게 되는 경우이다.

주요 건축설비의 경우에도 통상 15년에서 18년의 물리적 내용연수를 가지고 있는 보일러가 10년 정도의 사용으로 성능저하와 기능상실로 조기 폐기처분하는 경우가 조기노후화와 내용연수 단축현상이라 볼 수 있다.

조기노후화와 물리적 내용연수 단축은 건물자산의 경제적 내용연수마저 크게 단축하게 하여 막대한 자본적 지출을 가져와 경제적 손실을 초래하고 건물의 사회적 인프라 기능까지 상실하게 함으로써 간접적으로 사회적 비용도 증가시키고 있다.

건물 조기노후화의 일반적 원인에는 경과연수, 지리적 요인, 특수한 환경조건, 입주자의 사용조건, 설계상의 잘못, 시공 상의 잘못, 비체계적 비과학적 자산관리(관리부실) 등이 있다.

18) 건물자산관리효과 생산의 고비용 저효용 생산구조문제

100%의 관리예산, 관리노력 및 시간의 투입(Input)에도 불구하고 산출(Output)로 얻어지는 관리효과가 100%나 그 이상으로 나타나지 아니하고 오히려 반대로 50% 이하로 떨어져 나타나는 이른바 고비용 저효율의 건물자산관리서비스 생산구조는 우리나라 건물시설관리현장의 고질적인 현실적 문제로서 크게는 인간 생활환경조건의 하나인 주(住)문제의 해결과 주(住)조건의 충족을 저해하여 삶과 생활과 일의 영위를 위협하고 있으며 재산경영 측면에서도 건물재산의 경제적 이익 감소와 자산가치 하락으로 소유자·사용자·이용자의 요구 또는 목적인 최유효 사용, 수익, 처분과 최유효 사용수익 및 최유효 이용의

만족에도 지장을 초래하게 된다.

건물자산관리효과의 저효율 현상은 운영관리비의 상승으로 경영상의 수지악화, 쾌적성·경제성·안전성·보건성·편리성 등의 상실 및 저하 현상, 공실의 증가, 우량 입주자 유치의 실패, 사용자의 불만과 민원의 증가, 건물 사무분위기 악화, 자산가치의 하락 등 시설관리 측면과 재산경영 측면 모두에서 여러 가지 문제점을 양산하고 있다.

건물자산관리효과 창출에 소요되는 고비용은 전적으로 잦은 안전사고와 인적·물적 손실 및 에너지사용시설의 낙후, 전문성과 기술의 후진성 및 비과학적·비체계적 관리관행, 기능인력에 의한 관리, 생산구조와 효율적 관리제도나 정책의 부재와 소요용품의 문제점과 고비용 설비구조와 설계 등에서 찾아볼 수 있으며 저효율의 주된 원인은 대체로 다음과 같다.

① 선계획 후관리 원칙을 무시한 상태에서 관리업무가 매뉴얼화, 표준화되지 않고 있다.
② 전문성·기술·안전 교육을 형식적으로 실시하고 있다.
③ 과학적 관리법, 최유효 관리법, 인간관계 관리법 등을 무시한체 비체계적·비과학적 관리방법으로 부실관리하고 있다.
④ 관리종사자의 열악한 경제적 대우로 사기가 저하된 상태에서 관리하고 있다.
⑤ 관리종사자의 경제적 대우문제로 사명감·책임감·자부심이 실종 또는 부족한 상태에 있다.
⑥ 관리예산이 부족한 경우 이거나 적자용역대가로 관리업무가 수행되고 있다.
⑦ 유능한 건물관리자 양성에 무관심하거나 단순기능보유자나 단순 노동력에 의존하여 관리하고 있다.
⑧ 건물관리에 대한 중요성과 필요성의 인식의 결여상태에서 관리하고 있다.
⑨ 일부 현장의 경우 건물자산관리에 대한 철학이나 건물관리기술의 연구 없이 직관과 자기방식, 자기상식이나 자기경험으로 관리하고 있다.
⑩ 건물자산소유자나 경영자 및 관리책임자의 독선과 우월적 지위에서 관리하고 있다.
⑪ 덤핑수주의 경우와 단기용역계약의 조건으로 용역이 수주되고 있다.
⑫ 용역관리회사의 재정악화와 인력수급이 원활하지 않다.
⑬ 건물자산관리자의 전문성과 기술이 비교적 낮다.
⑭ 건물관리현장의 직장분위기가 명랑하지 못한 경우와 직장종사자 수직·수평관계에 갈등구조를 가지고 있다.
⑮ 건물자산관리현장의 근무 질서가 무너지고 있다.
⑯ 건물자산관리종사자의 정신적, 육체적, 사회적으로 건강하지 못하다.
⑰ 건물소유자나 경영자의 지원이 잘 이루어지지 않고 있다.
⑱ 건물자산오너가 밀킹(Milking)[55]하는 경우가 많다.
⑲ 직장윤리가 실종되고 있다.

55) Milking이란 건물자산소유자가 건물자산관리를 통하여 오직 소유자의 일방적인 경제적 이익만을 추구하는 행위로서 사용자(임차인)와 관리자의 편의와 안전을 등한시하는 건물자산소유자의 횡포 행위를 의미한다.

19) 건물안전사고의 증가와 피해급증문제

건물의 안전사고란 여러 가지 건물의 위험이 인적 결함, 물적 결함 등이 환경적 결함과 결부하여 인적·물적 피해(재해)를 가져오는 사고를 의미한다.

다시 말하면, 안전사고란 사람의 사망, 상해, 부상, 위해, 질병의 감염과 재산의 감손에 노출되어 인적·물적 피해를 가져오는 바람직하지 않는 사고를 의미한다. 가장 안전해야 할 건물, 특히 주택, 빌딩 등에서 여러 형태의 크고 작은 사고가 계속 발생한다면 이것이야말로 건물자산관리상의 심각한 현실적 문제가 아닐 수 없다.

앞 절에서 기술한 건물자산관리상의 문제에서 이미 살펴본 바와 같이 최근 14년간의 건물관련 안전사고 발생현황만 보더라도 건물에서 발생하고 있는 안전사고가 얼마나 무서운 대형 사고였으며, 그 피해의 정도가 얼마나 심각한지를 알 수 있다.

전술한 바와 같이 2007년도 한 해 동안 전국의 화재발생 건수는 347,882건이었고, 그 피해규모는 424명 사망, 2,035명의 부상, 손실금액은 무려 248,417백만원에 달하였으며, 21,094동의 건물이 소실되어 1,394,543평(4,601,993㎡)의 건물면적이 잿더미로 사라졌음을 정부의 공식통계에 의하여 확인되고 있다.[56)]

건물에는 이와 같은 화재사고 외에 붕괴·감전·추락·작업사고·자연재해·보안사고 등 크고 작은 사고가 계속 발생되고 있어 건물자산관리상에 심각한 현실문제로 등장하고 있다.

건물안전사고 발생의 원인을 살펴보면 사고의 종류별로 그 원인을 달리하나 일반적인 원인은 대체로 다음과 같다.

① 방심
② 취급부주의
③ 조작미숙
④ 교육 부족
⑤ 무지·무경험·기술부족
⑥ 불완전행동
⑦ 기계적 결함
⑧ 정비보수 불량
⑨ 안전조치 불량
⑩ 정리정돈상태 불량
⑪ 작업환경 불량
⑫ 관리종사자간의 인간관계 악화·갈등·불만
⑬ 근무자 신체의 건강상태 악화
⑭ 비우호적인 직장 근무분위기
⑮ 안전시설투자 부족이나 건물소유자의 Milking 등

---

56) 소방방재청, 「화재현황분석자료」, 2007.

이상의 개별적인 원인들을 종합해보면 결국 ① 인적결함, ② 물적 결함, ③ 환경적 결함 등이 건물안전사고 발생의 주된 원인들임을 알 수 있다.

20) 건물관리예산과 자원낭비의 문제

건물의 신축을 계획하고 설계 시공할 때 건물완공 후 경제적 방법으로, 안전하게 그리고 효율적으로 적합하게 처리해야하는 건물유지관리문제의 고려 없이 고비용설비나 기기를 선정하고 이를 건물에 장착하여 열관리, 수(물)관리, 에너지관리 시스템이 고비용의 관리비를 지출하도록 설계・시공됨에 따라 최근에 건축된 건물을 제외하고는 종전에 완공된 건물 대부분이 비경제적 유지관리비 지출구조를 가지고 있다.

뿐만 아니라, 관리활동 역시 경제적인 기계장비 시스템에 의존하지 아니하고 인력에 의존한 수동식, 수작업관리 관행 역시 관리비의 상승을 부채질하고 있다.

건물관리에 소요되는 에너지・재료・원료・부품・장비 등의 물품구매 역시 합리적 구매가 되지 않으므로(계획구매가 아니므로) 구매비용 역시 과다 지출되고 있다.

또한, 잦은 안전사고 발생으로 인한 인적・물적 피해 보상은 관리예산의 낭비를 조장하고 있다. 또한 부적절한 보수공사 집행도 관리예산의 낭비에 일익을 담당하고 있다.

이와 같은 이유 등으로 관리예산의 낭비와 누수 및 비경제적 현상은 건물관리상의 현실적 문제로 등장하고 있다. 건물관리비의 비경제성은 건물경영을 압박하고 입주자의 관리비용을 증가시켜 결국 입주자의 불만으로 이어지고, 다른 건물로 이동하게 함으로써 건물의 임대수입 증대에도 역행하여 건물자산가치의 하락과 건물재산의 경영에도 마이너스 요인으로 작용하고 있다.

21) 건물자산관리현장 종사자의 잦은 이직과 관리 노하우 실종문제

저임금, 근무환경의 열악 등 여러 가지 이유에 의한 관리종사자의 잦은 이직은 관리기술・정보・문헌・재료・문서・Data 등이 유실되고 인계되지 못하여 관리현장마다 관리 노하우가 축적되지 못하고 있으며 근무자가 바뀔 때마다 새로 시작해야 하고, 다시 조사・확인・연구해야 하는 폐단이 되풀이되고 있다.

건물관리현장이 용역회사에 의하여 위탁 관리되는 경우, 거의 대부분의 관리직원이 1년 미만에 자리가 바뀌거나 이직되고 있다. 관리종사자가 그 직을 떠날 때 관리 당시의 경험과 자료와 정보문서 등을 다음 후임자에게 정확하게 인계하고 떠나야 함에도 불구하고 그간의 모든 정보와 서류를 챙겨서 그 직을 인계 없이 떠남으로써 그간의 관리 노하우는 축적되지 못하고 Data와 정보 및 지식 등이 유실되어 계속 이어가지 못하고 있음이 현실적으로 나타나고 있다. 즉, 건물자산관리의 노하우는 실종되어 축적되지 못하고 있다. 관리지식정보 등의 노하우는 건물관리에 있어서 매우 유용한 기술이요, 지식이므로 반드시 축적되어야 하고 인계되어야 한다. 잦은 이직과 관리 노하우의 실종에 대한 일반적인 이유를 살펴보면 다음과 같다.

① 인간적·물질적 대우 열악에 의한 잦은 이직
② 관리종사자의 사명감·책임감 및 자부심 실종
③ 평생직장 개념의 상실
④ 인수인계제도 미정착
⑤ 건물관리 직업의 전문직업화 미흡
⑥ 임시직·파견직 사고 팽배
⑦ 직장 상하질서 붕괴
⑧ 직장윤리 실종

이와 같은 건물자산관리종사자의 잦은 이직과 건물관리기술의 노하우 실종문제는 하루빨리 해답을 찾아 개선해야할 건물자산관리현장의 현실적 문제라 인식된다.

22) 관리실행 예산의 부족문제

관리실행 예산의 부족으로 관리 서비스의 품질저하, 관리회사가 덤핑수주로 인해 또는 의도적으로 현장에서 집행될 실행예산을 너무 적게 책정하고승인함으로써 관리서비스의 품질이 떨어져 건물사용자의 사용수익에 필요한 양질의 서비스 제공이 미흡하여 사용자의 불만이 고조되고 있으며 민원이 자주 발생하고 있어 개선이 요구되고 있다.

제2절 건물자산관리문제 개선의 필요성과 학문적 개선방안

1. 건물자산관리문제 개선의 필요성

건물자산관리의 목적 중 하나인 건물자산관리자의 실무적 목적은 시설측면에서 양질의 건물 사용수익에 필요한 서비스를 창출하여 건물의 사용가치와 사용성을 높여 건물의 최유효 사용화에 있으며 재산측면에는 건물자산가치의 극대화를 통하여 경제적 수익가치를 최대화하여 최유효 건물자산 수익화함으로써 경제적 만족을 얻는 데 있다.

이를 위해서는 시설의 사용가치와 수익가치를 창출해야 하고 이를 위해서는 정상적 건물자산관리활동이 접목되어야 하며 건물자산관리활동 중 또는 전후에 정상적 자산관리활동을 저해하거나 방해하는 어떤 형태의 문제가 없어야 함이 전제되어야 한다.

1960년대 이후 1, 2차 경제개발 5개년 계획의 영향과 도시집중화 현상, 도시외곽의 부동산개발붐, 건설기술의 발전 및 건축자재 장비의 발달, 특히 1980년대 이후 정부에 의하여 주도된 정부건축정책의 영향으로 우리나라 역사 이래 처음으로 건물의 홍수시대를 가져와 2007년 12월 31일 현재 건물 동수는 무려 646만동을 상회하고 있는 실정이다.

그러나 유감스럽게도 건물홍수시대에 당연히 예상되는 건물자산관리문제에 대한 사전대비나 준비 없이 건물의 건축에만 집중한 나머지 건물의 효율적 관리에 필요한 관리이론, 관리기술, 관리시스템, 관리매뉴얼, 관리 전문 인력 양성 등의 준비부족과 체계적 관리를 위한 건물관리기본법, 제도, 정책개발 등의 대비 소홀로 우리나라 건물자산시장이나 건물자산관리현장에는 건물자산관리효과의 생산에 있어서 왜곡현상을 가져와 현대인의 건물재화, 서비스의 욕구와 건물재화, 서비스의 생산과 공급 사이에 불균형 상태가 나타나 건물소유자와 사용자들이 얻고자 하는 건물 사용수익의 서비스와 경제적 이익을 목적대로 손쉽게 얻지 못함으로써 건물자산관리 이해당사자들의 불만과 갈등의 요인이 되고 있는 본질적 문제에서부터 건물자산의 조기노후화, 건물의 내용연수(건물의 물리적 수명) 단축, 건물자산 보존상태 불량, 건물화재 및 건물붕괴·감전·엘리베이터 추락 등 안전사고의 계속적 증가 및 이로 인한 막대한 인적·물적 손실발생 등의 현실적 문제에 이르기까지 크고 작은 건물자산관리문제와 이로 인한 악현상이 계속 나타나고 있으며, 인적·물적 피해 역시 증가추세에 있어 사회문제화 되는 등 바람직한 건물자산관리활동에 악영향을 제공하고 있어 이에 관한 개선의 필요성이 크게 요구되고 있다.

이와 같은 건물자산관리문제는 건물완성 이후의 건물에 대하여 효율적이고 경제적이며 안전하게 유지 관리하는 데 필요한 정부의 건물관리정책이나 이를 위한 법제도 등의 준비 없이 오로지 건물건축정책에만 올인한 결과로 인식된다.

뿐만 아니라, 오늘날 건물자산관리문제의 사회문제화의 결과는 건물소유자를 포함한 건물의 사용자와 건물관리용역업자 그리고 건물자산관리자 등 건물자산관리관계자 모두에게 해당되는 건물자산관리의 중요성과 필요성에 대한 인식 부족, 안전 불감증, 기술개발 및 전문 인력 양성 등에 대하여 경시하거나 효율적인 관리제도 연구부족 및 건물관리기술교육의 소홀 등 총체적 과오와 무관심의 결과라 인식된다.

건물자산관리문제와 이로 인한 건물자산관리 악영향은 바람직한 건물자산관리활동을 저해하여 정상적으로 건물자산관리활동효과를 창출할 수 없게 하고 건물자산의 최유효 사용수익과 건물의 기능, 공간, 미(美) 등의 건물유익 생산의 차질로 주(住)측면의 국민생존지원을 어렵게 만들뿐 아니라, 건물자산관리문제의 사회화로 사회적 비용을 증가시켜 국민경제발전에도 악영향을 끼치게 하고 있다.

그러므로 건물자산관리문제와 이로 인한 악영향은 바람직한 건물자산관리를 위하여 반드시 해결 또는 개선되어야 한다.

2. 건물자산관리문제의 학문적 개선방안

특히, 건물자산관리문제와 관련하여 강조되어야 할 점은 건물자산관리문제와 악현상의 출현은 건물자산관리에 대한 학문적 연구부재와 무관하지 않다는 점이다.

왜냐하면, 문제가 있는 곳에는 반드시 문제의 원인이 있으며 문제의 원인은 문제의 결과를 낳아 마침내 인적·물적 피해로 이어지므로 문제가 발생되기 전에 문제의 원인에 대한 과학적 관찰과 분석을 통하여 개선방안이나 개선대책을 수립하여 사전에 문제원인을 제거하거나 개선함으로써 문제 발생의 사전예방이 어느 정도 가능하기 때문이다.

이와 같이 건물의 대량 생산시대에 대비하여 사전에 건물자산관리문제를 예측하고 예상문제 등에 대한 학문적 연구를 통하여 과학적 접근이 이루어졌더라면 오늘날과 같은 건물자산관리문제와 악현상의 대거출현으로 인한 건물자산의 문제로 인적·물적 피해와 사회적 비용은 지출하지 않아도 되었을 것으로 인식된다.

그러므로 건물자산관리문제 사전방지와 개선을 위한 건물자산관리학의 연구는 대단히 중요하고 필요한 것으로 판단된다.

따라서 건물자산관리문제는 학문적 해결 또는 개선의 대상이므로 학문적으로도 중요하게 취급되고 있으며 건물자산관리학에서도 중요한 연구대상으로 설정하고 있을 뿐만 아니라 건물자산관리에 있어서 건물자산관리활동의 목표인 양질의 건물관리서비스와 건물의 재산적 유익의 생산을 저해하고 인적·물적 피해를 가져오며 사회적 비용을 증가시키고 있는 건물자산관리문제는 무엇이고 어떤 문제들이 존재하고 발생되는지 살펴 개선할 필요가 있다. 따라서 건물자산관리문제 개선의 대안으로는 학문적 연구가 필요하며 학문적 연구를 뒷받침하기 위하여 건물자산관리학이 마침내 태동하게 되었다. 따라서 건물자산관리문제 개선을 위하여 건물자산관리학의 이론을 바탕으로 다음의 개선방안을 연구하고 개선대안을 도출하여 제시함으로써 문제를 개선해야 한다.

(1) 건물자산관리법·제도의 개선

건물자산관리 문제의 개선이 없는 경우 인적, 물적 피해가 계속 증가될 것이 분명하므로 개선의 필요성은 주지의 사실이 되고 있다. 그러나 개선을 위한 방법에는 여러 가지

개선방법을 생각할 수 있으나 문제의 개선에는 학문적 접근이 필요하므로 문제의 현상을 관찰하고 분석하여 문제의 원인을 정확하게 도출해야 하므로 근본적 개선방안으로는 건물자산관리법·제도의 문제에 대한 학문적 연구 방법만이 가장 타당한 건물자산관리문제 개선방안으로 인식된다.

또한 건물자산관리의 본질적 문제는 학문적 연구방법 외에는 개선방법이 전혀 없는 것은 아니나 현실적 문제는 후술하는 건물관리법의 개선방안, 건물관리용역제도 개선방안, 건물관리서비스제도 개선방안, 건물임대차 제도 개선방안 등을 통하여 문제 개선의 효과를 어느 정도 얻을 수 있다. 그러나 이와 같은 개선방안 역시 학문적 연구 없이는 불가능하다.

결론적으로 근본적 개선방안은 문제연구를 통한 원인분석과 개선방안을 추론하는 학문적 연구방법이 가장 타당한 방법으로 인식된다. 그러므로 이와 같은 문제개선의 논리가 건물자산관리학 태동의 필요성과 당위성을 부여하는 논거가 되고 있다.

1) 건물자산관리기본법의 개선방안

① 건물자산관리 기본법의 제정

상업용건물과 같은 일반건축물의 관리에 있어서 건물자산관리기본법이 없음으로 인하여 법정관리제도가 아닌 임의관리제도에 의존하게 되는 문제점과 건물관리회사의 능력유무와 자격 있는 관리자 선임 및 의무배치를 저해하는 문제점 그리고 기타 건물관리의 효율성과 안전성 및 경제성 저해 등의 문제점 등을 근본적으로 개선하기 위해서는 건물자산관리기본법의 제정과 건물자산관리기본법에 의한 법정관리제도를 실시해야 한다. 왜냐하면, 건물자산관리기본법의 부재가 상업용건물의 관리에 결정적으로 문제점을 제공하고 있기 때문이다. 따라서 건물자산관리기본법은 다음과 같은 내용으로 제정함이 건물관리 문제점 개선에 크게 도움이 될 것으로 판단된다.[57)]

가. 법령의 명칭

건물자산관리기본법

나. 법령의 명시내용

- 관리대상과 적용범위(상업용, 업무용, 공업용, 산업용 건물, 기타 특수용도 건물 등)
- 건물자산관리법의 성격(특별법의 성격)
- 건축물 소유자의 관리 책임과 의무(1차 책임 건물자산소유자, 2차 건물자산관리자
- 관리책임자의 자격과 자격명칭(건물자산관리사), 취득방법, 합격자 대우, 업무범위, 권리와 의무(예 : 건물자산관리사와 같은 시험제도 실시 및 합격자결정방법)

57) 김일효, 전게서, p.76.

- 일정 규모 이상의 건물자산관리에 있어서 책임자로 건물자산관리사 법정자격자 의무배치
- 여타 건물관리관계법령 관리관계규정 건물자산관리기본법에 흡수통합 또는 위임
- 건자산물소유자 의무관리 및 관리 문제시 시정명령(시 · 군 · 구)
- 건물자산소유자 보고의무(시 · 군 · 구)
- 건물자산관리용역업자 허가제 실시
- 건물자산관리업자 감독(시 · 군 · 구)
- 특별수선충당금제 실시
- 건물자산관리 · 환경 · 안전 등 기술관리업무와 법률관리업무, 행정관리업무 함께 규정
- 통합건물자산관리협회 당연 설립 및 기구상에 건물자산관리연구소 의무적 설립과 운영
- 모든 건물자산관리용역업자 의무적 협회등록(시설관리업자, 청소업자, 경비업자, 소독업자, E/L유지보수업자, 설비보수업자 등)
- 입주자의 권리와 의무 규정
- 안전 및 유지관리 방법 기준(관리비, 관리조직, 관리절차, 유지관리 방법, 유지관리 기준, 교육훈련, 안전관리 대상과 안전관리 방법 등)
- 건물자산소유자 관리 의무명시와 책임, 시 · 군 · 구의 행정지도 감독
- 건물자산소유자, 관리책임자, 관리업자 의무 위반시, 형사벌 및 과태료 부과

② 법정관리제도의 도입

상업용건물의 경우 건물자산기본법의 부재로 임의관리제도에 의하여 관리가 수행되고 있음은 전술한 바와 같다. 임의관리제도는 체계적이고 효율적인 건물관리에 매우 미흡한 제도임으로 건물자산관리기본법의 제정과 때를 맞추어 법정관리제도로의 전환이 필요하다. 왜냐하면, 법정유지관리를 채택하는 경우 오늘날과 같은 건물자산소유주체와 관리주체 상호간의 불만과 갈등은 합리적 방법으로 해결할 수 있기 때문이다.

따라서 공동주택의 법정관리제도와 상업용건물의 임의관리제도를 주택법 중심으로 상호 비교하고 그 결과의 자료에 따라 임의관리제도의 문제점을 도출한 후 법정관리제도로의 전환에 대한 논리적인 근거로 활용함이 현명하다.

의무관리대상 공동주택관리의 기본법인 주택법에 의하여 구축된 법정관리제도와 건물유지관리기본법이 없어 건물자산소유자 자의로 만들어진 임의관리제도의 차이는 무엇이고 이로 인한 장점과 단점은 무엇인지를 <표 3-3>과 같은 방법으로 비교 분석하여 상업용건물의 효율적 관리를 위하여 어떤 성질의 건물자산관리제도가 필요한지에 대한 해답을 탐색하면 다음과 같다.

〈표 3-3〉 공동주택법정관리제도와 상업용건물 임의관리제도 비교

관리대상 비교항목	공동주택	상업용건물	비 고
관리 기본법	있음 ① 사법적성격기본법 -집합건물의소유및관리에관한법률 -민법 ② 공법적성격기본법 -주택법 -건축법	없음	다만 일반 건축물의 경우 건축법 제35조에서 유지관리 규정을 두고 「건축물의 소유자 또는 관리자는 그 건축물을 대지 및 건축설비를 건축법 제30조 내지 33조 제35조 내지 41조, 제43조, 제44조, 제46조, 제49조, 제51조, 제53조 내지 제55조, 제57조, 제59조, 제59조의 2, 제59조의 3 및 제67조의 규정에 적합하도록 유지관리 해야 한다」 규정과 동시행령 제23조에서 유지관리규정을 두고 「국토해양부장관은 법 제35조 제1항의 규정에 의하여 건축물의 소유자 또는 관리자가 그 건축물, 대지 그 건축설비를 적합하게 유지, 관리할 수 있도록 유지관리지침 등 필요한 사항을 정할 수 있다라고 규정하고 있음.
관리제도의 성격	법정관리제도	임의관리제도	의무관리대상 공동주택은 주택법의 관리 규정에 의하여 관리하도록 규정하고 관리방법, 절차 등을 구체적으로 규정하고 있으나 상업용건물의 관리에 대해서는 건축법 및 동시행령에서 관리에 대해서 선언적 규정만을 두고 구체적 유지·관리 규정은 없음. 따라서 상업건물은 건물소유자의 경험과 의사에 의하여 자기방식에 따라 유지·관리 되고 있음.
자격관리책임자 의무배치	의무 배치하고 있음 500세대 이상-주택관리사 500세대 미만-주택관리사보	의무 배치 규정 없음	상업용건물은 관리에 관한 관리책임자 자격제도 조차 없음. 또한 건물자산관리기본법이 없어 이에 대한 규정은 물론 없음.
관리규약	시·도의 관리규약 준칙에 의해서 제정하고 사용함 공동주택의 입주자는 관리서비스를 적절히 받고 있음	임의로 제정된 자체규약 사용함	상업용건물의 관리규약(관리대행계약, 관리세칙 등)은 건물자산소유자의 편의와 이익중심으로 소유자의 의사에 따라 제정, 사용됨으로 관리 서비스의 수혜자인 임차인(Tenant)의 편의와 이익은 다소 경시되는 경향이 있음.
관리비	주택법 제4조에서 입주자들의 유지관리에 필요한 관리비를 관리주체에 납부할 의무를 규정하고 실비정산제 성격의 관리비를 다음의 내역에 한정하고 있음. ① 일반관리비 ② 청소비 ③ 경비비 ④ 소독비 ⑤ 승강기유지비 ⑥ 난방비 ⑦ 급탕비 ⑧ 수선유지비 관리비 투명성이 있음.	규정 없음 관리비 투명성이 없음	의무관리대상 공동주택의 경우 관리비의 지급의무와 내역, 징수방법, 보관방법, 집행절차, 장부정리, 결산 등 구체적으로 명시하고 열람하도록 규정하고 있어 관리비 운영에 투명성이 확보되어 관리비는 오직 공동주택의 유지관리에만 사용되나 상업용건물의 경우 건물소유자의 자의 판단으로 책정된 관리비를 정액제로 납부 받아 소유자가 정한 내역대로 집행하고 감사 절차도 없음. 따라서 관리비가 남는 경우 그 처리가 모호함. 투명성이 없음.

관리대상 / 비교항목	공동주택	상업용건물	비 고
관리방법과 관리기준	주택법 제43조와 제44조에서 - 사업주체관리 - 관리계약체결 - 입주사실통지 - 관리방법의 결정, 신고 및 통지(관할 시장·군수·구청장) - 관리업무의 범의 등 관리방법과 기준을 구체적으로 명시하여 효율적유지관리를 뒷받침 해주고 있음.	안전관리관련법에 의하여 안전관리자, 방화관리자 선임 보고함. 일정한 경우 경비책임자, 방화관리자, 교육실시. 16층 이상의 건축물의 경우 시설물의 안전에 관한 특별법에 따라 3년 1회 안전점검 실시함 구체적으로 관리방법, 절차, 기준 등의 규정이 없음	공동주택의 경우 관리대상시설에 대하여 주택법 시행규칙 제27조(별표6)에서 다음과 같은 안전진단기준을 두고 있음. -해빙기진단: 연1회(2월 또는3월) -우기진단: 연1회(6월) -월동기진단: 연2회(9월 또는 10월) -안전진단: 매분기 1회 (단 승강기는 월1회) -위생진단: 연2회
관리주체의 종류와 관리업무 범위	주택법 제2조 제12호에서 관리주체의 종류와 관리주체의 업무를 규정하고 있음.	관리주체의 규정은 없으나 건물의 소유자, 경영자, 관리자 위탁받은 건물 관리회사 등이 관리주체의 역할을 하고 있음.	상업용건물의 경우 건축법 제 70조에서 안전점검 규정을 두고 있음
기술인력 장비	주택법시행령 제55조에서는 관리책임자, 기술인력, 장비등을 구체적으로 규정하고 있음.	관련규정 없음 따라서 관리책임자의 경우 자격 있는 관리책임자 보다 신뢰성이 강조되는 친인척, 지인 등을 우선적으로 배치하고 있는 경향이 있	관리책임자는 관리현장에서 대단히 중요한 관리자임. 따라서 상업용건물의 경우도 관리책임자를 일정자격시험을 거친 자격자(가칭 건물자산관리사)를 선임 배치해야 함. 기술인력은 전기사업법, 소방법, 고압가스 관련법에 의하여 충원되므로 별 문제는 없으나 서류상의 선임은 절대적으로 시정되어야 함.
관리업무의 인계	주택법시행령 제53조에서 관리주체 간의 인계 인수 사항에 대해서 다음과 같이 규정하고 있음. ① 설계도서, 장비내역서, 안전관리계획서, 장기수선계획서 ② 관리비, 사용료, 부과징수현황, 회계서류 ③ 장기수선충당금의 적립현황 ④ 관리비 예치금의 내역 ⑤ 관리규약, 기타 관리업무에 필요한 사항	상업용건물의 경우 현장마다 인계인수절차가 상이하며 기준이 없음. 자치규정으로 시행하는 현장도 있어 보임.	관리업무의 인수인계는 반드시 이행하여야 함. 왜냐하면, 관리주체가 바뀌면 관리팀 전원이 교체되기 때문에 관리의 계속성이 문제되기 때문임. 시설관리서비스의 KS인증과 국토해양부장관의 규칙제정 등으로 반드시 이행되도록 강제해야 함.
장기수선계획 및 장기수선 충당금	주택법 제47조에서 장기수선계획 수립과 기준, 장기수선충당금 적립을 규정하고 있음. 따라서 조기노후화를 방지할 수 있음.	상업용건물의 경우 대수선시기에 이와 같은 적립금제도가 없어 경제적 손실이 커지며 건물노후화를 촉진하고 있음.	공동주택의 소유자는 구분소유자이나 상업용건물의 경우 개인 또는 법인의 소유이므로 소유자의 책임과 비용으로 대수선 관리업무는 동일함.

관리대상 비교항목	공동주택	상업용건물	비 고
유지관리분쟁 조정위원회	공동주택의 경우 주택법 제52조 제1항에 관할 시장·군수·구청장은 공동주택의 입주자, 사용자, 입주자대표회의, 리모델링 조합간의 분쟁을 조정하기 위하여 시·군·구 자치구에 공동주택관리 분쟁위원회를 두도록 규정하고 실제로 조정역할을 하고 있음.	상업용건물의 경우 건물소유자와 임차인(사용주체), 임차인과 관리주체 간의 분쟁이 발생하더라도 조정을 의뢰할 분쟁조정위원회가 없어 조정은 어렵게 됨. 건축법 제76조의 2에서 건축분쟁조정위원회를 서울특별시, 광역시, 도 및 시·군·구에 각각 두도록 규정하고 있을 뿐임.	현실적으로 상업용건물의 경우 각 주체간 분쟁이 유발되고 있으나 이를 해결할 제도적 장치가 없음.
행정지도 감독, 벌칙 및 과태료	공동주택의 경우 주택법 제59조에서 공동주택관리에 대한 감독, 주택법 제94조 내지 제100조에 걸친 벌칙규정, 제101조에서 제101조의 2에 걸친 과태료 조항에서 효율적 공동주택관리와 관리주체의 의무이행을 강제하고 있음.	상업용건물의 경우 건축법 에서 건축물의 적법한 유지관리를 지도하기 위하여 대통령령이 정하는 바에 의하여 「건축지도원」을 지정할 수 있음. 그러나 행정지도 활동은 전무함. 법적 규정 없음	건축법에서 벌칙, 과태료 등을 규정하고 있으나 건축물의 건축과 관련된 벌칙, 과태료 규정들임. 따라서 관리에 관한 벌칙, 과태료 규정 없음.

이상과 같이 공동주택과 상업용건물의 관리에 관한 관련법을 대상으로 동일비교항목을 상호 비교분석한 결과는 다음과 같다.

첫째, 의무관리대상 공동주택의 경우 관리기본법은 있다. 그러나 상업용건물의 경우 관리기본법은 없다.

둘째, 의무관리 공동주택은 관리기본법이 존재하므로 이 법에 의해서 만들어진 법정관리제도에 따리 관리되므로 비교적 체계적, 효율적으로 관리되나 상업용건물의 경우 관리기본법이 없어 건물소유자의 결정에 따라 만들어진 임의관리제도에 따라 관리되므로 건물소유자의 자기방식, 자기관리경험, 자기관리상식으로 관리됨으로서 일정한 관리기준이 없으며 현장마다 다소 상이한 방법을 쓰고 있어 관리효과 역시 각양 각색이고 비체계적, 비통일적으로 관리되어 효율성이 떨어지고 있다.

셋째, 의무관리대상 공동주택의 관리방법과 관리기준은 관리기본법에 구체적으로 명시되고 있으나 상업용건물의 경우 관리자의 수준에 따라 관리되며 표준화된 관리방법이나 관리기준이 없다.

넷째, 관리비에 대해서는 공동주택의 경우 실비제이나 상업용건물의 경우 정액제이므로 전자의 입주자는 관리비 과다부담이 없으나 후자는 과다 부담되는 경우가 있으며 건물자산소유자의 수입으로 처리되는 경향이 있다.

다섯째, 관리조직의 대표자로서 관리의 총책임을 맡고 있는 관리소장의 경우 공동주택의 관리에는 일정한 자격시험에 합격한 주택관리사 또는 주택관리사보를 의무배치하나 상업용건물의 경우 법정자격제도는 물론 의무배치 규정도 없다

여섯째, 행정지도, 감독, 벌칙의 경우 공동주택관리에는 비교적 강화하여 소유주체나 관리주체의 독단이나 전횡, 비리, 부조리 등을 방지하는 제도적, 법적 장치가 있으나 상업용건물의 경우 거의 전무하다. 건물자산소유자에게 예상되는 부적절한 관리의 문제점을 사전에 방지하고 이해당사자인 입주자 사용주체(임차인)의 이익과 권리를 보호할 수 있는 건물자산관리기본법의 제정과 법적, 제도적 건물자산법정관리제도를 확립해야 한다.

이상의 설명에서 공동주택의 법정관리제도와 상업용건물의 임의관리제도 비교해본 바와 같이 법정관리제도가 임의관리제도에 비하여 보다 체계적이며 효율적이고 책임관리가 가능할 뿐 아니라 행정지도감독 벌칙 등으로 관리행위가 강제적으로 실천되게 함으로써 입주자(사용자)의 건물 사용수익에 대한 요구 목적이 건물관리효과 최유효화 방법(경제적, 안전적, 효율적 관리방법)으로 달성되어 불만이나 갈등이 해소되고 있음을 볼 수 있다.

따라서 상업용건물의 관리 경우에도 건물자산관리기본법을 조속히 제정하고 이를 근거로 법정관리제도를 도입하여 도입된 건물자산관리제도에 의하여 체계적, 효율적으로 관리하는 경우 1차적으로 건물자산관리 이해당사자인 소유자, 사용자도 만족하게 될 것이고 2차적으로 건물의 자산관리자 역시 시설관리 측면에서 만족하게 될 것이다.

2) 건물관리용역제도의 개선방안

건물관리용역제도의 주요 문제점으로는 입찰제도의 문제점(단기계약제도 및 덤핑수주의 문제점, 설계기준 오류와 불비의 문제점 등)과 건물관리용역회사의 영세성 및 건물관리종사자 대우의 문제점 등을 들 수 있다. 따라서 이에 관한 문헌과 현장 설문조사를 통하여 추론한 개선방안은 다음과 같다.

① 건물관리용역 입찰제도 개선[58)]

현행 우리나라 건물관리용역에 대하여 실시되는 일반입찰제도는 정부의국유재산과 공공기관(지방자치단체 포함)의 공공재산 및 개인소유 대형건물이나 시설에 대하여 청소용역, 시설경비용역, 시설관리용역, 주차장관리용역 등으로 구분하고, 개별 또는 일괄적으로 조

58) 김일효 , 전게서, pp. 68-71.

달청 · 공공기관 · 소유자에 의하여 원칙적으로 경쟁입찰방법으로 용역계약이 체결되고 있다. 건물관리용역수주및 계약체결 등에 대하여 일반적 개념을 살펴보고 그 문제점에 대한 개선방안을 제시하고자 한다.

입찰제도에 의한 용역계약의 관련법령과 근거는 다음과 같다.

- 국가를 당사자로 하는 계약에 관한 법률(국가계약법)
- 국가계약법 시행령
- 국가계약법 시행규칙
- 회계예규
- 통 첩
- 적격심사기준
- 입찰유의서
- 현장설명서
- 기술설계서
- 신용평가서

우리나라 관리용역의 수주 정보는 다음의 정보 소스로부터 주로 입수된다.

- 방송 · 신문 · 잡지 · 입찰정보지 인터넷 등의 입찰(공고)정보
- 해당협회 또는 조합으로부터 정보입수 또는 추천
- 발주자의 입찰공고
- 지인, 관계자, 기존거래처의 소개 및 추천
- 현장방문, 면담 등에 의한 정보접수
- 기획에 의한 신규발주 전환유도
- 기존용역계약의 연장 또는 내용변경
- 기타 협력자의 제휴 또는 공동참여 제의

입수된 용역수주 정보는 다음과 같은 7단계 수주절차를 거쳐 비로소 하나의 건물관리현장이 탄생하게 된다.

- 1단계 : 수주 정보 수집 및 접수
- 2단계 : 타당성 검토와 수주방향(수주 정책) 결정
- 3단계 : 상담을 하거나 적격심사 통보를 받고 입찰제안서 적격심사 서류 등을 제출
- 4단계 : 입찰참가
- 5단계 : 낙찰통지서 또는 Letter Of Intent 및 우선협상대상자 선정 통지서 등을 접수

- 6단계 : 계약설계서, 계약에 필요한 서류 제출 및 네고(상담)
- 7단계 : 계약체결

이상과 같이 진행되는 건물관리 수주 대상은 건축물 외에 교통시설(지하철・도로・항만 또는 공항시설), 체육시설과 행사장, 건설준공현장이나 철거현장, 댐이나 군사시설 등 각종 시설물이 대부분 해당된다.

따라서 건물관리용역의 범위는 건축물에 국한되지 아니하고 시설물・구축물・구조물・철거대상물 등 광범위하게 확대되고 있다. 그러나 이와 같은 입찰제도는 본질적으로 다음과 같은 문제점을 안고 있어 자산보존상태 불량현상, 효율성 저감현상, 조기노후화 현상, 안전사고 증가현상 등의 악영향을 낳고 있다.

따라서 건물용역입찰제도의 모순(문제점)에 대하여 본질적 문제점이 무엇인지 파악하여 이를 개선함으로써 건물자산관리활동상의 악현상을 방지해야 한다.

가. 단기 계약기간의 문제점개선

정부 또는 공공기관이나 대형 개인건물의 입찰이나 수의 계약을 통한 용역계약의 계약기간이 대부분의 경우 1년으로 정해지고 있어 수주용역회사의 파견 직원 역시 1년 미만의 계약조건으로 취업됨으로 인하여 관리대상건물의 재산의 보존이나 개량 등에 관심이 없는 것은 물론 무사안일한 생각과 자세로 건물자산관리활동에 임하고 있다.

건물수명(물리적 내용연수)의 연장을 위한 정기적 점검・보수・부품의 교체 등은 형식적으로 처리하면서, 관리상의 주의의무도 철저하게 지켜지지 못하고 있는 실정이다. 특히, 관리대상이 국유재산이거나 공공재산인 경우에는 개인소유 재산의 경우보다 건물의 보존이나 개량 상태는 더욱 불량상태가 되기 싶다. 왜냐하면, 단기간의 계약기간이 지나면 현장을 떠나야 하고, 취업도 보장되지 아니할 뿐 아니라 용역회사 역시 재산보존에 대한 투자나 연구를 해야 할 필요성을 느끼지 않기 때문이다. 따라서 적당하게 대처하고 있는 경향이 나타나고 있다.

더군다나 1년 후에 다시 수주한다는 보장이 없기 때문이다.

따라서 단기간의 계약기간은 적어도 1차 계약기간을 3년으로 개선하고 1차 계약기간 동안 특별한 사고가 없는 경우, 일부 계약조건만 변경하여 다시 1회에 한하여 3년간 계약을 연장해주는 방향으로 개선되어야 한다.

나. 덤핑수주의 문제점 개선

조달청이나 공공기관의 입찰방식은 일정한 적격심사 세부기준이 있어 이행실적이나 재무상태, 입찰가격 신용평가 점수 등을 합산하여 100점 배점한도를 정하고 있고, 입찰가격의 경우 30점을 배정하고(서울시, 10억 이상 용역적격심사 세부기준 참고), 입찰가격 결정방법과 평점도 30-1(88/100-입찰가격/예정가격)×100으로 하고 있어 덤핑수주는 불가능하나 정부공공기관이나 개인소유 건물의 입찰방식에서 최저가로 낙찰자를 결정하는 경우가 허다하여 용역수주의 실적만을 노리거나 우선 수주하고보자는 욕심에서 덤핑수주하는 경우 곧바로 건물관리는 부실화로 연결되어 자산보존은 또다시 불량상태를 면치 못할 뿐 아니라 저기능・무자격・무경험 관리종사자에 의하여 관리될 가능성이 높아진다.

따라서 덤핑수주를 원칙적으로 봉쇄하는 특단의 입찰제도의 개선이 요구된다. 그러기 위해서 입찰 전에 작성되는 기술시방서 또는 입찰설계서에 합리적인 용역인원과 용역단가의 적용, 직접 용역비와 경비・재료비・이익 및 간접경비를 등을 반영하고, 1명의 관리자가 몇 평을 관리해야 한다는 이른바 의무관리 평수 기준을 합리적으로 산정하고, 과학적 기준을 산정하여(아직 우리나라의 설계기준은 관련협회가 작성한 용역단가 기준에 의존하고 있음) 이를 과감히 반영하고, 일정 설계기준에 맞추어 투찰한 입찰자를 낙찰자로 결정하는 입찰방식으로 개선해야 한다.

적어도 합리적으로 작성된 예정금액의 85% 이상의 입찰자를 낙찰자로 결정함으로써 관리현장의 부실화 방지와 함께 건물자산보존이 양호하게 유지관리 되도록 개선되어야 한다.

다. 용역단가 설계기준 오류의 문제점개선

건물자산관리활동은 관리주체나 관리조직의 구성원이 관리수단(인적설비와 물적설비 및 관리예산)등을 효과적으로 활용하여 고품질의 관리서비스를 창출하는 서비스 활동이다. 따라서 시설관리용역에 있어 청소용역, 경비용역, 주차장관리용역, 시설물관리용역 모두 사람만의 관리활동이 아니고 사람(관리종사자)이 관리장비(관리수단)나 원료・재료・에너지 등을 활용하여 관리서비스(용역)을 창출하는 작업이다.

따라서 용역을 통하여 어떤 서비스의 품질을 창출하느냐가 용역의 기준이 되어야 한다.

이와 같은 관리서비스의 품질이 시설용역의 기준이 되기 위해서는 일정한 기준과 설계기술이 있어야 한다. 그러나 유감스럽게도 우리나라 시설용역 발주처의 대부분이 이와 같은 기준과 설계기술이 없어 용역단가 기준을 사람의 수에 맞추어 설계하고 있는 오류를 범하고 있다.

이와 같은 오류는 사람의 수를 줄이고 고성능의 기계장비를 사용하여 경제적인 방법으로 고품질의 관리서비스 창출을 근본적으로 저해하고 있다. 뿐만 아니라 용역단가 설계기준의 오류는 용역회사로 하여금 기술개발과 품질개선 연구의 길을 원천적으로 막고 있을 뿐 아니라 크게는 건물자산관리산업 발전마저 방해하고 있다 .

따라서 시설용역의 발주자는 용역단가 설계기준을 사람의 수에 두지 아니하고 용역의 품질과 작업량에 두는 용역단가 설계기준으로 개선해야 한다. 이와 같은 개선방안은 관리방법의 경제 효율화에 기여하고 관리기술의 혁명을 가져올 뿐 아니라 외국 관리회사와 기술경쟁을 통하여 우위에 설 수 있는 매우 긍정적인 효과를 얻을 수 있게 된다.

라. 표준기술 설계기준 미비의 문제점 개선

우리나라의 경우 건물자산관리산업 전반에 걸쳐 활용될 객관적이고 표준화된 설계기준을 찾아보기가 힘들 정도로 미비상태에 있다. 그런 이유로 발주자의 관리용역 발주가 객관성을 상실하고, 유사사례를 참고하고 비교하여 기술설계서를 작성하고 이를 시설용역입찰에 활용하고 있다.

이와 같은 표준기술 설계기준의 불비는 국가예산의 낭비를 초래하고, 입찰자의 입찰 판단을 흐리게 할 뿐 아니라 입찰 대응이 항상 과학적이 되지 못하고, 운에 맡기는 입찰 참여가 이루어지고 있다.

따라서 모든 발주처에 활용될 표준입찰 설계기준을 관계 학자를 통하여 시급히 연구하고, 이를 바탕으로 정해진 기준을 반드시 일정하게 입찰기술설계서(시방서)에 반영해야 한다. 이와 같은 개선은 합리적 예산집행과 예산낭비를 방지하고 입찰참여를 객관적으로 유도하여 모든 용역의 경제화 달성에 이바지하게 될 것이다.

마. 건물시설관리용역회사 영세성의 개선

시설관리용역회사의 실태를 보면 활동 중에 있는 시설관리회사 810개사 중 대부분의 용역회사는 소규모 영세업체로서 서로 난립하여 수주과당경쟁을 벌이고 있으며 전문성과 차별화의 경쟁력을 보유하고 있지 못한 상태에서 지연, 인맥 기타 방법과 정상적이지 못한 수주 등으로 자체 경쟁력 저하와 생존이 급급한 현실로 인하여 영세성을 면치 못하고 있다.[59)]

이와 같은 재정적 영세성으로 자체 인력양성은 매우 어려워 기술력 향상에도 대형회사에 비해 어려움을 겪고 있다.

특히, 재무구조상태를 보면 810개 회사 중 19개 회사만이 10억 이상의 자본금을 보유하고 있으며 5억 이상 10억 미만 의 중견회사 50여개사를 제외하면 1억 이상 3억 이하의 영세 소규모 회사들이 대부분을 차지하고 있다.

이와 같은 영세한 재무구조 회사들은 용역이 수주되면 지속되고 용역계약이 종료되는 순간 건물자산관리 용역시장에서 사라지는 경우가 허다한 실정이 현실이 되고 있다.

용역회사의 영세성은 영세회사 자체만의 문제가 아니므로 개선의 필요성이 있다. 왜냐하면, 어느 현장에서 시설용역관리를 수행하는 중에 부도가 나면 곧바로 용역관리현장에 문제를 일으키고 악영향을 끼치기 때문이다.

특히, 향후 외국시설관리업체와 선의의 경쟁을 해야 하는 국내 용역회사로서는 재무구조의 영세성은 곧 경쟁력의 약화를 의미하므로 결국 외국용역업체의 하청업체로 전락될 가능성이 높다. 그러므로 조속한 개선의 필요성이 있다 하겠다.

영세성 개선 방법에는 영세업체끼리의 연합, 합병, 또는 자본금을 증자하는 방법 등이

---

59) 산업자원부 기술표준화, 전게논문, p.42.

있다. 또한 용역관리회사의 영세성은 기술교육이나 훈련을 통한 기술축적과 인재양성 및 경영혁신과 신개념의 마켓팅을 통하여 경영을 개선함으로써도 영세성 개선이 가능하다.

기술축적과 인재양성 및 경영혁신과 신개념 마켓팅은 회사의 경쟁력 제고에 확실한 방법이 되기 때문이다.

또한 용역관리회사의 영세성 개선의 키는 그 회사의 경영자에게 전적으로 달려 있다. 왜냐하면 회사조직은 Top Management의 의사 결정에 따라 움직이기 때문이다.

용역회사의 경영자가 단순히 용역비에서 인건비를 최저화하여 인건비에서 경영이익을 얻고자 하는 경우, 영세성의 극복은 매우 어렵게 된다. 왜냐하면, 이와 같은 방법은 과학적 관리방법이 아닐 뿐만 아니라 관리종사자 모두에게 부정적 인식만을 심어 주어 회사경영에 오히려 역기능이나 부정적인 행동을 하게 하기 때문이다.

과학적 관리방법을 사용함으로써 단위비용에 대한 단위생산성은 높이므로 경영이익을 창출하는 것을 고려하지 아니하고 덤핑수주의 피해를 저임금의 고용자를 찾거나 임금을 생계비에도 미달되게 주거나 퇴직금을 착취하기 위하여 1년 미만의 고용을 하고 다시 재계약하거나 복지후생비를 깎는 등의 방법으로 건물관리종사자들에게 경영손실을 전가하는 경우, 또는 경영자에 의해 Milking하는 경우, 일시적 경영이익은 Cash Flow에 나타날지 모르나 사업연도말 결산에는 분명히 적자계정이 될 것이 예상됨으로 용역관리회사의 영세성 개선에 도움이 되지 못한다.

따라서 용역회사의 경영자는 기술축적과 인재양성, 경형혁신과 신개념의 마켓팅 도입을 통하여 영세성 극복에 앞장서야 한다.

바. 건물자산관리종사자 인식개선

상업용건물 25개 현장 관리종사자를 대상으로 실시한 관리종사자 직업불만원인 설문조사에서 저임금 응답자 10명, 사회적 전문직 불인정이 6명이 대답하고 있어 전체 응답자 중 64%가 불만을 토로하고 있다.

즉, 건물자산관리직업에 대한 부정적인 인식이 지배적임을 알 수 있다.

이와 같은 건물관리 직업에 대한 설문자료의 부정적인 인식은 건물자산관리종사자 대부분이 X인간유형의 직업관을 가지고 있는 것을 의미한다. Y인간유형의 직업관이 아닌 X인간 유형의 직업관을 가지는 관리종사자는 감독관이 있으면 마지못해서 근무하는 형태임으로 건물자산관리의 경제화, 안전화, 효율화, 적합화에 정면으로 역행하게 된다.

이와 같은 부정적인 인식은 저임금, 전문직업 사회적 불인정, 열악한 근무환경, 기본법의 부재, 건물소유자의 고압적 태도 등의 원인에 의하여 X인간유형의 직업관을 가지게 되었으므로 이와 같은 원인을 제거해줌으로서 Y인간유형의 직업관으로 변화되어 감독관이 있거나 없거나 스스로의 책임으로 자율적으로 건물관리서비스생산에 전념하게 해야 한다.

따라서 부정적 인식의 원인을 제거, 해결해줌으로서 부정적인 인식의 변화를 유도하여 긍정적인 인식을 갖도록 개선해야 한다.

긍정적 인식으로의 개선은 건물자산관리의 경제화, 안전화, 효율화, 적합화에 크게 기여하게 될 것으로 판단된다.

3) 건물자산관리서비스 제도의 개선

건물자산관리이해당사자 상호관계에서 관리주체에게 요구되는 것은 고객에 대하여 필요한 양질의 건물자산관리유익 관리서비스를 생산공급하는 일이다.

관리유익과 관리서비스의 생산과 공급은 관리주체의 존재 이유이자 목적이기도 하다.

그러므로 건물자산 관리주체는 고객에게 필요한 서비스를 최유효관리방법으로 생산하고 적절히 공급하여 고객을 만족시켜야 할 책무가 있다. 그러나 현실적으로는 앞에서 살펴본 바와 같이 고객은 만족하지 못한 가운데 불만의 소리가 높은 것을 볼 때 생산공급 하는 서비스에 문제가 있음을 의미한다. 따라서 반드시 해결 또는 개선의 필요성이 있다 하겠다.

서비스문제 개선과 관련하여 관리이해당사자 구조에서 본 바와 같이 상호관계는 이해가 상반되는 관계이므로 상대방을 만족시키기 위해서는 내부적으로 개선의 의지를 가지고 협력, 협조하는 자율적 개선방법과 외부적으로 강제성을 갖는 법제도를 통하여 개선하는 외부적 개선모델을 상정할 수 있다.

이와 같은 외부적 개선모델 측면에 따라 관리서비스 문제점에 대한 개선 방안을 다음과 같이 제시하고자 한다.

① 법정 관리서비스제도 도입

상업용건물은 개인소유건물인 동시에 국가의 자산이요. 인프라의 역할을 하고 있다. 그러므로 상업용건물은 사적성격과 공적성격을 동시에 갖게 되며 수많은 입주자와 출입자가 상주하거나 출입하게 되므로 사회성과 공공성을 함께 가지고 있다.

뿐만 아니라, 일정한 계약에 의하여 이해당사자 상호관계가 성립되었으므로 상대방에 대한 권리의무가 주어지고 급부와 반대급부가 이루어지고 있다.

즉, 법률행위에 의하여 상호관계가 성립되며 상대방이 정당하게 요구하는 것에 대한 만족 제공의 책임(서비스의 책임)도 함께 가지고 있다.

따라서 관리주체는 양질의 관리서비스를 생산하고 적절히 제공하여 고객을 만족시켜야 한다. 그러나 내부적 여건과 사정이 양질의 서비스 생산과 제공의 준비를 방해하고 있으며 시스템 또는 서비스 전문 담당자가 없고 관리종사자의 서비스생산기술이나 준비가 안된 상태 등으로 문제점을 자율적 개선방법으로는 개선효과를 얻기 어려우므로 관계 당국에 의한 법적 효력을 갖는 강제적 관리서비스 제도를 만들어 관리서비스의 종류와 품질기준, 서비스 방법 등은 규정하고 관리주체 또는 소유주체 및 사용주체로 하여금 이를 지키게 할 경우 현재와 같은 서비스 문제점은 크게 개선될 것으로 전망된다.

② Positive Service System 구축

국내소수의 상업용건물 관리현장에는 1명의 Tenant 담당자를 두거나 리셉션 담당자 또는 고객만족 프로그램 담당자 및 고충처리 담당자 등을 두고 이를 수행하는 소극적인 Nagative System을 운영하는 사례도 있으나 이와 같은 방법만으로는 고질적인 관리서비스 문제가 해결되어 건물자산무관리 이해당사자를 만족시키지 못하므로 관리소장이 Service팀장이 되어 전체 관리조직의 구성원으로 하여금 각자의 위치와 업무에서 거래 또는 상대방이 되는 전체 고객을 상대로 적극적으로 문제를 찾아서 해결해 주거나 고객 만족 봉사나 편익을 제공함으로써 고객을 만족시키는 방안이 유효한 개선 모델이 될 것으로 판단된다. 즉, Positive Service System팀을 구축하고 이상과 같은 포지티브 서비스 시스템운용과 서비스 종류 및 서비스 방법과 절차 등의 서비스 교육을 전체 건물관리 종사자에게 지속적으로 실시하고 서비스에 필요한 정보수집 능력을 배양하여 상대방을 이해시키고 만족을 주는 데 필요한 커뮤니케이션 기술을 개발하도록 해야 한다.

특히, 고객 만족은 서비스 질과 함께 제공하는 장소와 시간(타이밍)이 중요하므로 이에 관한 연구도 함께 병행되어야 한다.

즉, 건물자산관리종사자 전원을 서비스 전문가 수준으로 양성해야 한다.

서비스는 서비스 제공자의 의지와 태도가 서비스생산기술, 커뮤니케이션 기법 못지않게 중요하기 때문이다.

4) 건물 임대차제도의 개선

① 임차보증금 보호 문제점 개선

일반건물 임대차의 보증금 회수는 건물소유자의 파산 또는 경매시 현행 민법의 규정과 전세권, 임차권 등기, 보증금 예금통장 질권 설정 등에 대한 건물자산소유자의 기피현상으로 임대기간 만료시 또는 해지, 해제시 거의 불가능하다.

지난 1997년 IMF 당시 건물자산소유자의 도산으로 일반건물 입주자들의 피해가 크게 나타난 것을 볼 때 보증금 회수문제가 일반건물임대제도의 가장 큰 문제점이 되고 있음을 알 수 있다.

주택임대차의 경우와 상가건물임대차의 경우에는 일정한 조건을 갖추는 경우 등기 없이 물권과 유사한 지위를 부여하여 후순위권자보다 우선적으로 임차보증금보호가 가능한데 비하여 일반건물임대차의 경우 보증금반환보장은 현행관계법 규정만으로는 매우 어려워 보인다.

따라서 보증금 회수 문제에 관한 첫째 개선 방안은 현행 민법을 일부 개정하여 일정한 조건을 갖춘 경우, 우선 순위에 해당되게 하여 후순위권자보다 보증금을 우선적으로 보호받을 수 있도록 민법 일부개정이 바람직해 보인다.

일정한 조건이라 함은 상업용건물 임대차계약을 체결하고 주소이전하고 관할세무서에 신고하므로써 대항력을 갖추게 하여 최종신고 익일부터 순위를 결정하여 후순위권자보다 우선하여 보호하는 방안으로 개선하는 것이 타당해 보인다.

보증금 회수에 관한 두 번째 개선 방안은 보증금반환보장보험제도를 개발하여 임대인이 의무적으로 가입하게하고 임대인 파산 또는 부도 발생시 또는 경매시 보험금에서 지급하는 일종의 보험보증제도를 개발하고 운용하는 방안을 고려해 볼 수 있다.

매년 차임증액은 입주자(임차인)의 비용을 증가시킬 뿐 아니라 임대관리를 복잡하게 만드는 요인이 되고 있다.

이와 같은 문제점은 민법 임대차규정과 임대방법 때문에 생기는 것으로 예컨대 <표 3-4>와 같이 상업용임대건물의 임대 방식의 하나인 보증부 월세방식으로 임대차 계약을 체결한 것에 그 원인을 찾아 볼 수 있다.

차임증액 제한 규정은 민법 채권편 임대차 조항에 적용규정이 없을 뿐 아니라 보증금 얼마에 월임대료 얼마의 임대방식은 임대인으로 하여금 보증금과 월임대료를 증액할 수 있는 근거를 제공하고 있다.

미국의 Gross 임대방식과 같이 일정한 임대료만 매월 선납하는 경우 임대인이 관리비, 제세공과금 등을 납부함으로써 전혀 임대료 외에 다른 부대비용을 내지 않아도 됨으로 우리나라와 같은 보증금 월임대료의 매년 증액 같은 문제는 발생하지 않는다.

따라서 우리나라 임대시장에도 미국임대방식의 하나인 Gross임대방식[60](Gross lease)을 활용하는 것도 연구해 볼 가치가 있어 보인다.

매 년 마다 차임증액의 문제점에 대한 개선 방안으로는 첫 번째 보증금회수 개선방안과 같이 민법 채권편 임대차 규정을 개정하여 임차인 보호규정을 두는 방향으로 개선하는 것이 타당하다고 판단된다.

〈표 3-4〉 보증부 월세방식

보증금	월임대료	관리비
○	○	○

60) 신창득 외 3인(역), 자산관리, (서울 ; 부연사, 2005) p.166.
총임대료 지급계약이라 하는 것으로 임차인은 고정된 임대료만 지급하고 관리비 등 기타 비용은 임대인이 지급하는 계약 방식을 말한다.

② 관리비 개선

상업용건물의 관리비는 대부분 정액제 성격의 관리비를 적용하고 있다. 따라서 실제 관리용도로 사용하는 비용보다 많은 관리비를 부담하고 있어 잔여분에 대한 환급이나 정산, 결산 과정이 없어 불법적인 횡령죄 적용여부가 고려될 수 있으므로 임대빌딩의 문제점으로 지적되고 있다.

이와 같은 문제점은 오랜 임대시장의 관행으로 그리고 관리비의 내역이나 징수기준이 전혀 없는 상태에서 정액제 성격의 관리비에 의의 없이 동의하는 임차인에게도 문제가 없지 않다. 따라서 임대계약시에 관리비 내역을 포함해서 계약하되 실비제 성격의 관리비 방식을 상호합의 하는 것이 최선의 관리비 개선 방안으로 판단된다.

제4장 건물자산관리학의 태동과 학문적 과제

제Ⅰ편 제4장에서는 건물자산관리학 태동과 학문적 과제의 장을 두고 2개의 절을 통하여 제3장에서 강조하고 있는 건물자산관리문제개선의 필요성에 대한 논리적 당위성을 근거로 출발한 건물자산관리학 태동의 의의와 문화적 배경 및 건물자산관리학의 학문적 과제를 구체적으로 기술하여 제5장의 건물자산관리학이론의 구조체계와 이론체계 및 교육방향을 지원하고 있다.

제1절 건물자산관리학 태동의 의의와 문화적 배경

1. 건물자산관리학 태동의 의의

건물자산은 부동산의 일종인 동시에 교환가치와 사용가치를 함께 가지고 있는 자산으로서 사람의 생명과 건강 다음으로 관리가 요구되는 제2의 관리대상이라 할 수 있다. 또한 건물은 인간에 있어서 삶의 터전이고 생활의 공간이며 일에 있어서 기반시설이자 생산현장이며, 생존의 기초재산으로서 필수불가결의 존재이다.

뿐만 아니라, 건물자산은 인간생활환경 조건의 하나로서 주(住)의 조건이며 한 나라의 경제척도이자 부의 상징인 동시에 정치, 경제, 사회, 문화, 예술 등 모든 영역의 활동과 역사발전에 상관관계를 가지고 있다.

그러므로 건물자산은 인간생존의 필수조건이요, 국가사회의 인프라이며 기반시설이고 국민의 생활터전으로서 현대 생활의 필수요소라 할 수 있다. 왜냐하면 건물은 인간의 삶과 생활과 일에 필요한 건물의 기능과 공간 및 조화, 질서, 미(美) 등 건물의 유익을 제공할 뿐 아니라 재산으로서 경제적 이익을 제공해주기 때문이다.

그러므로 건물자산은 체계적이고 과학적이며 바람직한 최유효 관리법에 의한 건물자산관리활동(정상적 건물자산관리활동)을 통하여 정상적으로 건물의 상태가 보존되고 건물의 기능과 성능이 유지되어야 하며 건물자산의 가치가 유지 및 제고되고 경제적 이익과 양질의 건물관리 서비스와 건물유익은 최유효 관리법에 의하여 가장 경제적 방법으로 안전하게 그리고 효율적으로 적합하게 창출되어 건물의 사용가치와 교환가치가 계속적으로 보존, 유지, 개량되어야 한다.

그러나 유감스럽게도 우리나라 건물자산관리의 현실은 건물자산관리에 대한 법·제도의 문제점과 전문 인력의 부족, 관리기술수준의 문제, 관리시스템의 문제 그리고 건물자산관리의 중요성과 필요성에 대한 건물자산관리 관계자의 인식 결여, 특히, 이 분야의 학문적 연구의 부족과 교육의 부진 등으로 비체계적 비전문적 관리 관행이 대부분의 건물자산관리현장에서 계속되고 있으며 이에 따른 문제와 악현상이 계속 증가 일로에 있다. 이는 매우 안타까운 본질적 문제와 현실적 문제가 아닐 수 없다.

특히, 현실적 문제들은 귀중한 건물자산을 조기에 노후화시켜 건물의 경제적·물리적 수명(내용연수)을 현저히 단축시키고 있는가 하면, 건물안전사고를 증가시켜 인명 손실과 재산의 감손을 계속 초래하고 있다.

뿐만 아니라, 건물자산관리현장의 문제와 비체계적 비전문적 관리는 국부의 손실을 초래하고 국가의 경제 발전을 저해하여 인간생존마저 위협하고 있다.

따라서 건물자산시장과 건물자산관리현장에서 대두되고 있는 건물자산관리문제의 개선 필요성과 국가의 경제발전과 국부의 유지보존을 위하여 그리고 국민의 삶과 생활과 일을 영위함에 있어서 안전하고 편리하며 쾌적하고 건강하게 건물을 사용수익하게 할 수 있도록 보다 많은 건물자산의 경제적 이익과 양질의 건물관리서비스와 건물유익 창출을 저해하는 건물자산관리의 본질적 문제와 현실적 문제 등의 개선을 위한 시대적 요청에 따라 건물자산관리학 연구가 시작되었으며, 이와 같은 건물자산관리문제 개선을 위한 학문적 연구의 문화적 배경과 함께 건물자산관리에 대한 시대적 요청에 부응하기 위하여 건물자산관리학이 마침내 국내 초유로 태동하여 연구와 교육을 시작함으로써 건물자산관리학으로 하여금 건물자산의 경제적·안전적·효율적 관리 방법과 이론, 기법, 시스템, 모델 및 기술 등을 연구 개발을 스스로 담당하여 건물자산에 대한 최유효 관리법을 창안하고 전문적·체계적 관리 기술을 관리현장에 접목시켜 우리나라 건물자산관리현장의 문제와 악현상을 혁명적으로 해결하도록 학문적 지원과 함께 연구과제를 요구받고 있다.

따라서 이 분야에 대한 학문적 개척과 연구 및 교육이 매우 시급함의 인식을 기초로 학문연구와 교육을 위한 이론체계화 연구에 착수하게 된 배경도 전술한 바와 같다.

그러나 건물자산관리학이 하나의 실용학문으로 태동하여 국내 대학과 대학원에서 강의되기 시작한 것은 2001년도부터 시작되었으므로 비교적 최근의 일이나 우연하게 태동한 학문은 결코 아니였다. 주지하는 바와 같이, 어느 시대나 어느 나라에서 하나의 학문이 처음으로 개척을 시작하여 학문으로서 이론체계를 세우고 이를 통하여 연구대상을 효율적으로 설명하고 건물자산관리분야의 미래를 예측하며 새로운 이치와 사실과 법칙을 연구활동을 통하여 지적으로 창조하거나 발견하는 등 학문적 기능과 역할을 통하여 학계와 관련 산업계에 인정되고 정착하기까지에는 무수한 시간과 노력이 필요하다. 또한 그것 못지않게 중요한 것은 학문으로서 통일되고 일정한 이론의 체계가 있어야 하며, 법칙과 원리가 함께 있어 연구대상의 문제와 현상에 대하여 설명이 가능해야 할 뿐 아니라 과학적으로 그리고 논리적으로 증명이 가능해야 한다.

뿐만 아니라, 이와 같은 이론과 원리와 법칙이 일정한 지식의 체계를 갖추어야 하고, 연구 활동을 통하여 얻어진 새로운 이치나 사실 등의 지식 체계가 인류에게 공헌하는 유익한 지식이어야 한다.

건물자산관리학은 1980년대에 대거 등장하기 시작한 대형건물에 대한 건물자산관리상의 문제와 현상들을 학문적으로 개선 또는 해결하기 위하여 그리고 건물자산관리실무를 효율적이고 경제적이며 안전하고 적합하게 수행할 수 있도록 지원하기 위한 시설관리 교범 차원에서 출발하였으나 점차 연구의 해를 거듭할수록 건물자산관리는 단순한 시설관리나 재산관리 차원을 넘어 인간의 생존지원을 위한 주(住)문제 해결과, 건물의 사용·수익·처분에 대한 건물자산관리 이해당사자의 상호 만족의 문제는 자산관리의 효과와 상호인과관계에 있으며, 인간의 삶과 생활과 일에 직결되는 등 인간의 생존문제에까지 지대한 영향을 미치는, 이른바 인간생존의 본질적 문제차원으로 대두됨에 따라 건물자산관리학의 태동의 필요성과 당위성은 물론 건물자산관리학의 학문적 이념과 건물자산관리의 목적에 대한 철학적 차원에 이르기까지 고찰되어야할 형이상학적 학문영역으로까지 확대하게 되었다.

이와 같이 출발된 건물자산관리학은 경험과학에 기초하여 건물자산관리에 대한 지식의 체계화로 건물자산관리상의 문제와 현상을 효율적으로 설명하고 미래를 예측하여 건물자산관리문제를 해결 또는 개선하기 위한 효과적이고 과학적이며 체계적인 관리가 가능하도록 계속 연구되고 있다.

건물자산관리학을 보다 학문적으로 소개하고 학습하기 위하여 편찬된 교과서는 2000년도까지만 해도 주로 건물관리 자격시험의 수험도서나 건물자산관리현장의 관리종사자를 위한 직무교육 교재로 사용되어오다가 2001년을 기점으로 마침내 국내 대학과 대학원에서 건물자산관리학총론이 정규교과서로 채택됨으로써, 그리고 2005년과 2006년도에 진입하면서 극동대학교 대학원에서 건물자산관리학 전공 석・박사과정의 신설과 건설교통부장관(현, 국토해양부장관)으로부터 한국건물관리학회 비영리 사단법인허가를 받음으로써 마침내 건물자산관리학이 우리나라에서 하나의 응용과학으로 인정받아 공식적으로 태동하게 되었다. 이와 같이 태동한 건물자산관리학은 전술한 바와 같이 우연한 기회에 나타난 학문이 아니므로 나름대로 의미 있는 태동의 문화적 배경과 중요한 의의를 가지고 있다.

2. 건물자산관리학 태동의 문화적 배경

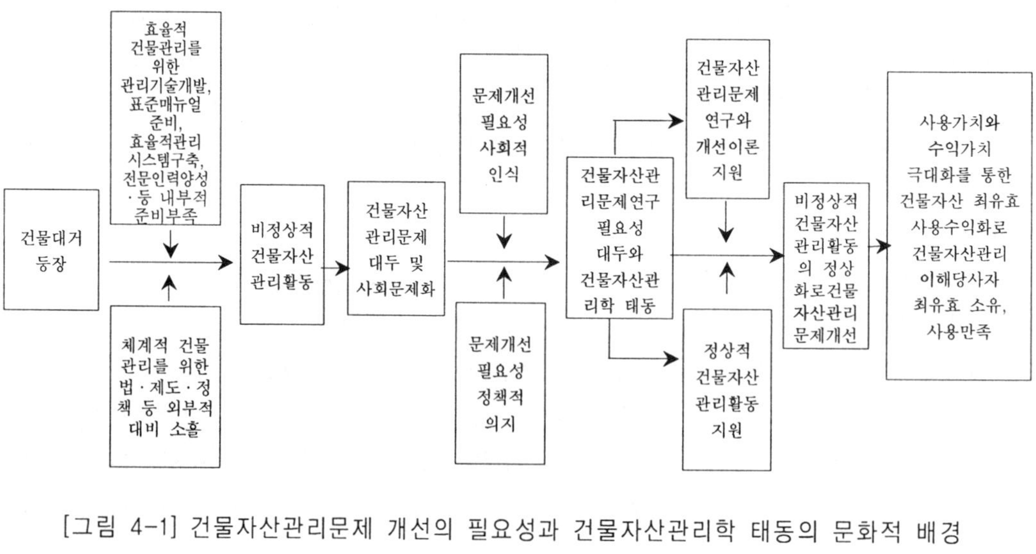

[그림 4-1] 건물자산관리문제 개선의 필요성과 건물자산관리학 태동의 문화적 배경

다음에 기술하는 몇 가지 시대적 배경과 요구인 건물자산관리문제의 대두와 개선의 필요성 및 학문 연구에 의한 건물자산관리 이론지원 등의 요청이 건물자산관리학 태동의 문화적 배경이 되었다.

건물자산관리학 태동의 문화적 배경은 [그림 4-1]과 같으며 배경의 구체적 내용을 소개하면 다음과 같다.

(1) 건물자산관리문제의 사회문제화와 문제개선의 필요성 대두

1960년대 우리나라 건물의 현황은 단독주택이 대종을 이루는 가운데 전문 관리를 요하는 규모 있는 건물의 수는 그리 많지 않았다. 그러나 1960년대 이후 시작된 제 1, 2차 경제개발계획의 영향과 이로 인한 농촌인구의 도시집중화 현상, 건축기술의 발전 및 건축설비와 장비발전, 자재 생산기술의 발달, 도시 인근지역의 부동산개발붐 등의 복합 요인들에 의하여 1980년대부터 전문적 관리를 요하는 상업용 · 공업용 · 문교사회용 및 주거용 건물과 극장 · 호텔 · 콘도미니엄 · 오피스텔 등 특수용도의 건물들이 대거 등장하기 시작하자, 건물 대량생산에 대비한 효율적 관리를 위한 내부의 준비부족과 체계적이고 전문적 관리를 위한 외부의 대비 소홀로 개선이 요구되는 건물자산관리의 문제가 함께 출현하기 시작하면서 인적, 물적 손실을 가져옴으로서 사회문제화가 되기 시작함에 따라 개선의 필요성이 크게 대두하게 되었다.

우리나라 건축물의 현황을 살펴보면, 전술한 바와 같이 2007년 12월 31일 현재, 전국 건물의 동수는 총 6,460,489에 달하고 있으며, 용도별로 분류하면 상업용 건물이 1,010,972동, 공업용 건물이 215,591동, 문교사회용 건물이 163,355동, 주거용 건물이 4,364,730동 그리고, 기타용도(공공용, 농수산용)의 건물이 705,841동에 달하고 있어 건물의 동수가 엄청난 규모임을 알 수 있다.[61)]

이와 같은 건물은 단독주택(일부는 예외임)을 제외한 대부분의 건물이 관리기술과 전문성이 요구되는 전문 관리대상 건물들이며, 매년 약 7만 7천 동의 건물이 신축되고 있어 전문자산관리시대의 도래와 함께 건물자산관리문제 개선요구가 점차 확대되고 있다.

특히, 늘어나는 건물의 용도가 주거용 · 상업용 · 공업용 · 문교사회용도와 기타용도 건물들이고 현대적 오피스건물 및 주상복합건물들은 초고층화, 초대형화, 최첨단화, 대규모 단지화 등의 특색으로 건물관리의 문제들이 계속 나타나고 있으며 이에 관한 문제개선의 필요성은 더욱 확대되고 있는 추세이다.

결론적으로, 우리나라 건물의 신축현황을 구체적으로 살펴보면 현재 우리나라 최고층 건물은 264M의 타워팰리스 건물이나 향후 건설될 초고층 건물을 보면 112층(555M)의 제2롯데월드, 130층(540M)의 상암DMC랜드마크, 151층(550M)의 인천타워, 107층(510M)의

61) 국토해양부, 국토정책국, 도시정책관, 건축기획과 통계자료, 2007.

부산롯데월드, 106층(460M)의 부산월드비지니스센타 등 초고층 대형건물이 계속 늘어날 것으로 예상되고 있으며, 이에 수반하여 출현하고 있는 건물자산관리문제의 해결과 개선의 필요성이 점차 확대되어가고 있다. 그뿐만 아니라 이와 같은 초대형건물의 대거 등장과 건물자산 전문 관리시대의 도래는 그 자체만의 문제가 아니라 과학적이고 체계적인 전문 관리활동이 필연적으로 접목되어야 하기 때문에 이를 위한 신관리이론 · 신관리기법 · 신관리기술 등에 대한 연구와 함께 이 분야에 필요한 학문적 지원을 요구하고 있다.

따라서 이와 같은 초대형건물의 대거 등장은 자연스럽게 전문적 자산관리를 요하게 되었으며 이에 수반하여 나타나고 있는 건물자산관리의 문제해결을 위해서 전문자산관리는 자연스럽게 학문적 지원을 필요하게 되었다.

다시 말하면, 초대형건물에 대한 전문적 자산관리를 효율적으로 하기 위해서는 과학과 기술이 접목되어야 하고, 고도의 기술과 전문성이 요구되고 건물자산관리문제가 해결 또는 개선을 위한 학문적 연구 필요성의 대두는 건물자산관리학의 태동을 자연스럽게 촉진하게 하였다.

(2) 건물자산관리 전문 인력양성을 위한 교육의 필요성

건물자산관리대상 건물 중 전문 관리를 요하는 건물자산관리활동에는 반드시 기술과 전문성을 갖춘 전문 인력이 필요하다. 종전의 우리나라 건물자산관리현장을 면면히 살펴보면 소수의 예외는 있으나 일반적으로 전문성과 기술을 두루 갖춘 전문 인력의 부족으로 여러 가지 경영관리상의 문제가 발생하여 임대수익의 감소, 건물자산의 경제가치 유지의 어려움, 관리예산의 낭비, 관리효과의 저효율 현상, 인적 · 물적 손실, 물리적 · 경제적 내용연수 단축, 조기노후화, 내구성 후퇴와 같은 관리상의 문제점들이 계속 나타나고 있다.

다시 말하면, 우리나라 건물자산관리의 현실은 건물자산전문관리자로서 갖추어야 할 관리지식 · 관리정보 · 관리경험을 두루 갖추어야 함에도 불구하고 관리기술 교육을 담당할 제도나 전문교육기관이 생산성본부의 그룹차원의 교육기관을 제외하고 는 전무한 상태에서 관리현장에서 비정기적으로 현장에서 실시되는 OJT교육에만 의존하여 관리종사자를 양성하여 왔다.

이와 같은 건물자산관리교육과 훈련의 부실은 건물자산관리전문가 양성은커녕 현장에서 그때그때 투입할 소요인력의 충원마저도 애로를 보이고 있다. 따라서 IBS건물[62]이나 대

---

62) IBS건물이란 Intelligent Building System을 의미하는 것으로 첨단건물 또는 인공지능건물이라고도 한다. IBS건물은 설비의 자동화로 자동적으로 운전, 제어, 감시, 기록되며 사무자동화 설비가 되어 있는 건물로서 여의도, 테헤란로 부근에 다수 산재되어 있다. 다시 말하면, IBS건물은 건물자동화체계(BAS : Building Automation System), 통합방범체계(Integrated Security), 정보통신체계(Telecommunication), 사무자동화체계(Office Automation) 등 4가지 요소를 갖춘 건물을 말한다. 첨단인공지능건물의 관리에는 고도의 관리기술과 전문성 교육을 받은 유능한 전문관리자가 필요하다.

형건물·고층건물의 시설관리(기술관리)나 이들에 대한 임대관리에 있어서도 기술과 전문성의 부족으로 관리상의 문제점과 악현상이 계속 나타나고 있다.

그러므로 초대형건물의 출현과 전문자산관리시대의 도래는 자연스럽게 유능한 건물자산관리자를 필요하게 하였고, 따라서 유능한 건물자산관리자 양성을 위한 교육의 필요성이 크게 대두하게 되었다.

이와 같은 전문 인력 양성을 위한 교육의 필요성은 또 하나의 건물자산관리학 태동의 문화적 배경으로 작용하였다.

(3) 건물자산관리상의 악현상 출현과 학문적 지원의 필요성

건물자산관리현장에는 재산경영이나 시설관리 측면 모두에서 크고 작은 문제점이 날마다 끊임없이 발생되고 있다. 뿐만 아니라, 우리나라 건물자산관리 현장에는 여러 가지 건물자산관리상의 악현상들이 널리 산재되어 있다. 기술적인 문제에서부터 건물경영상의 문제나 환경 또는 안전상의 문제 역시 계속 발생하여 건물의 안전성·경제성·편리성·쾌적성·보건성 등 건물유익 창출을 방해하고 관리업무의 효율성마저 크게 후퇴시키고 있다.

이와 같은 건물관리상의 현실적 문제점은 법·제도나 교육 훈련 및 학문적 지원으로 근본적으로 해결해야 하고 출현하는 악현상은 과학적이고 체계적인 예방관리활동을 통하여 사전에 문제점의 원인을 제거하여 인적·물적 피해 방지를 통하여 해결해야 한다.

즉, 건물자산관리상의 문제 발생에 대한 원인 개선과 해결은 과학적이고 체계적인 관리활동이 접목되어야 하고, 과학적·체계적 관리는 건물자산관리학의 학문적 지원을 강력이 요청하고 있다. 다시 말하면 건물자산관리상의 악현상의 발생은 건물자산관리학을 통한 학문적 지원을 크게 요청하고 있다.

이와 같은 건물자산관리와의 문제점인 악현상의 개선을 위한 학문적 지원의 요청은 자연스럽게 건물자산관리학의 태동을 촉진하는 또 하나의 배경으로 작용하였다.

(4) 건물자산의 관리개념에 대한 사회적, 경제적 인식 변화

건물자산관리개념의 사회적, 경제적 인식 변화는 또 하나의 건물자산관리학 태동의 배경으로 작용하였다. 종전의 건물자산관리개념은 시설관리개념(Facilities Management)으로서 관리대상건물은 건물자산으로 보지 아니하고 기술관리대상의 건축물(시설)로 보고, 협의의 관리(유지관리)만을 건물관리업무의 전부로 인식하여 시설물에 대한 시설관리, 경비보안관리, 청소기타부대시설(조경시설물 등)관리, 주차관리, 위생환경관리만을 건물종합관리라 인식하여 왔다. 따라서 건물관리의 대상은 건축물(시설)과 건축설비 및 사용대지(건축대지)의 상하 시설물로 국한하였고, 이에 대한 건축물의 기능의 보전과 이용자의 편의와 안전을 높이기 위하여 일상적으로 점검 정비하고, 손상된 부분을 원상복구하며, 경과연수에 따라 요구되는 보수·보강에 필요한 활동[63] 즉, 건물유지관리활동을 건물자산관리활동의 전부로 의식하였다.

이와 같은 FM개념 즉, 시설관리개념은 결국 건물자산관리=시설관리(기술관리)라는 등식을 고착화시킨 가운데 건물자산관리를 아무나, 누구나 할 수 있는 업무로 취급하여 건물자산관리를 전문 직종에서 제외시키는 과오를 크게 범하였다.

이와 같은 협의의 시설관리개념은 1980년대에서 1990년대 후반까지 건물자산관리개념으로서 주종을 이루었던 건물자산관리에 대한 고정관념이었으나 1997년 IMF 이후 전개된 부실기업 건물자산의 채권은행편입, 외국계 투자회사의 대거 국내진출과 활발한 투자활동에 크게 영향을 받은 점과 2000년대에 진입하면서 건물의 규모가 건축기술의 발전과 건축설비(특히 운송설비, 엘리베이터)의 발달로 초고층화·초대형화·최첨단화되고 전문자산관리대상으로 경영 또는 투자대상으로 부상함에 따라 종전의 시설관리개념과 전통적 건물관리기술만으로는 건물자산의 경영과 투자관리가 불가능하게 됨을 사회적으로 그리고 경제적으로 인식변화가 일어나게 되었다.

관리대상건물의 성격과 용도의 확대 및 FM시설관리개념에서 PM의 자산운영관리개념(수지관리개념, 수익성관리개념) 및 AM의 자산운용과 재무관리를 내용으로 하는 자산경영(Asset Operation and Administration)개념으로의 확대·변화는 자연스럽게 건물자산관리영역을 단순한 기술관리영역에서 최광의 관리개념〔경제관리영역, 기술관리영역, 법률관리영역, 행정관리영역, 위험관리영역(안전관리영역), 그리고 환경관리영역 등〕으로 확대하게 하였고, 이와 같은 관리개념의 시대적 변화에 따라 건물자산경영개념(Asset Operation and Administration) 중심의 최광의 관리개념이 현대 건물자산관리개념의 중심관리개념으로 자리 잡음으로써 마침내 건물자산관리학의 학문적 지원 없이는 건물자산 전체의 경영·관리업무 수행이 불가능하게 되었다.

따라서, 이와 같은 건물자산의 관리개념에 대한 발전적 인식변화는 건물자산관리학의 태동을 앞당기는 또 하나의 문화적 배경으로 작용하였다.

(5) 주(住) 측면 생존지원 및 건물자산관리 이해관계자 최유효 만족욕구 증대

인간이 스스로 생존하기 위해서는 비생물적 자연환경조건(공기·햇빛·물·바람·토지 등)과 생물적 환경조건(사람·동물·식물) 등의 충족 외에 생활환경조건인 의·식·주 조건이 충족되어야 한다. 특히 생활환경조건 중 주(住)의 조건은 건물의 설계와 시공 및 관리에 의하여 충족되는바 건물의 설계 및 시공과 관리는 인간의 생존에 필요한 건물의 유익과 건물 사용수익을 위한 양질의 관리서비스를 손쉽게 창출할 수 있도록 설계·시공되고 관리되어야 한다.

---

63) 「시설물의안전관리에관한특별법」, 제2조 제9항.

인류역사 초기에서부터 원시사회를 경유하여 농경사회까지는 주(住)의 조건은 다른 생존조건에 비하여 큰 문제는 아니었으나 산업사회에 진입하면서부터 주(住)의 조건이 인간의 생존과 관련하여 크게 강조되기 시작하다가 현대사회에 진입하면서부터 주(住)의 조건은 인간생존에 필수불가결한 조건을 뛰어넘어 인간의 생명보존과 건강유지 및 생사화복에 이르기까지 영향을 미치는 존재로 부상하게 되었다.

왜냐하면, 인간이 현대를 살아가면서 1년 365일 동안 정상적인 삶과 생활과 일을 영위하려면 어떤 형태로든 건물의 재화적 도움과 건물시설사용에 필요한 건물서비스의 도움이 모두 필요하기 때문이다.

다시 말하면, 인간의 생존을 위한 주(住)문제 해결은 건물의 관리활동에 의하여 얻어진 건물의 재산적 이익과 건물서비스를 통하여 이루어지므로 양질의 건물의 재산적 이익을 창출해야 한다. 문제는 건물의 재산적 이익과 양질의 건물서비스 창출은 말과 같이 쉽게 얻어지지 않는다는 점이다. 왜냐하면, 건물의 재산적 이익과 서비스는 제한적으로 존재하며, 희소성과 유한성의 특성으로 인하여 고도의 전문성과 기술을 가지고 과학적이고 체계적이며 효과적인 경영관리활동을 통하여 창출되는 것이므로 이를 위한 경영관리이론 · 경영관리기술 · 경영관리기법 등에 대한 학문적인 지원이 필요하다.

따라서 이와 같은 인간생존을 위한 주(住)문제 개선과 해결의 필요성은 또 하나의 건물자산관리학 태동의 문화적 배경이 되고 있다.

또한 건물자산관리 이해당사자의 목적을 달성하려면 건물자산관리활동으로부터 양질의 관리서비스를 가장 효과적으로 창출해야 한다. 그러나 양질의 건물관리서비스 창출은 건물자산관리학의 학문적 지원 없이는 불가능하다.

따라서 인간생존을 위한 주(住)문제 개선과 해결 및 건물의 사용 · 수익 · 처분에 대한 건물자산관리 이해당사자 모두를 만족시키기 위해서는 건물자산관리학의 자연스런 태동과 함께 학문적 지원이 필요하다.

(6) 건물자산의 경영목표와 건물시설 관리목표의 효과적 달성

건물자산관리의 목적에는 건물자산관리자의 실무적 목적과 건물자산 이해당사자의 경제사회적 목적이 있으며 경제사회적 목적에는 다시 거시적 목적과 미시적 목적이 있으며 이밖에도 달성하고자 하는 건물자산의 경영목표와 건물시설의 관리목표가 있다. 건물자산관리장의 실무적 목적의 내용으로는 경영측면에서 경영관리대상 건물자산으로부터 얻고자 하는 자산가치 극대화와 관리대상 건물의 경제적 가치의 보존, 유지 및 제고 와 투자자본의 자본적 이익의 최대화를 의미하고 있다. 그러나 시설관리 측면에서는 경영목적을 지원하기 위하여 건물시설의 최유효 사용을 위한 물리적이고 기능적인 보존 · 이용 · 개량과 함께 과학적이고 체계적인 관리활동을 통하여 사용가치를 높이고 사용성을 제고하며 양질의 건물관리서비스와 건물의 유익 창출과 함께 건물 최유효 사용화에 목표를 두고 있다. 이와 같은 두 목표는 건물소유자의 목적달성과 건물의 경제적 가치제고 및 수익을 창출하게 하며 경영과 관리의 목표는 효율적으로 달성되어야 하므로 자연스럽게 관련 학문의 지원이 필요하다.

전자의 경영목표는 경영조직인 Top-Management(최고경영층)에 의하여 경영정책, 의사결정 등을 통하여 확정된 경영목표를 계획·조직화·지휘·통제의 경영기능을 통하여 수행된다.[64]

따라서 경영개념은 건물자산관리에 있어서 자산경영에 필요한 개념으로서 거시적이고 포괄적인 것으로 관리개념보다 상위개념에 해당된다. 또한 건물자산의 경영은 영업기능, 기술기능, 회계기능, 재무기능, 안전기능, 관리기능 등 경영과정을 통하여 수행된다.[65]

한편, 건물시설관리개념은 조직 내부의 관리층에 의하여 실무상으로 직접 수행되는 활동으로서 시설관리목표는 FM(Facilities Management)을 통하여 시설물을 온전하게 보존하고 시설물의 성능과 기능을 정상적으로 유지하며, 안전과 편의를 높이고 일상적으로 점검·정비하거나 손상된 부분을 원상복구하며, 경과시간에 따라 요구되는 개량·보수·보강에 필요한 기술적 유지관리활동으로서 건물의 물리적 보존·이용·개량과 함께 양질의 관리효과와 건물의 유익을 계획·조직화·명령·조정·통제과정의 관리기능에 의하여 달성된다.

따라서 관리개념은 경영개념에 대한 하위개념으로서 경영자가 결정한 경영정책에 따라 관리목표를 효율적으로 수행하는 이른바 미시적·실천적 개념이라 할 수 있다.

이와 같은 경영과 관리의 목표달성은 지식과 정보 및 Data로 표상되는 학문의 지원 없이는 불가능하다.

따라서 건물자산의 경영목표와 관리목표의 효과적 달성이라는 명제가 또 하나의 건물자산관리학 태동의 견인차 역할을 하였다.

(7) 건물자산관리 수요급증

1960년대의 우리나라 건물의 동수는 통계조차 어려울 정도로 미미했으나 1980년대에 진입하면서 부터 시작된 도시 내의 건축붐과 도시외곽부동산 개발 등으로 인하여 2007년 12월 31일 현재 646 만동을 상회하는 건물 동수를 기록함으로써 이에 대한 자산관리 수요가 크게 늘어나고 있다. 특히 최근의 BAS와 같은 시설자동화건물과 인공지능건물 또는 스마트건물인 IBS건물 등이 점차 늘어남에 따라 건물자산관리 수요가 급증하게 되었다. 이와 같은 건물자산관리 수요급증현상이 건물자산관리학 태동의 문화적 배경으로 작용하였다.

---

64) 김재명, 「경영학원론」, 박영사, 2001, p.13.
65) 김재명, 상게서, p.16.

제2절 건물자산관리학의 학문적 과제

1. 학문적 과제의 의의

건물자산관리학은 건물자산관리학 태동의 문화적 배경에서 이미 살펴본 바와 같이 학문적 연구대상과 연구목적이 설정되어 있을 뿐 아니라 학문적으로 감당해야 할 임무와 책무를 가지고 있다. 이를 건물자산관리학의 학문적 과제라 한다.

건물자산관리학은 경제발전에 따라 대거 등장한 여러 용도의 건물과 이를 정상적으로 유지하고 보존하며 경제적 이익과 자산가치를 관리하기 위한 건물의 시설관리와 자산경영, 그리고 경영관리활동 중에 나타나는 건물자산관리상의 제문제(諸問題)에 대한 개선, 건물자산관리를 위한 인재 양성과 주(住)측면의 생존지원 등 여러 가지 건물자산관리상의 문제를 해결해야 할 뿐 아니라, 이를 위한 학문적 지원에 대한 중요한 책무를 안고 있다.

뿐만 아니라, 이와 같은 임무와 책무는 건물자산관리학 태동의 문화적 배경인 동시에 건물자산관리학의 존재이유이기도 하다.

다음에서 건물자산관리학의 학문적 과제는 과연 무엇인지에 대하여 살펴보기로 한다.

2. 학문적 과제의 종류와 내용

(1) 건물자산관리 지식의 체계화와 경영관리활동에 대한 학문적 지원과제

건물자산관리학의 첫 번째 학문적 과제는 건물자산의 경영관리에 대한 연구를 통하여 필요한 이론·지식·기법·원리·법칙·기술 등에 대한 건물자산관리 지식의 체계화와 함께 이를 통하여 얻어진 건물자산관리 지식을 경영·관리활동에 응용하고 지원하는 일이다.

건물자산의 전문관리는 과학적 관리활동을 통하여 관리가 가능하고, 과학적 관리활동은 고도의 기술과 전문성을 접목할 때 비로소 효율적으로 수행된다. 이와 같은 전문성과 기술은 유능한 관리자를 통하여 나타나므로 유능한 관리자 양성문제는 시급히 해결되어야 할 과제 중 하나이다.

다시 말하면, 건물자산의 전문 관리나 과학적 관리 및 이에 필요한 전문성과 기술의 개발 및 유능한 관리자 양성 모두에 대해서는 건물의 자산관리 지식을 우선 먼저 체계화하고, 자산관리 이론·기법·원리·법칙·기술 등을 개발하여 필요한 자산관리활동에 접목하거나 응용하여 학문적으로 지원해야 한다.

이와 같은 학문적 지원은 자산관리 지식의 체계화와 함께 건물자산관리학의 가장 근본적이고 기초적인 학문적 과제라 할 수 있다.

(2) 건물자산관리의 본질적 문제와 현실적 문제 등의 개선과제

전술한 바와 같이 건물자산관리상의 본질적 문제는 건물자산관리효과의 생산, 분배의 문제로서 학문적 연구로 개선과 해결에 필요한 이론지원을 통하여 해결 또는 개선하며 현실적 문제와 관계되는 법・제도・시스템 관리환경과 여건, 관리자의 자질, 기술수준 등 기타 문제는 관리활동 중이나 관리활동 전후에 끊임없이 등장하고 있다.

이와 같은 문제는 건물자산관리활동을 비정상화시켜 인적・물적 손실은 물론 경제・효율・안전・편리・보건・청결・내구・용도・미관 등 건물유익의 저해와 상실을 가져옴으로써 건물자산관리효과를 크게 떨어뜨리게 하고 있다.

그러므로 건물자산관리상의 문제는 근본적으로 해결되어야 하며, 그것도 가장 경제적이고 안전하게, 그리고 효율적으로 적합하게 해결되어야 한다. 다시 말하면 건물자산관리상의 문제는 가장 유효한 방법(최유효관리법)에 의해서 해결되어야 한다.

이와 같은 건물자산관리상의 문제에 대한 근본적 해결은 기술과 전문성 없이는 불가능하므로 결국은 이를 뒷받침해야할 건물자산관리학의 학문적 지원이 필요하다.

결론적으로, 건물자산관리학은 건물자산관리상의 문제에 대하여 가장 합리적이고 근본적인 방법으로 해결해야할 과제를 가지고 있을 뿐 아니라 학문적 연구를 통하여 가장 경제적 방법으로, 안전하게, 그리고 가장 효율적으로 적합하게 관리되도록 개선되어야 한다.

뿐만 아니라, 건물자산관리학은 건물자산관리상의 문제로 인하여 나타나는 악현상에 대하여 순현상으로 전환되어 나타나도록 개선해야 할 책무도 함께 지니고 있다.

그러므로 건물자산관리학을 통하여 우리나라 건물자산관리상에 나타나는 본질적 문제와 건물자산관리의 현실적 문제에 대하여 학문적 연구와 활동을 통하여 다음과 같이 개선하도록 해야 한다.

1) 본질적 문제의 개선

건물자산관리를 함에 있어서 건물자산관리의 목적은 경영관리 대상 건물자산을 취득, 보유, 처분을 통하여 사용가치와 교환가치를 극대화하고 건물자산 최유효 사용수익화하는 데 있으며 이를 위해서는 유능한 건물자산관리자(Asset Manager, Property Manager and Facility Manager)들이 바람직한 경영성과(최유효 건물자산 수익화)와 관리성과(최유효 건물자산사용화)를 가장 경제적 방법으로 안전하게 그리고 효율적으로 적합하게 창출하고 경영성과와 관리성과를 합하여 건물자산관리의 최종목표인 바람직한 건물자산관리효과를 창출, 제공하는 데 있다.

그러므로 건물자산관리 활동 전후 또는 진행 과정에 바람직한 경영성과와 관리성과를 창출하는 데 재해요인이나 방해요인이 없어야 한다. 다시 말하면, 건물자산관리 활동에 지장을 초래하는 걸림돌인 문제나 문제점이 없어야 한다. 따라서 건물자산관리에 지장을 초래하는 문제는 반드시 사전에 방지하거나 사후 개선해야 한다.

건물자산관리 문제는 전술한 바와 같이 본질적 문제와 현실적 문제 등이 있으며 건물자산관리의 본질적 문제의 내용은

첫째, 무엇을 언제 생산하느냐의 문제

둘째, 누가, 무엇에 대하여 무엇을 가지고 어떻게 생산하느냐의 문제

셋째, 생산된 것을 누구에게 제공하여 어느 정도로 만족시키느냐의 문제로 귀결된다.

그러나 이와 같은 건물자산관리의 본질적 문제들이 건물자산관리 현장에서 미해결 상태에 있어서 이에 관한 해결 또는 개선이 요구되고 있다. 따라서 건물자산관리의 본질적 문제는 학문적 방법으로 반드시 해결 또는 개선하지 않으면 안 되는 건물자산관리의 근본과제요 건물자산관리학의 최대 연구과제이다.

이와 같은 본질적 문제 해결 또는 개선의 필요성이 건물자산관리학의 태동배경이 되었으며 건물자산관리 연구자는 본질적 문제의 해결방안 또는 개선방안 연구에 최선의 노력을 경주해야 한다.

① 무엇을 언제 생산하느냐 문제의 개선

건물자산관리학도 경제학과 같이 재화와 서비스의 생산, 분배(유통, 제공), 소비의 문제를 연구대상으로 설정하고 있다. 왜냐하면, 건물자산관리학의 연구 범주가 자산을 효과적으로 운용하여 건물자산의 취득(재화의 취득, 생산)과 보유 및 처분까지이며 보유기간 동안 건물관리서비스를 생산하고 분배하여 건물사용자로 하여금 소비하게 하므로 최유효 건물 사용수익의 유익을 도모하게 하는 이론체계이자 응용과학이기 때문이다. 특히, 취득과 보유 및 처분은 건물자산의 취득 보유 및 처분을 의미하므로 건물자산의 취득에 있어서 어떤 조건의 건물자산을 어느 시기에 타이밍에 맞게 취득하느냐와 어떤 품질의 건물관리서비스를 생산(창출)하고 언제 제공하여 건물사용자(고객)를 만족하게 사용수익 할 수 있겠느냐의 문제가 등장하게 된다.

결론적으로, 재화성격의 건물자산의 취득은 적정 건물자산 또는 최적 건물자산의 취득이 될 때 문제는 발생하지 않으나 취득자산이 적정 건물자산이 아니거나 최적 건물자산이 아닌 경우 자산운용에 심각한 문제가 발생하게 된다. 자산관리 시장에서 건물자산 취득의 문제가 발생하여 투자자(특히 지분투자자, 펀드투자자)들이 막대한 경제적 손실을 당하는 사례가 종종 나타나고 있어 개선이 시급히 요구되고 있다. 따라서 건물자산관리의 본질적 문제 중 건물자산 취득의 문제는 과학적인 방법으로 Portfolio 분석, Risk 분석, 시장분

석, 거시적 미시적 경제분석, 취득대상 건물자산 분석, 재무구조 분석과 전문가의 자문 등을 거쳐 취득대상과 취득구조(예, 매입구조, 건설구조)들을 의사 결정하여 가장 경제적 방법으로 안전하게 그리고 효율적으로 적합하게 취득하고 그것도 경기 확장기 중 경기정점(Peak, Boom)전에 취득하고 경기 하강 저점(Though, Slump, Lull)전에 처분(매각)함으로써 재화적 측면의 무엇을 언제 제공하느냐의 문제가 해결 또는 개선될 수 있다. 서비스(용역)의 경우에도 생산되는 서비스의 품질은 적어도 불만 < 만족 < 감동서비스 원칙에 따라 적어도 만족수준 이상의 서비스를 생산하고 소비자(건물사용자, 고객)가 건물사용수익에 적합하게 공급함으로써 문제를 개선할 수 있다.

② 누가 무엇에 대하여 무엇을 가지고 어떻게 생산하느냐 문제의 개선

건물자산관리의 본질적 문제 중 누가, 무엇에 대하여, 무엇을 가지고, 어떻게 생산하느냐의 문제는 건물자산관리자 대상 건물자산에 대하여 인적자원, 물적자원, 재무적, 기술적 자원 그리고 정보적 자원을 효율적으로 배분 활용하고 외부 건물자산관리 환경을 능동적으로 극복하여 가장 경제적 방법으로 안전하게 효율적으로 적합하게 생산하는 방법에 대한 문제를 의미한다. 그러나 현실적으로 건물자산관리 현장에서 건물자산관리의 능력 부족과 자산운영 관리상의 고비용 저효율 구조를 가진 건물자산 관리활동 때문에 그리고 건물자산관리 5대 자원들이 기술력과 경험 및 경제적 불만을 가진 인적자원, 편리하지 못한고 준비되지 않은 물적자원, 부족한 재무적 자원, 저수준의 관리기술, 부실한 정보적 자원 등으로 인하여 그리고 부실한 관리방법으로 인하여 가장 경제적 방법으로 안전하게 그리고 효율적으로 적합하게 경영성과와 관리성과(건물자산관리효과)를 창출(생산)하지 못하고 있으며 건물자산관리상 심각한 고비용, 저효율의 문제를 낳고 있어 해결 또는 개선이 크게 요구되고 있다.

이를 개선하기 위해서는 건물자산관리학의 학문적 지원이 필요하며 다음과 같은 방법으로 개선하는 경우 해결될 수 있다.

- 건물자산관리자 → 교육훈련으로 건물자산관리자의 전문화
- 고비용 저효율 건물자산관리시스템 → 저비용 고효율 건물자산시스템화
- 문제의 건물자산관리 5대 자원 → 건물자산관리 자원 열악 조건개선
- 부실한 관리방법 → 최유효관리법으로 개선(건물자산관리 활동의 경제화, 안전화, 효율화, 적합화)

③ 생산된 것을, 누구에게 제공하여, 어느 정도로 만족시키느냐 문제의 개선

건물자산관리 현장이나 시장에서 생산된 건물재화와 건물관리서비스가 건물자산관리 이해당사자인 건물자산 소유자와 사용자에게 제공되어 최유효 만족하도록 하는 건물자산관

리 3번째 본질적 문제는 현실적으로 생산된 재화와 서비스의 양과질 모두의 측면에서 부족하거나 품질이 낮거나 건물자산의 사용가치와 교환가치가 낮아 최유효 사용수익화하는데 역부족의 경향을 보이고 있어 문제점으로 지적되고 있다. 따라서 건물자산관리학의 학문적 지원으로 고품질의 건물재화와 서비스의 생산으로 고객(건물자산 소유자와 사용자, 이용자 포함)들에게 적절히 제공하여 최유효 만족하도록 함으로써 해결될 수 있다.

2) 현실적 문제의 개선

현실적 문제는 전술한 바와 같이 법·제도의 개선, 시설관리용역제도 개선, 임대차제도의 개선, 건물관리 서비스제도 등의 개선 등으로 해결될 수 있다.

(3) 유능한 건물자산관리자 양성과 배출을 위한 교육과제

건물자산관리는 반드시 사람에 의하여 수행되므로 유능한 건물자산관리자가 필요하다. 뿐만 아니라 건물자산관리효과는 전적으로 건물자산관리자에 의하여 수행되는 건물자산관리활동의 기술, 관리지식과 경험 및 정신적 자세나 태도에 따라 좌우되므로 건물자산관리자 능력의 유무가 양질의 관리효과 창출에 대단히 중요한 변수가 된다.

따라서 유능한 건물자산관리자 양성이 이루어져야 하고, 보다 많은 유능한 건물자산관리자가 건물자산관리학의 학습과 연구를 통하여 배출되어야 하며, 건물자산관리현장에 배치되어야 한다.

그러므로 건물자산관리학은 유능한 건물자산관리자를 양성하고 배출해야할 교육의 책무를 가지고 있다. 여기서 말하는 유능한 건물자산관리자란 고도의 자산관리 지식 즉, 전문성과 기술을 두루 갖추고 있으면서 대인·대물 관리능력이 뛰어날 뿐만 아니라 윤리적 정신자세를 갖춘 자를 의미한다.

이와 같은 유능한 자산관리자는 건물자산관리학의 교육을 통하여 양성이 가능함은 전술한 바와 같다.

(4) 전문건물자산관리제도의 정착과 학문적 지원과제

전술한 바와 같이 대형건물의 대거 등장은 자연스럽게 건물자산 전문관리시대를 열었으며 전문자산관리제도의 도입을 촉진하였다. 따라서 전문자산관리제도는 시대적으로 필요한 제도로서 그 역할과 기능이 건물자산관리 전반에 걸쳐 크게 영향을 미칠 것으로 판단된다.

그러나 이와 같은 전문자산관리제도는 건물자산관리학의 학문적 지원 없이는 제도의 정착과 발전이 불가능하므로 건물자산관리학은 전문자산관리제도가 정착되고 발전되도록 적극적으로 지원할 학문적 책무를 가지고 있다.

(5) 건물관리서비스의 개선과 건물자산의 경제가치 극대화 연구과제

건물자산관리활동의 궁극적 목표는 양질의 관리효과(고품질의 관리서비스)와 건물자산의 경제가치인 사용가치와 교환가치의 극대화를 통한 건물자산 최유효 사용수익화에 있다. 양질의 건물자산관리효과란 관리활동을 통하여 건물자산관리 이해관당사자의 요구나 목적을 가장 경제적인 방법으로, 가장 안전하게, 그리고 가장 효율적으로 적합한 관리방법으로 창출된 이른바 최유효 관리활동의 결과로서 이를 통하여 건물자산관리 이해당사자 스스로 만족할 수 있는 고품질 건물관리서비스를 말한다.

건물자산관리효과는 화폐단위로 측정하는 것(경영효과, 임대관리효과, 자산운영관리효과 등)과 눈에 보이지 아니하는 것이나 계기 상에 기록되거나 기계장비로 측정함으로써 나타나는 관리효과, 그리고 주관적 만족도로 나타나는 관리효과 등 여러 가지의 종류가 있으나 결과적으로 양질의 건물자산관리서비스는 건물자산관리 이해당사자 모두를 가장 유효하게 만족시키는 특징이 있다.

건물자산의 경제가치 극대화란 건물자산관리활동으로부터 얻어지는 사용가치 극대화와 수익극대화 그리고 처분가치 극대화 등을 의미하며, 시설의 유익은 경제성·안전성·쾌적성·내구성·편리성·청결성·보건성·미관성·용도성 등을 의미하는 것으로서 역시 재산경영활동과 시설관리활동을 통하여 창출된다. 이와 같은 건물자산의 경제가치 극대화는 인간의 생존을 지원하는 중요한 역할을 하게 된다.

이와 같은 건물자산의 경제가치와 양질의 관리 유익과 서비스는 우연하게 얻어지는 것이 아니며, 부실한 관리활동을 통하여 얻어지는 산물이 결코 아니다. 다시 말하면, 건물자산의 경제가치나 양질의 건물관리효과는 고도의 기술과 전문성을 두루 갖춘 유능한 관리전문가에 의하여 과학적이고 체계적인 전문 관리를 통하여 얻어지게 되므로 건물자산관리학의 지원이 필요하다.

예컨대, 건물자산관리학의 자산관리 이론, 기법, 기술 등의 직접 지원을 받을 때 양질의 관리효과와 건물자산의 경제가치 극대화가 손쉽게 달성될 수 있다.

따라서 건물자산관리학의 또 다른 학문적 과제는 양질의 경영관리효과와 건물자산의 경제가치를 가장 경제적인 방법으로 가장 안전하게, 그리고 효율적으로 적합하게 창출하는데 기여하고, 지원해야할 과제를 안고 있다.

(6) 고비용 저효율 건물자산관리시스템의 획기적 개선

저효율 관리효과란 관리를 위하여 투입(Input)되는 고비용, 시간, 노력 등에 비하여 이로부터 얻어지는 산출물(Output)인 경영성과나 관리성과가 적거나 부실한 상태를 의미한다. 예컨대 100%의 관리예산과 관리활동(노력) 및 시간을 관리대상건물에 관리목적으로 투입하였으나 그로부터 나타나는 경영관리효과(결과)는 100% 미만으로 낮게 나타나는 경우가 이에 해당된다.

우리나라 건물자산관리현장에는 투입되는 관리비용에 비하여 나름대로의 건물자산관리 방식과 경험 및 지식을 동원하여 각자의 방법으로 건물자산을 관리하고 있으나 소수현장을 제외한 대부분의 건물자산관리현장에는 만족스런 건물자산관리효과가 잘 나타나지 않고 있음을 볼 수 있다. 이와 같은 현상을 고비용 저효율 관리효과 또는 저효율 관리효과라 하는바 고비용 저효율 현상은 우리나라 대부분의 건물자산관리현장에 분포되어 있는 고질적인 악현상 중 하나이다.

더욱 우려되는 일은 100%의 관리노력과 관리예산 및 시간을 투입하여 관리활동을 전개함에도 불구하고 그로부터 나타나는 관리효과가 50% 이하로 낮게 나타날 때도 누구하나 책임지거나 개선의 의식조차 없다는 것은 문제의 심각성이 있음을 의미한다. 이는 바로 건물자산관리활동을 하나의 단순노동 정도로 인식하거나 단순한 일상 업무 정도로 취급하여 원가계산이나 관리효과의 과학적 측정을 전혀 고려하지 않은 비과학적인 관리제도와 건물자산관리의 중요성과 필요성에 대한 인식결여에서 그 원인을 찾아볼 수 있다.

뿐만 아니라, 건물자산관리효과의 고비용 저효율 현상에 대한 또 하나의 원인에는 관리업무 전반을 검증받지 않은 건물관리회사에게 일괄 위탁하여 단기간(보통 1년) 관리함으로써 관리대상건물의 자산 보존이나 개량 등에는 관심을 보이지 아니하며, 관리활동 역시 비경제적인 방법으로 관리활동이 진행되고 있다는 점에도 기인되고 있다.

이와 같은 단기간(보통 1년)의 관리용역은 관리대상건물의 자산 보존이나 개량에는 아예 관심조차 없을 뿐 아니라 단기간의 관리용역의 성격상 건물개량에 대하여 연구하거나 개선의 방법을 개발하고자 하는 의욕조차 보이지 않게 만들고 있다.

이와 같은 위탁용역관리제도의 모순과 용역계약조건(특히 단기간계약기간과 수익성 없는 덤핑 수준) 등의 잘못으로 대부분의 건물자산 보존에 문제가 발생하고 있으며, 건물의 경제적 가치를 높이는 건물개량에는 전혀 관심을 보여주지 못하고 있다.

따라서, 건물자산관리학은 학문적 연구(연구논문)를 통하여 건물자산관리효과 저감현상을 가져오는 고비용 저효율 자산관리시스템을 획기적으로 과감히 개선해야 할 또 하나의 책무를 안고 있다.

(7) 건물자산관리산업 발전방안 연구과제

건물자산관리학은 건물자산관리상의 문제와 현상을 연구하여 체계적인 경영이론과 관리이론을 세우고 원리와 법칙 및 기술과 기법을 개발하여 효과적인 경영관리활동을 지원해야 하는 책무 외에 거시적으로는 우리나라 건물자산관리산업 전반에 걸쳐 발전방안을 연구하고 대안을 제시하며, 이를 통하여 국민경제 발전에 이바지해야 할 또 하나의 책무를 지고 있다.

건물자산관리산업 전반이 발전하려면 우선 먼저 건물자산관리학이 학문적으로 발전되어야 하고, 이를 바탕으로 건물자산관리산업[건물시설관리용역업(FM업), 건물자산운영관리업(PM업), 그리고 자산운용업(AM업) 등]이 발전되어야 한다.

따라서, 건물자산관리학은 끊임없는 학문적 연구와 교육을 통하여 건물자산관리산업이 발전되도록 건물자산관리기본법의 제정과 관리관계 법령의 개정 및 관리용역제도의 개선과 새로운 제도 신설, 신관리시스템의 개발, 신기술의 개발과 선진관리기술의 도입, 관리기술・전문성 등의 선진화, 자산관리방법의 과학화・전문화 연구 등에 최선을 다해야 하는 연구과제를 안고 있다.

그러므로 건물자산관리학을 학습하거나 연구 및 실무에 종사하는 모든 관계자가 건물자산관리학의 학문적 발전과 함께 이를 건물자산관리 산업계에 접목하고 응용함으로써 건물자산관리산업이 함께 발전되어 국가경제발전에 이바지하도록 최선을 다해야 할 것으로 판단된다.

(8) 건물자산위험의 근본적 해결과제

건물자산관리활동 중에는 크고 작은 안전문제가 끊임없이 나타나 인적・물적 피해를 유발시키고 있다. 뿐만 아니라 이와 같은 피해는 건물의 자산경영에도 치명적인 타격을 줄 수 있으므로 근본적 해결이 필요하다.

건물자산의 안전성문제는 기술적 관리대상인 건물실체에만 나타나는 기술위험 외에 경영위험, 법률위험, 보안위험 및 환경위험도 재해로 나타나고 있다. 건물의 위험은 종류도 매우 다양할 뿐만 아니라 피해의 정도 역시 경미한 1종 위험에서부터 건물경영주체를 도산에 이르게 하는 3종 위험도 함께 존재하므로 건물의 안전성문제(안전성 확보)는 건물자산관리활동에 있어서 가장 중요한 문제이다.

이러한 위험은 건물자산관리 대상 영역에 잠재(잠재위험)되고 있거나 위험이 계속해서 새롭게 생성되고 있어(미래위험) 여러 가지 재해를 증가시키는 요인이 되고 있다. 따라서 그 동안 건물자산위험 문제를 해결하기 위하여 정부차원의 노력은 물론 건물자산관리주체나 관리종사자의 안전교육과 훈련도 꾸준히 계속하여 왔으나 아직까지도 건물의 안전사고가 근본적으로 해결되지 못하고 있다.

이러한 연속적인 건물안전사고의 원인은 근본적이고 종합적이며 과학적인 안전관리방법이 체계적으로 접목되어야 함에도 불구하고 지엽적이며 산발적이고, 대형사고 당시에만 나라 전체가 흔들릴 정도의 반성과 대책이 쏟아져 나오는 냄비현상, 그리고 대부분의 경우 일회성 처방으로 비효율적이고 소극적으로 대처함으로써 건물의 안전사고는 끊임없이 계속되고 있다. 참으로 한심한 현상이 아닐 수 없다. 이제는 건물의 안전사고는 근본적으로 해결되어야 하며, 한 걸음 더 나아가 건물자산관리상의 경영관리활동이나 기술관리활동에 있어서 자산위험문제가 더 이상 1차적 연구대상에서 제외되도록 개선되어야 한다.

이와 같은 건물안전 문제는 피상적이고 추상적이며 경험적인 관리방법으로, 그리고 지엽적이고 산발적이며 일과성의 해결방법만으로는 도저히 근본적으로 해결되지 아니하므로 건물자산관리학으로 하여금 이를 심도 있게 종합적으로 그리고 체계적으로 연구하여 이를 근본적으로 해결해야 한다. 따라서 건물자산관리학은 건물자산위험 문제를 근본적으로 해결해야 할 중대한 학문적 과제를 안고 있다.

(9) 건물자산의 경제적 관리기술 개발과제

건물자산관리는 가장 경제적인 방법으로 수행되어야 한다. 이와 같은 명제는 건물관리가 자산관리이고 경영관리이며, 본질적으로 경제 관리의 성격이 있기 때문이다.

건물자산관리는 주어진 관리예산의 범위 내에서 진행되어야 하며, 최소의 비용으로 최대의 관리효용을 창출해야 한다. 또한 관리대상건물의 자산가치 제고와 수익극대화를 가장 경제적 관리활동으로 전개되어야 한다. 관리예산은 주로 공실인 경우를 제외하고는 건물사용자가 부담하는 것으로서 실비정산제를 원칙으로 하고 있으나 대부분의 건물에서 정액제 성격의 관리비를 징수하고 이를 사용하고 있어 정액제 관리비를 하나의 건물임대수익(임대소득원)으로 간주하고 있다. 건물관리비는 주지하는 바와 같이 건물사용자에 의한 직접관리가 불가능하기 때문에(직접관리가 예외적으로 가능한 건물도 있을 수 있음) 주로 건물관리주체나 관리조직이 관리를 대행하고 받는 수수료 성격의 비용이다.

그러므로 관리비는 원칙적으로 과다 징수하여 입주자를 속이거나 횡령할 수 없을 뿐 아니라 관리자는 선량한 관리자의 주의의무로 철저하고도 공정하며 경제적인 방법으로 관리해야 한다.

따라서 건물자산관리의 경제화 방안을 조속히 연구하고, 이를 우리나라 전체 건물자산관리현장에 접목해야 한다. 이를 위하여 건물자산관리학은 학문적 연구를 통하여 건물자산의 경제적 관리제도나 방법을 개발하고, 이를 전국의 건물자산관리현장에서 실시하도록 지원해야 한다. 이와 같은 연구의 과제는 건물사용자의 이익은 물론 자원을 절약함으로써 국민경제에 이바지할 것으로 판단된다.

(10) 과학적 건물자산관리 방법과 최유효 관리법 개발과제

건물자산관리는 가장 경제적이고, 가장 안전하며, 가장 효율적으로 적합하게 관리되어야 할 뿐 아니라 어떠한 관리방법보다 가장 유효한 효과가 나타나도록 과학적 자산관리방법으로 관리되어야 한다.

이와 같은 최유효 관리방법은 건물관리의 경제화, 안전화, 효율화, 적합화 등의 고도의 건물자산관리지식이 접목될 때 비로소 가능하다. 따라서 건물자산관리학은 학문적 연구를 통하여 최유효 관리방법을 더욱 개발하고 발전시켜 전국의 건물자산관리현장에 접목해야 하는 또 하나의 학문적 과제를 안고 있다.

(11) 건물자산관리이론 및 제도와 관리시스템 연구개발과제

건물자산관리학은 학문적 연구를 통하여 건물의 경영문제와 관리문제 및 현상을 설명하고 해결할 수 있어야 하며, 관리활동에 필요한 이론과 개념을 구체적으로 정의해야 한다. 따라서 건물자산관리학은 계속적인 연구로 효과적인 새로운 관리제도나 관리시스템, 기법과 이론을 연구개발하고 이를 관리활동에 효과적으로 접목해야 할 학문적 책무를 가지고 있다.

(12) 건물자산관리업무의 표준화와 과학화 구현과제

건물자산관리업무의 대부분은 과학화와 표준화가 가능한 업무이다. 건물자산관리업무의 표준화와 과학화는 관리예산·관리시간·관리노력 등을 경제화·효율화할 수 있을 뿐 아니라 건물경영에도 여러 가지 긍정적 작용을 한다. 그러나 유감스럽게도, 우리나라 건물자산관리현장 대부분의 경우 아직도 표준화와 과학화가 되지 않아 관리상의 손실이 크게 발생하고 있다. 따라서 건물자산관리학은 학문적 연구를 통하여 건물자산관리의 기준설정, 표준화·과학화가 조속히 구현되도록 최선을 다해야 할 책무가 있다. 이와 함께 건물자산관리학은 건물자산관리학 연구의 기초가 되는 각종 통계자료의 조사 분석, 표준, 기준의 설정이나 이를 국가기관으로 하여금 공식화하는 연구 과제를 안고 있다.

(13) 건물자산 경영목표와 관리목표의 효과적 달성방안 연구과제

건물자산관리학은 관리대상 건물자산의 경영목표(경제가치 보존유지 및 극대화에 의한 최유효건물자산 수익화 목표)와 관리목표(건물 실체의 정상적인 보존·이용·개량과 사용가치 극대화에 의한 최유효 건물사용화 목표)에 대한 효과적 달성방안을 연구하고 제시해야 할 또 하나의 연구과제를 안고 있다.

(14) 건물자산관리산업의 국가경제 발전기여와 이바지 과제

건물자산관리학은 건물자산관리산업의 발전을 견인하여 국가경제 발전에 기여하고 이바지해야 할 책무를 가지고 있다.

따라서 건물자산관리학은 연구를 통하여 건물자산관리산업으로 하여금 국가경제 발전에 이바지하도록 학문적으로 연구하고 지원해야 한다.

제5장 건물자산관리학의 이론구조체계 및 교육방향

제Ⅰ편의 마지막 장인 제5장에서는 세 개의 절을 두고, 제1절에서 건물자산관리학 이론 구조의 절을 통하여 이론체계화 중심이론인 건물자산관리학 전체의 이론구조를 정리하여 건물자산관리학의 이론구조의 틀을 소개하고 있으며, 제2절을 통하여 건물자산관리학의 이론체계에 관하여 구체적으로 설명하고 있다. 특히 제3절을 통하여 건물자산관리학의 교육방향을 제시하여 건물자산관리학전공 전문 인력 양성을 위한 대학의 교육목표와 방향을 간략하게 소개하고 있다.

제1절 건물자산관리학의 이론구조

1. 이론구조의 의의

건물자산관리학이론의 구조라 함은 건물의 대량생산과 이에 따른 건물자산관리 문제의 대두 및 개선의 필요성과 이로 인한 건물자산관리학의 태동과 학문적 과제와 문제개선 결과 등이 이론적으로 상호관계를 유지하는 각 항목의 부분들이 서로 짜여진 관계나 체계를 의미한다.

다시 말하면, 건물자산관리학이론의 구조는 건물자산관리 문제의 대두와 건물자산관리학 태동과의 상호관계를 설명하는 이론적 구조를 의미한다.

2. 이론구조의 내용

건물자산관리학은 건물자산관리문제와 건물자산관리 활동의 현상을 분석하여 그 응용기술을 연구 개발하는 응용과학으로서 학문적 성격이 매우 다양하고 연구대상이나 연구과제 또한 여러 가지가 존재하고 있다.

그러나 건물자산관리학의 최대 학문적 관심은 건물자산의 경영과 건물시설의 관리에 있어서 본질적 문제와 현실적 문제 등을 개선하고 해결하여 건물자산의 사용가치와 수익가치를 높여 최유효 사용수익화함으로써 건물자산의 소유자와 사용자 그리고 관리자 등의 최유효 건물자산 소유목적과 사용목적의 효과적 달성을 지원하며 이에 필요한 건물의 경제적 이익과 건물사용서비스의 생산, 공급의 균형화를 추구하고 정상적 건물자산관리활동의 경제화, 안전화, 효율화, 적합화의 이론 및 기술연구개발과 이를 바탕으로 양질의 건물자산의 경제가치와 건물사용서비스를 가장 경제적인 방법으로 안전하게 그리고 효율적으로 적합하게 생산하고 이를 합리적으로 분배, 소비하게 하여 건물자산관리 이해당사자 모두를 최유효 만족하도록 하는 데 필요한 이론의 체계화와 관리기술의 과학화, 인적・물적 관리자원의 최적화에 두고 있다.

또한 건물자산관리학은 연구 활동을 통하여 얻어진 연구 결과물을 주(住)측면의 생존지원과 건물자산관리산업분야의 발전을 통한 국가경제발전에도 학문적 관심을 가지고 있다. 이와 같은 학문적 목적을 효율적으로 실현하기 위하여 건물자산관리학은 연구대상에 대한 과학적 연구와 학문적 연구방법에 의한 연구 성과가 지속적으로 이루어지도록 하는 것 외에 건물자산관리문제와 현상에 대한 설명은 물론 문제에 대한 해법의 제시와 악현상에 대한 개선안을 도출해냄으로써 미래를 예측하여 적절히 대응하게 하는 등 건물자산관리학의 학문적 책임을 성실히 수행해 나가야 한다.

제5장 제2절을 통하여 설명되는 건물자산관리학의 이론체계 기초개념들은 건물자산관리의 문제를 분석하고 연구하여 해석하며 해답을 제시하는 데 필요한 이론체계로서 건물자산관리의 기본이론인 동시에 건물자산관리학의 이론과 실무 양대 체계상 건물자산관리활동의 실무처리방법론과 함께 매우 중요한 내용들이다.

향후 계속하여 연구됨으로써 건물자산관리학의 이론체계와 실무방법론이 상호 밀접한 관계를 가지면서 학문적으로 완성될 것으로 기대해마지 않는다.

건물자산관리학의 이론구조는 전술한 바와 같이 1980년대 이후부터 시작된 건물 동수의 급증현상과 이와 병행하여 나타나기 시작한 크고 작은 건물자산관리문제의 대두와 사회문제화가 직접 원인으로 작용하고 이로 인한 건물자산관리문제 개선의 필요성에 대한 학문적 지원의 과제가 사회·국가적으로 요청되는 시대적 요구의 간접원인에 기인하여 후술하는 건물자산관리학의 이론체계와 건물자산관리활동의 기초개념들을 주요 이론체계의 요소로 하여 전체 건물자산관리학의 이론을 구조화하였다.

건물자산관리문제와 현상을 관찰하고 분석하여 건물자산관리문제와 현상을 효율적으로 설명하고 건물자산관리의 변수와 여러 가지 건물자산관리 변화를 예측하는 데 목적을 두고 있는 건물자산관리학 이론구조의 내용을 살펴보면 다음과 같다.

인간의 경제생활이나 사회생활에 있어서 반드시 필요로 하나 제한적으로 존재하여 희소성을 가지고 있는 건물의 재화와 서비스를 효과적으로 얻어 삶과 생활과 일을 성공적으로 영위하려면 적어도 건물의 재화와 서비스를 제공하는 건물에 대한 정상적 건물자산관리활동이 접목되어야 하고 이를 통하여 양질의 건물재화와 서비스를 최유효 관리방법으로 생산(창출)하고 합리적으로 분배, 소비하게 하여 인간의 경제생활과 사회생활에 필요한 인간의 건물재화와 서비스 욕구를 효과적으로 충족하는 것, 이른바 건물재화와 서비스에 대한 인간의 욕구와 건물재화와 서비스 생산, 공급 간의 균형화가 첩경이라 할 수 있다.

따라서 건물재화와 서비스에 대한 인간의 욕구 충족에 필요한 양질의 건물재화와 서비스 창출을 위하여 반드시 접목되어야 하는 정상적 건물자산관리활동을 영위하려면 건물자산관리활동을 직, 간접적으로 저해하는 어떠한 문제도 없어야 함이 전제되어야 한다.

그러나 유감스럽게도, 우리나라 건물의 공급현황과 건물자산관리 실태를 분석해보면 정상적 건물자산관리활동을 저해하는 건물자산관리업계 내부적으로 효율적 관리를 위한 전문 관리인력 양성이나 관리시스템, 매뉴얼, 기술 등의 준비부족 요인과 외부적으로 건물대량생산에 대비한 체계적 관리를 위한 정책관리기본법, 제도, 정책 등의 대비소홀 요인 등의 문제점들이 산재되어 있음을 볼 수 있다.

건물자산관리의 내·외부적 문제점들은 본질적 문제의 해결이나 개선의 저해요인으로 작용하여 양질의 건물재화와 서비스 생산의 최유효화를 실현하고자 하는 건물자산관리활동을 근본적으로 방해하고 있다.

이와 같은 문제점들의 악영향으로 건물자산관리활동이 비정상화되어 이로 인한 비정상적 건물자산관리활동(바람직하지 못한 건물자산관리활동)은 건물재화와 서비스 생산을 왜곡시켜 건물재화와 서비스에 대한 인간의 욕구와 건물재화와 서비스의 생산, 공급 사이에 불균형화를 초래하게 함으로써 건물자산관리 이해당사자 상호간의 불만원인이 되고 있다. 이는 우리나라 건물자산관리의 본질적 문제로서 반드시 해결되어야 할 건물자산관리학의 개선과제로 인식되고 있다.

뿐만 아니라, 비정상적 건물자산관리활동의 결과는 우리나라 건물자산의 양호한 상태보존과 자산가치보호에 심각한 마이너스효과를 가져올 뿐 아니라 미시적으로도 건물자산의 소유자와 사용자 및 이용자 모두에게 최유효 건물의 소유목적과 사용목적 및 이용목적을 방해하고 거시적으로는 비양질의 건물재화와 서비스의 생산, 공급, 소비로 인하여 주(住) 측면의 인간생존지원을 저해하며 종국적으로 국가경제발전에도 악영향을 끼치게 하고 있다. 또한 비정상적 건물자산관리활동은 건물의 기반시설의 사회적 기능과 국가적 인프라 역할에 악영향을 주어 국민의 경제생활과 사회생활의 불편은 물론 국민의 안전과 편의에도 적지 않은 손해를 끼치고 있다.

그러므로 비정상적 건물자산관리활동은 반드시 건물자산관리활동의 정상화가 되도록 개선되어야 한다.

따라서 정상적 건물자산관리활동의 저해요인으로 작용하고 있는 건물자산관리의 내부적·외부적 요인들은 최우선적으로 개선되거나 해결되어야 한다.

이와 같은 건물자산관리의 이론적 논리를 바탕으로 정상적 건물자산관리활동을 효과적으로 수행하려면 건물자산관리학의 건물자산관리이론을 체계화하고 이를 토대로 정상적 건물자산관리활동에 악영향을 주는 문제점이나 그 문제점으로 인하여 다시 파생되는 건물자산관리 문제에 대하여 학문적 접근과 연구가 필요하다.

왜냐하면, 비정상적 건물자산관리활동의 저해요인인 건물자산관리의 문제점과 이로 인하여 파생된 다른 건물자산관리문제 개선은 건물자산관리학의 이론에 따른 학문적 연구만이 유일한 대안이기 때문이다.

건물자산관리학이론의 구조는 [그림 5-1]과 같이 1, 2차 경제개발과 건축기술 및 자재장비의 발달 등의 영향으로 대량생산된 건물 동수의 급증현상과 건물자산관리업계 내부의 준비부족의 직접요인과 정부정책 등 대비소홀의 간접요인들이 정상적 건물자산관리활동을 저해하는 문제점으로 이어지고, 이와 같은 문제점들은 건물자산관리활동에 악영향을 주어 건물자산관리활동의 비정상화를 유도함으로써 인간의 건물재화와 서비스 욕구에 대한 건물재화와 서비스 생산, 공급 간을 왜곡시켜 결국 인간, 건물 상호간을 불균형화시킴으로써 다시 건물자산관리문제가 대두되고 사회문제화 되어 건물소유자와 사용자의 인적·물적 손실 및 사회적 손실을 초래함으로써 심각한 건물자산관리문제로 나타남에 따라 개선의 필요성이 사회적으로 그리고 정책적으로 크게 대두되게 하였다. 그러나 다행스럽게도, 사회문제화 된 건물자산관리문제에 대한 개선의 필요성의 사회적 인식이 현실적으로 고조되고 정부관계당국조차 정책적 의지를 나타나도록 하였다.

이와 같이 출발되고 있는 건물자산관리학의 건물자산관리학이론의 구조는 건물의 대거 등장에서부터 구조체계 마지막 대미를 장식하는 건물자산관리의 목적달성에 이르기까지 상호인과관계를 유지하면서 11단계로 구조화되어 있다.

건물자산관리학이론 구조상의 건물자산관리문제에는 재화와 서비스 생산, 분배, 소비의 최유효 관리화를 저해하는 본질적 문제와 본질적 문제를 더욱 문제가 되게 하는 현실적 문제 등으로 구성되어 있다.

이와 같은 건물자산관리문제 개선의 필요성에 대한 사회적 인식과 국가적 의지가 함께 작용하여 건물자산관리문제의 개선 연구를 목적으로 우리나라 최초로 건물자산관리학이 태동하게 되었다.

건물자산관리학은 학문적 연구과제인 건물자산관리문제와 현상에 대한 연구활동을 시작함으로써 문제개선 방안을 도출하고 경제적이고 안전하며 효율적이고 적합한 건물자산관리 이론과 모델 및 시스템과 기술을 개발하여 건물자산관리활동에 접목함으로써 건물자산관리문제가 합리적으로 개선되고 해결되며, 개선 또는 해결된 건물자산관리문제는 비정상적 건물자산관리활동을 정상적 건물자산관리활동으로 개선시킴으로써 마침내 건물의 시설관리목표와 재산경영목표가 효과적으로 달성되고 효과적으로 달성된 건물의 시설관리효과(시설관리성과)와 재산경영효과(재산경영성과)는 인간의 재화와 서비스에 대한 욕구를 경제적 방법으로, 안전하게 효율적으로 적합하게 충족하게 하여 인간과 건물 상호관계의 균형화(均衡化)를 유도하게 하고 인간, 건물 상호관계 균형화(均衡化)는 마침내 건물자산관리학의 건물자산관리학 이론 구조체계 마지막 11번째 단계인 건물자산관리의 목적을 가장 경제적 방법으로, 안전하게, 그리고 효율적으로 적합하게 달성하게 함으로써 건물자산관리학의 건물자산관리학 이론구조를 완성하게 된다.

이상에서 설명한 건물자산관리학의 이론구조를 그림으로 정리하면 [그림 5-1]과 같다.

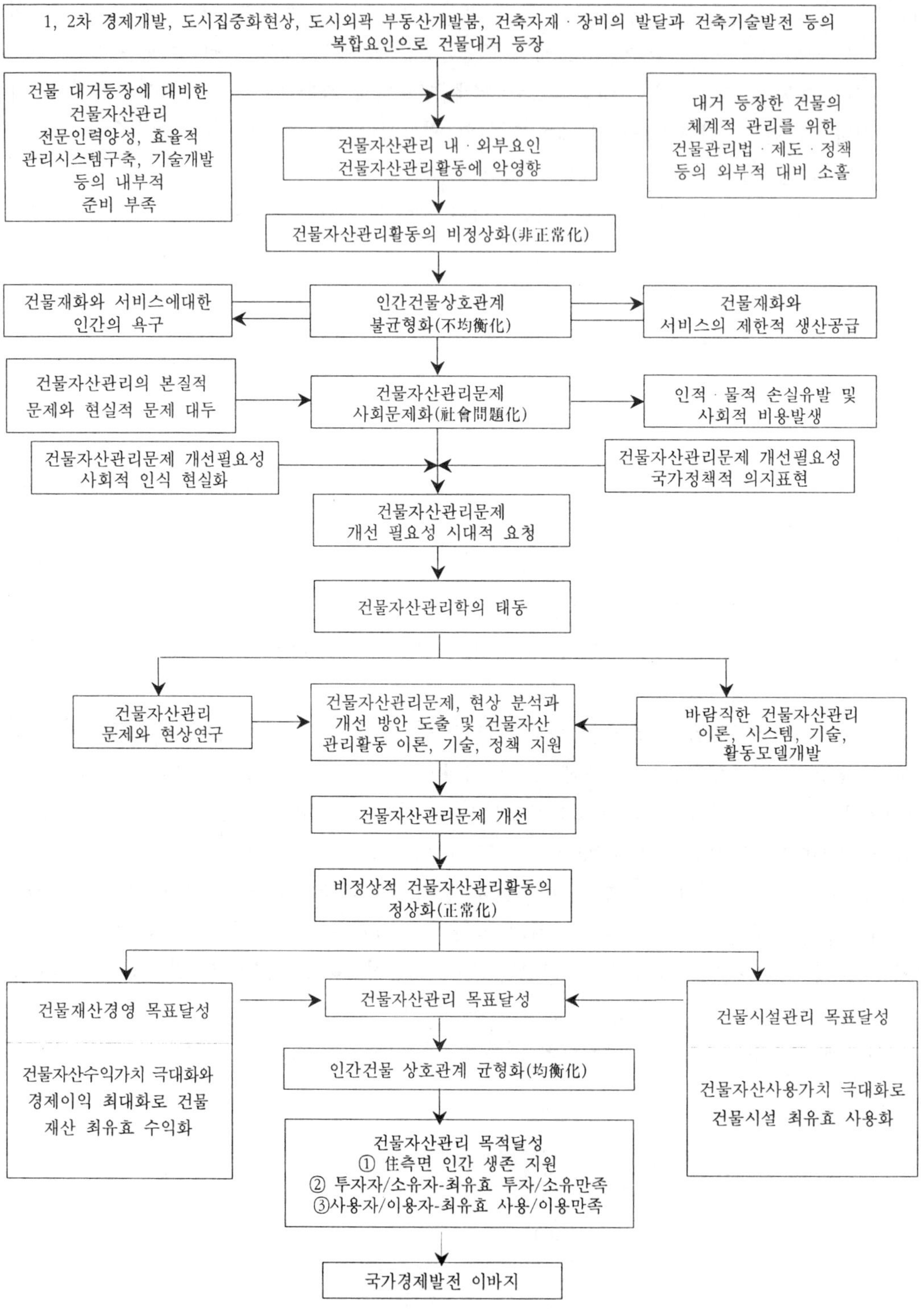

[그림 5-1] 건물자산관리학의 이론구조

제2절 건물자산관리학의 이론체계

1. 이론체계의 의의

건물자산관리문제 개선에 대한 사회적 인식이나 정부정책적 의지만으로는 근본적으로 건물자산관리문제 개선이 용이하지 않으므로 문제개선에 대한 학문적 지원이 요구되고 있다. 이와 같은 사회·국가적 건물자산관리문제 개선의 필요성에 건물자산관리업에 대한 건물자산관리업계의 인식과 정부관계당국의 의지에 힘입어 건물자산관리학의 이론체계화 연구가 시작되었다.

건물자산관리학의 이론체계라 함은 건물자산관리학이 학문적으로 이론을 체계화하는 데 있어서 인접과학으로부터 차용한 하나하나의 다른 이론과 원리와 법칙 등을 시스템화하여 건물자산관리학의 하나의 통일된 이론의 전체를 의미한다.

건물자산관리학은 인접과학의 지원을 받아 종합식 접근방법에 따라 이론을 체계화한 종합응용과학이므로 여러 종류의 인접과학과 이론적으로 관련을 맺고 있으므로 이론을 차용하였거나 원용하고 있다.

다시 말하면, 부동산학, 경제학, 경영학, 행정학, 재무학, 건축학, 법학, 전기공학, 기계공학, 환경공학, 토목공학, 세무학 등의 각기 다른 인접과학의 이론을 차용하여 건물자산관리학의 통일된 전체 이론을 시스템화한 것이므로 건물자산관리학은 여러 관련 학문의 융합성격(예 MOT, Management of Technology)을 가진 종합응용과학으로 다소 복잡한 종합 학문의 성격을 띠고 있다.

건물자산관리학은 건물자산의 경영활동과 관리활동을 지원하고 건물자산관리의 문제와 현상을 설명하며 건물경영관리문제와 현상을 개선하거나 해결하여 건물자산의 사용가치와 교환가치를 극대화하고 최유효 사용수익화함으로써 주(住)측면의 인간생존지원과 건물자산관리 이해관계자의 최유효 만족을 제공하는 과제를 안고 있는 실용학문이므로 이를 지원하기 위한 학문적 이론은 계속 연구되고 발전되어야 한다. 특히 건물자산관리학의 이론은 건물자산관리활동이라는 건물자산관리실무를 설명하고 지원하는 학문적 역할을 함으로써 내부적으로도 이론과 실무활동사이에 상호 밀접한 관계를 맺고 있다.

2. 건물자산관리학의 정의와 학문적 성격

(1) 건물자산관리학의 정의

일반적으로 학문이라 함은 일정한 이론에 따라 체계화된 지식을 의미한다.66) 또한 학문이란 특정사물이나 현상 등의 연구대상에 대한 연구와 학습의 복합작용에 의하여 얻어진 체계적 지식을 의미한다.67)

건물자산관리학 역시 일정한 건물자산관리의 문제와 현상에 대한 문헌조사 분석과 사례비교 분석 및 실증조사방법 등에 의하여 얻어진 자료들을 종합식 접근방법에 따라 이론을 시스템화하여 체계화시킨 응용과학이라 할 수 있다.

무릇 학문이란, 어떤 특정된 연구대상이나 문제와 현상에 대하여 효율적으로 설명이 가능해야 하고, 일정한 이론의 체계가 있어야 하며, 어떤 연구의 내용이 과학적으로 증명이 가능해야할 뿐만 아니라 증명된 내용이 인류에게 유익한 것이어야 한다. 건물자산관리학은 건물자산관리활동이라는 실무상의 활동을 위한 이론 분야로서 건물자산관리의 문제와 현상 및 활동 등을 연구하여 관리이론, 기법, 법칙, 원리, 기술 등을 개발하여 이를 직접 건물자산관리활동에 접목함으로써 주어진 최소한의 인적 자원과 물적 자원 등을 효과적으로 활용하여 건물자산경영관리활동을 가장 경제적인 방법으로, 가장 안전하게 그리고 가장 효율적으로 적합하도록 실무를 가이드하고 지원하는 응용과학성격의 신학문이라 할 수 있다.

또한 건물자산관리학은 건물자산관리문제와 현상 그리고 활동이라는 특정된 연구대상을 가지고 있으면서 연구를 통하여 최유효 관리효과를 창출하기 위한 관리이론, 관리기법, 관리원리 및 법칙과 기술과 전문성을 개발하는 실용학문 분야이다. 그러므로 건물자산관리학에 대하여 한마디로 정의하기란 쉬운 작업은 아니다. 왜냐하면, 최광의 관리개념에 기초한 자산재무관리차원의 AM개념(Asset Management Concept), 통상의 건물자산운영관리개념인 PM개념(Property Management Concept)이나 물리적 시설관리개념인 FM개념(Facilities Management Concept) 등을 고찰해 보면 관리대상 건물자산의 복합성과 관리영역의 상이성으로 인하여 공통분모를 찾기가 어렵고, 개별관리활동의 관리효과를 종합하여 얻어지는 건물자산관리의 종합관리효과 역시 건물재산경영 및 건물시설관리의 내용과 건물의 규모나 용도·성격·설비의 종류 등에 따라 각각 상이하게 나타나기 때문이다.

그럼에도 불구하고, 건물자산관리학 개념의 정의화는 반드시 조명되어야 하고 확립되어야 한다. 왜냐하면, 건물자산관리학의 정의는 건물자산관리학의 성격과 연구방향을 결정짓는 학문연구의 첫 출발점이기 때문이다.

특히 건물자산관리학은 건물자산관리활동(관리실무와 작업)을 통하여 양질의 건물시설관

---

66) 이기문,「동아 새국어사전」제4판, 두산동아, 2001, p.2452.

67) 김재명,「경영학원론」, 박영사, 2001, p.18.

리서비스(Service)와 건물의 자산의 경제가치를 가장 경제적 방법으로, 안전하게 그리고 효율적으로 적합하게 창출하여 이로부터 얻어진 건물의 재산적 경제이익과 사용서비스를 건물자산관리 이해관계자에게 제공하여 그들 모두에게 최유효 만족을 제공해야 하므로 건물자산관리학은 건물자산관리의 문제와 현상을 연구하고 이를 통하여 얻어진 지적 창조의 결과를 건물자산관리활동에 응용하도록 해야 한다. 건물자산관리학의 학문적 정의를 도출하기 위해서는 건물자산관리학의 학문적 과제와 건물자산관리학이 건물자산관리개념으로 채택하고 있는 최광의 관리개념, 건물을 자산으로 인식하고 자산의 운용과 운영관리 그리고 시설관리 등의 건물자산관리 실무측면의 자산관리개념과 건물자산관리학의 건물자산관리 기본틀인 건물재산의 경영과 건물시설의 유지관리(기술관리)의 이론, 건물자산관리효과를 생산하는 방법론 등을 바탕으로 건물자산관리학의 정의가 확립되어야 한다. 또한 건물자산관리학은 건물자산관리의 본질적 문제와 현실적 문제들을 연구하고 해결하기 위한 지식의 체계이므로 건물자산관리의 문제해결에 기초하여 정의 개념이 도출되어야 한다.

이상과 같은 건물자산관리의 이론과 논리를 기초로 저자는 건물자산관리학의 정의를 다음과 같이 확립하고자 한다.

건물자산관리학을 학문적으로 정의하면 「건물자산관리의 지식체계로서 최적건물자산의 취득, 효율적 보유와 운영관리, 합리적 처분의 이론과 건물자산가치의 보존, 이용, 개량, 극대화의 원리 및 건물자산관리활동의 최유효화 기술을 연구하고 응용하는 종합응용과학」으로 정의할 수 있다.

이와 같은 건물자산관리학의 정의는 저자가 재확립한 정의이나 반드시 이것만이 영원한 건물자산관리학의 정의이다라고 단언하기는 어려워 보인다.

왜냐하면, 건물자산관리의 방법이 다양하듯이 건물자산관리학의 연구방법 역시 매우 다양하기 때문이다. 그러나 이와 같은 건물자산관리학의 학문적 정의는 건물자산관리학 연구의 기초이므로 매우 중요하게 다루어져야 한다.

건물자산관리학의 정의 내용을 보다 구체적으로 이해하기 위해서는 건물자산관리학의 정의화에 기여하고 있는 다음의 기초이론들을 중심으로 살펴 이해함이 바람직하다.

1) 건물자산관리학은 건물자산관리의 지식체계이다.

건물자산관리의 지식체계(Knowledge System of Building Asset Operation and Administration)라 함은 건물자산관리에 대한 명료한 의식과 그것에 대한 판단이나 알고 있는 내용 또는 범위가 계통을 세워 통일한 전체나 건물자산관리의 일정한 원리에 따라 조직한 지식의 통일된 전체를 의미한다.

건물자산관리학은 건물자산경제가치(사용가치와 교환가치) 극대화의 원리 및 건물자산관리활동의 최유효화 기술 등이 결합 또는 조직된 건물자산관리 지식의 체계이므로 학문으로 성립하게 되며 건물자산관리학은 부동산학, 법학, 경제학, 경영학, 행정학, 재무학, 건축 관련 공학 등의 낱낱이 다른 지식을 건물자산경제가치 극대화와 건물자산관리활동의 최유효화에 적합하도록 체계화한 건물자산관리의 신지식이라 할 수 있다.

특히, 건물자산관리학은 종합응용과학의 성격을 가지고 있는 관계로 인접 과학의 이론을 차용하고 지원받아 건물자산관리 이론을 종합적으로 시스템화한 것이므로 건물자산관리학은 건물자산관리의 지식체계라 볼 수 있다.

2) 건물자산관리학은 건물자산가치의 보존, 이용, 개량 및 극대화의 원리를 연구하는 종합응용과학이다

건물자산의 가치(Value of Building Asset)라 함은 건물자산이 지니고 있는 경제적 의의나 중요성을 의미하는 것으로 경제학에서는 어떠한 인간의 욕망을 채워주는 정도에 따라 그 물건에 대하여 인정되는 의의나 중요성을 의미하며 이에는 사용가치와 교환가치가 있다고 설명하고 있다.

건물자산의 사용가치(사용가치와 수익가치)는 사용자의 주관적 만족도에 의하여 결정되며 교환가치(법률적 처분과 물리적 처분)는 화폐단위로 결정된다.

건물자산가치 극대화(Building Asset Value Maximization)의 원리란 건물자산의 사용가치와 교환가치를 최대화하는 데 기본이 되는 이치나 법칙의 바탕이 되는 근거 등을 의미한다.

건물자산가치 극대화의 원리에는 최적 건물자산의 취득원리, 효율적 보유와 운영관리의 원리, 합리적 처분의 원리 외에 운영관리 비용의 최소화와 운영관리 효용의 극대화 원리, 자산위험의 최소화와 수익의 극대화 원리 등이 있다.

3) 건물자산관리학은 건물자산관리활동의 최유효화 기술을 연구하고 응용하는 종합응용과학이다

건물자산관리에 있어서 사용가치와 교환가치를 직접 창출하는 것은 건물자산관리활동에 의하여 비롯되므로 건물자산관리활동의 최유효화 기술은 건물자산 경제가치 극대화의 도구로서 가장 중요한 건물자산관리학의 연구과제로 평가된다.

건물자산관리활동의 최유효화 기술이란 건물자산관리의 문제와 현상을 분석하여 건물자산관리활동의 경제화, 안전화, 효율화와 건물자산관리 활동효과의 적합화의 기술을 의미하며 건물자산관리활동 성과(경영성과와 관리성과)가 건물자산관리 이해당사자(소유자, 사용자, 관리자)의 요구 목적에 적합하도록 정확하고 능률적으로 처리하거나 과학지식이나 과학적 관리방법을 건물자산관리에 응용하는 방법이나 수단 등을 의미한다.

예컨대, 건물자산 취득 시 과학적 위험분석기법이나 Portfolio 분석기법, 재무구조분석기법, 자산실사기법과 이를 통한 최적건물자산 취득, 효율적 보유와 운영관리, 합리적 처분기법 등은 건물자산관리활동의 최유효화 기술이라 할 수 있다.

즉 건물자산관리의 최유효화 기술이란 건물자산관리학의 인접과학인 경제학 건축공학 등의 학문의 지원을 받아 건물자산관리활동의 경제화, 안전화, 효율화와 건물자산관리활동 효과의 적합화를 실현함으로써 정확하고 능률적으로 처리하는 경영관리의 솜씨 또는 과학적 관리방법을 건물자산관리에 응용하여 능률적으로 처리하는 경영관리 기술을 의미한다.

4) 건물자산관리학은 건물자산관리의 문제와 현상을 분석하여 최적건물자산의 취득, 효율적 보유와 운영관리, 합리적 처분의 이론을 연구하는 종합응용과학이다

과학(Science)의 일반적 의미는 어떤 영역의 대상을 객관적인 방법으로 계통적으로 연구하는 활동이나 그 성과의 내용을 의미하며 이론과학과 응용과학으로 분류된다.

그러나 응용과학(Applied Science)은 순수한 지식의 원리를 중시하며 연구하는 이론과학과는 달리 인간생활이나 산업에 실제로 활용될 기술을 연구하는 과학으로서 이에는 공학, 농학, 의학 등이 있으며 건물자산관리학 역시 산업계에 실제로 활용할 목적으로 건물자산의 경영관리기술을 연구하는 학문분야이므로 응용과학이라 할 수 있으며 그것도 다양한 인접 과학과의 교류와 융합으로 이루어지는 종합응용과학 성격의 학문으로 인식된다. 특히 건물자산관리학은 건물자산관리의 문제와 현상을 분석하고 최적건물자산의 취득, 효율적 보유와 운영관리 그리고 합리적 처분의 이론을 연구하여 건물자산의 사용가치와 교환가치(수익가치) 극대화의 최적방안을 도출하는 종합응용과학이다.

(2) 건물자산관리학의 학문적 성격

건물자산관리학의 태동역사가 일천하기는 하나 연구대상이 다른 학문과 상이하고 학문적 과제 역시 매우 특별할 뿐 아니라 건물자산관리의 문제와 현상 그리고 활동에 일정한 이론과 법칙이 있는 관계로 건물자산관리학에도 여러 가지 학문적 성격이 있다.

건물자산관리학은 종합과학의 성격 외에 응용과학의 성격이 있으며 실천과학과 사회과학의 성격도 함께 지니고 있다. 뿐만 아니라, 경험과학의 성격과 규범과학의 성격도 함께 포함하고 있는 종합응용과학이라 할 수 있다.

건물자산관리학의 학문적 성격의 내용을 구체적으로 살펴보면 다음과 같다.

1) 종합과학적 성격

건물자산관리학의 연구대상은 건물재산의 경영관리와 건물시설의 유지관리 문제와 현상 및 활동으로서 건물자산관리상의 문제와 현상 및 활동에 대한 설명과 해법의 도출은 부동산학, 경제학, 경영학, 행정학, 법학, 재무학 그리고 건축 관련 공학 등의 이론지원 없이는 불가능하다.

건물자산의 경제성업무와 경영업무는 경영학과 경제학의 이론지원으로 설명과 해법의 도출이 가능하며, 건물자산의 법률과 행정성의 건물자산관리업무는 법학과 행정학의 이론적 도움이 필요하다.

뿐만 아니라, 건물의 시설관리의 이론과 관리방법 및 기술은 전적으로 건축 관련 공학의 지원 없이는 불가능하다.

또한 건물자산관리의 중심관리개념인 건물의 재산경영은 부동산학과 경제학, 경영학, 법학건축관련 공학 등의 도움을 받아야 비로소 가능하다.

따라서 건물자산관리학은 종합과학적 성격을 가지고 있다.

2) 응용과학적 성격

과학을 이론과학과 응용과학으로 분류할 때 건물자산관리학은 응용과학에 해당되는 학문이다. 왜냐하면, 건물자산관리학은 공학이나 의학과 같이 인간생활이나 산업에 실제로 활용될 수 있는 기술을 연구하는 학문이기 때문이다.

그러나 이론과학은 실제적인 응용방면의 연구보다 순수한 지식의 원리를 중시하여 연구하는 과학을 의미한다.

그러므로 건물자산관리학은 응용과학의 성격을 가지고 있다.

3) 경험과학적 성격

건물자산관리학은 사물의 인식에 관심을 두지 아니하고 현실의 문제와 현상 및 활동에 관심을 두고 현실적으로 건물자산관리시장이나 건물자산관리현장에서 발생되거나 변화되고 있는 문제와 현상 및 활동의 사실을 설명하고 해답을 찾는 학문이므로 수학이나 논리학, 철학과 같이 비현실에 관심이나 근거를 두지 아니하고 현실속의 경험사실이나 문제와 현상 및 활동을 매우 중요하게 인식하고 분석하며 연구하는 학문이다.

다시 말하면, 건물자산관리학은 현실적으로 일어나고 있는 건물자산관리문제와 현상 및 실무활동 속에서 명제를 도출하고 이를 가설로 설정하여 이론과 경험으로 문제와 현상 및 활동을 분석하고 설명하며 해석하여 종합함으로써 건물자산관리 이론체계를 구성하는 학문이므로 건물자산관리학은 경험과학적 성격이 있다. 뿐만 아니라, 건물자산관리학은 추상적 학문이 아닌 구체적인 문제와 현상 및 활동을 다루는 구체적인 경험과학이라 할 수 있다.

왜냐하면 건물자산관리학은 사회과학이나 자연과학들과 같이 경험적인 사실에 근거를 두고 있는 학문이기 때문이다.

4) 사회과학적 성격

과학을 인문과학과 자연과학 그리고 사회과학으로 분류할 때 건물자산관리학은 사회과학의 범주에 해당된다.

자연과학은 자연계에서 일어나는 현상을 연구하는 학문으로서 자연현상 사이의 일어나는 상호관계나 원인 등을 연구하여 그 일반적인 법칙을 탐구하는 학문이고 인문과학은 정신과학이나 사회과학은 인간사회의 여러 현상을 과학적 방법으로 체계적으로 연구하는 학문이다.

건물자산관리학은 건물자산소유자나 사용자 및 이용자 등이 건물자산에 대한 소유와 사용, 수익의 활동 속에서 상호관계를 맺거나 상호작용함으로써 여러 가지 문제와 문제의 원인에 의하여 사후에 현상이 나타나고 이에 대한 인과관계를 연구하고 분석하는 학문이므로 사회과학적 성격을 가지고 있다 하겠다.

5) 규범과학적 성격

규범과학이란 규범학이라 호칭되는 과학으로서 경험과학에 대하여 당위, 가치, 규범을 대상으로 탐구하는 학문으로서 윤리학・논리학 등이 이 범주에 해당되는 학문이다.

건물자산관리학 역시 경제가치나 자산가치, 주(住)생활의 질 또는 자산관리의 기준이나 규정을 다루는 분야이고 건물자산관리를 올바르게 이끌어 가도록 요구하는 법제도와 규정을 탐구하고 어떤 건물자산관리활동이 바람직한 활동인지를 분석하고 판단, 평가하는 기준 등의 분야가 있으므로 규범과학적 성격이 있다.

6) 실천과학적 성격

건물자산관리학의 관리이론은 바람직한 건물자산의 관리를 위해서 필요한 건물자산관리활동의 결과와 관리효과를 얻기 위한 가이드 역할을 할 뿐이므로 건물자산관리학은 건물자산관리활동을 대단히 중요하게 인식하고 있다.

다시 말하면, 건물자산관리학은 실천 또는 행위를 표현하는 건물자산관리활동을 연구하는 학문이므로 이론과학보다 실천과학의 성격을 더 가지고 있다.

그러나 건물자산관리학은 부분적으로 이론과학의 성격도 일부 지니고 있다.

3. 건물자산관리학의 지도원리

(1) 지도원리의 의의

건물자산관리학의 지도원리라 함은 건물자산관리학 연구자나 건물자산관리활동의 종사자가 연구 활동이나 건물재산의 경영이나 건물시설의 관리 실무활동을 함에 있어서 가장 중요하게 그리고 기본적으로 지켜야 할 행동지침이나 준칙을 의미한다.

다시 말하면, 건물자산관리학의 최고의 가치인 건물자산관리학의 이념과 건물자산경영과 관리활동의 목적을 구현하거나 달성하고자 할 때 일차적으로 지켜야할 원칙을 건물자산관리학의 지도원리 또는 건물자산관리학의 일반원칙이라 한다. 건물자산관리학의 일반원칙이라 지칭하는 이유는 건물자산의 경영과 관리활동의 특성상 특정 활동에만 적용되는 관리활동 일반원칙과 특별원칙이 있기 때문이다.

또한 건물자산관리학의 지도원리는 건물자산관리활동을 통하여 실현하고자 하는 철학의 문제로서 난해한 문제는 아니나 이것만이 건물자산관리학의 지도원리이다 라고 한마디로 규정하기에는 쉬운 문제는 아니다.

왜냐하면 건물자산관리학은 종합응용과학이므로 이론 구성범위가 매우 방대하고, 관리활동 역시 건물자산의 양면성으로 인하여 건물시설관리영역과 건물재산경영영역으로 대별되며 최광의 관리개념에 따라 6개의 경영·관리 항목으로 세분되고 있어 각각의 개별영역에서 관리활동의 성격이나 내용이 매우 상이하고 다양하기 때문이다.

특히, 건물자산관리활동은 관리내용을 달리하는 재산경영업무와 시설관리업무가 별도로 존재함으로써 몇 개의 일반지도원리만으로는 공통적인 지도원리가 되기에는 다소 미흡한 것도 사실이다. 뿐만 아니라, 건물자산관리학의 지도원리는 하나의 이상(理想)이고 건물자산관리활동의 특성상 시간과 공간과 예산 및 주어진 환경과 여건의 제약을 받아 진행되는 현실(現實)이 존재하므로 이상과 현실의 부합은 반드시 일치되어 성립되는 것은 아니다. 다만, 건물자산관리학의 지도원리는 건물자산관리학을 연구하거나 건물자산관리 이론·기법·기술 등을 개발할 때, 그리고 건물자산관리활동을 통하여 얻고자 하는 양질의 건물시설관리효과와 건물재산의 경영효과에 대하여 하나의 원론이고 본질적인 기준으로 인식해야 한다.

결론적으로, 건물자산관리학의 지도원리는 건물자산관리학의 관리이론, 기술 등 연구 활동이나 건물의 개별관리활동이 아닌 종합관리활동에 있어서 일반적으로 적용되는 행동지침이나 준칙이며, 건물자산관리학 연구자가 견지해야 할 가치관·태도·신념 및 행동지침이라 할 수 있다.

(2) 지도원리의 내용

건물자산관리학의 지도원리는 전술한 바와 같이 건물자산관리학의 연구 또는 동에 있어서 지켜야 할 준칙 또는 연구자의 태도나 자세 등을 의미하는 것으로 그 내용은 다음과 같다.

1) 경제성의 원칙

경제성의 원칙이라 함은 건물자산관리학의 연구대상에 대한 연구 활동이나 이론·기술·기법 등의 개발활동과 경영관리활동에 있어서 경제성의 원칙이 강조되어야 한다는 원칙이다. 건물자산관리학의 이론 등의 연구는 결국 건물관리활동이 경제적으로 수행되도록 연구하고 개발되어야 한다는 원칙이다.

예컨대, 시설관리 측면의 경제성 원칙은 소극적 경제원칙으로서 관리비용의 최소와 관리효용의 최대를 의미하며 재산경영은 적극적 경제원칙으로서 건물자산 위험의 최소와 건물자산수익의 최대로 나타난다.

다시 말하면, 최소의 비용으로 최대의 이익을 얻을 수 있도록 관리이론이 연구되어야 하고 연구된 이론이나 기술, 기법 등이 그대로 관리활동에도 적용되어 경제적 이익이 극대화되고, 건물(자산)의 경제가치가 극대화되어야 한다는 원칙이다.

경제성의 원칙은 경제학에서 차용한 이론으로서 경제성과 합리성을 동시에 추구하는 원칙이다. 또한 경제성의 원칙은 최소의 비용과 노력으로 최대의 이익과 효과를 얻고자 하는 원칙이다. 뿐만 아니라 경제성의 원칙은 최소의 희생으로 최대의 효과를 얻고자 하는 원칙이므로 건물자산관리학의 이론・기법・기술 등의 연구에도 전반적으로 적용되어야 할 지도원리라 인식된다.

2) 안전성의 원칙

안전성의 원칙이라 함은 건물자산관리학의 연구나 경영관리활동에 있어서 위험을 예방하고 방지하며, 부득이한 경우 위험을 최소화하여 인적・물적 피해가 발생되지 않도록 위험을 사전에 근본적으로 제거해야 한다는 원칙이다. 다시 말하면, 건물자산의 취득, 보유, 처분의 전체 건물자산의 일생동안 안전성이 확보되어야 한다는 원칙이다.

건물자산관리활동은 건물자산관리학의 연구와 개발을 통하여 가장 경제적이며 효율적인 방법과 가장 안전한 방법으로 적합하게 관리되어야 한다. 또한 안전성의 원칙은 건물자산관리학의 2대 경영・관리영역과 6대 측면의 경영・관리활동, 건물자산관리 3측면의 AM, PM, FM활동 등 전반에 걸쳐 안전성을 추구해야 하는 원칙으로서 전체적으로 적용되어야 하는 원칙이다.

즉, 기술위험, 경영위험, 법률위험, 환경위험, 보안위험에 이르기까지 건물자산관리활동 전반에 걸쳐 안전성이 확보되도록 건물자산관리학의 안전관리기술이 연구되어야 하고, 안전성이 확보되어야 한다는 원칙이다.

그러나 안전성의 원칙을 지나치게 강조할 경우 경제성과 효율성에 심대한 악영향을 주게 된다. 예컨대, 안전성을 지나치게 강조하면 경제성과 효율성이 후퇴하고 경제성과 효율성을 강조하면, 안전성에 문제가 발생하게 된다. 그러므로 안전성의 원칙을 적용할 때 반드시 경제성의 원칙과 효율성의 원칙 등이 함께 조화되도록 충분히 고려해야 한다.

3) 효율성의 원칙

효율성은 경제학과 경영학 등으로부터 차용한 이론으로서 투입(Input)에 비하여 산출

(Output)이 큰 경우를 의미한다.

다시 말하면, 투입되는 관리활동의 노력과 시간 및 관리비용에 비하여 얻어지는 관리서비스나 건물의 재산적 이익이 반드시 크도록 관리이론과 기술・기법 관리활동 등이 연구되고 실천되어야 한다는 원칙을 효율성의 원칙이라 한다.

뿐만 아니라, 경영관리활동 전반에 걸쳐 효율성이 나타나도록 강조되어야 한다는 원칙이다. 그러나 효율성을 지나치게 강조하여 안전성이 무너지거나 후퇴하는 우를 범하지 않도록 유의해야 한다.

4) 적합성의 원칙

적합성의 원칙이란 건물자산관리활동에 의하여 창출된 경영관리성과가 건물자산관리 이해당사자의 요구목적에 반드시 부합해야 한다는 원칙이다.

건물자산관리의 이해당사자 상호관계 구조는 건물자산관리 이해당사자의 요구목적에 의한 계약이나 관계법령 등에 의하여 구성되며 이들의 요구목적에 적합한 건물자산관리 효과를 생산, 제공하는 것이 원칙이다. 따라서 건물자산관리학의 지도원리에는 반드시 적합성의 원칙이 포함되어 지켜져야 한다.

5) 윤리성의 원칙

건물자산관리는 주로 타인의 건물자산을 관리하는 경영관리활동이다. 따라서 건물자산관리이론이나 관리자의 의식이나 행동이 윤리성의 지배를 받지 않는다면 도덕적인 문제에서부터 범죄에 이르기까지 다양한 형태의 윤리적 문제와 형사상의 문제가 발생하게 된다.

따라서 건물자산관리학의 연구나 이를 통한 관리 이론・기법・기술 등을 개발할 때 반드시 윤리적이어야 하고, 특히 경영관리활동에 있어서는 윤리성이 크게 강조되어야 한다.

따라서 윤리성의 원칙이란 타인의 재산을 정직성과 책임성 및 공정성을 가지고 선량한 관리자의 주의의무와 공정한 자세로 관리되어야 한다는 원칙이다.

즉, 재산정용행인(財産正用行人)을 실천하는 원칙이라 할 수 있다.

6) 전문성과 기술성의 원칙

건물자산관리학의 이론개발이나 관리활동에 있어서 전문성과 기술성이 보편적 지도원리가 되어야 한다는 원칙이다. 건물자산관리이론은 효과적인 건물자산관리활동을 위하여 존재하며, 건물자산관리활동은 관리활동의 성격상 대별하면 건물재산의 경영활동과 건물시설의 유지관리활동으로 대별되는바 전자에는 전문성이, 후자에는 기술이 지배해야 한다는 원칙이다.

여기서 말하는 전문성이란 특정분야의 업무나 일을 정확하고 쉽게 감당하는 능력을 의미한다. 즉, 어떤 특정된 한 가지 일에 전념하거나 몰두하여 그 분야에 지식과 경험을 쌓아 특정분야의 업무나 일을 쉽고 정확하게 감당하는 능력을 말한다.

한편 기술이라 함은 어떤 일을 능률적이고 효과적으로 처리하는 솜씨를 의미하며, 과학과 지식을 생산·가공 또는 일에 응용하는 방법이나 수단을 의미한다.

따라서 건물자산관리학은 관리이론의 연구나 관리활동에 있어서 건물자산관리의 특성상 전문성과 기술이 보편적 지도원리로 작용하도록 해야 한다.

7) 사회성과 공공성의 원칙

건물자산관리학에 있어서 사회성과 공공성이 지도원리가 되어야 하는 이유는 완성후의 건물은 개인자산이든 국가자산이든 소유자에 상관없이 한 도시의 구성단위이자 기반시설이고 국가의 인프라를 구축하게 되므로 개인자산의 건물에는 사회성이, 국가자산의 건물에는 공공성이 크게 강조되고 있다. 따라서 모든 건물은 일반기능과 설비기능 외에 사회성과 공공성을 가지고 있다. 따라서 건물자산관리학의 이론개발이나 관리활동에 있어서도 건물의 사회성과 공공성은 크게 강조되어야 한다.

이와 같은 사회성과 공공성을 강조하지 않을 경우, 건물의 사용수익이 공공복리에 역행하게 되어 소유자와 사용자 사이가 불평등 관계가 되고 평화가 깨어져 건물 본래의 소유목적과 사용목적의 기능을 상실하게 된다. 따라서 건물자산관리에 있어서도 건물의 사회성과 공공성은 크게 강조되어야 할 지도원리 중 하나이다.

4. 건물자산관리학의 학문적 이념

(1) 이념의 사전적 의미

이념의 사전적 의미는 무엇을 최고의 가치로 인식하는가에 대한 사람의 근본적인 생각을 의미하며, 철학측면에서는 순수이성에서 얻어진 최고의 개념을 이념이라 한다.

(2) 학문적 이념의 의의와 내용

1) 학문적 이념의 의의

학문의 세계에서 해당 학문이 가장 중요하게 생각하며 최고의 가치로 인식하는 생각이나 개념을 학문적 이념(學問的 理念)이라 한다.

건물자산관리학 역시 독립된 연구영역과 연구목적 및 감당해야 할 학문적 책무와 연구대상 그리고 추구하는 목적과 목표가 존재하므로 특별한 학문적 이념을 가지고 있다.

결론적으로, 건물자산관리학의 학문적 이념이란 건물자산관리학이 추구하는 최고의 가치·인식·생각이나 최선의 가치 및 최고의 개념을 의미한다.

2) 학문적 이념의 내용

건물자산관리학이 추구하고 인식하는 최고 최선의 가치인 학문적 이념은 첫째, 건물자산관리문제 해결 및 개선에 의한 건물 사용가치 극대화와 최유효 건물자산 사용화를 통하여 주(住)측면의 생존지원(인간의 삶과 생활과 일의 지원), 둘째, 건물자산경제가치 극대화와 경제이익 최대화를 통한 건물자산관리이해당사자의 최유효 경제사회적 만족, 셋째, 주(住)측면의 국민생존지원과 건물자산관리이해당사자의 최유효 경제사회적 만족을 통한 국가경제발전 이바지에 두고 있다.

건물자산관리학은 건물자산관리를 목적으로 인접과학으로부터 차용한 이론과 원리와 법칙 등의 이론체계를 시스템화한 학문이므로 건물자산의 경제가치관리에 비중을 두고 있으나 건물자산의 경제가치보다 더 중요한 가치는 건물자산은 인간을 위하여 존재하는 것이며, 인간의 생존(삶·생활·일)을 지원하기 위한 물적 존재나 수단에 지나지 않는다는 인식에 기초를 두고 있다.

다시 말하면, 자산으로서의 건물개념보다 한 차원 앞서 건물자산은 인간을 위한 물적 존재이며 인간을 담고 있는 그릇의 개념위에 재산 중심의 건물만이 아닌 인간 중심의 건물로 인식하고 있다. 또한 건물자산관리학에서의 건물자산은 부동산학에서 말하는 부동산의 일종이나 건물개념과 함께 건물자산은 반드시 인간의 요구나 목적에 따라 존재해야 하고 기능해야 한다는 점을 강조하고 있다.

그러므로 건물자산관리를 함에 있어서도 건물자산보다 인간을 상위개념에 두고 인간의 생명과 건강 및 행복을 위하여 필요한 경영관리활동을 전개해야 한다.

따라서 건물자산관리학은 건물은 반드시 인간의 생활이나 삶 그리고 일을 위한 건물자산이 되도록 관리되어야 한다는 점을 크게 강조하고 있다. 또한 건물자산관리활동은 건물을 사용하거나 이용하는 사람의 생명과 건강이 보장되도록 관리되어야 하고, 위생적이고 편리하며 안전한 삶과 생활과 일이 성공적으로 수행될 수 있도록 관리되어야 한다.

뿐만 아니라, 건물자산관리학은 건물자산의 경영과 관리상의 문제와 현상 및 활동을 분석하여 새로운 관리이론과 기법 및 원리(법칙)와 기술을 개발하여 가장 경제적이며 안전하고 효율적이고 적합하게 경영관리활동이 가능하도록 학문적으로 지원하고, 이를 통하여 얻어진 양질의 관리효과와 건물의 유익으로 하여금 인간의 주(住)문제를 해결 또는 개선하여 주(住)측면에서 인간생존을 지원하고 건물소유자와 사용자의 요구 또는 목적에 부응하여 그들 모두를 만족케 하며 그들의 삶과 생활과 일이 성공적으로 진행되도록 적극적으로 협력하여, 이를 통한 국가경제발전에 이바지하는 데 최고의 가치를 부여하고 있다.

다시 말하면, 건물자산관리학은 건물의 경영관리활동을 통하여 창출되는 자산의 경제가치보다 주(住)문제 해결과 개선을 통한 인간생존지원과 건강과 생명이 유지되고 행복이 지켜지는 것을 가장 중요한 것으로 인식하고 최고의 가치를 부여하고 있다. 그런 연후에 건물자산의 효율적 보유와 운영관리 활동을 통하여 사용가치와 교환가치를 높여 수익을 극대화하고 경제적 목표를 달성케 하여 경제주체로서 성공적 건물자산경영과 관리가 되도록 이용과 개량활동을 강화해야 함을 건물자산관리학은 강조하고 있다.

결론적으로, 건물자산관리학의 최고의 가치는 건물자산관리활동에서 얻어진 양질의 건물관리서비스와 건물의 재산적 경제이익을 통하여 그 속에서 삶과 생활과 일을 영위하는 사람의 건강과 생명이 보호되게 하며 그들의 생존문제를 지원하는 주(住)문제 해결 및 개선과 건물소유자와 사용자 모두에게 건물사용에 대한 만족(최유효한 건물사용 만족)을 제공하는 데 있다.

이와 같은 이념의 성취 후에 관리대상건물의 자산가치가 제고되고 수익의 극대화 및 투자금의 조기회수 등 건물자산의 경영목표의 달성을 의욕하고 있다. 또한 건물자산관리학의 이념과 건물경영목표달성을 위하여 관리대상건물의 정상적인 유지와 보존이 이루어지는 가운데 건물기능을 보전하고 이용자의 편의와 안전을 높이기 위하여 일상적으로 점검・정비하고, 손상된 부분은 원상회복하며 경과시간 등에 따라 요구되는 보수・개량・보강에 필요한 활동과 건물재산경영활동을 병행해야 한다.

5. 건물자산관리학의 연구대상

(1) 연구대상의 의의

건물자산관리학은 하나의 응용과학으로서 독립적인 연구대상을 가지고 있다. 연구대상이라 함은 사물을 깊이 생각하고 자세히 조사하여 어떤 이치나 사실을 밝혀내는 행위의 목표를 의미한다.

건물자산관리학은 관리대상건물을 가정 경제적이며 안전하게 그리고 효율적으로 적합하게 관리하여 양질의 건물자산관리효과(서비스)와 건물의 유익을 효과적으로 창출하고, 이를 필요한 건물자산관리 이해당사자에게 제공하여 거시적으로는 인간의 생존(삶・생활・일)을 지원하고 미시적으로는 건물자산 이해당사자로 하여금 경제적 요구 또는 목적을 달성하도록 하여 만족하도록 하는 데 있다. 따라서 건물자산관리학은 연구대상에 대한 학문적 연구를 통하여 건물자산관리학의 이념을 실현할 수 있도록 이론과 기법과 기술 등을 개발해야 한다.

이와 같은 건물자산관리학의 이념은 건물관리활동을 통하여 얻어진 양질의 관리효과와 건물의 유익을 통하여 실현하게 된다. 따라서 건물자산관리학의 이론・기법・기술 등은 바람직한 건물관리활동을 위하여 존재하거나 필요하다.

그러므로 가장 경제적이며 안전하고 효율적인 건물자산관리활동(최유효 관리활동)에 필요한 연구대상이 선정되어야 하고 연구범위도 정해져야 한다. 건물자산관리학이 연구범위를 정하고 연구하는 목적은 건물자산관리지식을 체계화하고, 이를 관리활동에 응용하여 최유효 관리활동이 되도록 지원하는 데 있다.

(2) 연구대상의 종류와 내용

건물자산관리학의 첫째 연구대상은 건물자산관리의 문제와 해법이다. 건물자산관리의 문제에는 건물자산관리의 본질적 문제와 건물자산관리현장 또는 건물자산관리시장에서 현상적으로 나타나고 있는 현실적 문제 등이 있다.[68]

건물자산관리의 본질적 문제는 제한적이고 희소성을 가지고 있는 건물재화의 욕구와 건물관리서비스의 생산과 분배(제공) 간의 불균형의 문제이며 건물자산관리의 중요성과 필요성에 대한 인식결여문제, 건물자산관리기본법 부재문제 등의 원인으로 본질적 문제를 악화시키고 있는 현실적 문제 등이 있다. 또한 이에 대한 해법 역시 연구의 대상이다.

둘째의 연구대상은 건물자산관리 현상과 대응전략이다. 건물자산관리의 현상개념은 건물자산관리로부터 나타나는 여러 가지 법칙성을 의미하며 건물자산의 희소성과 제한성으로 건물자산의 본질적 요소와 이를 최유효 관리하고자 하는 인간의 노력과의 총화로서 나타나게 된다. 또한 현상의 개념은 지각(知覺)할 수 있는 사물의 모양이나 상태를 의미하는 것으로써 건물자산관리 문제의 원인과 결과 상호관계에서 어떻게 작용하고, 어떻게 나타나며, 시간이나 공간 속에서 어떻게 반응하느냐의 개념이다.

셋째의 연구대상은 건물자산관리활동의 최유효화 기술이다. 건물자산관리활동은 건물자산과 건물자산으로부터 사용가치와 수익가치를 추구하는 인간과의 관계를 의미하는 것으로 이는 계속성과 연속적인 인간과의 상호관계로서 인간의 요구나 목적을 위한 건물자산관리활동의 최유효화가 연구의 핵심이 된다.

넷째의 연구대상에는 최적건물자산의 취득, 효율적 보유와 운영관리 및 합리적 처분의 이론이 있고 다섯째의 연구대상에는 건물자산가치의 보존, 이용, 개량 및 극대화의 원리 등이 있다.

6. 건물자산관리학의 이론체계화 방법

(1) 이론체계화 방법의 의의

건물자산관리학이 하나의 학문적 연구영역을 가지고 독자적으로 존재하려면, 그리고 학

---

68) 건물자산관리의 문제에는 건물자산관리서비스 생산에 대한 본질적 문제와 현상적으로 나타나는 현실적 문제 등이 있으며, 이 밖에도 재산경영문제와 시설관리문제 등이 있다.

문적 연구를 통하여 국가나 사회에 학문적으로 기여하려면 통일적이고 체계적인 이론의 구축과 구축된 이론을 가지고 건물자산의 경영과 관리상의 문제와 현상 및 활동 등을 효율적으로 설명할 수 있어야 한다. 건물자산관리학은 학문으로서의 역사가 짧은 관계로 연구다운 연구의 결과가 아직까지는 미미한 상태이나 독자적인 실용학문으로서의 연구과제와 목적 및 학문적 이념을 구현하기 위하여 뜻있는 학자와 연구자에 의하여 부단히 연구활동이 이어지고 있다.

건물자산관리학은 앞에서 언급한 태동의 배경에서 살펴본 바와 같이 하루가 다르게 변화되어가는 건물의 홍수 속에서 대거 등장하고 있는 건물의 다양한 문제와 심각한 현상은 건물자산관리학의 태동을 촉진하게 하였고, 학문의 성격과 연구방향(접근방법)을 자연스럽게 제시하도록 유도하였다.

건물자산관리학은 김영진 교수에 의하여 최초로 학문으로 개척된 부동산학에 배경을 두고 출발하였으나 건물자산관리학은 전술한 바와 같이 독자적 연구영역과 학문적 과제가 명백히 주어진 독립된 학문이므로 독자적인 이론의 체계를 가지고 학문의 성격과 연구방향의 제시가 구체적으로 가능한 학문이라 할 수 있다. 그러나 부동산학의 연구주제는 부동산이나 건물자산관리학의 연구주제는 건물자산이므로 토지 중심의 부동산을 연구하는 부동산학과 큰 차이점이 있다.

뿐만 아니라, 건물자산관리학은 아직까지는 태동의 연구역사가 짧고 이론체계화와 정착이 초기단계에 있으며 학자나 연구자수 역시 소수에 불과하다. 따라서, 연구결과 역시 아직은 만족할 수준이 되지 못하고 있는 실정이다.

그러나 건물자산관리학은 이미 태동되었고 국내 대학과 대학원에서 정규 교과과정으로 채택되었으며, 건물자산관리학 강의가 정규대학에서 시작된 지가 이미 10년이 경과하였으며 건물자산관리학 전공 석박사 학위자가 다수 배출되었고 건물자산관리학 전공 교수 채용시대를 맞고 있다. 또한 건물자산관리학 연구는 계속 진행되어야 하므로 연구자의 연구태도나 연구에 대한 접근방향의 제시는 후학들을 위하여 매우 중요한 지적작업이라 판단된다.

이와 같이, 건물자산관리학의 연구대상인 건물자산의 경영관리상의 문제와 현상 및 경영관리활동 등의 연구에 필요한 다른 인접과학의 이론과 원리와 법칙 등을 차용하여 하나의 건물자산관리학이 통일된 이론의 전체에 대한 연구자가 갖는 연구태도나 연구에 대한 시각을 건물자산관리학의 이론체계화 방법이라 한다.

전술한 바와 같이 건물자산관리학은 연구 역사가 일천하고 연구자수의 부족으로 연구의 접근방법이 아직은 학문적 비판이나 검토의 단계는 아니나, 앞으로의 연구방향과 연구자의 바람직한 연구태도를 위하여 부동산학의 연구방법을 원용하여 건물자산관리학의 이론체계화 접근방법을 제시하고 설명하는 것은 건물자산관리학 이론체계화 접근방법으로서 바람직한 방법이라 판단된다.

특히, 건물자산관리학에서 이론체계화 방법을 강조하는 이유는 건물자산관리학은 우리나라에서 최근에 태동한 신학문이기 때문에 독자적인 이론의 구축이 필요하고 이론의 체계를 세워 나가야 하며, 건물자산관리학의 이론적 체계는 여러 인접과학의 지원이 필요하므로 인하여 상호협력과 지원 및 연구의 한계로 인한 연구방향 제시가 필요하다. 또한 전문적이고 체계적이며 과학적 원리를 통하여 양질의 관리효과 창출과 건물의 유익의 획득을 위하여 접근방법은 반드시 제시되어야 한다.

또한, 건물자산관리학의 독자적인 학문적 과제와 향후 외국 부동산자산관리(건물 중심의 부동산관리)제도와 연계하고 비교연구를 위해서도 연구방향의 제시는 반드시 필요하다.

건물자산관리학의 이론체계화 방법에는 종합식 접근방법, 연역적 연구방법, 귀납적 연구방법 등이 있으나 본절에서는 건물자산관리학 이론체계화의 중심연구방법으로 채택하고 있는 종합식 접근방법을 중심으로 설명하고자 한다.

(2) 이론체계화 접근방법의 내용

부동산학의 체계적 이론구축을 위하여 여러 가지 접근방법이 연구자에 의하여 사용되고 있으나 건물자산관리학의 경우에는 저자에 의하여 처음으로 독자적 이론체계를 구축한 관계로 단일한 접근방법이 사용되었다. 접근방법은 연구자가 갖는 연구대상에 대한 태도나 사고 또는 생각이 서로 상이함으로 인해서 여러 가지 연구접근방법이 달라질 수 있다. 즉, 건물자산관리문제와 현상 및 활동 등에 대한 인식의 차이는 연구자의 연구방향과 연구태도에 의하여 얼마든지 접근방법을 달리할 수가 있다. 그러므로 부동산학의 경우 부동산 이론체계를 위하여 여러 가지 접근방법이 동원되었다.

다시 말하면, 부동산학의 경우 부동산의 이론을 체계화하는 데 있어서 이론의 기초를 법・제도 측면에서 찾거나(법・제도 접근방법), 부동산의 복합개념을 인정하여 복합개념에 이론적 기초를 두고 이들을 시스템화하여 접근하는 방법(종합식 접근방법) 및 부동산활동에 내재하는 부동산 인간의 요인에 근거하여 부동산 행태를 기초로 하여 부동산활동의 본질을 이해하려는 방법(행태과학 접근방법), 현상학에서 출발한 현상적 접근방법, 합리적 의사결정의 분석에 기초한 접근방법(의사결정 접근방법) 등 다양한 접근방법이 부동산 이론체계화에 공헌하였다.

그러나 건물자산관리학은 전술한 바와 같이 연구자의 부족으로 연구자의 여러 형태의 이론체계화 시도가 없는 가운데 저자에 의하여 최초로 건물자산관리학 이론의 체계화를 시도한 관계로 저자가 채택한 종합식 접근방법이 유일한 이론체계화 접근방법이라 할 수 있다.

따라서 종합식 접근방법에 관하여 보다 구체적으로 살펴보고, 이론체계화에 대한 연구태도나 방향을 언급하고자 한다.

(3) 종합식 접근방법의 고찰

건물자산관리학의 이론체계화 및 건물관리활동에 관한 개념설명과 이론, 응용, 개발, 건물자산경제가치 극대화의 원리와 건물자산관리 활동의 최유효화기술 등을 위하여 학문적 분석과 연구가 필요하다.

이와 같은 학문적 분석과 연구를 위해서 여러 가지 연구접근방법이 있을 수 있음도 전술한 바와 같다. 부동산학을 연구하는 방법에는 여러 가지 접근방법이 시도되었으나 건물자산관리학의 경우 접근방법으로는 종합식 접근방법을 활용하였다.

건물자산관리대상(관리객체)으로서의 건물은 어느 한 면의 측면에서 접근하는 경우(예컨대 기술적 측면) 건물자산관리학 이론의 체계화는 불가능하다.

왜냐하면, 건물관리대상에는 여러 가지 복합개념을 가지고 있기 때문이다. 다시 말하면 건물은 단지 기술성만이 있는 것이 아니라 법률성, 경제성, 행정성, 환경성 그리고 위험성 등의 복합개념이 있기 때문이다.

따라서 건물자산관리학의 이론을 체계화하기 위해서는 건물자산의 복합개념을 이해해야 할 뿐 아니라 복합성관리 관련 학문의 이론을 차용하여 복합개념 측면에서 이론을 시스템화할 필요가 있다.

건물자산관리활동 역시 건물의 복합개념에 기초하여 이를 관리객체로 보고 각 관리객체에 관계되는 인접과학의 이론과 원리와 법칙을 차용하여 연구하고, 이를 시스템화하여 건물관리활동의 이론으로 체계화한 후 이를 토대로 건물관리활동에 필요한 기법·기술 등의 개발과 건물관리활동의 효율화를 도모해야 할 필요가 있다.

따라서 이와 같은 이론의 체계화와 건물관리활동의 이론·원리·체계화 및 관리 기법·기술의 개발과 효율화를 위해서 건물자산관리학의 성격상 독자적인 이론의 체계화가 불가능하므로 부득이 인접과학의 이론의 지원과 원리·법칙 등을 차용하지 않을 수 없다. 따라서, 저자는 건물자산관리학 기초이론의 체계화와 건물관리활동의 이론체계, 그리고 기법·기술 개발과 응용을 위하여 연구방법으로 종합식 접근방법을 채택하였다.

종합식 접근방법은 김영진 교수가 1970년 부동산 기초이론(김영진, ≪부동산 기초이론≫, 1970)에서 우리나라에서는 처음으로 소개한 연구접근방법으로서 부동산학의 복합개념과 부동산활동을 연구하는 데 있어서 크게 공헌하였다.

종합식 접근방법은 부동산의 개념을 복합개념으로 이해(기술·법·경제·물리적 측면)하고 단편적 측면이 아니라 다원적 측면에서 접근하는 것만이 부동산이론을 구축할 수 있다는 사고에 의해 1958년 Raleigh Barlowe에 의하여 처음 시도되었으며, 1970년대 이후 김영진 교수, Robert. K. Brawn, Edmund. Ficek, Thomas. P. Henderson 그리고 Ross. H. Johnson 등에 의하여 발전되어 왔다.[69)]

---

69) 방경식, 부동산학개론, 범론사, 1997, pp.44~45.

그러나 종합식 접근방법은 부동산의 이론을 체계화한 연구방법으로 채택되었던 법제도 접근방법에 대한 비판의 산물로 나타난 제도이기도 하다. 법제도 접근방법은 A.A. Ring에 의하여 개발된 연구 접근방법으로서 부동산활동의 분류나 내용 등이 표준화되지 못하며, 다소 빈약하다는 비판을 받아왔다.70)

결론적으로, 저자는 건물자산관리학의 독자적인 연구영역과 활동이 있음을 확인하고 이를 위한 건물자산관리학의 이론의 체계화 및 건물자산관리활동의 기술・기법 및 시스템 등의 응용과 효율화 연구를 위하여 건물자산관리학 특성의 하나인 건물의 6대 복합개념과 건물경영관리활동의 6개 측면의 경영관리영역에 착안하고, 김영진 교수의 이론을 참고하여 종합식 접근방법을 채택하고 이를 연구이론체계화방법으로 활용하였다.

따라서, 건물자산관리학의 연구 접근방법은 종합식 접근방법이나 향후 연구수준이나 연구내용에 따라 다른 연구접근방볍도 채택될 것으로 전망된다.

건물자산관리학의 이론과 건물관리활동의 개념과 활동의 이론・기술・기법 연구에 관하여 종합식 접근방법은 건물자산관리문제를 외부적 관점에서 접근하는 데는 다른 연구접근방법보다 우수한 장점을 가지고 있으나 건물자산관리현상 및 건물자산관리활동에는 적절한 연구방법으로서 다소 미흡하다는 단점도 가지고 있다.

왜냐하면, 건물자산관리현상과 건물자산관리활동의 환경적 변화와 가변성 및 이중성으로 인하여 건물경영관리활동이 학문적으로 예측이 언제나 일치되지 않는다는 점이 항상 내부적으로 존재하고 있기 때문이다.

그러므로, 전술한 바와 같이 건물자산관리학의 연구에 따라 또한 건물관리활동의 변화에 따라 향후 새로운 연구접근방법이 채택되고 활용될 것으로 전망된다.

7. 건물자산관리학의 인접과학

(1) 인접과학의 개념

건물자산관리는 건물자산관리활동의 복합성이나 내용상 여러 학문의 지원과 이론의 협력 없이는 독자적인 이론의 체계화(학문화)가 불가능하다.

그러므로 건물자산관리학은 전술한 바와 같이 부동산학・법학・경제학・경영학・행정학・재무학・건축 관련공학 등 여러 인접학문으로부터 이론과 원리와 법칙을 지원받아 시스템사고에 의하여 이론의 체계화를 달성한 종합응용과학의 성격을 가지고 있는 실용학문으로 체계화 되었다.

건물자산관리학은 건물자산관리 영역으로 건물재산관리영역과 건물시설관리영역으로 구

70) 전게서, p.44. Alfred. A. Ring은 법제도 접근방법을 연구한 초기 대표학자이다.

축하고 이에 필요한 이론과 원리와 법칙 등을 인접과학으로부터 지원받아 이론의 체계를 확립한 건물재산경영과 건물시설관리 중심의 건물자산관리학이라 할 수 있다.

그러므로 건물자산관리학은 건물자산관리학의 학문적 이론체계화에 직접・간접으로 이론과 원리와 법칙을 지원해준 여러 인접과학을 가지고 있다.

건물자산관리학의 이론체계화에 기여하고 지원해준 인접과학의 선학들의 노고에 경의를 표하면서 건물자산관리학의 이론체계화에 공헌하고 있는 인접과학들에 대하여 살펴보면 다음과 같다.

(2) 인접과학의 종류와 이론지원의 내용

1) 건물자산관리학과 부동산학

건물자산관리학은 부동산활동의 능률화 및 그 응용기술을 개척하는 종합응용과학인 부동산학으로부터 여러 부문에서 이론지원을 직접 받았다.

건물자산관리학은 부동산학의 이론체계 중 부동산활동의 거래활동, 이용활동, 행정활동 중 이용활동의 하나인 부동산관리활동에서 출발하였으나 건물자산관리 양대 측면의 하나인 건물재산경영부문 일부에 대하여 제한적 영향을 받았으며, 건물자산관리의 다른 측면인 건물시설관리에 대해서는 부동산학의 이론이 없어 건축 관련공학의 이론과 기술지원을 받음으로써 건물재산경영과 건물시설관리의 기초적 이론구성을 하게 되었다.

그럼에도 불구하고, 건물자산관리학은 본질적으로 부동산학으로부터 출발하고 있으며 건물 역시 부동산의 일종이므로 부동산활동이론과 부동산의 성격, 연구대상 부동산활동의 지도원리와 부동산관리개념, 건물의 가치이론, 그리고 부동산이론 체계화의 접근방법 등에서 이론지원을 함께 받았다. 이런 관점에서 부동산학 선행 연구자 모두에게 감사와 경의를 표한다.

뿐만 아니라, 건물을 포함한 부동산의 개념 중 부동산의 경제개념과 법제도개념에서 건물자산개념이 도출되었으며, 건물이 물건의 종류 중 부동산에 분류되어 토지의 정착물로서 부동산의 일종으로 토지와 별개의 부동산 소유권과 건물등기의 객체가 되는 부동산의 개념이론을 수용하였다. 뿐만 아니라, 부동산의 복합개념이론에서 건물자산의 복합개념을 도출하고 최광의 관리개념이론을 정립하였다.

그러나 부동산학은 토지중심의 부동산학이므로 건물자산관리측면의 이론으로서 부합되지 못한 점과 부동산으로서의 토지와 건물의 특성 차이로 부동산학의 이론전체를 전면 수용하고 그대로 적용하는 데는 한계가 있어 건물자산관리학의 특성에 맞게 수정하여 적용하였다.

2) 건물자산관리학과 경영학

건물자산관리학은 건물재산경영부문에서 경영개념을 도입하고 건물시설관리에서 관리개념을 각각 도입하여 경영관리이론을 체계화하고 있으므로 경영학으로부터 적지 않은 이론 지원을 받았다.

합리적인 기업경영방법을 연구하는 학문[71]으로서 개별경제주체들의 활동을 연구대상[72]으로 경영학에서 경영의 지도원리인 수익성, 경제성, 생산성 그리고 유용성 이론과 과학적 관리법, 행동과학적 이론 및 조직관리론, 경영의 마케팅이론, 생산기능, 인사기능 및 재무기능 이론에서 경영의 마케팅관리, 생산관리, 인사관리, 재무관리 이론을 직접 지원받아 적용하였다.

건물자산관리활동에서 건물유익과 건물관리서비스의 생산과 서비스의 생산에 직접 관계되는 인사, 재무, 마케팅 이론과 경영학이론이 필요했기 때문이다. 특히, 경영의 계획, 조직화, 지휘, 통제의 경영관리과정이론을 전면 수용하였다.

3) 건물자산관리학과 경제학

건물자산관리학은 경제현상을 대상으로 생산과 교환분배와 소비 등의 법칙을 연구하는 경제학의 이론부문에서 많은 지원을 받았다.

왜냐하면, 건물자산관리학은 경영관리활동을 통해서 건물자산의 경영성과와 관리 성과물인 건물자산의 경제가치와 건물사용서비스를 생산하거나 유통(분배) 및 소비를 연구하는 학문이기 때문이다.

건물자산의 경영 관리성과는 대부분 경영관리조직의 목표달성, 건물사용서비스 생산, 효율성과 유용성의 증대 등으로 나타나며 성과물에 대한 평가는 화폐단위, 기계측정치, 주관적 만족지수 등으로 판단할 수 있다.

특히, 경제학으로부터 생산과 소비에 필요한 재화와 인간의 행위인 용역(Service) 중 건물사용에 필요한 인간행위인 건물사용서비스를 생산, 분배, 소비하여 건물입주자, 사용자 모두를 만족케 해야 하는 경영관리 업무상의 특성 때문에 경제학의 서비스의 생산, 분배, 소비 이론의 지원이 필요하였으며 국민경제 3대 기본이론에서 건물자산관리 본질적 문제를 도출하였고 효율성이론과 최적화이론 및 균형이론을 수용하였다. 또한 경제학으로부터 기초경제원칙이론과 미시경제와 거시경제이론 및 가격이론과 시장이론을 부분적으로 도입하였다.

뿐만 아니라, 수요와 공급이론을 건물임대와 건물매매에 적용하였으며 경기순환과정이론과 시장이론을 원용하였다.

---

71) 박상범, 「경영학원론」, 민영사, 2006, p.19.
72) 조희영, 박상범, 「현대경영학원론」, 민영사, 2005, p.153.

4) 건물자산관리학과 법학

건물자산관리학의 이론체계화에 법학의 공헌은 실로 지대하였다.

왜냐하면, 건물자산관리학의 이론체계 중 법학의 비중이 크기 때문이다. 또한 건물자산관리는 법제도에 크게 영향을 받고 있으며 법에 정한 규정과 기준에 따라 관리해야 하고 법에 정한 자를 선임하거나 배치해야 하며 법률에 규정한 내용에 따라 보고, 신고, 허가, 신청 등의 행위를 의무적으로 해야 할 뿐 아니라 이를 위반할 때 형사처벌 또는 행정처벌을 받게 되기 때문에 법학의 지원이 절대적으로 필요하다.

뿐만 아니라, 건물자산은 부동산이므로 소유권의 물권개념과 사용·수익·처분에 따른 법률행위인 매매와 임대차의 계약행위 그리고 권리 의무와 건물소유권의 등기의무, 용도대로 사용 수익해야 하며 사용수익을 위한 계약행위가 법률행위이므로 사법이나 공법의 지원이 절대적으로 필요하다. 또한 최광의 관리개념 중 건물자산법률관리 부문의 비중이 매우 크므로 법학의 지원이 절대적으로 필요하다.

따라서 건물자산관리학은 법학으로부터 건물자산관리 사법과 공법을 통하여 건물유지관리, 환경, 위생, 안전, 등기, 계약, 소유권 등의 경영관리를 위한 법리적 지원을 최대로 수용하였다.

5) 건물자산관리학과 행정학

행정현상을 연구하는 행정학으로부터 행정관리이론과 능률이론[73]을 통하여 자원을 최소로 사용하여 건물자산경영관리목표를 최대로 성취할 수 있는 대안을 선택하는 이론인 최유효 관리이론을 도출하였으며 효과성과 생산성의 이론을 건물자산관리의 효과와 건물관리서비스의 생산에 확대 적용하였다.

또한 행정학으로부터 관리과학이론인 목표관리(MBO, Management by Objectives)이론을 도입하였으며 조직이론을 수용하였다. 특히 행정학의 조직이론에서 조직의 5대 요소인 구조(가치, 규범, 역할 기대의 규범적 구조와 실제적 구조인 조직들의 행태적 구조), 구성원, 목표, 기술, 환경 등의 이론을 건물자산관리조직이론 체계화에 원용하였으며 과학적 관리이론을 부분적으로 수용하였다(이 부분은 경영학의 과학적 관리와 중복되고 있음).

인간관계론을 대폭 수용하였으며 리더십이론, 인간관계방법이론, 동기부여이론, 인사행정관리이론, 예산제도, 재무행정이론 등을 부분적으로 수용하였다. 뿐만 아니라 구매이론 역시 원용하였다.

6) 건물자산관리학과 건축학 및 건축 관련공학

건물자산관리학의 건물자산관리에는 건물의 재화성(물건성)과 재산성(재산권)의 양면성

---

73) 능률이란 일정한 시간에 해낼 수 있는 일의 분량 또는 비율을 의미한다.

의 특성으로 재산경영측면과 시설관리측면으로 대별된다.

건물시설관리측면의 관리는 건축물의 보존, 유지, 개량에 무게를 둔 기술관리 이므로 건축학과 건축 관련공학인 전기공학, 기계공학, 토목공학 등의 이론과 기술지원이 절대적으로 필요하다.

따라서, 건물시설관리 측면에서 건축학과 건축 관련공학의 기술과 이론지원을 대폭 수용하였다.

건축학은 건축물의 설계 · 시공 및 유지를 위한 이론과 기술적 체계를 과학적으로 연구하는 학문이고, 기계의 설계 · 제작 · 성능 · 사용법을 연구하는 기계공학과 전기의 성질과 그 응용을 연구하는 전기공학, 도로 · 하천 · 도시계획 등의 토목에 관한 이론과 실제를 연구하는 학문인 토목공학의 이론과 기술지원은 필수적인 것으로 건물의 시설관리이론체계화에 크게 기여하였다. 왜냐하면, 건물은 건축학, 전기공학, 기계공학, 토목공학 등의 공학적 산물이기 때문이다.

7) 건물자산관리학과 재무학

건물자산관리학은 재무학으로부터 건물자산관리 경제활동을 영위하는 경영관리 주체의 경영의 의사결정과 경영관리 행위에 대하여 재무관리의 원리와 이론지원을 받았으며 건물자산 투자를 위한 금융의 조달과 투자의사결정, 운영관리를 위한 회계자료와 경제사고 그리고 마켓팅, 인사조직, 경영정보시스템, 생산관리 등의 지원을 받아 건물자산의 경제가치관리에 응용하였다.

8) 건물자산관리학과 기타 인접과학

건물자산관리의 이론체계화와 건물자산관리실무에 직접 영향을 주고 있는 기타 인접과학에는 회계학, 세무학, 경비학, 조경학, 윤리학, 소방학 등이 있다.

이와 같은 기타 인접으로부터도 건물자산의 경영과 건물시설의 관리에 있어서 필요한 이론을 부분적으로 지원받아 이론체계화에 활용하였다.

8. 건물자산관리학의 각론 분야와 응용분야

건물자산관리학은 이론과 실무분야에 대한 교육목적의 교과서 편성은 총론과 각론으로 구성되어 있다. 건물자산관리학총론은 이론중심으로 건물자산관리의 일반 기초이론과 원칙과 법칙 등을 통하여 각론과의 연결 속에 필요한 이론을 총론 입장에서 각각 지원해 주고 있다.

건물자산관리학의 각론 분야는 비응용분야로서 건물자산의 경제개념, 법률개념, 행정개념, 기술개념, 환경개념, 위험개념 등의 복합개념 측면과 건물자산관리업무의 경제성, 법률성, 행정성, 기술성, 환경성, 위험성 등의 복합성을 연구대상으로 설정하고 분야별 교과서 각론체계를 구축하였다. 각론의 종류는 다음과 같으며 해당 분야의 각론은 실무 중심으로 개별적으로 교과서가 준비되어 있거나 준비 중에 있다.

각론분야는 건물자산경제관리, 법률관리, 행정관리, 기술관리, 환경관리, 위험관리 등 6개 분야로 다음과 같은 건물자산관리 교과서가 준비되어 있다.

① 건물자산경제관리론
② 건물자산법률관리론
③ 건물자산행정관리론
④ 건물자산기술관리론
⑤ 건물자산환경관리론
⑥ 건물자산위험관리론

건물자산관리학의 응용분야는 독자적 응용분야를 가진 분야로서 다음과 같은 분야가 있다.

① 건물자산관리업경영
② 건물자산평가
③ 건물자산금융
④ 건물자산투자
⑤ 건물자산개발
⑥ 건물자산마케팅
⑦ 건물자산경영관리컨설팅
⑧ 건물자산권리분석
⑨ 건물자산중개
⑩ 건물자산관리정책
⑪ 건물자산조세
⑫ 건물자산전산기술
⑬ 건물자산임대관리
⑭ 건물자산재무회계관리
⑮ 건물자산관리서비스영업관리

(1) 건물자산관리학 각론의 개요

건물자산관리학의 각론 분야는 건물자산관리학 전체 이론을 일반적으로 설명하고 있는 건물자산관리학의 일반적 총론이론의 지원을 받아 건물자산관리업무의 복합성과 건물자산의 복합개념으로 건물자산관리학에서는 최광의 관리개념을 도입하고 건물자산관리 전체 업무를 경제관리업무, 법률관리업무, 행정관리업무, 기술관리업무, 환경관리업무 그리고 위험관리업무 등을 6대 영역에서 개별 관리하여 얻어진 개별 관리효과를 종국적으로 통합하므로서 최종적으로 건물자산관리 효과를 창출하도록 체계화되어 있다.

다시 말하면, 건물자산관리 업무의 복합성으로 인하여 경제측면의 건물자산관리, 법률측면의 건물자산관리, 행정측면의 건물자산관관리, 기술측면의 건물자산관리, 환경측면의 건물자산관리 그리고 위험측면의 건물자산관리를 6대 영역의 개별 건물자산관리로 처리하고 이를 건물자산관리 전체의 관리영역으로 설정하고 있다. 왜냐하면, 건물자산관리는 취득, 보유, 처분 등의 전생애 단계를 통한 최유효 사용수익을 목적으로 사용가치와 교환가치의 유지, 제고 및 극대화 활동이므로 건물자산관리의 본질이자 핵심관리의 중심은 경제관리에 두고 건물자산 기술관리를 기초관리로 하여 건물자산관리학은 다음의 [그림 5-2]와 같은 6대 각론 분야를 가지고 있다.

상단의 경제관리와 하단의 기술관리를 중심으로 각론 분야는 핵심관리분야인 경제관리와 기초관리 분야인 기술관리 측면을 지원하는 각론으로 자리매김하고 있다.

결론적으로 건물자산관리학 6대 각론 분야는 건물자산의 경제개념, 법률개념, 행정개념, 기술개념, 환경개념 그리고 위험개념과 건물자산관리 업무의 복합성인 경제성, 법률성, 행정성, 기술성, 환경성 그리고 위험성 등 각각의 부분에 대하여 논설하고 있다.

이하 절에서 건물자산관리학 각론분야에 대하여 개요와 활동 중심으로 간략하게 기술하고 구체적인 내용은 해당 각론에서 설명하고자 한다.

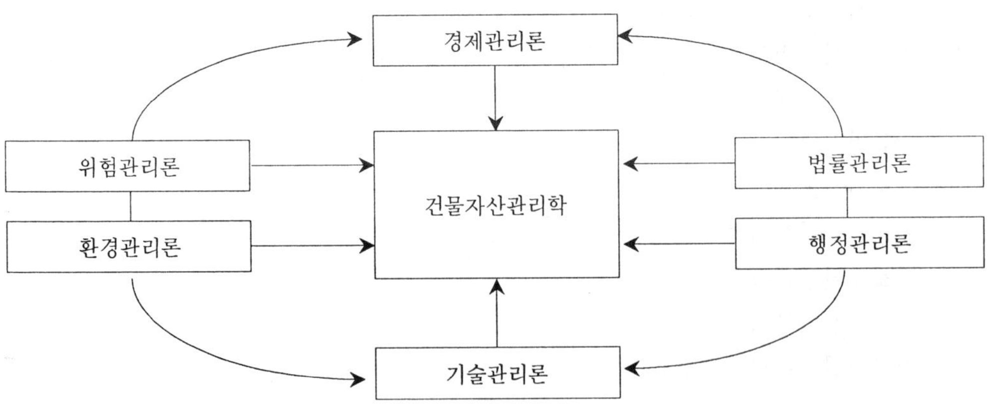

[그림 5-2] 건물자산관리학 6대 각론 분야와 상호작용

(2) 건물자산경제관리론

1) 개 요

기초 경제이론과 경제관리과정의 일반 이론을 소개하고 있으며 경제관리 실무활동 중심으로 설명하여 건물자산관리 업무를 경제측면에서 접근하여 경제관리의 개념을 이해하고 경제관리 방법과 절차를 숙지하여 건물자산관리자 스스로 경제관리 활동을 통하여 바람직한 경제관리 효과를 최유효 관리법을 활용하여 효과적으로 창출하므로서 큰 틀의 건물자산관리 완성에 경제관리 측면에세 기여하도록 하였으며 이에 해당되는 경제 활동들의 종류와 업무내용을 수록하였다.

2) 경제관리 활동의 종류와 내용

건물자산의 경제관리는 건물자산관리자나 담당자가 경제관리의 개념을 이해하고 방법과 절차를 숙지하여 실행(활동)함으로써 비로소 완성된다. 그러므로 경제관리활동(Economic Management Activities)은 경제관리효과(경제관리성과)를 직접 창출하는 기능과 역할을 하고 있어 건물자산관리의 핵심분야라 할 수 있다. 따라서 경제관리활동은 매우 중요하게 다루어야 하며 가장 경제적 방법으로 안전하게 효율적으로 적합하게 관리효과를 창출하는 지혜가 수반되어야 한다. 경제관리론의 주요내용인 경제관리 활동의 종류와 간략한 내용은 다음과 같다.

① 회계 및 재무 관리활동

회계 및 재무관리 활동은 회계 기초이론의 이해를 바탕으로 경영관리조직이 필요로 하는 자금의 조달, 관리하는 활동을 의미한다.

② 조세 및 부담금 관리활동

건물자산의 취득, 보유, 처분에 관계되는 국세와 지방세 및 환경개선부담금, 교통유발부담금, 과밀부담금, 개발부담금의 관리활동을 의미한다.

③ 건물자산감정 평가활동

건물자산의 가치와 가액의 평가방법에 대하여 설명하는 평가 실무활동을 의미한다.

④ 건물자산 금융시장과 자금조달활동

금융상황분석과 자금조달활동에 대하여 접근하고 있다. 특히 REITs, 펀드, 자산유동화증권, 주택저당증권, 프로젝트파이낸싱 활동 등을 의미한다.

⑤ 건물자산 마케팅 활동

마케팅의 개념을 토대로 건물자산 임대중심의 마케팅 활동과 이를 위한 광고활동을 의미한다.

⑥ 건물자산투자 관리활동

자산을 운용하여 최적 건물자산의 취득과 효율적 보유 및 운영관리 그리고 전략적 매각을 통한 운영수입 최대화와 양도차익의 극대화 투자이익(Investment Return)의 극대화를 내용으로 하는 투자관리활동을 말한다.

⑦ 건물자산임대 관리활동

보유건물자산을 타인에게 사용 수익하게 하고 차임을 받아 수익하는 임대활동을 말한다.

⑧ LCC와 감가상각 관리활동

경제관리활동에 있어서 LCC와 감가상각관리는 매우 중요한 경제관리 항목이다. LCC(Life Cycle Cost)는 건물 총생애 비용개념으로서 자산관리에 미치는 영향이 지대하며 특히 생애비용 중 약 80%를 점하고 있는 유지관리 비용관리는 더욱 중요하다.

감가상각은 세법상 법정 내용연수 동안 정률법 또는 정액법으로 매년 자산가치의 감소로 법정내용연수가 종료되는 해에 자산가치가 제로가 되게 하여 조세의 과표자료로 활용하고 있다. 따라서 이에 관한 관리는 매우 중요한 경제관리 활동에 해당된다.

(3) 건물자산 법률관리론

1) 개 요

건물자산 법률관리론은 건물자산의 법률개념과 법률성의 건물자산 관리업무를 법률 측면에서 관리하여 권리를 보존하고 법적 안정성을 확보하며 자산관리 관련 계약의 관리와 관리 관계법령의 체계적 관리 및 자치법규의 관리 그리고 법무관리 등을 효과적으로 관리하여 자산가치의 보호와 유지 및 제고에 이바지하는 법률 측면의 각론분야로서 이에 해당되는 법률관리활동에 대하여 설명하고 있다.

2) 법률관리활동의 종류와 내용

권리보호와 법적 안전성 확보 및 계약관리 등의 법률관리 효과를 직접 창출하는 법률관리 활동에는 다음과 같은 법률관리 항목들이 있으며 그 내용을 간략하게 소개하면 다음과 같다.

① 권리분석 및 소유권 관리활동

건물자산은 눈에 보이는 유체물로서 재화와 눈에 보이지 않게 하는 권리(소유권)의 결합으로 건물자산을 구성하고 있다. 유체물로서 건물자산은 소유권이 온전하게 보존되고 개량되며 유지관리될 때 비로소 사용수익이 가능하며 사용가치와 교환가치의 경제적 가치를 지니게 된다. 따라서 소유권의 유지관리로 완전한 소유권이 보존 유지되도록 체계적 관리가 요구되고 있다.

이를 위해서는 권리분석과 함께 제한물권설정 등의 원칙적 금지로 허유권화를 방지해야 하는바 이를 권리 분석 및 소유권관리활동이라 한다.

② 건물자산 계약관리 활동

건물자산관리는 자산운용을 위한 AM계약, 취득을 위한 매매계약, 보유와 운영관리를 위한 PM계약, 임대차를 위한 LM계약, 시설관리를 위한 FM계약 그리고 기타 에너지 사용계약, 유지관리계약, 용역계약 등 수십 종의 자산관리 관련계약이 체결되고 유지되며 해지, 해제, 재계약, 해약, 계약조건 변경 등 여러 가지 계약의 법률적 업무가 매우 다양하게 존재하고 있다. 따라서 체계적인 계약관리 행위가 필요하며 이를 계약관리 활동이라 한다.

③ 건물자산관리 관계법령관리 활동

건물자산관리에는 자산관리 관계법령의 체계적 관리가 접목되지 않은 경우, 과태료, 벌금, 징역 등 형사상, 행정상 책임을 져야 하므로 이에 관한 체계적 관리 내용이 요구되고 있는 바 이의 체계적 관리 행위를 건물자산 관리관계법령 관리활동이라고 한다.

④ 건물자산관리 자치법규 관리활동

건물자산관리는 관리관계 법령에 의하여 관리되는 부분도 있으나 관리주체가 스스로 정한 여러 종류의 사적자치법규에 의하여 운영 관리되는 부분도 있다.

이를 위한 자치법규의 제정, 유지, 폐기 또는 개정 등의 관련 업무수행을 자치법규관리 활동이라 한다.

⑤ 건물자산 법무관리 활동

건물자산관리 현장에는 부실임대, 채권, 계약의무이행 등의 원인으로 명도소송, 채권보전, 채무이행 소송 등 다양한 법적 업무가 존재하고 있으므로 이에 관한 체계적인 법무관리 활동이 요구되고 있는 바 이에 관한 활동을 법무관리 활동이라 한다.

(4) 건물자산 행정관리론

1) 개 요

건물자산행정관리론은 건물자산의 행정개념과 존재하는 행정성업무의 효율적 관리를 행정측면에서 접근하여 처리하는 건물자산관리학 각론 분야이다.

건물은 행정과 제도에 의하여 건축되었으며 사용승인 되었고 멸실신고, 용도변경, 일정

규모 이상의 안전진단보고 등 시・군・구 보건소, 소방서 등의 행정 대관 업무가 허다하게 존재하고 있을 뿐 아니라 행정지원 없이는 기술관리나 법률관리 안전관리, 환경관리나 심지어 자산관리까지도 불가능하게 된다. 따라서 건물자산 행정관리론은 행정성 관리업무의 효과적 처리와 전체의 건물자산관리 효과 창출을 지원하는 건물자산관리학의 각론 분야로서 이에 해당되는 행정관리활동을 체계적으로 설명하고 있다.

2) 행정관리 활동의 종류와 내용

행정성 관리업무를 위한 행정관리 활동의 종류와 간략한 내용은 다음과 같다.

① 조직관리 활동

관리주체, 경영주체의 조직과 현장관리조직 등에 필요한 활동으로 조직의 유지와 목표달성 조직 구성원간의 업무 분장과 조정 통제 등을 통하여 관리업무가 무리 없이 수행되도록 지원하며 특히, 경영조직과 관리조직 상의 조화가 이루어지는 데 필요한 활동을 조직관리 활동이라 한다. 조직관리활동은 행정관리 활동으로서 매우 중요한 행정활동이라 한다.

② 사무문서관리 활동

건물자산관리에 필요한 사무업무와 문서관리 업무 중심의 행정 관리활동을 말한다.

③ 인사노무관리 활동

조직 구성원의 채용, 인사, 교육, 퇴직에 관한 인사업무와 노무업무를 효율적으로 처리하여 건물자산관리를 지원하는 행정관리 활동이다.

④ 관리용역 및 용품구매 관리 활동

관리용품과 관리용역의 체계적인 구매관리를 통하여 현장의 관리업무를 지원하는 행정관리 활동이다.

⑤ 건물보험 관리활동

자산의 위험이나 시설물위험, 인사사고위험 등의 전가, 회피 등을 목적으로 필요한 보험에 가입하여 인적 물적 손실을 최소화하는 행정관리 활동이다.

건물자산관리에는 화재보험, 책임배상보험, 사회 4대 보험 등의 가입과 유지 및 사후관리가 자산손실방지나 최소화를 위하여 대단히 중요한 행정관리 활동이다.

⑥ 대관업무 관리활동

건물자산관리를 위하여 존재하는 관계 정부 부처나 지방자치 단체 및 공공기관 등의 유관 업무처리는 또 하나의 행정관리 활동의 범주에 해당된다.

⑦ 용역수주 영업활동

건물자산관리에 필요한 용역수주 영업업무를 효과적으로 수행하여 경영수익을 창출하는 일련의 영업활동은 매우 중요한 행정관리 활동 중 하나이다.

용역수주 정보의 수집, 분석, 입찰 준비, 참가, 계약체결, 현장 인수 등은 관련 활동과 결합하여 진행하는 행정관리 활동이다.

⑧ 전산사무 관리활동

건물자산을 전산시스템을 활용하여 회계, 세무, 구매, 인사, 노무, 보험 등의 행정사무업무를 효율적으로 처리하는 행정활동이다.

(5) 건물자산기술관리론

1) 개 요

건물자산기술관리론은 건물자산의 기술개념과 기술성 관리업무를 기술적으로 처리하기 위한 건물자산관리학의 각론 분야이다. 건물자산은 인간의 자본과 노동력과 기술의 결합에 의하여 생산된 건설물로서 유체물인 동시에 부동산의 일종인 물건에 해당된다. 따라서 토목, 건축, 전기, 기계, 환경, 통신 공학 등의 기술력의 결합으로 완성된 건설물이므로 완성 후의 유지관리와 기능과 성능의 발휘를 위해서는 반드시 기술관리가 건물자산 기준 관리 폼은 건물자산 중 시설물에 관계되는 기술관리 업무로서 기초관리 분야에 해당되며 자산의 사용수익을 직접 지원하는 기술관리 활동들은 체계적으로 수록하여 설명하고 있다.

2) 기술관리 활동의 종류와 내용

건물자산기술관리론은 다음의 기술관리 활동을 통하여 시설물의 유지와 기능과 성능을 정상적으로 나타내며 사용가치를 높여 최유효 사용화하게 하며 이를 위한 주요 활동의 내용은 다음과 같다.

① 건축물 유지관리 활동

건축물의 점검, 보수, 진단교체, 보수, 보강, 개량 등을 통하여 건물의 성능과 기능을 정상적으로 장기간 유지하게 하며 내구력을 강화하며 장기간 유지하도록 내구력을 강화하여 물리적 내용연수를 확장하는 기술관리 활동이다.

② 건축설비 O & M 활동

건축물에 장착된 각종 설비의 운전(Operation)과 정비(Maintenance)에 관한 활동으로서 기술관리의 핵심관리 활동이다.

③ 에너지 관리활동

건축물과 건축설비에 필요한 전기, 유류, 가스 등 에너지를 효율적으로 사용하기 위한 기술관리 활동이다.

④ 공사관리 활동

공사관리(Construction Management, CM)는 건축물 영선과 내부 칸막이 공사, 건축설비의 보수, 정비. Renovation, Remodelling 등을 위해서 수행되는 공사, 작업, 보수, 정비공사로서 공사발주준비, 계약, 감독, 검사 등 체계적인 공사 수행을 위한 기술관리 활동이다.

⑤ 중앙관제시스템 통제활동

일정 규모 이상의 건물마다 중앙관제시스템을 유지하고 있는바 전기, 공조, 엘리베이터, 방범, 방재 등을 전산시스템을 이용하여 통합적으로 제어 통제함으로써 기술관리의 효율성을 높이는 통합관리 활동으로서 매우 중요한 기술관리 활동 중 하나이다.

(6) 건물자산 환경관리론

1) 개 요

건물자산관리는 내부의 자원을 효과적으로 배분활용하고 외부의 건물자산관리 환경을 능동적으로 극복함으로써 건물자산관리 효과를 창출할 수 있다. 따라서 건물자산관리에 있어서도 환경관리는 매우 중요하다.

건물자산관리의 환경은 자연환경과 인공환경으로 대별되며 환경의 종류에는 정치사회환경, 건축환경, 경제환경, 법제도환경, 위생환경, 자연환경, 실내공기환경 등이 있다. 환경관리론은 이상과 같은 환경을 능동적으로 관리하기 위한 환경관리 활동의 이론과 실무 등을 설명하고 있다.

2) 환경관리활동의 종류와 내용

① 기술환경 관리활동

건축물은 기술력의 산물이나 기술환경의 급속도의 발전과 변화로 완공 시 사용하였던 기술은 곧바로 낡은 기술로 변질되고 있어 변화하는 기술환경의 적응과 따라잡기는 매우 중요한 환경관리 활동 중 하나이다.

건물자산관리자는 신축현장에서 도입되는 신기술의 내용을 파악하고 학습해 두도록 해야 한다.

신기술의 도입과 적응 없이는 현대의 첨단건물, 인공지능건물의 관리는 불가능하다.

② 경제환경 관리활동

경제는 생물처럼 변화무쌍하다. 왜냐하면, 경기변동을 가져 오는 경제 변수가 매우 다양하게 생성되어 존재하기 때문이다. 건물자산관리는 사용가치와 교환가치를 극대화하여 경제적 이익의 최대화를 목적으로 하기 때문에 경제환경의 변화에는 적절히 대응하여야 한다. 특히 건물자산의 취득시기와 전략적 매각 시에는 경제환경의 고려는 절대적으로 필요하다.

③ 에너지환경 관리활동

건물의 유지관리비 중 에너지비의 비중은 전체 약 24%정도 소요됨으로 에너지환경관리는 유지관리비용과 친환경관리 측면에서 건물자산관리에 크게 영향을 미치고 있다. 특히 가장 경제적 방법으로 효율적 관리를 반드시 실천해야 하는 시설물관리에 있어서 에너지의 경제적 사용이 불가피하며 이를 위한 에너지 환경관리 활동 역시 매우 중요한 환경관리 활동이라 할 수 있다.

④ 자연환경 관리활동

현대 건물자산의 관리는 친환경적인 관리이어야 하고 입주자의 wellbing 중심의 관리가 요구되고 있다. 자연환경을 훼손하거나 오염시켜 환경파괴를 가져오는 반환경적 관리는 법적으로 또는 윤리적으로 허용되지 않는다.

⑤ 법제도환경 관리활동

건물자산관리는 관리관계법령에 따라 관리되어야 한다. 그리고 법에 의하여 만들어진 제도에 영향을 받기 때문에 법제도환경에 순응해야 한다.

⑥ 위생환경 관리활동

건물자산을 최유효 사용수익하기 위해서는 건물내외부의 청결성, 보건성, 미관성 등이 항상 확보되어야 한다. 따라서 청소활동, 소독활동 등을 정기적으로 실시하여 위생환경을 견지해야 한다.

⑦ 실내공기환경 관리활동

실내공기는 쾌적성을 유지해야 하는바 이에 필요한 온도, 습도, 기류, 청정도를 유지해야 하고 소음, 진동, 악취를 관리해야 하며 빛환경, 음환경, 수환경 등을 관리해야 한다.

⑧ 조경시설물 관리활동

건물 내외부의 법정 조경시설물과 미관유지를 위하여 식재 또는 설치한 조경시설물의 관리는 법적관리의 이행은 물론 건강관리와 함께 건물미관의 유지와 향상에 크게 기여하는 환경관리 활동이다.

(7) 건물자산 위험관리론

1) 개 요

건물자산위험관리론은 건물자산의 위험과 건물시설물의 위험(물적위험) 및 인적 위험 등을 체계적으로 관리하여 위험을 최소화하고 사고를 예방하여 인적, 물적 손실을 예방하는 활동과 위험관리를 위한 보험 등을 통하여 위험의 전가, 위험회피 등의 제도적 장치를 강구하고 위험인수, 위험보유 등을 통하여 건물자산위험의 관리를 위한 활동전반을 설명하고 있다.

2) 위험관리활동의 종류와 내용

① 기술위험 관리활동

- 화재위험관리
- 전기위험관리
- 가스위험관리
- 기계위험관리
- 작업위험관리
- 폭발위험관리
- 추락위험관리
- 에너지위험관리
- 건물(물건)하자 위험관리 등

② 경영위험 관리활동

- 경기변동 위험관리
- Market(시장) 위험관리
- Location(위치) 위험관리
- Property(자산) 위험관리
- Operation(운영) 위험관리
- Exit(매각, 처분) 위험관리
- 경영환경 위험관리
- 건물자산 가치 하락 위험관리

③ 법률위험 관리활동

- 소유권 상실 및 허유권화 위험관리
- 계약사고 위험관리

- 건물관리 관계법령 사고 위험관리
- 공적서비스 위험관리
- 권리하자 위험관리 등

④ 환경위험 관리활동

- 생활환경 오염 위험관리
- 위생환경 위험(질병감염위험)관리
- 수질오염 위험관리
- 실내공기 오염 위험관리
- 약재 중독 위험관리
- 자연재해 위험(자연환경위험)관리
- 조경시설물 위험관리 등

⑤ 보안위험 관리활동(건물범죄 관리활동)

- 건물살인사건 위험관리
- 건물강도 위험관리
- 건물절도 위험관리
- 건물 무단침입 위험관리
- 건물 불법점거 및 자산시스템보안 위험관리
- 건물 폭파 위험관리
- 건물방화 위험관리
- 저수조 독극물 투여 위험관리
- 건물질서 파괴 위험(난동, 파업, 데모 등)관리
- 기타 풍속사고 위험관리 등

⑥ 비상상황 위험관리

- 단전 비상상황관리
- 단수 비상상황관리
- 화재 비상상황관리
- 엘리베이이터 사고비상상황관리
- 지진 비상상황관리
- 건물범죄사고 비상 상황관리
- 건물침수 비상상황관리
- 건물붕괴 비상상황관리 등

제1절 건물자산관리학의 이론구조에 이어 제2절을 통하여 건물자산관리학의 이론체계의 기본개념인 건물자산관리학의 정의, 학문적 성격, 지도원리, 학문적 이념, 연구대상, 이론체계화 접근방법, 인접과학 및 각론분야와 응용분야 순으로 살펴보았으나, 이론체계를 구성하고 있는 학문적 과제나 연구방법 등은 제4장에서 이미 기술하였으므로 이를 생략하였다.

이상에서 설명한 건물자산관리학의 이론체계를 정리하면 [그림 5-3]과 같다.

건물자산관리학의 이론체계

- **학명**
  - •建物資産管理學
  - •건물자산관리학
  - •Principles of Building Asset Operation and Administration
- **건물자산관리학의 정의**
  - 건물자산관리의 지식체계로서 최적건물자산의 취득, 효율적 보유와 운영관리, 합리적 처분의 이론과 건물자산가치의 보존, 이용, 개량, 극대화의 원리 및 건물자산관리활동의 최유효화 기술을 연구하고 응용하는 종합응용과학
- **학문적 성격**
  - ① 종합과학적성격
  - ② 응용과학적성격
  - ③ 경험과학적성격
  - ④ 사회과학적성격
  - ⑤ 규범과학적성격
  - ⑥ 실천과학적성격
- **연구대상**
  - ① 최적건물자산의 취득, 효율적 보유와 운영관리 및 합리적 처분의 이론
  - ② 건물자산관리 문제와 해법
  - ③ 건물자산전략 현상과 대응
  - ④ 건물자산가치 보존, 이용, 개량 및 극대화의 원리
  - ⑤ 건물자산관리 활동의 최유효화 기술
- **학문적 이념**
  - ① 주(住)환경 측면의 인간생존지원
  - ② 건물자산관리 이해당사자 최유효경제적 · 사회적 만족
  - ③ 국가경제발전 이바지
- **지도원리**
  - ① 경제성의 원칙
  - ② 안전성의 원칙
  - ③ 효율성의 원칙
  - ④ 적합성의 원칙
  - ⑤ 윤리성의 원칙
  - ⑥ 전문성과 기술성의 원칙
  - ⑦ 사회성과 공공성의 원칙
- **인접과학**
  - ① 부동산학
  - ② 경 제 학
  - ③ 경 영 학
  - ④ 법 학
  - ⑤ 행 정 학
  - ⑥ 재 무 학
  - ⑦ 건축학과 건축관련공학
  - ⑧ 기타 인접과학
- **이론체계화 접근방법**
  - ① 종합식 접근방법
  - ② 귀납적 연구방법
  - ③ 연역적 연구방법
- **학문적 과제**
  - ① 건물자산관리 이론의 체계화
  - ② 건물자산관리 문제개선
  - ③ 건물자산관리활동의 최유효화
  - ④ 건물자산관리 정책 · 기술개발
  - ⑤ 건물자산관리 전문인력양성
  - ⑥ 건물자산관리산업 발전견인
  - ⑦ 住측면 인간생존 지원
  - ⑧ 건물자산관리 이해당사자 경제 사회적 최유효만족
  - ⑨ 국가경제발전 이바지
- **각론분야**
  - ① 건물자산기술 관리론
  - ② 건물자산경제 관리론
  - ③ 건물자산행정 관리론
  - ④ 건물자산법률 관리론
  - ⑤ 건물자산환경 관리론
  - ⑥ 건물자산위험 관리론
- **응용분야**
  - ① 건물자산관리업 경영론
  - ② 건물자산투자론
  - ③ 건물자산개발론
  - ④ 건물자산권리분석론
  - ⑤ 건물자산평가론
  - ⑥ 건물자산마케팅론
  - ⑦ 건물자산조세론
  - ⑧ 건물자산금융론
  - ⑨ 건물자산경영관리 컨설팅론
  - ⑩ 건물자산중개론
  - ⑪ 건물자산관리정책론
  - ⑫건물자산전산기술론
  - ⑬건물자산임대관리론
  - ⑭ 건물자산재무회계 관리론
  - ⑮ 건물자산관리서비스 영업관리론

[그림 5-3] 건물자산관리학의 이론체계도

제3절 건물자산관리학의 교육방향

1. 건물자산관리학 교육의 필요성

건물자산관리의 문제와 현상을 분석하고 경영관리 활동을 연구하여 문제개선 이론과 기법 및 활동모델 등의 대안을 수립하여 건물자산관리활동의 경제화, 안전화, 효율화, 적합화 달성에 기여하기 위하여 출발한 건물자산관리학의 연구와 교육을 실시한지 어느덧 10년의 세월이 경과하고 있다.

1997년 IMF를 기점으로 국내 건물자산관리시장의 혁명적인 변화는 종래의 전통적인 관리기법이나 기술만으로는 건물자산시장이나 건물자산관리 현장에서 일어나고 있는 건물자산관리의 문제와 현상을 해결 또는 개선할 수 없어 수수방관하거나 도외시함으로써 생성된 문제와 현상들로 하여금 인적·물적 손실과 사회적 비용의 지출을 강요하는 이른바 사회문제화가 되기 시작하였다.

이와 같은 심각한 건물자산관리 문제와 악현상은 전적으로 건물자산관리자의 전문성 결여와 기술의 부족에 기인된 것으로서 비효율적 관리시스템과 비표준화의 관리매뉴얼 등과 함께 외국선진 건물자산관리수준에 비추어 볼 때 후진성을 면치 못하고 있다.

이는 전적으로 건물자산관리 교육의 부재와 학문적 연구 활동의 전무에서 그 이유를 찾아볼 수 있다.

건물자산관리는 건물자산의 취득(매입)에서부터 보유 및 처분(매각) 등의 전 생애과정에 걸쳐 지식과 정보 및 Data를 기반으로 경영과 관리개념을 적용하여 건물시설의 최유효사용과 건물자산 경제가치 극대화와 수익최대화를 최대의 경영관리 목표로 설정하고 있으므로 건물자산관리자 모두는 교육과 훈련으로 건물자산관리분야의 지식과 정보와 Data의 확보와 응용기술이 요구되고 있다. 따라서, 건물자산관리종사자의 전문성과 기술은 건물자산관리 전문성과 기술교육을 통하여 해결해야 한다.

그러므로, 건물자산관리 문제와 악현상을 적절히 해결하고 건물자산관리의 시설관리목표와 재산경영목표를 효과적으로 달성하는 데 있어서 건물자산관리자가 갖추어야할 필요조건인 지식과 정보 및 Data의 확보는 반드시 해결되어야 하므로 건물자산관리 교육은 절대적으로 필요하다.

2. 건물자산관리학 교육의 현황

(1) 전북과학대학 건물관리과 개설

2003년 전북 정읍 소재 전북과학대학(당시 정인대학) 건축토목계열에서 건물관리과를 신설하고 건물관리학총론, 건물법률관리론, 건물기술관리론, 건물환경관리론, 건물안전관리론 등을 교육하여 1, 2기 졸업생을 배출하였다.

(2) 극동대학교 경영행정대학원 건물자산관리학 전공 석사과정 신설

2005년 충북 음성 소재 극동대학교 경영행정대학원에서 건물자산관리학 전공 과정을 신설하고 건물자산관리학총론, 건물자산경영관리론, 건물자산법률관리론, 건물자산기술관리론, 건물자산임대관리론, 건물자산환경관리론 등을 교육하고 있으며 1기에서부터 6기 졸업생을 배출하였다.

(3) 극동대학교 일반대학원 건물자산관리학 전공 석・박사과정 신설 및 석박사학위자 배출

2006년 극동대학교 일반대학원에서는 건물자산관리학 전공 석・박사과정을 신설하고 건물자산경영관리론, 건물자산관리학특론, 건물자산법률관리특론, 건물자산임대관리특론을 강의 중에 있다.

2009년 2월에 건물자산관리학 전공 석・박사 학위자가 다수 배출되었다.

(4) 기타 대학 건물자산관리학 강좌개설

2009년 현재 건물자산관리학 강좌를 개설했거나 개설 중에 있는 대학은 동원대, 경민대 등 12개 대학에 이르고 있으며 향후 건물자산관리학과 신설이 크게 예상되고 있다.

3. 교육목표와 방향 및 교육의 내용

건물자산관리학은 한나라의 건물자산 문제와 현상을 연구하고 해결해야 하는 책무를 안고 있는 학문이므로 이를 담당할 건물자산관리전문가 양성에 필요한 교육은 진지하게 검토되어야 하고 계획적으로 이루어져야 한다.

특히, 건물자산관리학의 교육목표, 교육방향, 교육내용 등은 진지하게 연구되어야 하고 이를 바탕으로 체계적으로 교육되어 건물자산관리업계의 수요에 부응해야 한다.

(1) 교육목표와 교육방향

건물자산관리학의 교육목표는 건물자산관리 전문성과 기술을 확보하여 건물자산관리실무를 가장 경제적 방법으로, 안전하게 그리고 효율적으로 적합하게 처리할 수 있는 능력을 갖추는 데 두어야 한다. 따라서 효과적인 건물자산관리를 위한 지식, 정보, Data 등의 이론을 확보하고 건물자산관리 문제와 악현상을 해결하여 실무에 응용할 수 있는 전문가 양성에 교육목표를 두어야 한다.

건물자산관리는 이론과 실무가 결합되어 있다. 따라서 실무중심의 이론교육이 이루어지도록 교육방향을 설정해야 한다.

왜냐하면, 건물자산관리실무는 이론보다 더욱 중요하기 때문이다. 또한 건물자산관리학의 교육방향은 유능한 Facility Manager, Property Manager, Leasing Manager, Asset Manager의 양성에 초점을 두고 건물자산관리 연구원과 컨설턴트, 대학교수 등의 전문직 양성에 무게를 두어야 한다.

따라서 대학의 학사과정, 석사과정 그리고 박사과정에 걸쳐 자산운용, 재무관리, 임대관리, 시설관리의 이론 또는 실무 양면으로 가장 경제적 방법으로 안전하게 효율적으로 적합하게 처리할 수 있는 지식과 실무처리 능력을 갖출 수 있도록 교육, 훈련해야 한다. 따라서 유능한 건물자산관리자와 전문직이 배출될 수 있도록 교육목표가 설정되어야 한다.

(2) 교육내용

교육내용은 건물자산관리학총론 교과내용을 중심으로 다음의 6개 각론을 전공필수교육을 실시하되 건물자산관리학의 인접과학 분야인 부동산학, 경제학, 법학, 행정학, 경영학, 건축 관련공학 등의 연구와 함께 13개 응용분야 역시 선택과목으로 교육을 병행해야 한다. 건물자산관리학의 전공필수 교과목은 총론과 각론분야로서 (1)항과 같으며 응용분야는 선택과목으로서 (2)항과 같으나 인접과학분야는 (3)항과 같다.

1) 총론과 각론분야

① 건물자산관리학총론
② 건물자산기술관리론
③ 건물자산경제관리론
④ 건물자산행정관리론
⑤ 건물자산법률관리론
⑥ 건물자산환경관리론
⑦ 건물자산위험관리론

2) 응용분야

① 건물자산관리업경영론
② 건물자산평가론
③ 건물자산금융론
④ 건물자산개발론
⑤ 건물자산중개론
⑥ 건물자산마켓팅론
⑦ 건물자산경영관리컨설팅론
⑧ 건물자산투자론
⑨ 건물자산권리분석론
⑩ 건물자산관리정책론
⑪ 건물자산조세론
⑫ 건물자산전산기술론
⑬ 건물자산임대관리론
⑭ 건물자산재무회계관리론
⑮ 건물자산관리서비스영업관리론

3) 인접과학분야

① 부동산학
② 경제학
③ 법학(건물자산관리사법과 공법)
④ 경영학
⑤ 행정학
⑥ 재무학
⑦ 건축학과 건축 관련 공학(전기공학, 기계공학, 토목공학, 환경공학 등)

제 II 편

건물자산관리학의 자산관리 실무활동

제II편은 건물자산관리 실무활동편으로서 제1편의 건물자산관리학 이론적기초편의 이론과 건물자산관리문제의 대두와 개선의 필요성, 건물자산관리학의 태동과 학문적 과제, 건물자산관리학의 이론구조와 이론체계 등을 바탕으로 바람직한 건물자산관리의 경영성과와 관리성과를 도출하는 데 요구되는 건물자산관리 활동중심의 실무편이라 할 수 있다.

본편에서도 5개 장을 두고 건물자산투자관리 실무활동과 건물자산관리의 3측면을 중심으로 건물자산의 취득, 보유 및 처분의 건물자산 전체과정의 실무활동을 통하여 최적 건물자산의 취득, 효율적 보유와 운영관리에 의한 운영수익 최대화 그리고 합리적 처분에 의한 양도차익 실현 등을 도모하여 건물자산의 경제가치인 사용가치와 교환가치의 극대화를 달성하는 데 필요한 실무활동의 기초개념과 건물자산관리의 AM 실무활동, PM 실무활동 그리고 FM 실무활동의 내용들을 소개하고 있다.

제6장 건물자산관리활동의 실무적 기초

건물자산관리효과를 가장 경제적 방법으로 안전하게, 효율적으로 적합하게 얻으려면 건물자산관리활동 기초개념의 이해를 바탕으로 실무절차의 숙지와 함께 실무활동이 효과적으로 수행되어야 한다.

제II편 제6장에서는 열 개의 절을 두고 건물자산관리활동의 이론과 실무활동상호관계 설명에서부터 건물자산관리 실무활동의 의의와 필요조건 및 실무활동의 구조체계, 실무활동의 방법론, 건물자산관리 실무활동의 분류, 특성, 원칙, 목적 및 활동방식과 기대효과에 이르기까지 건물자산관리 실무활동 전반에 대하여 구체적으로 설명하고 있다.

- 제1절 건물자산관리이론과 실무활동의 상관관계
- 제2절 건물자산관리 실무활동의 의의와 4대요건
- 제3절 건물자산관리 실무활동의 기본개념과 구조체계
- 제4절 건물자산관리 실무활동의 방법론
- 제5절 건물자산관리 실무활동의 분류
- 제6절 건물자산관리 실무활동의 특성
- 제7절 건물자산관리 실무활동의 적용원칙
- 제8절 건물자산관리 실무활동의 목적
- 제9절 건물자산관리 실무활동의 방식
- 제10절 건물자산관리 실무활동의 기대효과

제1절 건물자산관리이론과 실무활동의 상관관계

1. 건물자산관리이론의 기능과 역할

건물자산관리는 이론분야와 실무분야로 결합되어 있다. 또한 건물자산관리는 체계화된 건물자산관리이론을 바탕으로 이루어지는 건물자산관리실무활동을 통하여 비로소 건물자산의 경영효과와 관리효과를 창출함으로써 마침내 건물자산의 투자목적이나 경영목적 및 관리목적을 달성하게 된다.

건물자산관리이론의 사전적 의미는 낱낱이 다른 건물자산관리의 현상이나 문제들을 일정한 원리와 법칙에 따라 통일적으로 설명할 수 있는 보편적인 지식체계를 의미하는 것으로 관념적이고 논리적인 지식을 말한다.

다시 말하면, 건물자산관리 이론은 건물자산관리의 문제와 현상을 효율적으로 설명할 수 있는 지식체계로서 문제를 해결 또는 개선하고, 악현상을 순현상으로 바꾸어 줄 수 있는 건물자산관리 지식기반을 건물자산관리이론이라 한다.

또한 제1편 건물자산관리학의 이론적 기초에서 설명한 건물자산관리이론은 건물자산의 경영관리효과(건물시설의 물리적 양호한 상태보존과 효율적인 유지 및 유익한 개량으로 건물의 사용가치를 극대화하여 건물을 최유효 사용화할 수 있도록 하는 건물시설관리효과와 건물의 재산적 가치와 수익가치를 함께 높이고 극대화하여 최유효 수익화)를 직접 창출하는 실무활동을 지원하고 지식기반을 제공하여 바람직한 실무활동으로 가이드 함으로써 건물자산경영관리효과를 최유효 관리법으로 창출하여 건물자산투자자, 소유자, 사용자 모두를 만족하게 하는 기능과 역할을 하게 된다.

그리고 제Ⅱ편 건물자산관리 실무활동편에서 기술되어질 건물자산관리실무의 의미는 건물자산의 경영관리에 있어서 실제로 처리해야하는 경영업무와 관리업무를 의미하는 것으로 건물자산관리 각 영역별(재산경영영역과 시설관리영역)로 처리해야하는 실제업무를 의미한다. 따라서 건물자산관리의 이론과 실무는 별개가 아닌 전체의 하나로서 상관관계를 가지고 상호결합하고 보완하며 상호작용하여 전체 건물자산의 경영효과와 관리효과를 통합함으로써 하나의 건물자산관리효과를 창출하고 제공하게 된다.

이 책의 제Ⅰ편은 건물자산관리학의 이론분야로서 건물자산관리의 원리와 원칙 및 법칙 등에 대한 이론체계이며, 제Ⅱ편은 건물자산관리실무활동분야로서 건물자산관리활동 실무중심의 건물자산관리 내용을 담고 있다. 다시 말하면, 제Ⅱ편은 제Ⅰ편의 건물자산관리 이론을 바탕으로 건물자산관리의 실제적인 업무에 대한 활동을 다루고 있다.

건물자산관리의 이론에서 가장 중요한 것은 건물자산관리이론은 건물자산관리의 문제와 현상을 효율적으로 설명할 수 있어야하고 효율적 수행방법과 절차를 설명하여 건물자산관리실무활동을 바람직하게 가이드하고 수행하도록 하여 경제화, 안전화, 효율화, 적합화할 수 있는 기능과 역할을 해야 한다는 점이다.

2. 이론과 실무활동의 상관관계

건물자산관리의 실무라 함은 전술한 바와 같이 건물자산관리의 구체적인 실제업무를 의미하며 건물자산관리활동의 요체가 되는 구체적인 건물재산경영업무와 시설관리업무를 의미한다. 건물자산관리실무는 건물자산생애단계를 중심으로 고찰하면 건물자산매입실무(취득실무), 보유 및 운영관리실무, 처분실무(양도 · 매각실무) 등으로 나누어지며 건물자산관리 3측면을 기준으로 분류하면 AM실무, PM실무, FM실무 등으로 나누어지고 구체적 건물자산관리실무내용을 기준으로 분류하면 자산운용실무, 재무관리실무, 임대관리실무, 시설관리실무 등으로 분류된다.

또한 건물의 양면성(재화성과 재산성)을 기준으로 분류하면 시설관리실무와 재산경영실무로 분류되고 최광의 관리개념을 기준으로 분류하면 건물자산경제관리실무, 법률관리실무, 행정관리실무, 기술관리실무, 위험관리실무 그리고 환경관리실무 등으로 분류된다.

그러나 보다 더 구체적으로 건물자산관리 항목을 기준으로 건물자산관리실무를 세분하면 건물자산매입 · 매각실무, 신축관리실무, 정보조사분석실무, 평가실무, 조세 · 보험 · 회계관리실무, 감가상각관리실무, 임대차계약실무 및 입주사관리실무, 용역사관리실무, 공사관리실무, 인사노무관리실무, 조직관리실무, 용역계약관리실무, 구매관리실무, 관리예산실무, 경비보안관리실무, 시설운전관리실무, 유지보수정비실무, 입주자민원관리실무, 청소위생관리실무, 중앙감시실무, 주차시설관리실무, 조경시설물관리실무 등 다양하고 복잡한 실무활동의 항목들이 있다.

그러나 본편에서 다루고자 하는 건물자산관리실무의 내용은 건물자산투자관리실무를 중심으로 건물자산관리 3측면의 건물자산관리 AM실무, PM실무 그리고 FM 실무내용으로서 전술한 복잡하고 다양한 건물자산관리실무 항목이 전체적으로 포함되어 있으므로 건물자산관리AM실무, PM실무, FM실무 순으로 요약하고 정리하여 설명하기로 한다.

건물자산관리실무에서 가장 중요한 점은 실무 자체의 내용에 있지 아니하고 실무자에 의하여 가장 경제적 방법으로 안전하게 그리고 효율적으로 적합하게 건물자산관리실무를 처리하여 바람직한 건물자산경영효과와 시설관리효과를 창출하여 적절히 제공함으로써 건물자산소유자, 투자자, 사용자 등을 경제적 · 사회적으로 최유효 만족시키는 데 있다.

건물자산관리분야는 전술한 바와 같이 시설관리분야(건물관리)와 재산경영분야(재산관리)로 나뉘어 개별 관리되고 종국적으로 통합되며 이론분야와 실무분야로 나누어지나 상호작용하고 보완하며 실무를 바탕으로 이론이 체계화되고 체계화된 이론은 다시 건물자산관리실무를 바람직한 방향으로 가이드 하여 보다 많은 건물자산의 경제적 가치와 경제적 이익을 함께 창출하며 건물자산투자자나 소유자 그리고 사용자 모두의 요구목적에 부합하는 건물자산관리효과를 가장 경제적 방법으로 안전하게 그리고 효율적으로 적합하게 생산·제공하게 한다. 다시 말하면, 건물자산관리이론은 건물자산관리실무와 상관관계를 가지고 실무활동을 경제화, 안전화, 효율화 그리고 적합화하는 데 결정적으로 기여하는 지식기반이 되고 있다.

특히, 제 I 편의 건물자산관리학의 기초이론과 제 II 편의 실무활동기초이론을 통하여 설명한 건물자산관리이론이 지식기반이 되어 이루어지는 건물자산관리실무활동은 건물자산관리의 주요 실제업무에 대하여 건물자산경영계획에 따라 건물자산경영관리조직이 설정한 건물자산경영목표와 시설관리목표의 성과를 달성하기 위하여 애쓰고 노력하는 적극적 행위이기 때문에 건물자산관리학에 의하여 체계화된 건물자산관리이론은 결국 건물자산관리실무를 위하여 존재하고 있으며 건물자산관리의 이론과 실무활동의 상호작용과 함께 상호보완을 통하여 건물자산관리 효과를 창출하고 있으므로 매우 밀접한 상관관계를 가지고 있다.

이와 같이, 건물자산관리실무활동은 건물자산경영효과(건물자산수익 가치 극대화와 최유효수익화)와 관리효과(사용가치 극대화와 최유효 사용화)를 직접 생산한다는 측면에서 건물자산관리 이론에 대한 정확한 이해와 실무처리방법이나 기법, 절차 등을 숙지하여 능률적으로 실행할 수 있어야 한다.

건물자산관리활동은 넓은 의미의 건물자산관리활동개념과 좁은 의미의 건물자산관리활동개념이 있는바 전자는 AM기법을 활용하여 건물자산의 매입과 보유 및 운영관리 그리고 처분 등의 전체과정에 걸쳐 전략적으로 의사를 결정하여 건물자산가치를 높이고 경제적 건물재산의 수익을 극대화하는 투자관리 개념이나 후자의 건물자산관리활동개념은 취득된 건물자산의 보유기간동안의 건물자산운영관리를 통하여 건물자산 운영비용을 통제하고 수입을 관리하며 협력사를 고용하고 통제, 감독하며, 건물자산임대 업무를 효율적으로 수행하여 현금흐름을 좋게 하고 건물자산의 소유자나 투자자 및 AMC의 AM Manager 업무를 지원하는 PM의 실무활동과 FM의 실무활동 등을 의미한다(그러나 예외적으로 High Level PM의 경우 Property Manager는 AM 고유 업무 일부를 담당한다).

건물자산관리학의 건물자산관리개념은 넓은 의미의 건물자산관리개념이므로 건물자산의 취득에서부터 보유(보존·유지·이용·운영) 및 처분(법률적 처분(양도)과 물리적 처분(Renovation) 등) 전 과정에 걸쳐 전략적 의사결정과 적절한 경영과 관리적 대응으로 적정 건물자산을 취득하고 효율적 보유와 전략적 처분으로 임대소득과 양도차익 실현을 통하여 건물자산가치를 보전·증식하고 투자자산의 수익극대화를 합리적으로 도모하는 경영개념(Asset Operation and Administration)이라 할 수 있다.

다시 말하면, 넓은 의미의 건물자산관리활동은 최적 또는 적정 건물자산을 매입하고 효율적으로 매입건물자산을 운영 관리하여 현금흐름을 개선하고 전략적으로 매각시점에 매각을 실행함으로써 양도차익을 실현하고 투자자산의 경제적 이익을 극대화하여 경제적 만족을 창출하는 경영활동이자 경제활동이라 할 수 있다.

예컨대, 투자대상자산 중 예금, 주식, 채권이나 회사채 등의 금융자산이나 귀금속, 토지, 건물 등의 유형실물자산 중 전략적으로 건물자산을 투자대상으로 선택하고 이를 효과적으로 운영관리하여 경제적 수익의 최대화 시점과 상황에 전략적으로 매각하여 양도차익을 실현시켜 경제적 만족을 취하는 경제활동이기 때문에 건물자산관리자는 고도의 전문성과 조사 분석 능력이 뛰어나야 한다.

특히, 투자건물자산이 개별자산이 아닌 복합자산(Portfolio)인 경우와 단일한 장소가 아닌 광역관리 경우나 전문적 관리의 대상이면서 군관리(群管理)의 광역관리 또는 유비쿼터스나 IT를 활용하여 국내에서 외국 건물자산을 원격관리(Remote Control)하는 경우에는 더욱더 고도의 관리기술과 전문성 및 실무처리능력과 효율적인 관리시스템의 구축이 전제되어야 한다.

건물자산관리실무활동을 시작함에 있어서 특히, 유의해야할 사항은 건물자산관리활동이 경제행위이고 경영활동인 점에만 치중하여 건물자산관리 전체과정(취득・보유・처분과정)에 걸쳐 전략적으로 건물자산경영활동만을 강조하여 경제적 이익만을 창출하고 관리활동의 성과물의 하나인 건물의 유익과 건물 사용가치 창출을 등한시하여 건물 본래의 주요기능인 주(住)측면의 인간생존지원 기능과 역할을 간과해서는 안 된다는 점이다. 한 걸음 더 나아가 건물자산관리활동의 경영성과와 관리 성과를 통합하여 국가경제발전에도 이바지하도록 하는 건물자산관리활동의 경제사회적 목적의 하나인 거시적 목적에도 경영과 관리역량을 집중해야 한다.

왜냐하면, 건물자산관리는 경제적 이익 창출로 미시적 목적을 달성하는 경영활동임은 분명한 사실이나 인간의 住생활에 직접 영향을 미치는 재화관리분야도 존재하기 때문이다. 또한 건물자산관리업은 하나의 산업으로서 외국에 진출하는 경우, 무역외 수지 부문으로서 국가경제에 보탬이 될 뿐 아니라 국가경제발전에 이바지하는 무역 외 수지 영역이기 때문이다.

결론적으로, 건물자산관리실무활동은 건물자산관리의 목적에 부합하는 경영효과와 관리효과 창출에 있어서 건물자산 전생애 과정에 걸쳐 전략적 의사결정과 적절한 대응을 통하여 경영효과와 관리효과 등을 생산해야 하므로 건물자산 전체과정 실무처리에 관계되는 활동의 범위와 기법 등의 기초이론을 살펴 해당 실무의 처리를 능률화하고 가장 경제적 방법으로 안전하게 그리고 효율적으로 처리해야 한다.

제6장에서부터 제10장에 이르기까지 건물자산관리 목적 달성을 위하여 진행되는 건물자산관리 전체과정(건물자산의 취득・보유・처분(매입・보유・매각))에 직접 관계되는 투자관리실무, AM실무, PM실무 그리고 FM실무 순으로 건물자산관리실무활동을 살펴보고자 한다.

제2절 건물자산관리 실무활동의 의의와 4대요건

1. 건물자산관리실무활동의 의의

건물자산관리실무활동이라 함은 건물자산관리 업무의 흐름 중 건물자산관리의 개념과 건물자산관리 방법과 절차 다음의 최종적 순서에 해당되는 실행과정으로서 재무자산을 운용하여 건물자산을 취득하거나 보유 및 운영관리 그리고 처분 등 건물자산을 대상으로 의사를 전략적으로 결정하고 실행하는 건물자산관리자의 행위와 노력을 의미한다.

건물자산관리활동의 주체에는 경제주체인 개인, 기업, 정부가 있으며 건물자산관리활동의 출발은 경제활동주체의 요구나 목적에 전적으로 기인하며 사용목적, 보유목적 및 수익목적 또는 양도차익 실현을 위한 처분목적에 따라 다양한 건물자산관리 활동을 전개하고 있으나 건물자산관리학의 학문적 관심은 제한적 재무자원을 효과적으로 운용하여 가장 경제적 방법으로 안전하게 효율적으로 적합하게 최적 건물자산을 취득하고 효율적으로 보유, 운영관리하며 합리적 처분을 통한 임대소득 최대화와 양도차익의 실현을 통하여 사용가치와 수익가치를 극대화하여 최유효 건물자산 사용수익화함으로써 住측면의 인간생존 지원과 함께 건물자산관리활동주체들의 경제적사회적 만족을 누리도록 하는 데 있다.

결국 건물자산관리활동은 건물자산의 전 생애 과정을 통하여 전략적 의사결정과 실행으로 최적 건물자산을 취득하고 효율적 보유와 운영관리 및 합리적 처분 등의 실무를 최유효건물자산관리법을 적절하게 활용하여 건물자산관리활동의 주체인 건물자산관리 이해당사자의 요구목적을 효과적으로 달성케 하는 인간의 행위라 할 수 있다.

특기할 점은 관리활동의 '범주'에 있어서 건물자산관리학의 관리활동범주는 건물자산의 취득, 보유 그리고 처분 등 전체 건물자산 생애과정 전반을 관리활동의 범주에 포함하고 있으나 부동산학의 관리활동 범주는 보유 부동산에 대한 거래활동, 이용활동, 행정활동만을 다루고 있어 건물자산관리학의 관리활동 범주가 부동산학의 관리활동범주보다 훨씬 큰 관리활동범주라는 점이다.

2. 건물자산관리 실무활동의 4대요건

건물자산관리활동의 4대 요건이라 함은 건물재산의 경영활동과 건물시설의 관리활동을 수행함에 있어서 반드시 갖추거나 충족해야 할 조건을 의미한다.

전술한 바와 같이, 건물자산관리활동의 목적은 양질의 경영성과와 관리성과를 창출하여 미시적으로 건물자산관리 이해당사자 모두를 만족하게 하는 데 있으며 거시적으로는 住측면의 인간생존지원과 국가경제발전에 이바지하는 데 있다.

그러나 양질의 경영성과와 관리성과의 창출은 경영과 관리의 특성상 일정한 조건하에 창출되고 제공되어야 하는데 이를 건물자산관리활동의 4대 요건이라 한다.

건물자산관리활동의 4대요건의 종류와 그 내용은 다음과 같다.

(1) 건물자산관리활동의 경제화

건물자산관리활동이 경영활동이든 관리활동이든 간에 투입비용을 최소화하고 산출이익은 극대화되도록 관리해야 한다는 요건이다.

예컨대, 시설관리에 있어서 유지관리비용의 최소화와 관리효용의 극대화와 같이 주어진 유지관리예산을 통제하여 예산의 흑자를 실현하는 가운데 얻고자 하는 관리효용은 극대화하고 사용가치를 높여 최유효 건물자산사용화를 도모하는 경제관리 활동의 원칙이라 할 수 있다.

건물자산관리활동의 경제화는 건물자산생애단계 측면에서 건물자산의 취득, 보유와 운영관리 그리고 처분 등 건물자산 생애 전 과정에 걸쳐 행해지는 것으로 건물자산취득활동, 보유 및 운영관리활동, 처분활동 등에 모두 적용되며 건물자산관리 4대 업무 측면의 자산운용과 재무관리활동, 임대관리활동, 시설관리활동에도 반드시 적용하여 양질의 경영관리 성과를 창출해야 한다.

결론적으로 건물자산관리활동의 경제화요건은 건물자산관리 전체 업무에 적용하여 소극적으로 비용을 통제하여 투입비용을 최소화하는 것이고 적극적으로는 수입을 관리하여 사용가치와 교환가치를 높여 건물자산의 경제가치를 보전하고 증식하는 데 필요한 경영관리 측면의 요건이라 할 수 있다.

(2) 건물자산관리활동의 안전화

건물자산관리는 위험의 최소화와 이익의 극대화(Risk-Minimum, Return-Maximum)를 통하여 건물자산의 경제가치의 보전과 극대화를 도모하는 경영활동이자 관리활동을 의미한다.

그러므로 건물자산관리활동은 자산의 위험은 물론 시설물의 위험 역시 통제하여 최소화하고 위험통제, 위험회피, 위험전가, 위험인수 등의 위험관리방법을 활용하여 위험을 시전예방하거나 위험을 대비하며 위험을 예방 또는 제거함으로써 인적 물적 피해가 발생하지 않도록 하는 이른바 안전화요건을 충족해야 한다.

왜냐하면, 건물자산관리의 목표는 Low-Risk, High Return(저위험-고수익) 에 있기 때문이다.

건물자산관리활동의 안전화는 위험분석, 위험예방, 위험관리(위험통제, 위험전가, 위험회피, 위험인수) 등으로 달성할 수 있으며 위험으로 인한 피해도 최소화할 수 있다.

특히, 시설관리활동에서 자주 나타나는 화재, 안전사고 등은 안전점검과 안전교육, 안전훈련 등을 통하여 1년 365일 무재해 시설관리 현장으로 유지해야 한다.

또한 시설관리현장의 경우 산업재해보상보험은 물론 화재보험, 영업책임배상보험 등의 보험가입으로 위험을 철저하게 전가시키거나 하도급계약이나 용역계약, 공사계약시에 계약을 통하여 위험을 회피해야하며 안전관리자, 방화관리자, 위험물 취급자 등은 위험통제에 최선을 다해야 한다.

따라서, 양질의 경영성과와 관리성과는 건물자산관리활동의 안전화요건의 충족을 전제로 이루어지므로 반드시 건물자산관리활동의 안전화요건은 반드시 충족되어야 한다.

(3) 건물자산관리활동의 효율화

효율화란 투입(Input)보다 산출(Output)이 큰 경우를 의미한다.

건물자산의 경영과 관리에 있어서도 일정한 경영자원과 관리자원(인적자원, 물적자원, 재무적 자원, 기술적 자원, 정보자원)이 투입되고 경영관리성과가 산출되는 구조를 가지고 있으므로 건물자산관리활동 역시 효율화요건을 충족할 필요가 있다.

왜냐하면, 아무리 양질의 경영관리성과가 창출되었다하더라도 투입보다 산출이 적은 경우에는 바람직한 경영관리 성과로써 가치가 없기 때문이다.

그러므로 건물자산관리활동에 있어서도 효율화요건의 충족을 전제로 양질의 경영관리성과를 창출해야 한다.

(4) 건물자산관리활동효과의 적합화

건물자산관리활동효과의 적합화(Suit ability)라 함은 건물자산관리활동의 3가지 필요요건을 충족하여 창출된 경영관리성과는 반드시 건물자산관리 이해당사자인 건물자산의 투자자나 소유자, 사용자 그리고 관리자의 요구 목적에 적합해야 한다는 요건을 의미한다.

비록 양질의 건물자산경영관리효과(경영관리성과)가 가장 경제적 방법으로 안전하게 그리고 효율적으로 창출되었다 하더라도 건물자산관리에 이해를 가지고 있는 건물자산 투자자의 투자목적과 소유자의 소유 목적 및 사용자의 사용목적 그리고 관리자의 관리목적에 반하거나 적합지 못한 경우에는 궁극적으로 건물자산관리 이해당사자를 만족시킬 수 없기 때문이다.

따라서 건물자산관리활동효과의 적합화요건은 반드시 충족되어야 한다.

건물자산 투자자와 소유자 측면의 건물자산관리활동효과의 적합화를 도모하려면

첫째, 최적건물자산의 취득을 통한 장기적 수익안정 기반구축
둘째, 효율적 보유와 운영관리를 통한 운영수익 최대화
셋째, 합리적 또는 전략적 처분에 의한 양도차익 실현 등이 가장 경제적 방법으로 안전하게 그리고 효율적으로 양질의 경영성과를 창출해야 하고 이를 통하여 건물자산투자자, 소유자 측면의 적합화가 달성되어야 한다.

건물자산사용자 측면의 적합화는 건물시설관리자가 안전과 편의를 높이고 일상적으로 점검 정비하고 손상된 부분은 원상복구하며 경과시간에 따라 요구되는 보수, 보강, 개량 등을 신속하게 진행할 뿐 아니라 사용자의 사용, 수익지원과 필요한 양질의 시설관리 서비스를 적절히 공급함으로써 달성될 수 있다.

또한 건물자산관리자 측면의 적합화는 관리업무를 표준화하고 효율적 관리시스템을 구축하며 관리자 스스로 전문화하여 건물소유자 입장에서 사용가치와 수익가치를 높이고 최유효 건물 사용수익화를 도모하여 건물자산 투자자나 소유자의 요구목적과 건물자산사용자의 요구목적에 맞는 양질의 경영성과와 관리성과를 창출하고 적절히 제공하는 것을 통하여 달성될 수 있다.

제3절 건물자산관리 실무활동의 기본개념과 구조체계

1. 건물자산관리실무활동의 기본개념

(1) 실무활동 기본개념의 의미

건물자산관리실무활동이라 함은 건물자산관리주체와 관리조직 및 그 구성원이 내부의 건물자산관리자원을 효율적으로 배분, 활용하고 외부의 건물자산관리환경을 능동적으로 극복하여 건물자산투자의 경영목표와 건물자산관리목표를 가장 경제적 방법으로, 가장 안전하게 그리고 가장 효율적으로 적합하게 달성하기 위하여 전략적 의사 결정과 함께 실행하는 관리적 행위 및 그 실천과정을 의미한다.

다시 말하면, 건물자산투자의 경영목표인 투자이익과 건물자산관리의 목표인 건물 재산의 경제가치인 수익가치와 사용가치를 높여 최유효 건물수익화와 최유효 건물사용화를 위한 양질의 경영관리서비스를 효과적으로 창출하기 위한 경영항목과 관리항목의 실제 업무를 처리하는 관리적 노력이나 작업 또는 의사결정 집행・지휘・통제 등의 행위를 건물자산관리실무활동(Practical Activities of Building Asset Management)이라 한다.

건물자산관리활동을 통하여 얻어지는 경영효과와 관리효과는 건물자산관리이론을 바탕으로 행해지는 건물자산관리활동의 결과물로서 건물자산관리활동의 요소들이 복합적으로 서로 결합하고 상호작용하여 마침내 얻어지는 경영관리효과인 바 후술하는 건물자산관리활동의 3요소들이 경영활동과 관리활동을 중심으로 상호작용하고 조합 또는 결합하여 창출하는 특징이 있다.

그러므로 건물자산관리활동이란 경영활동과 관리활동 요소들인 건물자산관리주체와 관리객체 및 관리수단 등이 효과적으로 결합하고 조합하며 상호작용하게 하여 관리효과를 최종적으로 창출하는 과정이라 할 수 있다.

결론적으로, 건물자산관리 실무활동이라 함은 건물자산경영관리주체와 경영관리조직이 관리대상건물에 대하여 주어진 경영관리수단을 효과적으로 활용하여 경영관리계획상의 경영관리목표를 가장 경제적인 방법으로 가장 안전하게 그리고 효율적으로 적합하게 달성해가는 경영행위와 관리행위를 의미한다.

건물자산관리활동의 목표인 양질의 경영・관리효과(Service)와 건물재산의 경제적 이익은 결국 건물자산경영관리활동에 의하여 창출됨으로써 건물자산관리활동이야말로 가장 중요한 경영관리효과 창출의 요체라 할 수 있다. 그러나 건물자산관리에 있어서 실무활동개념은 이론적인 건물자산관리개념의 정의와는 성격이 다소 차이가 있다.

왜냐하면, 건물자산관리개념의 이론은 건물자산관리의 총체적이고 거시적이며 추상적이고 관념적인 개념인데 반하여, 건물자산관리실무활동은 지엽적이고 구체적이며 미시적이고 실천적 행위중심의 실무관리개념이기 때문이다.

건물자산관리활동의 기본개념의 요소적 구성은 건물자산관리활동의 3요소, 2대 관리영역, 대상, 방식, 법・제도, 목적, 효과 등 여러 가지 요소에 의하여 개념화되어 있다.

이를 정리하면 [그림 6-1]과 같다.

[그림 6-1] 건물자산관리 실무활동의 기본개념도

(2) 건물자산관리실무활동의 내용

건물자산관리 실무활동은 자산관리개념, 관리영역, 관리활동측면 및 관리실무활동방식 등에 따라 관리업무내용이 크게 달라진다.

예컨대 건물자산관리 2대 영역인 건물재산의 경영영역과 건물시설의 관리영역에 따라 경영활동과 관리활동이 이루어지며 전자가 수리적 경제, 경영활동인 반면 후자는 물리적이고 기능적인 물적 기술관리활동을 업무내용으로 설정하고 있다. 또한 건물자산관리실무활동방식인 투자방식과 AM방식, 시설관리방식인 PM방식과 FM방식에 있어서도 투자활동과 AM활동이 건물 전 생애과정에 걸쳐 전략적 의사결정으로 적정한 건물자산의 매입, 효율적 보유와 전략적 매각을 통한 건물자산가치의 보존과 제고 및 경제이익의 최대화로 투자이익의 창출을 목표로 추진되는 경영활동인 반면, PM활동은 건물자산의 보유기간동안 지출비용을 통제하고 수입을 관리하여 운영이익을 최대화하며 임대관리와 시설관리용역협력업자의 고용과 통제 및 감독으로 임대수익의 증대와 유지관리비용의 최소화로 B/D 소유자나 AMC의 Asset Manager를 건물자산가치 보존 증식과 경제이익의 최대화 측면에서 지원하는 보조적이고 통상의 건물재산관리활동인데 비하여, FM활동은 Property Manager와 전략적 제휴로 파트너십을 가지고 있는 Facilities Manager나 B/D Manager가 중심이 되어 건물시설에 대한 보존・유지・기술적 개량으로 안전과 편의를 높여 건물을 최유효 사용할 수 있도록 계획하고 감독하는 이른바 물리적이고 기능적인 물적 시설유지관리활동을 주요 관리업무로 인식하고 있다.

뿐만 아니라, 건물자산관리 6측면의 경우의 관리실무활동 즉, 기술・경제・법률・행정・위험(안전), 환경 등 6대 측면의 재산경영활동과 시설관리활동의 경영・관리내용을 각각 다른 별개의 업무를 가지고 있다.

따라서, 건물자산관리활동은 건물자산관리의 개념이나 관리 2대 영역, 실무활동방식, 최광의 관리개념과 건물자산의 복합개념에 의한 건물자산관리 6측면 등에 따라 경영업무와 관리업무가 매우 상이하고 목표와 기대효과 및 측정방법이 다양하므로 건물자산관리자는 후술하는 건물자산관리활동의 구조체계개념과 활동의 성격 및 업무의 특징에 따라 체계적이고 전문적인 경영관리활동을 과학적이고 최유효 관리방법으로 수행하여 양질의 건물재산경영효과와 건물시설관리효과를 얻어 건물자산의 투자자, 소유자, 임차인(사용자) 등을 건물자산의 사용과 수익 측면에서 각각 만족하도록 최선을 다해야 한다.

건물자산관리활동의 내용을 보다 구체적으로 이해하려면 전술한 바와 같이 건물자산관리의 2대 영역(건물재산의 경영영역과 건물시설의 관리영역)개념과 경영・관리영역의 6측면 및 건물자산관리실무 관리활동인 투자관리활동, AM활동, PM활동, FM활동 등에 대하여 구체적으로 살펴보아야 한다.

건물자산관리의 2대 관리영역은 전술한 바와 같이 건물재산의 경영영역과 건물시설의 유지관리영역을 의미하며, 6측면은 건물재산과 건물시설에 대한 경제, 법률, 기술, 행정, 환경, 위험(안전) 등 6측면의 경영관리항목을 관리대상으로 접근하는 것을 의미한다.

또한, AM실무활동이라 함은 투자자의 의사결정을 의하여 Finance분석, Portfolio와 Risk분석, 조세분석, 재무분석과 물가분석, 예산분석 등을 통하여 조언하고 건물자산의 매입과 보유 및 매각에 대한 전략적 의사결정과 실행의 참여로 자산운영 전반을 지원하는 자산관리실무개념으로서 건물자산을 투자대상으로 상정하고 투자과정 즉, 의사결정・취득・보유・매각(처분) 전 과정에 걸쳐 관계되는 모든 사항에 관하여 전략적으로 대응함으로써 건물자산의 투자에 대한 경제적 수익성의 최대화를 지원하는 경영행위(경영활동)를 의미한다. 건물자산관리실무활동개념의 건물자산관리실무를 미국의 부동산관리실무활동을 중심으로 고찰하면 건물시설관리와 임대관리 개념의 Property Management로 출발하여 건물소유자나 Portfolio Manager의 감독 아래 건물자산을 관리하는 Asset Management 개념으로 발전되어 오다가 최근에는 건물자산경영개념의 Asset Operation & Administration 개념으로 변천되어 가는 추세를 보여주고 있다.

그러나 우리나라의 경우, 건물자산관리 수준은 시설유지관리 차원의 Facilities Management에서 시설관리(Facilities Management)와 임대관리(Leasing Management)업무가 결합된 PM 초기단계의인 Low Level Property Management 수준에 머물고 있다.

Asset Management Manager와 Portfolio Manager는 투자자를 도와 건물자산의 매입과 매각(취득과 양도)에 필요한 가이드라인이나 의사결정에 참여하며 Leasing Management와 Property Management의 아웃소싱의 의사결정을 하는 등 건물자산의 경영관리에 실질적으로 투자자를 대리하는 위치에 있다.

그러므로 Asset Management를 담당하는 Asset Manager는 투자자와 전략적 제휴로 파트너십을 가지고 투자건물자산의 취득과 양도를 위한 의사결정에 참여하고 가이드라인을 제공하는 외에 보유건물자산의 안정적 수익기반을 확보하거나 투자건물자산의 경제가치 제고를 위한 장기전략 수립 및 실행을 위하여 건물자산시장의 분석과 조세정책이나 조세동향을 면밀히 관찰 분석하고 국내 거시경제와 미시경제를 분석하며, 금융시장 변화에 대응하는 금융전략 수립과 임대시장 동향에 따라 적절한 임대전략을 수립하고 Renovation이나 Re-positioning, 인테리어 등 물리적 개량공사를 통한 건물자산 가치를 제고하며 건물자산을 경제적으로 평가하고 투자분석을 통한 위험을 예측하거나 이에 따른 건물자산의 Portfolio를 분석, 관리하고 건물자산의 취득과 양도 업무를 담당하게 되는 것으로 일종의 재무적 관리를 담당하게 된다.

그러나 Property Management는 통상적인 부동산관리개념으로서 PM을 담당하는 Property Manager는 Asset Manager와 전략적 제휴로 파트너십을 가지고 일상적으로 건물재산을 운영하거나 FMC를 고용하고 통제하며 Asset Manager 또는 건물자산소유자와 투자자에게 월간 또는 연간재무보고 및 건물시설운영보고와 운영수익을 극대화하기 위한 임대업무를 담당하고 입주사(Tenant) 관리와 외주용역업자를 감독, 관리하며 임대를 위한 내장공사를 감독하거나 건물자산소유자의 요구사항에 관계되는 업무를 수행함으로써 건물자산의 가치를 높이고 수익을 최대화하는 통상적인 건물자산의 운영실무활동을 담당한다.

따라서 Property Manager의 주된 건물자산관리업무는 건물자산의 임대차관리와 이와 관련한 입주사(Tenant) 관리 및 재무보고와 운영보고 그리고 고용한 FMC나 용역을 감독·통제하는 것이나, Asset Manager와 체결한 PM계약의 내용에 따라서 High Level PM인 경우 AM의 고유 업무에 해당하는 원가관리, 예산관리, 재무관리 및 부동산 조세관리를 Asset Manager와 함께 담당하게 된다.

건물자산관리실무 중 FM(Facilities Management)은 건물의 유지 보수, 에너지관리, 주차시설관리, 환경미화와 경비보안관리 등의 물리적 기능과 성능을 유지하는 것으로 건물소유자나 Asset Manager 또는 Property Manager와 FM계약 체결을 통하여 전략적 제휴와 함께 파트너십을 가지고 이들로부터 감독이나 통제를 받아 물리적 상태의 보존, 기능과 성능의 유지, 기술적 개량을 담당하는 건물시설관리실무기법이라 할 수 있다.

이상에서 설명한 AM, PM 그리고 FM을 요약정리하면 건물자산경영관리의 4대 업무인 자산운용업무, 재무관리업무, 임대관리업무, 시설관리업무 중 Investor(투자자)는 스스로 자산 매입·매각 의사결정과 함께 직접투자활동을 수행하거나 아니면 Asset Manager 선임을 통하여 건물자산투자관리를 위임하여 투자관리를 위탁하는 경우 투자관리권을 위임받은 Asset Manager는 주로 건물자산의 취득과 처분의 의사결정 참여와 위험관리, Portfolio관리, 금융조달 및 통제를 내용으로 하는 자산운용을 담당하며, Property Manager와 함께 건물자산의 조세관리, 예산관리, 원가관리를 내용으로 하는 재무관리를 담당하여 PM과 FM을 고용 통제하고 감독하는 역할을 하게 된다.

그러나 Property Manager는 투자건물자산의 임대차관리와 이에 따른 임차인관리 및 재무보고와 운영보고를 전담하며 FMC를 고용하고 이에 대한 관리 감독, 통제 및 관리예산을 승인하는 업무 등을 부수적으로 수행하고 있으며, 경우에 따라서는 Asset Manager와 제휴조건에 따라 전술한 바와 같이 High Level PM의 위치에 있게 되는 경우, 건물자산의 조세관리, 원가관리, 예산관리 등의 업무를 부분적으로 담당하게 된다. 그러나 Facilities Manager는 건물 유지 보수나 에너지관리, 안전관리, 주차장시설·조경시설·기타 부대시설 유지관리와, 환경미화·경비보안관리를 통하여 건물의 물리적 상태보존, 시설의 기능과 성능유지, 기술적 보수작업 등이 주된 업무이며, 이에 관한 FM보고서를 월간 단위로 작성하고 Property Manager 또는 Asset Manager 및 건물소유자에게 정기적으로 보고하는 등의 업무를 수행한다.

건물자산관리영역별 실무활동개념의 내용은 <표 6-1>과 같다.

〈표 6-1〉 건물자산관리영역별 실무활동의 내용

건물자산관리활동 2대 영역	건물재산경영영역	건물시설관리영역
건물자산관리 활동개념	건물자산의 취득 · 보유 · 처분 등 전생애단계에 걸쳐 투자활동과 AM활동을 통하여 전략적 의사결정과 실행으로 건물자산경제가치의 보전과 증식을 통한 건물 자산가치 극대화와 보유자산의 안정적 수익기반 조성 및 경제이익 최대화와 최유효 수익화를 위한 건물재산경영활동	건물자산 취득 후부터 매각 전까지의 보유기간동안 PM활동과 FM활동을 통하여 효율적 보유와 운영관리로 임대수익을 최대화하고 건물시설의 물리적 보존, 기능과 성능의 정상적 유지, 기술적 개량을 통한 건물사용가치 증대와 이용자의 안전과 편의를 높여 건물 최유효 사용화를 위한 건물시설의 임대활동과 유지관리활동
건물자산관리 실무활동 4분야	• 투자관리활동 • AM실무활동	• PM실무활동 • FM실무활동
건물자산관리 활동 6측면의 경영관리실무	기술측면의 재산경영실무 경제측면의 재산경영실무 법률측면의 재산경영실무 행정측면의 재산경영실무 위험측면의 재산경영실무 환경측면의 재산경영실무	기술측면의 시설관리실무 경제측면의 시설관리실무 법률측면의 시설관리실무 행정측면의 시설관리실무 안전측면의 시설관리실무 환경측면의 시설관리실무
건물자산관리 조직	건물재산경영조직	건물시설관리조직
건물자산관리실무분야별 책임자	Building Asset Investor B/D Owner Portfolio Manager Asset Manager	Property Manager Facilities Manager (B/D Manager)
건물자산관리 활동 3요소	① 경영관리주체 ② 경영관리객체 ③ 경영관리수단(경영관리5대자원)	① 시설관리주체 ② 시설관리객체 ③ 시설관리수단(시설관리5대자원)
건물자산관리실무분야별 책임자의 업무	(1) Investor업무 ① 건물자산 매입 · 매각 등 투자 의사결정 ② AMC선임 및 통제 (2) Asset Manager업무 ① 건물자산 매입 · 매각 의사결정 지원 및 참여와 실행 ② PM의 고용과 통제, 자산관리 효율화 ③ 건물자산가치 제고 및 안정 수익 기반조성 및 AM보고 ④ 자산 운용 – 리스크관리 – 포트폴리오관리 – 파이낸싱 ⑤ 재무관리 – 조세관리 – 예산관리 – 원가관리 – 회계관리 ⑥ 투자자/소유자 요구사항 협조	(3) Property Manager업무 ① 임대차관리 ② 입주사관리 ③ FM고용과 통제 및 감독 ④ PM보고(월간, 연간 경리보고) ⑤ 공사관리 – 증개축공사 – 내장공사 등 ⑥ 기타 Asset Manager 또는 건물소유자 요구사항 협조 (4) Facilities Manager업무 ① 건물유지보수 ② 청소위생관리 ③ 경비보안관리 ④ 주차시설관리 ⑤ 에너지관리 ⑥ FM보고 ⑦ 기타 Property Manager 요구사항협조

건물자산관리 활동목표	건물자산가치의 보존 · 유지 · 개량을 통한 건물자산가치 극대화와 수익가치 최대화로 최유효 건물자산수익화	건물시설의 과학적 관리와 최유효 관리를 통한 양호한 상태보존, 정상적 기능과 성능의 장기적 유지, 유익한 기술적 개량으로 건물 안전과 편의를 높이고 사용가치 극대화로 건물시설의 최유효 사용화와 최적의 임대관리로 Cash Flow수지를 개선하고 임대소득을 극대화하여 건물재산경영활동 지원
건물자산관리 활동효과(성과) 측정방법	① 화폐단위 측정방법 ② 수익률 측정방법 ③ 현금흐름(Cash Flow) 측정방법 ④ 손익계산서와 대차대조표 측정방법 ⑤ 운영예산 측정방법 ⑥ 토지공시지가와 건물기준시가 측정방법 ⑦ 종토세와 재산세 측정방법 ⑧ 감가상각률 측정방법 ⑨ 법정내용연수 측정방법 ⑩ 보험료율 측정방법 ⑪ 담보가액산정 측정방법 ⑫ 감정평가 측정방법 ⑬ 만족지수 측정방법	① 계측기 측정방법 ② 육안검사 측정방법 ③ 고장률 측정방법 ④ 만족지수 측정방법 ⑤ 민원지수 측정방법 ⑥ 사고율 측정방법 ⑦ 출입자수 측정방법 ⑧ 출입차량 측정방법 ⑨ 설문조사 측정방법 ⑩ 건물등급 측정방법 ⑪ 안전점검 및 정밀안전진단 측정방법 ⑫ 가동률 측정방법 ⑬ 임대전환율 측정방법 ⑭ 공실률 측정방법 ⑮ 임대수익률 측정방법
전략적 제휴 및 파트너십	Investor+Asset Manager Owner+ Asset Manager	① Asset Manager+Property Manager (+Leasing Manager) ② Property Manager+Facilities Manager
건물자산관리 활동 기대효과	건물자산 경제가치 보존, 증식과 경제이익 최대화로 건물자산가치 극대화와 양도차익 실현 및 최유효건물자산 수익화 효과	건물시설의 내구성 · 편리성 · 안전성 · 쾌적성 · 보건성 · 청결성 · 미관성 등의 확보로 사용성과 사용가치 증대 및 임대소득 증대로 최유효 건물 사용수익화 효과 및 경영지원 효과

2. 건물자산관리실무활동의 구조체계

건물자산관리실무활동의 구조체계(Structural System)라 함은 건물자산관리조직에 관한 각각 다른 요소들을 계통을 세워 실무활동이 가능하도록 통일한 전체를 의미하며, 전체를 이루고 있는 부분들이 서로 짜인 관계나 그 체계로서 건물자산관리의 일정한 원리에 따라 조직한 건물자산관리실무의 통일된 전체를 의미한다.

건물자산관리실무활동은 건물자산관리이론을 기반으로 진행되는 건물자산관리자의 의사결정과 적극적 행위에 의하여 건물자산의 경영성과와 관리성과를 최유효 관리법으로 얻고자 하는 경영, 경제활동이므로 일정한 원리에 따라 체계적으로 자산이 운용되어야 한다.

그러므로 건물자산관리의 실무활동 역시 하나의 통일된 건물자산관리체계가 요구된다.

건물자산관리실무는 건물자산투자자, AM 관리자, PM 관리자, FM 관리자 등에 의하여 실제 다루어지는 업무이므로 이들을 중심으로 자산관리실무체계가 수립되어야 한다.

전술한 내용에 대한 인식을 바탕으로 건물자산관리실무활동의 구조체계를 그림으로 구성하면 [그림 6-2]와 같다.

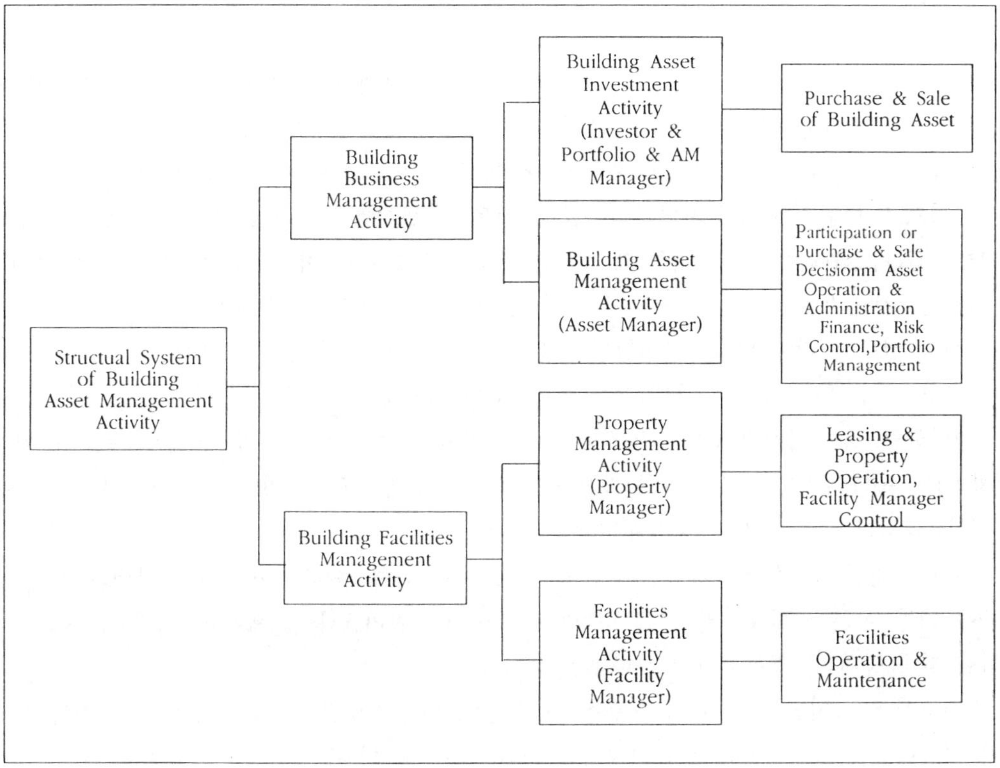

[그림 6-2] 건물자산관리실무활동의 구조체계

제4절 건물자산관리 실무활동의 방법론

1. 실무활동방법론의 의의

건물자산관리학은 이론과 실무로 결합되어 있는 응용과학 성격의 학문이므로 이론을 개발하고 체계화하여 건물자산관리 실무활동을 바람직하게 가이드하고 유도함으로써 건물자산관리목표를 효과적으로 달성할 수 있도록 학문적 기능과 역할을 하고 있다.

그러므로 바람직한 건물자산관리목표와 건물자산관리효과를 효율적으로 창출하기 위해서는 건물자산관리 개념의 지식(概念知)을 먼저 이해하고, 어떤 절차와 방법으로 관리효과를 창출하는지에 대한 관리방법의 지식(方法知)을 숙지하여 최종적으로 건물자산관리자가 해당 실무를 건물자산의 관리활동을 통하여 직접 또는 위탁 등의 방법으로 경영과리효과를 창출하는 관리행위에 대한 지식(行動知)이 필요하다.

왜냐하면, 건물자산관리는 관념적이고 개념적인 이론뿐만 아니라 실제 활동이나 행동(활동)를 통하여 구체적으로 건물자산관리 실무상의 일정한 경영목표나 관리목표를 창출(생산)하지 않으면 안 되기 때문이다.

따라서 최종적으로 건물자산관리성과를 도출하기 위한 출발은 개념이나 방법과 같은 절차에 대한 이론이 필요하며 이를 바탕으로 건물자산관리효과 (경영관리 성과)를 창출하기 위한 활동(행위)이 접목되어야 한다.

따라서 건물자산관리효과의 창출을 직접 담당하는 경영관리활동의 방법이나 절차 등의 지식은 매우 중요한 건물자산관리지식의 하나라 할 수 있다.

건물자산관리 실무활동의 방법론(Management Method Theory of Building Asset)이라 함은 건물자산관리효과를 창출(생산)하기 위한 활동의 방법이나 절차 등을 의미하는 것으로 건물자산관리 3측면에 따라 건물자산관리방법과 절차는 다소 상이하나 전체 건물자산관리 틀 속의 보편적 관리방법에는 과학적 관리법, 아웃소싱과 인하우스 관리법, 최유효관리법, 창조적 5단계관리법, 인간관계관리법 등의 건물자산관리방법에 관한 이론 등이 있다.

바람직한 건물자산관리를 위해서는 전술한 바와 같이 관리개념을 정확히 이해하고 관리방법과 절차를 숙지하여 관리활동을 가장 경제적 방법으로 안전하게 그리고 효율적으로 적합하게 수행해야 한다. 건물자산관리의 수행절차는 관리개념의 이해 다음으로 관리방법과 절차의 숙지가 요구된다.

건물자산관리의 활동방법 (Building Asset Management Method)은 건물자산관리의 목적을 효과적으로 달성하기 위한 방도를 의미한다.

건물자산관리의 목적은 건물자산소유자와 사용자들의 소유목적과 사용목적에 적합하고 필요한 양질의 건물자산관리효과의 생산과 공급으로 건물자산소유자와 사용자로 하여금 최유효 만족을 하도록 하는 데 있으므로 양질의 관리효과(경영성과와 관리성과)를 생산하고 공급하는 과정에서 건물소유자와 사용자 모두가 만족하는 조건과 수준으로 생산되고 공급되어야 한다.

이와 같이 건물자산소유자와 사용자의 최유효 사용수익의 목적달성에 필요하고 만족할 수 있는 조건과 수준의 관리활동방법은 다음과 같다.

2. 과학적 관리법

과학적 관리법(Scientific Management Method)은 최소의 비용과 노력으로 최대의 경영성과와 관리성과를 창출하려는 관리이론으로 미국의 F. W. Taylor 에 의해 주장된 과학적 관리론에서 응용한 관리방법론이다. 또한 과학적 관리법은 과학적 지식과 원리 및 기술들을 이용한 관리방법을 의미한다.

과학적 관리법은 주먹구구식 관리방법(Rule of Thumb Method)에 대한 상대적 개념으로써 자산관리자의 개인경험에 의한 관리 또는 직관이나 인습적이고 초보적인 관리방법이 아니라 과학적 자료나 지식을 바탕으로 체계적이고 능률적이며 전문적으로 관리하는 방법을 의미한다.

과학적 관리법이 유효하게 활용되기 위해서는 다음과 같은 요건이 충족되어야 한다.

첫째, 관리자는 과학적 관리지식과 원리 및 기술을 학습하고 훈련을 받아 전문화되어야 한다.

둘째, 관리자는 과학적 Data 와 자료 및 정보를 바탕으로 체계적이고 전문적인 관리 Process를 운영해야 한다.

셋째, 관리문제에 대해서는 조사분석, 계획, 조직화, 지휘, 통제, Feed back 등의 과학적 경영원리에 따라 수행되어야 한다.

넷째, 관리자는 표준화된 Manual과 규정, 규칙, 과업지시서, 표준서식, 계약 등의 표준과 기준에 의하여 관리해야 한다.

다섯째, 관리자는 사무자동화기기, 정보통신처리기기를 활용하여 사무전자기기와 정보통신기기 중심으로 자산관리업무를 처리해야 한다.

과학적 관리법의 유익은 관리과정이나 관리활동의 시행착오를 예방하거나 줄이고 관리활동을 효율화하여 기대하는 건물자산관리효과(경영성과 및 관리성과)를 가장 경제적 방법으로 안전하게 그리고 효율적으로 적합하게 창출하게 하는 데 있다.

연구하고 개발하여 국내 전체현장에 적용되도록 연구자의 노력이 크게 요구되는 연구과제라 할 수 있다.

건물자산관리의 과학적 관리법의 활용을 위해서는 근무자 인간관계 개선, 건물자산관리 업무의 표준화, 관리인력의 전문화와 법정자격화, 관리업무의 Manual화, 관리업무의 전산화 등이 이루어져야 한다.

3. 최유효 관리법

최유효관리법(The Best and the Highest Management Method)이란 건물자산관리에 있어서 최고・최선의 관리방법을 의미하는 것으로 건물자산관리활동의 경제화, 안전화, 효율화와 건물자산관리 활동효과의 적합화를 의미한다.

다시 말하면, 건물자산관리의 업무내용이 무엇이든 간에 가장 경제적 관리방법으로 안전하게 효율적으로 계획되고 수행되어야 하며 그 결과인 건물자산관리활동의 효과(경영성과와 관리성과)는 반드시 건물자산관리 이해당사자(건물자산의 소유자, 사용자, 관리자) 모두의 요구목적에 양적 또는 질적으로 적합하도록 해야 하는 관리방법을 의미한다.

건물자산관리는 주어진 경영관리자원(경영관리수단)의 상호작용 또는 조합에 의하여 창출되는 자산관리 서비스로써 FM 과 PM 측면에서는 유지관리비용 및 운영관리비용의 최소화와 효용과 운영수익의 극대화(Operation Expenses Minimumzation and Management utlities Maximumzation)를 FM과 PM의 핵심목표로 상정하고 있으며 AM 측면에서는 자산위험의 최소화와 자산이익의 최대화(Buildings Asset Risk Minimumzation and Return Maximumzation)를 최대 핵심목표로 설정하고 있다.

따라서 건물자산관리는 사용가치나 교환가치를 극대화하고 안전과 편의를 높이며 최유효 사용수익화하기 위해서는 관리활동은 반드시 경제화, 안전화, 효율화와 관리활동효과의 적합화가 이루어져야 한다. 따라서 최유효관리법의 요건에는 경제화, 안전화, 효율화 그리고 적합화 요건 등이 있다.

최유효관리법의 최대유익은 건물자산관리 이해당사자로 하여금 건물자산관리를 통하여 얻고자 하는 요구 또는 목적의 효과적 달성으로 최유효 만족하도록 하는 데 있다.

최유효관리법이론은 저자의 학위논문(김일효, 건물자산관리제도 개선방안에 관한 연구, 극동대학교 대학원 박사학위논문. 2007)에서 최초로 소개된 이론으로서 과학적 관리방법으로 검증을 계속하고 있는 관리이론이다.

건물자산관리활동방법의 하나인 최유효 관리법이 경영활동과 관리활동에 적용되기 위해서는 인적자원의 전문화, 물적자원의 사전준비화, 재무적 자원의 유용화, 기술적 자원의 공유화, 정보적 자원의 Data Base화 등이 이루어져야 한다.

최유효관리법의 핵심인 건물자산관리활동의 경제화, 안전화, 효율화와 적합화의 내용을 설명하면 다음과 같다.

(1) 관리활동의 경제화

건물자산의 취득, 보유 및 운영관리, 처분 등 전 생애단계에 걸쳐 최소의 비용으로 최대의 효용을 창출하는 방법이다.

예컨대 취득의 경우 최소의 비용으로 최적건물자산을 취득하고 운영관리비용의 통제와 수입관리 등으로 운영수익의 극대화를 도모하는 효율적 보유와 운영관리 그리고 처분비용을 최소화하고 양도차익을 보다 크게 실현하여 투자가치를 극대화하는 것 등을 관리활동의 경제화라 한다.

관리활동의 경제화 방법은 건물자산관리 전체 업무 중 FM의 경우 소극적 경제화 개념으로서 유지관리비용의 최소화와 관리효용의 극대화로 나타나고 AM과 PM(건물자산경영)에 있어서는 적극적 경제화개념으로서 위험의 최소화와 수익의 극대화로 나타난다.

따라서 경영관리활동의 경제화로 나타나는 경영성과와 관리성과는 건물자산의 소유자와 사용자의 최유효 만족에 1차적 만족을 제공하게 된다.

(2) 관리활동의 안전화

관리활동의 안전화란 건물자산의 소유자나 사용자의 사용수익에 필요한 경영관리효과를 가장 안전한 관리방법으로 생산, 제공해야하는 관리방법을 의미한다.

다시 말하면, 자산위험(Asset Risk)은 최소화하고 수익(Return)은 최대화하는 관리활동 방법을 의미한다.

관리활동의 안전화방법은 위험통제, 위험전가, 위험회피, 위험보유, 위험인수 등의 방법으로 자산위험을 최소화할 수 있다.

관리활동의 안전화방법은 건물소유자의 소유목적과 사용자의 사용목적달성에 만족을 제공하게 된다.

(3) 관리활동의 효율화

관리활동의 효율화란 건물자산관리활동에 투입되는 비용, 시간, 노력 등에 비하여 얻어지는 관리효과(경영성과와 관리성과)를 크게 산출하는 관리방법을 의미한다.

관리활동의 효율화방법을 활용하려면 관리업무의 표준화, 관리자의 전문화, 관리시스템의 효율화, 관리프로세스의 규정화 등이 선행되어야 한다.

관리활동의 효율화 방법은 관리효과의 양과 질을 높여 사용가치와 수익 가치를 극대화하여 건물자산의 소유자와 사용자 모두를 만족하게 한다.

(4) 관리활동효과의 적합화

관리활동효과의 적합화 방법은 경제적 방법으로 안전하게 그리고 효율적으로 생산된 관리효과는 반드시 건물자산 투자자나 소유자와 사용자 등의 요구목적에 적합하도록 하게 하는 관리활동방법을 의미한다.

아무리 가장 경제적 방법으로 안전하게 그리고 효율적으로 생산된 양질의 경영성과와 관리효과라 하더라도 건물자산관리 이해당사자인 건물자산 투자자나 소유자 그리고 사용자 등의 요구목적에 부합되지 못하는 경우에는 생산 공급된 경영효과와 관리효과의 가치는 반감 또는 상실되어 불만족 수준의 관리효과로 남게 된다.

따라서 최유효관리법의 핵심요건 중 하나의 요건인 관리활동효과의 적합화를 실현하여 만족수준 이상인 감동수준의 경영효과와 관리효과를 생산 공급하지 않으면 안 된다.

4. 아웃소싱 관리법과 인하우스 관리법

건물자산관리업무는 실무상 크게 AM 측면의 업무, PM 측면의 업무 그리고 FM 측면의 자산관리업무로 나누어지나 전체적으로는 하나의 건물자산관리업무로 귀결된다.

원칙적으로 건물자산관리는 AMC(Asset Management Company)가 일원화 건물자산관리조직으로 하여금 내부의 관리자를 기용하여 AM팀 PM팀 FM팀을 구성하고 경영관리자원을 효과적으로 배분활용하여 일사분란하게 체계적으로 진행하는 것이 매우 효과적인 건물자산관리 방법이라 하겠으나 현대의 건물자산은 규모가 크고 위험이 높으며 사용자의 요구가 종전과 같은 단순한 사무공간의 제공이나 최소 품질의 관리서비스의 욕구나 요구수준에서 벗어나 Wellbing조건과 친환경적 욕구(needs)까지 요구하고 있으며 국제 스탠다드의 표준과 기준을 바탕으로 전문화, 체계화의 관리수준과 Onestop Service 개념의 효율과 품질을 동시에 요구하고 있어 건물자산의 관리에 있어 내부적 조직만으로는 효율측면에서 매우 불리함에 따라 자연스럽게 아웃소싱을 통한 분업화, 전문화의 시스템을 활용하게 되었다.

이와 같은 건물자산관리 경향의 변화에 따라 전문관리자(예 : AM, PM, FM 등)를 고용하거나 위탁하여 건물자산관리를 전문적으로 처리하는 경우를 Out Sourcing 관리법이라 하고 전술한 바와 같이 내부 조직의 구성원으로 하여금 건물자산관리업무를 수행하는 경우를 In House 관리법이라 한다.

Out Sourcing 관리법의 유익점(장점)에는 다음과 같은 장점들이 있다.

첫째, 위탁기업 본연의 업무에 집중할 수 있으며
둘째, 비용구조와 인력구조가 단순화되고
셋째, 업무프로세스(Process)가 단순화되며
넷째, 수탁자의 전문성과 기술성의 활용으로 전문성이 강화되며
다섯째, 기술환경변화와 기술혁신대응력이 향상되는 점이 있고
여섯째, 업무의 전문성을 살리고 조직의 슬림화(Slim) 가 이루어지며
일곱째, 수직적 조직구성으로 체계적 명령계통이 세워져 지휘가 용이하고
여덟째, 위탁사의 회계팀, 법률팀, 시공팀, 임대팀 등의 지원을 받을 수 있다.

그러나 아웃소싱에는 다음과 같은 문제점(단점)들이 있다.

첫째, 사내고용이 불안해지며
둘째, 정보유출에 의한 기업보안상의 문제발생소지가 있고
셋째, 일사분란한 조직운영이 쉽지 않으며 역할배분의 혼동이 있을 수 있는 점과
넷째, 부가비용이 추가로 발생되고
다섯째, 내부인력의 구조조정문제가 발생하며
여섯째, 위탁사와 수탁사간의 의사소통의 문제가 발생할 수 있는 문제점(단점) 등이 있다.

한편 In House 관리법의 경우에도 다음과 같은 장점과 단점이 있다.
In House의 장점을 살펴보면 다음과 같다.

첫째, 내부조직의 구성원이 건물자산소유자의 입장에서 책임감을 가지고 업무를 수행하게 되며
둘째, 부가비용의 발생이 억제되고
셋째, 내부조식구성간의 의사소통이 원활하여 업무협조가 잘 이루어지며
넷째, 내부구조조정의 필요성이 없어지고 고용효과가 크다.

그러나 In House 관리법의 경우 다음과 같은 단점도 노출될 수 있다.

첫째, 조직의 비대화
둘째, 전문성 부족으로 업무효율저하
셋째, 수탁사의 기술, 전문성 활용 미흡

넷째, 조직의 유연성 약화
다섯째, 업무지원기능 미흡
여섯째, 조직구성원간의 책임소재 불명확

5. 창조적 5단계관리법

창조적 5단계관리법(Creative 5stages Management Method)이라 함은 무(無)에서 유(有)를 창조하는 관리법이 아니라 경영관리 대상건물자산에 일정한 사용가치와 수익가치 및 처분가치가 있다는 것을 전제로 유(有)에서 유(有)를 창조하는 관리법으로서 바람직한 경영성과와 관리성과를 도출함에 있어서 5단계 차례에 따라 건물자산관리활동을 진행하는 경우 목표한 경영관리효과보다 높은 단계의 건물자산관리효과를 얻을 수 있다는 관리방법상의 가설이론이다.

건물자산관리의 궁극적 목표는 경영관리대상 건물자산의 전 생애단계인 취득단계, 보유 및 운영관리단계 그리고 처분단계에 걸쳐 사용가치와 수익가치 및 처분가치를 보전하거나 극대화함에 있으며 이를 위한 바람직한 건물자산관리효과는 일정한 절차나 과정을 거침으로써 얻어진다는 이론이다.

따라서 건물자산관리에 있어서도 최종적으로 얻고자 하는 관리목표를 독창적으로 창조함으로써 건물자산관리 이해당사자의 만족수준을 뛰어 넘어 감동수준의 만족을 제공할 수 있게 된다.

건물자산관리에 있어서 고객감동을 위한 창조적 5단계 관리법의 내용은 다음과 같다.

1) 1단계 Bench marking 방법

바람직한 건물자산관리효과를 창출하기 위해서는 선진관리기술이나 전문성을 조사하고 분석하여 장점을 도입하고 단점을 버림으로써 보다 양질의 건물자산관리효과를 창출하는 방법이다.

벤치마킹 관리방법은 건물자산관리 5단계관리법 중 최초단계의 관리방법으로서 선진국의 건물자산 관리현장을 방문하고 현장에서 관리상의 장단점이나 제도, 기법, 조직 운영절차 등을 직접 조사하고 분석함으로써 관리상의 장점도입과 적용이 가능해져 건물자산관리활동의 효율성과 경제성, 안전성들을 높일 수 있다.

2) 2단계 Copy 또는 Imitation 방법

선진 관리기술이나 System 등을 모방하는 관리방법을 말한다.

Copy 또는 Imitation 관리방법은 창조적 5단계 관리법의 두 번째 관리방법으로써 Bench marking보다 한 단계 업그레이드한 관리방법이라 할 수 있다. 선진국 또는 국내 건물자산관리기업이나 현장의 선진관리기술, System 등을 지적재산권의 문제가 없는 범위 내에서 관리기술 등을 모방하여 관리하는 방법으로서 매우 효과적이 될 수 있다.

그러나 이 단계에서도 고객에게 관리상의 감동을 주기에는 매우 미흡한 창조적 5단계의 초기 관리단계라 할 수 있다.

3) 3단계 Catch up 방법

선진관리기술을 Bench marking하고 Copy 또는 Imitation 한 후 자체적 연구와 노력으로 선진관리기술수준으로 따라 잡게 하여 선진관리기술로 관리하는 방법이다.

이를 위해서는 연구노력이 접목되어야 하며 다소의 R&D 비용과 노력이 필요하다.

이 단계에 접어들면서 관리기술의 우수성이 업계에 알려져 기술적 관리에 대한 신뢰가 건물자산소유자(Owner)가 인지하게 되어 수주 영업상 유리한 고지에 진입하게 된다.

4) 4단계 Innovation 방법

3단계에서 Catch up한 선진관리기술을 소속 관리회사의 실정에 맞게 혁신 또는 개혁하여 사용하는 관리방법이다.

이 단계에서는 보다 연구노력이 증가되고 R&D 비용이 추가로 투입됨으로써 요구되는 관리기술혁신이 이루어져 관리회사의 경쟁력을 크게 높이는 계기가 된다.

5) 5단계 Creation 또는 Originality 방법

새로운 건물자산관리 선진기술을 개발하고 적용하여 최유효 건물자산관리활동이 이루어져 얻어진 건물자산관리 활동의 결과가 건물자산관리 이해당사자 모두를 감동시킬 수 있는 수준의 관리방법으로 인정받게 된다. Creation관리법은 경영관리 기술을 연구를 통하여 개발한 새로운 관리방법과 기술로서 관리기술특허의 대상이 되며 전 현장에 적용되면 현재와 같은 고비용 저효율의 관리구조는 사라지고 건물자산위험성은 완전히 저감되며 고객감동의 시대가 도래하게 되고 건물자산관리산업이 크게 발전되어 국가경제발전에도 이바지하게 되며 건물자산관리 종사자 모두가 직업에 대한 사회적 인정과 경제적 대우를 받게 된다.

결론적으로 초기 단계에서 선진기술을Bench marking하고 Copy 또는 Catch up하다가 중간 단계에서 개혁(Innovation)하여 최종단계에서 신개념의 관리방법이나 신기술을 창조(Creation 또는 Originality) 하여 건물자산 관리현장에 적용하는 경우, 건물자산관리서비스 = 고객감동의 등식이 성립하게 되며 최유효관리법 활용의 효과와 동일하게 나타나게 된다.

이를 위해서 정부는 물론 건물자산관리기업이나 연구자, 종사자 모두가 선진기술 창조의 R & D에 보다 많은 관심과 노력을 집중할 필요가 있다.

6. 인간관계관리법

건물자산관리에 있어서 경영목표나 관리목표는 건물자산을 관리하는 자산관리자라는 인간에 의하여 달성된다.

왜냐하면 건물은 타율성의 특성으로 인하여 스스로 기능과 성능을 나타낼 수 없기 때문이다.

또한 건물자산은 경영관리자원(인적자원, 물적자원, 재무적자원, 기술적자원, 정보자원) 간의 조합과 상호작용에 의하여 경영관리되며 경영관리자원의 조합과 상호작용의 중심에는 건물자산관리자라는 인간이 존재하기 때문이다.

그러므로 건물자산은 인간에 의하여 경영관리 된다고 할 수 있다.

인간관계관리법(Management Method by Human Relations)이란 건물자산관리자로 하여금 X형 인간(타율적 인간형)에서 Y형 인간(자율적 인간형)으로 스스로 변화하게 하고 건물자산 소유자의 입장에 서게 하며 전문성과 기술성을 확보한 가운데 스스로 동기부여되어 보람을 느끼게 하여 자산관리에 최선을 다하여 올인(All in)하게 함으로써 최고최선의 경영성과와 관리성과를 가장 경제적 방법으로 안전하게 효율적으로 적합하게 도출하게 하는 관리방법상의 이론이라 할 수 있다.

결국 인간간계관리법이란 건물자산관리에 있어서 그 중심이 되는 Asset Manager, Property Manager 그리고 Facility Manager 상호간에 자율적 인간관계확립과 의사소통을 통하여 건물자산관리자로 하여금 스스로 자율적 인간형이 되어 자발적 의사결정과 노력에 의하여 자산관리활동에 최선을 다하게 함으로써 바람직한 경영성과와 관리성과를 도출하게 하는 관리방법 상의 이론이라 할 수 있다.

인간관계관리법이 건물자산관리 현장에서 성공하려면 자산소유자 또는 경영자는 자산관리 종사자에 대하여 MasLow의 욕구이론(Needs Theory)인 생리적 욕구(Physiological Needs), 안전욕구(Safety Needs), 사회적 욕구(Social Needs), 존경욕구(Esteem Needs) 그리고 자아실현욕구(Self-Actualization Needs) 등을 합리적으로 충족시켜 경영관리 목표 달성에 대한 동기를 부여해야 한다.

제5절 건물자산관리 실무활동의 분류

건물자산관리활동은 건물자산의 복합개념과 관리업무의 복합성으로 인하여 여러 가지 형태의 건물자산관리활동으로 분류할 수 있으나 건물자산관리활동 이해의 편의상 건물자산 생애 단계 기준과 건물자산관리 4대 업무 기준 그리고 건물자산관리 3대 측면기준, 건물자산관리업무복합성개념 기준, 기타 기준에 의하여 분류하면 다음과 같다.

1. 건물자산 생애단계기준에 의한 분류

건물자산 생애단계를 기준으로 건물자산관리활동을 분류하면 건물자산취득활동, 보유 및 운영관리활동, 처분활동 등으로 분류된다.

(1) 건물자산 취득활동

건물자산취득활동이란 매매, 개발(재개발포함), 투자, 교환 등의 방법으로 건물자산의 소유권과 점유권을 취득하여 취득 목적물을 전면 지배하여 사용, 수익, 처분의 권능을 가지는 경우를 의미한다.

건물자산취득의 핵심은 가장 경제적 방법으로 안전하게 그리고 효율적으로 적합하게 최적건물자산을 취득하는 데 있으며 건물자산의 취득은 전략적 아웃소싱의 경우에 Asset Management Company 또는 Asset Manager에 의하여 수행된다.

최적건물자산취득을 위하여 취득 전에 행해지는 거시경제 및 미시경제 분석, Portfolio 분석, Risk분석, 금리동향 및 세제동향 분석, 자산실사, 권리분석 등의 선행적 활동이 필요하다.

(2) 보유 및 운영관리 활동

보유 및 운영관리활동은 건물자산의 취득 이후 처분 전까지의 건물자산관리과정으로써 효율적 보유 및 운영관리를 통하여 비용통제와 수입관리 그리고 이를 통하여 운영 수익을 최대화하는 데 핵심가치가 있다.

보유 및 운영관리는 직영관리의 경우에는 내부 PM팀 또는 FM팀에 의하여 수행되나 전략적 외부 아웃소싱의 경우에는 PMC(Property Management Company) 또는 Property Manager에 의하여 수행되며 시설관리업무는 또다시 전문화, 분업화개념에 따라 FMC (Facility Management Company) 또는 Facility Manager에 의하여 수행되며 전략적 파트너십을 가지고 있는 PM이 FM을 통제하여 유지관리비용의 최소화와 관리효용의 극대화를 도모하게 된다.

(3) 처분활동

건물자산의 처분활동은 건물자산 생애 단계 중 마지막 단계의 건물자산관리활동으로서 법률적 처분으로 양도차익의 실현과 물리적 처분 또는 사실적 처분으로 자산가치 증대에 핵심적 가치와 목표가 있다.

건물자산의 처분활동 역시 Asset Manager에 의하여 대행되거나 수행되며 법률적 처분은 주로 양도, 교환 등의 방법으로 이루어지며 물리적 처분은 대수선, Renovation, 인테리어 등의 방법으로 처리된다.

처분의 본래 의미는 의미 있는 권리나 권리의 객체에 변동을 일으키는 일로서 넓게는 법률적 처분과 물리적 처분 등을 포함하나 본서에서는 협의의 처분개념인 법률적 처분(양도)의 의미로 해석하고 있다.

양도방법에는 소유권과 목적물 모두를 이전하는 완전양도와 소유권만 이전하고 목적물은 매도인이 임차형식으로 계속 점유하는 형태의 불완전 양도 등이 있다.

2. 건물자산관리 4대 업무기준에 의한 분류

건물자산관리 4대 업무에는 자산운용업무, 재무관리업무, 임대관리업무, 시설관리업무가 있으므로 이를 기준으로 건물자산관리활동을 분류하면 자산운용활동, 재무관리활동, 임대관리활동, 그리고 시설관리활동으로 분류되며 자산운용업무와 재무관리업무는 Asset Manager에 의하여 주로 수행되고 임대관리업무는 Property Manager에 의하여 그리고 시설관리업무는 Facility Manager 또는 Building Manager에 의하여 처리된다.

3. 건물자산관리 3측면에 의한 분류

건물자산관리활동은 건물자산관리 실무 3측면을 기준으로 분류하면 AM활동, PM활동 그리고 FM활동으로 분류된다.

AM활동(Asset Management Activities)이라 함은 자산운용과 재무관리를 주요업무로 하는 자산운용활동이자 재무적 자산경영활동(Asset Operation and Administration)을 의미한다.

PM활동(Property Management Activities)이라 함은 보유건물자산의 운영관리활동으로써 통상적 부동산관리 성격의 임대관리와 건물운영관리를 의미한다.

FM활동(Facility Management Activities)이라 함은 보유건물시설의 유지관리업무인 시설물관리, 청소위생관리, 경비보안관리, 기타 주차시설, 조경시설, 토목시설, 에너지관리 및 안전관리, 소모자재 관리 등의 활동을 의미한다.

전술한 AM활동, PM활동 그리고 FM활동은 건물자산관리의 큰 틀에서 고찰하면 하나의 개별적 측면의 활동이나 전체적으로는 상호유기적 관계를 가지고 전략적 제휴와 파트너십을 가지고 상호협력하며 보완함으로써 마침내 전체 건물자산관리의 효과(경영성과와 관리성과)를 효율적으로 창출하게 된다.

건물자산관리 3측면의 실무활동 내용을 좀 더 구체적으로 소개하면 다음과 같다.

(1) 건물자산관리 AM활동

AM활동이란 Asset Management를 의미하는 것으로 건물자산투자의 관리방법 중 하나이다. AM활동은 투자자산의 소유와 경영활동 중에서 주로 투자건물자산의 소유에 관계되는 투자건물자산의 소유재산권에 대한 관리를 행하는 부동산자산투자관리 실무기법 으로 투자자와 전략적으로 제휴하고 파트너십을 가지고 부동산투자전략을 수립하여 건물자산의 매입이나 신축을 통한 신규투자와 건물의 처분의 의사결정에 참여 또는 실행함으로써 투자자산의 수익을 극대화하는 자산운용개념이다.

AM활동은 투자부동산의 소유자 입장에서 건물자산리스크를 관리하기 위해서 포트폴리오 매니저로 하여금 건물자산 포트폴리오를 관리하고 투자건물자산의 성장전략을 세워 투자자산의 자산가치를 증대시키는 책임을 지며, 소유자 입장에서 PM업무를 총괄하여 투자자산을 개별관리하거나 PM사를 선정하여 위탁관리하여 투자자산의 수익을 극대화하게 한다. 또한 AM활동은 종국적으로 출구전략을 세워 전략적으로 매각을 단행하여 시세차익을 발생시켜 투자수익을 극대화시키는 신개념의 건물자산투자관리 기법이다.

즉, AM활동은 건물자산투자의 흐름인 매입(또는 신축)·보유·매각(처분) 과정 중 매입과 매각에 중심을 둔 건물자산투자관리 개념이라 할 수 있다. 즉, AM은 건물자산의 재무적 투자관리 실무활동이라 할 수 있다.

(2) 건물자산관리 PM활동

PM활동이란 Property Management를 의미하는 것으로 건물의 소유자나 AM사 등으로부터 PM계약을 체결하고 일정한 PM Fee를 받는 조건으로 전략적으로 제휴하여 파트너십을 가지고 건물자산 AM사와 소유자를 대리하여 대상 건물자산을 위탁받아 운영·관리하는 이른바 신개념의 건물자산 관리개념으로서 건물자산투자관리 실무기법 중 하나이다.

PM은 PM대상 건물자산의 수익관리를 중심으로 임대수익을 극대화하고 관리비용을 통제하여 건물자산관리의 경제성을 높이고 건물자산관리를 위한 기획운영을 통하여 입주자에게는 양질의 건물서비스와 건물소유자 또는 AMC에게 건물의 재산적 이익을 제공하여 만족하게 하는 건물자산운영업무를 수행한다.

PM은 건물자산관리개념의 하나로서 투자건물자산의 운영이익을 극대화하는 운영중심의 건물자산관리기법이라 할 수 있다.

PM의 개념에는 협의의 PM개념과 광의의 PM개념이 있는바, 전자는 관리대상건물시설에 대하여 임대관리 중심의 수리적 관리에 치중하나 광의의 PM은 PM대상 건물재산에 대하여 임대관리와 공사관리 및 시설관리 업무를 포함하는 수리적 관리와 물리적 관리 등의 포괄적 운영관리를 담당한다. 협의의 FMC의 고용과 통제·감독업무를 포함하여 현금흐름(Cash Flow)을 증대시키고 경영위험과 시설위험을 함께 통제, 감독하며 계획과 전략을 세워 중장기적으로 PM대상 건물자산의 재산가치를 제고시키면서 임대관리를 전담하여 건물자산의 경제적 수익을 극대화하는 보유건물자산운영을 담당한다. 또한 PM에는 High Level PM과 Low Level PM이 있는바 전자는 투자자산의 수익성을 극대화하는 PM으로서 일정 부분 의사결정권과 계약체결권을 보유한 채 재무분석, 법률자문, 회계자문과 AM의 역할 중에서 일정부분을 담당하며 자문기능과 기술적 진단기능도 수행한다. 국내 일부 투자펀드와 대부분의 외국계 펀드의 건물자산관리형태가 이 범주에 해당된다.

그러나 Low Level PM은 일반적인 건물재산운영수준(Property Level의 PM수준)으로서 임대관리와 함께 시설관리(FM) 감독과 통제에 중점을 두고 있다. Low Level의 Property Manager는 계약체결권이나 의사결정권이 없으며 국내 대기업의 자사보유 건물자산관리형태가 이 범주에 해당된다.

(3) 건물자산관리 FM활동

FM활동이란 Facilities Management를 의미하는 것으로 Property Manager와 전략적 제휴로 파트너십을 가지고 건물시설의 재화성(물건성)을 바탕으로 진행되는 물리적 시설관리활동을 의미한다.

다시 말하면, 건물의 시설에 대하여 양호한 상태보존 및 정상적 기능과 성능을 유지시켜 건물의 쾌적성·편리성·보건성·미관성·안전성 등을 확보하여 건물의 최유효 사용화할 수 있도록 안전과 편의를 높이고 사용가치를 증대시키는 물리적이고 기능적인 시설관리개념을 의미한다.

시설관리(FM)개념은 정형화되어 있지 아니하나 일본 FM추진협의회의 견해에 의하면

「FM이란 기업・단체 등의 각각의 보유시설의 자산을 경영적 관점에서 종합적으로 기획・관리・활용하는 경영관리활동이다」라고 정의하고 있으나 이와 같은 정의 역시 정확한 FM의 정의라고는 볼 수 없다. 왜냐하면 대상 부동산의 성격・규모・용도 등이 다르고 나라마다 건물시설관리개념이 다르기 때문이다.

FM업무는 전술한 협의의 PM업무가 주된 대상이 되며 건물을 시설로 보고 시설의 물리적 관리를 전담하고 있는 건물자산관리기법 중 하나이다. 다시 말하면, FM은 건축물의 보전, 건축설비의 운전과 정비, 청소관리・위생소독관리・경비관리・주차관리・조경시설물 관리, 경미한 보수・정비작업 등의 관리업무가 FM의 주요업무이다.

4. 건물자산관리업무 복합성에 의한 분류

건물자산관리는 단순한 경제관리와 기술관리 그리로 법률관리 측면만의 관리를 가지고는 건물자산 경제가치의 보전이나 극대화를 효과적으로 달성할 수 없다.

왜냐하면, 건물자산관리업무 성격에는 전술한 경제성 외에 기술성, 법률성, 환경성, 행정성, 위험성 등의 복합적 성질이 존재하므로 이 모두를 관리대상으로 하지 않거나 6대 복합성 측면의 건물자산관리를 하지 않는 경우 완전한 건물자산관리효과를 기대하기 어렵기 때문이다.

따라서 성공적이고 완전한 건물자산관리를 하기 위해서는 다음과 같이 6대 복합성 측면의 건물자산관리가 요구된다. 따라서 건물자산관리개념도 건물자산관리 업무의 복합성개념을 기초로 확립될 필요가 있다.

그러므로 건물자산관리활동 역시 건물자산관리업무의 복합성개념에 따라 경제 측면의 건물자산관리, 법률 측면의 건물자산관리, 기술 측면의 건물자산관리, 행정 측면의 건물자산관리, 환경 측면의 건물자산관리, 위험 측면의 건물자산관리 등 6대 측면으로 개별관리하여 종국적으로는 통합적으로 건물자산관리실무활동을 처리되어야 한다.

토지중심의 부동산학 관리개념은 부동산을 경제적 개념, 법률적 개념, 기술적 개념 등의 3대 복합개념으로 이해하고 부동산관리활동 역시 부동산복합개념을 확대해석하여 경제적 측면의 부동산관리, 법률적 측면의 부동산관리, 기술적 측면의 부동산관리 등으로 설명하고 있으나 건물자산 중심의 건물자산관리학의 관점에서는 건물자산의 복합개념은 경제개념, 법률개념, 기술개념, 행정개념, 환경개념, 위험개념 등의 6대 복합개념으로 이해하여 보다 완전한 건물자산관리는 6대 복합개념측면에서 다루어야 함을 강조하고 있다.

그러나 건물자산관리업무성격의 복합성으로 인하여 건물자산관리의 개념화나 정의화 작업은 말과 같이 쉽지 아니하며 건물자산관리를 위해서는 법률, 행정, 경제, 기술, 환경, 위험 등의 다양한 전문지식과 경험이 요구되고 있어 아무나, 누구나 건물자산관리업무를 전문적으로 그리고 체계적으로 처리하기란 쉽지 아니하며 가장 경제적 방법으로 안전하게 그리고 효율적으로 관리하고 그 결과를 건물자산관리 이해당사자 모두의 요구목적에 부합하게 하는 것은 더욱 어렵다.

따라서 완전한 건물자산관리를 위해서는 전문 인력의 양성이 필요하며 최유효관리법, 과학적 관리법, 창조적 5단계 관리법 등의 관리이론이 필요하다. 또한 이를 위한 정부의 정책적 지원이 뒷받침되어야 할 것으로 인식된다.

건물자산관리업무 복합성 측면의 건물자산관리활동의 종류와 내용은 다음과 같다.

(1) 경제측면의 건물자산관리 활동

경제 측면의 건물자산관리는 핵심관리 영역으로서 소극적으로는 투입비용의 최소화를 의미하나 적극적으로는 산출 경제가치와 경제이익의 최대화에 있으며 이러한 관리적 노력은 시설관리 측면에 유지관리 비용의 최소화와 관리효용의 극대화로 나타나고 건물재산경영 측면에서서는 자산위험의 최소화와 투자수익(Return)의 극대화로 집약되고 있다.

특히, 경제 측면의 건물자산관리는 건물자산취득의 경제화, 보유와 운영관리의 경제화 그리고 처분의 경제화를 통하여 다음과 같은 건물자산 경제가치의 보전과 증식(Building Asset Value Maintaining and Enhancement)을 추구하고 있다.

건물자산취득의 경제화는 최적건물자산(Acquisition of Building Asset)을 가장 경제적 비용으로 취득하여 다음 단계의 보유와 운영관리를 효율화하고 운영관리비용을 통제하고 수입을 관리하여 운영관리이익을 최대화하고 건물자산 생애 마지막 단계에서 전략적 의사결정과 접근으로 합리적 매각을 통하여 양도차익을 실현함으로써 전체적으로 건물자산관리를 통하여 투입비용보다 산출이익을 극대화하는 데 핵심가치를 부여하고 있다.

또한 경제 측면의 건물자산관리는 건물자산의 사용가치와 교환가치를 보전하고 증가시켜 전체적으로 건물자산가치의 보전과 증식에 초점을 두고 있다.

특히 경제 측면의 건물자산관리는 거시경제 분석과 미시경제 분석은 물론 건물자산관리 시장의 동향과 세제동향, 금리동향, 정부의 경제정책, 경기동향, 자본시장의 동향, 수요와 공급 등 경제지표 분석과 함께 경제현상의 분석을 토대로 이루어지며 건물자산의 매입 매도가와 임대료, 관리비의 수준 등 경제적 변수에 의한 조사 및 분석의 노력을 다하는 가운데 건물자산의 경제적 가치(사용가치와 교환가치)의 보전과 증대에 최대의 관심을 가지고 있다.

(2) 법률측면의 건물자산관리 활동

법률 측면의 건물자산관리는 사무행정적 지원업무 영역으로서 건물자산 위에 존재하는 소유권 관리와 건물 및 건축대지와 관계되는 공법관리, 매매, 임대 등의 계약관리 등으로 집약된다.

소유권관리는 권리분석과 공부조사 및 현장관리를 통하여 소유권의 사용권능, 수익권능, 처분권능이 온전하게 유지되도록 관리해야하며 사용가치와 교환가치가 제한받지 않도록 제한물권과 기타 권리 등을 관리하는 데 주안점이 있다.

건물자산 위에 존재하는 소유권은 단독소유권이든 구분소유권이든 상관없으나 공유, 총유, 합유 형태의 소유권은 건물자산의 사용, 수익, 처분에 여러 가지 형태로 제약이 가해지므로 공유나 총유 및 합유 형태의 공동 소유관계는 건물자산의 가치 증대에 문제가 있는 건물자산인 바 건물자산관리자는 건물자산의 소유형태부터 확인하여 개선의 노력을 해야 한다.

또한 건물등기공부의 현황을 정기적으로 조사 분석하고 사기, 위조 등의 위법행위를 사전에 방지하도록 노력해야 한다.

뿐만 아니라, 법률 측면의 건물자산관리자는 도시계획법상의 지구, 지역, 구역 등의 공법상 제약 요건과 사용수익상의 법률적 하자 등을 살펴볼 필요가 있으며 문제가 없는 경우, 보존하고 문제가 있는 경우에는 법률적 개량이 필요하다. 또한 소방관계법상의 점검과 보고 기타 건물자산관리 공법상의 관리상 준수사항을 점검하고 체계적인 건물자산관리공법 관리가 필요하다. 뿐만 아니라 법률적 측면의 건물자산관리는 건물자산관리사법의 중심이 되는 계약행위에 의한 관리가 특별히 요구되고 있다.

왜냐하면, 건물자산관리는 계약으로 시작되고 계약으로 종결된다 해도 과언이 아닐 만큼 계약중심의 법률행위가 빈번히 이루어지고 있기 때문이다.

계약행위는 법률행위로서 당사자, 목적, 의사표시 등으로 성립되는 일반성립요건과 당사자의 능력, 목적의 가능, 적법, 타당, 확정과 의사표시의 일치 및 무하자를 내용으로 하는 일반효력요건 충족에도 관리적 노력을 집중하여 계약이 적법하게 성립되고 유효하게 효력을 갖는 법률행위인지를 면밀히 검토하고 관리해야 한다.

적법하게 성립되지 아니하거나 성립된 법률행위라 하더라도 유효요건을 결여하는 경우에는 무효, 취소, 해지, 해제 등의 불완전효과가 나타날 수 있으므로 건물자산관리자는 각별한 관리적 노력을 경주해야 한다.

주요계약관리업무에는 건물자산매매계약, 용역관리계약, 임대차계약, 관리서비스계약, 에너지사용계약, 자재구매계약, 화재보험계약, 영업배상보험계약, 4대 사회보험계약 등의 다양한 계약의 종류 등이 있다.

(3) 기술측면의 건물자산관리활동

기술측면의 건물자산관리는 기초관리 영역으로서 협의의 건물자산관리개념으로서 물적관리, 시설물유지관리개념으로서 공학적측면의 기술관리업무가 대종을 이루고 있다.

기술 측면의 주요 건물자산관리업무에는 건축물의 영선, 건축설비의 운전과 정비 및 보수, 주차시설관리, 에너지관리, 자재관리, 공사관리(CM, Construction Management), 입주자지원과 서비스관리, 중앙관제, 기술용역관리, 토목시설물 관리 등이 있다.

또한 기술측면의 건물자산관리는 건물자산의 물리적 상태 보존과 함께 실내칸막이 공사, Interior, Renovation 등의 공사감독과 점검과 보수 진단과 주요기기의 교체, 성능과 기능의 정상화와 장기적 유지, 조기노후화 방지, 기술적 개령(물리적 처분) 등에 역점을 두고 있다.

(4) 행정측면의 건물자산관리활동

건물자산은 기술적 생산물인 동시에 행정의 산물이기도 하다. 왜냐하면, 건물자산은 건축허가로 착공되고 사용승인으로 입주와 사용수익이 가능하며 행정공부와 등기공부에 등재됨으로써 비로소 자산가치가 부여되며 멸실신고와 멸실등기 등의 행정처리로 건물자산의 일생이 마감되기 때문이다. 건물자산관리에 있어서 행정적 업무에는 공행정업무와 사행정업무가 있다. 다시 말하면, 행정 측면의 건물자산관리에는 시・군・구나 시, 도 등의 공행정 외에 관리조직내의 사무 행정관리와 같은 사행정업무가 병존하고 있으며 행정관리 업무는 기술 측면의 관리업무 못지 않게 매우 다양하고 복잡하다.

공행정의 주요 업무에는 건축허가, 사용승인(준공필), 사용중지, 사용제한명령, 불법건축물의 철거 및 과태료, 중간검사, 건축지도원에 의한 건축지도, 1종시설물과 2종시설물의 안전점검과 정밀안전진단 등의 행정업무가 있으며 건물자산관리기업이나 관리조직 및 관리현장의 행정적 측면의 사행정의 주요업무에는 인사관리, 노무관리, 사무문서관리, 회계・세무관리, 구매관리, 보험관리, 입주자관리, 민원관리, 대외기관 행정처리업무, 영업관리, 용역관리, 서무관리, 복지관리 업무 등이 있다.

광의의 건물의 유지관리업무에는 기술기능적 유지관리 업무외에 사무행정적 유지관리 업무가 병존하고 있으며 이를 모두를 통합관리할 때 비로소 광의의 건물유지관리업무가 완성된다.

광의의 사무행정적 유지관리업무 범주에는 경제관리, 법률관리, 행정관리 업무가 포함되며 기술기능적 유지관리에는 기술관리, 환경관리, 위험관리(안전관리)업무가 포함된다.

이상의 설명에서 알 수 있듯이 건물시설관리(건물유지관리)의 경우, 건물관리의 중심이 되는 기술기능적 관리을 위해서는 반드시 사무행정관리업무가 수반되거나 지원이 필요하다. 따라서 행정측면의 건물자산관리활동은 사무행정적 지원업무영역이라 할 수 있다.

(5) 환경측면의 건물자산관리활동

건물자산은 복합적인 외부환경과 내부환경을 가지고 있다.

건물자산 외부환경에는 자연환경과 경제환경, 기술환경, 법제도환경, 정치사회환경 및 국제환경 등이 있으며 이들 외부환경은 건물자산가치 유지와 증대에 영향을 크게 줌으로써 건물자산의 사용가치와 교환가치에도 적지 않은 영향을 주고 있다. 또한, 건물자산내부환경에는 공기환경, 물환경, 수(水)환경, 빛환경, 위생환경, 사무환경 등의 환경을 가지고 있다.

전자의 경우에는 건물자산의 교환가치에 적지 않은 영향을 초래하고 후자의 경우에는 건물자산 사용가치에 치명적인 타격을 초래하게 된다.

따라서 건물자산가치의 보전과 증식을 위해서는 외부환경과 내부환경을 적절히 관리할 필요가 있다. 환경측면의 건물자산관리활동은 기술기능적 지원업무영역이라 할 수 있다.

(6) 위험측면의 건물자산관리활동

건물자산관리의 목표는 전술한 바와 같이 자산위험의 최소화와 경제이익(Rrturn)의 극대화에 있으며 건물자산관리활동 역시 최유효관리법에 따라 가장 안전한 관리방법으로 관리하여 위험을 예방하여 위험으로 인한 피해는 최소화하도록 관리되어야 한다. 또한, 건물자산의 위험을 통제하여 건물자산의 멸실을 예방하고 건물자산가치의 감손을 방지해야 한다.

건물자산은 주식과 함께 위험자산으로 분류되며 자산의 취득, 보유 및 운영관리 그리고 처분에도 언제나 위험이 존재하고 있을 뿐 아니라 건물의 시설물 중에도 고압수변전시설, 보일러시설, 가스시설, 엘리베이터나 에스컬레이터, 곤도라들의 이동시설 등이 위험시설로 분류되며 안전사고와 건물화재의 주범이 되고 있다. 또한, 건물은 붕괴나 지반침하 등의 안전사고 외에 화재에 의한 건물자산의 전소는 물론 귀중한 인명의 피해마저 가져오므로 건물자산위험과 함께 시설물의 위험도 철저히 관리되지 않으면 안 된다.

왜냐하면, 위험사고가 발생하는 경우 효율적 보유와 운영관리는 근본적으로 어려우며 합리적 처분이 전략적으로 이루어지지 않아 양도차익이 불가능하게 되고 자산가치의 보전도 자산가치 증식도 모두 어렵게 되기 때문이다.

특히 위험시설물의 안전사고는 막대한 재산손실과 인명피해로 인한 손실보상 등으로 운영수익이 반감될 뿐만 아니라 붕괴와 같이 심한 경우에는 1995년 삼풍백화점 붕괴사고와 같이 제3종위험사고로 분류되어 전 건물자산을 매각하여도 수습이 어렵게 되는 경우가 있다.

따라서 건물자산의 위험은 위험회피방법, 보험에 의한 위험전가방법, 위험보유방법, 위험통제방법 등으로 항상 자산위험과 시설물 위험에 대비해야 한다.

위험측면의 건물자산관리활동은 기술기능적 지원영역업무라 할 수 있다.

5. 건물자산관리 전문성 수준에 의한 분류

건물자산관리 전문성 수준에 따라 분류하면 1차수준의 관리활동, 2차수준의 관리활동,

그리고 3차수준의 관리활동으로 분류되는 바 그 내용은 다음과 같다.

(1) 1차수준의 관리활동

1차수준의 건물관리활동은 전문성의 수준이 매우 낮은 정도의 시설관리활동과 재산관리활동을 말한다. 예컨대, 관리활동을 함에 있어서 전문적 지식이나 경험 없이 상식에 의존하여 소규모 건물(단독주택, 5층 이하의 건물)을 1명의 관리인이 일상적인 점검·보수·수선·청소·소액의 관리비나 임대료를 징수 처리하는 정도의 관리활동을 의미한다. 따라서 관리활동상의 주의의무도 크게 요하지 아니하는 관리활동이라 할 수 있다.

그러나 규모 있는 집합건물관리의 경우나 관리단이 선임하는 관리인에 의한 관리활동은 2차수준의 관리활동에 해당된다. 그러므로 1차수준의 관리활동이란 대상건물의 보존이나 유지보수 등을 위한 협의 기술관리업무의 일부 기술관리활동과 통상의 부동산관리수준에 미치지 못하는 건물관리활동을 말한다.

(2) 2차수준의 관리활동

1차수준의 관리활동보다 수준이 높고 3차수준의 관리활동보다 낮은 수준의 시설관리활동과 재산관리활동을 말한다. 주로 6층 이상 10층 이하 정도의 일반건물에 대한 시설관리활동과 재산관리활동이 이 범주에 해당되는바 전문 관리수준이 아니면서 시설점검·정비·보수·보안·경비·임대·사무·청소관리 등을 한사람의 관리인 책임 하에 개인 또는 소규모 관리전문회사의 용역이나 고용된 소수의 직원에 의하여 실시되는 관리활동을 의미한다. 2차수준의 관리활동 역시 기술 관리에 중점을 두고 보존·유지에 중심을 둔 통상의 건물재산관리활동을 말한다.

2차수준의 관리활동을 담당하는 관리자는 자기 재산관리와 통일한 주의 의무를 갖는다.

(3) 3차수준의 관리활동

고도의 기술성과 전문성을 요하는 전문 관리활동을 의미한다. 대형건물 또는 첨단 IBS 건물의 관리가 이에 해당되는 것으로 시설관리측면과 재산경영측면의 기술관리활동, 경제관리활동, 행정관리활동, 법률관리활동, 위험관리활동(안전관리활동), 환경관리활동 등 체계적인 종합관리수준의 경영관리활동을 의미한다.

관리상 주의의무도 크게 요구되며(선량한 관리자 주의의무 수준) 관리대상건물에 대한 시설관리와 재산경영 등이 통합적으로 이루어지고 시설관리는 기술성을 중심으로 관리되며 재산경영은 전문성에 의하여 경영되는 건물자산경영관리활동을 의미한다. 즉, 기술과 전문성이 고도로 요구되는 경영관리활동이다.

전문 관리회사에 의한 위탁관리가 이 범주에 해당되며 경영활동과 시설관리활동이 전략적 제휴와 파트너십을 가지고 AM PM, FM 형태로 분업경영관리 된다.

3차수준의 건물자산관리는 통상 건물층수나 규모면에서 11층 이상의 중・대형건물의 재산경영과 시설관리에 해당되는 것으로서 건물의 시설의 보존・이용・개량 등을 통한 건물시설의 사용가치 극대화와 최유효 건물 사용 상태를 확보하고 이를 바탕으로 건물자산가치를 극대화하고 경제이익을 최대화하는 것 등을 바탕으로 최유효 건물수익화를 위한 경영관리활동이다.

6. 건물자산관리업 기준에 의한 분류

건물자산관리업 기준에 따라 분류하면 건물자산경영업활동과 건물시설관리용역업활동 및 건물자산관리서비스업활동으로 분류된다.

(1) 건물자산경영업활동

건물자산경영업활동은 건물자산에서 보유 및 매각(처분) 전 과정에 걸쳐 건물자산의 가치보존유지와 제고를 통한 자산가치 극대화와 수익최대화를 위한 활동을 의미한다. 경영활동은 계획, 조직화, 지휘, 통제 등 경영과정을 통하여 수행된다. 이에는 건물자산투자활동, 건물자산임대활동, 건물자산개발 및 분양활동이 있다.

(2) 건물시설관리용역업활동

전문관리회사의 관리용역을 통한 보유건물시설의 보존, 이용, 개량 등의 물리적 유지관리활동을 의미하며 사용가치 극대화와 최유효 건물사용화에 필요한 용역업활동을 의미한다. 이에는 시설유지관리용역활동, 시설경비용역활동, 위생관리용역활동, 승강기유지보수용역활동, 환경미화(청소)관리용역활동, 주차시설관리용역활동, 전기시설운영대행용역활동 등이 있다.

(3) 건물자산관리서비스업활동

건물자산관리서비스업활동이란 건물자산의 생산, 공급 및 소비에 관계되는 용역제공활동으로서 이에는 자산관리활동(AM활동, PM활동), 자산보관활동, 건물자산컨설팅활동, 건물자산조사활동, 건물자산중개활동, 건물자산감정평가활동, 건물자산관리 회계세무활동, 건물자산금융활동, 신용평가활동, 관리용품조달활동, 진단검사활동 등이 있다.

7. 건물자산의 성격에 의한 분류

건물자산의 성격에 따라 분류하면 건물재산경영활동과 건물시설관리활동으로 분류된다. 건물자산은 재화성(물건성)과 재산성(소유권, 재산권)의 양면성으로 존재하여 재산성은 경영활동의 대상이 되고 재화성(물건성)은 시설관리활동의 대상이 된다.

(1) 건물재산경영활동

건물의 성격에는 전술한 바와 같이 재산성과 재화성(물건성) 등 양면성이 존재한다.

따라서 건물재산 성격의 건물자산은 경영활동을 통하여 자산가치를 극대화하고 경제적 수익을 최대화하게 된다. 자산의 매입이나 매각활동 또는 임대활동 등은 건물재산경영활동의 대표적인 활동이다.

건물자산 투자활동과 AM활동이 이 범주에 해당된다.

(2) 건물시설관리활동

건물자산관리활동에 있어서 건물자산의 재화성(물건성)의 성격에 따라 시설관리조직에 의한 물적유지관리활동 또는 기술기능적 유지관리 활동을 의미한다. FM(협의 관리활동)과 Low Level PM이 이 범주에 해당된다. 또한 광의의 PM활동 중 시설관리활동 역시 이에 해당된다.

기술관리(설비관리, 시설영선관리, 정비보수작업관리, 중앙관제센터의 운전・감시・조정・통제・제어・기록 등의 기술관련 업무 등)와 환경미화관리(청소, 위생, 소독, 조경시설물 관리) 및 위험관리 중 보안관리(경비보안관리) 등이 이 범주에 해당된다.

다시 말하면, 건물산자산실무관리개념 중 FM(Facilities Management)실무활동과 Low Level PM 등이 이 범주에 해당된다.

건물시설관리활동은 기술관리를 의미하는 것으로 기술관리활동과 환경관리활동이 이에 해당되며, 건물의 양호한 상태보존, 정상적 기능유지, 기술적 개량 등을 통하여 건물의 최유효 사용에 목표를 두고 있는 건물의 물적관리 또는 기술기능적 관리를 의미하며 큰 틀의 건물자산관리에 있어서 기초관리부문에 해당된다.

8. 건물자산경영업에 의한 분류

건물자산관리업의 일종인 건물자산경영업의 기준에 의한 자산관리활동은 건물자산투자활동, 건물자산개발 및 분양활동, 건물자산임대활동 등으로 분류된다.

(1) 건물자산투자활동

건물자산을 투자대상으로 설정하고 시장조사와 자산조사 및 투자위험 등을 분석하고 컨설턴트, 변호사, 회계사, 위험분석사 등의 자문을 받아 적정 건물자산을 매입 또는 신축하고 효율적 보유활동과 전략적 매각활동을 통하여 자산가치를 극대화하고 임대활동과 매각을 거쳐 양도차익을 실현하여 경제이익을 극대화하는 경영활동을 말한다.

IMF이후 외국 투자자에 의한 건물자산투자활동이 활발히 일어나 막대한 양도차익의 실현으로 투자이익이 해외로 이동하는 현상이 일어나 사회적 관심이 고조되고 있다.

투자활동은 직접투자활동과 간접투자활동으로 분류되며 은행, 연기금 등의 직접투자와 REITs나 CR-REITs 또는 부동산펀드에 의한 간접투자활동 역시 최근 들어 활발히 진행되고 있다.

(2) 건물자산개발 및 분양활동

건물자산투자자 또는 소유자가 매매목적으로 건물자산을 취득(매입)하여 일정한 Renovation이나 Re-positioning을 거쳐 매각함으로써 양도차익을 실현하는 활동이나 건물의 자산을 신축, 재개발 등의 방법으로 개발하고 분양하는 경영활동을 의미한다.

(3) 건물자산임대활동

건물자산임대활동이란 소유 건물자산을 일정한 조건으로 임차인에게 점유 이전하고 사용수익의 대가로 임대료를 받음으로써 임대소득을 창출하는 건물자산의 효율적 보유활동을 의미한다.

임대활동은 임대에 관한 지식, 정보, Data를 기반으로 임대계획, 임대전략, 임대마케팅과 임대계약관리, 입주자관리 등의 전문지식과 경험이 필요하다.

9. 건물시설관리용역관리업에 의한 분류

건물자산관리업 중 하나인 건물시설관리용역업 기준에 따라 분류하면 시설관리활동은 다음과 같다.

(1) 건물시설물관리활동

대상건물의 시설과 설비의 점검, 보수, 정비, 감시, 기록, 제어, 통제 등 기술적 관리업무활동을 말한다. 이에는 설비관리, 건축물영선관리, 시설안전관리, 에너지관리, 소모자재 관리, 기타작업관리 등의 활동이 있다.

시설관리활동은 건물자산관리의 기초관리부문으로서 대단히 중요한 관리 분야이다.

시설물 관리활동이 이 범주에 해당된다. 시설물 관리활동은 일정한 기술적 자격을 가진 자에 대한 법정선임 등이 요구된다.

(2) 시설경비보안관리활동

방범관리, 위험시설물관리, 보안관리, 출입차량관리, 출입자관리, 입주자관리 등이 이 범주에 해당된다. 시설경비보안관리활동은 시설위험을 통제하거나 관리하여 시설물의 안전성 확보를 목적으로 하는 안전관리활동이다.

(3) 환경미화관리활동

먼지 · 오물 · 때 등의 제거와 쓰레기 수거 등을 통하여 건물내외의 청결성과 미관성을 위한 관리활동을 의미한다.

환경미화관리활동을 통하여 건물의 청결성과 미관성이 확보되어 건물자산의 가치를 높이고 수익을 증대하며 물리적 내용연수를 증가시킨다.

(4) 건물위생소독관리활동

관리대상건물내외의 구서 · 구충 · 전염병 예방을 위한 소독관리활동을 통한 보건성 관리활동을 의미한다.

건물의 규모나 용도 등에 따라 법정소독의 종류가 다양하며 건물의 보건성확보는 건물자산의 사용가치를 증가시키고 건물자산의 수익증대에도 간접적으로 기여한다.

(5) 건물이동설비 유지 보수관리활동

빌딩에 설치된 E/L, Auto Side Walk, 에스컬레이터와 카리프트, 곤도라 등 이동설비에 대하여 자체관리담당자나 승강기안전관리원 등 전문 관리회사가 용역계약에 의하여 정기적으로 수행되는 안전점검 및 보수관리활동과 사후유지관리활동 등을 말한다.

(6) 건물전기안전관리대행활동

전기설비의 관리를 용역계약에 의하여 전기전문관리회사가 운전 · 점검 · 보고 · 기록 · 보수 · 안전 등의 전기설비관리를 대행하는 활동을 말한다. 소규모건물에 적용되며 대형건물의 경우에는 비교적 적용되지 않는다.

(7) 건물조경시설물관리활동

건물내외에 설치된 나무나 화초, 잔디 등 수목과 조경시설물을 용역계약에 의하여 전문 조경업자가 건물의 조경시설물을 전문적으로 관리하는 활동을 말한다.

(8) 건물주차시설관리활동

용역계약에 의하여 건물내외의 주차관리를 자체주차관리자 또는 주차장 전문 관리회사가 수탁관리하는 활동을 말한다.

최근에는 주차관리만을 전문으로 하는 국내외 주차관리회사가 크게 활동하고 있다.

(9) 건물시설 및 설비의 보수 · 정비관리활동

건물의 물건의 시설(건물 구조체 또는 주요부재, 기타 마감부재)과 건축설비의 고장 또는 교체, 개량 등을 위한 전문공사업자의 보수・수리공사활동을 말한다.

(10) 설치미술품관리활동

관계법에 의하여 신축건물에 설치된 고가의 예술품들의 보존관리를 용역계약에 의하여 미술품 전문관리업자가 관리하는 활동을 말한다.

(11) 건물내외 광고물관리활동

건물내외의 광고물의 설치허가・디자인・제작・설치・보존・변경・철거 등에 대하여 의뢰자의 계약에 따라 광고 전문업자에 의하여 의뢰자로부터 일정한 수수료를 또는 용역비를 받고 체계적으로 관리하는 활동을 말한다.

이밖에도 전문업자에 의한 소방시설검사활동, 시설안전점검 및 정밀안전진단활동, 기계정비활동, 관리자교육훈련활동 등이 있으며, 향후 건물의 규모・성격, 건물환경의 변화 등에 의하여 관리활동의 종류가 늘어날 것으로 전망된다.

10. 최광의 관리개념에 의한 분류

건물자산의 복합개념과 건물자산의 복합성개념에 기초한 최광의 관리개념에 따라 건물자산관리활동을 분류하면 ① 기술관리활동, ② 경제관리활동, ③ 행정관리활동, ④ 법률관리활동, ⑤ 위험관리활동, ⑥ 환경관리활동 등으로 6개분야로 분류된다.

6개관리활동 중 경제관리가 건물자산의 핵심관리분야이고 건물기술관리분야는 경제관리를 위한 기초관리분야이며 법률, 행정, 환경, 위험관리 분야는 핵심관리분야와 기초관리양분야 모두를 지원하는 사무행정적 지원분야와 기술 기능적 지원분야 활동이다.

(1) 기술관리활동

건물자산관리에 있어서 기술관리활동이란 건물자산관리의 기초관리 분야로서 건물자산에 존재하는 기술개념과 기술성관리업무를 관리하는 활동으로서 기술관리대상인 건축대지, 건축물, 건축설비 및 부대시설에 대한 시설관리활동으로서 기술적 관리활동을 의미하는바 이에는 시설물안전관리, 에너지관리, 자재관리, 건축시설영선관리, 건축설비관리 및 중앙통제실 제어설비의 감시와 통제제어, 긴급비상대응업무 등이 있다. 기술관리자는 고도의 기술을 요하며, 관계법령에 따라 일정한 기술자격을 요구하고 있다.

(2) 경제관리활동

건물자산관리에 있어서 경제관리활동이란 건물자산관리의 핵심관리분야로서 건물자산에 존재하는 경제개념과 건물자산관리업무의 경제성 업무를 관리하는 활동으로서 적극적으로 건물경영관리조직의 경제적 목표를 달성하기 위한 관리활동을 말한다. 종전의 건물경영관리활동에서 세분된 건물복합개념 중 하나로서 건물소유자의 목적(최유효 사용·수익·처분 목적)을 경제적인 방법으로 달성하기 위한 활동이다.

건물소유자는 관리대상건물에 대하여 건물재산의 재산가치 유지와 보존과 투자비의 조기회수 및 건물재산의 수익극대화에 대한 요구와 목적이 있다. 따라서 건물관리자는 건물소유자의 요구 또는 목적을 잘 이해하고 인근지역 특성이나 나라 전체의 경제사정(미시경제, 거시경제) 등을 고려하여, 수익극대화와 투자비 조기회수, 재산가치 유지·보존 등에 관리역량을 집중해야 한다. 건물시설의 정상적인 기능유지와 상태보존은 건물경제활동의 기초이므로 건물유지관리업무 역시 철저하게 수행해야 한다. 소극적으로 관리비의 흑자유지와 인적·물적 피해에 대한 최소화 대책에도 유의해야 한다.[74]

관리활동항목 중 종전에 경영관리활동으로 분류된 경영목표관리·경영관리조직관리·보험관리·회계관리·재무관리·세무관리·마케팅과 광고관리·자산운용·투자관리 등이 경제관리활동에 해당된다.

---

74) 건물자산관리에 있어서 인적·물적 피해의 최소화는 전적으로 건물재해방지 노력과 관련 철저한 보험의 사전가입과 사후관리에 달려 있다.

(3) 행정관리활동

건물관리대상의 복합개념 중 행정개념 측면과 행정성 관리업무를 효율적으로 관리하기 위한 활동이다. 건물관리활동 성격을 크게 대별하면 작업관리성격과 사무행정관리성격의 업무로 분류된다.

관리업무의 효율화를 목적으로 계획기능 · 조직기능 · 통제기능 · 조정기능 · 명령기능 등에 해당되는 일체의 관리업무가 행정관리활동에 해당된다. 조직관리, 문서관리, 사무관리, 인사노무관리, 서무관리 등이 행정관리활동에 해당됨은 물론이다. 행정관리활동을 경제관리와 기술관리를 지원하는 지원관리분야의 성격을 가지고 있다.

(4) 법률관리활동

건물관리대상의 법률개념 측면과 법률성 관리업무를 관리하는 활동으로서 건물의 권리(소유권 등 재산권), 계약, 자체규정(자치법규), 관리관계법령, 대외기관 · 입주자의 민원 등이 주된 관리대상이 되며, 이에 관한 체계적이고 전문적인 관리활동이 법률관리활동이다. 고도의 전문성을 요하는 행정적 성격의 관리활동이다. 건물관리활동에 있어서 법적 안정성을 유지, 보존, 개량하는 활동이다. 법률관리활동 역시 경제관리와 기술관리를 지원하는 지원관리분야이다.

(5) 위험관리활동

건물자산의 위험개념과 건물자산관리 업무의 위험성 업무를 관리하기 위한 관리활동으로서 기술적 위험 · 경제적 위험 · 법률적 위험 · 행정적 위험 · 환경적 위험 · 보안위험 등을 과학적 방법으로 관리하여 위험요인을 사전에 제거 또는 최소화하여 사고를 방지하거나 부득이한 사고발생시 이를 조속히 그리고 경제적 방법으로 수습하여 조기에 관리현장을 정상화하고 원상회복하는 관리활동을 의미한다.

즉, 건물의 위험개념측면과 위험성 업무를 관리하는 활동으로 경제관리와 기술관리 모두를 직접 지원하는 지원업무의 성격을 가지고 있다. 즉, 건물의 위험관리활동이란 건물시설의 안전관리활동과 건물재산의 위험관리활동을 의미한다.[75]

(6) 환경관리활동

건물자산의 청소 · 위생 · 소독 · 생활환경 · 수질 · 소음 · 공기진동 · 공해 조경시설물 등

---

75) 건물자산의 위험관리활동에는 Safety-Management기법과 Risk-Control기법 모두를 사용해야 한다. 왜냐하면, 건물에는 재산개념과 시설개념이 병존하고 있기 때문이다.
재산경영은 Risk-Control기법을 사용해야 하며, 시설관리는 Safety-Management기법을 사용해야만 자산위험과 시설위험을 줄여 피해(인적 · 물적 피해)를 최소화 또는 방지하는 데 유효하다.

환경개념인 청결성과 보건성·쾌적성 및 미관성을 적절히 확보하는 전문적 관리활동을 말한다. 건물자산의 환경개념과 환경성 업무를 관리하는 활동으로서 경제관리와 기술관리를 지원하는 지원관리활동이다.

11. 건물자산관리 업무범위에 의한 분류

관리대상건물자산의 관리업무범위에 따라 관리활동을 분류하면 최협의 관리활동, 협의 관리활동, 광의 관리활동, 그리고 최광의 관리활동 등으로 분류된다.

(1) 최협의 관리활동

기술성의 관리대상인 건물 전체를 관리대상으로 보지 아니하고 건물기술관리대상의 일부만을 관리대상으로 상정하여 부정기적인 점검이나 전등교체·도색·손질 등의 작업과 정기적인 공과잡비의 수납 등만을 행하는 1차수준의 비전문적 관리활동을 의미한다.

(2) 협의 관리활동

협의 관리활동이란 건물관리를 기술관리 또는 FM(Facilities Management, 시설관리)으로 보고 건물에 존재하는 기술성 측면의 기술관리대상의 관리만을 건물관리 전체의 관리대상으로 인식하는 관리활동을 말한다.

또한 협의의 관리란, 건축물의 기능을 보전하고 이용자의 편의와 안전을 높이기 위하여 일상적으로 점검·정비하고 손상된 부분은 원상복구하며 경과시간에 따라 요구되는 개량·보수·보강에 필요한 활동(건물유지관리개념)을 건물자산관리의 전부로 인식하는 유지관리활동을 의미한다.

종전에 일반적으로 인식되었던 전통적 건물관리개념이며, 이는 단순한 시설관리로서 건물에 존재하는 기술성을 주로 관리하는 관리활동개념이다. 아직도 건물관리 직종에 종사하는 사람들 중에는 기술관리(시설관리)를 건물자산관리의 전부로 오해하는 사람들이 많이 존재하고 있다.

(3) 광의 관리활동

부동산학에서 말하는 토지중심의 부동산관리개념으로서 주로 부동산(토지)에 내재하고 있는 기술성·경제성·법률성 등 3개 복합성만을 관리대상으로 전개하는 관리활동을 의미한다. 다시 말하면, 광의 관리활동이란 토지중심의 부동산관리 3측면의 관리개념으로서

고 김영진 교수에 의하여 개발된 부동산관리개념에 기초한 관리활동을 의미한다.

(4) 최광의 관리활동

저자에 의하여 새로 개발된 건물자산관리개념으로서 부동산 중 건물 중심의 자산관리개념에 기초한 경제관리활동개념이다.[76] 즉, FM에 기초하여 AM과 PM 및 FM중심의 종합 자산경영관리개념을 의미한다.

건물자산관리업무의 복합성에는 기술성 외에 경제성 · 행정성 · 법률성 · 위험성 · 환경성 등이 있으며, 이와 같은 6개 복합성을 통합 경영관리하는 건물재산경영과 건물시설관리의 종합관리활동을 최광의 관리활동이라 한다. 가장 넓은 의미의 관리활동이며, 현대 건물자산관리에는 최광의 관리개념이 채택되어 활용하는 것이 바람직한 건물자산관리방법이라 판단된다. 건물자산관리학 역시 건물자산의 복합성개념에 따라 최광의 관리개념에 기초하고 있다. 최광의 건물자산관리개념 중 핵심관리분야는 경제관리 분야이며 기초관리 분야는 기술관리 분야가 된다. 행정, 법률 관리 등은 경제관리 분야와 시설관리 분야를 지원하는 지원관리 분야의 성격을 가지고 있다.

12. 건물시설관리조직의 성격에 의한 분류

관리대상건물의 시설 관리주체와 관리조직의 성격에 따라 관리활동을 분류하면 다음과 같이 분류된다.

(1) 자치관리활동

공동주택(특히 아파트)의 자치관리조직인 입주자대표회의의 자치관리기구나 집합건물 구분소유자에 의하여 구성된 관리단 등 자치관리조직에 의하여 관리하는 관리활동을 말한다.

(2) 직영관리활동

건물소유자 또는 관리권한자의 책임과 비용으로 조직한 직영관리조직에 의하여 직접 관리하는 형태의 관리활동을 말한다.

---

76) 건물자산관리학에 기초한 건물자산관리활동은 건물시설관리인 FM에 기초로 하여 건물재산경영의 AM과 PM중심의 경제관리활동을 말한다.

(3) 신탁관리활동

관리대상건물이 위탁자의 사정으로 건물의 소유권과 건물자산실물을 함께 신탁회사에 신탁하고 이를 신탁회사의 책임과 비용으로 관리하는 것을 의미한다. 신탁에는 명의신탁, 관리신탁, 개발신탁 등이 있는바 관리신탁의 경우, 수탁된 관리자산을 관리하는 활동이 신탁관리활동에 해당된다.

(4) 위탁관리활동

소유권을 제외한 건물자산실물만을 수탁 받은 시설관리전문회사가 관리주체가 되어 위탁관리회사의 비용과 수탁회사의 책임으로 관리하는 간접관리 형태의 관리활동을 말한다.

(5) 혼합관리활동

건물자산관리업무 중 일부는 건물 소유자 또는 경영자 즉, 위탁자가 직접 관리하고 나머지 일부는 수탁관리회사가 관리하는 이른바 혼합관리조직이 관리주체가 되어 직접관리 형태와 간접관리 형태가 혼합하여 진행하는 관리활동을 말한다.

(6) 시설운영위탁관리활동

위탁자산(시설)과 위탁자산의 운영을 일정한 대금을 위탁자에게 선제공한 후 수탁자의 책임과 비용으로 시설의 운영과 유지관리를 함께하는 운영과 유지관리의 통합관리 개념의 활동을 말한다.

13. 건물자산관리항목에 의한 분류

건물자산관리활동에 있어서 최광의 관리영역에 해당되면서 구체적 관리대상이 되는 관리항목에 따라 관리활동을 분류하면 다음과 같다.

① 건축물유지관리활동
② 건축설비운전정비활동
③ 건물기술작업관리활동
④ 건물기술위험물관리활동
⑤ 중앙관제활동

⑥ 건물운영관리활동
⑦ 건물경영목표관리활동
⑧ 건물인사노무관리활동
⑨ 건물회계관리활동
⑩ 건물세무관리활동
⑪ 건물사무문서관리활동
⑫ 건물보험관리활동
⑬ 건물임대관리활동
⑭ 건물관리용품 및 용역구매관리활동
⑮ 건물분양 및 임대마케팅관리활동
⑯ 건물자산운용활동
⑰ 건물관리사무소 서무관리활동
⑱ 건물권리(소유권)보존활동
⑲ 건물관리관계계약관리활동
⑳ 건물관리관계법령관리활동
㉑ 건물관리유관기관업무관리활동
㉒ 건물기술위험관리활동
㉓ 건물경영위험관리활동
㉔ 건물법률위험관리활동
㉕ 건물환경위험관리활동
㉖ 건물보안위험관리활동(경비보안관리활동)
㉗ 건물청소관리활동
㉘ 건물위생소독관리활동
㉙ 건물생활환경관리활동
㉚ 건물조경시설물관리활동
㉛ 건물주차시설관리활동
㉜ 건물입주자관리활동 등

이상에서 설명한 건물자산관리활동의 분류내용을 표로 정리하면 <표 6-2>와 같다.

〈표 6-2〉 건물자산관리활동의 분류

분류 기준	관리활동의 종류
전문성수준 기준	① 1차수준의 관리활동 ② 2차수준의 관리활동 ③ 3차수준의 관리활동
건물자산관리업 기준	① 건물자산경영업활동 ② 건물시설관리용역업활동 ③ 건물자산관리서비스업활동
건물자산성격 기준	① 건물재산경영활동 ② 건물시설관리활동
건물자산경영업 기준	① 건물자산투자활동 ② 건물자산개발 및 분양활동 ③ 건물자산임대활동
건물시설관리업 기준	① 시설관리활동 ② 시설경비보안관리활동 ③ 환경미화관리활동 ④ 위생소독활동 ⑤ 주차시설관리활동 ⑥ 안전점검활동 ⑦ 정비보수활동 등
최광의 관리개념 기준	① 기술관리활동 ② 행정관리활동 ③ 경제관리활동 ④ 법률관리활동 ⑤ 위험관리활동 ⑥ 환경관리활동
건물자산관리활동 업무범위 기준	① 최협의 관리활동 ② 협의 관리활동 ③ 광의 관리활동 ④ 최광의 관리활동
건물시설관리조직 성격 기준	① 자치관리활동 ② 직영관리활동 ③ 신탁관리활동 ④ 위탁관리활동 ⑤ 혼합관리활동 ⑥ 시설운영위탁관리활동
건물자산생애 단계기준	① 건물자산 취득활동 ② 건물자산 보유 및 운영관리 활동 ③ 건물자산 처분 활동

분류 기준	관리활동의 종류
관리항목 기준	① 건축물유지관리활동 ② 건축설비운전정비활동 ③ 건물기술작업활동 ④ 건물관제활동 ⑤ 건물기술위험물관리활동 ⑥ 건물경영관리조직관리활동 ⑦ 건물경영목표관리활동 ⑧ 건물임대관리활동 ⑨ 건물입주자관리활동 ⑩ 건물인사노무관리활동 ⑪ 건물회계관리활동 ⑫ 건물세무관리활동 ⑬ 건물사무문서관리활동 ⑭ 건물보험관리활동 ⑮ 건물구매관리활동 ⑯ 건물마케팅활동 ⑰ 건물자산운용활동 ⑱ 건물관리조직 서무관리활동 ⑲ 건물주차시설관리활동 ⑳ 건물권리(소유권)보존활동 ㉑ 건물계약관리활동 ㉒ 건물관계법령관리활동 ㉓ 건물유관기관업무관리활동 ㉔ 건물기술위험관리활동 ㉕ 건물경영위험관리활동 ㉖ 건물법률위험관리활동 ㉗ 건물환경위험관리활동 ㉘ 건물보안위험관리활동 ㉙ 건물환경미화관리활동 ㉚ 건물위생소독관리활동 ㉛ 건물생활환경관리활동 ㉜ 건물조경시설물관리활동
건물자산관리 3측면 기준	① AM활동(자산운용과 재무관리활동) ② PM활동(임대관리중심 건물운영관리활동) ③ FM활동(물리적 시설관리활동)
건물자산관리 주요업무 기준	① 자산운용활동 ② 재무관리활동 ③ 임대관리활동 ④ 시설관리활동
건물자산과리업무 복합성 기준에 의한 분류	① 경제측면의 건물자산관리 활동 ② 법률측면의 건물자산관리 활동 ③ 행정측면의 건물자산관리 활동 ④ 기술측면의 건물자산관리 활동 ⑤ 환경측면의 건물자산관리 활동 ⑥ 위험측면의 건물자산관리 활동

제6절 건물자산관리 실무활동의 특성

1. 관리실무활동 특성의 의의

건물자산관리실무활동의 특성이라 함은 건물자산관리활동의 본질을 이루는 고유한 특징이나 특별한 성질을 의미한다. 건물자산관리활동 역시 다른 활동과 다른 고유한 특징과 성질이 있는바 건물자산관리목적을 효과적으로 달성하기 위하여 건물자산관리활동의 특성을 이해해 둘 필요가 있다.

유의할 것은 건물자산관리실무활동은 건물자산의 두 가지 성질 즉, 물건성(재화성)과 재산성(경제적가치와 재산권)에 따라 건물시설관리실무활동과 건물재산경영실무활동으로 나누어지며, 시설관리실무활동과 재산경영실무활동 모두에서 나타나는 특징은 다음과 같다.

2. 관리실무활동 특성의 내용

건물자산관리실무활동 특성의 내용을 살펴보면 다음과 같은 특별한 성질이 있음을 알 수 있다.

(1) 계속성과 수시성

건물시설관리활동에는 여러 가지 관리활동이 있으나 기술관리활동이나 환경미화(청소관리)관리활동 등과 같이 매일같이 계속해서 일상적으로 계속 실시되는 관리업무가 대종을 이루고 있으며, 중단 없이 계속해야 하는 일상 업무가 허다하다. 또한 재산경영활동의 범주인 자산임대활동이나 자산의 매입, 매각활동 등에도 수시성의 업무활동과 계속성의 업무활동 등이 있다. 따라서 건물자산관리활동에는 수시성과 계속성의 특성이 있다. 또한 건물자산관리활동의 실무 중에는 갑작스럽게 불규칙적으로 나타나 비일상적으로 처리해야하는 업무가 있다. 그러므로 건물자산관리활동에는 계속성과 함께 수시성의 특성도 함께 병존하고 있다.

(2) 전문성과 기술성과 과학성

건물자산관리활동은 기술성과 전문성 그리고 과학성의 특별한 성질을 가지고 있다. 관리업무 중 체계적인 지식을 요하는 관리활동과 실무적 관리활동에 적용하는 기능이나 기술측면의 관리업무에는 기술성 그리고 과학성의 특성이 있다. 또한 건물재산의 경영관리에 필요한 자산의 매입과 매각, 회계, 세무, 인사, 구매, 임대와 같은 경영활동에는 고도의 전문적 지식과 정보 및 데이터 등이 요구되며 따라서 재산의 경영활동에는 전문성의 특성이 있고 건물시설의 물리적 시설관리에는 기술성과 과학성의 특성이 있다.

왜냐하면, 건축시설 특히 건축설비는 기술의 산물이고 기술 없이는 정상적 기능이나 성능을 나타낼 수 없기 때문이다. 따라서 건물자산관리활동에는 전문성과 기술성 그리고 과학성의 특성이 있다.

(3) 현장중심 활동성

건물자산관리활동은 관리대상 건물위치중심의 현장관리활동이다. 또한 건물자산관리 업무 중 대부분의 관리업무는 현장에서 주로 일어나고 처리되는 업무이다. 따라서 현장중심 관리활동의 특성이 있다.

(4) 대물활동성과 대인활동성

건물자산관리는 원칙적으로 대물관리활동이나 관리대상건물의 특성상 관리를 담당해야 할 사람이 필요하고 건물 내에는 입주자를 포함해서 수많은 사용자 및 이용자가 활동 또는 재실하고 있다.

따라서, 건물자산관리활동은 대물관리활동 외에 대인활동이 요구된다. 그러므로 건물자산관리활동은 대물활동성과 대인활동성의 특별한 성질이 있다.

(5) 경험 중시성

건물자산관리활동 역시 부동산활동과 같이 경험을 중시하는 성질이 있다. 건물자산관리현상은 건물자산관리활동의 결과로서 문제와 현상을 설명하는 이론을 세우고 세워진 이론에 따라 다시 건물자산관리활동을 바람직하게 하는 것은 건물자산관리활동의 행위 즉, 인간의 관리활동 경험을 중요시하기 때문이다. 즉, 건물자산관리활동에도 경험법칙이 지배하고 있는 경우가 허다하다. 이론과 실무활동(행위)은 상호 밀접한 관계에 서며, 건물자산관리를 더욱 효과적으로 실행하는 것은 경험에 바탕을 둔 실행(행위)에 더 중심을 두어야 한다.

따라서 건물자산관리활동현장에는 관리활동의 경험을 대단히 중요시하고 이를 존중해야 한다. 건물자산관리자의 채용에도 관리경험이 최우선적으로 고려되어야 한다. 따라서 건물자산관리활동은 경험중시성의 특성이 있다.

(6) 윤리성

건물자산관리는 자기자산을 관리하는 경우 보다 주로 타인의 자산을 관리하는 측면이므로 고도의 윤리성이 요구되는 경영관리활동이다. 윤리성은 건물자산소유자는 물론 관리활동에 종사하는자 모두에게 적용되는 특성이 있다. 건물자산관리자가 준수해야 할 규범이나 도리를 건물자산관리자의 윤리라 한다. 건물자산관리에 대한 윤리성을 강조한 말에는 재산정용행인(財産正用行人)[77] 개념이 있다. 따라서 건물자산관리활동에는 윤리성이 강조되는 특성이 있다.

(7) 공간 활동성

건물자산관리는 3차원의 건물공간에서 주로 이루어진다. 이를 공간 활동성이라 한다. 따라서 건물자산관리활동은 다른 활동과 달리 공간 활동성의 특성이 있다.

(8) 사회성과 공공성

건물에는 개인소유의 개인재산(건물)외에 국가가 소유하는 국유재산, 지방자치단체나 기업이 소유하는 공공재산이나 기업재산 등이 있다. 개인재산과 기업재산 건물에는 사회성이, 국유재산과 공공재산에는 공공성이 지배한다.

그러므로 국유재산은 여러 국유재산법에 의하여 규제・지도・감독을 받고 있다.

따라서 건물자산관리활동에는 사회성과 공공성의 특성이 있다.

(9) 기술과 전문성 수준의 관리효과 생산비례성

건물자산관리활동의 목적은 건물 최유효 사용을 위한 양질의 건물관리서비스와 건물의 재산적 경제이익 극대화에 있다. 관리활동은 건물의 타율성의 특성으로 인하여 관리자인 사람에 의해 관리되므로 건물관리서비스와 건물의 재산적 경제이익창출은 전적으로 경영관리자의 기술수준과 전문성 수준에 달려 있다. 관리자가 유능하면 100%의 건물관리서비스와 건물의 경제적 이익이 나타나며, 무능한 경우에는 정반대로 나타나게 된다.

따라서 건물자산관리활동의 효과는 관리자의 기술수준과 전문성수준에 비례하여 관리효과가 나타나는 특성이 있다.

---

77) 財産正用行人이란 말은 공자의 제자들이 저술한 論語에 나오는 용어로서 사람다운 사람의 조건 중 하나로서 나의 재산은 바르게 사용하고 남의 재산 역시 바르게 관리해야 한다는 의미를 담고 있다.

(10) 타율성과 관리자 의존성

건물은 아무리 첨단 IBS건물이라 할지라도 스스로 작동하지 못하고 관리자의 손에 의하여 기능하고 성능을 나타내는 타율성의 특성이 있다. 따라서 건물자산관리활동에는 타율성과 건물자산관리자 의존성의 특성이 함께 병존하고 있다.

(11) 유형적 활동성과 무형적 활동성

건물자산관리활동의 대상에는 시설관리활동대상과 같이 눈에 보이는 관리활동과 경제이익창출관리활동대상과 같이 눈에 보이지 않는 재산경영활동이 있다.

즉, 건물자산관리활동에는 유형적 활동성과 무형적 활동성의 특성이 있다.

(12) 경영, 관리방법의 다양성

건물자산관리활동은 관리방법에 따라 진행되는 실무상의 활동(행위)이므로 관리방법에 의하여 관리효과가 다르게 나타난다. 경영과 관리활동에는 여러 가지 방법과 기법 등이 사용될 수 있으므로 경영, 관리방법 다양성의 성질이 있다.

관리대상건물의 규모·용도·성격과 설비의 종류와 기능 등이 건물마다 모두 다르기 때문에 경영 관리활동의 관리방법 역시 다양한 형태로 적용된다.

따라서 건물자산관리활동에는 경영·관리방법 다양성의 특성이 있다.

(13) 건물환경, 여건의 지배성

건물자산관리활동은 건물관리대상을 둘러싸고 있는 내·외부의 건물환경과 여건에 절대적인 지배를 받는 특성이 있다. 건물자산관리가 환경과 여건을 뛰어넘는 관리활동이나 경영활동은 무리한 관리활동이 되기 쉽다. 뿐만 아니라 정치환경·경제환경 및 사회적 환경이나 기술환경 또는 주변여건을 무시하거나 경시한 관리활동 역시 양질의 관리효과를 효과적으로 달성하기 어렵다.

따라서, 건물자산관리활동은 건물자산관리대상의 내·외부의 환경과 여건에 절대적으로 지배를 받는 특성이 있다. 그러므로 건물자산관리활동을 함에 있어서 내외의 건물환경과 여건에 따라 적절하게 조화되게 경영 관리되어야 한다.

(14) 건물자산관리관계법령의 강제성

건물자산관리활동을 함에 있어서 건축법 제35조는 건축물의 소유자와 관리자는 건축법에 명시하고 있는 유지관리기준에 적합하게 관리하도록 규정하고 있다. 또한 소방관계법 등에서 방화관리를 위한 특정사항의 이행을 요구하고 있는 강제규정을 두고 있다. 따라서 건물자산관리활동을 함에 있어서 관리관계법령의 강제성을 배제할 수 없다.

따라서 건물자산관리활동에는 건물관리관계법령 강제성의 특성이 있다.

(15) 건물시설관리목표와 재산경영목표의 지향성

건물자산관리는 건물시설관리측면에서 건물의 건물자산사용가치 극대화와 최유효 사용화의 목표가 있으며 재산경영측면에서는 건물재산경제가치의 극대화와 최유효 건물자산수익화의 목표를 설정하고 이를 전적으로 지향하고 있다. 따라서 건물자산관리활동 역시 두 가지 목표지향성의 특성이 있다.

(16) 경영관리활동의 경제화, 안전화, 효율화, 적합화의 의무성

건물자산관리효과 즉, 건물의 재산경영성과와 시설관리 성과의 생산과 공급(제공)은 반드시 가장 경제적 방법으로, 안전하게 그리고 효율적으로 적합하게 생산, 공급(제공)해야 한다. 따라서 시설관리활동과 재산경영활동의 경제화, 안전화, 효율화, 적합화 의무성의 특성이 있다.

(17) 위험 수익 비례성

건물자산의 경영목표는 위험을 최소화하고 수익을 최대화하는 데있다. 그러나 건물자산투자활동은 위험이 높으면 수익도 최대화 되는 경향이 있다.

즉, High Risk－High Return 또는 Low Risk－Low Return의 형태로 위험과 수익이 비례되는 특성이 있다.

(18) 경영관리활동 주체의 다양성

건물자산경영관리활동 주체는 해당 법령과 소유권, 계약 또는 권한 등에 따라 다소 상이하나 개인, 법인, 단체와 국가 등의 경영・관리 주체가 다양한 특성이 있다.

(19) 정보의 유용성

건물자산관리활동은 유용한 정보에 의하여 의사가 결정되거나 집행되는 특징이 있다. 따라서 건물자산관리활동에는 정보유용성의 특성이 있다.

(20) 사회성과 공공성

완성후의 건물은 개인, 기업, 국가 등 소유자와 관계없이 한도시의 구성단위가 되고 사회기반시설이 되며 국가의 인프라의 성질을 가지게 된다.

따라서 모든 건물은 사회성과 공공성의 성질이 있는바 건물자산관리활동 역시 사회성과 공공성의 성질을 갖게 된다.

제7절 건물자산관리 실무활동의 적용원칙

1. 적용원칙의 의의

건물자산관리활동에 있어서도 지켜야 할 행동지침이나 준칙이 있다. 이와 같은 행동지침이나 준칙을 총칭해서 건물자산관리활동 적용의 원칙이라 한다. 또한 건물자산관리활동에 적용되는 원칙에는 상위개념의 원칙과 하위개념의 원칙이 있다. 상위개념의 원칙에는 건물자산관리학의 지도원리가 있으며, 건물자산관리학 지도원리는 건물자산관리의 이론과 실무(활동) 모두에 적용되고 준수되어야 하는 원칙이며 하위개념의 관리원칙은 관리실무(활동) 전반에 적용되는 관리활동적용 일반원칙과 특정관리항목에만 적용되는 관리활동적용 특별원을 의미한다.

이와 같은 원칙들은 이론의 체계화나 연구 및 실무활동에 있어서 반드시 지켜져야 하고 준수되어야만 한다. 왜냐하면, 관리활동의 궁극목적은 양질의 건물자산관리서비스와 건물의 재산적 경제이익을 효과적으로 높여 건물자산의 사용가치와 수익가치를 극대화하고 최유효 건물자산 사용수익화하는 데 있으며, 이와 같은 서비스와 경제가치 극대화 창출에는 관리기술, 관리이론, 관리기법 등과 함께 관리원칙이 반드시 지켜져야만 가능하기 때문이다.

건물자산관리활동 적용 일반원칙과 특별원칙의 내용은 다음과 같다.

2. 실무활동 적용 일반원칙

건물자산관리활동의 재산경영활동과 시설관리활동에 적용되는 관리활동 일반원칙의 종류와 내용은 다음과 같다.

(1) 안전 우선의 원칙

모든 건물자산의 경영활동과 관리활동에 있어서 안전이 우선되어야 한다는 원칙이다. 안전성 확보를 위한 위험관리는 어떤 관리업무나 원칙보다 우선 적용되어야 한다는 원칙을 안전 우선의 원칙이라 한다.

(2) 경제성 고려의 원칙

경제성 고려의 원칙이란 최소의 비용으로 최대의 이익을 얻고자 하는 경제원칙으로서 경제목적을 합리적으로 달성하고자 추구하는 것으로 경영활동과 관리활동을 할 때 언제나 경제적 이익이 고려되고, 또 높여나가야 한다는 원칙을 의미한다.

또한 경제성 고려의 원칙이란, 건물자산관리활동을 함에 있어서 반드시 경제성을 고려하여 손실을 방지하고 경제적 이익을 높이거나 극대화되도록 해야 한다는 원칙을 말한다.

따라서 경영활동과 관리활동에는 언제나 경제성이 고려되어야 한다.

경제성 고려의 원칙의 적용으로 시설관리비용의 최소화와 재산경영이익 즉, 자산가치 극대화와 수익최대화 목표가 달성된다.

(3) 효율성 제고의 원칙

효율성이란 투입에 비하여 산출이 높은 것을 의미한다.

따라서 효율성 제고의 원칙이란 경영활동과 관리활동의 비용(예산)이나 시간, 노력 등의 Input(투입)보다 결과인 경영성과와 관리성과 즉, Output(산출)이 언제나 높게 나타나도록 경영 관리해야 한다는 원칙을 말한다. 효율성이 없는 건물의 자산관리나 시설관리는 건물자산관리활동이라 할 수 없다.

(4) 작업능률화의 원칙

능률이란 단위시간에 대한 작업량의 비율을 말한다. 건물관리활동에 있어서도 단위시간에 양적이나 질적으로 보다 많은 경제적 이익이나 작업량 또는 서비스를 생산해서 고객(소유자와 입주자 등)을 만족시켜야 된다는 원칙을 작업능률화의 원칙이라 한다.

(5) 기술과 전문성 적용의 원칙

기술이란 어떤 일을 정확하고 능률적으로 처리하는 솜씨를 말하며, 과학과 지식을 생산·가공이나 일에 응용하는 방법이나 기술을 의미한다. 전문성이란 어떤 특정분야에 몰두하고 연구하여 그 분야의 지식과 경험 및 정보를 가지고 그 분야의 일을 쉽게 그리고 정확히 처리하는 능력을 의미한다.

기술과 전문성 적용의 원칙이란 관리활동을 함에 있어서 기술관리활동에는 기술을 적용하고, 행정·경제·법률 등을 포함한 경영활동에는 전문성을 반드시 적용하여 경영 관리해야 한다는 원칙을 말한다.

건물자산관리는 자기방식과 자기상식 및 자기경험만을 가지고 주먹구구식으로 관리해서는 안 되며 지식과 정보 및 Data를 기반으로 하는 기술관리, 지식경영이 이루어져야 한다는 원칙이다.

(6) 내구성 지향의 원칙

건물의 경제적·물리적 수명이 당초의 경제내용연수와 물리적 내용연수보다 오래 지속되어야 한다는 원칙이다. 경제적, 물리적 내구성이 오래 지속되고 연장되도록 관리활동을 해야 한다는 원칙을 내구성 지향의 원칙이라 한다.

경제적 또는 물리적으로 내구성지향의 원칙이 배제되는 관리활동이나 경영활동은 더 이상 건물시설관리활동 또는 건물재산경영활동이라 할 수 없다.

(7) 선 계획, 후 관리의 원칙

관리활동을 함에 있어서 먼저 조사 분석하여 계획하고 전략을 준비한 후 관리실무를 집행해야 하고 집행결과를 분석 평가하여 반드시 Feed back하여 사후관리해야 한다는 원칙이다.

(8) 예방관리의 원칙

문제가 발생되기 전에 사전에 문제의 원인을 제거하여 피해나 사고를 방지해야 한다는 원칙이다. 건물자산관리에는 사후수습보다 예방관리가 우선되어야 한다는 원칙이다. 특히 시설측면의 시설위험이나 경영측면의 경영위험은 반드시 사전에 예방 또는 방지해야 한다.

(9) 과학적 관리의 원칙

과학이란 어떤 특정영역을 객관적 방법으로 체계적이고 계통적으로 연구하거나 활동하는 것과 그 활동의 성과를 의미한다. 즉, 타당성과 정확성이 있는 활동의 결과를 의미한다. 또한 지식과 정보와 Data 등을 기반으로 실무활동을 수행하는 것을 말한다.

건물자산관리활동을 함에 있어서 주관적·비체계적·부정확성의 관리를 해서는 안 된다는 원칙이다. 관리종사자가 주먹구구식관리(Rule of Thumb Management)의 자기방식·자기경험만으로 관리해서는 안 된다는 원칙을 과학적 관리의 원칙이라 한다. 즉, 타당하고 정확성이 있는 방법으로 관리해야 한다는 원칙이다.

(10) 신뢰성 확보의 원칙

건물자산관리는 사람과 시설, 사람과 장소, 사람과 사람의 관계 속에서 이루어진다. 이와 같은 관계에서 연관되는 업무나 권리 의무 또는 기능과 역할 등에 신뢰가 무너지면 사고가 생기거나 경영 관리효과는 저감되거나 상실된다. 따라서 건물자산관리활동에는 반드시 신뢰가 있어야 하고, 상호 믿음이 있어야 한다.

특히 조직의 상하, 사람과 기계, 기술성, 전문성, 회계, 구매, 안전, 환경, 약속, 계약 등 건물관리활동의 관계마다 신뢰가 있어야 한다는 원칙을 신뢰성 확보의 원칙이라 한다.

(11) 책임관리의 원칙

건물관리종사자는 자기가 시작하는 업무는 반드시 그 결과에 대하여 자신이 책임져야한다는 원칙이다.

특히, 건물자산소유자의 1차적 책임이 강조되어야 하며 영역별 관리책임자의 책임 역시 강조되어야하는 원칙이다.

(12) 법정기준 적합화의 원칙

건물자산관리는 관계법령의 관리기준·관리규정·관리계약·과업지시서 등의 기준에 적합하게 관리되어야 한다. 이를 법정기준 적합화의 원칙이라 한다.

(13) 경영사고 적용의 원칙

경영사고(經營思考)란 조직의 목표를 달성하기 위하여 변화하는 환경에 능동적으로 대처하면서 계획수립·조직화·지휘·통제 등의 경영순환과정을 통하여 업무를 진행하는 지적 체계와 행동의식을 가지고 대응하는 의식이나 태도를 의미한다. 건물자산을 관리함에 있어서 어떤 종류의 관리업무를 수행함에 있어서도 관리자는 이와 같은 경영사고를 가지고 관리해야 한다는 원칙을 경영사고 적용의 원칙이라 한다.

(14) 관리업무 표준화의 원칙

건물자산관리업무를 수행할 때 표준화 작업이 가능한 업무나 작업은 그 내용과 절차를 매뉴얼화하고 표준화하여 효율적으로 관리해야 한다는 원칙이다.

(15) 최유효 관리법 적용의 원칙

관리활동의 목적은 최고의 경영효과와 관리효과를 얻는 데있다. 즉, 최유효 경영효과와 관리결과를 얻기 위하여 경영활동과 관리활동이 수행된다. 그러나 경영효과나 관리효과의 생산(창출)은 반드시 가장 경제적 방법으로, 안전하게 그리고 효율적으로 적합하게 생산공급해야 한다. 따라서 경영, 관리활동시 최고의 경영, 관리효과를 얻기 위하여 반드시 적용되어야 할 원칙으로서 가장 경제적 방법으로, 가장 안전하게, 그리고 가장 효율적으로 적합하게 관리효과를 생산(창출) 공급해야 한다는 최유효 관리법이 적용되어야 한다.

(16) 현장중심 관리의 원칙

건물자산관리는 건물관리현장을 중심으로 시작되고 종결되는 관리업무이다. 따라서 현장을 중심으로 관리되어야 한다는 원칙이다.

(17) 고품격 서비스생산의 원칙

건물자산관리는 눈에 보이지 않는 관리서비스(용역)나 경영서비스를 주로 창출하는 활동이므로 그 서비스의 품질을 최고의 것으로 창출해야 한다. 이와 같은 원칙을 고품격 서비스생산의 원칙이라 한다.

경영활동을 통하여 얻게 되는 고품질의 서비스는 자산가치 극대화와 경제이익 최대화로 나타나며 관리활동을 통하여 나타나는 고품질의 서비스는 사용가치 극대화와 최유효 건물사용화로 귀결된다.

(18) 관리활동 순기능 원칙

관리활동을 할 때 관리목적의 요구나 의도에 맞는 기능이 나타나도록 관리해야 한다는 원칙이다. 즉, 관리활동이 의도하는 기능이 나타나도록 관리해야 한다는 원칙이다. 이와 같은 순기능이 나타나지 아니하고 반대로 역기능이 나타날 경우 관리상에 여러 가지 문제점이 발생하게 된다.

(19) 계속관리의 원칙

건물자산관리시 경영대상이나 관리대상 항목을 관리할 때 일시적 일회용으로 처리하지 아니하고 중단 없이 관리해야 한다는 원칙이다. 시설관리측면의 점검보수 일상화 원칙과 맥을 함께 하는 관리원칙이다.

(20) 사회 · 공공성의 원칙

완성된 건물은 소유의 대상을 떠나 사회의 기반시설이나 국가의 인프라가 되거나 마을과 도시의 구성단위가 된다. 따라서 사회적 또는 공공적인 기능을 갖거나 나타내게 된다.

따라서 건물자산관리활동 시에 이와 같은 사회성과 공공성의 기능을 유지하거나 고려하여 관리해야 한다는 원칙을 사회 · 공공성의 원칙이라 한다.

(21) 윤리성의 원칙

모든 건물자산관리종사자는 건물자산관리활동에 있어서 사람과 사람, 사람과 물건, 사람과 장소에 필요한 도덕과 규범을 지켜 손해를 끼치지 않도록 해야 한다는 원칙이다. 이와 같은 윤리성의 원칙은 관리활동 전후 또는 활동 중에도 반드시 지켜져야 할 원칙이다.

(22) 점검보수 일상화의 원칙

건물시설관리활동에 있어서 점검과 보수는 사소한 업무로 보이나 모든 안전사고와 관리상의 실수 및 시행착오, 비상사태 발생 등은 점검보수가 일상적으로 실시되지 않음으로써 발생한다.

따라서 모든 관리활동에 있어서 점검과 보수는 일상적으로 실시되어야 한다. 이와 같은 원칙을 점검보수 일상화의 원칙이라 한다.

(23) 경영 · 관리 목표지향 절대 원칙

건물자산관리는 건물재산경영활동을 통하여 건물자산가치의 극대화와 경제이익의 최대화의 목표를 가지며, 시설관리를 통하여 사용가치의 극대화로 최유효 건물사용의 목표를 실현하고자 노력하게 된다. 따라서 건물자산관리활동에는 경영과 관리의 목표를 지향해야 한다.

3. 실무활동적용 특별원칙

건물자산관리활동 특별원칙이란 관리영역에 해당되는 구체적 관리대상인 특정관리항목에만 적용되는 원칙을 말한다. 즉, 실무활동적용 특별원칙이란 특정관리항목에만 개별적으로 적용되는 원칙을 의미한다.

건물자산관리활동 특별원칙의 종류와 내용은 대체로 다음과 같다.

(1) 행정관리활동 특별원칙

건물자산관리에 있어서 관리행정에 관계되는 인사노무 · 문서사무 등에 관한 원칙을 말한다.

1) 인사노무 특별원칙

건물자산관리 인사노무 특별원칙에는 채용배치원칙, 임금지불원칙, 인사후생복지원칙, 인간관계 커뮤니케이션원칙 등이 있다.

가. 채용배치원칙

① 능력본위 채용원칙
② 정실인사 배제원칙
③ 자격우선 고려원칙
④ 적재적소 배치원칙
⑤ 채용인력 사후관리원칙

나. 임금지불원칙

① 직접지불의 원칙
② 통화지불의 원칙
③ 전액지불의 원칙
④ 일정기일지불의 원칙
⑤ 매월지급지불의 원칙

다. 인사후생복지원칙

① 합리성의 원칙
② 협력성의 원칙
③ 적법성의 원칙

라. 인간관계 커뮤니케이션원칙

① 명확성의 원칙
② 일관성의 원칙
③ 적절성의 원칙
④ 적기적시성의 원칙
⑤ 분포성의 원칙
⑥ 적응성과 통일성의 원칙
⑦ 관심과 수용의 원칙

2) 문서관리 특별원칙

건물문서관리 특별원칙에는 문서작성원칙, 문서처리원칙, 문서분류원칙, 문서설계원칙, 문서관리원칙, 문서수발원칙 등이 있다.

가. 문서작성원칙

① 하나로의 원칙
② 정확성의 원칙
③ 간결성의 원칙
④ 신속성의 원칙
⑤ 경제성의 원칙

나. 문서처리원칙

① 즉일처리의 원칙
② 책임처리의 원칙
③ 집중처리의 원칙
④ 정확성의 원칙
⑤ 비용절감의 원칙
⑥ 표준화의 원칙
⑦ 전담처리의 원칙
⑧ 신속처리의 원칙
⑨ 능률처리의 원칙
⑩ 점진처리의 원칙

다. 문서분류원칙

① 문서종합의 원칙
② 문서일관성의 원칙
③ 문서점검의 원칙
④ 문서병치의 원칙

라. 문서설계원칙

① 신속성의 원칙
② 정확성의 원칙
③ 경제성의 원칙

마. 문서관리원칙

① 전원참가의 원칙
② 문서관리지침 준수의 원칙
③ 자료축적의 원칙
④ 사물화 방지의 원칙
⑤ 폐기습관화의 원칙
⑥ 부수 제한의 원칙
⑦ 1건 1매주의의 원칙
⑧ 정위치의 원칙
⑨ 서류주변 청결화의 원칙

바. 문서수발원칙

① 행정계통 발신원칙
② 행정기관 직접발신원칙
③ 상부기관 경유원칙
④ 결재 후 발신원칙
⑤ 문서수발 기록원칙
⑥ 문서수발 사후관리원칙

3) 사무관리 특별원칙

건물사무관리 특별원칙에는 다음과 같은 4가지 원칙이 있다.

① 능률화의 원칙
② 경제화의 원칙
④ 신속화의 원칙

(2) 경제관리활동 특별원칙

건물관리에 있어서 경제성에 관계되는 특별원칙으로서 회계·경영·광고·부동산가격관리·세무·보험·구매 등에 관한 원칙이다.

1) 회계관리 특별원칙

회계관리 특별원칙에는 기업회계원칙, 손익계산서작성원칙 등이 있다.

가. 기업회계원칙

① 진실성의 원칙
② 정규부기의 원칙
③ 확실성의 원칙
④ 계속성의 원칙
⑤ 잉여금 구분의 원칙
⑥ 안전성의 원칙
⑦ 명료성의 원칙
⑧ 단일성의 원칙
⑨ 중요성의 원칙
⑩ 비교성의 원칙
⑪ 연속성의 원칙
⑫ 확실성의 원칙
⑬ 신뢰성의 원칙
⑭ 충분성의 원칙
⑮ 실질성의 원칙

나. 손익계산서작성원칙

① 손익구분 표시원칙
② 총액기준원칙
③ 발생주의원칙
④ 실현주의원칙
⑤ 수익비용대응 원칙

2) 세무관리 특별원칙

건물자산세무관리 특별원칙에는 세무회계원칙, 세금납부원칙 등이 있다.

가. 세무회계원칙

① 권리의무 확정의 원칙
② 손익측정의 원칙

나. 세금납부원칙

① 기일내 납부원칙
② 납부세금 사후관리원칙
③ 확인원칙
④ 보고원칙

3) 광고관리활동 특별원칙

광고관리활동 특별원칙에는 다음과 같은 8가지 원칙이 있다.

① 광고계획수립원칙
② 광고효과설정원칙
③ 최소비용원칙
④ 유력광고매체 선택원칙
⑤ 최유효 광고주목일 선택원칙
⑥ 예산광고 일치의 원칙
⑦ 저매출 광고촉진의 원칙
⑧ 고매출 광고감소의 원칙

4) 건물자산가격관리 특별원칙

건물자산가격관리 특별원칙에는 다음과 같은 10가지 원칙이 있다.

① 수요공급의 원칙
② 변동의 원칙
③ 대체의 원칙
④ 최유효 이용의 원칙
⑤ 수익체증체감의 원칙
⑥ 수익분배의 원칙
⑦ 기여의 원칙
⑧ 적합의 원칙
⑨ 경쟁의 원칙
⑩ 예측의 원칙

5) 구매관리 특별원칙

건물자산구매관리 특별원칙에는 자재 에너지구매원칙과 용역구매원칙 등이 있다.

가. 자재 에너지구매원칙

① 최유효 구매의 원칙
② 구매업무의 계획화원칙
③ 구매업무의 전문화원칙
④ 구매업무의 단순화원칙

나. 용역구매원칙

① 정실구매 배제원칙
② 평가검정원칙
③ 적격판단원칙

6) 건물임대관리 특별원칙

건물임대관리 특별원칙에는 다음과 같은 원칙들이 있다.

① 적격판단원칙
② 입주자 사후관리원칙
③ 경쟁조건우위원칙
④ 계약업무 효율화원칙
⑤ 공실 제로베이스 유지원칙
⑥ 우량입주자 장기화원칙
⑦ 임대기준 일원화원칙
⑧ 임대마케팅 경제화원칙
⑨ Anchor Tenant 우선의 원칙

7) 건물보험관리 특별원칙

화재보험, 제3자 배상보험, 산재보험 등 건물보험관리 특별원칙에는 다음과 같은 원칙들이 있다.

① 보험범위 확대원칙
② 경제손실 최소화원칙
③ 가입보험 사후관리원칙

(3) 기술관리활동 특별원칙

건물기술관리항목 관리활동 시에 특별히 적용되어야 할 원칙을 말한다. 기술관리활동 특별원칙에는 다음과 같은 원칙이 있다.

① 경제성의 원칙
② 내구성의 원칙
③ 안전성의 원칙
④ 거주성의 원칙

(4) 법률관리활동 특별원칙

법률관리항목을 관리할 때 적용되는 원칙을 의미하는 것으로 다음과 같은 특별원칙이 있다.

① 법령사고 예방원칙
② 법적 안정성 확보원칙
③ 계약 사후관리원칙
④ 비밀유지원칙(비밀누설금지원칙)

(5) 위험관리활동 특별원칙

건물안전관리활동항목에 적용되는 원칙으로서 다음과 같은 특별원칙이 있다.

① 365일 무재해원칙
② 안전제일원칙
③ 안전수칙 생활화원칙
④ 선 구호 후 수습 원칙

(6) 환경관리활동 특별원칙

청소·위생·소독·조경시설물 관리활동 시에 적용되는 원칙을 말한다. 이에는 다음과 같은 특별원칙이 있다.

① 보건성 확보원칙
② 청결성 확보원칙
③ 청소작업 계속성의 원칙
④ 미관성 유지원칙
⑤ 건강중심 관리원칙
⑥ 실내 쾌적화 원칙

제8절 건물자산관리 실무활동의 목적

1. 관리실무활동목적의 의의

건물자산관리실무활동의 목적이라 함은 경영관리활동을 통하여 궁극적으로 얻고자 하거나 달성하고자 하는 것을 말한다. 뿐만 아니라 경영관리활동을 통하여 바라는 것을 최종적으로 얻는 것을 의미한다.

건물자산관리의 목적에는 건물자산관리자의 실무적 목적인 재산경영활동의 목적과 시설관리활동의 목적이 있으며 건물자산관리 이해당사자의 경제사회적 목적인 미시적 목적과 거시적 목적이 있다.

건물자산경영의 목적은 건물자산관리자의 실무적 목적으로서 건물자산가치의 극대화와 경제이익 최대화로 최유효 수익화를 의미하며 시설관리의 목적은 건물시설의 사용가치를 극대화하여 최유효 건물 사용화를 말한다.

2. 건물재산경영활동 목적과 시설관리활동 목적

(1) 건물재산경영활동 목적

건물자산관리자가 실무적으로 건물재산의 경영활동을 통하여 얻고자 하는 것, 도달하고자 하는 목적은 다음과 같다.

① 자산수익가치 극대화
② 자산위험 최소화와 투자수익 최대화
③ 최유효 건물자산 수익화

(2) 건물시설관리활동 목적

건물시설관리활동을 통하여 얻고자 하는 것, 도달하고자 하는 목적은 다음과 같다.

① 사용가치 극대화
② 운영관리비용 최소화와 효용의 극대화
③ 최유효 건물자산사용화

3. 미시적 목적과 거시적 목적

건물자산관리 이해당사자가 경제사회적으로 건물자산관리활동을 통하여 달성하고자 하는 것과 얻고자 하는 전체 관리활동의 목적에는 미시적 목적과 거시적 목적이 있다.

(1) 미시적 목적

미시적 목적이라 함은 건물자산관리활동을 통하여 얻고자 하는 관리활동의 목적으로서 1차적 목적이라고도 한다. 건물자산관리활동을 통하여 바로 나타나는 결과로서의 목적을 의미한다.

건물자산관리의 미시적 목적은 양질의 관리효과(양질의 건물사용서비스와 건물의 재산의 경제적 이익)를 통하여 건물자산관리 이해당사자로 하여금 건물사용의 만족과 경제적 생활에 필요한 만족을 얻는 데있다. 양질의 관리효과란 고품격의 서비스와 재산적 이익을 의미하는 것으로, 소유자 · 사용자 · 이용자 · 관리자 즉, 건물자산관리이해당사자 모두의 요구 또는 목적을 달성하게 하여 만족하도록 하는 것을 의미한다.

건물자산관리 이해당사자의 목적내용은 이해당사자 별로 서로 상이하므로 이를 분설하면 다음과 같다.

1) 건물자산 투자자/소유자 목적

① 최유효 건물사용(사용가치 극대화)
② 최유효 건물수익(수익가치 극대화와 경제이익 최대화)
③ 최유효 건물처분 (자산가치 극대화와 양도차익의 실현으로 투자 및 소유이익의 최대화)

2) 건물자산사용자(입주자) 목적

① 최유효 건물사용
② 최유효 건물수익

3) 건물자산이용자 목적

최유효 건물이용

4) 건물자산관리자 목적

가장 경제적 방법으로 안전하게 효율적으로 적합하게 양질의 경영성과와 관리성과(건물자산관리효과) 창출 및 제공

(2) 거시적 목적

거시적 목적이란 건물자산관리활동을 통하여 창출된 건물의 유익과 양질의 건물의 관리서비스 및 건물의 재산의 경제적가치(사용가치와 수익가치) 창출을 통하여 주(住)문제를 해결하거나 개선하여 궁극적으로 인간의 생존을 주(住)환경 측면에서 지원하는 목적 및 이를 통하여 국가경제 발전에 이바지하는 목적을 의미하며 2차적 목적이라 한다. 인간이 현대생활을 영위하려면 생활환경조건 중 제일 먼저 식(食)의 문제(식의 조건)를 해결해야 한다. 음식과 물과 공기를 일정하게 먹고 마셔야만 생물학적 생존이 가능하다. 뿐만 아니라, 의(衣)의 문제를 해결해야 한다. 일정한 옷이나 이불 등을 활용하여 몸을 보호하고 건강을 위하여 일정한 36.5℃의 몸의 체온을 유지할 수 있어야 한다.

최종적인 생활환경 조건은 주(住)환경조건이다. 주(住)환경조건 문제는 건물의 설계, 건축(시공)과 건물의 관리활동을 통하여 해결된다. 특히 완성된 건물의 관리활동을 통하여 얻어진 건물의 사용가치와 건물의 유익에 의하여 주(住)의 문제가 해결되고, 이를 통하여 생존지원이 가능하게 된다. 여기서 설명하는 생존지원의 요소인 건물의 유익이란 인간생존에 필요한 주(住)의 조건을 해결하는 요소로서 건물의 공간·기능·질서·조화·미(美) 등을 의미한다.

거시적 목적은 건물의 유익을 통하여 인간의 구체적으로 삶과 생활과 일을 도와 행복

한 삶, 건강한 생활, 성공적이고 생산적인 일이 되도록 희망하는 바가 효과적으로 달성되게 하는 목적을 의미한다.

4. 건물자산관리활동목적의 특징

건물자산관리목적에는 특별한 성질이 있는 바 이를 건물자산관리목적의 특징이라 한다. 건물자산관리목적의 특징의 내용은 대체로 다음과 같다.

① 건물자산관리의 목적에는 건물자산관리 이해당사자의 경제사회적 목적인 거시적 목적과 미시적 목적이 있으며 건물자산관리자 실무측면에는 재산경영활동의 목적과 시설관리활동의 목적이 있다. 거시적 목적은 미시적 목적의 달성을 통하여 부차적으로 얻게 되는 특징이 있으며 재산경영활동의 목적은 시설관리활동의 목적을 토대로 이루어지는 특징이 있다. 또한 건물자산관리 이해당사자의 경제사회적 목적은 건무자산관리자에 의한 실무적 목적달성으로 후발적으로 이루어지는 특성이 있다.

② 하나의 건물을 통하여 얻고자 하는 목적은 건물의 소유자, 사용자, 이용자, 관리자마다 각각 상이한 특징을 가지고 있다.

③ 건물자산관리의 목적달성은 관리종사자의 관리(기술 · 전문성)수준에 비례하여 나타나고 달성속도가 각각 다른 특징이 있다.

④ 관리목적은 소유자나 사용자, 관리자가 상호요구하거나 바라는 것이 언제나 일치되지 않으며 상충되는 특징이 있다. 왜냐하면, 소유자와 사용자 그리고 관리자의 이해가 언제나 일치되지 않으며 요구관점 또는 요구기준이나 만족기준이 서로 상이하기 때문이다.

⑤ 건물자산관리 이해당사자의 만족은 당사자의 주관적 판단에 근거하므로 언제나 만족스럽게 생각하지 않는다. 왜냐하면 소유자나 사용자, 이용자는 언제나 더 높고 더 많은 만족을 바라는 경향과 특징이 있기 때문이다.

⑥ 관리목적 중 소유자는 경제성의 원칙이 우선하나 사용자, 이용자의 목적은 편리성, 안전성과 쾌적성의 원칙이 더 우선하는 특징이 있다.

⑦ 관리목적 중 사용자의 목적은 투입(Input)되는 관리비에 비하여 얻어지는 것(Output)이 눈에 보이지 않는 서비스로 나타나므로 언제나 손해 보는 느낌을 가지고 있는 특징이 있다.

⑧ 투자자와 소유자의 목적이 사용자나 이용자의 목적보다 최우선적으로 취급되는 경향이 있으므로 사용자와 이용자의 건물 사용수익이나 관리활동에 있어서 여러 가지 형태로 소유자에 의한 제약이 따르게 되는 특징이 있다.

제9절 건물자산관리 실무활동의 방식

1. 관리활동방식의 의의

건물자산관리활동방식이란 일정한 관리방법이나 관리활동의 형식을 의미한다. 대표적인 건물자산관리활동방식에는 건물자산관리업을 중심으로 건물자산경영방식과 건물시설운영관리방식이 있다.

또한 건물자산경영방식에는 건물자산을 하나의 투자의 대상으로 보고 전략적으로 접근하여 투자이익 창출을 위한 투자계획, 시장조사, 위험분석, 금융조달, 물건분석, 투자자 투자목적분석, 투자대상건물의 매입 또는 신축 및 매각 등의 자산운용방식인 투자방식과 AM(Asset Management)방식이 있다. 그리고 투자자산건물의 시설관리운영방식에는 임대 중심의 건물운영관리 방식인 PM(Property Management)방식과 물리적 유지관리방식인 FM(Facilities Management)방식이 있다. 건물자산경영관리는 투자관리 방식과 AM과 PM방식만을 사용하는 경우도 있으나 AM, PM, FM방식들을 동시에 활용하는 경우도 있다.

그러나 건물자산관리 1원화구조에서는 AM방식이, P형 2원화구조에서는 AM+PM방식, F형 2원화구조에서는 AM+FM방식이 활용되며 3원화구조에서는 AM+PM+FM방식이 모두 활용된다. 또한 PM 방식에도 High Level PM방식과 Low Level PM방식으로 세분된다.

그리고 시설관리 FM방식은 다음과 같은 여러 가지 관리방식으로 다시 세분된다.

① 건물소유자의 책임과 비용으로 조직한 관리조직에 의한 직접관리 형태인 직영관리방식
② 구분소유자 전원으로 구성된 단체적 성격의 자치관리기구(집합건물의 관리. 단, 아파트의 입주자대표회의)가 관계법령에 따라 관리하는 자치관리방식
③ 건물의 소유자가 소유건물의 시설관리업무 전체를 관리전문회사에 맡겨 관 리하는 위탁관리방식
④ 건물의 소유자가 자치관리단체나 시설관리업무 중 일부는 소유자 또는 자치관리기구가 직영관리 또는 자치관리하고 기타관리 업무를 관리전문회사에 맡겨 위탁관리하는 이른바 직영관리(자치관리 포함)방식과 위탁관리방식이 통합하여 이루어지는 혼합관리방식
⑤ 또 하나의 시설관리방식에는 시설운영위탁관리방식으로서 소유건물이나 시설을 위탁운영업자에게 맡겨 시설관리와 운영을 함께 맡겨 관리하는 방식이 있다. 위탁관리방법과 다른 점은 위탁관리는 시설관리만을 위탁하고 있으나 시설운영관리방식은

건물시설은 물론 그 시설의 영업에 대한 운영까지 맡겨 관리하는 시설운영 위탁관리방식과

⑥ 신탁회사가 신탁관리계약에 의하여 위탁자의 재산과 소유권을 넘겨받아 시설물관리를 대행하고 그 수익금을 일정한 조건에 따라 위탁자 또는 위탁자가 지정한 자에게 제공하는 신탁관리방식 등이 있다.

이상에서 설명한 건물자산관리방식을 그림으로 정리하면 [그림 6-3]과 같다.

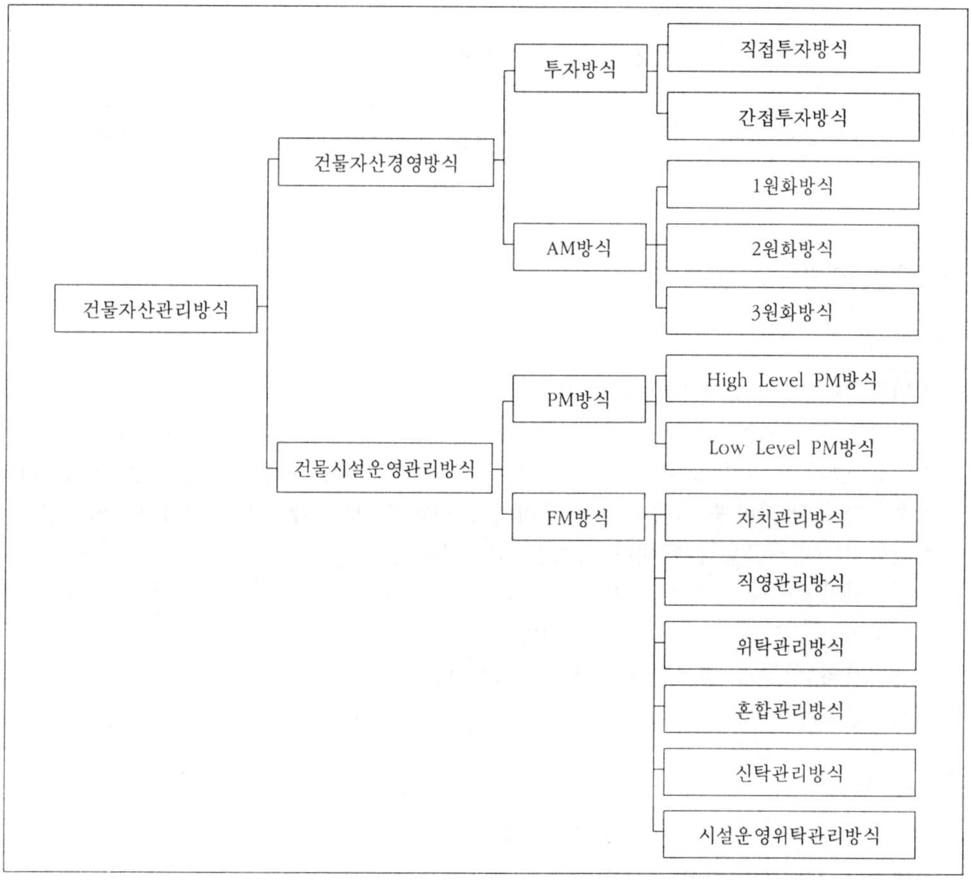

[그림 6-3] 건물자산관리방식

2. FM방식의 종류와 장단점

(1) 직영관리방식

1) 의 의

직영관리방식이 적용되는 건물에는 수익성 임대건물이나 업무용도로 사용하고 있는 건물 중 사옥용으로 사용하고 남은 평수를 임대의 목적물로 임대하는 경우 건물소유 회사법인 또는 소유자 개인이 관리주체의 지위에서 관리주체의 책임과 비용으로 관리조직을 구성하고 관리종사자들을 모집·선발·훈련·배치하여 직접 관리하는 방식을 말한다.

이와 같은 직영관리방식은 자체관리방식, 직접관리방식, 자가관리방식, 자영관리방식과 유사하다. 구분소유건물의 자치관리방식과 임대공동주택의 관리방식인 자체관리방식과는 관리주체의 성격 등에서 다소 차이가 있다.

2) 직영관리방식의 장·단점

① 장 점

- 비밀유지 및 보안관리에 유리하다.
- 직접 관리함으로써 관리대상건물에 애착을 가지고 관리에 최선을 다한다.
- 고장 등의 수리나 보수·건의·불만사항·민원 등이 신속히 접수되고 해결된다.
- 소유자가 관리비를 절약하므로 관리비의 낭비를 막을 수 있고 절약할 수 있다.
- 건물입주자·사용자에 대한 봉사를 최우선적으로 한다.
- 건물하자발생의 예방과 효율적인 관리가 가능하다.
- 관리의사 결정이 신속히 이루어진다.
- 관리자의 협동과 정보교환이 잘 이루어진다.
- 책임한계가 분명하다.

② 단 점

- 인건비가 불합리하게 상승될 수 있다.
- 변화나 개혁에 비탄력적이다.
- 관리업무가 무사안일하게 진행될 수 있다.
- 관리의 전문성이 결여되기 쉽다.
- 건물소유자가 본인의 본업에 전념할 수 없다.
- 건물소유자가 관리비 절약을 지나치게 강조하게 되면 부실관리가 될 수 있고, 또한 만족스러운 관리서비스를 제공할 수 없게 된다.

(2) 자치관리방식

1) 의 의

자치관리방식이란 집합건물 중 구분소유건물인 아파트 · 복합건물 · 오피스텔 등에 주로 적용되는 관리방식으로 구분소유자에 의하여 선임된 대표기관(입주자대표회의, 관리단 등)이 자치관리기구를 구성하고, 자치관리기구 관리소장이나 관리단이 선임한 관리인으로 하여금 관리대상건물의 관리를 전담하게 하는 관리방식이다. 자치관리방식은 직영관리방식과 유사한 관리방식이나 관리주체의 구성이 여러 명의 구분소유자들에 의하여 구성된다는 점과 주택법과 집합건물소유및관리에관한법률 등에서 규정하고 있는 관리의 결정방법 등에서 직영관리방식과 차이가 있다.

다시 말하면 관리과정에서 관리의사의 결정이나 감독, 사업자등록, 감사 등을 입주자대표회의나 관리단에 의해서 행해지므로 직영관리방식의 건물 소유자나 경영자에 의한 관리의사결정이나 감독 등의 방법과는 차이가 있다.

2) 자치관리방식의 장 · 단점

자치관리방식의 장 · 단점은 직영관리방식의 장 · 단점과 매우 유사하다.

다만 관리의사결정이 사정에 따라 신속히 이루어지지 아니하는 경우가 있으며, 관리활동이 지나치게 관리규정에 의하여 관리되는 관계로 관리활동의 융통성이 없다는 점이 자치관리방식의 단점으로 지적되고 있다.

(3) 위탁관리방식

1) 의 의

위탁관리방식이란 건물의 소유자 또는 관리권한자가 전체 관리업무를 관리전문회사에 위탁하여 관리하는 방식을 의미한다.

위탁하는 방법은 입찰 · 계약 · 위임 · 법령 등에 의하여 이루어지며, 외주관리방식 또는 아웃소싱 관리방식이라고도 한다. 위탁관리 대상건물의 유형에는 기술성과 전문성을 필요로 하는 IBS건물이나 특수건물(극장 · 학교 · 병원 · 공공청사 · 백화점 · 체육시설 등)에 적합한 관리방식이다. 신탁회사에 관리대상자산과 그 자산의 소유권까지 이전하여 신탁자산을 관리하게 하고 일정한 수익과 재산보존을 꾀하는 신탁관리방법도 넓은 의미의 위탁관리방식에 포함된다.

2) 위탁관리방식의 장 · 단점

① 장 점

- 합리적이고 효율적인 관리가 가능하다.
- 기술성과 전문성을 가지고 체계적으로 관리하므로 관리비 등의 제비용이 경제적이다.
- 건물소유자는 본인의 업무에 전념할 수 있다.
- 관리종사자의 노무 · 인사 문제가 단순화되고 신경 쓰지 않아도 된다.
- 건물소유자는 수익성과 안정성을 얻을 수 있다.
- IBS건물이나 대형건물의 관리에 적합한 관리방식이다.

② 단 점

- 건물관리회사가 재정적으로 문제가 될 경우 곧바로 관리현장에 관리부실을 초래하는 위험이 있다.
- 관리회사가 전문성 · 기술성에 신뢰성이 결여될 경우 복잡한 문제가 생길 수 있다.
- 관리회사가 불성실한 관리활동을 할 경우 건물소유자가 오히려 신경 쓰게 된다.
- 관리전문회사의 기술성 · 전문성의 검증이 어렵다.
- 보안유지나 기밀유지가 어렵다.
- 관리회사가 도산되는 경우 관리의 계속성 유지가 어렵다.
- 관리회사 경영의 문제가 곧바로 관리현장에 영향을 가져온다.
- 관리에 문제가 발생할 경우 책임에 문제가 발생하고 불분명해진다.
- 파견 관리종사자들에 대한 잦은 인사이동은 건물관리 계속성에 문제를 초래한다.

(4) 혼합관리방식

1) 의 의

혼합관리방식이란 전체 관리업무 중 일부는 직영관리방식 또는 자치관리방식으로 관리하고, 기타 관리업무(예 청소 · 경비 · 주차관리 · 시설관리 · 소독관리 등)는 전문 관리회사에 의뢰하여 관리하는 방식이다. 즉, 직영관리 또는 자치관리방식과 위탁관리방식의 장점을 함께 살리는 관리방식이라고 할 수 있다.

혼합관리방식은 절충식 관리방식이라고도 하며, 대형건물 · 콘도미니엄 · 오피스텔 등에도 이 방식을 사용하고 있다.

2) 혼합관리방식의 장 · 단점

① 장 점

- 관리통제가 용이하다.

- 관리업무 중 인사 · 노무 · 회계 · 세무 등의 관리는 직영 또는 자치관리방식에 의하므로 기밀유지가 가능하다.
- 전문성 · 기술성을 요하는 부분만 관리전문회사에 의뢰하므로 관리전문회사의 기술성과 전문성을 제공받을 수 있으며, 이를 활용할 수 있고 효율적 관리운영이 가능하고 관리비가 경제적이 된다.

② 단 점

- 책임소재가 불분명하다.
- 관리회사의 관리활동이 부실할 시에는 직영관리와 위탁관리의 단점(결함)만 노출된다.
- 자치관리 · 직영관리 소속 관리종사자와 관리회사의 직원간에 화합과 협조가 쉽지 않다.

(5) 신탁관리방식

1) 의 의

신탁관리방식이란 건물자산의 소유자가 건물자산신탁회사와 건물자산관리신탁계약을 체결하고 건물시설일체와 건물의 소유권을 신탁회사에 이전하여 신탁회사가 일정기간 수익을 관리하게 하는 관리방식을 말한다.

2) 신탁관리방식의 장 · 단점

① 장 점

- 신탁회사의 책임과 비용으로 장기간 관리하므로 건물소유자는 장기간 안심하고 본인의 업무에 전념할 수 있다.
- 신탁회사가 관리일체를 법적으로 보장하고 있으므로 자산에 관한 법률적 문제나 세금, 공과금 등 일체의 관리문제가 위탁자에는 발생하지 않는다.
- 위탁자의 개인의 사정상 문제가 발생하더라도 시설관리에 전혀 영향을 미치지 않는다.
- 시설관리를 위한 별도의 조직이 필요 없다. 따라서 인사노무문제가 전혀 없다.
- 건물자산소유자의 자산관리능력이나 경험이 없는 경우 자산관리에 가장 좋은 방법이 될 수 있다.

② 단 점

- 신탁회사가 부실 되거나 부도가 나는 경우 자산관리에 치명적으로 영향을 미친다.
- 신탁회사가 시설관리를 또다시 관리회사에 위탁관리 하므로 자산보존에 여러 가지 문제가 노출될 수 있다.
- 신탁회사의 시설관리에 소홀해지는 경우 시설관리에 관한 비밀유지가 어렵다.

(6) 시설운영위탁관리방식

시설운영위탁관리방식은 최근에 시설관리의 신관리개념으로 등장하여 부분적으로 사용되어오는 시설관리방식으로서 건물자산(시설)의 소유주가 시설운영관리업자에게 시설의 관리와 함께 운영권을 주어 운영관리업무까지 위탁하여 일정한 조건하에 관리하게 하고 계약기간 만료시에 위탁시설과 운영권을 다시 반환받는 관리 형태를 시설운영위탁관리방식이라 한다.

시설운영위탁관리방식은 건물(시설)임대차와 유사하나 상이한 관리방식 개념이다.

임대차는 임차인이 차임을 제공하는 대가로 임차목적물을 사용수익만하고 임차목적물(시설) 관리를 책임지지 아니하나, 위탁운영관리방식은 위탁받은 관리시설의 관리는 물론 운영에 대해서 책임지는 관리개념이기 때문이다. 또한 시설운영위탁관리방식은 위탁관리방식과도 상이하다.

왜냐하면 위탁관리방식은 용역형태로 용역계약에 의하여 관리업무를 수탁 받아 시설관리에 대해서만 일정기간 관리하는 형태이기 때문이다. 결국 시설운영위탁관리방식은 시설을 임대목적물의 용도대로 사용수익하게 임대하는 개념과 시설관리를 함께 책임지도록 하고 있는 복합 관리개념이라 할 수 있다.

3. FM방식의 변화와 관리방식의 선택

(1) 건물시설관리방식의 변화

이상에서 열거한 건물시설관리방식은 시대적 상황에 따라 초기에는 직영관리(자치관리 포함)방식에서 혼합관리방식(직영 및 위탁관리)으로 변화 발전되어 사용되어오다가 다시 위탁관리방식으로 변화되어 왔으며 최근에는 신탁관리방식 및 시설운영위탁관리방식으로 일부 조금씩 변화되는 추세를 보이고 있다.

(2) FM관리방식의 선택

건물자산관리의 효과는 건물자산관리방식에 따라 좌우되는 경향이 있다.

건물자산의 시설관리에 있어서 고도의 비밀유지가 요구되는 경우에는 직영관리방식이 유리하고 기술을 요하는 관리대상의 경우에는 위탁관리방식 선택이 현명하며 관리상의 기밀유지와 기술이 함께 요구되는 경우에는 혼합관리방식의 선택이 합리적이다.

제10절 건물자산관리 실무활동의 기대효과

1. 기대효과의 의의

건물자산관리의 기대효과란 건물자산관리주체나 관리조직 또는 건물의 이해당사자가 요구하거나 목적하는 바를 건물자산관리활동을 통하여 얻고자 예상하는 Output(산출)을 의미하며 결과적으로 얻고자 하는 장래의 보람 있는 결과를 의미한다.

건물자산관리의 효과는 일반적으로 무형적으로 나타나는 것으로서 건물재산의 경제이익이나 양질의 건물관리서비스와 같이 추상적으로 나타난다.

그러나 관리효과 중 화폐단위로 나타낼 수 있는 경영결과나 기계 등에 의한 측정이 가능한 관리효과는 객관적, 유형적으로 나타나기도 한다.

결론적으로 건물자산관리 실무활동의 기대효과란 장래에 예상되는 건물시설관리활동효과와 건물재산경영활동효과를 의미하는 것으로 건물의 소유자나 관리자가 요구하거나 목적하는 바를 건물관리활동(재산경영활동과 시설관리활동)을 통하여 결과적으로 얻게 되는 보람 있는 결과로서 주로 시설관리활동에 의한 건물 사용가치 극대화와 최유효 건물 사용화 그리고 경영활동을 통한 자산가치 극대화와 경제이익 최대화 등으로 최유효 건물자산 수익화로 나타난다.

이와 같은 건물자산관리효과는 내용상으로는 양질의 건물관리서비스와 건물재산의 경제적 이익의 창출을 통하여 얻게 된다.

2. 기대효과의 내용

건물자산관리 기대효과는 전술한 바와 같이 장래에 예상되는 건물시설관리활동 효과와 건물재산경영활동 효과 등으로 나뉘어 나타나는 것으로 무형적이고 추상적으로 나타난다.

왜냐하면, 건물자산관리 자체가 어떤 관리주체나 관리종사자가 무형의 관리활동을 통하여 반대급부로 얻는 것, 도달하는 것, 만족하는 것이므로 주관적이고, 추상적이며 무형의 형태를 나타나게 된다.

그러나 건물자산관리 이해당사자가 각각 요구하거나 목적하는 바를 가장 경제적 방법으로, 안전하게, 그리고 효율적으로 얻게 됨으로써 건물자산관리활동은 대단히 필요한 활동인 동시에 보람 있는 서비스활동이라 할 수 있다.

건물자산관리효과는 관리대상에 따라 화폐단위로 나타나기도 하고 계기상의 숫자로 나타나는가 하면 어떤 경우는 만족지수나 이용률 또는 출입자지수로 나타나기도 한다.

또한 건물시설관리효과는 추상적으로 건물의 유익과 양질의 서비스로 나타나며 이를 통하여 건물관리의 거시적 목적이나 미시적 목적을 달성하게 된다.

건물자산관리 기대효과의 내용을 구체적으로 살펴보면 다음과 같다.

(1) 건물시설관리활동 기대효과

건물시설을 체계적이고 과학적으로 관리하는 경우, 시설의 사용수익에 필요한 서비스를 가장 경제적인 방법으로, 안전하게 그리고 효율적으로 창출할 수 있다.

건물의 시설관리활동효과는 구체적으로 건물유익 창출과 건물시설관리서비스 및 종합시설관리활동 기대효과 등으로 나타난다. 구체적으로 쓸모 있는 건물의 공간, 바람직한 건물의 기능(일반기능과 설비기능), 건물의 조화, 건물의 질서, 그리고 건물의 미 등으로 나타나게 되며 이를 통해 현대인이 요구 또는 목적하는 품격 높은 주(住)환경 조건의 제공과 이를 바탕으로 인간생존을 주(住)측면에서 지원하게 된다.

건물의 유익 내용을 차례대로 살펴보면 다음과 같다.

1) 건물의 유익

① 쓸모 있는 건물의 공간

건물이 건물로서 사용과 수익이 가능한 것은 거주를 가능하게 하는 쓸모 있는 공간이 있기 때문이다.

건물은 사용용도에 따라 각각 다르게 신축되나 3차원의 공간이므로 건물의 대부분은 공간을 가지고 있다. 건물의 공간은 인간으로 하여금 거주, 사용함으로써 생산, 주거 업무 등의 삶과 생활과 일의 처리를 가능하게 한다.

그러나 건물의 공간은 인간의 삶과 생활과 일에 유용한 것이 되어야 하고 쓸모 있는 공간이어야 한다.

건물의 공간이란 영문표현으로 빌딩 스페이스(Building Space)라 하며 건축물에 있어서 전후・좌우 또는 상하로 일정하게 펴져 있는 빈 공간을 의미한다. 공간의 개념에는 직선의 1차원 공간과 평면의 2차원 공간, 입체의 3차원 공간이나 3차원 공간과 시간을 합하여 4차원의 공간개념도 있다.

이와 같은 공간은 인간의 삶과 생활과 일을 담는 그릇 역할의 공간, 동작・활동에 필요한 공간으로 인간생존을 돕는 기능을 담당하고 있다.

건물시설관리활동에 의해서 얻어진 시설관리효과는 모든 건축물의 공간을 편리한 공간, 안전한 공간, 쾌적한 공간, 아름다운 공간 즉, 쓸모 있는 공간으로 만들어 건물의 공간사용을 통하여 인간생존을 지원하고 있다. 따라서 개별관리활동을 통하여 건축물의 공간을 인간의 생존조건에 적합하게하고 건물자산의 가치를 높이며 자산경영을 지원하도록 건물공간을 쓸모 있는 공간으로 관리해야 한다.

② 바람직한 건물의 기능

건물의 기능이라 함은 건물이해관계자가 건물 사용과 수익을 함에 있어서 요구하거나 목적하는 것이 건물시설관리활동을 통하여 해당 시설로부터 결과적으로 나타난 상태를 의미하며 이를 B/D Function이라 한다.

건물의 기능은 대단히 중요한 건물유익의 하나로서 인간이 건물을 사용하여 생존을 영위할 수 있게 된 주된 요인이라 할 수 있다.

건물의 기능에는 일반기능과 설비기능이 있는바 이를 기술하면 다음과 같다.

가. 건물의 일반기능

건물관리활동을 통하여 추상적으로 얻게 되는 건물의 일반기능에는 다음과 같은 것들이 있다.

- 경제성
- 안전성
- 쾌적성
- 내구성
- 보건성
- 거주성
- 편리성
- 결성
- 미관성
- 사용성 등

나. 건물의 건축설비기능

건물건축설비기능은 건물에 장착되어 있는 전기, 기계 등의 설비에 대하여 기술관리활동을 통하여 얻게 되는 기능으로 이를 기술하면 다음과 같다.

다만 유의해야할 사항은 건물에 설치된 건축설비의 종류에 따라 건축설비기능의 종류와 내용이 다르게 나타남을 유의해야 한다.

- 전원공급기능
- 누전차단기능
- 조명기능
- 비상발전기능
- 전원차단기능
- 공기조화기능
- 급기기능
- 배기기능
- 위생처리기능
- 상수기능
- 하수기능
- 배수기능
- 가스공급기능
- 가스차단기능(누설차단기능)
- 누설경보기능
- 화재경보기능
- 화재방송기능
- 화재소화기능
- 방범기능
- 시건기능
- 출입기능
- 방수기능
- 트랩기능
- 주차기능
- 조명조절기능
- 통제제어기능
- 위험표시기능

• 급수기능	• 이동기능	• 안전기능
• 감지기능	• 낙뢰처리기능	• 감시기능
• 통풍, 환기기능	• 방음기능	• 방수기능
• 전압조절기능	• 배연기능	• 기타기능 등

③ 인간과 건물의 조화

건물의 조화란 건축물에 있어서 여러 가지 건물요소가 상호 긴밀하게 관계를 맺고 협력하여 완전하게 건물의 기능과 성능을 나타내는 것 외에 인간이 건물과의 화합과 그 관계를 의미한다.

건물의 조화를 이루는 요소에는 균형, 대칭, 비례 등이 있다. 건물의 조화는 인간이 건축물을 사용할 수 있도록 도와주며 건축물이 토지에 정착하면서 건축물의 균형・대칭・비례의 조화를 통해 인간에게 유익을 제공하고 인간과 조화되게 한다.

④ 건축물부재의 질서

건물의 질서란 건축물의 구조를 이루는 각 부재가 건축물의 온전한 상태를 유지하기 위해서 각 부재가 지켜야 할 기능을 나타내거나 유지해야 할 역할을 감당하고 지키는 것을 의미한다. 예컨대 건축물의 하중처리의 질서는 지붕에서 바닥・보・기둥・기초・지정을 거쳐 최종적으로 지반에 전달되어 하중이 질서 있게 처리되므로 인간은 건축물을 사용 수익 또는 이용할 수 있게 된다.

⑤ 건축물의 미(美)

건축물의 미는 필수적인 요소이다. 인간이 건물을 사용함에 있어서 미(美)가 없는 건축물은 고차원의 삶과 생활・일을 방해하거나 불가능하게 한다.

건축물에 미가 없는 것은 곧 인간생활에 있어서 인간다운 삶을 저해하는 하나의 물건뿐이므로 관리활동을 통하여 미가 있는 건축물로 변화시켜야 한다. 미가 있는 건축물을 사용 또는 이용할 때 비로소 인간의 삶과 생활이 아름다운 양질의 삶이 보장된다.

따라서 건축물의 미는 인간을 편안하게 살 수 있도록 도와주며 인간의 심리상태를 아름답게 유지하도록 도와준다.

다시 말하면 건축물의 미는 건물유익의 또 다른 모습이라 할 수 있다.

2) 양질의 건물시설관리서비스

건물시설의 관리효과 중 하나는 건물시설의 서비스의 생산(창출)이다. 건물시설의 서비스란 건물관리활동을 얻게 되는 것으로서 건물을 사용함에 있어서 필요한 역할 또는 기능을 의미한다.

다시 말하면 건물이해관계자가 건물시설에 대하여 요구하거나 목적하는 바가 건물관리활동의 결과로 얻게 되는 것, 도달하는 것 등을 말한다.

이와 같은 건물시설의 서비스는 건물시설관리활동의 성격에 따라 다음과 같이 개별적으로 나타난다.

① 최유효 건물사용 상태확보와 환경조성
② 초기기능과 성능 장기적 정상유지
③ 건물 물리적 내용연수 증가
④ 조기 노후화 방지
⑤ 조기 대수선 방지
⑥ 고장률 제로베이스 유지 및 편리성 확보
⑦ 에너지 비용 절감
⑧ 실내 쾌적성 확보
⑨ 위험시설물 위험방지 및 인적·물적 피해 최소화
⑩ 기술적 안전성 확보로 거주성 제고
⑪ 전염병 예방 및 위생보건성 확보
⑫ 청결성 및 미관성·안전성·편리성·보건성·쾌적성 등 확보
⑬ 도난방지 및 질서유지
⑭ 건물마감재 내구성 증가
⑮ 사무생산성 제고지원
⑯ 효율성 증대
⑰ 건물 사용수익 신뢰감 증대
⑱ 건물용도성과 사용성 증대
⑲ 거주적합성 증대
⑳ 주(住)환경 및 조건 개선
㉑ 삶, 생활, 일에 대한 건물 유용성 증대
㉒ 경제적 건물사용
㉓ 기타 생활위치의 정체성 및 생활의 터, 곳의 안전성과 행복감 증대 등

3) 종합시설관리활동 기대효과

건물시설을 체계적이고 전문적으로 관리하는 경우 최종적, 종합적으로 다음과 같은 효과를 얻을 수 있다.

① 건물시설의 사용가치 극대화
② 최유효 건물사용화
③ 운영관리비용의 최소화와 효용의 극대화

(2) 건물자산경영활동 기대효과

건물자산의 경영활동을 체계적으로 실시하는 경우 얻게 되는 경영관리효과는 개별경영효과와 종합경영효과 등으로 나타난다.

1) 개별건물자산경영활동 기대효과

① 건물재산가치 유지 및 극대화와 경제내용연수 연장
② 건물재산의 경제이익 최대화
③ 건물재산경영목표 초과달성
④ 건물재산 법적 안전성 확보
⑤ 건물재산 투자금 조기회수
⑥ 경영위험 최소화로 경제손실 방지
⑦ 합리적 관리로 업무 효율성·경제성 제고
⑧ 경제적 관리로 관리예산 절감

2) 종합건물자산경영활동 기대효과

경영활동을 통하여 종합적으로 얻게 되는 건물자산 경영활동효과는 다음과 같다.

① 자산경제가치 극대화(사용가치와 교환가치 극대화)
② 자산위험 최소화와 경제이익 최대화
③ 최유효 건물자산 수익화

3. 기대효과의 기능과 작용

경영효과와 관리효과의 기능과 작용이라 함은 경영효과와 관리효과가 어떤 현상을 일으키거나 행동으로 나타나는 상태를 의미한다. 건물에는 건물자산관리 이해당사자가 항상 존재하므로 이들의 필요성(요구 또는 목적)에 의하여 건물이 건축되고 유지관리 되며 경영된다.

따라서 관리활동의 결과 얻어진 관리효과는 이들에게 어떤 현상을 일으키거나 행동으로 나타나게 될 때 이러한 현상과 행동이 이들의 요구나 목적에 부합 여부에 작용하게 된다. 이와 같은 관리효과의 작용이 그들을 만족하게 하거나 불만족하게 할 수도 있다.

관리효과가 불만족한 상태가 되면 여러 가지 문제가 발생하게 된다. 따라서 건물의 관리효과는 언제나 건물관계자들에게 만족을 제공할 수 있도록 양질의 관리효과를 나타내야 한다.

양질의 건물관리효과가 건물이해관계자 및 인간생존에 대하여 각각 작용하는 현상을 살펴보면 다음과 같다.

(1) 건물자산관리 이해당사자에 대한 기능과 작용

1) 건물자산소유자와 투자자

건물소유자에게는 건물의 최유효 사용・수익・처분의 만족을 제공한다.
건물자산 경제가치의 극대화로 경제이익 최대화를 지원한다.

2) 건물자산사용자

건물사용가치를 높여 건물사용자에게 최유효 건물 사용수익의 만족을 제공한다.

3) 건물자산이용자

건물의 쾌적성, 청결성, 편리성 등을 확보하여 건물이용자에게 최유효 건물이용의 만족을 제공한다.

4) 건물자산관리자

건물자산관리자는 건물자산소유자와 사용자 등의 요구목적에 부응하는 양질의 경영성과와 관리성과를 창출, 급부함으로써 서비스 제공의 만족과 반대급부 성격의 경제적 이익을 얻어 만족하게 된다.

(2) 인간생존에 대한 기능과 작용

또한 건물은 우리 인간에게 건물의 관리활동의 결과를 통하여 다음과 같은 기능과 작용을 한다. 즉, 관리활동을 통하여 건물을 쾌적하고 편리하며 안전하게 쓸 수 있도록 관리하여 인간의 생존모습인 삶・생활・일을 가능하게하고 건물의 공간・기능질서・조화・미 등을 제공하여 생활환경 조건의 하나인 주(住)의 조건을 건물의 설계 및 건물의 건축과 함께 건물의 유지관리를 통해 해결 또는 개선하여 궁극적으로 인간의 생존을 돕는 작용을 하게 된다.

건물시설의 5대 유익(공간 기능・질서・조화・미)은 건축을 통하여 완성된 건물 위에 관리활동을 통하여 얻어지며, 인간에게 건물의 유익을 제공하게 된다.

4. 기대효과의 측정방법

(1) 측정방법의 의의

건물자산관리효과를 일정한 기준으로 측정하기란 쉽지 아니하다. 왜냐하면 전술한 바와 같이 관리활동의 결과 나타나는 관리효과는 서비스형태로서 관리활동에 따라 추상적, 무형적으로 나타나고 금액단위로 나타며 수치로 나타나고 주관적인 만족도 등으로 각각 나타나기 때문이다.

그러나 관리효과는 반드시 객관적으로 측정되어야 하고 측정의 결과를 다음의 관리활동에 피드백 해야 한다. 관리효과의 측정이라 함은 관리활동의 결과를 어떤 단위를 기준으로 하여 어떤 양이나 크기를 기구·기계·도구·기타자료를 사용하여 결과치를 얻는 것을 의미한다.

(2) 관리효과 측정방법

관리효과 측정은 하나의 측정방법만으로는 불가능하다. 왜냐하면 관리효과는 여러 가지 형태와 성질로 건물의 재산경영활동 효과와 건물의 시설관리 효과별로 측정해야 한다. 따라서 건물재산의 경영활동효과와 건물시설의 관리효과의 측정은 다음과 같은 측정방법으로 측정해야 한다.

1) 건물재산경영활동효과 측정방법

건물재산에 대한 수리적 경제이익 창출을 목적으로 하는 경영활동효과의 측정방법은 다음과 같다.

① 화폐단위 측정방법
② 공실률 측정방법
③ 수익률 측정방법
④ 임대전환율 측정방법
⑤ 현금흐름(Cash Flow) 측정방법
⑥ 대차대조표와 손익계산서 측정방법
⑦ 운영예산집행결과 측정방법
⑧ 공시지가와 기준시가 측정방법
⑨ 종토세와 재산세 측정방법
⑩ 감가상각률 측정방법
⑪ 법정내용연수 측정방법
⑫ 보험요율 측정방법

⑬ 담보가액산정 측정방법 등
⑭ 경제만족지수 측정방법
⑮ 감정평가 측정방법 등

2) 건물시설관리활동효과 측정방법

건물시설 즉, 물리적 시설과 설비 및 사용자 등에 의한 계측기 측정방법, 만족지수 측정방법 등 다음과 같은 측정방법에 의하여 측정한다.

① 계측기 측정방법
② 육안검사 측정방법
③ 고장률 측정방법
④ 사용 만족지수 측정방법
⑤ 민원지수 측정방법
⑥ 사고율 측정방법
⑦ 출입자수 측정방법
⑧ 출입차량 측정방법
⑨ 설문조사 측정방법
⑩ 건물등급 측정방법
⑪ 안전점검 및 정밀안전진단 측정방법
⑫ 가동률 측정방법 등

3) 관리효과가 기능인 경우

관리효과가 보건성 · 편리성 · 안전성 · 쾌적성 등으로 나타나는 경우에는 이용자의 만족도조사(설문 · 앙케이트 · 전화조사)를 통하여 통계치로 측정한다.

4) 관리효과가 주관적인 만족과 관계되는 경우

① 출입자 이용자수에 의한 통계치로 측정한다.
② 민원제기, 불만표시 횟수 통계치로 측정한다.

5. 건물자산관리수단 및 관리방법과 기대효과와의 상관관계

관리활동과 관리효과와의 상관관계를 이해해야 하는 이유는 건물자산관리효과는 관리활동에 따라 전적으로 좌우되기 때문이다. 다시 말하면 건물자산관리효과는 관리활동에 의하여 최대의 영향을 받기 때문이다.

건물자산의 관리효과를 통하여 건물자산관리 이해당사자는 각각의 만족을 얻어야 하고, 건물을 사용하는 인간에게 주(住)의 문제 해결을 통한 인간생존이 보장되어야 하므로 건물자산관리효과는 반드시 양질의 관리효과가 되어야 하고, 요구 또는 목적에 부합하는 관리효과가 되어야 한다. 그러므로 관리효과에 절대적으로 영향을 주는 관리활동의 요소에 대하여 고찰할 필요가 있다.

(1) 관리효과와 관리수단의 상관관계

관리활동은 관리주체(관리자와 관리종사자)와 그 종사자가 관리수단을 가지고 관리활동을 하게 된다. 따라서 건물자산관리효과와 관리수단인 인적자원과 물적자원, 재무적 자원, 기술적 자원, 정보자원 등과 관리효과와의 관계를 고찰해볼 필요가 있다.

관리수단 중 인적자원과 물적자원 중심으로 살펴보면 다음과 같다.

1) 인적자원과 관리효과와의 관계

인적자원이란 건물자산관리종사자를 의미한다. 건물관리활동은 건물의 특성상 관리종사자가 수행하게 되므로 관리종사자는 관리효과와 매우 밀접하게 상관관계를 가지고 있다. 특히 인적 자원의 기술과 전문성과 관리의 책임감이나 의지・태도 등이 결여된 상태에서 관리활동을 하는 경우 그로부터 나타나는 관리효과는 저수준의 관리효과로 나타나게 마련이다. 또한 그로 인한 관리상의 피해는 계속 발생하게 된다. 따라서 건물관리활동을 통한 양질의 관리효과를 창출하려면 전문성과 기술 및 의지와 태도를 갖춘 유능한 관리자에 의하여 관리되어야 한다.

인적 자원의 또 하나의 관리효과와의 변수는 정신자세이다. 전문성과 기술성을 두루 갖춘 인적 자원이라 하더라도 정신자세가 확립되지 아니하면 관리효과 역시 만족스런 관리효과를 기대할 수 없게 된다. 따라서 양질의 관리효과를 인적 자원을 통하여 창출하려면 전문성과 기술성을 두루 갖춘 유능한 관리자로서 정신자세를 갖춘 자에 의하여 관리되어야 한다. 왜냐하면 관리효과는 관리자의 수준과 비례할 뿐 아니라 의존성이 있기 때문이다.

2) 물적 자원과 관리효과와의 관계

관리효과는 전술한 바와 같이 인적 자원과 물적 자원(직접관리수단) 등에 의한 관리활동을 통하여 창출된다. 따라서 물적 자원 역시 관리효과의 상관관계를 가지고 있다. 물적 자원이 인적 자원과 함께 직접관리수단의 하나로서 관리활동에 필요한 에너지・원료・부품・재료・공구・기기・기구・도구・장비・약품 등을 의미한다.

물적 자원이 불량하거나 용도에 맞지 않거나 적합하지 아니하면 관리효과 역시 불량하거나 저효율로 나타난다. 따라서 양질의 관리효과를 얻기 위해서는 물적 자원 역시 양질의 에너지와 원료 및 재료, 용도에 맞는 공도구와 부품, 우수한 성능의 사용에 편리한 장비와 기기 등이 필요하다.

(2) 관리방법과 관리효과와의 상관관계

관리방법에 따라 관리효과는 여러 가지 형태로 나타난다.

종래의 전통적인 관리방법인 자기상식·자기경험에 의한 전통적 재래식 자기관리방식으로 관리할 때 저수준의 관리효과밖에 창출할 수 없다. 보다 양질의 관리효과를 창출하려면 최선의 관리방법의 선택이 필요하다.

다시 말하면, 전통적인 재래식 관리방법에서 과학적 관리법 또는 인간관계 관리법, 최유효 관리법 등으로의 전환이 불가피하다. 과학적 관리법은 계획관리 방법으로서 관리활동을 관리계획에 의하여 체계적으로 전문적으로 관리하는 방법을 말한다. 관리대상 업무의 양과 질을 정하고 몇 명의 관리종사자가 얼마의 관리예산으로 며칠 동안 작업(관리활동)할 것인가에 대한 체계와 절차와 시스템을 세우고 관리계획을 수립하여 관리활동을 체계적으로 진행하는 관리방법이다.

인간관계 관리법은 관리활동에 종사하는 관리종사자가 과학적 관리법으로 관리할 때 나타나는 생산성의 차질이나 관리효과의 질에 문제가 있을 때 관리종사자의 심리적 상태를 좋게 하고 인간관계를 개선하여 관리종사자를 만족하게 하고 동기부여 하여 관리종사자가 스스로 만족스러운 마음과 자세로 관리활동에 임하도록 하여 관리하는 방법을 말한다. 최유효 관리법은 건물재산의 재산경영목표와 시설관리목표를 가장 경제적 방법으로, 안전하게, 그리고 효율적으로 적합하게 창출하는 관리방법을 의미한다.

결론적으로, 관리방법이 전통적인 관리방법이나 주먹구구식 관리방법으로 관리할 경우의 관리효과는 오늘날 우리나라 건물자산관리현장의 현재 관리효과수준 정도이나 과학적 관리법이나 인간관계 관리법, 최유효 관리법과 인하우스 아웃소싱관리법, 창조적 5단계 관리법 등으로 관리할 때의 관리효과는 현재보다 비교되지 않을 정도의 양질의 관리효과로 개선될 것이 분명하다.

따라서 건물자산관리를 함에 있어서 건물자산 관리방법의 선택이 매우 중요하다.

제7장 건물자산 투자관리 실무활동

제II편 제7장 건물자산 투자관리실무는 건물자산 관리실무활동 중 가장 중요한 경제관리 핵심실무로서 투자자를 중심으로 투자자를 대리하거나 대행하는 Asset Manager 측면의 투자분석과 투자의사 결정 및 실행으로 이어지는 적정자산의 취득과 전략적 처분에 대한 경제행위이자 자산경영활동이다.

전체 여덟 개의 절을 두고 건물자산투자시장 개관, 투자의 기초개념, 건물자산투자목적과 장 · 단점, 투자분석기법, 투자위험과 포트폴리오관리 그리고 투자분석의 필요성과 투자의사결정과정과 투자전략 등을 간략하게 서술하고 있다.

제1절 건물자산 투자시장 개관

1. 건물자산투자시장의 등장

우리나라 건물자산투자시장은 1997년 IMF직후로부터 본격적으로 등장하기 시작한다.

부실화된 회사(기업)자산이 채권자인 은행, 보험사 또는 국세청의 압류 등으로 채권자의 손에 넘어간 자산을 한국자산공사(당시 성업공사)에 위탁관리되면서 한국자산공사를 중심으로 건물자산투자시장이 형성되어 외국계 부동산투자회사(미국, 싱가포르 단기투자펀드)에 의한 단기투자로 연평균 수익률 20% 이상을 목표로 High Risk-High Return형 투자가 1999년에서 2001년까지 지속되었다.

그 후 2002년에서 2003년 사이에 연평균 투자수익률 10% 이상을 목표로 Medium Risk-Medium Return형의 중장기(3년~5년)투자시장이 형성되다가 2004년부터 현재에 이르기까지는 외국계 단기펀드의 퇴조와 철수로 우리나라 국내 부동산펀드와 REITs 및 독일계 등의 장기투자자가 연평균 수익률 10%미만(통상 투자수익률 8%대)의 장기투자(5년 이상의 투자)시장이 형성되고 있다.

이에 참여하고 있는 국내 건물자산투자자에는 코람코, RAK, 샘스자산운용 등의 자산운용사와 삼성생명 등의 일부 생명보험회사 등이 있으며, 외국계 건물자산투자자에는 모건스텐리, GIC RE, GE RE, ING RE, Pramerica, DEGI, DEKA, 리먼부라더스, Macquarie, Ascendas, DBPA 등이 활동하고 있다.

2. 건물자산투자시장의 규모

우리나라 건물자산관리시장의 규모에 대한 정부차원의 통계는 없다. 다행히 한국생산성본부의 기업부동산자산관리실무교재의 통계자료에 의하면 오피스빌딩 자산관리시장규모(PM시장 규모)는 850억원, 시설관리시장(FM시장 규모) 8,500억원, 건축사업관리사업(CM Service시장)의 규모는 9,200억원 규모로 건물자산관리시장 규모는 약 2조원으로 추정되고 있다.

그러나 오피스빌딩 외 주택, 호텔, 학교, 백화점, 공공시설, 병원 등을 합치고 투자자문시장(Investment Consulting Service Market) 및 임대차시장(Leasing Management Market) 모두를 포함하면 6조 내지 10조원의 시장규모로 추정하고 있다.

그러나 서울시 오피스빌딩 투자시장규모는 약 52조원 규모로 추정되며 2005년도 거래건수는 45건으로 투자규모는 무려 2조4,000억원에 달하고 있다.[78]

3. 건물자산투자시장의 전망

우리나라 오피스빌딩의 공실률이 2007년 9월 현재 2%대를 유지함으로써 세계주요도시 중 가장 낮은 공실률을 기록하고 있다.

뿐만 아니라 10%대의 투자수익률을 기록하고 있는 터에 외국계 투자회사와 국내 투자군이 함께 약 절반의 투자세력을 형성하고 투자시장을 지배하고 있으며 국내 자금사정이 호전되어 유동성이 풍부해진데다 아직까지는 저금리가 지속되고 있으며 부동산펀드 활성화와 해외 헤지펀드 허용이 이루어질 조짐이 있어 국내 오피스빌딩을 중심으로 활발한 투자활동이 예상된다. 또한 IMF이후 현재까지 매년 거래량과 투자규모가 계속 늘어나는 현상 등을 종합해볼 때 국내 오피스빌딩중심의 투자시장은 점차 투자규모가 늘어날 전망으로 보이며 거래규모 또한 크게 확대될 것으로 판단된다. 그러나 2008년 미국발 국제금융위기로 우리나라 서울을 비롯한 세계 주요도시 소재 상업용건물과 사무용도건물의 공실율이 점차 높아가고 있어 건물자산 임대시장과 건물자산 투자시장의 위축을 가져오고 있다.

제2절 투자의 기초개념

1. 투자개념의 이해

투자의 사전적 개념은 양도차익이나 경제적 이익을 얻을 목적으로 물건구입 또는 사업등에 돈을 대거나 출자하는 것을 의미하며 이윤을 생각하여 주식, 채권, 부동산 등의 구입에 돈을 돌림 등의 의미로 해석하고 있다.

78) 한국생산성본부, 전게서, pp.47~49 참조.

그러나 미국 부동산감정사협회의 투자에 관한 개념의 정의는 투자란 이익획득의 목적으로 합리적인 안정성과 원금의 궁극적 회수를 전제로 항구적인 용도를 갖는 자산에 금전을 투입하는 것으로 해석하고 있다[79] 또한 투자란 현재의 소비를 희생한 대가로 미래의 경제적 보상을 받으려고 하는 투자행위를 말한다.[80]

결국 건물자산투자란 투자자가 미래의 경제적 이익획득을 목적으로 건물자산에 금전을 투입하는 행위 또는 활동으로 해석할 수 있다.

2. 투자자산의 분류와 목적

투자는 토지, 건물자산, 귀금속 등 실무자산투자(Real Thing Investment)와 국채, 지방채, 사채, 외환, 유가증권 등의 금융자산투자(Financial Investment)로 분류된다(금융자산은 무형자산 또는 재무자산이라고도 한다).

실무자산투자는 인플레이션, 희소성에 바탕을 두고 자산가치의 증가로 인한 양도차익 등 미래 경제이익을 목적으로 투자의사가 결정되며 금융자산투자는 경제성장, 생산성향상, 금융시장변화와 같은 경제상황의 호전으로 미래의 경제적 보상을 얻을 목적으로 투자의사가 결정된다. 실무자산투자는 인플레이션, 증권시장, 정부규제강화, 정치적 불안, 소비에 바람직한 경제 환경, 사회적 불안 등에 유리하고 금융자산(재무자산, 무형자산)투자는 통화의 신뢰감, 안정기조 경제성장, 생산성향상, 정부 민간기업 규제축소, 저축투자경제상황 등에 유리하다.

3. 건물자산투자의 특징

자산에 대한 투자는 일반적으로 다음과 같은 특징을 가지고 있다.

(1) 투자이익과 위험 상호비례성

일반적으로 자산투자는 High Risk-High Return, Low Risk-Low Return의 형태를 띠고 있다. 즉, 높은 위험과 높은 수익, 낮은 위험과 낮은 이익관계는 상호비례관계에 있다.

따라서 자산투자의 첫 번째 특징은 투자이익과 위험은 상호 비례하는 특징이 있다.

---

79) 김원규, 부동산학개론, 남두도서, 2006, p.266 재인용.
80) 이래영, 부동산투자론, 삼영사, 2004, p.20.

(2) 수익최대화와 위험의 함수관계

건물자산투자는 투입자본과 시간, 활동의 노력에 비해 산출되는 자산가치와 수익이 보다 클 것을 전제로 투자된다. 즉, 투자에 Input되는 것 보다 Output되는 결과인 자산가치와 수익이 극대화되고 최대화되지 않는 경우 투자의사결정은 없게 되는 특징이 있다.

(3) 화폐시간가치와 위험의 함수관계

화폐가치는 시간이나 사정 또는 환경에 따라 변하는 속성이 있으며 따라서 경제적 환경에 의한 인플레이션은 화폐가치를 크게 떨어뜨리고 화폐와 교환된 실물자산은 인플레이션의 영향으로 자산가치 상승이 이루어진다.

즉, 현재의 화폐가치는 미래의 화폐가치보다 크므로 큰 가치를 가지고 있는 화폐로 실물에 투자하여 낮아지는 미래 화폐가치를 보전함으로써 미래위험도 방어하게 된다. 즉, 화폐의 시간가치와 위험(미래위험)과의 함수관계는 화폐가치를 x로 보고 위험을 y로 볼 때 x의 미래 화폐가치는 하락하나 투자실물자산의 가치는 상승하였음으로 미래의 위험 y역시 높은 상승률을 가지고 있는 실무투자자산에 의하여 위험이 낮아지는 것을 의미한다. 따라서 건물자산의 투자는 화폐의 미래시간가치와 위험과 서로 함수관계에 있는 특징이 있다.

4. 투자와 투기의 상이성

투자활동을 해석하고 응용하기 위해서는 투자와 투기개념의 확립이 필요하다. 투자의 사전적 의미는 전술한 바와 같이 합리적인 이익목적으로 돈을 돌림 또는 돈을 댐이나 출자 등으로 해석되나 투기는 재화의 시가를 미리 기약하고 그 차액을 얻을 목적으로 매매하는 거래로 해석하고 있다.

바로우(Barlow) 교수의 견해에 의하면 투기란 자본이득을 얻을 목적으로 스스로의 위험부담과 책임으로 금전을 투입하는 것으로 해석하고 있다.

투자는 합리적 이익창출을 위한 정당한 경제행위이나 투기는 요행을 바라면서 불확실한 미래이익을 얻을 목적으로 금전을 투입하는 사행행위라 판단된다. 또한 투자는 원금회수는 보장되며 시간의 경과에 따라 이윤이 확실히 기대되는 것으로 경제행위의 반대급부로 해석되나 투기는 경제 성장 또는 경제 확대 등의 큰 변화 없이는 기대하기 어려운 것으로 투자와 큰 차이가 있다.

건물자산(부동산) 투자와 투기의 상이성을 비교하면 <표 7-1>과 같다.

〈표 7-1〉 건물자산(부동산) 투자와 투기 상이성 비교

구 분	투 자	투 기
주 체	실수요자	가수요자
대 상	건물, APT 등 항구적 건물자산	미완성 건물 또는 미성숙 건물개발부지
목 적	정당한 기대이익	양도차익
가 격	시장가격	투기가격
이용 또는 관리의사	있 음	없 음
기 간	장 기	단 기

(자료출처 : 김원규, 부동산학개론, 남두도서, 2006, p.267 재구성.)

다시 말하면 투자와 투기는 다음과 같은 상이성과 특징을 가지고 있다.

(1) 투자의 특징

① 실수요자의 행위이다.
② 예측가능한 정당한 이익이 목적이다.
③ 시장가격이 형성되며 그것으로 거래한다.
④ 충분한 기간동안 소유한다.
⑤ 이용・관리할 의사가 있다.
⑥ 임대아파트・점포・빌딩 등 수익성 용도의 자산 중 경제부담력과 관리가능한 양의 금전을 투입한다.
⑦ 단기적인 투자거래보다는 윤리적으로 고상하고 금융적으로 득이 된다.
⑧ 시장조사를 통하여 안전성・합리성을 추구한다.
⑨ 대상 건물자산(부동산)이 자기나 타인에게 기여한다.

(2) 투기의 특징

① 가수요자의 행위가 많다.
② 이용・관리할 의사가 없다.
③ 예측불허하는 양도차익이 목적이다.
④ 땅값이 낮은 미성숙지 등을 필요량 이상으로 구입한다.
⑤ 보유기간이 단기적이다.
⑥ 투기가격으로 거래한다.
⑦ 전매로 이익을 실현화시킨다.
⑧ 시장조사를 하지만 모험적・금전 투입을 감행한다.
⑨ 대상건물자산이 소요될 뿐 본인이나 타인에게 기여하지 못한다.

5. 투자 3분법

(1) 투자 3분법의 의의

투자는 투자 자체의 위험성, 환금성으로 인하여 자산별, 지역별, 용도별로 분산하여 투자하는 것이 투자위험을 최소화할 수 있다. 즉, 안정성과 수익성, 환금성을 고려하여 한 가지 자산에 집중 투자하는 것보다 분산하여 투자하는 것이 유리하다. 통상 투자 대상을 투자자산의 대표적 성격을 가지고 있는 건물자산(부동산), 증권, 예금 등에 안전성·수익성·환금성 등을 고려하여 분산하여 투자하는 것을 자산투자 3분법이라 한다.

건물자산투자실무에서도 건물자산투자는 국가별, 지역별, 용도별 위험을 분산하여 자산위험의 관리를 위하여 Portfolio 제도를 활용하고 있다.

예컨대, 한국건물자산, 미국건물자산, 중국건물자산과 같이 위험도가 낮은 국가를 선택하며 도시지역, 농촌지역으로 분산하고 건물자산용도 역시 주거용, 상업용, 산업용 등으로 분산투자해야 한다. 건물자산의 위험은 주거용<오피스빌딩<리테일<산업용 순으로 위험도가 증가된다.

국가별, 용도별로는 한국오피스빌딩이 외국오피스빌딩보다 가장 위험도가 낮으며 고수익을 보장하는 투자대상임이 외국계 투자회사의 일반적 견해이다.

그러나 자산의 위험은 다음 순으로 크다.

즉, 투자위험은 예금<국채<지방채<MBS<건물자산<주식 순으로 증가된다. 따라서 건물자산과 주식은 위험투자자산에 해당된다. 투자대상의 장단점은 <표 7-2>와 같다.

〈표 7-2〉 투자자산의 장단점 비교

○ : 유리, × : 불리

구 분	건물자산(부동산)	예 금	주 식
수익성	○	×	○
환금성	×	○	○
안전성	○	○	×

(2) 자산투자 3분법의 고려사항

1) 안전성

투자안전성의 반대인 투자위험은 투자수익과 비례하는 특징이 있다. 어떤 자산의 투자에도 투자대상에 따라 작은 위험에서 큰 위험에 이르기까지 투자 위험이 존재한다. 따라서 투자 의사를 결정하기 전에 위험분석을 철저히 하고 투자 후에도 투자 위험을 최소화해야 한다.

건물자산투자의 경우 자산취득 전에 다음의 자산위험의 분석이 요구된다.

① 투자수익률 잠재위험 분석

투자대상 건물자산에 대한 투자의사결정 전에 투자자산의 기존의 Profit & Loss, Balance Sheet, Cash Flow를 가지고 수익률 잠재 위험 여부를 분석해야 한다.

② 경기변동 위험 분석

경기변동은 회복기, 확대기, 침체기, 불황기 등으로 변화하므로 다음과 같이 경기변동 투자위험에 따라 의사결정 및 다음과 같이 대응해야 한다.

- 회복초기 및 침체말기 – 건물자산 매입 적합
- 확대초기 – 건물자산 투자 적합
- 확대말기 – 건물자산 매도 적합
- 회복말기 – 건물자산 개발 적합
- 불황기 – 장기임대, 우량임차인 중심 임대 구조 개선 대응
- 불황기 공급 과잉기 – Niche Market 개발, 매각 중단 대응

③ Property 위험 분석

건물자산의 위험은 주거용 건물이 가장 낮으며 개발용도 부지가 일반적으로 가장 높다. 건물자산의 위험은 개발부지 > Renovation 용도건물 > 산업용도 건물 > 판매시설 > 오피스빌딩 > 주거용건물 순으로 낮아진다. 또한 대규모 건물자산과 소규모 자산의 위험을 비교하면 대규모 건물이 High Risk－High Return 형태로 매각위험이 소규모 빌딩에 비하여 높은 편이며 소규모 건물자산은 Low Risk－Low Return 형태로 매각위험은 대규모 건물자산에 비하여 상대적으로 낮다.[81]

④ 운영위험분석

건물자산관리대상의 운영에 있어서 일반적으로 나타나는 화재위험, 안전사고위험, 물리적 위험, 작업위험, 공실위험, 임차인위험 등에 대해서도 분석도구를 만들어두고 분석도구에 따라 분석하여 건물자산투자관리에 있어서 안전성을 우선적으로 확보하도록 관리해야 한다.

2) 환금성

투자자산을 자산가치와 교환가치를 높여 가장 유리한 조건으로 현금화하는 것을 의미한

---

81) 한국생산성본부, 전게서, p.116.

다. 환금성은 투자자산을 현금화하는 데소요되는 시간에 따라 소요시간이 짧을 때 환금성이 높다하고 장기간 소요되면 환금성이 떨어지거나 없다고 할 수 있다.

즉, 환금성이란 자산가치의 현금화 실현을 의미하며 금융자산은 환금성이 높으나 실무자산은 일반적으로 환금성이 떨어지는 단점이 있다.

3) 수익성

장래에 투자자산으로부터 얻을 수 있는 자본이득과 소득수익이 현금흐름표상에 확실하게 예치될 수 있느냐를 의미한다.

자본이득은 투자자산가치의 상승에 따른 이익을 의미하고 자산매각 때 자본이득이 실현되므로 매각 전에는 미실현 자산소득이라고 하나 경제학에서는 실현, 미실현 관계없이 자본이득이라 한다. 또한 소득수익은 이자수입, 배당수입, 지대, 임대료 등이 이에 해당된다.

그러나 건물자산 소유자의 경우 투자자산을 직접 이용시 사용의 서비스로 보아 소득수익으로 간주되지 않는다.

투자건물자산의 수익성 판단은 손익계산서, 대차대조표, 현금흐름표 등으로 판단해야 한다. 먼저 손익계산서를 통하여 NOI(순영업이익)와 매출액 경상이익률을 분석하고 대차대조표를 통하여 Cap. Rate(자본환원율), ROE, Leveraged(자본수익률), Un-leveraged (Proj. 수익률)를 분석해야 한다. 또한 Cash Flow(현금흐름표)를 통하여 IRR(내부수익률), PV(현가, Present Value) - Investment Value, NPV(순현가, Net Present Value), Cash on Cash Return(자기자본수익률) 등을 분석해야 한다.

건물자산 투자수익률 위험 분석과 관계되는 산출 공식은 다음과 같다.

① Cap. Rate(순이율, Net 이율, 종합환원이율)

순영업소득 ÷ 총투자액 × 100

② Cash on Cash Return(자기자본수익률)

현금흐름 ÷ 자기자본투자액 × 100

③ 종합수익률

소득수익율 + 자본이득수익률

④ 소득수익률

$$\frac{\text{순수익}}{\text{기간초의자산가치}} \times 100$$

⑤ 자본이득수익률

$$\frac{\text{기간말의자산가치} - \text{기간초의자산가치}}{\text{기간초의자산가치}}$$

⑥ Gross이율(총이율)

연간임대수입 ÷ 총투자액 × 100

⑦ ROI(회계적 수익률)

(순영업소득 − 감가상각비) ÷ 총투자액 × 100

제3절 투자의 목적과 투자의 장단점

1. 건물자산 투자의 목적

건물자산 투자목적은 다른 투자대상 재화에 비하여 위험성은 높은 편이나 임대소득과 양도차익 등의 투자수익 극대화를 도모할 수 있고, 최유효사용의 가능실현을 통하여 보유자체만의 이미지나 상징성으로 인하여 투자대상으로 건물자산을 선호하게 된다.

건물자산의 투자목적은 최유효 사용목적(최유효 이용목적), 수익목적, 양도목적(처분목적) 등으로 분류되며 투자자의 투자 의도에 따라 단일목적 또는 복합목적으로 나누어진다. 즉, 효용의 극대화나 수익의 극대화를 일반적으로 투자목적으로 인식된다. 또한 투자는 현재 소비의 포기로 미래의 경제적 보상을 목적으로 하기도 한다. 또한 건물자산투자의 투자이유는 여러 가지 견해가 있으나 랜다우어(Landauer)의 견해에 의하면 부동산투자이유를 인구의 증가로 인한 토지가격의 상승, 부동산의 인플레이션 헷지(Inflation Hedge)[82]와 타인자본을 이

82) 인플레이션 헷지(Inflation Hedge)란 인플레이션의 효과(예 화폐가치의 하락)로부터 방어하는 것을 의미한다. 인플레이션을 대비하여 건물자산실물에 투자하는 것은 바람직한 투자방법 중 하나이다.

용하여 큰 수익을 올리는 지렛대작용(Use of Leverage)에 두고 있다.[83]

또한 베드포드(Bedford)는 부동산(건물자산) 투자의 이유로 안전성, 임대소득창출, 수익창출성, 저당(대부) 자금의 이자 수익, 소유의 안정성, 미래의 가변적 양도차익이나 유리성 등을 들고 있다.

결론적으로 안정적 임대소득, 양도시세차익(자본이득), 인플레이션으로부터 보호, 세금보호, 건물자산보유로 인한 사회적 신용과 지위 평가 등이 건물자산(부동산) 투자를 선택하는 이유로 작용하고 있다.

2. 투자대상 건물자산의 범위와 투자수익 및 비용

(1) 투자자산의 범위

건물자산의 투자대상은 전술한 바와 같이 경제적 가치가 있는 건물자산으로서 사용수익이 가능한 수익성 건물자산인 주거용 건물, 상업용 건물, 공업용(산업용 포함) 건물, 기타 특수용도의 건물 등이 있다.

건물자산의 의미는 건축대지(토지), 건물, 건축설비, 부대시설, 건설 중인 건물자산, 건물자산관련 유가증권, 공기구나 비품, 임차보증금, 선급금 또는 조경수목 등을 모두 포함하는 넓은 의미의 건물자산을 의미한다.

(2) 투자수익의 범위

건물자산의 수익의 범위는 임대수익과 건물자산 매각차익(양도차익), 임차보증금 기회수익, 시설일시사용료, 간접투자배당금(리츠, 부동산펀드, MBS, ABS, 프로젝트 파이낸싱, 부동산관련채권 등), 기타 건물자산 수입 등을 포함한다.

3. 투자비용의 범위

건물자산 투자비용의 범위는 자산취득비와 등기등록비, 인건비, 유지관리비(용역비, 수선비, 수도광열비 기타)와 각종 조세와 부담금(재산세, 종토세, 면허세, 환경개선부담금, 교통유발부담금 등), 대출이자, 감가상각비, 부동산 매각 손・공실로 인한 임대손실부담금, 간접비, 벌금, 손해배상, 부실임대채권 등의 기타 건물자산 비용 등이 포함된다.

---

83) 이래성, 전게서, p.21.

4. 건물자산투자의 장점과 단점

건물자산(부동산)에 투자하는 경우 다음과 같은 장점과 단점을 함께 가지고 있다.

(1) 장 점

1) 자본이득과 소득이득

건물자산의 환금성은 다른 투자대상보다 뒤떨어지나 수익성과 안전성은 유리한 편이다.

건물자산은 타인에게 사용수익하거나 직접 사용함으로써 일정한 소득(임대료, 지대)을 얻을 수 있으며 매각함으로써 양도차익을 실현하여 자본적 이득을 얻을 수 있다.

2) 자금융통

저당권설정, 환매제도, 담보, 가등기, 양도담보 등을 통하여 일정한 자금을 융통할 수 있다. 이를 통하여 지렛대효과를 얻을 수 있다.

3) 인플레이션 헷지

인플레이션이 진행되는 경우 화폐가치 손실을 실물자산(건물자산, 토지 등)에 투자함으로써 인플레이션 피해를 어느 정도 방어할 수 있다.

따라서 후일 인플레이션의 방어로 미래의 구매력을 보호하게 된다.

4) 절 세

감가상각, 장기자본소득에 대한 낮은 세율, 세액공제, 세법상의 감면, 면세 등으로 각종 세금을 절세할 수 있다.

따라서 건물자산투자는 절세(Tax Shelter) 기회를 제공한다.

5) 소유의 긍지와 신용평가 선(善)작용

건물자산의 소유는 그 자체만으로 긍지를 느끼게 하며 사회적 신용, 평가에도 긍정적인 선작용을 하게 된다.

(2) 단 점

1) 낮은 환금성의 문제점

건물자산은 소유자가 매각을 원하는 시점에 시장가격으로 단시간 내에 현금화되지 않는 낮은 환금성의 문제점을 가지고 있다.

2) 재산위험성 상존

건물자산은 자연재해, 화재, 안전사고 등으로 인적·물적 손실을 가져오는 재산위험이 항상 존재한다. 또한 관리부실의 경우 조기노후화와 내용연수 단축 등으로 사용수익의 사용성이 후퇴하고 경제기능이 저하가 나타나는 재산상의 위험이 상존하고 있다.

또한 상권의 이동이나 외한위기나 장기불황 등 경기변동, 사회적 행정, 법·제도 등의 변화와 대형 사고나 전쟁 등의 비상상황의 경우 부동산(건물자산)의 경제적 가치는 급격히 하락하게 된다. 따라서 건물자산은 재산위험이 항상 상존하는 단점이 있다.

3) 공신력의 문제점

부동산(건물자산)은 보존등기나 이전등기 등 등기를 함으로써 소유권 변동이 일어난다.

그러나 우리나라 등기제도는 공시효력은 있으나 공신력이 없으며 형식적 심사주의와 절차적 등기법으로 인해 공신력에 큰 문제점이 있다.

4) 재산관리의 난이성

건물자산은 물건이므로 시간의 경과, 사용 잘못, 부실관리 등으로 마모, 훼손, 부식화, 중성화, 박리, 박락, 변형, 변위, 부동침하, 균열 등이 일어나고 기능의 저하, 조기노후화가 촉진된다. 따라서 전문적 관리대응이 필요하다.

그러므로 유지보수를 위한 자본적 지출과 수익적 지출의 비용이 항상 소요되고 관리적 작업이 뒤따라야 한다.

특히 임대용 건물의 경우, 입주자의 사용수익에 맞는 청소, 경비, 위생관리, 시설관리, 전기·기계 설비관리, 임대료수납, 입주자관리 등 매우 복잡한 관리활동을 해야 하므로 재산관리상의 상당한 어려움이 수반된다.

뿐만 아니라 소유권 보존관리, 관계법령관리, 대외기관(공적 서비스 제공기관)관리, 제세공과금관리, 입주자 사후관리, 안전관리 그리고 유지관리 등 전문적 관리대응이 크게 요구되므로 건물재산관리의 난이성 또는 비용이성 등이 있다.

제4절 건물자산 투자위험과 포트폴리오관리

1. 건물자산 투자위험관리

(1) 투자위험의 의의

건물자산관리는 시설측면에서 사용가치를 극대화하여 건물자산을 최유효 사용화하는 데 목적이 있으며 건물재산경영 측면에서는 자산위험을 최소화하고 자산가치를 극대화하여 수익을 최대화함으로써 건물자산 최유효수익화하는 데 목적이 있다.

따라서 시설관리 측면과 재산경영 측면 모두에 있어서 위험은 체계적으로 관리되어 최소화하거나 제로화해야 한다.

왜냐하면 시설관리 측면의 위험은 인적 결함과 물적 결함 및 환경결합과 결합하여 사고로 이어지고 인적 손실과 물적 손실을 가져오는 재해로 발전되기 때문이다. 또한 재산경영 측면의 위험은 건물자산 투자목적인 재산수익 최대화와 자산가치 극대화를 정면으로 저해하기 때문이다.

건물자산투자의 의사결정은 확실성을 토대로 의사결정의 경우에는 투자목적을 손쉽게 달성할 수 있으나 불확실성(위험)의 토대위에 투자의사결정을 하는 경우 투자목적인 수익의 최대화를 달성할 수 없게 된다.

이와 같은 건물자산 투자위험은 투자사업을 실패하게 하는 요인으로서 불확실성을 의미한다. 또한 위험은 건물자산투자의 손실을 가져올 수 있는 가능성으로서 리빙 페페(Lyving Peffe)는 확률에 의하여 측정 가능할 수 있는 개개위험의 결합을 위험이라 정의하였다.

결국 건물자산 투자위험은 건물자산투자사업의 실패가능성인 투자손실을 가져올 수 있는 불확실성을 의미하며 투자수익과 위험은 상관관계에 있다.

이와 같은 투자수익과 위험의 상관관계는 건물자산투자시장에서 High Risk－High Return과 Low Risk－Low Return으로 나타나고 있다. 따라서 건물자산투자사업에 성공하려면 투자위험을 철저히 분석하고 관리하여 최소화 또는 제로화해야 한다.

(2) 건물자산 투자위험의 종류와 내용

건물자산의 투자는 투자활동을 통하여 수익최대화를 달성하고자 한다. 따라서 투자의사결정자는 가능한 방법을 동원하여 투자의 불확실성(위험)을 제거하거나 관리하여 최소화 또는 제로화를 실현하여 확실성의 토대위에 투자의사의 결정을 바라고 있다.

그러나 건물자산투자시장의 현실은 투자대상 건물자산 자체뿐만 아니라 건물자산투자에 영향을 미치는 환경에 크고 작은 불확실성(위험)이 존재하거나 생성되고 있어 건물자산투자자는 투자의사결정전에 투자위험에 관한 분석을 반드시 실시하고 있다.

뿐만 아니라 투자자는 투자위험을 분산시켜 최소화하기 위하여 포트폴리오이론을 활용하고 재산 3분법을 적용하기도 한다. 특히 건물자산투자시장에는 투자위험이 적으면서 수익성이 높은 오피스빌딩을 주 투자대상으로 상정하고 있다.

이와 같은 투자전의 분석대상인 투자위험에는 다음과 같은 위험이 있다.

1) 법적 · 제도적 위험

법과 제도는 건물자산가치와 수익에 지대한 영향을 미치는 것으로 상호 밀접한 관계에 있다.

투자대상 건물자산은 재화성과 권리성(재산권, 소유권)으로 결합되어 있다. 즉, 건물은 물건(건물실체)과 재산으로 표상된다.

그러므로 건물자산의 가치는 재산성을 표상하는 소유권(권리)에 있으며 실제로 건물자산 거래시장에서 건물의 매매는 소유권(권리)의 알선 중개로 이루어지고 소유권이전서류가 매각대금과 동시이행으로 교환되며 매매목적물인 건물자산은 소유이전 즉시 인도되어 신 소유자의 사실상 지배(점유)상태에 들어가게 된다.

이와 같은 건물자산은 사법과 공법의 지배와 영향을 받으므로 사법상의 소유권 보존을 위협하는 제한물권과 기타권리(압류, 가압류, 가처분, 재판, 경매 등)에 관한 권리분석을 철저히 하고 투자 후에도 이와 같은 사법상의 제문제에 대하여 사후관리해야 한다.

특히 공법측면의 자산관계규정은 더욱 심각한 영향을 주고 있다. 왜냐하면 건물자산의 재산권은 공법과 공법에 의하여 만들어진 각종 제도로부터 직 · 간접적으로 영향을 받기 때문이다.

예컨대 부동산투기지역지정, 토지이용규제, 매매허가제, 지역지구제, 건폐율, 용적률, 이자율, 조세제도, 토지정책, 통화정책, 재정정책, 주택정책 등은 투자수익에 직접 영향을 심각하게 주기 때문이다.

다시 말하면 전술한 공법이나 부동산자산관계제도의 변화는 건물자산의 수요, 공급에 영향을 주고 이자율을 높이거나 부동산세금에 영향을 주어 투자수익 최대화와 건물자산가치 극대화에 악영향을 준다. 따라서 법 · 제도의 위험은 건물자산투자자 모두의 위험분석대상이 되고 있다.

그러므로 투자자는 투자의사결정전에 투자대상 건물자산과 관계되는 공법과 사법, 각종 관련제도 등을 면밀히 조사 분석해야 하며 불확실성의 확실성으로의 변화가능 유무를 검토해봐야 한다.

2) 경기변동위험

경제는 생물과 같거니와 상승운동과 하강운동의 반복으로 파도와 같이 확장기 국면, 후퇴기 국면, 수축기 국면, 회복기 국면 등 4가지 국면으로 주기적으로 변화한다.

따라서 경기변동에 따라 상승국면의 경우 투자목적을 쉽게 달성하여 투자수익의 최대화에 도달할 수 있으나 갑작스러운 경기변동으로 예상치 못한 하강국면인 경우 공급이 수요보다 과잉되어 공실이 늘어나고 임대료가 하향곡선을 긋거나 자산가치가 크게 후퇴하는 경우 투자수익의 극대화는커녕 투자손실과 매각손을 기록하여 투자실패로 귀결된다.

왜냐하면 경기변동은 주기적으로 건물자산투자나 실물경제에 적지 않은 영향을 주기 때문이다.

건물자산투자와 관련하여 경기순환변동이 투자나 투자에 대한 미래예측에 어떤 영향을 미치는지 살펴보면 경기순환변동 4국면의 내용은 대체로 다음과 같다.

① 확장기(Expansion Phase)

생산이 증가(건물건축 증가)되고 고용과 임금 및 구매력도 가장 높은 수준으로 증가된다. 이때 초과수요가 늘어나 건물의 공실이 부족현상을 나타내나 화폐가치는 인플레이션 현상을 보이게 된다. 자본유치나 동원이 용이하여 생산설비와 건축이 증가되고 과잉공급의 위험발생의 시발점이 되기도 한다.

② 후퇴기(Recession Phase)

건축물 과잉공급으로 수요량을 초과하는 건물의 공실이 늘어나고 임대가와 양도가액이 하향곡선을 그으며 곧바로 침체기에 접어들게 되며 마침내 후퇴기 순환국면의 정점에서 경기는 하강하기 시작한다. 이때부터 불경기의 기운이 감지되기 시작한다.

③ 수축기(Contraction Phase)

경기순환변동이 수축기에 접어들게 되면 건물을 포함한 제품의 수요가 서서히 감소하고 생산감소, 고용감소, 실업률상승, 소비감소, 가격하락 현상이 두드러지게 나타난다.

경기는 계속 하락하며 건축경기가 하향곡선을 그으며 공실이 크게 발생하여 임대소득이 크게 낮아진다.

수축기의 또 하나의 현상은 경기가 완전히 죽지 않는 가운데 의식주를 위한 경기는 계속 순환된다는 점이다.

④ 회복기(Revival Phase)

회복기의 일반적 현상은 소비자가 다시 투자하는 현상이다. 이때부터 초과공급 건물의 공실은 임대되거나 소모되고 중요한 구매는 비로 이루어지며 소비자는 싼 가격으로 물건을 구매하기를 희망하게 된다.

특히 회복기 바로 전단계인 저점(Lull)에서 약하게나마 경기가 살아나고 생산설비를 준비하며 기업으로의 자본유입과 추가인력 고용이 이루어진다.

이때부터 건물의 공실이 줄어들고 공실률 감소가 현실적으로 인식된다. 이때 고용이 늘어나고 수요가 증가하면 마침내 확장국면으로 접한다.

이상에서 설명한 경기순환변동의 4국면을 소개하였으나 경기순환은 정점과 저점을 기준으로 하여 저점에서 정점까지는 확장국면(상승국면)이고 정점에서 저점까지는 수축국면(하강국면)이라 할 수 있다.

결국 경기순환변동은 크게 확장국면과 수축국면으로 진행되어 상승파도와 하강파도가 반복적으로 진행되는 경제현상이라 인식된다.

결론적으로 경제가 상승국면인 경우 건축물의 신축 증가, 임대료 증가, 선임대 증가, 공실률 감소 등의 현상이 나타나며 경제가 하강국면의 경우 임대료 감소, 공실률 상승, 순운영수익(Net Operating Income)이 악화되어 마침내 자산가치가 하락하여 투자에 악영향을 끼치게 된다.

예컨대, 상승국면의 경우 순운영수익이 100의 임대소득이 보장되었으나 하강국면이 되면 80이나 그 이하로 나타나게 되며 자산가치 역시 100에서 50 이하로 떨어질 수 있으며 순이율(종합환원이율, Cap. Rate)도 5%에서 10%로 상승하는 현상을 보이게 된다.

따라서 불황국면의 경우 특단의 투자전략을 세워 적절히 대응해야 한다.

결론적으로 경기변동위험은 건물자산투자에 있어서 투자의사결정에 대한 불확실성으로 작용하므로 건물자산 투자위험으로 분류된다.

경기변동위험은 매입, 매각, 개발 및 투자전략에 타이밍(최적기)을 놓치게 하거나 유효전략수립을 방해하게 된다. 즉, 경기변동위험은 타이밍이 문제(Issue)가 되며 타이밍이 맞지 않는 투자의사결정은 곧 투자손실로 귀결된다.

따라서 경기변동위험을 극복하기 위해서 매입과 매각, 기타 전략을 다음과 같이 수립하고 실천하는 것이 바람직한 투자전략이라 할 수 있다.

① 건물자산 매각 타이밍 : 확대말기
② 건물자산 매입 타이밍 : 침체말기 또는 회복초기
③ 건물자산 투자 타이밍 : 확대초기
④ 건물자산 개발 타이밍 : 회복말기

또한 경기변동국면 속에서 특별한 다음의 상황의 경우에는 경제상황에 맞는 전략을 구사해야 한다.

① 공급과잉경제상황 – 거래중단, Niche Market 개발
② 경제 불황기상황 – · 장기임대용 건물자산투자
· 개발 또는 증축가능 건물자산투자
· 우량 임대구조 가진 건물자산투자
· 경기변동에 민감하지 않는 건물자산투자
③ 일시 건물자산(부동산) 급격한 가격하락상황(예 IMF 경제위기상황)
– 투자기회로 활용

3) 건물자산 자체위험

건물자산은 유형의 물건이므로 시간의 경과나 사용 잘못 또는 부실관리 등의 이유로 조기에 부실화되거나 물리적 내용연수 및 경제적 내용연수가 급격히 단축될 수 있으며 건물이 위치하고 있는 주변의 상권이 이동하여 수요를 떨어뜨리거나 자산가치를 하락하게 한다. 또한 건물자산은 위험시설과 위험물이 상존하고 대규모 건물의 경우 수많은 재실자와 출입자, 출입차량 등으로 화재, 추락, 감전 등 크고 작은 안전사고가 날수 있어 경우에 따라 3종 위험에 해당하는 대형안전사고(예 1995, 삼풍백화점 붕괴사고)가 발생하여 기업이 도산하는 경우도 있다. 뿐만 아니라 건물의 용도별, 규모별, 유형별 위험도 상존하고 있다. 예컨대 대규모 건물자산은 자산운영과정에서 안정적 임대구조를 가짐으로써 수익률이 양호하여 Low Risk－High Return이 가능하나 매각위험이 소규모 건물자산에 비해 상대적으로 높은 위험이 있다.

그러나 소규모 건물자산은 운영과정 중에 우량임차인을 유치할 수 없어 안정적인 임대구조를 가지지 못함으로써 수익률이 대규모 건물자산에 비해 떨어져 High Risk－Low Return의 형태로 수익률이 떨어지는 위험이 있다.

그럼에도 불구하고 소규모 건물자산은 매각위험이 대규모 건물자산보다 월등히 낮은 장점이 있다. 즉, 소규모 건물자산의 Exit Risk가 적은 것은 결국 규모별 건물자산의 위험 프리미엄이라 할 수 있다.

또한 건물자산의 유형별 위험 역시 주거용 건물이 오피스 빌딩의 투자위험보다 투자위험이 낮으며 오피스 빌딩은 소매판매시설보다는 투자위험이 낮고 소매판매시설은 산업용(공업용 포함) 공장건물보다 투자위험이 낮다. 또한 산업용 건물은 개발용 나대지보다 투자위험이 낮으므로 결국 개발용 나대지가 투자위험이 가장 큰 자산으로 평가된다.

오피스 빌딩 또한 위치와 지역에 따라 위험도가 다르며 전문업체만이 입주되어 있는 경우 전문업이 쇠퇴하면 쇠퇴속도에 따라 공실로 남게 된다. 특히 산업용 건물이나 공업용 건물은 해당 산업이 후퇴하면 해당 건물 역시 수익성이 떨어지고 자산가치가 하락한다. 이와 같이 건물자산은 그 자체가 가지고 있는 위험이 존재하고 있으므로 투자의사를 결정하기 전에 건물자산 자체위험을 분석해야 한다.

4) 건물자산 매각위험

건물매각위험(Exit Risk)이란 투자자산을 원하는 시점에 현금화하지 못하거나 매각되더라도 매각손이 발생하는 출구위험을 말한다. 건물매각위험은 비유동성 위험, 비환매성 위험 또는 자산관리실무 측면에서 Exit Risk라 호칭한다.

다시 말하면 건물매각위험은 원하는 자산처분시점에 매각되지 않거나 매각되더라도 매각손이 발생하는 경우로서 매각 타이밍과 매각손이 매각위험의 핵심이다.

건물자산투자시장에는 원하는 처분시기에 매각되지 아니함으로써 매각 후 전체 건물책임임대 또는 일부 책임임대 환매와 같은 5년 후 우선매수선택권(Put Back Option), 재매각 보장 등 옵션을 통한 위험관리 사례가 가진 매매거래현장에서 자주 볼 수 있다.

따라서 건물매입의사를 결정하기 전에 매각위험 여부를 분석하고 매각위험을 최소화 옵션을 확보한 후 매매거래가 성사되는 것이 현명한 투자방법이라 할 수 있다.

5) 자산운영위험

건물자산운영(Property Operation)과정에 나타나는 위험으로 다음과 같은 위험의 종류가 있다.

① 임대료연체위험과 공실증가 위험

자산운영에서 가장 두드러지게 나타나는 정기적 임대료 수납이 지연되거나 연체 또는 지불불능상태가 되는 경우로서 자산운영 수입관리에 크게 악영향을 끼치게 된다. 또한 임대마케팅의 실태와 경쟁 건물의 새로운 등장 및 임대환경과 여건의 변화 또는 일시적인 임대가격의 하락이나 매매가의 하락현상(Fluctuations Phenomenon) 등으로 임대수익 손실과 매각손이 발생하는 것과 이율인하, 수요후퇴로 공실이 크게 증가하는 현상이 나타나게 된다.

② 금리변동 위험

자산운영 중에 이자율이 상승되는 경우 운영수익률과 거래가격의 변동이 일어난다.

다시 말하면 자산운영을 위한 일정 금융을 고정금리로 차입하였으나 정부재무정책, 은행 여수신제도변화 또는 경제사정으로 금리가 상향조정되는 경우 이자지급총액이 늘어남에 따라 전체 운영예산에 부담으로 작용하게 된다. 따라서 운영수익률이 떨어지게 된다. 또한 이자율 상승조정은 요구수익률과 차입금리 상승으로 작용하여 임대가와 매매가를 하락시키게 된다.

③ 임차인 위험

임차인의 파산, 부도 등으로 신용상태가 악화되어 정기적 임대료, 관리비 지급이 지연되거나 장기부실 입주로 보증금 전체가 고갈되고 관계법에 따라 명도소송수단의 법적 조치로 비로소 임대차관계를 종료함으로써 기존 임대채권의 부실과 신규 임차조치의 기회를 모두 상실함으로써 2중, 3중의 손실을 임대인이 안게 되어 경영손실로 귀결된다.

특히 임차인 한사람(한회사)이 전체 건물을 임차한 경우 임차인의 부실 신용상태는 심각한 자산운영수익 전체에 악영향을 주게 된다.

따라서 건물을 세분하여 임대하고 Local Tenant보다 Non-local Tenant 또는 우량임차인, Anchor 임차인 등으로 임차인 구성을 해야 하며 자산운영 중에 입주자관리를 체계적으로 실시하여 부실징후가 포착되는 즉시 협의 또는 소송 방법에 의하여 임차인 교체를 해야 한다.

④ 유지관리 위험

건물자산의 유지관리비는 일반적으로 매년 증가하는 추세에 있다. 그러나 건물자산의 소유자는 매년 유지관리비의 예산감액을 요구하는 경향이 있다.

이와 같은 일반적 유지관리 증가추세와 유지관리비 감액요구경향 사이에 건물소유자의 우월적 지위로 유지관리 예산이 축소되는 경우, 건물관리서비스의 품질이 크게 떨어지게 되므로 임대가의 하락 또는 매각에 지장을 초래하여 매각위험이 도래하게 된다.

⑤ 사고보상 위험

건물자산의 운영 중 화재, 안전사고, 붕괴, 작업사고 등 크고 작은 사고로 인한 인적·물적 피해는 해당 보험금만으로 전액 보상이 불가능하다.

따라서 안전사고 보상위험은 또 하나의 자산운영위험으로 인식된다.

2. 건물자산 포트폴리오관리

(1) 포트폴리오의 개념

포트폴리오(Portfolio) 용어의 사전적 의미는 서류가방을 의미하나 건물자산관리에 있어서 포트폴리오란, 투자자산중 위험을 최소화하고 확실한 수익을 얻기 위하여 여러 종류의 자산에 위험분산투자 대상자산을 의미한다.

금융시장에서의 Portfolio 개념은 광의의 개념으로 투자자산의 조합을 의미하며 증권시장에서의 Portfolio 개념은 협의의 개념으로 회사채나 주식 등의 금융투자대상(재무투자대상)을 의미한다.

이와 같은 Portfolio 개념을 바탕으로 재산 3분법이론이 도출된바 예금, 주식, 부동산에 분산투자함으로써 투자의 최대목적인 위험을 최소화하고 투자수익(Investment Return)을 최대화할 수 있게 된다.

기대수익의 크기가 위험의 크기보다 크게 하여 투자수익을 최대화하는 것은 바람직한 투자활동의 목표이기도 하다. 이와 같이 위험의 분산과 위험축소는 포트폴리오관리의 효과로서 투자수익의 안정화와 최대화를 가져오는 결과를 얻게 된다.

건물자산관리시장이나 현장에도 분산투자를 통한 투자위험의 축소로 투자수익의 안정화와 최대화를 도모하고 있다. 즉, 투자건물자산의 유형은 오피스 빌딩, 주거용 건물, 상업용 건물, 산업용 건물 등으로 분산투자하며 지역별, 투자구조, 투자수단, 임대구조 등에 대해서도 위험분산을 시도하고 있다.

미국의 주요 자산투자자인 연기금 운영기관 역시 부동산, 주식, 예금 등에 분산투자하고 있다.

포트폴리오관리는 전술한 바와 같이 투자위험을 최소화하는 데있으므로 투자수단의 경우 직접 투자와 REITs나 부동산펀드 등을 이용한 간접 투자를 고려해야 하며 투자구조도 프로젝트 파이낸싱(BTL, Build－Transfer－Lease / BLT, Build－Lease－Transfer), 지분투자(Equity), ABS 등을 활용해야하며 지역별로도 대도시와 중소도시, 한국・일본・미국 등 나라별로 투자위험을 분산시켜 투자하는 것이 현명하다.

(2) 포트폴리오관리단계

포트폴리오는 투자대상 위험의 크기를 알아보고 그 위험의 크기를 축소 또는 최소화하여 불확실한 투자수익을 확실한 투자수익으로 보장받기 위하여 행하는 일련의 위험분석기법이다.

따라서 포트폴리오관리는 다음과 같이 단계별로 진행해야 한다. [84]

1) 제1단계 : 투자목표 설정 및 제약요인 분석

투자자는 투자대상을 설정하고 투자의사를 결정하기 전에 요구수익률과 위험의 크기, 가용자금의 유동성, 투자기간과 함께 법적・제도적 제약요인을 면밀히 분석하고 위험의 수준과 크기를 가늠하고 최소화 방안을 모색해야 한다.

2) 제2단계 : 건물자산관리시장 조사 분석

거시경제, 미시경제 상황분석 및 물가현황, 매매시장과 임대시장의 여건, 경쟁 임대 대상건물 임대조건 분석, 금융・세제 분석을 통하여 투자전망을 분석한다.

---

84) 한국생산성본부, 전게서, p.15 인용 재구성.

3) 제3단계 : 표적 투자자산 포트폴리오 결정

제2단계에서 분석한 내용을 토대로 분석 자료를 종합하고 다음단계에서 수립되는 전략 준비에 필요한 자료를 종합한다.

4) 제4단계 : 현재의 자산구성과 비교분석 및 전략수립

현재의 자산구성(Portfolio)과 매입대상 자산과의 비교분석을 통하여 위험최소화 전략을 수립한다.

5) 제5단계 : 점검과 재편성

기 편성한 포트폴리오에 대하여 다시 한 번 점검하고 문제가 있는 경우 투자자산 포트폴리오를 재편성하여 위험을 최소화한다.

6) 제6단계 : 포트폴리오 성과측정

자산시장의 일반 포트폴리오와 위험관리를 체계적으로 하고 있는 벤치마킹 포트폴리오와 비교하여 Net Operation Income, Real Operation Income 및 Cap. Rate 등을 확인하여 성과를 측정해야 한다.

제5절 건물자산 투자계획과 분석대상

1. 건물자산 투자계획

투자계획(Investment Plan)이란 건물자산을 대상으로 장래의 경제적 투자이익을 얻기 우하여 현재의 노력이나 현재 소비희생의 대가로 미래의 경제적 보상을 받기 위한 방법, 절차, 전략 등을 미리 작성한 진행 절차서를 말한다.

투자계획은 투자목적의 확정 후 작성되는 것으로 투자의 방향, 방법, 절차나 자금의 조달 등을 세부적으로 적성해야 한다.

투자계획의 목적은 투자자의 투자목적이 투자위험을 최소화하고 투자수익을 최대화(Low Risk－High Return)하는 것이므로 투자계획은 투자목적이 경제적 방법으로, 안전하게 그리고 효율적으로 달성되도록 작성되어야 하고 자원조달(자금, 금융 등)의 구체적 계획과 전략이 포함되어야 한다.

건물자산투자는 건물자산의 속성과 부동산시장의 특성 및 관련법과 제도에 의하여 크게 영향 받으며 장래의 불확실성에 의하여 자산가치나 수익이 감소하고 손실이 있을 수 있으므로 투자위험과 법·제도, 경제환경, 경기변동, 건물자산자체 등의 분석과 수익성은 판단을 위한 재무적 분석 등을 바탕으로 수립되어야 한다.

2. 건물자산 투자분석대상

건물자산 투자계획을 수립하기 위한 투자분석대상은 다음과 같다.

(1) 자산분석

건물자산 투자계획을 수립하기 위해서 가장 먼저 분석 실시해야하는 분석대상은 취득자산에 대한 일반개요와 물리적 상태, 감가상각현황, 관리조직과 투입인력현황 및 용역계약현황, 에너지사용현황, 입주사현황 및 임대료·관리비현황, 주요 임차인과 공실현황 그리고 건물운영에 필요한 준공도서와 장비사용서, 매뉴얼, 재고자재, 부품, 원료, 공사일지, 업무일지, 각종 보수정비이력서, 계약서 등 일체의 필요한 정보를 자산실사와 분석을 해야 한다.

(2) 재무분석

자산의 재무분석은 수입과 비용 및 수지차에 대한 수리적 분석을 의미한다.

넓은 의미의 재무분석은 부동산조세와 부담금, 예산, 원가, 회계 등 전반의 분석을 의미하며 광의의 분석을 통하여 수지차를 1년 또는 5년 단위로 운영예산을 수립하여 수지를 살펴보아야 한다.

건물자산의 재무분석을 위해서는 총자산의 규모와 수입 및 지출비용과 수지차를 합리적으로 산출해야 한다.

건물자산관리실무 측면의 자산은 토지와 건물, 공도구, 수목, 임차보증금, 선급금 및 부동산관련 유가증권의 합계액에서 임대보증금과 선수수익을 차감한 잔액을 건물자산(부동산자산)으로 인정한다. 즉, 보유부동산에 자본적 지출을 통한 개량비인 신규투자분의 합계액이 자산으로 인정된다.

또한 재무분석 대상의 하나인 세금과 부담금, 인건비, 용역비, Utilities 비용, 보험료, 구매비, 수리비, 감가상각비, 이자(담보대출이 있는 경우), 간접비(사무실운영비, 행정적 지출 등), 기타비용(손해배상, 벌금, 과태료 등) 등의 합계액을 의미한다.

운영비의 분석은 재무제표, 손익계산서, Cash Flow, 관리예산, 운영보고서 등을 통하여 분석할 수 있다. 또한 재무분석의 하나인 건물자산 운영수입은 임대수익과 매각익, 시설사용료, 배당금, 기타수입(주차사용료, 자판기수입, Concierge 수입 등) 등의 합계액을 의미한다.

그리고 수익과 비용지출의 결과 나타나는 수지는 Cash Flow(현금흐름표)를 통하여 얻을 수 있다.

현금흐름표의 수지는 다음과 같이 작성된다.

즉, 예상총수익에서 공실손실률을 차감한 유효수익률 중에서 총운용비용을 차감하면 순운영수익(NOI)이 발생하고 NOI에서 융자상환과 감가상각을 제한 후 세전수지가 집계되고 부동산세금을 다시 차감하면 세후수지가 Cash Flow상에 기록된다.

이를 등식화하면,

PGI(Potencial Gross Income) − Vacancy Loss = EGI
EGI(Effective Gross Income) − Operating Expense = NOI
NOI(Net Operating Income) − (감가상각 + 융자상환) = BTCF
BTCF(Before Tax Cash Flow) − Tax = ATCF(After Tax Cash Flow)

로 산출된다.

최종 ATCF는 After Tax Cash Flow상에 가처분현금수지를 의미한다.

(3) 시장분석

시장분석은 동일생활권과 인근지역 분석 및 상권분석을 의미하는 것으로 다음 사항을 분석해야 한다.

1) 물리적 경계

투자대상 건물자산이 위치하고 있는 지역은 교통간선이나 하천, 주요도로, 철도, 호수, 강, 하천, 산 등 물리적 경계로 인근지역을 구분할 수 있다.

이와 같은 물리적 경계를 아는 것은 투자대상 건물자산의 투자의사결정을 위해 위치위험을 경감시켜 준다.

2) 토지이용상태

토지의 이용 상태를 살펴보면 투자대상지역이 성장성이 있는지 또는 후퇴성이 있는 지역인지를 알 수 있다.

특히 나대지가 많은 경우에는 성장할 수 있는 지역으로서 투자지역으로 적합하다.

3) 사회적 · 경제적 수준

주거하거나 위치한 주민과 기업, 공장들의 사회적 · 경제적 수준을 분석하는 것은 투자대상 건물자산의 잠재이익 개발여부의 바로미터가 된다.

특히 주민의 소득수준, 직업, 학력, 연령 등을 조사하여 분석해야 하며 그 지역에 위치한 주요산업, 업종, 생산품, 연매출, 경제기반 등을 분석하여 수요예측에 필요한 정보를 얻어야 한다.

4) 교통시설

철도, 전철, 버스, 승용차 등의 교통수단의 현황과 통행량, 통행횟수, 노선 등 교통시설 전반에 걸쳐 조사 분석해야 한다.

왜냐하면 교통시설로 사람을 이동시켜 상권형성이나 건물자산 수요 · 공급이나 거래 및 거래가격에 지대한 영향을 주기 때문이다.

5) 부동산시장동향

입지여건이나 건물자산 수급현황, 매매거래가격, 임대기준, 관리비기준, 경쟁건물현황, 주변의 협력업체 현황 등을 조사 분석해야 한다.

또한 공실률과 임대환원율 등을 조사하여 수요예측에 필요한 정보를 얻어야 한다.

6) 부동산경기순환

부동산시장 경기순환기가 하향기, 회복기, 상향기, 후퇴기, 안정기 중 어디에 있는지를 부동산경기순환을 분석하고 적절한 대처를 해야 한다.

부동산경기순환은 건축허가량과 미분양 재고량, 거래량, 부동산의 가격변동, 공실률과 임대수준, 택지의 분양실적, 주택금융의 상태 등으로 측정 알 수 있다.

7) 인근지역 생애주기

인근지역의 생애주기란 투자대상 중심의 동일생활권지역이 물리 · 사회 · 경제기능을 다할 때까지의 연한을 의미하는 것으로 그 지역의 성쇠현황을 말한다. 이에는 성장기, 성숙기, 쇠퇴기, 천이기, 악화기 등으로 분류된다.

성장기는 인근지역이 성장하는 시기이고 성숙기는 개발단계를 지나 지역기능이 안정된 시기의 국면을 말한다. 쇠퇴기는 지역의 물리 또는 경제나 사회기능이 쇠퇴하는 시기의 국면이고, 천이기는 인근지역이 성장기, 성숙기, 쇠퇴기 3단계 중에 쇠퇴가 계속되면 완만한 커브가 계속되는 말기의 쇠퇴국면이 이어지고 재개발을 하는 경우 새로운 성장기가 도래하는 국면을 말한다.

그리고 악화기는 자산소유자 스스로 포기하는 국면을 말한다.

제6절 투자분석의 필요성과 투자결정과정

1. 투자분석의 필요성

건물자산의 투자의 의사결정은 건물자산의 물리적 속성으로 인하여 그리고 기술・행정・경제・법률・환경・위험측면의 복합성과 법・제도, 정책 등의 규제로 인하여 신속한 투자의사결정을 하기 어렵다. 특히 건물자산은 주식보다는 위험도가 낮으나 주식과 함께 위험자산이므로 위험에 대한 분석 없는 투자의사결정은 있을 수 없다.

왜냐하면 건물자산투자는 미래위험에 대한 금전적 보상이고 위험이 최소화되어야 투자수익이 극대화되는 위험과 투자수익과의 함수관계가 있기 때문이다. 또한 건물자산의 투자수익의 극대화는 투입되는 현금유출(Cash Outflow)보다 산출되는 현금유입(Cash Inflow)이 상대적으로 큰 경우를 의미하므로 미래위험이 예상되는 경우 투자의사결정은 손쉽게 이루어지지 않는다.

그러므로 투자자는 투자의사결정시 신중에 신중을 기해야 한다. 왜냐하면 건물자산투자는 전술한 바와 같이 건물자산 자체의 속성과 기술・경제・행정・법률・환경・위험 복합성과 법・제도, 정책 등의 규제를 직접 받는 자산일 뿐 아니라 건물자산 고유의 특성으로 인하여 투자위험이 산재되어 있어 투자위험분석이 투자의사결정전 최우선 과제(Issue)로 인식된다.

왜냐하면 건물자산과 건물자산투자시장은 다음과 같은 속성과 특성이 있기 때문이다.

건물자산투자는 전술한 바와 같이 투입(Input)하는 현금유출(Cash Outflow), 산출(Output)되는 현금유입(Cash Inflow)이 크도록 하여 투자수익의 극대화를 꾀하는 경제활동이다.

그러나 건물자산의 투자는 일반적으로 큰 자금이 투입되며 위험자산에 대한 투자일 뿐 아니라 건물자산투자시장은 불완전시장이고 추상적 시장이며 법·제도, 정책 등의 규제와 건물자산 자체의 속성과 특성으로 인하여 투자전 투자분석을 반드시 실시하여 투자위험의 유무판단과 투자위험이 있는 경우 그 위험의 크기를 예측하고 대책을 미리 설계하여 투자전략을 수립하여야 한다.

따라서 투자의사결정전의 투자분석은 대단히 필요하고 중요하다. 왜냐하면 건물자산투자와 관계되는 투자 저해요인이 많기 때문이다.

그러므로 다음 사항을 투자의사를 결정하기 전에 반드시 분석하고 문제점을 도출하여 투자전략을 수립해야 한다.

(1) 위험자산성과 저유동성

건물자산은 투자대상자산 중 주식과 함께 높은 위험도를 가지고 있는 자산이다. 투자대상 중 금융자산(재무자산)인 예금, 국채, 지방채 등은 위험도가 비교적 낮으나 ABS나 선물, 건물자산(부동산), 주식 등은 위험도가 상대적으로 높은 자산에 해당된다. 따라서 건물자산은 다른 자산에 비하여 환금성이 떨어지며 유동성이 낮은 자산이라 할 수 있다.

그러므로 투자자가 원하는 시점에 타이밍을 맞추어 매수자를 만나거나 현금화하기 어려운 저유동성, 저환금성의 속성이 있다. 따라서 투자의사결정전 위험자산인 투자대상 건물자산의 위험을 분석하고 위험의 크기를 예측하여 투자전략을 수립해야 한다.

(2) 법적·제도적 제약과 규제

건물자산은 부동산의 일종이므로 부동산사법과 공법 및 공시제도, 조세제도, 금융제도, 임대차제도와 토지정책, 주택정책 등으로 직접 영향과 규제를 받는다. 특히, 건축규제, 토지이용규제, 환경규제 등의 복합한 규제로 전문 투자지식이나 경험 없이는 투자의사결정을 하기가 쉽지 않다.

그러므로 투자의사결정전에 반드시 건물자산투자와 관계되는 법·제도·정책을 통한 투자 제약요소와 규제내용을 분석하여 투자전략수립에 활용해야 한다.

(3) 감가상각과 물리적 내용연수

건물자산은 경제적으로 지방세법에 의하여 일정한 경제적 내용연수를 가지고 있으며 정액법과 정률법에 따라 매년 자산가치를 감가하고 법정연수 마지막 해에는 건물자산가치가 제로가 된다. 또한 건물은 물리적 내용연수를 가지고 있어 일정한 내용연수(예 철근콘크리트조 오피스빌딩의 경우 55년(최저 50년, 최대 60년))가 지나면 물리적 기능과 성능이 크게 떨어져 사용수익이 어렵게 되는 속성이 있다.

그러므로 건물자산은 일정한 시간의 경과로 자산가치가 떨어지게 되므로 다른 투자재화와 달리 투자금의 회수가 어렵게 되는 단점이 있다. 그러므로 내용연수기간동안 사용수익을 통하여 투자금의 회수와 함께 투자수익을 최대화해야 한다.

따라서 이러한 관점에서도 투자분석은 선행되어야 한다.

(4) 개별성과 대체성

건물자산은 다른 부동산과 가격이나 수익률, 사용수익가치, 운용비용 등의 측면에서 비교하기 어렵다. 왜냐하면 투자대상 건물자산은 개별성이 있으며 대체성이 없기 때문이다.

따라서 다른 투자대상과 달리 개별자산분석을 실시해야 한다.

(5) 불완전 경쟁시장

건물자산투자시장은 완전시장이 아니다. 따라서 수요곡선과 공급곡선이 만나는 점에서 가격이 결정되지 않는다. 또한 가격정보보다 이용정보가 불확실성을 가지고 있으며 수요와 공급과 가격결정이 완전시장에서와 같이 이루어지지 않는 특성이 있다.

(6) 원상회복 난이성

건물자산투자는 거액의 자금이 일시에 투입되는 내구소비재이므로 분석 잘못이나 투자의사결정의 실수로 투자가 이루어지는 경우 투자비의 회수나 원상복구가 어려운 특성이 있다. 따라서 투자타당성 조사와 분석이 의사결정전에 이루어져야 한다.

(7) 수요 · 공급 불균형성

건물자산의 생산은 기획, 설계와 시공을 거쳐 건설되므로 장시간이 소요되기 때문에 일반재화와 같이 시장의 수요에 맞추어 공급이 불가능하다. 다시 말하면 수요와 공급 사이에 불균형이 되기 쉬운 속성이 있다. 따라서 시장분석을 통하여 수요예측과 함께 건물자산의 생산을 균형화하도록 해야 한다. 그러므로 투자분석이 필요하다.

(8) 자산운영의 애로성

건물자산의 보존, 유지, 개량관리를 통하여 사용가치 극대화와 최유효 건물사용화와 자산가치 극대화로 투자수익의 최대화는 대단히 복잡한 운영과정(Operation Process)을 거쳐 달성된다. 특히 시설관리는 고도의 기술을 요하며 법정 기술인력에 의하여 이루어지며 화재, 안전사고로 인한 인적·물적 손실 역시 현실적으로 발생되므로 투자자산의 운영은 대단히 어려운 관리과정이다.

따라서 투자의사결정전에 반드시 운영애로사항에 대하여 분석하는 것이 현명하다. 이와 같은 이유로 자산운영의 애로와 문제점을 분석하고 투자전략에 반영해야 한다.

2. 건물자산 투자결정과정

건물자산의 투자결정이란 건물자산 투자에 대한 투자자의 의사결정을 말한다. 투자결정은 여러 가지 투자대안 중 최적대안을 선택함으로써 종결된다. 우리가 건물자산투자활동을 전개할 때도 다른 재화에 대한 투자와 마찬가지로 투자철학과 투자목표, 투자결정요인이 있다. 이 철학과 투자목표 및 결정요인은 투자자가 의사결정을 하는 데겪어야 하는 과정으로 투자자에게는 꼭 필요한 사항이다.

(1) 건물자산 투자결정

1) 투자태도

투자태도란 투자자가 투자활동을 할 때 대안선택의 관련 정도와 성격을 규정하는 것으로서 투자결정시 고려해야할 투자태도는 다음과 같다.

① 직접·간접 관련성

투자자는 투자 건물자산을 직접 살 것인가, 아니면 간접적으로 살 것인가를 결정해야 하는데, 전자는 직접관련성이라 하고, 후자를 간접관련성이라 한다.

직접관련성은 자본의 투자와 함께 투자자산을 직접 경영 관리하는 것을 말하는 것이고 투자 건물자산과 간접적으로 관련을 갖는다는 것은 회사가 소유하고 있는 건물자산의 지분을 투자자가 매입한다는 것을 의미한다. 즉, 경영에는 직접 참여하지 않고 제공한 자본에 대한 과실을 목적으로 하는 것이다. 만일 투자자가 간접적인 관련을 갖고자 한다면 건무자산투자회사, 개발회사 또는 건물자산 서비스업의 중개·평가회사, REITs 등에 투자하면 된다.

② 시간투자

투자활동에 얼마만큼의 시간을 소비할 것인가를 결정해야 한다. 대개의 사람들은 처음엔 단기간 모험을 하나 나중엔 정상기간을 추구하게 된다.

③ 투자자의 역할

투자자는 수동적인 순지분 투자자가 될 것인가, 아니면 모험적인 능동적 투자자가 될 것인가를 결정해야 한다. 그에 따라 투자자는 역할이 달라진다. 경우에 따라서는 건물자산을 쉽게 처분하기 위해 저당금융 대부자가 되기도 한다.

④ 관리형태와 기능

투자 건물자산을 전문관리인에게 맡겨야 하는가, 아니면 자신이 직접 관리해야 하는가 하는 문제가 있다. 전자를 위탁관리, 후자를 직영관리라 한다. 위탁관리는 경제·물리·법률관리 등의 전부 혹은 일부를 위탁하는 것이다. 전문관리자를 이용하면 편리하다. 직영관리하는 경우는 투자자가 전문지식이 없으므로 외부 상담자의 조력에 따라 행동하는 것이 유익하다.

2) 투자자의 경제목표

투자자가 의사결정할 때 고려할 투자태도에 대해 전술한 바와 같이 살펴보았다. 그러나 태도에 적합하게 의사결정을 한다하더라도 투자자의 투자목표는 경제이익이나 건물자산의 이용에 있으므로 경제목표에 대하여 분명히 결정하여야 한다. 투자자의 관심인 경제목표가 무엇인지 살펴보기로 한다.

① 투자의 안전

투자자 경제관점에서 안전해야 한다. 이것은 투자자가 목적으로 하는 투자행동에서 의사결정에 가장 크게 영향을 미치는 요인이다.

투자가 보장되려면 투자에 대한 충분한 수익이 보장되거나 투자 건물자산을 매각하였을 때 취득원가를 초과하는 가격으로 팔 수 있을 정도로 양도가격이 보장되어야 한다.

② 수익의 확실

투자 건물자산은 산출능력이 확실해야 한다. 투자 건물자산이 주기적인 수익을 발생하거나 또는 자본가치가 증대할 자질을 가지고 있어야 한다. 투자자는 투자수익이 기대될 때에 투자결정을 내린다.

③ 투자의 환금성

투자자는 그의 자산을 단기간 내에 시장가격으로 처분할 수 있어야 한다. 어떤 부동산 또는 어떤 시기에는 처분과 환금이 어려운 경우가 있다.

④ 자본가치의 증대

투자자는 자본가치가 증대하길 바라며 가치의 감가는 될수록 적어지질 바란다. 부동산은 대체로 인플레이션의 좋은 방지책이 되어 자본가치의 하락을 막아준다.

⑤ 세금측면의 이익

투자자는 세금면의 우대조치도 기대한다. 특정 건물자산의 경우 세제혜택이 있으면 투자가 유리하게 된다.

⑥ 관리의 부담

투자자가 원하는 경우에는 관리를 할 수 있고, 그렇지 않으면 관리부담으로부터 자유로워야 한다. 다른 투자재와 달리 건물자산은 투자자가 관리・이용할 수 있는 기회가 많은 것이 특징이다.

⑦ 순수익의 재투자

투자 건물자산으로부터 발생하는 임료나 이윤은 재투자를 할 수 있어야 한다.

⑧ 지렛대 효과의 기회

지렛대 효과는 건물자산 투자에서 많이 활용된다. 이때 지렛대 효과란 차입금에 대한 산출이익을 말하는 것으로 순자본금에 비해 가능한 한 많은 돈을 차입하여 더 많은 수익을 얻는 것을 의미한다. 지렛대 효과가 크면 투자결정이 빨라진다.

⑨ 인플레이션 방어

인플레이션 방어(Inflation Hedge)는 실물투자에서 방어된다. 인플레이션 현상이 있을 때 투자자는 투자결정을 하게 된다.

⑩ 사회적 인정과 소유의 긍지

투자자산을 취득하므로 갖게 되는 사회적 인정과 소유함으로써 갖게 되는 긍지가 누려질 때 투자결정이 이루어진다.

⑪ 자본적 이득

양도차익의 실현이 확실할 때, 즉 자본적 이득이 보장될 때 투자결정이 이루어진다.

3) 투자결정의 주요 변수

제이퍼(Arstin Jaffe)와 월터스(David Walters)는 건물자산(부동산) 투자에 대한 의사결정의 주요 변수를 찾기 위하여 감수성 분석을 통하여 다음과 같은 여섯 가지 변수가 투자결정에 주요한 영향을 미치고 있는 것으로 지적하였다.

투자의사결정 주요 변수는 다음과 같다.

① 경상비
② 융자비율 혹은 지렛대비율
③ 유효 총수익
④ 부동산가격 상승률
⑤ 저당대부금의 이자율
⑥ 구입가격

(2) 투자결정과정

투자의사결정과정을 그림으로 구성하면 [그림 7-1]과 같다.

제1단계	투자목표 설정 ↓
제2단계	투자방침 및 투자계획수립 ↓
제3단계	표적 투자대상 선정 ↓
제4단계	시장조사분석과 법적 · 제도적 제약요인 및 규제사항 검토 ↓
제5단계	투자기대수익률 및 투자위험분석 ↓
제6단계	투자사업 확정 및 자금조달방안 수립 ↓
제7단계	투자 결정 ↓
제8단계	투자 실행

[그림 7-1] 투자의사결정과정

제7절 건물자산 투자분석기법

1. 투자분석기법의 의의

분석의 사전적 의미는 복잡한 사물을 그 요소와 성질에 따라서 가르는 일을 의미하는 것으로 건물자산투자활동에 있어서 필수적 이행과정이다.

건물자산에 대한 투자의사를 결정하기 전에 Property 분석, 위험분석, 미시경제・거시경제 분석, 수익률분석, 시장분석 등 여러 가지 분석대상에 대하여 분석활동이 선행적으로 이루어져야 함은 전술한 바와 같다. 분석항목 중 현금수입과 지출에 대한 수지분석, 수익률분석은 필수적 투자분석 항목이다.

2. 투자분석기법의 종류와 내용

투자분석기법에는 크게 할인현금수지 분석법, 어림셈법, 비율분석법 등이 있으며 이를 분설하면 다음과 같다.[85)]

(1) 할인현금수지 분석법

할인현금수지 분석법이라 함은 장래 예상되는 현금수입과 지출을 현재 가치로 할인하고 이것을 서로 비교하여 투자판단을 결정하는 방법을 말한다. 이에는 순현가법과 내부수익률법이 있다.

1) 순현가법

순현가법(NPV : Net Present Value Method)이란 장래 기대되는 세후소득의 현가합과 처분에 투자비용으로 지출된 지분의 합계를 서로 비교하는 것을 말한다. 투자가는 순현가가 0보다 크면 투자를 할 것이고, 0보다 작으면 투자를 하지 않을 것이다.

2) 내부수익률법

내부수익률법(IRR : Internal Rate of Return Method)이란 투자에 대한 내부수익률과

85) 김원규, 전게서, pp.280~283.

요구수익률을 서로 비교하여 투자결정을 하는 방법을 말한다.

내부수익률은 예상된 현금수입과 지출의 합계를 서로 같게 만드는 할인율 즉, 순현가를 0으로 만드는 할인율이다. 투자자는 내부수익률이 요구수익률보다 크면 투자를 할 것이고, 내부수익률이 요구수익률보다 작으면 투자를 하지 않을 것이다. 일반적으로 순현가법이 투자판단의 준거로 내부수익률보다 선호하게 된다.

(2) 어림셈법

어림셈법에는 승수법과 수익률법이 있다.

1) 승수법

승수법이란 여러 종류의 현금수지를 승수의 형태로 표시하는 것을 말한다.

조소득승수(GIM) 또는 조승수란 조소득에 대한 총 투자액의 배수를 말한다.

$$\text{조소득승수} = \frac{\text{총 투자액}}{\text{조소득}}$$

순소득승수(NIM) 또는 순승수는 순영업소득에 대한 총 투자액의 배수이다. 순소득승수를 자본회수기간이라고도 한다.

$$\text{순소득승수} = \frac{\text{총 투자액}}{\text{순영업소득}}$$

세전현금수지승수(세전승수)는 세전현금수지에 대한 지분투자액의 배수이다.

$$\text{세전현금수지승수} = \frac{\text{지분투자액}}{\text{세전현금수지}}$$

세후현금수지승수(세후승수)는 세후현금수지에 대한 지분투자액의 배수이다.

$$\text{세후현금수지승수} = \frac{\text{지분투자액}}{\text{세후현금수지}}$$

2) 수익률법

수익률법이란 여러 종류의 현금수지를 수익률의 형태로 표시하는 것이다. 어림셈법에 의한 수익률에는 종합자본환원율, 지분배당률, 세후수익률이 있다.

- 종합자본환원율(종합환원율)이란 총투자액에 대한 순영업소득의 비율을 말하며 종합수익률 또는 종합률이라고도 한다. 종합환원이율의 역수가 순소득승수이다.
- 지분배당률이란 지분투자액에 대한 세전현금수지의 비율을 말한다.
- 세후수익률이란 지분투자액에 대한 세후현금수지의 비율을 말한다.

(3) 비율분석법

비율분석의 수단으로 이용되고 있는 비율에는 다음과 같은 것이 있다.

1) 대부비율

대부비율이란 부동산 가치에 대한 융자액의 비율을 말하며, 저당비율이라고도 한다. 대부비율이 높을수록 채무불이행시 원금을 회수하기가 어렵다. 대부비율이 높아짐에 따라 부채비율도 급격하게 증가한다.

$$\text{대부비율} = \frac{\text{부채잔금}}{\text{부동산의 가치}}$$

2) 부채감당률

부채감당률이란 순영업소득이 부채 서비스액의 몇 배가 되는가를 나타내는 비율이다.

$$\text{부채감당률} = \frac{\text{순영업소득}}{\text{부채서비스액}}$$

3) 채무불이행률

채무불이행률이란 유효조소득이 영업경비와 부채 서비스액을 감당할 수 있는 능력이 있는가를 측정하는 것이다.

$$\text{채무불이행률} = \frac{\text{영업경비} + \text{부채서비스액}}{\text{유효조소득}}$$

영업경비와 부채 서비스액이 유효조소득에서 차지하는 비율이 클수록 그만큼 채무불이행의 가능성은 커지는 것이다.

4) 총자산회전율

총자산회전율이란 투자된 총자산(부동산가치)에 대한 조소득의 비율을 말하며, 조소득승수의 역수가 된다.

$$\text{총자산회전율} = \frac{\text{조소득}}{\text{부동산의 가치}}$$

5) 영업경비비율

영업경비비율이란 영업경비가 조소득에서 차지하는 비율을 말한다.

$$\text{영업경비비율} = \frac{\text{영업경비}}{\text{조소득}}$$

제8절 건물자산 투자전략

1. 투자전략의 의의

투자의 목적인 투자위험의 최소화와 투자이익 최대화를 위한 전반적 또는 세부적 방책과 투자목적을 효과적으로 달성하기 위한 준비, 계획, 동원, 조직 등에 대한 투자자의 투자방향과 지원 등을 말한다.

2. 투자전략의 내용

투자수익 최대화에 요구되는 전략의 종류에는

첫째, 적정자산 매입전략
둘째, 효율적 자산보유전략
셋째, 전략적 매각전략 등이 있다.

왜냐하면 건물자산투자는 적정 건물자산의 매입으로부터 시작되며 효율적 보유로 진행되다가 마침내 전략적 매각으로 완성되기 때문이다.

(1) 적정 건물자산 매입전략

건물자산투자의 성공여부는 적정 건물자산의 취득(Acquisition)에서 판가름 나므로 적정자산의 매입은 투자활동에 있어서 가장 중요하다.

적정 자산의 매입의 요체는 잠재적 가치를 개발할 수 있는 자산으로서 안정적 임대소득이 발생할 수 있으며 목표 이상의 양도차익이 실현될 수 있는 자산이어야 한다. 또한 적정 자산의 또 하나의 조건은 경제적 비용으로, 안전하게, 효율적으로 취득하고 운영할 수 있는 자산이어야 한다.

이와 같은 적정 자산은 말과 같이 쉽지 않으므로 여러 가지 적정 자산의 취득에 필요한 전략을 수립해야 한다.

적정 자산의 매입은 건물자산투자의 시작이고 요체로서 투자수익 창출에 결정적인 역할을 하게 된다. 또한 적정 건물자산 매입은 보유와 매각과정에서 선(善)기능과 역할을 하므로 자산매입은 철저한 기술적, 경제적, 법률적 분석과 위험과 수익성 분석을 통하여 매입해야 한다.

이와 같이 중요한 적정 자산 매입을 위한 구체적 세부전략은 다음과 같다.

① 자산매입 타이밍전략
② 안정적 임대소득원 건물자산 매입전략
③ 잠재가치 보유 건물자산 매입전략
④ 저비용 소득 건물자산 매입전략
⑤ 재매입 또는 임차조건부옵션 건물자산 매입전략
⑥ Anchor Tenant 임차 건물자산 매입전략
⑦ 대도시, 대규모 오피스 빌딩중심 매입전략
⑧ 상권중심 건물자산 매입전략
⑨ Low Risk-High Return형 건물자산 매입전략

⑩ 불황기 건물자산 집중매입전략
⑪ 인플레이션 방어전략(Inflation Hedge Strategy)
⑫ 지렛대 전략(Leverage Strategy)
⑬ 포트폴리오 전략(Portfolio Strategy)

이상에서 열거한 구체적 세부 매입전략을 분설하면 다음과 같다.

1) 자산매입 타이밍전략

취득은 부동산 매매에 의한 거래활동이므로 취득시점이 매우 중요하다. 호황기에 건물자산을 취득하면 불황기에 더욱 거래가격이 위축되고 환금성이 후퇴하나 건물자산의 매입은 경기순환변동국면에서 침체말기나 회복초기에 의사결정 하는 것이 현명하다.

또한 건물자산투자는 경제순환국면에서 볼 때 확대초기가 적합하다. 또한 건물자체의 물리적으로 설비노후화가 진행되지 않는 건물 또는 대수선이 끝난 건물의 매입이 유리하다. 즉, 건물시설 노후화와 대수선측면에서 10년 이하의 건물이나 25년 이상의 건물매입이 매입타이밍 측면에서 유리하다.

또한 건물자산가격이 사회적 변동, 대형사건 등으로 일시적 하락현상(Real Estate Fluctuation)이 발생하는 경우 지체 없이 투자결정과 함께 투자실행을 하는 것이 수익극대화에 도움이 된다.

공급이 수요보다 클 때 자산매입시점으로 잡는 것도 투자수익 극대화에 유리하다.

2) 안정적 임대소득 건물자산 매입전략

오늘날 건물자산의 취득은 보유와 사용에 있지 아니하고 사용과 수익에 있으므로 안정적으로 매월 일정한 임대수익을 얻을 수 있는 건물자산을 매입하여야 한다.

3) 잠재가치 보유 건물자산 매입전략

취득자산은 잠재경제이익을 보유한 자산이어야 한다. 즉, 자산가치 개량을 통하여 수익을 극대화할 수 있는 증축이나 용도변경, Renovation, Re-positioning, 임대구조개선 등을 할 수 있는 투자자산을 취득하는 것이 투자전략상 요구된다.

왜냐하면 보유 잠재가치를 개발함으로써 투자수익을 최대화할 수 있기 때문이다.

4) 저비용 · 고소득 건물자산 매입전략

경제적 유지관리비용 지출로 정상적 기능과 성능이 장기적으로 유지되는 건물로서 고소득의 생산성(임대소득 및 기타소득)을 나타내는 건물자산의 매입전략이 필요하다.

일반적으로 건물은 철근콘크리트 오피스 빌딩의 경우 물리적 내용연수가 55년이나 25년경과 후 건물시설의 기능과 성능의 악화로 대수선 공사를 실시해야하므로 막대한 대수선 공사비 지출이 불가피하다. 따라서 매입 건물자산은 완공초기 건물이나 대수선후의 건물을 매입하는 것이 바람직하다.

또한 장착된 건축설비 중 주요기기의 물리적 내용연수는 일반적으로 15~18년 정도이므로 이 또한 전면 교체 후에 매입의사를 결정하는 것이 전략상 필요하다.

특히 매입전략상 주의할 것은 임대소득을 목적으로 노후단계에 있는 건물자산을 매입하는 것은 바람직하지 않으나 재개발 목적으로 매입하는 것은 바람직하다.

5) 재매입 또는 임차조건부옵션 건물자산 매입전략

매도자의 사정으로 환매옵션이나 전체 또는 일부의 임차보상조건으로 매도하는 건물자산을 매입하는 전략이 필요하다.

재매입 또는 임차조건부 자산매입은 임대나 유지관리에 별도의 추가비용이 소요되지 않기 때문에 안정적인 투자수익 창출에 매우 유리하다.

6) Anchor Tenant 임차 건물자산 매입전략

Anchor 임차인은 양질의 임대고객으로서 관련업체를 신규 임대차로 유인하는 역할을 하므로 Anchor 임차인 또는 다수의 양질의 임차인으로 구성된 건물매입이 매입전략상 유리하다.

7) 대도시 · 대규모 건물, 오피스 빌딩의 매입전략

대도시 대형건물, 오피스 빌딩은 출구계획(매각계획)에는 다소 부담과 위험이 수반되나 안정적인 임대소득과 양도차익 실현에는 소규모 건물자산보다 매우 유리하다.

서울지역 오피스 빌딩 공실률은 2%대로서 뉴욕 4.4%, 런던 3.1%, 홍콩 3.9%, 워싱턴 DC 7.5%, LA 8.9%보다 훨씬 낮아 대도시 · 대규모 오피스빌딩 매입전략이 투자자산중 유리하다.[86)]

8) 상권중심 건물자산 매입전략

상권이 안정기나 성장기에 있는 중심 상권에 위치한 건물자산 매입이 투자수익 창출에 유리하다.

---

86) 조선일보, 2007. 9. 23, A17(서울빌딩공실률 세계 최저).

9) Low Risk–High Return형 건물자산 매입전략

위험분석결과 저위험 고소득이 보장되는 건물자산의 매입이 유리하다.

우리나라의 경우 1997년 IMF이후 2년간 외국자본에 의하여 매입된 서울 중심상권의 오피스 빌딩 단기 투자모델이 Low Risk-High Return 모델이었다. 당시 외국 부동산투자 회사는 단기간에 25% 이상의 투자수익을 실현하였다.

10) 불황기 건물자산 집중매입전략

불황기의 건물자산은 장기투자관점에서 투자의사결정 해야 하며 증축가능하거나 우량 임차인 유치 및 장기임대로 임대차하되 불황시장에 의존하지 않는 투자활동이 투자전략상 요구된다.

또한 경기하강이 지속될 때 투자자금을 총동원 집중 매입하여 호황경기 상승국면에서 전략적 매각을 함으로써 양도차익 실현을 해야 한다.

11) 인플레이션 방어전략

인플레이션 방어전략(Inflation Hedge Strategy)이라 함은 인플레이션의 피해를 방어하기 위하여 인플레이션 현상 발생 전에 실물자산에 투자함으로써 인플레이션 현상시 나타나는 금융자산의 경제가치 하락을 방어할 수 있게 하는 실물자산 투자전략을 의미한다.

실물투자는 인플레이션 현상 속에 실물자산의 가격을 상승시켜 양도차익의 실현으로 현금손실을 보상해주기 때문에 인플레이션 방어전략은 투자전략으로 매우 유용하다.

12) 지렛대 전략

지렛대전략(Leverage Strategy)이란 투자자금의 용도로 금융을 차입하여 자산을 매입할 때 투자자산의 임대소득이나 양도차익이 차입금융의 금융비용(이자 포함) 보다 클 때 구사하는 금융활용전략이다.

투자에 활용되는 금융의 종류에는 일반 금융 외에 프로젝트 파이낸싱, 부동산펀드, 지분참여 등이 있다.

일반적으로 투자자금의 내용에는 자기자본 외에 타인자본(주로 금융)에 의존하는 경우가 많으나 지나친 타인자본의 의존은 경우에 따라 투자자산 전체를 상실할 수 있으므로 바람직한 투자활동에 있어서 지나친 타인자본 의존은 조심해야 한다.

13) 포트폴리오 전략

포트폴리오 전략(Portfolio Strategy)이란 투자위험을 분산하여 수익최대화를 도모하고자 하는 위험최소화와 수익극대화의 전략을 의미한다.

투자의 수익은 위험과 비례하므로 항상 위험의 분석과 관리에 최선을 다해 최소화해야 한다. 따라서 국가별·지역별·자산유형별·규모별·용도별 투자구조, 투자수단, 임대구조 등의 위험분산이 요구되며 위험을 최소화하고 투자수익의 안정화를 위하여 재산 3분법에 따라 같은 종류의 자산일지라도 오피스 빌딩, 주거용 건물, 리테일 등으로 분산 매입하고 관리하는 것이 투자위험을 최소화하여 투자수익을 증대시키는 요체가 된다.

외국 대형투자회사의 경우 Portfolio 담당 Manager를 별도로 두고 투자위험을 전담하나 국내의 경우에는 AM Manager나 PM Manager 또는 B/D Manager가 부분적으로 담당하고 있다.

(2) 효율적 보유전략

효율적 보유전략은 경제적 비용으로, 안전하게, 효율적 방법으로 보존·유지·개량하여 임대소득을 극대화하여 자산가치를 높임으로써 안정적 수익기반과 함께 양도차익의 실현을 가져오는 데필요한 최유효 사용화 전략을 의미한다.

또한 보유전략은 건물자산시장의 고유특성인 자산시장요소, 건물자산의 위치적 요소, 건물자산의 생애단계, 수익성 구조 등의 정태적 요소와 건물자산의 임대수입과 지출 및 이로 인한 Cash Flow상의 수지차(세후 현금수지) 그리고 수선비와 자본적 지출 등에 의한 건물자산의 자체 변화요소인 동태적 요소들을 분석하여 매입·보유·매각 등을 결정해야 하는바 동태적 요소와 정태적 요소들에 대한 분석결과 보유방향이 유리한 경우 보유중심으로 자산을 관리해야하는 전략을 의미한다.[87)]

효율적 보유는 적정 자산의 매입이 대전제가 되어야 효율적 보유전략을 구사할 수 있다. 적정 건물자산 매입을 바탕으로 효율적 보유를 위한 전략에는 다음과 같은 구체적이고 실천적인 세부 보유전략들이 있다.[88)]

① 임대구조개선 전략
② Anchor 임차인 유치전략
③ 저비용 운영 및 고효율 생산을 위한 협력자 제휴전략
④ 건물용도변경 전략
⑤ Renovation 전략
⑥ 추가수입창출 전략

---

87) 건물자산의 매입과 보유 및 매각에 영향을 미치는 요소에는 정태적 요소와 동태적 요소가 있다. 전자는 건물자산과 시장의 특성으로 부동산시장 특성, 자산의 위치, 자산생애단계(Building Life Cycle), 수익성 구조 등을 의미하고, 후자는 건물자산 스스로의 가치변화에 관계되는 요소로서 수입과 지출, 그리고 수지차 및 자본적 지출과 수선비 등을 의미한다.

88) 한국생산성본부, 전게서, p.75 인용 재구성.

⑦ 증축 전략
⑧ 고급화 전략
⑨ 손실방지 전략
⑩ 출구(Exit) 전략
⑪ Niche Market 개발전략
⑫ Re-positioning 전략
⑬ 시설운영 효율화 전략

이상에서 열거한 효율적 보유전략의 구체적 세부전략을 분설하면 다음과 같다.

1) 임대구조개선 전략

임대구조가 목표 임대소득을 창출할 수 없는 구조일 때는 임차인의 업종을 변경, 임대평수를 재조정, 양질의 임차인으로 대처, Anchor 임차인유치, 장기임대로 변경, 임대수입조건(보증금, 월임대료, 관리비, 사용료 등) 변경, 부실 임대채권정리, 불량 임차인 특별사후관리, 임대채권관리 철저 등의 방법으로 임대구조를 크게 개선하여 임대소득 극대화구조로 안정적 수익기반을 조성하여야 한다. 그리고 임대구조개선을 위한 약간의 자본적 지출은 감수하여야 한다.

이와 같은 임대구조의 개선으로 높은 수준의 임대소득이 유지되는 경우 자산가치가 상승하여 매각시 큰 폭의 양도차익을 실현할 수 있게 된다.

2) Anchor Tenant[89)]유치전략

Anchor Tenant가 없는 경우, Anchor 임차인을 우선 유치하여 관련업종의 업무편익을 위하여 스스로 Anchor 임차인이 임차한 건물에 입주하도록 하는 전략이 필요하다.

저자가 신축건물 임대를 위하여 Anchor 임차인으로 특허청을 우선 유치함으로써 대부분의 공실이 짧은 시간에 임대하는데 성공할 수 있었다.

3) 저비용 운영 및 고효율 생산을 위한 협력자 제휴전략

시설물을 전문관리할 수 있는 업체(FMC)와 전략적 제휴를 하거나 파트너십을 갖는 경우 투자목적물의 효율적 보유에 유익하다. 또한 재산운영과 임대관리를 위한 PMC, 임대관리를 위한 LMC 그리고 자산운용을 위한 AMC의 전략적 제휴는 저비용으로 고효율의

---

89) Anchor tenant란 장기적으로 한 건물을 임차하여 사용하는 대형 Tenant로서 스스로의 영향력으로 다른 임차인을 유치할 수 있는 임차인을 말한다. 예컨대 특허청이 입주하는 경우, 특허관련 업종이 업무 편의상 특허청 입주건물에 임차하게 되는데 이때의 특허청을 Anchor Tenant라 한다.

이익을 창출할 수 있다.

4) 건물용도변경 전략

건물자산의 효율적 보유방법에는 건물용도변경 전략이 있다. 건물의 전체 또는 일부의 용도를 수익성제고와 자산가치 증가에 부합하도록 용도를 변경하는 전략이다.

매입자산의 자산가치를 증가시키고 임대소득을 최대화하려면 건물의 용도를 변경하여 임대화하는 전략이 필요하다.

예컨대 주차장용도의 지하건물을 용도변경허가로 근린상가시설로 개조하는 경우 자본적 지출에 임대소득이 늘어나고 재산가치가 크게 상승하게 되므로 바람직한 효율적 보유전략이 될 수 있다.

건물일부용도변경으로 자산가치와 임대소득을 크게 개선한 대표적 성공 사례건물로는는 서울 중구 태평로의 서울 파이낸스센터빌딩을 들 수 있다. GIC가 매입하고 두산건설에 의하여 주차시설용도인 지하 1층과 지하 2층 및 지하 3층 약 5,700평을 근린생활시설로 용도변경하여 최고급의 빌딩 아케이드화 함으로써 임대소득과 자산가치 제고에 크게 성공하였다.

5) Renovation 전략

노후화 건물을 적정가격으로 매입하고 합리적인 공사비를 투입하여 입지여건을 최대로 활용하고 편리하고 쾌적하며 효율적 비즈니스 환경을 조성하여 우량 입주자나 대형 Anchor 입주사를 유치하는 경우 임대소득은 상승은 물론 전체 자산가치 제고에 크게 이바지하는 건물 Renovation 전략은 효율적 보유전략으로 매우 바람직한 전략이다.

예컨대, 2001년 골드만삭스가 약 200억의 자금으로 매입한 논노빌딩(현, 메트로빌딩)을 약 70억의 공사비로 삼성건설로 하여금 Renovation공사 한 후 약 410억에 매각함으로써 단기간에 양도차익을 크게 실현함으로써 효율적 보유전략을 통한 성공적 투자사례라 할 수 있다.

그러나 Renovation 전략을 구사하려면 매입 전에 매입목적물의 층고의 적정성, 승강기 용량 적정성, 주차용량 적정성, 건물내부공간 효율성 등의 유무에 대한 조사 분석 후 타당성과 적정성이 있는 건물매입이 전제되어야 함을 유의해야 한다.

비전문가와 저기술 능력자에 의한 비능률 손실, 부실관리로 인한 조기 대수선의 경우 공사비 손실, 부실점검과 보수로 공구・부품・장비・설비・기기 등의 구입비 손실 등, 투입적정 자산매입에 실패하여 회복할 수 없는 투자손실 등 건물자산관리현장에서 예상되는 손실의 원인과 배경을 철저히 조사하고 분석하여 손실발생을 예방하거나 최소화함으로써 투자목적을 효과적으로 달성할 수 있게 된다.

대형 안전사고(예 화재, 붕괴) 발생의 경우 제3종 위험에 해당되어 자산관리회사 전체가 도산하는 경우도 있을 수 있으므로 손실방지전략은 큰 틀의 효율적 보유전략으로 유용하다.

6) 추가수입창출 전략

투자자산의 효율적 보유를 위해서는 임대소득의 추가적인 수입창출이 요구된다.

예컨대 자판기수입, 특수시설 사용료, 일시적 로비사용료, 특별서비스의 대가, 주차장 효율적 활용 등으로 추가수입을 발생시키는 경우 운용수익에 다소나마 유리하게 작용하게 된다. 따라서 운용비용 절감 전략 못지않게 추가수입창출 전략 구사가 필요하다.

7) 증축 전략

증축은 신축 못지않게 자산의 가치를 증가시키고 임대소득의 증가를 가져온다.

잠재가치(예 용적률, 건폐율의 여유가 있는 자산)가 있는 건물자산을 매입한 경우 건폐율과 용적률을 감안하고 건축구조안전을 고려하여 문제가 없는 경우 소규모의 자본적 지출을 통하여 보다 큰 자산가치와 임대소득을 창출함으로써 효율적 보유전략으로 매우 유효하다.

건축물의 용적률과 건폐율은 건축법 시행령과 해당 시·군·구의 조례를 반드시 참고하고 구조안전진단을 실시한 후 증축여부를 결정해야 한다.

8) 고급화 전략

효율적 보유방법 중 하나에는 고급화 전략이 있다. 시장조사와 분석결과 지역적으로 대형 임차인이나 양질의 임차인이 높은 임대료 부담 잠재력이 있는 경우 과감하게 자본적 지출을 통한 고급화 전략으로 대응하는 경우 지출한 공사비를 몇 년의 운영으로 흑자화할 수 있다.

따라서 인근지역의 여건과 환경 및 고급화를 원하는 예상 임차인이 있는 경우 구사해 볼만한 보유전략이다.

9) 손실방지 전략

화재, 안전사고 등의 발생으로 인한 인적·물적 피해손실, 부실임대채권으로 인한 손실, 각종 소송 등에 의한 비용과 시간손실, 부적절한 회계적 손실, 구매 잘못에 의한 경제적 손실 등에 대한 방지전략이 필요하다.

10) 출구(Exit) 전략

출구 전략(Exit Strategy)이라 함은 전략적 매각에 대비한 매각준비 전략으로서 임대수입을 매입 당초보다 증가시키어 자산가치를 높이며 임대경쟁력을 인근 건물보다 비교우위에 둠으로써 수요자의 매수욕구를 자극시켜 매입의사를 행동으로 옮기는 전략이다.

통상 출구 전략은 Property Manager에 의하여 실천되는 전략으로서 매입자 소스를 개발, 유지하고 유리한 조건으로 매각 타이밍에 맞추어 Asset Manger 또는 B/D Owner로 하여금 전략적으로 매각하도록 함으로써 목표 양도차익을 실현시키는 전략으로서 효율적 보유의 한 가지 전략이라 할 수 있다.

11) Niche Market 개발전략

Niche Market(틈새시장) 개발전략이란 경쟁자인 다른 자산투자자가 미처 예상치 못한 적정자산을 매입하고 효율적으로 보유하여 전략적 매각함으로써 임대소득과 양도차익실현을 통하여 투자수익을 최대화하는 전략을 말한다.

오피스 빌딩만이 투자이익을 항상 보장하지 않음을 틈새시장이 시사하고 있다.

12) Re-positioning 전략

등급이 낮은 건물자산을 접근 통로를 신설하거나 BAS(사무자동화건물, Building Automatic Service) 또는 IBS(설비시설 첨단화건물, Intelligent Building System)건물로 개조하거나 냉난방 성능개선, 주차장시설 개보수, 맞춤형 서비스제공, 퀵 서비스제공, 컨서러지 서비스(Concierge Service) 제공으로 건물 실내환경을 획기적으로 개선함으로써 관리대상 건물자산의 경쟁력을 비교우위에 두고 자산가치를 높임으로써 전체 건물자산의 가치나 편리성, 쾌적성 등을 업그레이드(Upgrade)하는 전략을 Re-positioning 전략이라 한다.

Re-positioning 전략을 구사하면 자산가치와 수익이 증대되는 효과를 가져다준다. Re-positioning 전략을 구사하여 자산가치와 수익을 증대하려면 먼저 매입자산은 임대공간의 평면설계(Layout)가 용이해야 하고 일정 층고가 확보되어야 하며 승강기 용량이 충분해야 하고 입지여건이 맞아야 함은 물론 주차시설의 편리성이 확보된 건물이어야 한다.

13) 시설운영 효율화 전략

시설 중 주차장의 경우 주차장방식의 선진화나 전문화하는 경우 수입누수가 방지되고 Early Bird Parking 시스템과 같은 주차시설운영방법의 변화로 이용자의 급증을 가져와 주차시설이용 수입이 크게 늘어날 수 있었다.

예컨대, 서울시티타워나 스타타워 등에는 호주계 주차장관리전문회사인 Wilson Parking을 고용하여 주차수익을 극대화하고 있다.

(3) 전략적 매각전략

전략적 매각전략(Strategic Sale Strategy)은 투자자가 매각을 원하는 시점에 목표양도차익발생을 전제로 현금화하는 전략을 의미한다. 건물자산투자에 있어서 전략적 매각이 이루어지려면 매각 전단계인 건물자산매입의 적정화가 이루어져야 하며 자산보유 또한 효율화가 달성되었을 때 비로소 전략적 매각이 성사되어 투자수익을 최대화할 수 있다.

그러므로 적정자산의 매입이나 효율적 보유 그리고 전략 매각 등은 별개의 전략이 아니라 투자 전략의 한 방편일 뿐 셋 중의 하나인 전략임을 유의하고 각 전략 간에 서로 조화되도록 해야 한다.

전략적 매각전략에는 다음과 같은 구체적이고 실천적인 전략들이 있다.

① 매각타이밍 전략
② 옵션부매각 전략
③ 지분매각 전략
④ Portfolio 특별관리대상 우선매각 전략
⑤ 대규모 자본적 지출대상 우선매각 전략

전략적 매각전략의 주요 내용을 분설하면 다음과 같다.

1) 매각타이밍 전략

매각타이밍은 전략적 매각을 통한 양도차익 실현에 있어서 결정적인 역할을 하는 전략이다. 매각타이밍을 실기하는 경우 투자의 최대목적인 투자수익 극대화에 치명적인 악영향을 주게 되며 또 다른 자산재투자 계획에 결정적인 차질을 가져오게 한다.

이와 같이 중요한 매각타이밍을 맞추어 현금화하려면 경비순환변동 확대말기에 매도하는 것이 최적기이다. 왜냐하면 확대말기 후 경기하향국면인 불황기국면이 곧 도래하면 매각최적기를 놓치게 되기 때문이다. 또한 공급이 초과현상을 보일 때에는 매각 시점을 뒤로 미루고 유지전략과 틈새시장개발과 공략으로 수입유지에 우선을 둔다. 왜냐하면 초과공급의 경우 자산가격이 하락하기 때문이다.

2) 옵션부매각 전략

매각시 재임대조건이나 환매조건부 매각이 유리한 경우 옵션부매각 전략을 구사하여 양도차익의 실현과 함께 경제적 비용으로 재사용수익할 수 있는 기회확보와 불경기도래시 재매입함으로써 장기적으로 안정적 수익기반을 재창출할 수 있게 된다.

3) 지분매각 전략

전체 건물 중 위험도가 높은 용도의 건물지분(예 주상복합건물 중 Retail 부분의 건물지분)을 분할매각함으로써 보유자산의 위험을 경감시켜 보유자산가치를 유지 또는 재고할 수 있다.

4) Portfolio 특별관리대상 우선매각 전략

Portfolio를 구성하고 있는 개발자산 중 위험측면에서 Portfolio 특별관리대상을 우선매각함으로써 전체 자산의 수익과 가치를 계속 유지할 수 있다.

5) 대규모 자본적 지출대상 우선매각 전략

25년 이상의 건물은 대부분 물리적 기능과 성능이 떨어져 노후화현상을 보이므로 25년이 가까워오는 보유자산을 대수선 전에 미리 매각함으로써 대규모 대수선 비용을 절약할 수 있다. 필요한 경우 대수선 후의 매각이 유리한 경우에는 자본적 지출을 통하여 대수선 공사 후 매각하는 것도 하나의 전략적 매각전략이 될 수 있다.

제8장 건물자산관리의 AM실무활동

제II편 제8장 건물자산관리 AM실무활동편에서는 전체 다섯 개의 절을 두고 건물자산관리 3측면의 개념과 AM실무의 개념 및 구조체계, Asset Manager의 기능과 역할 및 주요업무를 소개하였으며, AM을 담당할 Asset Manager의 자격조건과 능력조건 그리고 AM의 주요 실무활동 순으로 설명하고 있다.

제1절 건물자산관리 3측면의 개념

1. 3측면의 의의

건물자산관리는 하나의 측면만을 관리하는 경우 완전한 관리효과를 얻을 수 없다. 왜냐하면, 건물자산관리는 업무의 성질상 자산의 운용업무와 재무관리업무, 임대관리업무 중심의 운영관리업무 그리고 시설관리업무가 복합적으로 병존하여 이를 관리하기 위한 관리활동 분야가 3측면으로 존재하고 있기 때문이다. 따라서, 완전한 경영성과와 관리성과를 합리적으로 도출하기 위해서는 Asset Management 측면의 자산운용과 재무관리업무, Property Management 측면의 건물 임대관리와 건물운영관리업무 그리고 Facility Management측면의 시설관리업무를 전체 건물자산관리의 시스템 안에서 유기적으로 개별관리하여 그 성과를 통합하는 관리적 노력이 필요하다. 건물자산관리는 이와 같이 하나의 건물자산관리업무가 성격과 업무내용을 달리 하는 3가지 측면에 해당되는 업무가 존재하고 있는 바 이를 건물자산관리 3측면이라 한다.

2. 3측면의 기능

(1) AM측면

건물자산관리의 AM측면이란 전체 건물자산관리업무 중 자산운용과 재무관리 측면으로서 건물자산 소유자나 투자자로부터 자산운용을 위탁받은 Asset Management Company 또는 Asset Manager가 건물자산 소유자와 투자자와의 전략적 파트너십을 가지거나(Outsourcing인 경우) 내부조직(In-house인 경우)의 업무위탁 또는 업무분장에 따라 자산을 운용하여 최적 건물자산 또는 적정 건물자산을 취득하고 취득건물자산의 보유와 운영관리를 PMC 또는 Property Manager와 전략적 제휴하거나 내부조직을 활용하여 위탁 또는 위임하여 통제함으로써 운영수익을 최대화하고 합리적 처분 또는 전략적 매각을 통하여 양도차익을 실현하는 등 이른바 건물자산가치 증식기능과 PM의 운영관리업무를 통제하는 기능을 담당하는 자산관리업무 측면을 의미한다. 따라서 AM은 건물자산의 매입과 매각 자산평가, 조세, 보험, 감가상각관리, 신축관리, 정보조사분석, PM고용 및 통제 등 건물자산의 경영기능을 담당하고 있다.

(2) PM측면

건물자산관리의 PM측면이란 건물자산의 보유와 운영관리 측면으로서 AMC 또는 Asset Manager로부터 아웃소싱에 의한 전략적 제휴나 In-house 방식의 내부조직의 업무분장에 따라 건물자산 운영관리의 권한과 책임을 가지고 있는 Property Manager 또는 PM팀에 의하여 주도되는 측면으로서 주로 임대관리와 시설관리업무를 직접 담당하여 수행하거나, Leasing Manager(또는 Leasing Agent)나 Facility Management Company 또는 Facility Manager(또는 Building Manager)와 아웃소싱 방식에 따라 전략적 제휴가거나 In-House 방식으로 내부조직을 활용하여 해당 업무를 위임 또는 위탁하거나 또는 직접 담당하여 지출(비용)을 통제하고 수입을 관리하여 운영수익을 최대화하고 FM을 통제하여 관리비용을 최소화하고 관리효용을 극대화하도록 하여 임대차계약관리, 임대료수납과 임대채권관리, 용도 및 실사관리, 조직, 인력 노무관리, 자재구매관리, 용역관리, 예산수립 및 집행, FM 고용과 통제 등의 운영관리 기능의 건물자산관리 측면을 의미한다.

(3) FM측면

건물자산관리의 FM측면이란 물리적 시설물의 기술관리 측면으로서 시설관리권을 PM 또는 건물 소유자로부터 위임받거나 아웃소싱 방식에 의하여 위탁받은 FMC 또는 Facility Manager가 건물 시설물의 유지관리를 통하여 사용자 또는 이용자의 안전과 편의를 높이고 일상점검을 통하여 보수 정비하고 정기진단 등을 통하여 보강 교체하여 사용가치를 높이거나 최유효 건물 사용화를 도모하는 시설관리 기능의 건물자산관리 측면을 의미한다.

3. 3측면의 상호관계

건물자산관리 3측면의 위치에 있는 AM과 PM 및 FM은 업무위탁 또는 위임과 분장에 의한 상호관계에서 상호 유기적인 협조관계를 가지고 전략적으로 상호 보완 또는 상호작용을 하고 있다. 건물자산관리 3측면의 전략적 상호관계는 다음의 [그림 8-1]과 같이 이루어지고 있다.

4. 3측면의 업무

건물자산관리 3측면의 핵심업무와 주요업무 및 부수업무는 다음의 <표 8-1>과 같다

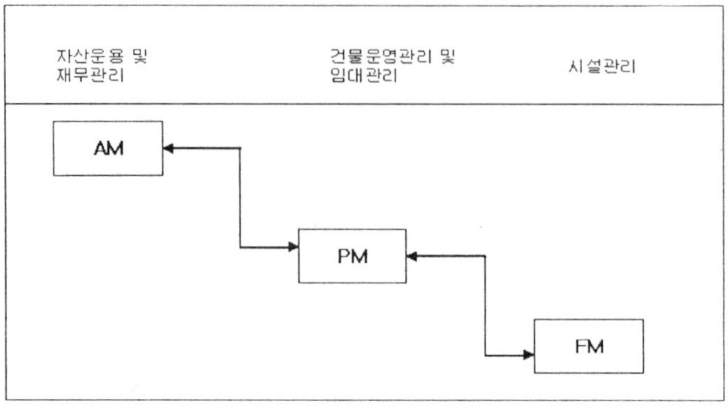

[그림 8-1] 건물자산관리 3측면의 상호관계

〈표 8-1〉 건물자산관리 3측면의 업무

건물자산관리 3측면의 업무	(1) AM업무 ① 핵심업무 안정정적 수익기반 구축과 자산가치 상승 전략수립 및 실행을 위한 자산운용업무와 재무관리 업무 ② 주요업무 거시경제 및 미시경제 분석업무, 건물자산관리 시장동향과 조세현황 분석업무, 금융시장 변화분석과 자금조달 전략수립 업무, 재무관리와 원가관리업무 및 예산관리업무, 물리적 Renovation를 통한 건물자산 경쟁력 제고 전략수립 업무, 임대시장 동향분석과 임대전략 수립업무 등 ③ 부수업무 Portfolio 분석 및 관리업무, 투자 타당성 조사분석 및 대상 건물자산실사와 평가업무, 건물자산 매입 및 매각업무, PM 고용과 통제업무, AM 월간/연간보고업무 등
	(2) PM업무 ① 핵심업무 통상적 건물자산 운영관리업무 및 임대관리업무 ② 주요업무 일상적 건물운영 및 관리업무, FM 고용 및 통제업무, 외부 용역 협력자 관리업무 및 입주사(Tenant) 관리업무 등 ③ 부수업무 증축 개축공사 관리업무, 내장공사 관리업무, Asset Manager 또는 건물 소유자 협조업무, 월간/연간 PM보고업무 등
	(3) FM업무 ① 핵심업무 시설관리업무 ② 주요업무 건물유지보수업무, 건축설비 O&M(운전정비)업무, 경비보안관리업무, 시설안전관리 업무, 청소위생관리업무, 에너지관리업무, 주차관리업무, 기타 시설물관리업무 ③ 부수업무 인사노무관리업무, 보험관리업무, 소모용품구매관리업무, 세무・회계업무, 문서관리업무, 비상상황관리 PM 요구사항 협조업무, 월간/연간 FM 보고업무 등

5. 3측면 관리책임자의 요구 능력

(1) AM 측면 - Asset Manager

① AM 관련학과 대학원 석사 이상의 학력
② Portfolio 및 Risk 분석능력과 파이낸싱 관리능력
③ 거시경제 및 미시경제 분석능력 및 시장분석능력
④ 최적 자산 취득능력과 효율적 보유 및 운영관리능력 그리고 전략적 매각으로 양도차익 실현능력
⑤ 재무회계, 원가관리, 예산 관리능력
⑥ 자산운용능력
⑦ 전략적 협력과 PM사 고용 및 통제능력
⑧ 자산운용보고능력
⑨ Renovation 공사발주 및 처리능력
⑩ 자산가치 증식능력 등

(2) PM 측면 - Property Manager

① PM관련학과 대학학사 이상의 학력
② 임대관리능력
③ 건물운영관리능력과 FM 고용 및 통제능력
④ 비용통제능력과 수입관리능력
⑤ 재무관리능력과 예산관리 능력
⑥ 시설관리 용역업체 관리능력
⑦ 실내 보수공사 및 Renovation 발주 및 감독능력
⑧ PM보고능력
⑨ 입주사 관리능력
⑩ AMC 또는 Asset Manager 지원 및 협조능력

(3) FM 측면 - Facility Manager

① 고졸 또는 전문학사 학력
② 종합관리 수준의 시설관리능력
③ FM 보고능력
④ 협력사 통제 조정능력
⑤ 안전관리, 자재관리, 사무관리, 인력관리능력
⑥ 에너지관리능력

⑦ 비상상황 대처능력
⑧ PMC 또는 Property Manager 지원 및 협조능력
⑨ 양질의 시설관리 서비스 생산능력과 고객만족 능력
⑩ 유지관리비용의 최소화와 관리효용 극대화 능력

제2절 AM실무의 개념과 구조체계

1. AM실무의 개념

AM이란 Asset Management를 의미하는 것으로 건물자산을 하나의 투자대상으로 설정하고 건물자산의 취득, 보유, 매각 등 투자 전 과정에 걸쳐 전략적 의사결정의 지원과 실행참여로 건물자산투자에 대한 수익최대화와 건물자산가치 극대화를 꾀하는 자산운용과 재무관리 활동인 동시에 건물자산경영활동을 의미한다. 또한 AM은 건물자산에 대한 전문적 자산관리기법 중 하나로서 선진자산관리기법이라 할 수 있다. 건물자산투자자나 미래의 건물소유주가 정보자원과 재무적 자원을 효과적으로 활용하여 전략적으로 적정 건물자산을 매입하고 효과적으로 보유・운용・개량하며 전략적으로 매각을 단행하여 임대소득의 극대화와 양도차익을 함께 실현함으로써 건물자산의 수익을 최대화하고 자산의 가치를 증대하여 경제적 만족을 달성하는 재무적 투자활동이자 건물자산경영활동이라 할 수 있다. AM은 투자자산의 소유와 경영을 분리하는 건물자산거래시장에서 경영보다는 주로 투자건물자산의 소유와 관계되는 재무적 투자활동을 의미한다.

다시 말하면, 건물자산관리는 매입(취득), 보유(운영), 양도(처분) 등의 전체투자과정 중 주로 건물자산의 운영관리와 양도중심으로 전략적 의사결정을 통하여 투자자산의 수익을 극대화를 꾀하는 전략적 건물자산관리기법이라 할 수 있다.

AM의 목적을 직접 실현시키고자 노력하는 AM활동은 투자건물자산의 소유자 입장에서 투자자나 Portfolio Manager와 전략적 제휴로 파트너십을 가지고 투자의사를 결정하는 데참여하거나 투자자산을 취득하고 매입건물자산의 성장전략을 세워 투자자산의 자산가치를 증대시키며, 건물자산의 소유자 또는 소유자 입장에서 건물자산을 수익중심으로

운용하여 현금수지를 높이거나 개선하고 PMC와 전략적으로 제휴하여 PM업무를 전담시켜 임대관리와 FMC를 고용 또는 용역으로 선임하여 기술적 개량 및 건물시설의 유지관리를 담당하게 함으로써 임대소득 창출과 함께 건물시설의 정상적 유지와 보존·개량을 통하여 건물을 최유효 사용할 수 있도록 하며, PM Manager를 통하여 운영예산을 통제·감독하여 운영비용(Operation Expenses)을 최소화하고 전략적 매각(양도)을 위한 출구계획(Exit plan) 준비를 하게하여 양도차익 실현에 대비하고 매각의 전략적 매각시기가 도래하면 지체 없이 양도(매각)하여 양도차익 실현을 통한 투자자산 수익극대화를 도모하는 건물자산경영활동이라 할 수 있다.

왜냐하면, 건물자산 취득과 매각의 의사결정에 참여하는 행위는 최고경영층의 경영 고유 업무이기 때문이다.

그러나 건물자산관리활동 중 매입투자건물자산의 보유기간에 전개되는 PM활동과 FM활동은 광의의 건물자산관리활동이나 FM활동은 협의의 건물자산관리활동개념으로서 건물시설관리 조직의 고유 업무라 할 수 있다.

건물자산관리개념의 변화는 Facilities Management 개념에서 Property Management 개념으로 발전적으로 변화해오다가 마침내 Asset Management 개념으로 전문화되었으나 최근에는 다시 Asset Management 개념이 건물자산경영개념인 Asset Operation and Administration의 개념으로 발전되어 가는 경향을 보여주고 있다. 따라서 Asset Management 개념의 의미와 해석은 자산운용으로 인식하고 건물자산경영개념에 기초하여 건물자산관리활동을 수행하는 재무적 건물자산 경영활동으로 해석할 수 있다.

또한 AM실무를 수행함에 있어서 유의할 점은 건물자산의 매입과 보유 및 매각에 대한 일반적 비중은 건물자산매입의 경우, 약 20%의 비중을 가지나 건물자산매각의 경우는 약 10%의 비중이 주어지며 임대소득을 창출하고 시설의 보존·유지·개량이 이루어지는 건물자산보유 및 운영관리는 약 70%의 비중이 주어지므로 관리역량을 보유 > 매입 > 매각 순으로 집중해야 한다는 점이다.

또한 AM Manager는 건물자산의 소유자나 투자자입장에서 재무적 자산을 운용해야 한다는 점에 크게 유의해야 한다.

2. AM실무의 구조체계

AM은 건물자산관리 전체과정인 건물자산의 취득·보유·매각과정에 대한 전략적 의사결정의 지원과 실행참여로 대응으로 자산가치 증식과 경제적 수익성 최대화를 목표로 하는 건물자산관리기법이나 건물 전체과정의 업무를 AMC의 AM Manager만으로 처리하여 건물자산관리목표를 달성하는 1원화관리구조체계와 PMC와 전략적 제휴를 통하여 건물자산관리업무 전체를 소화하여 건물자산관리목표를 달성하는 2원화관리구조체계 그리고 AMC가 PMC와의 제휴 후에 고용한 PMC로 하여금 FMC를 협력사로 아웃소싱하여 용역관리를 위탁함으로써 건물 전체업무를 처리하는 3원화관리구조체계 등이 있다.[90]

건물자산소유주가 직접 AMC의 AM Manager가 되어 직영관리방법으로 AM업무, PM업무, FM업무를 처리하여 건물자산관리목표를 달성하는 경우에는 1원화관리구조체계만이 존재하나 오늘날과 같이 건물자산의 대형화, 첨단화, 복합화, 고층화 등의 특성으로 그리고 소유와 경영분리중심의 건물자산관리시장의 출현 등의 이유로 대부분 위탁관리방식의 2원화관리구조체계(P형 2원화관리구조체계와 F형 2원화관리구조체계 등이 있음)나 3원화관리구조체계로 건물자산관리 전체업무[91]를 실무차원에서 접근하여 건물자산관리목표를 경제적 방법으로 안전하게 그리고 효율적으로 적합하게 처리하고 있다.

AM실무관리구조체계(AM Organization Structure System)란 건물자산관리조직의 전체를 이루고 있는 부분들이 서로 짜인 관계나 체계에서 낱낱이 다른 요소가 계통을 세워 통일된 조직의 전체를 의미하며 자산관리업무 중 AM실무처리를 위한 AM실무 관리구조체계는 [그림 8-2]와 같다.

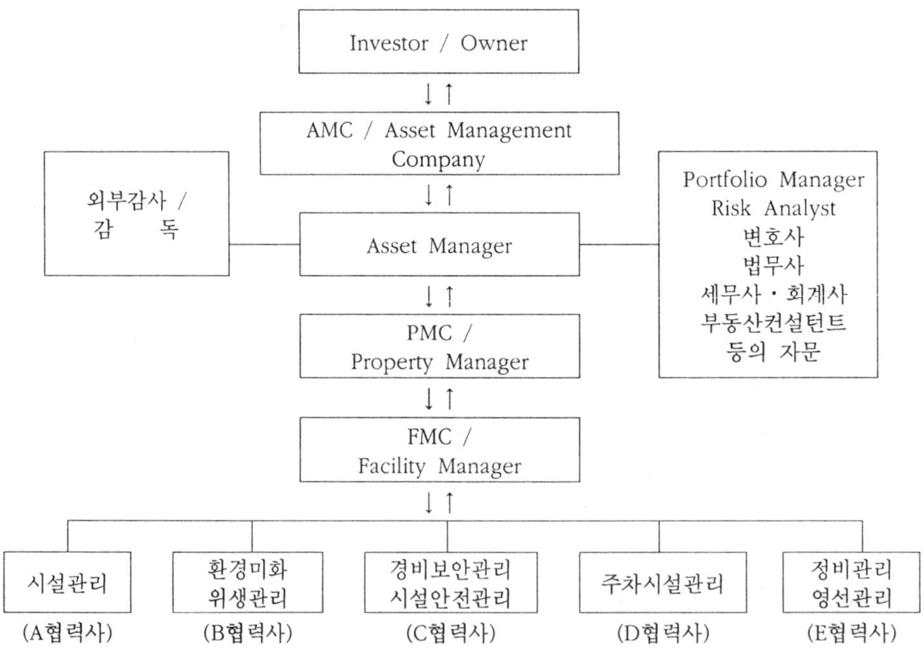

[그림 8-2] AM실무의 구조체계

90) 김일효, 「건물자산관리제도 개선방안에 관한 연구」, 2007, pp.60~65.

91) 건물자산관리 전체업무란 건물자산의 취득, 보유, 처분(매각) 전체과정에 대한 자산운용업무, 재무관리업무, 임대관리업무, 시설관리업무 등을 의미한다.

제3절 Asset Manager의 기능과 역할 및 AM업무

1. Asset Manager의 기능과 역할

(1) Asset Manager의 직책개념

Asset Manager란 건물자산관리 4대 주요업무 중에서 주로 자산운용과 재무관리업무(회계관리, 원가관리, 예산관리, 조세관리)를 담당하여 자산가치의 제고와 수익성 극대화를 책임지는 자산운용책임자를 의미한다.

건물자산의 투자자, 미래의 건물자산소유자가 직접 스스로 Asset Manager가 되거나 건물소유자 또는 투자자가 고용한 자산운용 대리인을 의미하며 CR-REITs의 경우 CR-REITs특성상 별도의 자산관리회사가 필요하므로 투자자에 의하여 자산관리목적으로 선임된 AMC(Asset Management Company)의 자산운용책임자를 말한다. Asset Manager는 투자자나 건물 소유주가 아닌 경우라 할지라도 투자자나 건물자산소유주를 전면적으로 대리한 자산운용자이므로 투자 또는 위탁자산에 대한 자산 가치 극대화와 수익성 최대화에 전적으로 책임을 지는 건물자산관리 총괄자격 전문자산운용자를 말한다.

(2) Asset Manager의 기능과 역할의 내용

Asset Manager는 자산운용책임자인 동시에 경영자이므로 다음과 같은 두 가지 기능과 역할을 담당해야 한다. 건물자산 Asset Manager의 기능과 역할이라 함은 Asset Manager가 보유하고 있는 권한 내에서 활용할 수 있는 능력이나 작용을 의미하는 것으로 이에는 자산가치 극대화와 수익성 최대화의 기능과 역할 및 자산관리의 효율화와 통제조정 기능과 역할 등이 있다.

1) 건물자산가치 극대화와 수익최대화

건물자산관리에 있어서 Asset Manager의 주된 업무는 건물자산의 적정 매입과 효율적 보유와 운용관리 및 전략적 매각을 통하여 양도차익을 실현함으로써 건물자산 가치를 증대시키고 수익을 최대화해야 하는 업무이므로 Asset Manager의 첫째의 기능과 역할은 Renovation이나 Re-positioning, B/D의 Land Mark화, 임대구조개선, Anchor Tenant의 장기유치, 운용비용 절감, 전략적 금융조달계획의 수립, 효과적인 자산운용전략수립 등을 통하여 건물자산 경제가치의 극대화와 함께 수익최대화가 Asset Manager의 첫 번째에 해당하는 주요 기능과 역할이라 할 수 있다.

2) 통제조정 및 자산관리의 효율화

Asset Manager의 두 번째의 기능과 역할은 AMC나 Asset Manager에 의하여 고용한 PMC의 Property Manager나 Property Manager에 대하여 고용된 Leasing Manager[92]나 FMC의 Facility Manager에 대한 업무통제와 조정을 통한 건물 자산관리의 효율화라 할 수 있다.

Asset Manager가 핵심업무와 주요업무 및 부수적 업무수행을 성공적으로 수행하여 건물자산관리목표를 달성하려면 PMC나 PMC의 Property Manager와 Leasing Manager 등과 전략적 제휴를 해야 하고 건물자산의 매입과 매각과 관련하여 Portfolio Manager나 Risk Analyst, 변호사, 세무회계사, 법무사, 부동산중개사, 부동산컨설턴트 등의 자문과 조언에 따른 협력과 조정이 필요하다.

왜냐하면, Asset Manager는 건물자산관리에 대한 투자의사결정 이후 매입된 건물자산의 가치증대와 수익창출을 위한 전략수립이나 운용계획을 수립하는 자산운용자이므로 수립된 계획을 수행해야 하는 PMC나 LMC와의 협력제휴 즉시 건물자산관리 효율화를 위하여 이들에 대한 통제와 조정이 불가피하기 때문이다. 또한 Property Manager와 Leasing Manager가 건물자산관리 담당분야의 업무를 효과적으로 수행하게 하기 위해서는 업무 Schedule과 예산 등의 통제가 불가피할 뿐 아니라 Property Manager와 Leasing Manager는 실질적으로 해당 자산관리분야의 실천자이고 Asset Manager를 보좌 또는 지원하는 자이기 때문이다.

Asset Manager의 통제기준과 수단은 PM 계약서와 LM 계약서의, 관리대상건물의 운용예산서(월간/연간 운용예산서)가 되며 고용한 PM 보고서나 LM 보고서를 분석하여 PM 업무와 LM 업무의 성과를 가지고 통제할 수 있다.

자산관리의 효율화란 건물자산관리에 투입되는 비용(재무적 자원)이나 시간과 노력의 등의 Input(투입)보다 산출되는 Output(자산가치 증대와 수익성 극대화)이 큰 경우를 의미한다. 따라서 건물자산관리현장에서 건물자산관리를 총괄하는 Asset Manager는 고유한 Asset Manager의 기능과 역할을 통하여 자산관리 효율화가 달성되도록 최선을 다해야 한다.

2. Asset Manager의 AM업무

건물자산관리에 있어서 Asset Management의 AM업무에는 핵심업무와 주요업무 및 부수적 업무 등이 있으며 핵심업무에는 자산운용업무(파이낸싱, Portfolio관리, Risk관리, 매

92) Leasing Manager란 건물자산의 임대관리만을 전담하는 Leasing Management Manager를 의미한다,

입매각)와 재무관리업무(조세관리, 회계관리, 예산관리, 원가관리) 등을 들 수 있다.

Asset Manager는 건물자산의 취득 · 보유 및 양도 전 과정에 걸쳐 전략적으로 의사결정에 참여하거나 매입 매각을 실행함으로써 건물자산의 안정적인 수익기반을 확보하고 자산의 경제적 가치와 사용가치를 높이며 이를 위한 장기적 전략을 수립하고 실천하면서 다음과 같은 AM 주요 업무를 수행해야 한다.

Asset Manager의 AM 주요 업무는 투자대상건물자산 매입, 매각에 필요한 지식과 정보제공 외에 확보된 투자건물자산에 대한 장기적이고 안정적인 수익기반을 확보하는 일과 건물자산가치의 극대화를 위한 장기 전략을 수립하고 이를 효율적으로 수행하는 실무를 의미한다.

이를 위하여, 국내 거시경제와 미시경제를 면밀히 분석하고 부동산시장분석과 조세동향을 분석해야하며 수시로 변화하는 금융자본시장의 이자동향 분석 및 파이낸싱 전략수립과 부동산시장분석에 따른 임대전략도 함께 수립해야 한다.

뿐만 아니라, 건물자산가치 극대화와 수익최대화를 위하여 물리적인 개보수인 Renovation이나 인테리어, Re-positioning 또는 임대구조개선 등을 단행하여야 한다.

즉, Asset Manager의 주요업무로는 거시경제 및 미시경제 분석, 건물자산관리시장 동향분석, 조세현황분석, 금융시장 변화분석과 자금조달 전략수립, 물리적 Renovation, 임대시장 동향과 임대 전략수립 등을 들 수 있다. 그리고 AM의 핵심업무와 주요업무 지원을 위한 부수업무에는 Portfolio분석, 투자타당성분석, 건물자산실사 및 평가, 건물자산 매입 및 매각, PM고용 및 통제, AM보고업무 등이 있다.

제4절 Asset Manager의 자격조건과 능력조건

Asset Manager는 건물자산관리의 전체 과정에 걸쳐 건물자산소유주 입장에서 자산의 취득과 보유 및 매각의 의사를 결정하고 실행에 참여하여 자산가치를 높이고 수익성을 최대화하는 최고 전문자산운용자이자 건물자산관리 총괄자이다. 그리고 Asset Manager의 핵심업무와 주요업무 및 건물자산 Asset Manager의 2대 주요 기능과 역할을 통하여 건물자산관리목표를 경제적 방법으로 안전하게 효율적으로 적합하게 달성하려면 다음과 같은 자격과 능력을 갖추고 자산운용자로서의 사명감과 책임감을 가지고 성실하게 자산관리 실무를 수행할 수 있는 자이어야 한다.

1. Asset Manager의 자격조건

건물자산관리는 고도의 전문성과 기술을 요하는 건물자산 전문경영분야이므로 Asset Manager는 건물자산관리 전문성을 가진 석사학위 이상의 학력과 건물자산 AM분야 실무경력 10년 이상의 경력자의 자격을 갖추는 것이 요구된다.

또한, Asset Management에 관한 대학전공자로서 5년 이상의 연구자인 경우도 Asset Manager의 기초자격이 인정될 수 있다고 판단된다.

2. Asset Manager의 능력조건

Asset Manager의 2대 기능과 역할 및 핵심업무와 주요업무 그리고 부수적 업무 수행을 통한 건물자산관리목표를 효과적으로 달성하려면 이에 필요한 거시경제와 미시경제의 분석 능력, 변화무쌍한 금융시장 현황 분석과 금융 조달 능력, 건물자산시장분석과 최적 또는 적정 건물자산의 매입 및 전략적 매각 능력, 세무회계·보험관리처리 능력, Property Manager와 Leasing Manager 등에 대한 고용과 통제조정능력, 부동산 시장 및 조세동향분석 능력, 임대시장동향에 의한 임대 전략수립 및 대응 능력, 물리적 개보수를 통한 자산가치 제고와 경쟁력 강화 능력, 안정적 수익기반 확보와 자산가치 증대 및 수익성 최대화를 위한 장기 경영전략수립 및 실행능력, 효율적 보유와 운영관리와 임대관리능력 등이 있어야 한다. 특히 대인·대물관리능력과 경영능력이 뛰어나야 한다.

뿐만 아니라, Asset Manager는 건물시설관리와 건물재산경영에 필요한 지식과 정보 및 Data를 건물자산관리의 기반으로 활용해야 하므로 이를 적절히 확보하고 응용하는 응용능력도 있어야 한다.

제5절 AM의 주요 실무

AM을 통한 건물자산관리목표를 성공적으로 달성하려면 AM실무를 담당하고 책임지는 Asset Manager의 주요 실무에 대한 구체적인 고찰이 필요하다.

Asset Manager의 주요업무인 자산운용업무의 구체적인 내용에는 건물자산투자분석실무와 건물자산위험관리실무, 건물자산매입·매각실무, PM고용과 통제실무, 조세관리실무와 재무관리실무, 원가관리실무와 예산관리실무 등이 있다.

이상과 같은 Asset Manager의 주요업무들에 대하여 구체적으로 고찰하여 이해함으로써 Asset Manager의 실무를 효과적으로 수행할 수 있게 된다.

본서의 지면부족으로 AM실무 중 투자분석실무와 건물자산매입·매각실무 및 PM의 고용과 통제실무만을 수록하기로 하고 조세관리실무 등은 제9장 PM실무활동 편에서 설명하기로 한다.

1. 건물자산 투자분석실무

건물자산에 대한 투자 전에 분석실무를 통하여 투자대상건물자산분석, 시장분석, 시장변동요인분석, 투자위험분석, 투자수익률분석 등을 실시하여 적정 건물자산여부와 매입여부, 효율적 보유와 운영관리 가능성여부 및 전략적 매각 가능성여부 등을 판단해야 한다.

(1) 건물자산시장 분석

1) 건물자산시장의 개념

건물자산시장이란 매도자와 매수자, 임대인과 임차인, 용역도급인과 수급인 사이에 건물자산을 거래하거나 임대목적물의 점유이전 또는 용역도급과 수급의 장소로 정의할 수 있다. 건물자산을 거래하기 위한 시장에는 건물자산매매시장과 건물자산임대시장이 있으며 용역거래 시장에는 건물시설관리용역시장 등이 불완전시장 형태로 비상설적으로 존재하고 있다.

건물자산매매시장의 요소에는 매매 목적물, 공급자와 수요자, 매매시장 등의 3요소가 필요하며 성공적인 건물자산의 매매를 위해서는 매매시장의 개념과 특징, 매매시장에 영향을 주는 경제 변동이나 여러 가지 요인에 대한 분석, 건물자산의 권리 분석과 경제적·법률적·기술적 자산평가, 투자 건물자산 타당성 분석 등 건물자산관리의 매입의사결정이나 매입의 실행에 참여하는 Asset Manager가 이해하고 갖추어야 할 조건이 허다하다. 특히 건물자산의 매매시장의 이해와 거래대상 건물자산의 종류별 분석 능력이 뛰어나야 한다.

건물자산매매시장이라 함은 건물자산의 권리의 교환이나 가격의 결정 및 수급이 이루어지는 의도된 거래 활동장소를 의미한다. 또한 건물자산의 공급과 수요에 따라 추상적으로 가격이 결정되는 기구로서 건물자산을 사고파는 추상적 불완전시장을 말한다.

2) 건물자산시장의 특징

건물자산매매시장은 다른 상품시장과는 달리 다음과 같은 특징이 있다.

① 국지성

건물자산의 지리적 고정성(부동성)의 특징으로 인하여 주변지역의 사회・경제・행정적 제요인의 변화에 따라 크게 영향을 받는다. 또한 건물자산의 고정성으로 인하여 다른 인근지역의 상품진열이 불가능하고, 지역적으로 한정된 불완전시장에 불과하며 지역적으로 매매가격이 형성되나 일반적으로 정상가격이라 평가할 수 없는 국지성의 특징이 있다.

② 거래의 비공개성

거래자의 심리와 매매와 관련된 제세공과금의 회피목적으로 건물자산의 거래공개가 잘 이루어지지 않고 있는 비공개성의 특징이 있다. 특히 거래건물자산의 공급부터 비공개적으로 처리되는 경우가 허다하나 전산망을 이용한 거래정보망으로 점차 줄어들고 있으나 국지성과 함께 건물자산 거래가격을 불합리하게 형성하게 하는 요인이 되고 있다.

③ 비표준화성

일반상품의 경우 표준화나 규격화로 대량생산과 재고관리가 가능하나 건물자산은 개별성으로 인하여 표준화가 불가능하다. 그러나 건물의 경우(아파트, 연립주택, 다세대주택 등)에는 일부 표준화가 시도되고 있다. 그러나 토지 건물이 함께 표준화되는 것이 중요하나 이 또한 법률적・경제적・행정적 성질을 달리하는 부동산인 관계로 건물 토지 복합부동산의 표준화는 불가능하므로 건물자산거래시장에는 비표준화의 특징이 존재하고 있다.

④ 비조직성

건물자산거래시장은 일반상품과는 달리 지역성, 거래비공개성, 비표준화성의 특징으로 시장거래유통의 조직화가 불가능하므로 비조직성의 특징이 있다.

⑤ 매매기간의 장기성

건물자산은 고가의 자산이며 유지 보관이 어렵고, 개별성의 특징으로 인하여 최유효 이용을 판단하기 어렵기 때문에 단기적 거래가 어렵다. 뿐만 아니라 일반상품 거래와는 달리 환금성의 장기적 성격으로 매매기간의 장기성의 특징이 있다.

⑥ 수급조절의 곤란성

완전경쟁이 행해지는 일반상품시장에는 공급과 수요가 가격에 의해서 조절되나 건물자산 매매시장에는 일시에 대량생산과 보관이 어렵기 때문에 수급조절이 곤란성의 특징이 있다.

3) 건물자산시장의 기능

건물자산매매시장은 불완전시장으로서 수급의 조절은 완벽하게 이루어지지 아니하나 그럼에도 불구하고 자원분배기능, 교환기능, 가격형성기능, 정보제공기능, 양과 질의 조절기능 등을 수행하고 있다.

(2) 시장변동요인 분석

건물자산매매에 영향을 주는 요인에는 계절적 변동요인과 경기순환적 변동요인, 장기적 변동요인과 부작위 변동요인 및 정책적 변동요인 등이 있다.

1) 계절적 변동요인

계절적 변동요인이란 봄 · 여름 · 가을 · 겨울 등 계절에 따라 건물자산 수요가 증가하거나 감소하며 공급 역시 증가하거나 줄어드는 변화에 영향을 미치는 요인 등을 말한다. 예컨대, 겨울에는 임대공간의 건축이 줄어드나 봄, 여름의 경우에는 늘어나며 학교 부근 건물 수요는 계절적으로 겨울 · 여름 방학에 따라 줄어드는 현상이 생기게 되는데 이와 같이 수요공급에 영향을 미치는 요인을 계절적 변동요인이라 한다.

2) 경기순환적 변동요인

일반경제 경기순환은 확장, 후퇴, 수축, 회복 등 4국면으로 [그림 8-3]과 같이 일정하지 않으나 대체적으로 12년을 주기로 순환되고 있다.

① 확장국면

전체적인 경제활동이 상승하는 국면이다. 투자와 소비가 동시에 증가하고, 제품의 공급과 출하가 늘어나며 재고는 감소한다. 은행대출과 이자가 늘어나고 시장경제도 활기를 띠게 된다. 건축이 늘어나고 공급도 증가하며 임대공간도 늘어나게 된다.

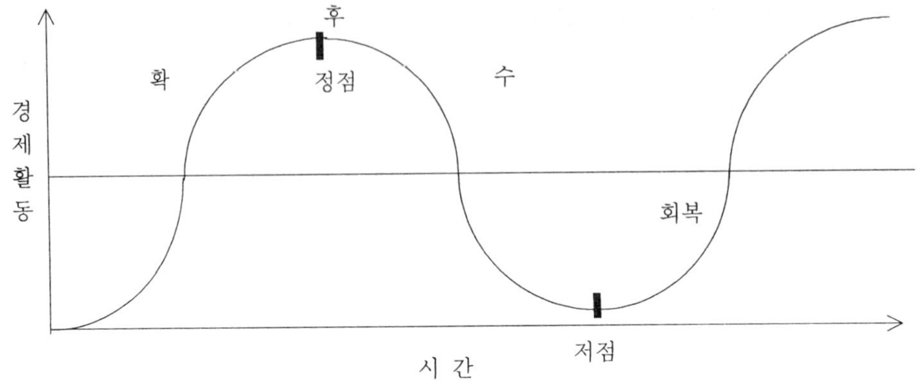

[그림 8-3] 일반경제 경기순환

② 후퇴국면

호황기를 지나면 경기순환은 정점(Peak)에 도달하고 후퇴국면으로 접어든다. 투자, 소비, 고용, 소득, 판매 모두 감소하고 시장경제도 위축되고 축소된다.

③ 수축국면

소비지출, 투자지출이 평상시 상태보다 나빠지고, 고용과 소득이 감소한다. 기업도산이 속출하고 물가, 임금, 주가, 이자율 등이 전반적으로 하락한다. 건축생산물 공급도 대폭 줄어들게 되어 불황 국면으로서 저점까지 하강하게 된다.

④ 회복국면

불황국면이 일정기간 진행되면 경기의 저점(Lull)에 도달하고, 저점을 지나면 다시 회복기에 접어든다.

이상에서 설명한 일반경제 경기순환 국면의 경제활동 특징을 요약하여 표로 정리하면 <표 8-2>와 같다.

그러나 부동산시장의 직접 영향을 주는 부동산경기는 우리나라의 경우 5년~15년 주기로 하향시장, 회복시장, 상향시장, 후퇴시장, 안정시장 순으로 주기적으로 순환되고 있다.

하향시장은 일반경기의 수축국면에 해당하는 국면으로 곧 저점에 이르게 된다. 이 국면에는 거래가 저조하고 부동산 가격 상승 둔화, 보합 유지 또는 하락한다. 공가율과 공실률이 증가한다. 이 국면이 장기화되면 호화사치성 부동산에 큰 타격을 주게 된다.

회복시장 국면이 되면 불황에서 깨어나 거래가 늘어나고 건축 허가가 늘어나며 건축경기의 회복을 감지하게 된다. 회복국면은 시간이 오래 걸리는 것이 특징이다.

〈표 8-2〉 일반경제 경기순환의 특징

구 분	호 경 기	후 퇴 기	불 경 기	회 복 기
물 가	최고 소비재가 등귀	전반적 하락	최저 수준	전반적 상승 생산재가 등귀
생 활 활 동	전반적으로 소비재생산 원만	전반적으로 하강	최저 수준	전반적으로 활발 생산재생산 완만
소 득	최 고	감 소	최 저	증 가
고 용 률	최고 수준	감소 시작	최저 수준	증가 수준
현 금	대부자금 핍박	지불의 불능	금융 완만	대부증가 시작
주 식 가 격	최 고	하 락	폭 락	상 승
부동산 경기	가격상승 수요투자 증대	가격 안정	가격위축 수요투자 감소	가격상승 기미

(자료출처 : 김원규,「부동산학개론」, p.87.)

상향시장은 회복시장 다음으로 찾아오는 시장국면으로 부동산거래가 활발하게 이루어지고 정점에 도달하면 경기가 후퇴하게 된다. 후퇴 시기는 예측하기 어려운 점이 특징이다. 후퇴시장은 호경기의 부동산시장이 반전하여 불황으로 내려가는 국면이다. 부동산 거래가 급감하고 후퇴국면이 빠르게 진행된다.

안정시장은 불황 속 안정으로 필수적 부동산거래는 안정적으로 이루어지며 작은 주택의 거래 역시 이루어진다. 시장경기가 불황속에서도 안정적으로 경제활동이 이루어지는 시장이다.

3) 장기적 변동요인

30년 또는 50년 정도의 세월이 흐르는 동안 지형이 바뀌거나 인구의 대이동 등이 일어나 인구가 감소 또는 늘어나거나 상권의 이동 등으로 건물자산 가격과 거래에 영향을 미치는 것을 장기적 변동요인이라 한다.

4) 무작위적 변동 요인

전쟁, 분쟁, 쿠데타, 질병의 유행, 사회계층의 갈등, 대규모 데모, 노사분쟁, 대형 지진이나 홍수·폭설 등의 자연재해, 사회적 대형사고 등 작위적 요인이 아닌 요인으로 건물자산의 가격과 거래에 영향을 주게 되는 것을 무작위적 요인이라 한다.

5) 정책적 변동 요인

건물자산매매가격과 거래 등에 영향을 주는 요인에는 정부 정책적 변동요인이 있다. 조세정책이니 토지정책, 주택정책, 금리정책, 건물공급정책 등에 의해서 건물자산매매시장에 영향을 줄 수 있으며 공실위험은 임대구조개선 또는 임대마케팅으로 공실제로베이스 유지가 어느 정도 가능하게 된다. 특히 법적 위험은 현행 건물자산관련법과 국회 계류 중인 건물자산관련법을 사전에 검토함으로써 어느 정도 법적 위험을 줄일 수 있으며 적절한 대응도 가능하다. 경기변동위험을 예방하거나 최소화하려면 경기변동의 한 국면인 침체기 말기에서부터 회복기 초기에 건물자산매입을 시도해야 하며 확대 초기에 건물자산투자를 단행하고 확대 말기에 건물자산을 매도해야 하며 회복 말기에 건물자산개발사업의 최적기로 활용해야 한다. 또한 공급이 과잉되는 확대기에는 거래를 피해야 하고, 매각시점을 공급과잉(Oversupply) 시점에 잡는 경우 경제적 손실을 입게 된다. 특히 일반시장에서 가격의 결정은 수요와 공급이 일치하는 점에서 결정되나 건물자산의 경우 경기 후퇴, 경기 불황이나 전쟁 등과 IMF 또는 미국발 금융위기와 같은 예상치 못하는 상황으로 인하여 건물자산 거래가격이 수요공급 상호작용에 의해서 형성되지 아니하고 예상치 못한 상황에 의하여 가격이 격감되는 부동산자산 가격파동(Property Fluctuations)의 경우 투자의 호기로 이용하는 것이 현명하다.

1997년 IMF 이후 국내에 상륙한 외국 1세대 투자자들이 IMF로 인한 부동산자산 가격파동을 투자의 호기로 인식하고 투자하여 최대의 양도차액 실현과 임대소득을 창출하여 건물자산관리의 성공사례가 되고 있으며 미국의 경우, 2008년의 금융위기가 안정되고 경기가 회복국면이나 상승국면이 되기 전에 건물자산의 투자는 매우 바람직한 경제활동이 될 수 있다.

(3) Portfolio와 Risk 분석

건물자산을 취득하기 위한 적정 건물자산을 매입하기 위해서는 전술한 건물자산매매시장분석과 건물자산매매시장변동요인 분석과 함께 투자건물자산 Portfolio와 Risk 분석을 함께 하여야 한다.

일반적으로 위험이란 사람의 생명이나 건강의 사망, 질병 및 재산의 감손의 요인을 의미하는 불확실성을 의미하는 것으로서 장래 발생할 수 있는 결과의 변화가능성으로 재산이 멸실되거나 경제가치가 감손되는 것을 건물자산위험이라 한다.

건물자산의 매입을 위해서는 시장위험 최소화, 자산유지위험 최소화, 자산자체위험 최소화, 운영위험 최소화, 매각위험 최소화 등이 요구된다. 이상에서 기술한 위험 중 건물자산매입에 참고해야할 위험의 종류와 내용은 다음과 같다.

1) 투자대상건물자산의 종류별 위험

투자대상 부동산자산의 위험 중 종류별 위험에는 개발용부지 〉 리모델링 빌딩 〉 산업용건물 〉 소매용 판매시설건물 〉 사무용도 건물 〉 주거용 건물 순으로 위험도가 달라진다. 다시 말하면, 주거용건물의 투자 위험도가 가장 낮으며 개발용부지가 가장 부동산자산 종류별 위험이 크다.[93] 투자대상 건물자산의 종류별 위험은 Portfolio 관리기법으로 위험을 관리해야 한다.

2) 경과시간 위험

철근콘크리트구조의 사무실용도건물의 경우 물리적 내용연수가 50년 정도이고, 장착된 주요설비의 내용연수가 15년 정도이므로 건물의 매입 시기는 신축초기건물을 매입하거나 신축 후 15년경과 후 건물의 매입이 바람직하다. 또한 25년(통상 대수선시기임)이 경과한 건물의 매입이 경과시간 위험을 줄일 수 있다. 즉, 내부 장착 주요설비의 교체가 끝나있는 상태의 건물이나 대수선공사가 완료된 건물의 매입이 경과시간 위험을 줄일 수 있기 때문이다.

3) 건물자산 규모별 위험

소규모 건물자산은 대규모 건물자산에 비해서 임차인의 임대료 지불능력과 관리비 지불능력이 대형건물의 임차인에 비해 상대적으로 낮은 편이고 우량임차인이 적은 편이며 High Risk에 비해 Low Return의 임대수익 구조로 매각위험(출구위험, Exit Risk)은 상대적으로 낮은 편이다. 그러나 대형건물자산은 임차인 구성이 상대적으로 양호하고 임대료·관리비 지불능력이 우수하며 수익률이 양호하고 Low Risk-High Return의 구조이나 매각위험은 상대적으로 높은 편이다.

4) 구분소유 위험과 지분건물 위험

건물전체면적이 여러 사람의 구분소유이거나 지분 등기된 경우의 건물자산은 매각위험이 상대적으로 높다. 또한 용도가 복합적인 된 주상복합건물 역시 유지관리위험이 뒤따르게 된다.

5) 판매시설 위험

소매판매시설은 위치한 상권에 따라 수익률과 자산가치가 결정된다. 상권은 생물과 같아서 쇠퇴하는 경우 수익률과 자산가치가 동시에 하락하는 위험이 있다.

---

93) 한국생산성본부, 「기업부동산자산관리실무」, 2006, p.117 재구성.

6) 매각위험

건물자산 매각(처분/양도)시 매각되지 아니하거나 원금손실위험이 나타날 수 있다. 매각위험 중 아파트는 가장 낮은 편이나 오피스빌딩보다 리테일 건물, 산업용(공업용건물 포함) 순으로 매각위험이 점차 높아지는 경향이 있다.

7) 금리변동위험

금리가 인상되고 차입금의 합계이자가 상승하면 요구수익률이 떨어지고 거래가격이 하락하게 되는 위험이 발생하게 된다. 따라서 금융 차입시 고정금리조건으로 대출을 일으켜 금융을 활용하는 것이 현명하다.

8) 임차인 위험

임차인의 신용이 낮거나 영세개인기업의 경우 임대료와 관리비 지급이 지체되거나 장기연체하는 경우가 있을 수 있어 공실률이 높아가는 등 임차인 위험이 예상된다. 따라서 임차인 위험을 제거 또는 최소화하려면 대형 우량기업을 유치하거나 신용이 높은 업종을 선택하여 장기적으로 임대하는 것이 유리하다.

9) 경기변동 위험

경제 현상 중 하나인 경기는 생물과 같아서 쉴 새 없이 변동하고 건물자산가치에 영향을 미치고 있다. 따라서 경기변동 사이클에 따라 건물자산투자관련 의사결정을 달리함으로써 경기변동위험을 최소화할 수 있다. 예컨대,

① 건물자산매입은 침체 말기와 회복 초기에 매입의 의사를 결정하고,
② 건물자산투자는 확대 말기 최적 시기에 의사결정하며,
③ 건물자산개발사업은 회복 말기에 의사결정하고,
④ 매각은 건물자산의 초과공급 시점을 피하며,
⑤ 건물자산의 초과공급 시에는 거래를 중단해야 하고,
⑥ 건물자산가격의 파동시 투자의 호기로 삼아야 하며,
⑦ 불황기 때에는 시장변화에 의존하지 않는 투자를 해야 하며 장기적 Master Lease나 증축이 가능한 건물자산을 선택하여 투자해야 하고 우량임차인 유치가 유리하다는 점을 적극 활용해야 한다.

(4) 투자수익률 분석

매입대상 건물자산을 선정하고 매매계약을 체결하기 전에 수익률 분석을 시도해야 한

다. 종전의 건물자산투자는 보유중심에 무게를 두었으나 현재의 건물자산은 수익성에 기초한 수익률에 투자 중심을 두고 있으므로 투자수익률을 분석하고 이를 기초로 매매계약을 체결해야 한다. 투자수익률 분석은 손익계산서를 통하여 매출액, 경상이익과 순영업이익을 분석해야 하고 대차대조표를 통하여 자본수익률과 자본환원률을 분석해야 하며 최종적으로 현금흐름표(Cash Flow)를 토대로 내부수익률과 현가 및 순현가와 가용현금수지 등을 파악해야 하며 지난 운영예산서를 취합하여 매년도 예산집행내역과 임대보고서에 나타난 임대소득과의 비교분석을 통한 현금수지도 확인하고 분석해야 한다.

2. 건물자산매입 및 매각 실무

(1) 매입, 매각실무의 의의

자산운용업무의 진행단계는 3단계가 있으며 이에는 건물자산의 취득단계, 보유단계, 처분단계 등이 있다. 건물자산관리는 취득단계(매입단계)로 시작되고 보유단계로 유지하다가 처분단계(매각단계)로 종료된다. 건물자산관리의 첫 단계의 매입과 마지막 단계의 매각은 건물자산관리의 승패를 좌우하는 중요한 Asset Management 업무로서 고도의 전문성과 기술을 요하는 전문 관리 분야이다.

국내 건물자산시장에 진입한 외국 건물자산투자회사의 경우 자국에 본사(Head Quarters)를 두고 일정 지역을 투자자산 중심으로 경영 관리하는 Regional Division을 두어 Regional Manager 밑에 소속된 Portfolio Manager를 파견 또는 상주시켜 투자대상건물자산이 발견되면 투자자문(중개업자, 세무사, 회계사, 법무사, 변호사, 감정평가사, 컨설턴트 등)을 거쳐 매입 의사를 결정하고 취득된 자산을 선임된 AMC(Asset Management Company)나 Asset Manager에게 자산관리 권한을 부여하고 매입자산에 대한 안정적 수익기반 확보와 보유자산의 경제가치를 위한 계획 및 전략을 수립하고 이를 수행케 하며 핵심업무와 주요업무 및 부수적 업무를 동시에 실천케 하여 투자가치와 수익성을 최대화하게 하고 있다.

따라서, 외국 건물자산투자회사의 Portfolio Manager에 의하여 선임된 Asset Manager는 국내 거시경제와 미시경제를 분석하고 건물자산시장과 세제동향을 조사 분석하며 금융시장변화에 따른 자금조달(금융) 전략수립과 건물자산임대시장 동향에 따른 임대전략을 수립하여 필요한 경우 Renovation 또는 Re-positioning의 물리적 개보수를 실시하여 자산의 경쟁력을 제고하고 자산가치를 높이거나 수익성을 증대시키는 업무 등을 수행한다.

건물자산가치 증대와 수익성 극대화를 담당하는 Asset Manager는 전술한 업무 외에도 부수적인 업무로서 투자자산을 실사하거나 평가하고 투자분석을 전담하며 투자자산의

portfolio 분석과 투자대상 건물자산의 매입과 보유자산을 전략적으로 매각하며 이에 필요한 자금조달업무를 전적으로 담당한다.

전술한 바와 같이 Portfolio Manager와 Asset Manager가 함께 관여하는 건물자산의 매입과 매각은 건물자산 경영과 관리의 성공여부를 가름하는 건물자산관리 분야이므로 이에 관한 체계적이고 전문적인 접근이 필요하다. 따라서 건물자산의 매입과 매각 실무는 전략적이고도 전문적인 대응이 필요하다.

다음에서 기술하는 건물자산 매입과 매각 절차는 표준화된 절차는 아니나 건물자산시장에서 일반적으로 사용되는 매입 매각 절차인 바 이를 실무에 적용하고 활용함이 유익할 것으로 판단된다.

(2) 건물자산 매입 절차

건물자산의 매입은 건물자산 매수자가 매수 최적기에 가장 경제적인 비용으로 최적의 건물자산을 취득하여 경제적 수익성을 최대화하려는 요구와 목적으로 진행되는 경제활동으로서 소비활동인 동시에 생산활동을 의미한다.

건물자산 매입절차 역시 정형화된 절차나 표준화를 할 수 없는 분야이다. 왜냐하면 알고 있는 바와 같이 건물자산관리는 보유 개인, 회사의 사정과 비밀 및 조세상의 문제 등으로 비공개로 처리되는 관행으로 매입절차 역시 모든 건물자산관리에 적용할 수 없는 문제점을 안고 있다.

따라서 다음에서 소개하는 매입 및 매각 절차 모두는 건물자산매매시장에서 실무적으로 통용되고 있는 매입 매각 절차임을 밝혀 둔다. 건물자산의 매입 절차는 대체로 다음과 같이 진행된다.

1) 매입 최적기 확인 및 매입 방침 결정

건물자산의 매입 방침 결정은 전적으로 투자자나 간접 부동산투자회사 또는 미래의 건물자산소유자에 의하여 전략적 매입 최적기에 결정되며 지역, 자산의 종류와 규모, 예산매입금액, 투자수익률, 유지관리비 정도, 자산의 예상수익률 등을 다각도로 검토하여 건물자산의 매입방침이 매입 가이드라인과 함께 작성된다. 건물자산의 매입은 경기변동주기의 침체 말기나 회복 초기의 신호가 감지될 때 전략적으로 자산매입 방침을 결정을 해야 하고, 신속히 처리해야 한다.

2) 매매대행사 계약 및 매입대상 건물자산 정보 접수와 대상 선정

건물자산매매시장의 일반적 경향은 공개분양시장을 제외하고는 매도자가 보유하고 있는 보유자산을 공개시장에 진열할 수 없을 뿐 아니라 노출을 극도로 꺼리는 가운데 공개적 매매를 원하고 있지 않으므로 건물자산 매입대상을 선정하기란 쉽지 않다. 그러나 아파트 분양시장이나 한국자산관리공사나 법원의 입찰 또는 경공매에 출시되어 있는 경매 입찰대상은 쉽게 매각대상 건물자산의 정보를 입수할 수 있으나 대부분 소규모이고 대형 투자규모로는 매우 부족하고 수익창출에 한계가 있으므로 투자대상건물자산으로서는 이점이 없는 편이다.

따라서 건물자산의 매입과 매각을 비밀리에 전담하는 유력 건물자산 매매컨설턴트와 전략적으로 매입대행계약을 체결하여 대상건물자산을 찾아내고 건물자산 매매컨설턴트와 함께 매입절차를 진행하는 것이 현명하다. 건물자산 매매컨설턴트는 사회적으로 인정되거나 공식적 조직을 갖춘 전문직은 아니나 그럼에도 불구하고 건물자산매매를 전문적으로 취급하고 성사시켜 Consulting Fee를 받음으로서 현실적으로 건물자산매매시장에서 중요한 역할을 하고 있다. 따라서 건물자산 매입절차 두 번째 단계로 건물자산 매입대행계약을 체결하고 그로 하여금 다양한 매입대상 건물자산 중에서 매입 목적물을 선정하는 것이 바람직하다.

3) 매매대행사(매매컨설턴트)와의 적정 매매가 산정 및 조건 협의

보유건물자산의 매각을 희망하는 매도자를 대리한 매각대행사나 매매컨설턴트가 존재하는 경우 반드시 매각대행사 또는 매매컨설턴트와 함께 적정 매매가를 책정하고 매매체결방식, 매각대금지불조건 등을 협의하여 구체적으로 매매진행 타임테이블을 작성한다.

4) 제1차 협상과 매매비밀협약서 체결

매도자를 대리한 매각대행사와 적정 매매가가 산정되고 진행방법과 지불방법, 기타 조건 협의가 완료되면 1차적으로 매입자와 매도자를 대리한 각각의 대행사나 대행컨설턴트의 조정을 위한 1차 협의를 위한 만남이 주선되고 주선된 Nego Meeting에서 매매비밀준수협약서(Confidentiality Agreement)가 체결되고 상호 교환되어야 한다.

5) 매도의향서 접수 및 검토

1차 Nego Meeting과 매매비밀준수협약서가 체결 · 교환되면 일정 시일 내에 매도자로부터 매도의향서를 접수하고 매입자는 이를 면밀히 검토하여, 이를 근거로 매입대상 건물자산의 실사 준비를 해야 한다.

건물자산의 실사는 건물, 회계, 법률 등을 검토해야 하므로 건축기술팀, 회계사, 변호사 등을 고용하거나 선임하고 조직화하여 기술 · 경제 · 법률 · 행정 · 환경 · 안전 측면에서 실사 준비를 해두어야 한다.

6) 우선 매매협상대상자 선정 및 향후 진행절차 제2차 협상

매도자와 매수자 사이에 이루어진 의향서와 1차 Nego Meeting 등을 통한 적정가 산정 및 진행절차 및 기타 조건에 대한 내용을 바탕으로 매도자와 배수사를 대행하는 대행사 간에 우선 매매대상자를 압축하여 선정하고 2차 Nego Meeting을 통하여 건물자산매매양해각서(MOU/Memorandum of Understanding) 체결을 협의한다.

7) 우선 매매협상대상자 건물자산매매양해각서 작성교환

이 때 작성 교환되는 건물자산매매양해각서는 매매에 관한 법적 구속력은 없으나 특별한 사전 변경이 없는 한 그대로 지켜야 하는 상도의상 구속력을 가지고 있다. 따라서 매매양해각서가 작성 교환되면 매도인과 매수인은 신의성실로 비밀을 엄수하고 매매에 응해야 한다.

8) 건물자산 실사착수 및 상호확인

매매양해각서가 체결되면 정해진 일시에 매매목적물인 건물자산에 대한 기술적 실사(건축물, 건축설비, 건축대지, 기타 부대시설 및 준공도서, 이력서, 매뉴얼, 사용설명서, 시설관리일지, 기술적 하자, 불법건축물, 보수이력서, 정비이력서, 유지관리현황 등)와 경제적 실사(회계실사, 보증금, 임대료, 임대현황과 임차인구조, 관리비, 채권, 부채, 기타 재산권, 감가상각현황, 재고자산, 보험, 제세공과, 관리예산, 기타), 행정적 실사(불법 건축물, 건축물의 행정조치시행, 신고・보고 상태 등), 환경적 실사(위생환경 문제점, 기술환경 문제점 등) 그리고 안전적 실사(자산위험, 시설물 위험), 법률적 실사(소유권 등기 사항, 제한물권, 기타권리, 계약현황, 계류 중인 소송현황, 권리상의 하자, 기타) 등을 각각 실시하고 종합실사보고서를 작성한 후 매도자와 매수자가 상호 확인한다.

9) 실사 결과 조정 및 매매가 재협의 제3차 협상

기술적 실사(건물실사), 법률적 실사(법률실사), 경제적 실사(회계 실사)에서 나타난 문제점이나 세부 사항에 대한 재확인과 문제해결방법 협의 및 매매가 재협의를 제3차 Nego meeting을 통하여 시도하여 재합의하고 회의의사록(Minutes of Meeting)을 작성 교환한다.

10) 매입의사 결정과 매매계약서 작성, 검토 및 매매계약체결

자산실사결과와 매매가를 최종 협의한 후 매입의사를 결정해야 한다. 매매계약체결 전에 반드시 매매계약서를 작성하고 변호사에게 자문이나 검토를 거쳐 최종적으로 정해진

장소에서 반드시 매도자와 매수자가 직접 참석하여 기명날인방법으로 매매계약을 체결하고 체결된 계약서를 상호교환하며 매매계약서에 따른 매매계약금을 수수하고 필요한 영수증과 권리설정을 즉시 진행하여 계약체결 후의 법률 사고에 대비해야 한다.

11) 매매대금 지불완료 동시에 소유권 이전서류 및 매매목적물 인수

체결된 매매계약에 따라 매매대금 잔금을 지불완료 동시에 소유권이전 서류와 매매목적물을 넘겨받아(제한물권이 설정된 경우 제한물권 말소 포함) 소유권 이전 등기를 즉시 완료하고 매매목적물을 점유하여 사실상 전면 지배하여 건물의 용도대로 사용 수익할 수 있도록 건물자산운영관리업무(PM＋FM)를 시작한다.

매매목적물 인수시 물건과 권리가 동시에 인수되고 불리하거나 불필요한 물건과 권리는 인수대상에서 제외해야 하며 인수는 인계자와 인수자가 동시에 해야 하며 인수작업이 종료되는 경우 매매목적물 인수인계서를 공식적으로 작성하고 서명날인하여 각각 보관해야 한다. 특히 건축설비 인수시에는 도면과 함께 반드시 커미셔닝 시운전을 거쳐 기능과 성능 점검을 해야 하며 해당되는 설비의 사용설명서, 매뉴얼과 고장정비보수이력서 등을 함께 자산프로그램, 기술메뉴얼까지도 인수해야 하고 인수목록에 전부 기재해 두어야 한다. 또한 매매목적물의 인수시 건물의 인수 외에 건물임대차계약서와 임대현황과 미수 임대채권 및 연체현황 등까지도 인수해야 함은 물론이다.

12) 매매거래절차 종료 및 사후 관리

매매거래가 종료하여 소유권 이전 등기와 제한물권 말소 및 건물(건축대지, 건축물, 건축설비, 기타 부대시설)의 인수와 입주자의 인수가 모두 종료되면 매매거래는 법적으로 그리고 현실적으로 종료되었으나 등기신청, 조세처리, 입주자계약조정, 입주자임대채권관리, 유지관리문제, 건물하자문제(건물하자・고장부분) 등 인수인계처리 또는 해결되어야 할 문제가 산적되어 있다. 이와 같은 문제해결은 운영관리계획에 따라 매매거래 이후 우선순위에 따라 반드시 사후 관리하여 처리하고 해결해야 한다.

(5) 건물자산매각절차

건물자산매각은 매입과 성격을 달리하며 이해가 서로 상충되는 관계로 매각실무 또한 쉽지 않다. 건물자산의 매각은 건물자산매도자가 경기변동주기 확대 말기에 매도최적기로 판단하고 최대 양도차익(매도차익) 실현을 목적으로 전략적 매도 방침을 결정한 후 일반적인 매도절차에 따라 매도계약을 체결하고, 매도절차를 종료하여야 한다. 건물자산 매도절차 역시 매뉴얼화나 표준화가 전혀 불가능한 것은 아니나 건물자산의 개별성과 비공개성 등의 건물자산시장의 특성으로 인하여 자산매매시장에서 일반적으로 활용되는 자산거래절차에 따라 진행할 수밖에 없다.

본서에서 소개하는 매각절차 역시 저자의 건물자산 매각경험을 바탕으로 자산거래시장의 사례를 종합하여 자산매각절차의 이론으로 소개하고자 한다.

1) 건물자산 매각방침 결정 및 매각 최적기 선택

보유건물자산의 매각을 결정하기 전에 자산시장분석, 경기동향분석, 부동산수급현황분석, 조세분석, 양도차익실현의 정도 등을 면밀히 분석하고 보유자산 중 특정 자산에 대한 매각방침을 결정하고 매각 최적기를 선택하여야 한다.

개인소유건물자산의 경우에는 개인소유자의 매각 의사결정으로 이루어지나 투자회사의 경우 이사회를 경유하여 의사결정을 해야 하며 CR-REITs의 AMC 역시 단독으로 매각 의사결정을 할 수 없다.

외국투자회사의 경우 한국에 주재하는 Asset Manager는 매각의사결정권이 없으며 주로 본국에 소재하는 본사에서 매각의사를 결정하게 된다.

2) 매각대행계약 체결

고가건물자산의 매각은 일반적으로 비공개로 이루어지며 건물자산소유자가 전면에 나서는 것보다 매각대행용역사(중개컨설턴트)를 앞장세워 은밀히 진행하는 것이 거래성사에 도움이 된다. 따라서 매각방침이 결정되고 매각대상이 선정되면 즉시 매각에 신뢰와 능력이 있는 매각대행사를 계약에 의해 고용하여 활용함이 바람직하다.

매각대행을 받은 중개컨설턴트에는 빌딩거래만을 전문적으로 취급하는 중개회사가 다수 있으나 대형건물자산의 거래는 매도회사와 매입회사 간에 직접 거래가 성사되는 것이 일반적이다.

최근 건물자산거래상황을 분석해 보면 국내건물자산(빌딩)의 경우 국내회사와 국내회사 간의 거래, 국내회사와 외국회사간의 거래, 외국회사와 외국회사간의 거래가 빈번히 이루어지고 있는 추세에 있다.

3) 시장조사 분석 및 적정매각가 산정

건물시장에 작용하고 있는 제요인들을 다각도로 분석하고 매매거래 사례를 검토하여 최대의 양도차익을 실현할 수 있는 가능점과 매도거래 성사점이 합치되는 선에서 매각가를 결정하되 향후 협의(Negotiation)에 대비하여 제시 매도가는 다소 상향조정해 둔다.

4) 매각대행사와 매각방법, 매각세부절차 협의 및 유력 매입희망자 선정

매도자는 매각대행사와 반드시 협의를 거쳐 매각방침을 이해시키고 매도방침에 따른 매도 전략이나 세부 절차 등에 대해서 충분히 협의하여 매도취지와 인식을 같이 해야함이 중요하다. 또한 매도대행사가 선정한 매입희망자 중 유력 매입희망자(우선 협상대상자)를 복수로 선정하고 우선순위를 부여하여 우선순위에 따라 1차거래 협상이 어려워지는 경우 2차 우선순위자를 상대로 매각절차가 진행되도록 미리 대비해야 한다.

매각대행사가 추천하는 매입희망자 중에는 매입재무능력이 없는 자와 재무능력은 있으나 정책적으로 접근하는 자도 있을 수 있음을 유의해야 한다.

5) 매도의향서 또는 안내장(Invitation Letter) 발송

매도의향서나 Invitation Letter는 반드시 확정된 내용을 기재하거나 약속에 관계되는 의사표시를 확정적으로 해서는 안되며 매도의사가 있음을 통지하는 선에서 서면으로 작성하고 발송해야 한다.

6) 매도희망자와 거래비밀준수협약서 체결

전술한 바와 같이 건물자산의 거래는 비밀리에 비공개적으로 성사되는 특성으로 인하여 상호신뢰에 바탕을 둔 거래비밀 유지와 준수가 필요하다. 따라서 거래비밀 유지 협약서를 상호체결하고 매도거래성사에 관계없이 끝까지 비밀 준수를 공식적으로 서면화해 두어야 한다.

그러나 불법내용을 기재하고 준수를 강요할 때에는 자칫 악용의 소지가 있으므로 피차 피하는 것이 현명하다.

7) 매수희망자의 매입의향서 접수 및 분석

매수희망자로부터 매입의향서(Letter of Intent)가 도착하면 그 내용의 세부항목과 진의를 면밀히 검토하고 분석하여 매입에 대한 진실성 여부와 신뢰성의 유무에 대하여 판단해야 한다.

8) 우선 매수협상대상자 선정 및 통지

다양한 매수희망자로부터 매수의향서를 접수한 후 검토와 분석 작업 후에 우선 매수협상대상자를 복수로 정하고 우선 협상자 선정결과를 서면으로 통지하고 협상일시와 장소 등을 알려야 한다.

9) 우선 매입대상자와 1차 매도협상 개시

우선 매입 대상자와 협상을 진행하여 매도가격, 지불방법과 일시, 소유권 등기 방법과 제한물권 말소 방법, 임차인과 임차채권 인수 내용, 기존 건물인 경우 건물시설관리용역회사와 그 종사자의 인수 여부 등 건물자산 매도에 관계되는 주요 문제와 기타 문제 전반에 대한 협상이 이루어지고 이에 관한 최종적 합의를 도출해내야 한다.

만일의 경우에 합의에 도달하지 않는 경우에는 2차 협상을 시도하고 그래도 어려운 경우에는 차선의 협상대상자와 협상을 개시해야 한다.

10) 건물자산매매양해각서 체결과 교부

우선 매입협상대상자와 1차 매도협상이 성공적으로 종료되면 매도자와 매수자가 건물자산매매양해각서를 체결하고 상호 교환한다. 이 때부터 법적 구속력은 없으나 상도의상 상호 구속받게 되며 특별한 사정 변경이 없는 한 건물자산매매거래가 성사되게 된다.

11) 건물자산실사착수

건물자산매매양해각서가 상호 교환되면 매입자에 의한 매도목적물에 대한 자산실사가 착수된다. 건물자산실사 전 매도자 측의 자산실사지원팀과 매수자 측의 자산실사팀이 합동으로 실사를 진행해야 한다. 이 때 매도자는 자산실사에 최대한 협조를 해야 하며 친절하게 안내해야 하고, 관리종사자에 의한 방해 행위나 거부감의 표시 등은 자칫 거래를 중단시키는 요인이 됨을 유의해야 한다. 자산실사는 기술 · 법률 · 경제 행정, 환경, 안전측면에서 각각 건물자산실사가 이루어져야 하며 회계실사, 건물실사, 법률실사, 행정실사 등 6개 방향으로 구체적 확인이 상호 이루어져야 한다.

건물자산실사 후 자산실사보고서가 작성되어야 하며 실사참여자가 공동으로 확인하고 서명날인과 함께 상호교환 해야 한다.

12) 실사결과 협의 및 매매가 재조정

실사결과 매도가에 영향을 주는 사항이 발견되면 매도가 재협상이 이루어지며 이 때 거래가 성공적으로 성사되려면 상호 양보와 인내가 대단히 필요하다. 특히 상호감정개입이 나타날 소지가 있는 시점이므로 상호협조정신을 크게 발휘해야 한다.

13) 매각의사결정 및 건물자산매매계약서 체결과 교환

건물자산실사 후 매도가가 재조정되고 거래 기본 문제와 기타 문제가 해결되면 매입의사를 결정하고 매도자는 권리 있는 매도자와 매수자가 상호 만나 건물자산매매계약서를 체결하고 상호 교환하게 된다. 매매계약서 작성 후 매매계약금을 수수하고 영수증 교환이 이루어지면 각각의 업무로 신속히 복귀하는 것이 현명하다. 왜냐하면 최종 매매계약이 체결되는 날 매도자와 매수자가 함께 시간을 같이 하면 십중팔구 매도자의 자산처분에 따른 서운함과 매수자의 아쉬움과 함께 자만심이 함께 노출되어 충돌할 소지가 충분히 있으며 실제 그런 사례가 건물자산거래시장에서 흔히 나타나고 있다.

14) 매매계약 사후관리 및 소유권이전서류와 매매목적물 인수인계

건물자산매매계약이 체결되면 거래가 종료되는 것이 아니라 중도금·잔금 등의 지불과 매매를 원인으로 하는 건물자산소유권 이전 서류, 기타 제한물권 말소서류(매수인이 제한물권인수 조건 시는 예외)의 접수와 건물관리회사와 관리종사자의 인수문제, 임차인과 임차채권 인수 문제 등 여러 가지 계약체결 후 사후관리사항이 대기하고 있다.

이들 계약 사후관리차원에서 신속히 해결하여 건물자산 매매목적물의 인수인계에 도움이 되게 해야 한다. 그 다음 건물자산 매매목적물의 계약체결 당시 첨부된 매매목적물 목록에 따라 인수인계하고 최종확인하면 그 때 비로소 자산거래가 최종 종료된다.

거래가 최종 종료되면 매각대행사의 Fee를 지급하고 회계 처리해야 하며 소유권이전등기 제한물권말소, 각종조세처리 등을 처리해야 하며 최종 자산매매계약과 인수인계결과보고서를 작성 매도자에게 최종 보고해야 한다.

3. PMC와 Property Manager의 고용과 통제실무

(1) PMC와 Property Manager의 고용

AM의 주요 실무 중에는 PMC와 Property Manager 고용과 통제실무가 있다. 왜냐하면, Asset Manager는 자산의 취득과 매각 등의 의사결정에 참여하고 실행하며 위험관리 및 장기적 안정수익구조의 틀을 만들면서 금융조달, 재무관리, 원가관리, 예산관리 등 자산운용업무를 전담해야 하므로 전략적으로 PMC와 Property Manager를 고용하고 파트너십을 가져 임대관리와 건물운영관리 및 FM관리를 직접 하게하거나 Facility Manager를 별도로 고용하여 FM업무를 위임하게 하되 Property Manager로 하여금 책임지도록 하고 있다.

Property Manager의 고용방식에는 NOI/총수입 연동방식이나 관리비총액방식 또는 평당 PM Fee방식, 환산보증금총액 연동방식 등이 있으며 PMC 선정기준에는 PM사의 적합성, PM실적, PM조직 및 인력의 장점, PM서비스 방법, PM Fee 조건, PMC의 신뢰도, Property Manager의 자격과 능력, PMC의 경영상태 등이 고려된다.

Property Management 위탁관리는 건물자산관리위탁계약 체결로서 시작된다.

건물자산관리위탁계약서의 필요적 기재사항은 다음과 같다.

1) 관리목적물의 범위
2) 관리업무 및 권한위임
① 회계관리 및 보고업무
② 임대차계약관리
③ 임대료와 기타 수입관리
④ 시설관리업무의 감독
⑤ 청소관리업무
⑥ 경비관리업무
⑦ 주차관리업무
3) 임대관리대행업무
4) 법정기술자격자 선임
5) 건물자산관리 수수료 지급방법
6) 건물자산관리 수수료의 조정
7) 계약기간
8) 관리업무의 범위 및 계약조건의 변경
9) 관리업무의 일부위탁
10) 권리 및 의무의 양도
11) 건물 보수 및 개선 공사업무
12) 비용의 부담
13) 사무실 등의 제공
14) 보험의 가입
15) 계약의 해지
16) 손해배상
17) 선량한 관리자의 주의의무
18) 사고 예방 및 통보
19) 종업원에 대한 책임
20) 금지사항
21) 직무교육 및 훈련
22) 문서의 귀속
23) 계약조항의 해석
24) 규정의 준용
25) 규정의 사항
26) 위탁자와 수탁자
27) 계약체결일
28) PM위탁자와 수탁자의 인적사항

(2) Property Manager의 통제

전략적으로 PMC를 고용한 Asset Manager는 다음과 같은 방법으로 Property Manager(PM 소장)를 통제하여 Asset Management 목적을 효과적으로 달성해야 한다.

1) 운영예산 통제(연간 빌딩 운영예산 / 월간 빌딩 운영예산 / 일일회계 통제)
2) 보수공사 사전승인
3) Cash Flow 보고
4) 월간 빌딩 운영보고서(Monthly B/D Operation Report)
5) Tenant Survey Report
6) Cash Projection
7) 임대현황보고
8) 시설관리현황보고

제9장 건물자산관리 PM실무활동

건물자산관리 PM실무는 투자관리실무, AM실무, FM실무와 함께 매우 중요한 건물자산관리 실무분야로서 건물자산 보유기간 동안 효율적 보유와 운영관리를 통한 임대수익의 극대화와 저비용 고효용의 시설유지관리의 실제 관리업무이다.

제II편 제9장에서는 열한 개의 절을 두고 PM의 현황과 전망, PM실무의 개념과 PM 조직, PM의 제안과 PM계약, PM의 성격과 PM업무, Property Manager의 역할과 요구능력 그리고 PM의 업무인 건물자산임대관리, FM용역업체관리, 건물보수공사관리 등 PM의 핵심실무와 주요 실무 및 기타 PM 부수적 업무인 건물자산조세관리 실무와 PM의 직업윤리 등을 소개하고 있다.

제1절 PM의 현황과 전망

1. PM의 현황

미국 등 선진국에서는 오래 전부터 건물자산을 관리할 때 PM기법을 활용하여 건물자산의 소유와 경영을 분리하여 보유 건물자산을 운영관리하고 있으며 다수의 PM회사들이 대형 PM사로 성장하여 발전해오고 있다.

뿐만 아니라, 외국계 PM사인 C&W, JLL 등이 국내에 이미 진출하여 전문 인력과 글로벌화한 매뉴얼, 선진 자산관리기술로 무장하고 PM기법을 통한 전략적 접근과 마케팅으로 대한빌딩, 명동센트럴빌딩, 거양빌딩 등 다수의 건물자산들을 관리해오고 있다.

우리나라 소수의 재벌그룹 자회사인 FM사들이 PMC으로의 변신을 이미 시작하였으며 그 영역을 점차 넓혀가고 있다.

최근 국내 PM사들은 건물자산소유자나 AM사의 아웃소싱 확대로 그들이 소유한 건물자산을 전국적으로 일괄관리하게 되어 PM사의 업무영역이 전국 규모로 크게 확대되어 가고 있는 경향을 보이고 있다.

또한 국내 PM사는 점차 건물자산관리컨설팅 분야로의 진출을 다각도로 모색하고 있어 건물자산경영관리컨설팅업의 출현과 시장형성이 예견되고 있다. 뿐만 아니라 국내 건물시설용역업체에서도 PM영역으로 발 빠르게 변신을 시도하고 있는 경향도 나타나고 있다.

2. PM의 전망

우리나라에서도 건물자산관리에 있어서 PM기법이 건물자산관리의 대명사로 자리 잡은 가운데 크게 발전하게 될 것으로 전망된다.

그러나 국내 PM사가 외국 PM사를 능가하기 위해서는 외국 PM사의 경영관리기법을 벤치마킹하는 외에 유능한 건물자산관리 전문 인력 양성과 PM선진기술과 관리시스템을 도입하고 활용하는 것만이 외국선진 PMC와의 경쟁에서 이길 수 있는 유일한 대안이라 판단된다.

1997년 IMF 외환위기를 맞아 국내 유수기업이 도산되면서 그 자구책의 일환으로 구조조정을 실시한바 많은 부실기업 소유자산의 가치가 급격히 하락현상을 보이는 가운데 은행이나 보험회사 등의 채권자의 손에 넘어가 헐값으로 매각되거나 당시 성업공사(현. 한국자산관리공사) 등에 보관관리 되는 등 자산관리를 위임하여 처리하는 과정 속에 IMF 외환위기후 2년이 경과한 시점에 이르러 CBRE와 같은 외국 자산관리회사가 국내에 본격적으로 진입하면서 헐값으로 외국자본에 의한 건물자산 매각이 상당수 이루어지게 되었다.

당시 국내 시장에는 건물자산시장, 특히 건물자산투자시장이 전무한 상태에서 소유와 경영이 분리되지 않은 가운데 고급 건물자산의 정보가 전무하고 경제 경기의 불황속에 헐값으로 쏟아져 나온 건물자산을 외국계 건물자산투자회사가 자국에서 조성한 대규모 자본을 앞세워 선진기법과 분석 · 통계자료를 바탕으로 낮은 가격에 국내 주요 건물자산(대부분 유명빌딩임)을 매입하고 약간의 Renovation이나 Re-positioning, 임대구조개선 등을 통한 개량으로 자산가치를 높이고 임대소득을 증가시켜 전략적 매각을 단행하여 양도차익(시세차익)을 크게 실현함으로써 막대한 자본적 이득(Capital Gain)을 창출하였다.

건물자산매매시장의 그간의 흐름을 분석해보면 IMF 외환위기후 2년 동안의 건물자산매매시장 현황은 매입자중심의 시장(Buyer's Market)이었으나 그 후 5년 후에는 매입자중심시장에서 매도자중심시장(From Buyer's Market to Seller's Market)으로의 이동되어 오다가 현재의 자산매매시장의 현황은 완전히 매도자와 매수자중심 시장(Seller's and Buyer's Market)으로 바뀌고 있다.

건물자산정보 역시 IMF 2년이 경과한 IMF 초기에는 임대면적, 임대료나 공실률과 같은 건물자산정보가 전무하였으나 IMF 5년이 경과하면서부터 건물자산관리에 필요한 기초자료 수집 · 분석과 체계적 관리시스템의 연구가 실무차원에서 이루어지고 있었으며 현재는 어느 정도 체계적 관리를 위한 건물자산관리실무차원의 자료와 정보가 생산 · 관리되고 있으나 학문적으로 활용할 수 있는 Data나 표준 또는 기초자료로서 신뢰성의 문제가 아직도 현실적으로 존재하고 있다.

건물자산 투자자본의 분포를 살펴보면 IMF 초기에는 전적으로 외국자본에 의하여 투자가 이루어 졌으나 IMF 5년 경과 후에는 외국자본과 함께 소규모의 국내자본에 의하여 투자가 이루어지고 있으며, 또한 현재에는 대규모의 국내자본(CR-REITs의 공모 · 사모자금, 간접부동산투자펀드, 연기금 · 은행 · 보험사 등의 기관투자자금)과 외국자본에 의하여 경쟁투자가 이루어지고 있다. 또한 2008년부터 한시적으로 외국의 헤지펀드의 국내유입허용이 예견되고 있어 건물자산투자시장의 활성화가 전망된다.

Property Management에 의한 건물자산관리활동은 IMF 초기에는 외국계 CBRE가 독자적으로 PM분야에서 활동하였으나 IMF 5년경과 후부터 CBRE, JLL, KAA, C&W 등의 외국계회사가 PM활동을 주도하였고 현재에는 외국계 PM회사인 CBRE, JLL, KAA, C&W와 국내 PM회사인 SAMS, 에버랜드, 교보리얼코, 신영 등이 활동하고 있다.

이상과 같은 PM의 활동현황과 흐름은 IMF 초기와 중기 및 현재에 까지 다양하게 변화되어 왔으나 특이한 현상은 아직도 PM분야에는 외국계 PM사가 PM시장 중심에서 High level 수준으로 활동하고 있다는 점과 국내 PMC는 아직도 임대관리, 시설관리를 중심으로 하는 낮은 단계(Low Level PM) 수준에 머물고 있다는 점이다. 또 하나의 중요한 현상은 건물자산투자시장의 활성화(국내 유동성증가, 간접투자 활성화, 기관투자자 증가 등)로 코람코와 같은 국내 투자회사가 출현하여 외국 선진기법을 벤치마킹하여 건물자산투자활동을 활발히 하고 있어 바람직한 현상이 나타나고 있다는 점이다.

뿐만 아니라 국내 소수의 대기업에서도 자사보유 자산을 재평가하고 수익모델로 전환하여 건물자산에 대한 내부기회를 효과적으로 활용하고 있으며 건물자산투자를 미래 산업으로 가치를 인정하고 자사보유 건물자산의 PM관리와 외부자산을 High Level PM차원에서 접근하고 있다.

그러나 국내 PM사들은 건물자산관리의 효율적 시스템화와 건물자산관리 전문 인력의 확보와 양성 및 표준매뉴얼의 문제점으로 인하여 국내 PM발전의 걸림돌을 경험하고 있다. 따라서 국내 PMC가 외국계 PMC와 같이 건물자산관리의 시스템 문제와 표준매뉴얼 준비 및 전문 인력 양성과 확보 문제를 빠른 시간 내에 효과적으로 해결하는 것이 급선무라 인식된다.

참고로 국내에서 활동하고 있는 주요 국내외 PMC와 LMC의 현황을 소개하면 <표 9-1>과 같다.

〈표 9-1〉 주요 PMC와 LMC 현황

(2004년기준) (단위 : 억원)

회사명	설립연도	자본금	매출	사업분야	특징	주요고객
SAMS	1988	15	872	PM, LM Brokerage	삼성그룹 보유부동산 주력	삼성생명, 삼성증권, DBPA 등
KAA	1997	10	158 (FM매출 포함)	PM, LM Brokerage	High level PM	코람코, 맵스, GIC, 아센다스, ING 등
JLL	1998 지사설립	3	60	PM, LM Brokerage	PM보다 LM 주력	LIM등 외국계
CBRE	1997 지사설립	2.5	50	PM, LM Brokerage	on-site manager 활용	맥쿼리, 맵스, GE, 제일은행, 푸르덴셜 등

(자료출처 : 한국생산성본부, 기업부동산자산관리실무, 2006, P.29 인용.)

제2절 PM실무의 개념과 PM조직의 운영요령

1. PM실무의 개념

(1) PM실무의 의의

PM(Property Management)이란 건물자산투자관리 완성을 위하여 필요한 자산관리실무 중 중간 이행단계에 있는 실무과정으로 투자자산의 효율적 임대관리와 시설유지관리 비용의 통제와 수입관리 등을 통하여 투자수익을 극대화하는 데필요한 자산운영서비스 생산 및 제공 활동들을 의미한다.

PM실무는 Property Manager에 의하여 건물자산의 취득 후 처분 전까지의 보유기간동안 수행되는 자산운영관리부문으로서 건물소유자, 투자자나 Asset Manager가 주된 고객대상이 되며 일정한 PM Fee를 받는 조건으로 자산운영관리업무가 위탁되고 PM계약 체결과 함께 진행된다.

건물자산관리활동을 자산관리실무내용에 따라 분류하면 AM실무, PM실무 및 FM실무 등으로 분류된다.

AM실무는 건물자산경영실무로서 건물자산의 취득단계에서 보유 및 처분에 이르기까지 건물투자 전 과정에 걸쳐 관련되는 것으로 건물자산투자자의 투사의사결정과 Asset Manager의 실행과 참여로 건물자산 매입·매각을 통한 자산운용이 주된 실무활동인데 비하여 PM실무와 FM실무는 건물자산 매입 후부터 매각 전까지의 보유기간동안에 이루어지는 임대관리실무와 시설관리실무라 할 수 있다.

즉, PM은 보유건물의 운영관리를 통하여 임대중심의 수익활동과 시설관리활동을 담당하고 있다.

PM실무에 있어서 PM의 의미는 전술한 바와 같이 Property Management를 의미하는 것으로 취득자산의 보유기간동안 임대관리와 시설운영관리를 통하여 임대소득 창출과 건물의 보존·유지·개량 업무가 PM의 주요업무라 할 수 있다.

다시 말하면, PM이란 AMC나 Asset Manager 또는 투자자나 건물소유주 등과 PM Agreement를 체결하고 일정한 PM Fee를 받는 조건으로 전략적으로 제휴하여 파트너십을 가지고 PM대상 자산관리를 수탁 받아 효율적인 시설운영과 임대관리를 통하여 자산가치를 증대시키고 임대소득을 극대화하여 경제적 이익을 최대화하는 광의의 시설관리서비스활동이라 할 수 있다.

PM활동에는 광의의 PM활동과 협의의 PM활동이 있으며 광의의 PM활동은 고유의 임대관리와 시설운영 외에 시설관리활동을 포함시키는 넓은 의미의 PM활동이나 협의의 PM활동은 시설관리활동을 제외한 임대관리와 시설운영만을 의미한다.

또한, PM의 업무에 의한 분류에는 High Level PM과 Low Level PM으로 분류되며 High Level PM은 국내 일부 펀드 건물자산, 대부분의 외국계 펀드 건물자산관리에 활용되는 PM형태로서 AMC의 Asset Manager와 전략적 제휴로 파트너십을 가지고 PM의 고유 업무 외에 일정부분 Asset Manager의 업무인 재무관리(회계관리), 원가관리, 조세관리, 보험관리, 구매관리, 인사노무, 사무문서관리 등 Asset Manager의 역할을 분담하고 투자수익성 제고와 자문・분석・진단기능을 수행하나 Low Level PM의 경우 국내 대기업의 보유 자산관리에 활용되는 PM 형태로 계약체결권, 의사결정권 등이 없는 상태에서 FM 고용과 통제에 중점을 두고 PM 고유 업무인 임대관리와 FMC의 아웃소싱과 통제・감독의 업무수행을 통하여 Property Operation Cost를 절감하고 임대소득을 증가시켜 수익성을 극대화시킴으로써 Asset Manager에 대한 자산운용 지원역할과 함께 자산가치를 높이는 통상 부동산관리 수준의 기능을 담당한다.

(2) PM의 2대 목표

건물자산투자관리에 있어서 필요한 3가지 실무과정(AM과정, PM과정, FM과정)중 AM과 FM의 중간이행과정에 있는 PM은 두 가지의 중요한 목표를 가지고 있다.

첫째의 목표는 투자자산의 효율적 운영관리로 운영 수익의 극대화이고 둘째의 목표는 건물시설 관리비용의 최소화와 관리효용의 극대화를 통한 최유효 건물사용화이다.

다시 말하면, 직접적으로 효율적 임대관리와 공사관리(CM, Construction Works Management) 및 유지관리를 통하여 수익성을 최대화하며 최소의 비용으로 최대의 자산가치를 높이고 건물시설유지관리 성과를 창출함으로써 간접적으로도 건물자산 가치를 높이고 자산의 출구(매각)시 유리한 양도차익을 실현을 지원하는 것을 PM의 목표로 설정하고 있다.

PM의 목표달성은 PM의 성공전략에 따라 능력조건과 자격을 갖춘 Property Manager가 담당할 때 비로소 가능하다.

(3) PM의 성공전략

Property Management를 성공적으로 수행하여 건물 투자자나 소유자의 투자수익의 목표달성 및 최대 사용만족, 건물자산의 자산가치 보존 또는 제고 등을 달성하기 위해서는 다음과 같은 PM전략이 필요하다.

① PM대상 건물자산의 정확한 인수 및 조기정상화전략
② PM대상 건물시설의 최정상 기능과 성능 장기유지전략
③ 임대수익 극대화전략
④ 유지관리비용 최소화 전략
⑤ 정보화대응 전산시스템 효율적 활용전략
⑥ 자산관리자 전문화전략
⑦ PM대상 건물자산 자산가치 제고전략
⑧ PM대상 건물자산 최유효 매각을 위한 출구전략(매각전략)

2. PM조직의 운영요령

PM조직이란 PM업무를 효율적으로 수행하는 데필요한 조직으로서 일반적으로 PMC와 Property Manager 등으로 구성된다.

건물자산운용에 사용되는 조직구조체계는 AMC만의 1원화 조직구조, AMC와 PMC 또는 FMC와의 전략적 제휴로 나타나는 P형 2원화 조직구조(AM+PM조직) 또는 F형 2원화 조직구조(AM+FM조직구조) 그리고 AMC와 PMC 그리고 FMC의 3조직 간의 전략적 제휴로 나타나는 3원화 관리조직구조체계 등이 있으나 PM의 조직은 아웃소싱에 의한 PMC를 고용할 때 P형 2원화 조직구조체계로 등장하게 되고 AMC의 사내에 In-house 방식으로 PM팀을 둘 때 나타나는 조직이다.

다시 말하면, 아웃소싱(Outsourcing) 방법과 사내조직(In-house) 활용방법에 의하여 PMC조직이 등장하거나 PM팀의 조직이 나타나게 되며 이때 비로소 Property Manager가 PM조직의 중심이 되어 PM업무를 담당하게 된다.

별도로 AM조직과 PM조직의 2원화의 필요성은 AM업무와 PM업무간의 기능별 특화와 전문화로 인하여 상호업무의 견제가 가능하고 업무의 효율성과 전문성을 크게 강화하며 위험관리(Risk Control)에 장점이 있기 때문이다.

특히, 아웃소싱에 의한 외부의 PMC의 고용은 PMC의 전문성의 활용과 직접지원(예 회계, 법률, 공사지원 등)이 가능하며 PM업무 감독이 크게 강화되는 장점이 있다. 또한 AMC의 사내에 PM팀을 두는 경우 Asset Manager와 업무협조가 긴밀하게 이루어지고 Property Manager가 적극적이고 능동적으로 책임감을 가지고 건물자산 소유자 입장에서 자산을 관리하는 장점들이 있다.

그러나 아웃소싱에 의한 별도의 PMC의 고용시 추가비용이 발생하고 AMC와 PMC간의 커뮤니케이션에 문제가 있을 수 있으며 AMC 내부의 PM인력에 대한 구조조정이 불가피한 단점들이 있다. 또한 AMC 사내에 PM팀을 두는 경우에도 Asset Manager와 Property Manager의 업무결과에 대한 책임소재와 업무한계에 문제가 있으며 AM조직과

PM조직의 결합으로 조직이 비대해지고 능동적인 유연성이 후퇴하며 법률, 회계, 공사지원 등의 전문 인력의 지원이 미흡하다는 단점들이 있다.

따라서, 관리대상 건물자산의 규모가 대규모인 경우에는 AMC와 PMC간의 2원화 관리조직구조가 요구되나 소규모인 경우에는 AMC 사내에 PM팀을 두고 Asset Manager의 통제 아래에 자산관리를 수행함이 타당하다.

PM조직의 운영에 있어서 특히 유의할 점은 PM의 성격이 High Level이나 Low Level일 때 반드시 다르게 조직되고 운영되어야 한다는 점이다.

제3절 Property Manager의 역할과 요구능력

1. Property Manager의 기능과 역할

Property Manager는 건물자산 취득이후의 건물자산 운영자로서 Facilities Manager와 전략적 제휴를 통하여 취득자산의 자산가치 제고와 유지 및 임대수익극대화와 시설의 사용가치를 높이고 최유효 건물자산사용화를 주도하는 PM의 중심자산관리자이다.

투자자와 Portfolio Manager 그리고 Asset Manager는 투자자산의 취득, 매각 등에 관한 의사결정 또는 투자실행자로서 투자건물자산의 소유자이거나 소유자의 자산운용대리자인 자산경영층이나 Property Manager는 경영층의 의사결정과 정책결정에 따라 취득자산의 운영(Property Operation)을 통하여 자산 보유기간동안 수익을 극대화하고 최소의 관리예산으로 시설의 기능과 성능을 유지하며 각종 자본적 지출을 요하는 공사관리를 수행함으로써 실질적으로 자산가치를 높이는 기능과 역할을 담당하는 취득건물자산 운영관리자일 뿐 아니라 Property Manager의 역할을 정리하면 건물자산의 효율적 운영과 임대관리서비스를 통한 수익성의 최대화 및 관리예산을 절감하고 FM의 고용과 효과적인 통제로 시설기능과 성능을 최적화하며 공사관리를 통하여 최유효 건물사용화를 실현하는 역할을 PM실무활동을 통하여 실행하는 역할을 담당하고 있다.

〈표 9-2〉 건물자산관리실무활동 4대 영역과 담당책임자의 역할

건물자산관리실무영역	담당책임자	역 할
Building Asset Investment Field	Investor	· 투자의사결정, 자금투자
Asset Management Field	Asset Manager	· 투자의사결정 참여 및 건물자산 매입 · 매각 실행, 금융분석 및 금융조달 · Asset Portfolio 관리, 자산운용계획 · PM/LM 고용 및 감독, 통제, AM보고서
Property Management Field	Property Manager	투자자산 운영 및 수익성 극대화 임대관리서비스 FM용역사 고용 및 통제 공사관리 PM보고 및 Asset Manager 지원 등
Facility Management Field	Facility Manager	시설관리 유지관리비용 절감 FM보고 및 Property Manager 지원 등

건물자산관리실무활동은 <표 9-2>와 같이 Building Asset Investment 실무영역, Asset Management 실무영역, Property Management 실무영역 그리고 Facility Management 실무영역 등 4가지 실무영역으로 나뉘어 Investor, Asset Manager, Property Manager, Facility Manager 등이 담당책임자가 되어 필요한 경영·관리영역끼리 상호 전략적 제휴를 통하여 파트너십을 유지한 채 상호보완과 협력으로 건물자산관리활동의 목표를 달성하고 있다.

다시 말하면, 건물자산관리실무활동은 건물자산관리 전체업무인 자산운용, 재무관리, 임대관리, 시설관리에 대한 투자활동, AM실무활동, PM실무활동, FM실무활동을 통하여 실무적으로 처리하게 되며 자산운용에 대한 협력은 Investor와 Asset Manager 사이에 위탁자산관리계약의 체결로 이루어지고 전략적으로 제휴하여 파트너십을 유지하고 상호 보완 협력하여 투자목적을 달성하게 되며 투자자산의 운영과 임대관리서비스 등을 Asset Manager와 Property Manager사이에 Property Management Agreement가 체결됨으로써 전략적으로 협력하게 된다.

또한 시설관리와 유지관리비 절감에 대한 업무처리는 Property Manager와 Facility Manager사이에 시설관리용역계약(청소관리용역계약, 경비보안관리용역계약, 건축설비관리용역계약, 주차시설관리용역계약, 위생소독관리용역계약, 조경시설물관리용역계약, 정비보수관리용역계약 등)의 체결을 통하여 파트너십을 유지한 채 상호 전략적으로 협력하고 있다.

이를 표로 정리하면 <표 9-3>과 같다.

〈표 9-3〉 건물자산관리 4대영역의 전략적 제휴와 파트너십 관계

건물자산관리활동 4대영역	자산관리영역 담당자	전략적 제휴와 파트너십
Building Asset Investment Field	Investor	
Asset Management Field	Asset Manager	
Property Management Field	Property Manager	
Facility Management Field	Facility Manager	

<표 9-3>과 같이 건물자산투자의 의사결정권과 투자실행 권한을 가지고 있는 건물자산투자자나 Asset Manager에게 적정 건물자산을 선택하여 투자의사를 정확하게 결정할 수 있도록 투자건물자산에 대한 시장정보와 임대차정보, 자산운영정보 및 손익계산서나 각종 필요한 정보 등을 적극적으로 제공하여 협력해야할 의무가 Property Manager에게 있다.

뿐만 아니라, Asset Manager와 전략적 파트너십 관계에 있는 Property Manager는 PM대상 건물자산을 위험요소로부터 안전하게 유지·운영될 수 있도록 각종 자산위험을 사전에 예방해야 하고 위험사고가 발생 시에는 최소화해야 하며 투자건물자산 수익률의 최대화를 위하여 수익과 지출에 관한 운영예산계획과 이를 경제적 방법으로 집행하여 흑자예산이 유지되도록 역할 해야 한다.

Property Manager의 기능과 역할을 정리하면 건물자산의 투자와 운용 의사결정에 필요한 정보제공, 바람직한 임대관리를 통한 건물자산 임대수익률 극대화, 건물자산 위험예방과 최소화 및 효율적 시설용역관리, 건물자산 출구전략지원 등을 통하여 자산경영측면과 시설관리측면에서 투자자와 Asset Manager에게 자산가치 증대와 경제적 이익 극대화가 달성되도록 지원하는 기능과 역할 및 최유효 건물사용화의 기능과 역할을 도모해야 한다.

2. Property Manager의 요구능력

건물자산관리의 선진 실무기법이 정착되어 건물자산관리가 효율적으로 이루어지고 있는 미국의 경우에는 미국부동산학회(IREA)에 의해 실시되는 CPM(Certified Property Manager)의 자격소지자가 자산관리현장에서 주도적 역할을 하고 있으나 우리나라의 경우 의무관리대상 공동주택 아파트의 경우 주택법에 의한 주택관리사(보)가 의무 배치되어 공동주택 관리자 역할을 하고 있으나 상업용 건물이나 공업용 건물, 문교사회용 건물, 기타

특수용도 건물의 관리현장에는 공인되거나 국가자격자 등 법정자격자의 의무배치제도가 없다.

이와 같은 건물자산관리 법정전문자격제도의 불비로 소수의 건물자산관리현장을 제외하고는 투자자나 건물소유자의 의도와 목적에 따라 임의 관리되고 있으며 공인된 표준관리매뉴얼이나 기준 또는 표준도 없이 자기 직관과 경험 및 관리 상식의 범위 내에서 전통적 관리 형태를 보이고 있다.

따라서 전문자격제도의 불비는 관리대상 건물자산에 대한 양질의 재화와 서비스 생산에 지장을 초래하고 있으며 유능한 자산관리 전문 인력의 양성에 결정적 저해요인으로 작용하고 있다. 따라서 경험에 의한 건물자산관리자가 건물자산관리현장을 담당하고 있는 가운데 일반 건물관리기본법의 부재에 의한 효율적 건물관리시스템의 구축 실패와 맞물려 외국 선진국의 건물자산관리회사와의 경쟁에서 경쟁열위에 서서 회사경영이나 관리자 대우에도 열악성을 보여주고 있다.

그러므로 국내 건물자산관리산업과 건물자산관리회사 모두가 효율적인 자산관리시스템의 구축 및 전문 인력 양성과 표준매뉴얼 개발 및 선진 관리기술과 기법의 개발이 급선무라 인식된다.

유능한 건물자산관리자의 요구능력 조건은 Property Manager의 자격 요건과 동일한 개념이므로 이를 분설하면 다음과 같다.

첫째, Property Manager는 건물자산관리 지원업무관련 건물자산관리 사법과 공법의 법률지식이 있어야 하며 세무, 회계, 보험, 인사노무, 문서 · 조직관리, 구매 등에 대한 전문지식과 실무능력 역시 겸비해야 한다.

둘째, Property Manager는 임대관리를 통한 임대수익 최대화 전략과 Renovation, Re-positioning 등을 통한 자산가치 극대화 전략을 구사하여 건물자산의 투자자나 소유자의 건물자산 사용 수익에 대한 최대만족을 제공할 수 있어야 한다.

셋째, Property Manager는 건물의 구조나 건축설비의 기능과 성능, 건축 · 전기 설비 등에 대한 이해와 기술에 대한 지식이 있어야 하며 시설용역관리회사의 아웃소싱과 사후관리를 통한 양호한 건물상태의 보존, 정상적 기능과 성능의 유지 및 운영비용의 절감 등을 통하여 건물의 안전과 편의를 높이고 사용가치를 증대시켜 투자자나 Asset Manager의 자산경영과 관리 양 측면 모두에 지원할 수 있는 인적 · 물적 관리능력을 가지고 있어야 한다.

넷째, Property Manager는 자산운영계획의 수립과 실천능력 및 재무보고, 회계보고, 예산수립, 손익계산서 등 회계지식이 있어야 하며 운영보고서의 작성능력과 보고능력이 있어야 한다.

다섯째, Property Manager는 이상의 요구능력과 함께 정직성과 성실성 및 책임성의 소지자로서 신의성실하게 타인의 자산을 운영관리하고 이를 정기적으로 성실하게 보고하는 능력을 갖추어야 하며 적어도 임대관리중심으로 10년 이상의 경력자와 대학 학력 이상으로서 부동산, 경영, 경제, 행정, 법률, 건축공학 등의 지식을 두루 갖춘 자이어야 한다.

여섯째, 정부에 의한 건물자산관리 국가자격시험이나 국가공인 자격시험이 실시되는 경우 자격시험에 합격해야 함은 물론이나 우리나라 실정에 맞지 않는 외국자격증의 형식적 합격증은 아직까지는 유효성이 크지 않는 것으로 판단된다.

제4절 PM의 성격과 PM업무의 내용

1. PM의 성격

Property Management의 업무내용을 가늠하는 PM의 성격에는 두 가지 종류가 있다. 그중 하나는 광의의 PM성격과 협의의 PM성격이 있으며 다른 하나는 High Level의 PM 성격과 Low Level의 PM성격이 있다.

(1) 광의의 PM과 협의의 PM

광의의 PM은 PM의 고유 업무인 임대관리와 공사관리 및 시설관리업무를 포함하는 자산운영 전반의 수리적이고 물리적인 포괄적 관리개념이나 협의의 PM은 임대관리업무만을 담당하는 지엽적이고 수리적 관리만을 의미한다.

(2) High Level PM과 Low Level PM

High Level PM은 건물소유자 또는 Asset Manager와 전략적 제휴로 파트너십을 가지고 PM의 고유업무 외에 재무관리, 예산관리, 원가관리 등 Asset Manager의 고유 업무 일정부분을 담당하며 제한된 범위내에서 의사결정권과 계약체결권을 가지고 있으면서 투자수익 창출에 역점을 두는 PM을 의미한다.

시장 및 지역경제 분석과 경쟁요인분석, 수요분석, 재무분석, 회계자문, 법률자문, 기술적 진단과 자문, Renovation, Interior, 실내 칸막이공사 등의 공사관리를 통한 자산가치 개량 방안을 검토, 제안하고 임대전략을 수립하거나 투자수익창출 중심의 PM이라 할 수 있다.

또한 High Level PM은 FMC를 고용하고 통제, 감독하나 FMC 통제보다는 자산가치 증가와 임대수익 극대화에 관리의 중심을 두고 있다.

High Level 성격의 PM은 외국계 펀드와 국내 일부 투자펀드에서 활용되고 있다. 그러나, High Level PM은 AM과 유사한 성격을 가지고 있으나 동일하지 않다. 그러나 Low Level PM의 성격은 일상적인 Property관리 성격을 가지고 임대관리와 FMC 통제에 주력할 뿐 기타 의사결정권이나 계약체결권은 없으며 국내 대기업의 보유 건물자산관리에 활용하고 있다. Low Level PM은 광의의 PM과 유사한 성격을 가지고 있다.

2. PM업무의 내용

PM의 업무는 Property Manager가 담당하며 이에는 Property Manager의 업무에는 핵심업무와 주요업무 및 부수적 업무 등이 있다.

PM의 목표를 가장 경제적 방법으로 안전하게 그리고 효율적으로 적합하게 달성하려면 PM업무의 확정과 PM업무 담당자인 Property Manager의 요구능력이 구비되어야함은 물론이다. PM의 업무의 내용은 다음과 같다.

(1) PM의 핵심업무

Property Manager의 핵심업무는 PM의 고유 업무로서 PM목표를 달성하는 데반드시 수행되어야할 업무를 의미하는바 이에는 다음과 같은 핵심업무가 있다.

① 통상적 건물자산 운영관리업무
② 임대관리업무

그러나 PM의 Level에 따라 핵심업무의 중심이 수익성 중심에서 FM통제 중심으로 이동할 수 있다. 예컨대 High Level PM의 경우 주로 수익성에 무게를 두나 Low Level PM의 경우에는 FM통제에 주력하게 된다.

(2) PM의 주요업무

Property Manager는 핵심업무 외에 다음과 같은 일상적인 주요업무를 가지고 있다.

① 일상적 건물운영 및 관리업무
② FM고용 및 통제업무
③ 외부용역 협력사 관리업무
④ 입주사(Tenant) 관리업무

(3) PM의 부수업부

PM의 부수적업무(주변업무)애는 다음과 같은 업무가 있다.

① 증축, 개축, 내장공사 관리업무
② 주간/월간/연간 PM 보고업무
③ Asset Manager 또는 건물소유자 지원 및 협조업무
④ 기타 PM업무

제5절 PM의 제안과 PM계약체결

PM Service의 시작은 PM계약체결로 시작되며 PM계약의 범위와 명시규정의 범위 내에서 PM Service가 수행되고 제공된다.

따라서, PM은 건물자산의 소유자나 Asset Manager와의 PM계약체결이야말로 PM Service의 원천이라 할 수 있다.

PM계약체결은 PMC사에 의한 PM제안과 Presentation, Negotiation 계약 등 일련의 절차를 거쳐 이루어지나 단계별로 살펴보면 PM제안서 작성, 제출과 PM계약체결 및 PM계획수립, PM활동 등으로 이어진다. 그러므로 PM제안과 PM계약체결 및 PM계획수립에 대하여 실무차원에서 이를 순서대로 소개하면 다음과 같다.

1. PM의 제안

PM업무의 시작은 전술한 바와 같이 PM Service용역을 수행하고자 하는 PMC의 PM Manager가 Asset Manager나 건물자산소유자 또는 투자자에게 PM제안서 작성과 제출 및 이로 인한 PM계약 체결로부터 시작된다.

PM제안서 작성과 제출이란 PM Service 제안으로서 투자자나 AMC가 보유하거나 자산관리대상인 건물자산에 대하여 PM업무대행을 희망하는 서면의 제출을 의미하며 제안서가 제출되고 받아지는 경우 PM계약 체결의 직접 원인이 되므로 PM제안서의 작성과 제출은 대단히 중요하다.

PM제안서는 간결하고 용이하게 작성되어야 하며 제안자의 핵심제안 사항인 전문적 기술역량, 전문기술인력, PM관리실적 등을 중심으로 다음 목차대로 제안서를 작성하고 적정 시기를 선택하여 제출하야 하며, 우선협상대상이 되도록 효과적인 PT(Presentation)를 실시해야 하고 보완을 요청하는 경우 보완서류를 신속하게 지체 없이 제출해야 한다.

일반적으로 실무활동에서 사용되는 외국 자산관리회사와 국내 PMC의 제안서내용을 기준으로 추출한 PM제안서 목차와 명시내용은 다음과 같다.

(1) 회사소개

회사소개(Company Instruction)는 PM제안서 작성에 있어서 매우 중요하다. 왜냐하면, 예상 PM의뢰자가 제안자의 첫인상을 느끼는 순간이고 처음 접하는 정보이기 때문이다.

제안서의 내용은 제안할 수 있는 기회에 대한 제안 상대방의 친절과 배려에 우선 감사하는 인사를 표하는 것이 현명하며 제안자회사는 PM전문회사로서 글로벌 표준매뉴얼에 기초하여 전문 인력에 의한 전문지식과 경험을 바탕으로 최상의 PM서비스 제공을 약속하고 회사의 일반연혁과 함께 회사 일반정보 및 PM조직의 담당부서와 지원부서의 역할을 소개하면서 제안회사의 PM주력 업종을 다음과 같이 소개하는 것이 바람직하다.

① Property Management
② Leasing Management & Service
③ Tenant Management
④ Facility Management & Service

특히 회사소개에서 PM의 전문성과 PM 전문 인력의 보유 및 PM실적 등을 강조하여 회사 PM능력에 대한 신뢰를 얻도록 노력해야 한다.

(2) 회사개요

PM제안서 두 번째 항목은 회사개요(Company Profile) 소개로서 회사의 창립역사와 배경 및 PM의 일반정보 소개와 PM관련 배경, 실적을 소개하고 회사 담당부서와 담당자의 명칭과 성함, 주소, 전화번호, Fax 번호, 홈페이지 주소, E-mail 주소 등을 소개해야 한다.

특히, PM팀에서 현재 PM 관리의 내용을 소개함으로써 회사의 영업실적과 고객성향을 알게 하며 현재의 실적을 통한 PM 서비스품질을 간접적으로 확인하게 한다.

(3) PM사의 적합성과 차별성 증명

PM은 일반적으로 목표수익 달성방법과 수익창출실적을 제시함으로써 우리 PM회사가 왜 적합한지에 대하여 확인시켜야 하며 타 회사 PM서비스와의 비교 분석을 통해서 차별성을 인식시켜야 한다.

즉, 적정인원의 투입과 효율성의 제고, 경제적 방법에 의한 임대관리와 유지관리방안, 협력부서의 시스템적 협조와 체계적 관리 등의 강점을 소개함으로써 의뢰자의 PM에 관한 제안자 소속의 PMC가 가장 적합함을 인식시키도록 해야 한다. 즉, 제안자의 자산관리 전략, 세부운영계획, 관리조직 및 인력의 최적화와 능률화, 용역업체의 경제화와 효율화, 운영비용의 최적화, 운영결과의 평가와 보고시스템 등 PM 서비스의 Key Work Scope를 강조함으로써 제안자의 PM참여 당위성을 인식시켜야 한다.

(4) PM실적 증명

제안 PMC의 PM실적에 대한 증명을 사진과 함께 보여줌으로써 PMC로서의 신뢰감을 얻도록 해야 한다. PM실적 증명을 허위로 작성하거나 과장하는 것은 PM제안서로서 신뢰를 떨어뜨리게 되므로 삼가야 한다.

(5) PM조직 및 PM관리 인력의 장점

PM담당부서와 협력부서 및 참여 PM인력(특히, Property Manager)의 기술력과 전문성 및 경력과 관리실적을 보여주고 PM제안자의 조직과 전문 인력의 장점을 재인식시키도록 해야 한다.

(6) PM 활동방법과 PM의 서비스 범위 제시

제안자가 거래 상대방의 보유자산에 대한 투자목표달성의 효과적인 방안을 제시하여 목표달성에 대한 확신을 갖도록 해야 한다. 또한 PM Key Work Scope를 나열하고 PM업무 범위를 정확하게 기재해야 한다.

(7) PM Fee 제시

PMC 측면의 PM제안서 제출과 PM계약과 PM Service를 제공하는 목적은 전적으로 PM Fee 때문이다. 그러나 제시하는 PM Fee는 적정하게 산출된 것임과 가장 경제적 PM Fee이며 타사와의 비교에도 경쟁력이 있는 PM Fee임을 강조하여 적정 PM Fee임을 재인식하도록 해야 한다. 제시하는 PM Fee의 산출내역과 산출방법을 함께 제시하는 것이 매우 바람직하다.

PM Fee(PM Service 용역비)는 PM Work Scope에 따라 증감되나 대체로 서울시 오피스빌딩의 경우, 평당 최고 2,200원에서 최저 700원 정도이나 일반적으로 PM Fee는 평당 800원에서 1,500원 범위 내에서 현실적으로 결정되고 있다.

(8) 결 어

제안자 소속의 PMC가 귀사가 의뢰한 PM대상자산에 대하여 PM service 제공 준비가 완료되어 있음과 PM 의뢰자의 자산을 최고의 경험과 지식을 바탕으로 최대의 PM Service 제공의 약속과 함께 우선협상대상자로 지정해 줄 것을 간곡히 희망하는 말로 결어를 맺는다.

2. PM계약의 체결

PM계약은 자산관리위탁계약이라고도 하며 위탁자(Investor, Owner 또는 Asset Manager 등)와 수탁자(PMC) 사이에 PM제안에 근거하여 우선협상을 통하여 최종 위탁의향서(Letter of Intent)를 발급하는 자와 발급받는 자 양인이 함께 체결하는 자산관리계약으로 수탁자가 일정한 PM Service 제공을 하기로 약정하고 그 반대급부로 일정한 PM Fee를 받기로 합의한 계약을 PM계약이라 하며 법적 효력을 갖는 법률행위로서 계약의 효력을 갖게 된다.

PM계약방식에는 총환산보증금방식, 평당단가방식, 총수입연동방식 등이 있으나 우리나라 PM계약방식은 주로 평당단가방식을 활용하고 있으며 평당 PM Fee의 현재수준은 전술한 바와 같이 평당 800원에서 1,500원 사이 수준에서 결정되고 있다.

PM Fee와 관련하여 유의할 사항은 평당 PM Fee 외에 PM업무 수행을 위하여 상주하는 상주인력(예 PM소장 및 직원)의 인건비와 임대 Service Fee(예 통상 총환산보증금의 0.5% 이내)와 FM 비용을 추가하고 그리고 내부공사(예 칸막이공사)의 소요비용과 광고비용 등을 별도로 실비 청구한다는 점이다.

PM계약서의 필요적 기재사항은 대체로 다음과 같다.

1) PM목적물의 범위
2) PM업무범위 및 권한위임
   ① 건물임대추진 및 임대관리업무의 대행
   ② 건물임차추진 및 임차관리업무의 대행
   ③ 건물 유지 보수관리 용역 발주의 대행
   ④ 건물 시설과 설비의 점검, 운전, 정비, 기타 공사관리
   ⑤ Utilities 관리업무(전기, 수도, 가스, 유류 등)
   ⑥ 건물 시설설비 법적 이행업무(선임, 검사, 보고 등)
   ⑦ PM업무 범위와 관련된 대관업무(유관기관업무)
   ⑧ 기타 갑이 을에게 요청한 자산매각 협조 등에 관한 업무
3) 임대대행업무
4) 법정기술인력 선임
5) PM 수수료 및 지급방법
6) PM 수수료의 조정
7) PM계약기간
8) PM계약조건의 변경
9) PM관리업무의 일부 위탁
10) 권리 및 의무의 양도금지
11) 건물 보수 및 개선 공사업무
12) 비용의 부담
13) 사무실 등의 제공
14) 보험의 가입
15) 계약의 해지
16) 손해배상
17) 선량한 관리자의 주의의무
18) 사고예방 및 안전관리 보고
19) PMC 소속 회사원에 대한 책임
20) 금지사항
21) 보고의무

보고의무는 Property Manager의 주요업무로서

① 빌딩별(자산별) PM보고
② 빌딩 임대 및 임차와 매각현황 보고
③ 빌딩 유지관리비용현황 보고
④ 빌딩 공사현황 보고
⑤ 기타 현안문제 보고 등이 명시되어야 한다.

22) 직무교육 및 훈련
23) 문서의 귀속
24) 계약조항의 해석
25) 규정의 준용
26) 규정 외 사항 해결 또는 결정방법
27) 관할 법원
28) PM계약체결일
29) PM위탁자와 수탁자 회사명과 대표자 성명

별첨서류 ① PM대상 건물자산목록
② PM 자산운영계획서
③ 임대관리 Service 수수료 지급기준

제6절 PM자산의 인수와 PM계획의 수립

1. PM자산의 인수와 실사

PM대상 계약이 체결되면 PM대상 건물자산의 인수와 함께 자산실사를 실시하여 확인, 분석 작업이 후속으로 진행되어야 한다.

PM대상 건물자산의 인수는 기존건물과 신축건물에 대하여 별도 인수 절차를 달리하여 인수하고 조사분석해야 한다.

(1) PM대상 기존건물의 인수

기존 건물이 PM대상인 경우에는 건물소유주나 Asset Manager로부터 다음 대상을 인수하고 인수인계서에 서명 날인해야 한다.

1) 건축물 및 건축설비
2) 건축대지 및 부대시설
3) 재고자재와 원료, 부품 및 공구기기
4) 준공도면 및 각종 사용설명서, 매뉴얼
5) 공사이력서
6) 입주자현황 및 임대관리비 및 미납현황
7) 임대면적과 공실현황 및 임대관련 정보
8) 시공자, 건축설계사무소, 보수정비협력사, 기존 FM사 정보

(2) PM대상 신축건물의 인수

신축건물이 PM대상이 되는 경우에는 다음 목록을 인수하고 분석해야 한다.

1) 건축물 및 건축설비
2) 건축대지 및 부대시설
3) 각종 사용승인필증
   ① 준공검사증(원본)
   ② 건물사용승인서
   ③ 소방시설완공필증(원본)
   ④ 저수조 청소 및 소독필증
   ⑤ 하수시설설치완료통보서
   ⑥ 전기사용검사필증(원본)
   ⑦ 전력수급계약서
   ⑧ 전기안전관리자 선임신고필증
   ⑨ 구내통신 사용검사 확인필증
   ⑩ 검사대상기기 설치안전검사필증
   ⑪ 위험물설치허가필증
   ⑫ 압력용기제조검사필증(압력용기구조용접검사증)
   ⑬ 냉동기・특정가스 사용시설 완성검사필증
   ⑭ 오수분뇨정화조설치확인서
   ⑮ KS표시허가증 및 시험성적서
   ⑯ TAB성적서 등

4) 준공도면(건축, 구조, 기계, 전기)
5) 품질보증서 및 사용설명서(건축 전기, 기계, 기타)
6) 스페어 자재, 부품, 원료
7) 장비사용설명서, 운영(Operation) 매뉴얼, 장비시설 Maker정보, 설계·시공사 및 하도급업자정보 등

PM대상 신축건물의 인수절차는 [그림 9-1]과 같다.

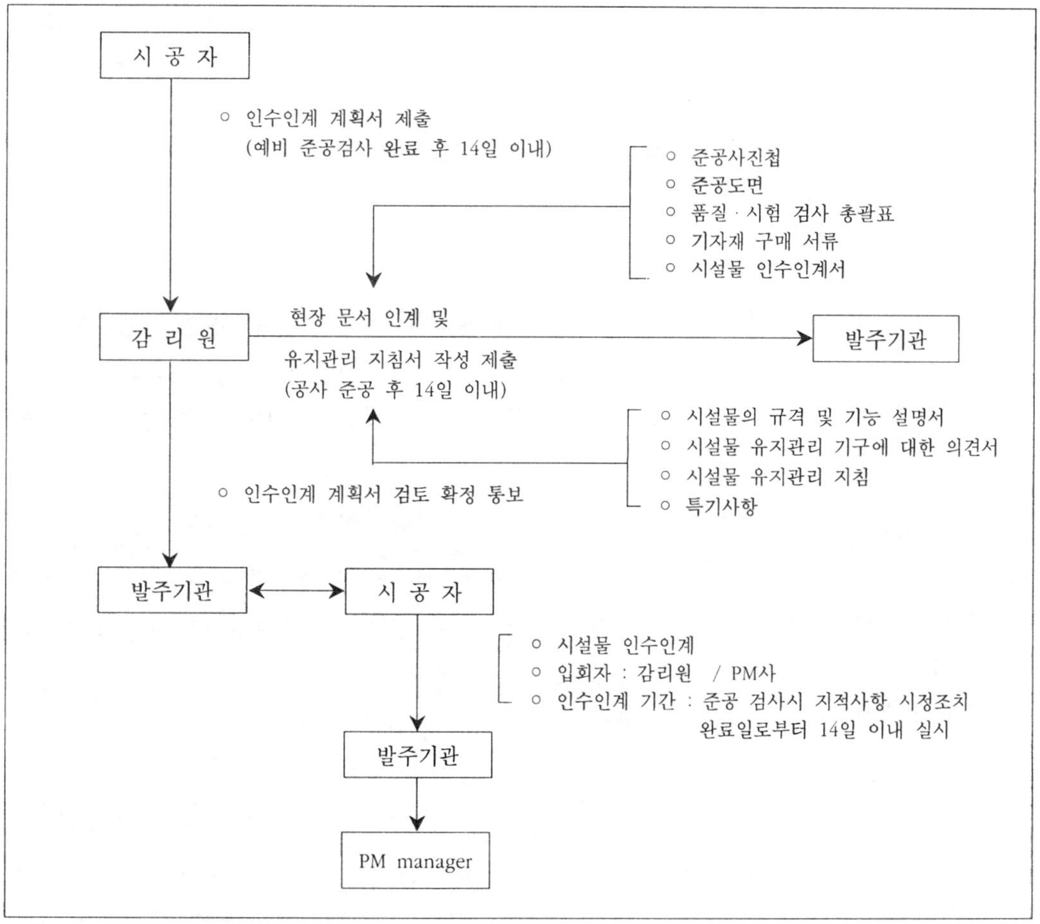

[그림 9-1] PM대상 신축건물자산 인계인수절차

2. PM계획의 수립

인수 PM대상 건물자산의 인수 후 Property Manager는 지체 없이 다음과 같은 내용을 분석하고 PM계획을 수립해야 한다.

PM계획의 수립 목적은 첫째, 건물자산 속에 잠재되어 있는 가치(사용가치와 교환가치)를 개발하여 자산가치를 극대화하기 위함이며 둘째, 건물자산의 생애주기(Life Cycle)를 분석하고 법정내용연수와 물리적 내용연수 등을 분석하여 자산극대화 전략을 수립하고 이를 효과적으로 적용하여 기대효과를 최유효관리법으로 창출함으로써 건물자산 소유자의 투자목적에 부응하기 위함에 있다. 그리고 셋째로 건물자산관리현장 운영의 체계화와 효율화에 있다.

PM계획을 수립하기 위해서는 다음과 같은 PM계획관계 항목들을 분석해야 한다.

(1) 인수대상 PM자산과 소유자 목적분석

인수대상 PM자산의 분석은 물건의 물리적인 분석과 함께 건물자산소유자 요구목적을 철저히 파악해야 한다. 물건분석(건물분석)은 경제적 분석, 기술적 분석, 법률적 분석, 행정정 분석, 환경적 분석, 안전적 분석 등이 필요하며 건물자산소유자의 목적분석은 투자목적의 분석을 해야 한다.

(2) 재무구조 분석

재무구조 분석은 PM대상 임대건물의 임대예상 수입구조와 지출구조 및 이에 따른 수지화(Cash Flow) 구조의 현금흐름 등을 분석해야 한다.

예컨대 임대건물의 수입구조는 다음과 같다.

총계획임대수입에서

− 5% 공실과 임대손실 보전비용 등을 제하고,

+ 기타 수입(주차장 사용수입, 커피 자판기 등)을 더하면

1) 예상임대수입합계가 발생한다

예상임대수입합계금에서 다음의 지출 항목의 비용을 제하면 최종지출합계를 얻을 수 있다. 이를 구체적으로 기술하면 다음과 같다.

- 건물자산 세금
- 관리종사자 급여

- 복리후생비
- 소모품 구매 비용
- 유지 및 수리비
- 보험료
- 행정사무비
- 용역관리비
- 수선충당금
- 이자(대출금이 있는 경우)
- 제세공과금

2) 지출 합계

3) Cash Flow

예상 임대수입합계에서 지출합계를 제하면{(1)-(2)} 현금흐름(현금수지)(3)을 최종 얻게 된다.

이와 같은 방법으로 임대건물자산의 1년간의 재무구조를 분석할 수 있다. 또한 1년간의 재무구조를 기초로 향후 5년간의 예상수지표를 작성해 보면 PM대상 임대건물의 수지구조를 알 수 있게 되어 PM계획(경영계획) 수립에 크게 도움이 된다.

(3) 건물자산임대시장 분석

임대시장 분석은 인근지역 분석을 통하여 임대사례를 추정하여 분석하고 공실률, 임대전환률, 임차수요, 임대료인상률, 임대료와 관리비의 수준 등을 확인하고 분석해야 한다.

(4) 자산가치 극대화 저해요인 및 임대문제점 도출과 분석

자산가치 극대화 전략 구사나 임대관리를 추진하는 데 저해요인으로 작용할 수 있는 문제점이나 임대제도, 조세, 보험 등에 대하여 조사 분석해야 한다.

(5) 건물자산관리에 대한 문제별/대안별 비교분석

건물자산관리를 통한 자산가치 극대화와 수익최대화 추진 방안에 대한 비교분석을 하여 최종 최적방안을 도출하고 추천한다.

(6) 최적 자산관리방안 도출과 기대효과 검증

최적의 자산관리방안의 도출과 이에 관한 기대효과를 미리 분석도구를 통하여 시뮬레이션(Simulation) 해봄으로써 기대효과를 사전 탐색해 보아야 한다.

(7) PM계획 수립 및 실행

PM 최적 방안이 도출되면 이를 바탕으로 PM계획(Property Management Planning)을 하고 이를 건물자산관리현장에 적용하여 실행한다.

(8) PM계획 적용 평가와 피드백

PM계획을 건물자산관리현장에 적용해 본 결과 목표효과(기대효과)에 도달하지 못하는 요인이 발생하면 다음 연도의 PM계획에 피드백(Feedback)해야 한다.

제7절 건물자산 임대차관리 실무활동

건물자산임대관리는 건물자산 운영관리(Property Management)의 핵심 업무로서 보유자산의 임대소득 최대화로 PM자산의 가치를 극대화하는 데목표를 두고 있다.

1. 임대차의 개념

임대차란 민법 채권편의 대차개념중 하나로서 상대방의 건물(물건)의 사용 수익할 것을 약정하고 건물사용자는 차임을 지급하기로 약정하므로서 효력이 발생하는 계약을 법 개념 측면에서 임대차라 한다.

임대차에는 부동산의 임대차와 동산의 임대차 등이 있으며 임대목적물을 명도 받아 사용수익한 후 동일 임대목적물을 되돌려주는 점에서 소비대차와 다르고 유상 임대차인 점에서 무상의 사용대차와 차이가 있다.

임대차개념은 임대개념과 임차개념의 복합개념으로서 임대는 대주입장에서 임대목적물의 사용 수익을 원하는 임차인에게 일정기간 일정한 차임을 받는 조건으로 임차권을 허여함으로써 임대차관계가 성립된다.

즉, 임대인 측면에서 행하는 건물자산(임대목적물)을 임대수익 목적으로 이용하는 활동이라 할 수 있다. 보다 구체적으로 임대개념을 설명하면 건물자산임대란 전술한 바와 같이 임대인이 임차인에게 임대목적물을 사용 수익하게 할 것을 약정하고 일정기간 일정한 차임(임대료)을 받는 조건으로 임대차계약을 체결과 임대목적물의 명도, 합의갱신, 법정갱신, 재계약, 임대료 · 관리비 등의 청구, 수납, 해지, 해제, 보증금 지급과 임대목적물과의 동시이행, 원상복구, 임대목적물의 반환 등에 이르기까지 임대목적물을 마케팅하고 수급하는 건물자산운영활동을 건물자산임대라 한다.

따라서 임대란 임대인 관점에서 임대목적을 가장 경제적 방법으로 안전하게(위험 없이) 그리고 효율적으로 적합하게 달성하는 데필요한 임대전략에 따라 임차인을 모집하고 임대차계약을 체결, 우량임차인 중심으로 장기간 유지하며 Tenant Mix 개념에 따라 임대면적의 Lay-out수립과 공간관리, 공실관리 및 손실보전, 적정임대료와 관리비 산정, 적정 임대수익 창출을 위한 자산관리시장 조사 분석, 물건 분석, 자산가치 보전과 제고하며 임차인으로 하여금 임차한 공실을 편리하고 쾌적하며 안전하게 사용 수익할 수 있도록 필요한 서비스를 제공하는 일련의 업무를 임대업무의 범위로 인식하고 있다.

그러나 임차의 개념은 임차인 측면에서 사업상 또는 개인 활동상 필요한 최적의 임차목적물을 적절한 시기와 장소에서 확보하고 제공하여 임대차계약 시부터 종료 시까지 임차목적물을 가장 경제적 방법으로 안전하게 그리고 효율적으로 적합하게 사용 수익할 수 있도록 지원하는 서비스 활동을 건물임차라 한다.

따라서 임차업무의 범위는 임대와는 달리 최적 건물공간을 경제적 비용으로 확보하고 필요한 시설을 보완하여 임차인으로 하여금 임차목적물을 안전하고 편리하며 쾌적하게 사용수익할 수 있도록 필요한 시기에 맞추어 공실을 공급하는 서비스 활동을 포함하며 이에 부수적으로 처리해야할 권리 분석, 경제적 분석, 기술적 분석, 채권보전, 위험관리, 보증금 회수, 법적 관리 등을 포함하며 이를 유급조건으로 의뢰인의 의뢰로 제공하는 서비스를 임차업무라 한다. 임차사업시장 규모의 통계는 불분명하나 부동산중개업법에 의한 부동산중개활동으로서 사전 업무와 사후관리업무를 포함하는 업무범위를 가지고 있다.

2. 건물임대차시장의 실태

우리나라 임대차시장은 IMF이전과 이후가 크게 다른 임대차시장구조를 가지고 있으며 중개주체의 성격도 복덕방 → 중개인 → 중개사 → 중개법인에 의하여 국지적, 부분적으로 주도되어 오다가 IMF이후 국내에 진출한 미국중심의 외국계 투자와 자산관리법인들에 의한 투자활동과 Property Manager가 주도하고 있으며 병행하여 임대 · 임차업무를 자산관리업무 범주에 편입하여 오늘에 이르고 있다.

1997년 IMF이전의 경우에는 임차수요가 언제나 공급보다 높게 나타나 신축건물의 임대는 사업상의 위험으로 간주되지 않았으며 임대인 중심의 임대료, 관리비가 책정되고 동일 임대서비스를 동시에 모든 임차인에게 제공하여도 별문제가 될 수 없었다. 즉, IMF이전의 임대차시장은 임대인(공급자) 중심의 시장이었으며 1, 2차 경제계획에 힘입어 임대사업이 크게 성장하였다.

그러나 1997년 IMF이후 유수기업이 부실화되고 구조조정 되는 가운데 유동성 부족으로 기업도산이 속출하여 임차수요가 급감함에 따라 IMF이전의 공급부족현상이 반대로 공급과잉현상으로 공급이 수요를 초과함에 따라 임대료가 점차 하향곡선을 나타내고 있는 가운데 임차인(수요자/사용자) 위주의 임대차시장으로 변모하였다. 따라서 의식 있는 임대사업자들은 IMF초기 임대경쟁력을 강화하고 임대목적물을 특화(예 벤처용도 건물, IT용도 건물 등)하고 시설을 첨단화(예 BAS, IBS)하거나 시설관리서비스를 고품질화 함으로써 IMF이전의 임대시장 소규모 구조보다 오히려 전문업형태의 임대사업기업으로 크게 성장하는 계기가 되었다.

그러나 IMF초기이후(2000년 현재) 수요와 공급이 균형을 이루는 가운데 임대인과 임차인 공동이익 위주로 임대시장구조가 운영되고 있다. 따라서 공실률도 세계 주요도시 중 최하위인 3%대를 유지하고 있으며 2008년도 말까지 2%대까지 떨어지고 있었다(조선일보 2007. 9. 26 참조) 그러나 2009년 초부터 미국발 세계금융위기로 공실률이 점차 높아가고 있는 추세에 있다.

임대시장에 참여하고 있는 국내업체는 샘스, 에버랜드, 신영, 부동산114(R2Korea), 부동산뱅크 등이 있으며, 외국계 업체로는 CBRE, ERA, JLL, Cushman & Wakefield, BHPK(KAA) 등이 활동하고 있다.

3. 건물임대차 관계법과 임대차제도

임대차는 전형계약의 일종이고 법률행위이므로 법률행위의 효과를 나타나게 하는 관계법을 가지고 있다. 일반임대차의 관계법에는 일반사법인 민법의 계약편이 이에 해당되고 주택임대차의 근거 법에는 주택임대차보호법이 있으며 상가건물임대차는 상가건물임대차보호법이 있고 농지임대차는 농지법이 있다.

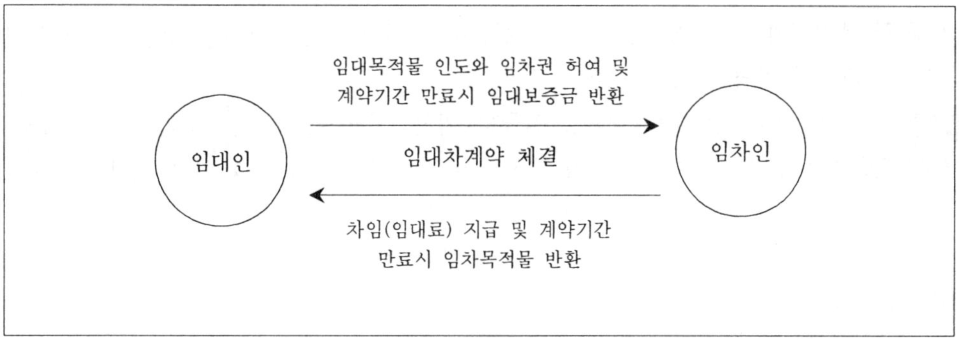

[그림 9-2] 임대인과 임차인 상호관계

따라서 현행 법체계상 법정 임대차제도는 일반건물임대차제도, 주택임대차제도, 상가건물임대차제도 그리고 농지임대차제도 등이 있다. 또한 임대차계약이 체결되면 임대인과 임차인이 각각 권리의무 상호관계, 급부 반대급부 상호관계, 법적 평등상호 관계 등이 성립된다. 이를 그림으로 나타내면 [그림 9-2]와 같다.

4. 임대차방식

우리나라 임대차 관계법에는 임대방식에 대한 명문규정은 없으나 전통적으로 활용되는 두 가지 방식이 있다.

첫째는 전세방식이고 둘째는 월세방식이다.

전세방식은 임대료를 전세보증금으로 책정하고 반환기까지 전세보증금을 운용하여 이자수입을 얻거나 보증금전액을 건축비로 활용하는 방식이다.

IMF와 같이 경기위기나 임대가 폭락사태 시 중도해지가 어렵게 되고 자칫하면 경매로 건물전체의 소유권 변동이 일어날 수 있는 단점도 있다.

서울 3대 권역 중 강남 권역에서 자주 볼 수 있으며 금융기관이 위치한 빌딩의 1층이 주로 전세방식으로 임대되고 있다. 전세방식에는 다시 채권적 전세(전통적 전세, 미등기 전세)와 물권적 전세(등기 전세, 전세권)로 분류된다.

월세방식은 전세가격에서 일정보증금 부분을 제외한 부분을 시중금리에 따라 월임대료로 환산한 것으로 임대가격을 일정 보증금과 일정 월세로 구분하여 차임(임대료)을 정하여 매월 일정 지급일에 지급하는 임대방식이다.

월세방식은 보증(금)부월세와 무보증(금)부월세로 대별되며 종전의 보증(금)부월세의 보증금과 월세의 범위는 5 : 5의 비율이었으나 최근에는 1:9로 변화하고 있다. 그러나 임대채권이 법적 문제가 되어 소송하는 경우, 적어도 월세 10개월분의 보증금확보가 필요하다. 보증(금)부월세의 최대 장점은 안정적 현금수익 확보와 경제사정에 의한 금리변동에도 탄력적으로 대응이 가능하다는 점이다.

중소형 건물의 규모, 임차인의 성격, 건물의 위치, 적용 관련법(예 상가건물 연 15%미만, 주택 연21%미만)에 따라 월세산정 적용금리가 다른 문제점도 가지고 있다.

이상에서 설명한 임대방식을 표로 정리하면 <표 9-4>와 같다.

참고로 미국의 임대방식에는 Gross Lease방식[94], Net Lease방식[95], Percentage Lease 방식[96] 등이 있다.

〈표 9-4〉 전세방식과 월세방식 비교

구 분	분 류	계약성격	보증금	월 세	관리비
전세임대방식	물권적 전세	물권	○	×	○
	채권적 전세	채권	○	×	○
월세임대방식	보증(금)부월세	채권	○	○	○
	무보증(금)부월세	채권	×	○	○

5. 임대차의 4대요소

일반적으로 요소(要素)라 함은 어떤 사물의 성립이나 효력 따위에 없어서는 안 될 근본적인 조건을 의미한다. 건물임대의 성립에도 이와 같은 일정한 근본적인 조건이 존재한다. 이와 같이 건물임대에 있어서 반드시 존재해야할 근본적인 조건을 건물임대차 4요소라 한다.

건물자산임대차계약이 성립되려면 적어도

94) Gross Lease방식이란 미국임대시장에서 임대실무상에 사용되는 임대차방식 중 하나로 총임대료계약 또는 Straight Lease라 호칭한다. Gross Lease계약이 성립되는 경우 건물임차인은 고정임대료만 지불하고 다른 일체의 비용은 건물임대인이 지불하는 임대차방식을 말한다.

95) Net Lease방식이라 함은 순임대료 임대차계약방식으로 net임대차방식, net-net임대차방식 그리고 net-net-net임대차방식(Triple net임대차빙식) 등 3가지 net 변형임대차방식 등이 있다.
net임대차방식에서는 건물임차인이 고정임대료 외에 세금, 공공요금, 기타 부담금 등을 추가적으로 지불하는 임대차제도이다.
net-net는 net부담비용과 보험료를 추가로 지불해야하며 net-net-net방식은 net-net방식의 부담외 유지관리비용을 부담하는 임대차방식으로 통상 30내지 50년의 장기 건물임대차에 사용된다. Triple net방식은 주로 Land lease 방식으로 사용된다.

96) Percentage Lease방식이란 연동형 임대료 임대차계약방식으로 Overage Lease계약방식으로도 호칭된다. 이는 고정임대료 외에 일정판매액을 초과하는 경우 총수익의 일정 퍼센트를 추가로 지불하는 임대차계약방식이다. 주로 소매점포 임대나 백화점 분할점포임대차에 사용된다.
(자료출처 : 신창덕, 김규진, 이용남, 서후석(역), 자산관리, 부연사, 2005, pp.165~167.)

① 임대목적물
② 임대인
③ 임차인
④ 임대차계약과 차임

등의 4가지 요소가 존재해야만 건물자산임대차가 성립된다.

일반적으로 임대목적물이라 함은 임대대상물을 의미하며, 이에는 동산이나 부동산 등이 있다. 건물임대목적물이란 건물임대의 대상물인 건물자산을 의미한다. 건물자산임대의 대상물에는 주거용 건물, 상업용 건물, 산업용건물(공업용 건물 포함), 특수용도의 건물 중 수익성건물 등이 있다.

임대인이란 임대목적물을 임차인에게 명도하고 차임의 청구권을 행사하는 계약당사자를 말한다. 또한 임차인은 임대목적물을 임대인으로부터 명도 받아 용법에 따라 사용 수익하는 대가로 차임지급의 의무를 지는 계약당사자를 의미한다.

마지막 임대요소의 하나인 임대차계약이란 임대목적물의 사용 수익 대가로 일정한 임료(차임)를 지불하기로 약정한 계약을 의미한다. 또한 차임이란 임차인이 임대목적물을 사용 수익의 대가로 임대인에게 지불하는 금전 또는 유가물을 말한다. 차임은 반드시 현금으로 지불할 필요는 없으며, 곡물·과일 또는 유가물로도 가능하다. 그러나 건물자산임대에서는 차임은 반드시 현금지불이 임대관습상 관행으로 정착되어 있다. 차임 없이는 임대차란 성립되지 않는다. 왜냐하면, 차임은 임대차의 성립요소이기 때문이다.

6. 건물자산임대차의 특성

건물임대차 개념을 보다 정확히 이해하기 위해서는 건물임대활동의 특성을 이해하는 것이 필요하다. 일반적으로 특성이라 함은 사물의 본질을 이루는 고유한 특징이나 성질을 의미한다. 건물임대활동 역시 건물자산관리 일반항목과 같이 외견상 동일하고 평범한 경제관리 항목으로 인식하기 쉬우나 임대활동은 분명 여타 관리항목에 없는 고유한 특징이나 성질을 가지고 있다. 이를 건물임대차활동의 특성이라 한다.

건물임대차활동에는 다음과 같은 특성이 있다.

(1) 건물투자금 환원수단성

건물시설관리활동은 일반적으로 관리비용의 투입(Input)에 비하여 반대급부의 산출(Output)이 금전으로 환원되지 않으나 건물임대활동은 임대계약의 완성으로 일정한 산출

(임대료)을 가시적 현금으로 수입을 얻게 된다. 이와 같은 수입은 임대라는 건물자산 운영 수단을 통해서 얻어지는 결과이므로 임대는 건물투자금의 환원수단성의 특성이 있다.

(2) 경제적 분배성

임차인은 막대한 건물건설 투자비의 지출 없이 경제적인 비용으로 타인의 건물을 임차하여 사용 수익할 수 있다. 그러므로 경제적 방법으로 타인의 건물을 사용 수익하는 경제적 분배성의 특성이 있다.

(3) 임대업무 복합성

건물자산관리활동에 있어서 대부분의 관리활동은 단일한 활동의 특성이 있으나 임대관리활동은 법률관리활동성과 경제관리 활동성 및 행정관리 활동성, 기술 활동성 등이 복합하여 함께 작용함으로써 관리되는 복합성의 특성이 있다.

그러므로 건물임대관리자는 다양한 임대업무의 복합성에 따라 임대에 관련 법률지식, 경제경영에 관한 지식 및 건축지식 그리고 임대행정에 관한 전문적 지식과 경험을 갖추어야 한다.

(4) 계약당사자 쌍방구속성

일반적으로, 건물자산관리업무는 소유주체나 경영주체 또는 관리주체가 해당건물자산의 소유권, 경영권, 관리권에 의하여 일방적으로 관리활동을 하게 된다. 그러므로 소유자, 경영자, 관리자의 책임과 권한으로 관리함으로써 관리결과의 문제에 대해서는 소유자나 경영자 그리고 관리자가 일방적으로 그 결과에 구속되고 책임지게 된다.

그러나 임대활동의 결과에 따라 비록 건물소유자, 경영자, 관리자라 할지라도 임대인의 지위에 서게 되고, 따라서 임대인의 의무에 구속받으며 책임지게 된다.

뿐만 아니라 임차인 역시 임대계약 결과에 따라 임차인의 의무에 충실하지 않으면 안된다. 그러므로 임대인과 인차인은 공동으로 권리자인 동시에 의무자의 지위에 서게 되며 공동으로 임대계약 내용에 구속되게 된다.

따라서 건물자산임대활동에는 임대인과 임차인 모두를 법률행위인 계약에 의해 구속당하는 쌍방구속성의 특성이 있다.

(5) 쌍무계약성과 유상계약성

임대인은 임차인에게 임대목적을 반드시 명도 해야 하고 건물임차인은 체결된 임대계약에 따라 건물자산의 사용과 수익에 대한 대가(차임)를 반드시 지불해야 한다. 왜냐하면 사용대차가 아닌 유상, 쌍무계약성질의 임대차이기 때문이다.

따라서 건물자산임대는 건물명도의 의무와 사용 수익 대가의 임료 지불 의무를 쌍방이 지는 특성이 있다.

(6) 교차점유성

건물임대가 성사되면 건물주(임대인)는 임차인에게 임대목적물인 건물자산을 명도 해야 한다. 또한 임대기간 만료 기타 원인으로 임대차의 효력이 종료되는 경우 임차인은 임차목적물을 원상회복하여 다시 임대인에게 반환하여야 한다. 이와 같이 임대활동에는 건물자산의 교차점유성의 특성이 있다.

(7) 임장활동성

건물자산관리 중 임대관리는 임대목적물이 위치하고 있는 건물현장에서 사용과 수익이 이루어지는 임장활동성의 특성이 있다.

(8) 동시이행성

건물임대차의 개시나 종료시 임대목적물의 반환과 보증금반환은 동시이행관계에 놓이게 된다. 따라서 동시이행성의 특성이 있다.

(9) 장기계약성

건물자산임대차계약은 임차인의 임차기간이 1년 또는 수년간에 걸쳐 사용 수익을 전제로 체결되므로 장기계약성의 특성이 있다.

(10) 임대관계법의 적합성

임대차계약은 계약법(채권법), 상가건물임대차보호법, 주택임대차보호법 등의 규정에 적합하게 계약되어야 유효하다. 이를 임대관계법의 적합성이라 한다.

(11) 급부 반대급부 의무성

임대차가 성립되면 임대인과 임차인 사이에 임차권과 임대료가 급부와 반대급부의 의무관계가 성립된다. 따라서 급부 반대급부 의무성의 특성이 있다.

(12) 권리 의무 병존성

임대차계약이 체결되면 임대인과 임차인 모두 권리 의무의 주체가 된다. 따라서 권리 의무의 병존성이 존재한다.

(13) 임대계약당사자 법적 평등성

임대차계약이 체결되면 임대인과 임차인 상호관계는 법적으로 평등관계가 성립된다.

7. 건물자산임대차업무의 내용

건물자산임대업무는 PM의 핵심업무의 하나로서 임대목적물을 합리적으로 유통시켜 안정적 임대수입구조 구축과 임대수익 최대화 및 이를 통하여 자산가치를 증대시켜 교환가치를 높이고 양도차익을 보다 크게 실현시키는 데기여하는 건물자산운영관리 업무이다.

따라서 이와 같은 건물자산임대의 목적을 달성하기 위하여 다음과 같은 임대 관련 업무가 수행된다.

① 임대시장분석(Macro분석과 Micro분석)
② 임대목적물의 기술적, 경제적, 법률적, 행정적, 환경적, 안전적 분석
③ 마케팅 전략수립과 실행 및 평가
④ 임대기준의 책정
⑤ 임차인 모집과 적격심사
⑥ 임대차계약과 임차인 사후관리
⑦ Lay-out 및 공간관리와 공실관리
⑧ 임대채권관리
⑨ 임대관련 공사(칸막이공사, 원상복구공사 등)관리
⑩ 기타 임대차관련업무 등

8. Leasing Manager의 요구능력과 직업윤리

(1) 임대관리자의 요구능력

건물임대업무는 Property Manager가 직접 담당하게 되나 특별한 경우, Leasing Manager를 고용하여 임대업무를 위탁시켜 처리하기도 한다.

임대관리자(Leasing Manager)는 임대자산의 마케팅활동을 통하여 임대수익을 극대화하고 자산가치를 높이는 실질적 자산수익관리자이므로 다음과 같은 능력이 요구된다.

1) 조사 분석능력

임대인의 목적, 시장 및 인근지역 조사분석, 물건조사 분석, 경쟁사조사 분석 등의 능력이 있어야 한다.

2) 임대계획 및 마케팅능력

조사 분석의 자료를 이용하여 임대계획수립과 임대계획에 의한 임대마케팅능력이 있어야 한다.

3) 임대차기준 설정 및 면적산출능력

임대료, 관리비, 임대기간 등의 임대차기준 설정과 면적산출능력이 있어야 한다.

4) 법률적 지식과 경험지식, 정보 수립 및 분석능력

임대관리자는 법률적 지식 외 경험과 정보 등을 기반으로 임대 업무를 처리하는 능력이 있어야 한다.

5) 세무, 회계처리능력

임대관리자는 부동산 세금과 부담금 및 공과금 등의 세무처리능력과 보증금, 임대료, 관리비 등의 입출금 회계처리능력과 함께 재무보고, 경리보고, 결산 등의 회계능력도 있어야 한다.

6) 외교, 기술, 인간관계, 시설의 기능과 성능 등 다양한 대인 대물관리능력

임대차관리자는 대인 대물관리 능력이 있어야 한다.

외교관 같은 설득능력, 유지관리 기술처리능력, 신뢰 있는 인간관계 유지능력 등 대인 대물관리능력이 있어야 한다.

(2) 임대관리자의 직업윤리

임대관리자는 소유건물자산을 임대하는 경우도 있으나 주로 타인의 건물자산을 임대하는 사람이므로 전문직업인으로서 지켜야할 도리나 규범을 성실히 이행하여야 한다.

건물임대관리자가 지켜야할 직업상의 윤리는 대체로 다음과 같다.

1) 성실하고 정직하게 임대 업무에 충실해야 한다

건물임대관리는 타인의 재산관리이므로 건물소유자의 임대지침에 따라 성실한 태도와 정직한 마음으로 임대 업무에 임해야 한다. 임대관리자가 임대에 관한 직무수행에 있어서 자기를 위한 업무집행이 되지 않도록 해야 하며, 감독자가 있을 때만 성실하게 업무를 수행하다가 감독관리자가 사라지면 불성실한 태도로 변하는 업무자세는 지양되어야할 직업인의 자세라 판단된다.

다시 말하면, 임대관리자는 전문직업인으로서 건물의 소유자를 속이거나 기만하지 말아야 하며, 건물소유자의 유익을 위하여 자기 직업에 언제나 충실해야 한다.

2) 업무상 지득한 기밀이나 정보를 절대 외부에 누설하지 말아야 한다

건물임대와 같은 자산관리를 함에 있어서 업무상의 비밀을 알게 되는 경우에 임대관리자는 업무상 지득한 회사 기밀을 어떠한 경우에도 누설하거나 악용해서는 안 된다. 임대관리자는 한 사람의 전문직업인으로서 의리가 있어야 하고, 불의하지 말아야 하기 때문이다.

3) 회사의 자산과 금전을 자신을 위하여 사용하지 말아야 한다

임대관리자가 자기의 직책과 업무를 이용하여 사리사욕을 채우거나 회사의 자산이나 금전을 사적인 용도로 활용하거나 이용하는 것은 직업인으로서의 윤리에 반하는 행동이다. 직업윤리는 전문직업인으로서 지켜야 할 도리의 의미와 함께 옳은 행동과 잘못된 행동에 대한 도덕적 기준이기 때문에 회사의 자산이나 금전은 회사를 위하여 사용되어야 하고, 개인을 위하여 유용하는 것은 옳지 않은 행동이기 때문이다. 그러므로 건물임대관리자는 어떠한 경우라도 회사의 자산과 금전을 개인적 용도로 사용하거나 사취하지 말아야 한다.

4) 회사의 임대규칙이나 지침에 따라야 하며 옳지 않는 행동을 삼가야 한다

하나의 직업인은 직업을 수행하는 조직의 구성원이므로 소속된 조직의 규칙이나 지침에 순응하는 자세와 태도를 견지해야 한다.

회사가 제정한 규정이나 지침 등에서 요구하고 있는 것이 비록 사소한 것이라 하더라도 하나의 질서유지와 발전을 위해서, 그리고 경비절약을 위해서 반드시 따라야 하고, 요구하고 있는 규정을 실천하고 금지사항을 부작위함으로써 조직구성원으로서의 책임을 다해야 한다.

예컨대, 회사의 규정에서 요구하고 있는 내용 중 정시간 출・퇴근, 지각・조퇴 금지, 점심시간 엄수, 잦은 핑계로 결근하지 말 것 등은 반드시 지켜야 하며, 근무시간 중 개인적인 용무를 본다든지, 또는 회사전화를 개인적으로 사용하는 행동이나 회사비품을 집으로 가져가는 행위 그리고 개인적인 식대나 경비를 회사비용으로 처리한 다든지, 출장 후 허위로 경비를 청구하는 행위 등도 마땅히 삼가야할 비윤리적인 행동이라 판단된다.

비윤리적인 행동은 윤리의 기준으로 볼 때 옳지 않은 행위 등의 기준에 해당되므로 건물임대관리자는 윤리적인 행동(옳은 행동)만을 행해야 한다.

5) 고객으로부터 선물과 향응으로 인하여 회사의 정보를 제공하거나 손해를 끼치지 말아야 한다

건물임대관리자는 회사에 소속되어 회사를 위하여 회사업무를 담당하고 있으므로 언제나 회사의 이익을 위하여 노력하여야 한다.

거래고객으로부터 선물을 받거나 고객이 베푸는 향응에 응하여 회사에 손해나 누를 끼치는 행위는 지극히 옳지 않은 행동에 해당되므로 매우 조심하고 삼가야할 행위이다. 특히 건물임대관리자는 건물소유자와 임차인 사이에서 임차인으로부터 여러 가지 형태로 유혹을 받는 경우가 있을 수 있으므로 언제나 건물소유자를 위하여 유혹에 넘어가지 않도록 마음가짐을 바르게 해야 한다.

6) 임대관리자는 신뢰받는 대리인으로 행동해야 한다

임대관리자는 건물소유자를 대신해서 건물자산을 임대하고 있으므로 주인의 입장에 서서 공정하고 정직하며 성실하게 임대 업무를 처리함으로써 신뢰 있는 언행과 모습을 견지해야 한다. 자산관리자가 건물이해관계자로부터 신뢰를 잃으면 더 이상 자산관리자가 될 수 없기 때문이다.

7) 임대목적이 달성되도록 최선을 다해야 한다

임대관리자는 건물자산을 임대함에 있어서 전문적인 지식과 경험을 최대로 활용하고 문제를 스스로 해결하여 임대목적이 조기에 경제적인 방법으로 안전하게 그리고 효율적으로 달성되도록 최선의 노력을 다해야 한다.

8) 자기계약(自己契約)과 쌍방대리를 하지 말아야 한다

임대목적물을 임대관리자 사익을 위하여 유리하게 자기 계약을 하거나 임대인과 임차인 쌍방을 대리하여 임대인에게 또는 임차인에 손해를 끼쳐서는 아니 된다. 그러나 임대인과 임차인의 사전 승인하는 경우에는 무방하다.

9) 신의성실의 원칙과 보고의무 및 순종의무를 성실히 이행해야 한다

임대관리자는 정당하게 상대방이 기대하는 바에 따라 성실히 행동해야 하고 건물주에게 보고의무와 순종의무를 성실히 이행해야 한다.

9. 임대마케팅전략

(1) 임대마케팅전략의 의의

임대마케팅전략이란 임대목적을 효율적으로 달성하는 데요구되는 전략을 의미한다.

다시 말하면, 마케팅(Marketing)이란 상품이나 용역(Service)을 생산자로부터 소비자에게 합리적으로 유통시키기 위한 기업의 활동을 의미하며 임대를 위한 방책을 임대마케팅전략이라 한다.

(2) 임대마케팅 성공조건

임대마케팅을 효율적으로 수행하여 성공하려면 마케팅리서치(시장조사, Marketing Research)가 필요하다.

그러나 임대마케팅 담당자가 임대목적물에 대하여 장단점(Merit and Demerit Point), 소구점(Selling Point) 등을 파악하는 것이 마케팅성공의 요체이다.

왜냐하면, 임대하고자 하는 임대목적물의 파악 없이 임차인에게 합리적으로 유통시킬 수 없을 뿐 아니라 효과적인 마케팅전략을 수립하고 구사할 수 없기 때문이다.

따라서 임대마케팅을 효과적으로 수행하여 성공하려면

첫째, 임대시장조사(Leasing Market Research)와 분석

둘째, 건물소유자의 임대목적과 임대목적물 조사 분석

셋째, 임대마케팅 전략수립과 실행 및 평가 등이 수반되어야 한다.

(3) 임대마케팅의 목적

임대마케팅의 목적은 가장 경제적 마케팅 비용으로 가장 빠른 시간 안에 합리적 임대기준에 따라 임대목적물을 유통(임대계약)시켜 안정적인 임대수익구조를 완성함으로써 임대수익 최대화를 도모하는 데있다.

이를 위해서는 임대차시장 실태와 구조변화, 임대차사업 참여업체, 임대차제도와 임대방식, 임대료결정방법, 임차인(Tenant) 선호도, 임대마케팅 방법(On-line Marketing과 Off-line Marketing) 그리고 임대마케팅 업무진행절차(Job Flow)와 임대차계약실무와 임대차계약실무 유의사항, 임대마케팅의 타겟마케팅과 포지셔닝전략, 임대사례분석, 임대차 관련 법과 조세 등 임대마케팅을 위한 선행 항목에 대한 이해와 파악 등이 먼저 요구된다.

(4) 임대마케팅 방법

임대마케팅 방법에는 On-line 마케팅 방법과 Off-line 마케팅 방법이 있다. 임대마케팅은 실수요 임차인에게 임대목적물을 소개하고 임차의사를 결정하게 하는 임대정보를 제공하는 것으로서 임대마케팅 담당자(Leasing Manager)의 능력, 임대 Network 또 임대상황(Lease Situation)에 따라 임대마케팅 방법도 달리해야 한다.

Off-line 마케팅 방법에는 D/M방법, F/M방법, E/M방법, T/M방법, M/M방법, 현수막부착 등의 방법이 있으며 임대설명회, 미디어작업도 Off-line 마케팅 방법으로 유효하다.

특히, 마케팅방법 중 Data-Base(DB)를 내·외부적으로 구축하고 이를 잠재 임차인을 발굴하거나 임차사업에 활용하는 경우 매우 유용하다.

E/M과 F/M은 잠재 임차수요 개발과 사전 홍보용도로 활용함이 현명하며, D/M은 사전홍보 또는 T/M에 의한 임차의사 보유자의 결심을 유도하는 데도움이 된다.

그러나 M/M은 직접 홍보효과가 크며 임차인 반응정도와 예비임차인의 요구사항 확인에 도움이 된다. 또한 미디어작업과 임대설명회 개최 등은 임차수요자의 조기발견과 임대목적물의 사전홍보 및 임대환경조성, 임차인의 요구파악에 도움이 되는 Off-line 마케팅 방법이다.

또한, On-line 마케팅 방법은 인터넷을 활용하여 현재의 임차인을 발견하거나 미래 예상임차인을 찾아내는 Marketing방법으로서 임대전문 사이트(㉎ www. rei-korea.com)를 활용하거나 자체 또는 업무제휴로 부동산전문 사이트(㉎ 부동산뱅크, R114, 각종 경제신문 사이트)를 활용함이 편리한 On-line 마케팅방법이 된다. 또한 자체개발하여 운영하고 있는 오피스전문 사이트(㉎ (주)신영 오피스사이트)를 활용하는 것이 도움이 된다.

(5) 임대마케팅 진행과정

임대마케팅의 진행단계(Leasing Marketing Flow)는 크게 임대 사전준비과정, 계약과정 그리고 사후관리과정의 3과정으로 진행되며 임대실무절차는 다시 5단계로 나누어 진행된다.(후술하는 임대실무 참조)

1) 임대 사전준비과정

임대 사전준비단계(Pre-Marketing Phase)는 임대마케팅의 준비단계로서 다음과 같은 임대준비를 해야 한다.

① Macro 분석과 Micro 분석
동일생활권과 인근지역의 Macro 분석과 Micro 분석을 통하여 교통시설, 주요기업체현황, 고용상태, 수요공급, 공실률, 공공시설 등과 경쟁 임대목적물(경쟁건물)의 현황, 임대가와 관리비 수준, 임대서비스와 품질, 시설의 규모와 상태, 공실 등을 조사하고 분석해야 한다.
② 임대를 위한 마케팅전략 및 홍보계획 수립
③ 홍보물 제작과 표준계약서 등의 준비
④ 임대목적물의 Merit Point와 Demerit Point 및 Selling Point 파악
⑤ 임대기준(임대료, 관리비, 주차사용료, 임대방법, 임대기간, 연체요율 등) 결정
⑥ 임대목적물 현황도(층별 임대면적, 전체 임대면적과 적용 임대가) 작성 비치
⑦ 임대업무일지 등의 준비와 유지
⑧ 예상임차인의 주소록 준비
⑨ 자체 또는 제휴 인터넷망 등재
⑩ Data-Base(DB) 구축 준비
⑪ 임대예산 확보
⑫ 임대팀 조직과 업무분장 및 Manpower 준비
⑬ 기타 임대준비사항

2) 임대계약과정

임대계약단계(Leasing Contract Phase)는 마케팅중심단계(Main Marketing Phase)로서 임대마케팅 2번째 단계이다. 임대계약단계는 사실상의 임대마케팅효과를 거두는 단계이다.
임대계약단계에서는 임대마케팅을 위하여 다음 업무가 진행된다.

① 임대사무실 개설과 마케팅 Man power 투입
② 마케팅활동과 On-line과 Off-line 총동원 홍보활동
③ 예상임차인 방문과 현장안내
④ 임차신청서 접수 및 검토(적격판단)
⑤ 임대차계약협상과 계약체결
⑥ Lay-out 및 칸막이공사와 인테리어공사
⑦ 입주사전점검 및 입주지원

3) 임대사후관리과정

임대사후관리단계(Post Management Phase)는 계약단계 즉후에 진행되는 임대마케팅 마지막 단계이다.
임대사후관리단계에서는 다음과 같은 임대사후관리업무가 진행된다.

① 계약이행 사후관리
② 입주자 사후관리
③ 잔여 임대평수 임대
④ 계약의 변경, 해지, 해제, 재계약 등
⑤ 임대료관리, 주차장 사용료 등의 채권관리
⑥ 이사지원 및 원상복구 작업 및 재임대
⑦ 세무보고와 정기적 임대현황보고
⑧ 입주자 신청, 고충, 민원 등에 대한 신속한 Service 제공
⑨ 기타 임대사후관리 업무

(6) 임대마케팅 전략수립시 고려사항

임대마케팅 전략수립시 고려해야 하는 사항에는 임차인 임대건물 선호도와 임대계약 유의사항 등이 있다.

1) 임차인 임대건물 선호도

1995년 서울시 시정개발연구원이 2,500개의 외국 업체를 대상으로 설문조사를 통하여 조사 분석한 임차인의 임대관련 항목별 선호도를 살펴보면 다음과 같다.

① 편리한 교통(39%)
② 관련기업과의 접근성(32.7%)
③ 임대료(8.7%)
④ 건물 및 지역의 지명도(6.7%)
⑤ 주변 환경의 쾌적성(4.8%)
⑥ 정보통신 관련시설의 유무(3.9%)
⑦ 넓은 주차 공간(2.4%)
⑧ 행정관청과의 접근성(1.0%)
⑨ 기 타(0.4%)

서울시 시정개발연구원의 설문조사의 결과에 의하면 임대를 원하는 임차인의 가장 큰 임대결정요인으로 편리한 교통과 관련기업과의 접근성 두 항목이 무려 71.7%를 차지하고 있어 이에 해당하는 임대대상건물의 마케터는 이를 최대 활용함이 유리할 것으로 인식된다.

또한 최근 임차인의 건물임대 선호도를 보면 조망권, 그린권, 일조권, 건물자산소유자의 신용과 안정성, 건물소유권의 온전성 등이 고려되고 있으며 임대결정에 영향을 주고 있다.

2) 임대계약 유의사항

임대계약은 법률행위이므로 계약체결 전 계약조항을 면밀히 검토하고 임대계약체결시 다음 사항을 고려해야 한다.

① 담보권설정, 기타 임차보증금, 보전권리 설정등기 여부
② 주차장 사용 유무, 범위와 주차조건
③ 인테리어 허용범위
④ 전기기기 사용가부
⑤ 임대료 2회 이상 연체시 조치내용
⑥ 용도 외 사용시 법적조치 내용
⑦ 임차권리 양도, 전대금지, 점유이전 금지
⑧ 전용면적내의 관리책임과 범위
⑨ 개보수공사 후 처리방법
⑩ 명도 및 원상복구
⑪ 보험가입과 보험금 납부의무자
⑫ 부가세 부담책임
⑬ 임대인의 권리와 계약해지권 및 면책사항
⑭ 계약방법
⑮ 계약기간
⑯ 임대료 적용기준
⑰ 연체이자
⑱ 관리비
⑲ 분쟁처리방법
⑳ 임차인의 금지사항 등

10. 임대관리실무절차

(1) 임대관리실무의 개념

종전의 건물자산의 임대관리업무는 시설관리업무의 부수적 업무로 취급되어 왔으나 1997년 IMF이후 최고의 안정수익모델로 변화 발전되고 있어 건물임대관리의 중요성이 크게 부각되고 건물자산관리 PM의 가장 중요한 수익창출 핵심업무로서 최근에는 LM(Leasing Management)영역으로 독립된 업무로 발전하고 있다.

왜냐하면, IMF이전의 업무용빌딩 중심의 건물자산취득은 건물주의 소유목적과 자사 사용에 주된 목적이 있었으나 IMF이후 론스타, GE캐피탈, 멕커리, 모건스텐리, GIC 등의 외국계 투자펀드의 국내유입과 함께 수익목적의 업무용빌딩 대거 매입과 임대를 통한 최

대수익창출 및 전략적 매각을 통한 시세차익(양도차익)의 실현으로 막대한 투자이익이 자산현장에서 창출되는 변화를 경험한 국내 건물자산관리 관계자 모두는 사무실용도 오피스 빌딩의 임대사업은 안정된 수익모델로 크게 인식하기 시작하였다.

건물임대는 임대수익목표 달성을 위한 실무활동이다. 그러므로 임대에 관한 이론이나 경험 및 전문지식을 바탕으로 실제적인 임대 업무를 경제적 방법으로 안전하게 효율적으로 처리해야 한다.

건물임대관리자(Leasing Manager)가 임대목적물을 인수하고 파악하며, 임대환경이나 임대시장, 임대조건 등에 대하여 조사 분석하고 임대계획을 세워야 하며 그 다음으로 임대마케팅전략과 홍보 전략을 수립하고 준비하여 임차인을 모집, 상담, 계약, 사후 관리하는 일련의 업무를 임대계획에 따라 계획적으로 추진해야 한다.

임대실무는 PM업무의 중심업무로서 건물경영계획에 명시하고 있는 수익을 건물자산보유기간동안 직접 발생시키는 활동이며, 자산관리활동 중 PM(Property Management/건물재산운영 및 임대수익관리)실무활동영역으로 분류된다. 또한 임대는 임대에 관한 법률적 배경과 실무적 업무가 병존하므로 임대실무를 성공적으로 수행하기 위해서는 임대에 관한 법률적 지식도 함께 확보하고 있어야 한다. 아울러 임대 업무는 단계적으로 진행되어야만 임대 업무를 효율적으로 처리할 수 있다. 따라서 임대실무는 임대업무의 단계적 처리과정을 의미하기도 한다.

결론적으로, 임대실무는 임대전문지식과 임대경험을 바탕으로 임대소득을 발생시키는 일련의 임대관리 실제 업무를 의미한다.

(2) 5단계 임대실무 처리절차

임대관리 업무를 효율적으로 처리하여 임대목표를 효과적으로 달성하려면 임대관리과정을 3개 과정으로 나누고, 건물임대관리실무를 다시 5단계로 나누어 임대 업무를 단계별로 처리하는 것이 매우 바람직하다.

전술한 임대관리업무의 효율적 처리를 위하여 임대관리 3과정에서 기술한 업무들을 다음과 같은 임대목적물 인수 및 분석 단계, 임대시장 조사 단계, 임대계획 수립 단계, 입주자 모집 단계, 임대계약 체결 단계 그리고 사후관리 단계로 세분하여 임대 프로세스별 관리가 효과적이다.

5단계 임대관리실무 처리절차를 프로세스별로 소개하면 다음과 같다.

1) 임대목적물 인수 및 물건분석과 임대시장 조사단계

건물임대실무의 첫 시작은 임대목적물의 인수와 인수된 임대목적물에 대한 물리적 상태와 시설개요 및 법적 현황과 경제 가치에 대한 조사 분석부터 시작된다.

다시 말하면 위임되고 인수된 임대목적물에 대한 기술적·법률적·경제적 조사와 분석 작업이 선행되어야 한다. 또한 목적물에 대한 물건분석과 함께 임대계획 등 임대시장 조사를 철저히 해야 한다.

① 임대목적물 조사분석

가. 기술적 조사 분석

인수된 목적물에 물리적 또는 기술적으로 하자가 없는지, 현존 상태대로 임대가 가능한지와 보수보강의 필요성은 있는지 등에 대하여 조사 분석해야 한다.

또한 인수된 임대목적물의 하자보수기간이 남아 있는지와 얼마나 경과된 상태인지를 확인해야 하고, 향후 임대 시에 필요한 장치나 미관상의 작업에 대한 필요여부도 판단해야 한다. 건축물관리대장(현장 작성)과 시공 상의 차이점이나 인수전 보수보강 내용도 함께 조사해야 한다.

이와 같은 조사 분석 작업의 결과는 후일 진행되는 임대계획수립에 반영해야 한다.

나. 법률적 조사 분석

뿐만 아니라 인수된 임대목적물에 대한 법률적 현황을 등기공부나 행정공부를 통하여 조사하고, 권리분석 작업도 병행해야 한다. 다시 말하면 권리 상으로 토지·건물의 소유권이 온전한 상태로 유지되고 있는지, 아니면 소유권이 허유권의 상태인지를 판단하고, 임대계획시에 이를 반영해야 한다.

특히 등기공부상에 제한물권(전세권·저당권·지상권 등) 외에 기타 등기사항(임의경매·압류·가압류·가처분 등)이 없는지도 꼼꼼히 조사해야 한다. 이와 같은 제한물권이나 기타 권리가 등기되어 있는 경우 임대활동에 여러 가지 제약과 함께 임대추진에 결정적인 장애가 된다.

따라서 인수한 임대목적물에 대한 법률적 조사 작업을 통하여 권리상태를 확인하고, 해결할 내용이 있는 경우 적절히 해결하거나 개선해야 한다.

다. 법률적 조사 분석

인수된 임대목적물에 대한 경제적 조사와 분석 작업이 기술적 분석과 법률적 분석과 함께 진행되어야 한다. 인수된 임대목적물에 대한 현재의 가치와 미래의 가치도 함께 검토되어야 한다.

뿐만 아니라 투자총액은 얼마이며 적정임대수익은 어느 정도가 타당한지와 세법상 감가상각 상태가 어느 정도 진행되었는지(신축건물은 해당 없음)와 임대료와 관리비의 적정성은 어느 정도인지도 함께 조사 분석해야 한다. 이와 같은 경제적 분석의 결과도 다음 단계의 임대계획 수립시 반영해야 한다.

결론적으로 제1단계인 임대목적물 인수 및 조사 분석, 임대시장 조사단계에서 인수한 임대목적물은 기술적 측면에서 건물의 실체(토지와 건물 및 부속시설)와 함께 건물이 신축 준공된 경우, 준공도서 기존건물인 경우 관리현장에서 작성된 건축관리대장, 작업일지와 근무일지 등을 함께 조사해야 한다.

또한 법률적 측면에서 등기공부와 행정공부, 고문변호사에 관한 사항이나 각종 계약서와 규정 등을 접수해야 한다. 뿐만 아니라 경제적 측면에서 경제가치를 측정하기 위한 정보나 자료(예컨대 감가상각 상태나 공시지가 등)들을 확인하여 건물경영목표를 수립하고, 일정기간 내에 이를 달성하기 위한 임대계획을 수립해야 한다.

이와 같이 임대목적물의 기술적·법률적·경제적 조사 분석 외에 임대목적물의 현재의 임대기준과 임대조건(관리범위, 임대면적, 공실면적, 임대료, 관리비, 주차료, 연체요율, 계약기간)과 인근 경쟁관계 건물의 편의시설, 특수시설, 장점, 규모, 층수 등을 함께 파악해 두어야 한다.

라. 행정적 조사분석

임대목적물에 대한 행정측면의 조사분석으로서 시·군·구에 의한 행정체제, 건물자산 공법상의 행정규제, 건축물공부상의 하자, 위반 건축물 존재여부, 제세공과금의 미납, 행정상의 과태료 등을 면밀히 조사하고 분석하고 임대계획에 반영해야 한다.

마. 환경적 조사분석

임대목적물의 환경적 분석이란 건물 주변 환경의 유해요소와 불편성들을 확인하고 건물 임대에 미치는 영향 평가를 하는 작업을 의미한다. 환경적 조사분석 결과 역시 임대계획에 반영해야 한다.

바. 안전적 조사분석

임대건물에 대한 자산위험과 시설물위험을 조사분석하여 임대계획에 반영해야 한다.

② 임대시장 조사

임대계획을 수립하기 위해서는 임대목적물의 물건분석과 함께 동일수급권과 인근지역(Macro Area와 Micro Area)의 임대시장에 대하여 조사해야 한다. 임대시장의 조사항목은 대체로 다음과 같다.

- 임대시장동향, 경쟁업체동향, 매매시장동향, 분양시장동향
- 주요 사업체 분포현황
- 지역개발 현황과 계획
- 임대건물의 공급현황과 수요전망(임대건물 수급현황)

- 인구분포와 통계
- 최근 5년간의 변화추이
- 교통망 · 교통시설 · 통신 · 편의시설 · 관공서 · 학교 · 은행 등 분포현황,
- 주요 교통수단
- 지역경제 사정
- 장래의 지역경제 전망
- 지역상권 현황과 변화추이
- 토지이용 현황
- 지역발전 가능성
- 임대건물의 임대현황과 공실률
- 경쟁건물의 임대료, 관리비, 주차사용료 수준과 연체요율 등

임대시장의 조사방법은 ① 기초자료 조사는 공공기관 자료(각종 통계연감, 국토종합개발계획 등)와 각종 간행물(각종 총람, 전문잡지, 부동산정보), 각종 신문 등을 통하여 조사가 가능하며, ② 현장방문 조사는 부동산 중개업자, 대상건물 관리사무소, 대상건물 입주업체나 그 본사를 통하여 조사해야 한다.

이상과 같은 작업을 통하여 임대목적물의 ① 시설개요 현황, ② 건물 조사 분석표, ③ 임대시장 조사표 등을 작성하여 임대계획 또는 임대실무에 활용해야 한다.

2) 임대계획 수립단계

임대계획 수립단계란 임대실무상 두 번째 단계로서 건물경영목표 중 수익목표를 달성하는 임대업무의 세부적인 진행과 절차를 수립하는 단계를 말한다.

임대계획 수립단계는 약 11가지의 세부적인 과정을 거쳐 비로소 임대계획이 수립된다.

임대계획 수립단계에서 진행되는 업무를 구체적으로 소개하면 다음과 같다.

① 임대면적 산출 및 확정

건물의 임대평수는 일반적으로 연건평을 의미하기도 하나 인근지역에 있는 건물의 공실이 과다한 경우 경쟁이 예상되므로 주차장 같은 면적을 서비스 면적화하여 임대면적에서 제외하고 전용률을 높여 건물의 전용면적을 인근 빌딩보다 크게 하여 입주자 유치를 쉽게 해야 하는 경우가 있다. 따라서 인근지역의 유사 빌딩과 비교하여 임대조건과 가격이 경쟁력이 있도록 임대면적을 산출 확정해야 한다.

임대면적의 산출은 보통 다음과 같은 기준에 의하여 산출되고 확정된다.

- 건물연면적(전용면적+공용면적) = 임대면적
- 건물연면적(전용면적+공용면적)−서비스면적 = 임대면적

② 임대료 산정

임대료는 건물경영목표 달성에 매우 중요한 수익이긴 하나 인근 유사 빌딩이나 지역조건, 지역특성, 지리적 여건, 건물 수급현황, 주변 임대시세, 임대목적물의 시설수준 등을 감안하여 결정하여야 한다. 기본 층의 임대료를 기본임대료로 정하고, 이를 토대로 각 층별·용도별·위치별 임대평수의 평당 임대료를 미리 산정해 두어야 한다. 참고로 1층의 임대료는 기준층의 약 3배, 2층의 임대료는 기준층의 약 2배 정도로 임대료를 산정하고, 임대료는 평당 또는 ㎡ 기준으로 책정해야 한다.

③ 관리비 책정

임대료와 함께 관리비를 적정하게 책정해야 하고, 관리비 부담방법(정액제, 실비정산제, 정액실비병산제)도 선택해야 한다.

④ 건물용도 확정

건물사용허가서에 이미 명기된 내용대로 건물용도를 확정하고 용도에 맞는 입주자를 유치해야 한다.

⑤ 임대기준 확정

임대기준이란 임대에 기본이 되는 표준을 의미한다. 임대관리자는 다음과 같은 임대기준을 임대계획수립단계에 확정해야 한다.

- 임대방법 확정(전세와 보증(금)부 월세 중 택일 또는 Mix해야 함. 단, 보증금, 월세 비율 1 : 9의 보증(금)부 월세 방법이 임대수익 극대화에 유용함)
- 보증금·월세 범위 결정(보증금 비율 최소 10% 수준유지)
- 전세금 산정[(평당 임대료×12개월)/이율]
- 임대기간 설정(단기 임대기간(1, 2년)보다 중장기 임대하는 것이 임대수익 유지에 안정적임)
- 임대차업종 확정
- 관리비 적용범위와 산정범위 확정
- 연체요율 결정
- 부과세 범위 확정(원칙적으로 임대보증금은 임대인의 부담으로 하고 월임대료와 관리비는 임차인 부담)

- 가입 보험종류 및 부담범위 확정
- 주차사용료 유료 또는 무료 범위 및 사전결정
- 입주 전 실내장식 등 무상 사용기간 기준과 조건 확정
- 제소전 화해조서 업종 확정
- 임대료와 관리비의 납부일, 납부장소, 납부방법
- 명도기준과 원상복구기준, 전대・양도가능 여부

⑥ 임대추진 방법 및 임대기간 설정

임대계획 수립단계에서 임대방법과 임대추진기간을 설정해야 한다.

임대방법에는 적극적인 임대방법과 소극적인 임대방법이 있다. 적극적 임대방법은 임차대상자를 상대로 광고하거나 방문하거나 임대목적물의 장점을 알려주고 입주하도록 설득하여 임차인을 유치하는 방법이다.

소극적 임대방법은 임대대상건물전면 또는 측면에 임대광고현수막만을 부착하고 임차인을 유인하여 임대목표를 달성하는 임대방법이다.

임대담당자는 임대대상건물의 인근시장조사, 인근지역조사, 경제여건, 경쟁관계 등을 면밀히 검토하여 임대추진방법을 결정해야 한다. 또한 임대기간은 임대대상건물이 신축인 경우에는 건물경영목표에 따라 일정기간을 정할 수 있으나 임대목적물이 기존건물인 경우에는 공실발생이 예상되는 2개월 전에 미리부터 임대기간을 설정해 두고 수시임대를 추진해야 한다.

⑦ 임대소요예산확보

임대추진계획을 수립할 때 임대소요예산을 확정하고 임대계획에 반영해야 한다.

임대방법에 따라 광고비・인쇄비・임대수수료 등을 항목별로 확정하고 이를 임대계획에 반영해야 한다.

⑧ 임대추진 주체 결정 및 업무분장과 진행절차 수립

임대계획을 작성할 때 임대추진 조직과 업무분장, 의사결정 방법, 담당자와 담당업무내용 그리고 보고절차 등 단계별 진행순서를 정하여 절차대로 추진하도록 계획되어야 한다.

⑨ 임대마케팅 전략수립

임대대상건물의 임대촉진을 위한 임대마케팅 전략수립 및 광고 전략이나 홍보방법 등을 정하고 임대계획서에 반영해야 한다.

마케팅 방법은 On-line과 Off-line 마케팅을 병행하되 보유하고 있는 Data-Base를 활용하고 배너광고, 현수막・미디어작업과 E/M, T/M 등을 활용해야 한다.

⑩ 임대시장 조사 분석 결과 반영

임대대상 건물의 인근지역이나 유사지역의 부동산 임대가격, 지리적 특성, 관리비현황이나 수준, 경쟁관계 등을 사전에 조사하고 그 결과를 계획서에 반영해야 한다.

⑪ 임대서식 등 준비

임대를 추진하기 위해서 임대에 필요한 홍보물, 임대계약서, 영수증, 관리계약서 등을 사전에 확정하고 인쇄하는 등 준비해 두어야 한다.

3) 입주자 모집 단계

입주자 모집 단계는 임대실무 제3단계로서 임대대상물의 현황과 조건 및 장점 등을 광고 홍보하고 중개인(중개회사) 등에게 알리는 등 입주자를 모집하는 단계이다. 이 때 임대예산이 허락하는 범위 내에서 과감하고 공격적인 임대마케팅 전략을 구사해야 한다.

입주자 모집 단계에서 입주자 유치방법으로는 Tenant Mix를 해야만 임대수익의 안정구조를 유지할 수 있다. 즉, Anchor Tenant 50%, Sub Tenant 30% 그리고 Small Tenant 20%로 Tenant Mix하는 것이 바람직하다.

입주자 모집 단계에서 실시해야 할 업무의 종류와 내용은 대체로 다음과 같다(임대 업무는 임대목적물의 성격・용도・규모・사정 등에 따라 다소 상이함).

① 임대목적물 임대광고

임대관리자는 임대예산이 허락하는 범위 내에서 임대목적물의 임대평수, 층수, 건물의 장점, 편의시설과 편리한 교통, 유리한 지역 특성을 입주예상 임차인을 상대로 알리는 작업을 수행해야 한다.

임대목적물을 알리는 방법에는 TV나 신문광고가 효과적이긴 하나 광고비가 비싸다는 단점도 있다. TV나 신문광고 외에 현수막이나 팸플릿, DM 광고방법도 유용한 광고방법이 될 수 있다.

짧은 시간 내에 경제적인 방법으로 모든 광고수단을 동원하여 임대목적물을 표적시장의 예상임차인에게 알려서 입주희망자를 모집해야 한다.

② 예상입주자 방문, 상담 및 현장안내와 현장브리핑

입주가 예상되는 회사 앞으로 홍보물(팸플릿・DM 등)을 사전에 보낸 후 임대관리자가 직접 방문하여 임대목적물을 홍보해야 한다.

특히 예상입주자의 현장 방문 시에는 임대기준과 조건, 경쟁력 있는 임대료와 관리비, 지역특성과 임대건물의 장점, 좋은 점(Selling Point) 등을 소상히 설명할 수 있어야 하고, 특히 임대목적물의 소유권이 온전한 경우 권리 상에 하자가 없는 점도 크게 강조할 필요가 있다(임차시 임대보증금 반환의 문제가 없을 것임을 강조해야 한다).

특히 전용면적이 공용면적보다 크며 서비스면적이 많다는 것도 강조할 필요가 있다. 한 번의 방문으로 끝나는 경우도 있기는 하나 두세 번 정도의 재방문도 고려할 필요가 있다. 방문 시에 고려해야 할 점은 방문자의 복장이나 언행, 예의바른 태도, 신뢰성 있는 행동 등에 신경을 써야 한다. 예정임차인 현장 방문시(답사시) 좋은 점(Selling Point)만 소개하고 청소상태, 안전, 편리성 등을 강조해야 하며 대상목적물(공간)과 비교가 되는 다른 임대대상물을 한두 곳 정도만 안내해야 한다(여러 곳을 안내하는 경우 임차인을 혼란스럽게 한다).

임대시장에 공급되는 건물의 수가 많을수록 방문자의 방문예절과 방문 전에 사전의 약속, 방문 준비를 철저히 하여 방문결과가 건물임대계약으로 반드시 연결되도록 해야 한다. 방문은 생산성 있는 과정이 되어야 하며 시간의 낭비나 소비가 되지 않아야 한다.

③ 중개의뢰

건물 임대 중개인 또는 건물 임대 전문중개회사에 안내문을 보내어 임대목적물의 현황과 장점 등을 홍보하여 임대협조 또는 임대추진을 의뢰해야 한다.

④ 희망입주업체 적격판단 및 결정

광고・홍보・방문・의뢰 등으로 수집된 입주희망자에 대하여 희망입주자 명단을 작성하고 임대조건의 적합성 여부를 판단해야 한다. 이를 입주자 적격판단이라 한다.

입주자 적격판단을 해야 할 필요성은 양질의 입주자를 가려내어 입주시킴으로써 건물사후관리에 문제점이 발생되지 않게 하기 위함이다. 또한 적격판단은 경제적인 방법으로 양질의 입주자를 유치함으로써 건물임대의 장기적인 안정적 수입을 보장하기 위함이다.

입주자 적격판단의 기준은 다음과 같다.

- 임차인 재무상태 및 신용상태
- 임대계약상 이행가능성 여부
- 임차시 출입차량・인원증가 가능성 여부
- 임차시 시설과 설비 손상 가능성 여부
- 건물의 이미지 손상 여부
- 임차인 업종이 건물용도와 적합성 여부
- 임차시 위험물반입 취급가능성 여부
- 타입주자와 분쟁유발 가능성 여부 등

이상과 같은 기준으로 입주예정자에 대한 적격 여부를 판단하여 양질의 입주자를 선정 결정해야 한다.

⑤ 계약 준비 및 계약 일정 홍보

양질의 입주예정자가 결정되면 임대가격과 조건 등을 상담을 통하여 합의한 후 계약스케줄을 임차인에게 통보한다.

이 때 임대인은 임차계약서, 관리계약서, 주차장 사용계약서 영수증, 사용인감 등을 사전에 준비하고 대기해야 한다.

4) 임대계약 단계

임대계약 단계는 임대실무상 제4단계에 해당하는 업무추진단계로서 법률적으로 하자 없이 계약업무를 처리해야 하는 단계이다. 임대계약업무는 임대관리업무 중에서 가장 중요한 업무로서 다음과 같은 업무가 진행된다.

① 계약서 조건 및 조항 재검토

임대준비 단계에서 작성 인쇄된 계약서를 고문변호사의 자문을 받아 다시 한 번 검토하여 필요한 경우 수정 보완해야 한다.

특히 계약서상의 필요적 기재사항에 대해서는 다시 한 번 면밀히 검토해야 한다.

임대차 계약서상 반드시 기입되어야 할 필요적 기재사항은 대체로 다음과 같다.

• 임대목적부동산(건물)의 표시조항

임대목적물이 건물인 경우 빌딩명 · 주소 · 층수 · 호실 · 임대평수(전용평수 · 공용평수) · 용도 등이 표시되어 있는지 확인해야 한다.

• 임대차계약기간 조항

임대차가 일반건물인 경우 최장기간은 20년(단 토지는 예외), 최단기는 민법상 규정이 없으나 최소한 1년으로 하는 것이 바람직하다(상가건물임대차보호법의 대상 상가건물은 1년임).

특히 주택임대차의 최단기간은 2년으로 규정(주택임대차보호법)되어 있음을 참고해야 한다. 특히 계약일과 목적물 명도일, 계약종료일과 목적물 반환일을 반드시 계약서 서면에 기재하여야 한다.

• 임대보증금과 월임대료 조항

임대보증금의 총액과 월임대료 납부일, 납부방법, 납부장소, 연체요율 등을 명기해야 한다. 그리고 보증금 반환조건과 일자를 기입해야 한다. 특히 임대보증금의 월임대료, 부가세 납부에 대하여도 명기해야 한다.

• **관리비 조항**

관리비의 총액과 납부일자, 납부방법, 납부장소, 연체요율 등을 명기해야 한다. 특히 관리비를 일정 기간 연체시 단전, 단수, 출입차량 통행금지 조항을 상호 합의하여 명기해 두는 것이 임대인 입장에서 유리하다. 또한 관리비의 부가세 부담자를 명기해야 한다(단 관리계약을 별도로 체결하는 경우는 관리비 조항만 명기하고 상세한 내용은 관리계약서에 위임).

• **보험료 조항**

건물의 화재보험료 등에 관한 조항을 별도로 두고 화재보험 또는 기타 보험의 종류와 부보금액을 명시하고, 화재기타보험의 보험료, 납부일자 등을 명기해야 한다.

• **무단 권리양도·전대금지 조항**

임차인은 임대인의 동의 없이 무단양도나 무단전대가 금지되고 있음을 명기하고 동의 없이 양도나 전대시 임대차 계약 해지 사유가 됨을 기입하는 것이 바람직하다. 우리나라 민법에서는 임대차의 무단 양도와 전대는 원칙적으로 금지하고 있으나 임차목적물 중 그 일부는 임대인 동의 없이 양도 또는 전대가 가능하다. 그러나 전세권 제도에서는 특약이 없는 한 양도나 전대가 언제가 가능하다.

• **임차인의 준수 사항**

임차인이 지켜야할 의무사항을 명기해야 한다. 우리나라 민법에서는 다음 사항을 임차인의 의무로 규정하고 있다.

- **차임지급의무**
  차임을 두 번 이상 연체하면 해지사유가 된다. 차임지급 시기는 특별한 규정이 없는 한 월말 후불제로 한다. 약정이 있는 경우 약정된 날에 지불한다.
- **통지의무**
  임차인은 임차목적물에 수리를 요하는 사항이 발생되거나 타인이 임차목적물의 권리를 주장하는 자가 있을 경우 임대인에게 반드시 통지해야 할 의무를 이행해야 한다.
- **보전행위 인용 의무**
  임대인이 임대목적물의 보전행위를 하는 경우 인용해야 한다. 보전행위로 인하여 임대목적물의 사용수익이 불능할 경우는 그러하지 아니한다.
- **임차물을 용법대로 사용 수익해야 할 의무**
  임차인은 건물의 성질이나 정해진 용도에 따라 사용 수익해야 한다. 타 용도로 사용 수익하는 경우 해지사유가 된다.
- **무단양도나 전대 금지 의무**
  무단양도·전대시 해지사유가 된다.
- **임차목적물 보관(보존) 의무**

임차목적물을 현상대로 보존해야 할 의무가 있다.

- **임차목적물 반환 의무**

  임대차 종료시 임차목적물을 원상회복하여 임대인에게 반환해야 한다. 임대보증금 반환과 동시 이행관계에 있다.

• **계약해지 조항**

임대인과 임차인은 해지조항을 약정하고 불이행시 해지할 수 있다. 예를 들면 차임 2기 연체나 불법용도 사용, 무단양도나 전대 등은 법정 해지사유에 해당된다.

• **임대인의 권리 및 면책 사유 조항**

임대인의 권리에는 다음과 같은 것이 있다.

- 차임청구권
- 목적물반환 청구권
- 차임증감청구권
- 목적물보존 권리
- 법정담보물권

임대인의 면책 사유로는 천재지변에 의한 목적물 멸실, 불가항력에 의한 목적물 멸실, 실화에 의한 멸실 등이 있다.

• **임차인의 손해배상 조항**

임차인이 고의로 임차목적물을 훼손・손괴・파손・고장 또는 멸실시켰을 경우 손해를 배상해야 한다는 조항을 명기해야 한다.

• **관리규정 준수의무 조항**

건물의 사용에 관한 관리규정을 준수하도록 명기해야 한다. 관리규정은 임대계약서의 일부로서 계약시 첨부 또는 별도로 교부해야 한다.

• **건물 내 수선유지비 부담 조항**

건물의 주요 구조부나 설비 등의 수선비는 임대인이 부담해야 하고 전용부분의 고장은 임차인이 부담해야 한다.

• **공용시설의 사용제한 조항**

입주자가 임차목적물의 사용을 정해진 시간의 범위 내에서는 사용이 가능하나 관리규정에 의하여 사용가능 범위시간 등을 참고하여 사용에 제한을 하게 된다. 보안 관리상 또는 에너지절약차원과 질서유지 차원에서 시설의 사용을 제한하게 되는 바 이를 준수하도록 계약서에 기재해 두는 것이 계약 후 분쟁을 막을 수 있다.

- **보증인 조항**

임차목적물이 최첨단 건물이거나 임차인이 신용상태가 다소 불량한 경우 임대차계약시에 보증인을 세우도록 요청하여 만일의 손해발생에 대비하는 것이 현명하다.

- **계약기간 자동연장 조항**

계약만료일 6월~1월 사이 임대인이나 임차인이 임대기간의 만료나 연장 또는 거절의 의사표시가 없는 경우 종전과 동일한 조건으로 자동 연장됨을 표시하는 것이 현명하다.

- **계약체결 및 효력발생 조항**

계약체결일 및 효력발생일자를 특별히 정한 경우 이를 명기해야 한다.

- **관할법원**

임대계약의 분쟁이 발생한 경우 이를 해결할 방법으로 재판을 해야 할 경우 관할 법원을 정해야 하는 바 이를 미리 정해두는 것이 편리하다.

② 예상임차인 적격 재판단

입주자 모집단계에서 입주희망자로 분류된 입주예정자에 대한 마지막 적격 판단을 실시하여 확실한 임차인으로 판명되는 경우 임대계약을 체결하는 것이 바람직하다.

통상 임대차계약기간을 1년으로 정하여 계약하고 입주하는 경우 입주자의 신용이나 재무상태가 불량한 경우 임대자는 원치 않는 정신적·물질적 고통을 감내해야 하기 때문에 입주자 선정과 계약에 특별히 신경 쓰지 않으면 안 된다.

따라서 임대계약 전 입주자 적격 판단을 다시 한 번 실시하는 것이 현명하다.

③ 임대조건·가격협의 및 확정

임대인은 임대관리자를 통하여 계약 전에 임대목적물에 대한 가격과 조건에 대하여 임차인과 협의하고 상호 조정하여야 한다. 왜냐하면 이와 같은 협의나 확정 없이 계약테이블에 앉는 경우 종종 계약체결이 성사되지 못할 경우가 발생할 수 있기 때문이다.

참고할 사항은 임대료는 반드시 모든 입주자에게 동일하게 적용하여 계약해야 하고 차등 적용시 문제가 발생되며, 비밀유지는 절대로 유지되지 않는다는 점을 명심해야 한다. 그러나 층수가 다른 경우 차등적용해도 무방하다. 차등적용의 기준역시 임대계획수립 시에 미리 공시해 두어야 한다.

④ 임대계약 체결 및 계약서 교부

임대인은 준비된 임대계약서 상의 필요적 기재사항을 재검토하고 입주희망자에 대한 적격판단을 다시 한 번 실시하여 입주자로서 하자가 없는 경우 임대계약체결에 임해야 한다. 임대계약 체결 시에 유의해야 할 사항은 다음과 같다.

- 임대면적(전용면적 · 공용면적)과 층수와 호실 재확인
- 적정보증금 · 임대료 · 관리비 여부 확인
- 건물용도가 입주사(인)의 업종에 타당한지 여부 확인
- 공부상 주소와 목적물의 주소 상 이상 확인
- 임대차 기간, 명도일, 반환일, 계약효력 발생일, 계약시기와 종기 확인
- 특약이 있는 경우 특약사항 확인
- 임대인과 임차인 본인 여부 확인
- 서명날인자 권리 · 자격 확인
- 수입인지 첨부여부 확인(해당되는 경우 전세권 외 일반임대차는 해당 없음)
- 제한물권설정, 채권보전방법, 제소전 화해조서 조건내용 등 확인

이상과 같은 계약 유의사항을 재점검하고 계약서상의 필요적 기재사항 누락 여부를 확인한 후 신속하고 정확하게 작성 · 서명 · 날인한 후 한 부를 임차인에게 교부하고, 임대계약금이나 보증금 전액을 수령한 후 영수증을 교부함으로써 임대계약체결업무가 종료된다. 교부 시에 입주일자를 확인해야 하고, 임대목적물과 키(열쇠)는 임대보증금 전액이 입금될 때 임차인에게 인계하고 열쇠수령증을 받아 보관해야 한다.

⑤ 입주 전 임대목적물 관련시설 재점검

임대계약이 체결되고 이사 일자가 정해지면 임대목적물의 사용수익에 지장이 없도록 사전점검을 해야 한다. 전원설비, 위생설비, 조명설비, 출입문, 열쇠, 시건장치, 전화선 등을 꼼꼼히 확인해 두고 필요시 보수하거나 정비해야 한다. 또한 입주 후 불편사항이 없도록 사전 조치한다.

⑥ 칸막이 등 설치공사

계약체결 후 임차인과 협의하여 전용면적을 정확하게 구획하고 확정하여 필요한 경우 칸막이 설치 공사와 전산실 등의 필요시설을 입주 전에 완료해야 한다.

⑦ 입주지원

임차인의 입주를 위한 이사를 위해서는 이삿짐 운반용 승강기 고정배치, 안내, 시설설비사용방법설명(특히 전원의 용량), 사용상 주의사항, 관리실 위치, 전화번호, 담당자 소개,

비상시 조치내용 등을 안내서를 만들어 전달하고 필요시 소상히 설명하는 것이 현명하다.

특히 이사 오는 날 친절한 안내와 불편사항 요청시 즉각 대응으로 해결해주는 일은 입주자를 장기 유치하는 첩경이 될 수 있다.

5) 임대계약 사후관리 단계

임대관리업무의 마지막 단계로서 다음과 같은 사후관리 업무가 진행된다.

① 월임대료 부과징수

계약서에 명시된 월임대료의 부과징수는 보증(금)부 월세제도와 무보증(금)부 월임대료 모두에 해당된다.

즉, 전세권 제도와 채권적 전세(미등기전세)에서는 월세의 부과징수는 발생하지 않는다. 임대계약 사후관리 단계에서는 월임대료 부과징수는 월관리비와 함께 임대기간동안 매월 일정하게 발생되는 업무로서 일상적으로 처리되는 업무이다.

따라서 임대료 청구서는 일정한 양식을 미리 인쇄하거나 전산시스템을 개발하여 활용하되 납기일 10일 전에 발송하고 7일 전에 도착되도록 배려하는 것이 임대료 수납관리에 도움이 된다.

특히 임대료 수납사고를 방지하기 위해서 거래 은행의 지정구좌에 납입하도록 하는 것이 바람직하다. 따라서 임대료 청구서에는 임대료 총액, 부과세, 납기일, 납부장소, 납부방법, 연체요율 등을 상세히 명기하는 것이 임대료 수납업무에 도움이 된다.

임대료 청구서에 세금계산서를 첨부해야 하고 관리사무소나 경리과 등에 직접 납부하는 경우 입금표를 교부해야 한다.

임대료를 관리사무소에 직접 입금하는 경우 당일 마감하여 임대관리 은행구좌에 당일 입금처리하고 관리사무소에 현금을 보관하지 않도록 해야 하며 익일 회계 보고해야 한다.

② 월관리비 부과징수

월관리비는 부과방법에 따라 부과 징수하는 방법과 절차가 다소 상이하다. 관리비가 정액제인 경우는 관리비 징수 기준일을 기준으로 납부일자를 정하여 관리비 청구서에 정해진 관리비 등을 기입하고 세금계산서를 첨부하여 7일 전에 청구하면 임차인이 지정된 은행구좌에 입금하거나 관리사무소에 직접 입금하면 이를 접수하고 관리비대장에 기입한 후 입금표를 교부하고, 이를 당일 결산하여 빌딩관리 은행구좌에 입금하면 관리비 부과징수 업무는 종료된다.

그러나 실비정산제의 경우는 다소 진행절차가 복잡하다.

지난달의 월말을 기준으로 사용된 에너지 사용량(전기 · 수도 · 가스), 용역비, 공과금,

일반관리비를 모두 취합하여 실제 사용된 관리비를 합계하고 임대평수에 따라 고지 징수하게 된다. 이 경우 건물 내 식당·다방·전산실 등은 별도의 계량기를 부착하고 이를 별도 사용료를 계산해야 하며 가스 역시 식당 등에 별도의 계량기를 부착하여 사용자부담 원칙 아래 실비를 납부하도록 해야 한다. 특히 야근을 자주 하는 입주자에게 전기료사용료를 형평에 맞게 높게 부과해야 한다.

그러나 연체시 연체료를 청구해야 하고 임대건물의 공실이 있는 경우 공실에 대한 관리비는 임대인이 납부해야 한다.

③ 임대기준의 개정

임대기준의 개정에 해당되는 항목에는 임대기간의 연장 또는 변경, 임대료의 인상, 관리비의 인상 등이 있다.

임대기간의 연장이나 개정은 임대기간 종료 시에 임차인이 원하는 경우 정상적으로 이루어지나 임차인이 원하지 않으면 임대가 종료된다.

이 경우 임대료 상승도 자연적으로 상승하게 된다. 임대목적물이 주택인 경우에는 1년에 5/100 범위 내에서만 인상이 가능하도록 주택임대차보호법에 규정되어 있으나 일반건물의 경우에는 인상폭의 제한규정은 없다(상가건물임대차보호법이 2003. 11. 1자로 발효되었으므로 해당 상가건물은 1년에 임대료의 12% 범위 내에서 인상이 가능하다).

문제는 임대기간 중에 금리의 변동, 유가의 변동, 전기료의 상승, 물가 상승, 정부정책 변동, 제세공과금의 증액 등 중대한 경제적 사정 변경이 있을 경우 불가피하게 임대료·관리비를 증액하게 되는데 현실적으로는 쉬운 문제가 아니다.

이와 같이 경제적 사정 변경에 의한 비정기적 임대기준 변경은 원칙적으로 임대인과 임차인 사이에 계약상 금지된 사항이나 예외적으로 상호협의에 의하여 허용되는 경우도 간혹 있으나 분쟁의 대상이 된다.

또 하나의 임대기준 변경 문제는 임대기간의 연장 문제이다. 임대건물이 과다 공급되거나 임대유치에 문제가 있는 경우 임대기간 연장을 유도하는 것이 바람직하다.

④ 임대계약의 해지

체결된 계약에 의하여 입주자가 입주한 후 계약서에 규정된 약정 해지 사유가 발생하거나 임대료의 2기 이상 연체나 임대목적물을 타 용도로 사용 수익할 시 발생되는 법정해지사유가 발생할 때 해지관리자인 임대인이 임차인에게 계약해지를 통보하면 해지효과가 발생되고 임차인은 임대인에게 임대목적물을 원상회복하여 반환해야 한다.

이와 같은 해지의 통보, 원상회복, 임대목적물 반환, 임차인 철수 등과 같은 일련의 해지업무가 계약 사후관리업무 중 하나이다(해지통지 등은 내용증명으로 하는 것이 임대인에게 유리하다).

계약이 중도에 해지되면 보증금을 환불하되 미정산 관리비나 임대료가 전혀 없는 상태(완불된 상태)에서 임차인 소유건물이 완전히 임대목적물 밖으로 반출 시에 지급되어야 하며 임대보증금 위에 전세권이나 저당권이 설정되어 있을 때는 반드시 말소확인 후 지급해야 한다.

또한 손해배상금이 있을 때에는 손해배상금 상당액을 유보하고 원상회복비용, 미지급임대료・관리비와 다음 달의 임료 및 관리비 예상액(3개월 평균관리비＋50%추가)을 공제 또는 유보한 후 잔액을 지급하고 영수증을 반드시 교부받아야 한다.

채권보전수단으로 교부한 보증서나 약속어음이 있을 경우 반드시 회수한 후 지급한다.

⑤ 임대목적물 인수 및 원상복구 확인

임대계약 사후관리업무 중 또 하나의 업무는 임대기간이 종료되어 임대기준의 변경으로 계약기간 연장이나 변경이 없을 경우나 해지 또는 해제되는 경우 목적물을 적기에 반환받아야 하고, 또한 목적물을 원상회복시켜 인수받아야 한다.

원상회복이 불가능할 때에는 원상회복에 필요한 비용을 합리적으로 산출하여 명도전에 임차인에게 청구하여야 한다.

임차인의 원인에 의하여 손해가 발생할 때에는 손해배상을 청구해야 하고, 합의되지 않을 시는 민사소송을 통하여 실행해야 한다. 정한 기일 내에 임대목적물을 반환하지 않을 때도 명도소송을 통해 승소하고, 이를 채무명의(집행명의)로 하여 강제집행을 통하여 임대목적물을 반환받아야 한다. 명도소송 전 점유이전금지가처분을 먼저 해두어야 한다.

⑥ 임대목적물 방해배제 및 현상유지

임대인은 임대기간 동안 임차인이 임대목적물에 관하여 사용 수익할 때 외부로부터 방해받을 경우 이를 배제하여야 하고 건물의 현상을 정상적으로 유지해주어야 한다.

⑦ 입주자현황 정기점검

입주자가 임대계약 불이행의 징후를 정기적으로 점검하여 임대관리 대책을 수립해야 한다. 예컨대 입주사의 소속직원 급료가 2기 이상 지불되지 않거나 입주자의 사내회의 횟수가 잦거나 장시간 회의를 자주 할 때, 채권자의 채무독촉이 빗발치거나, 경영자와 직원 사이에 고성이 오고가거나, 직원의 이직률이 급격히 늘어나거나, 압류 등 최고장이 자주 배달되거나, 경영자의 출근이 정상적이지 아니거나, 갑자기 세무조사를 받거나, 경영자가 구속되거나, 임대료의 납부가 2기 이상 연체되거나, 신문방송에 입주사에 대한 나쁜 기사(세무조사・형사・범죄・탈세 등)가 기사화되거나 방송된 경우에는 대부분의 경우 입주사의 경영이 부실해지거나 어떤 사정에 의하여 조만간 도산 또는 파산 가능성이 있으므로 긴급히 구(舊)임대차를 종료처리하고 신(新)임대차 계약을 추진, 입주자를 신속히 교체할 준비를 해야 한다.

⑧ 입주자 불편사항 및 민원사항 해결

동일한 임대목적물의 공용평수를 동시에 사용하는 다수의 입주자는 공동생활의 이해가 항상 일치하지 않는다. 따라서 자주 이해충돌이나 불만사항이 발생하고 민원사항이 신고된다.

이때 임대관리자는 계약 사후관리 차원에서 능동적이고 즉각적으로 친절하게 대처하여 접수 즉시 해결하고 그 결과를 먼저 유선으로 통보해야 한다.

해결이 불가능할 경우에도 그 이유와 사유를 밝혀 이해를 구해야 한다. 이와 같이 계약 사후관리 업무가 매우 다양하고 복잡하기는 하나 성공적인 건물자산임대사업을 위하여 반드시 최선을 다하여 관리하여야 한다.

(3) 임대수익률 증대방안

건물임대관리의 최대 목적은 안정적 임대수익구조를 장기간 유지하여 임대수익을 극대화하는 데있다.

건물자산투자의 수익창출은 건물자산의 매각시 발생되는 양도차익(경우에 따라 매각손이 발생할 수 있음)과 보유기간동안의 임대수익으로부터 얻어진다. 특히 임대소득의 증가는 임대자체수익의 극대화를 가져올 뿐 아니라 자사가치를 증가시켜 매각시 양도차익을 크게 실현시키므로 임대수익률 증대가 곧 투자수익 극대화의 원천이 된다.

따라서 임대수익률 증대는 건물자산투자관리에 있어서 매우 중요한 의의를 가지므로 임대관리자나 Property Manager는 임대수익률 증대방안을 검토하고 활용하는 것이 바람직하다.

1) Tenant Mix 방안

건물임대의 안정적 수익은 양질의 장기적 대규모 Anchor Tenant에 의해서 주로 창출된다.

그러나 양질의 대규모 Anchor Tenant에만 의존하는 경우 Anchor Tenant 스스로 문제가 생기는 경우 안정적 임대수익 유지에 큰 허점이 생기게 된다. 따라서 신용과 규모면에서 대·중·소의 Anchor Tenant 50%, Sub Tenant 30% 그리고 Small Tenant 20%로 Tenant Mix하는 경우 안정적 임대수익률 증대에 크게 도움이 된다.

2) 보증(금)부 월세 유치방안

임대방법에는 전세(채권적 전세 또는 미등기 전세)방법과 보증(금)부 월세방법이 있다.

전세의 경우 전세보증금의 운용수익이 현행 은행 금리체계상 매우 낮으므로 보증금과 월임대료 비율이 1:9의 보증(금)부 월세방법을 활용하여 임대수익을 증대하는 것이 현명하다.

3) Buy-Back 업체 유치방안

일정기간 임차 후 임차건물을 매입할 수 있는 업체(Tenant)를 유치하는 것이 안정적인 임대수익과 양도차익 실현을 함께 할 수 있어 자산투자관리에 매우 유익하게 된다.

4) 우량업체 유치방안

대기업, 은행, 보험, 공기업 본사, IT계열 우량업체를 유치하는 것이 임대수익률 제고에 크게 도움이 된다.

5) 임차인 만족 극대화방안

임차인이 만족하는 경우 기존 임차인이 신규 임차인을 유치하게 되므로 기존 임차인이 건물 사용수익에 있어서 언제나 만족하도록 해야 한다. 따라서 불편사항 및 고장신고 접수 즉시 신속처리, 간담회, VOC, 회식 등을 활용하여 고객만족을 유도해야 한다.

6) 편의시설 제공방안

로비에 자동사무기기 설치, 옥상휴게실 제공, 비즈니스 공간 무료제공, 인테리어, 조경, Renovation 등으로 편리하고 쾌적한 환경을 조성하고 제공하는 경우 임대경쟁력의 제고로 임대수익률이 증가하게 된다.

11. 임차관리실무절차

(1) 임차관리실무의 개념

임대차는 임대와 임차를 합한 복합개념이나 실무상의 절차나 이해관계 및 컨셉(Concept)은 서로 상이하다.

임차는 임대와는 달리 임대료와 관리비 및 주차사용료, 부가세 등을 지급하는 대가로 일정한 임차목적물을 인도받아 사용수익하고 임대기간 종료시 임차목적물을 동시이행으로 반환함으로써 임차목적을 달성하는 임차인 관점의 대차개념이다.

임대차실무개념은 타인의 건물을 일정한 임대차계약에 의하여 사용수익하기 위한 계약실무이므로 임차계약 전에 최소의 비용으로 최적의 건물을 가장 빠른 시일에 찾아내고 권리분석과 채권위험분석 등을 통하여 임대차계약을 체결에 도달하기란 말과 같이 쉽지 않은 실무과정을 통과해야 한다.

특히, 건물 임차는 전문성이 결여된 개인, 단체, 법인(기업포함)이 임차물건을 확보하여 현장을 답사(Survey)하고 권리분석 및 채권위험분석 등을 체계적으로 수행하기에는 비용과 시간의 소비 외에 본업에 전념하는 데여러 가지 지장을 초래하므로 기업 내부에 임차 전문가를 육성하거나 전문 임차업무 대행사를 활용하는 것이 매우 바람직하다.

전문 건물임차대행사는 전문성을 가진 임차전문가와 다양한 임차물건 정보 확보 및 인적 네트워크 및 업체제휴 정보망을 활용하고 구축된 DB(Data-Base)망을 활용함으로써 빠른 시간 안에 최소비용과 최소의 위험부담으로 최적의 건물을 임차할 수 있다. 즉, 전문 임차대행업체에 임차업무를 위탁하는 경우 위탁자는 소규모 중개업체와는 달리 최적입지의 건물확보와 권리분석을 통한 채권 부실화 방지 및 최소화, 경제측면의 비용절감, 임차처리기간 단축 등의 측면에서 많은 이익을 얻을 수 있다.

(2) 건물임차업무의 내용과 진행과정

1) 건물임차업무의 내용

건물임차업무는 소속기업의 이전사유가 발생하거나 소속회사조직의 별관사용 또는 타 지역 지점, 지사 개설이 요구될 때 타 기업이 자사업무로 인해 부득이 임차대행 전문 업체에게 건물임차를 위탁할 때 시작되는 건물대차업무이다.

따라서 다음과 같은 임차업무가 시작되고 종결된다.

① 임대차 위・수탁계약 체결 및 임대계획수립
② 시장조사 및 적정건물 정보수집
③ 종합 Survey 및 종합분석
④ 임차목적물현황 조사보고 및 승인신청
⑤ 임대차계약 체결 및 통보
⑥ 입주협의 및 입주
⑦ 임대차 사후관리 및 위탁계약 해지

2) 임차업무 진행과정

임차업무 위탁시 임차업무 진행과정은 크게

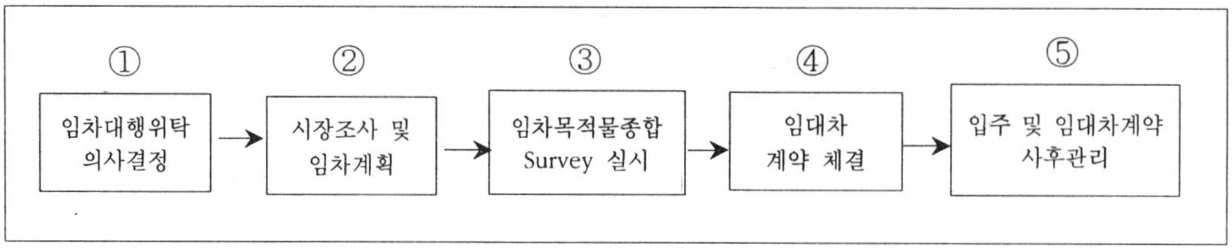

등의 순서로 진행되나 구체적 건물임차실무과정은 대체로 [그림 9-3]과 같이 진행된다.

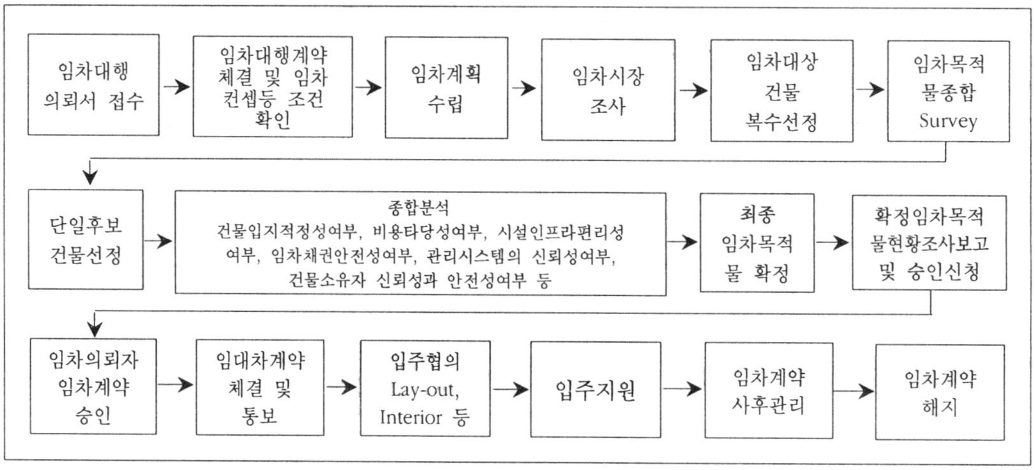

[그림 9-3] 건물임차업무 진행흐름도

(3) 임차업무의 문제점과 임차담당자의 능력조건

1) 임차업무의 문제점

첫째의 임차업무의 문제점은 임차인의 요구조건(Need Conditions)에 꼭 맞는 적정건물은 없다 해도 과언이 아닐 만큼 적정건물을 찾기가 쉽지 않다는 점이다. 따라서 임차업무를 손쉽게 처리하기란 말과 같이 쉽지 않음은 물론이다.

왜냐하면, 임차인이 제시하는 건물임차기준은 일방적일뿐 아니라 가장 경제적 비용으로 채권확보에 위험이 없으면서 접근성이 좋고 주차시설이나 정보통신시설이 양호하며 입주하면 임차인의 이미지가 좋아지는 조건 등을 모두 갖춘 건물은 거의 없기 때문이다.

다시 말하면, 임차인이 제시하는 임대료, 관리비 등의 수준과 임차목적물인 건물조건사이에 갭(Gap)이 현실적으로 존재하고 있는 문제점이 있다.

그러므로, 임차인의 제시조건과 임차목적물 건물사이에 존재하는 갭(Gap)을 줄이지 않으면 건물임차계약은 성공할 수 없다. 따라서 임차업무 성공의 핵심은 임차인의 제시조건과 임차목적물인 건물사이에 존재하는 갭을 줄여서 조화시키는 일이라 할 수 있다.

둘째의 임차업무의 문제점은 임차건물에는 임차보증금에 대한 담보위험이 항상 존재하고 있다는 점이다.

보증금채권위험 보다 더 큰 문제점은 임차보증금 보호를 위한 법적으로 그리고 제도적으로 완전하게 보호하는 법제도가 있음에도 불구하고 법제도의 활용으로 임차보증금을 보호하기에는 일반 임차인측면에서 역부족이라는 점이다.

왜냐하면 저당권설정, 전세권설정, 임차권등기, 가등기제도 등이 법적으로 활용될 수 있으나 정부 부처나 대기업, 은행 등 소수의 임차인을 제외한 일반기업, 임차인의 경우 임대인의 우월적 지위와 비협조로 채권보호수단으로 쉽게 활용될 수 없기 때문이다.

이와 같이 건물임차인의 제시조건과 임차목적물인 건물조건 사이의 괴리(Gap)의 문제점과 임차보증금 보호에 법적으로 현실적으로 매우 미흡하다는 점이 임차업무의 최대 문제점으로 지적되고 있다.

2) 임차담당자의 능력조건

전술한 바와 같이 임차업무는 업무자체의 문제점으로 인하여 임차담당자로 하여금 전문성을 요구하고 있다.

왜냐하면, 임차담당자가 전문성이 없는 경우, 적정 임차목적물을 확보하기 위한 건물실사 시장분석과 건물정보수집, 채권확보를 위한 위험회피, 담보권설정과 협상을 위한 부실채권관리 등을 효율적으로 정확하게 처리할 수 없기 때문이다.

따라서 임차전문가로서의 임차담당자는 다음과 같은 임차업무 전문성과 임차업무 처리능력을 확보해야 한다.

첫째, 건물정보 수집능력과 시장조사 및 상권분석능력
둘째, 위험회피(Risk Hedge)능력과 협상능력(Negotiation Skill)
셋째, 건물실사능력과 권리분석능력
넷째, 계약처리능력과 사후관리능력
다섯째, 부실채권 관리능력과 부실채권 대응능력(소송실무능력)
여섯째, 공간배치 및 공사지원능력

이상에서 열거한 업무 전문성과 능력을 확보하지 않는 경우, 소수의 인력으로 신속하고 정확하며 효율적으로 임차업무를 처리할 수 없을 뿐 아니라 효과적인 임차업무 수행에 차질을 빚게 된다.

그러나 현실적으로 임차를 담당하는 기업의 임차담당자 중에는 전문성과 임차업무 처리능력 부족으로 핵심 임차업무의 접근조차 어려운 경우도 허다하다. 따라서 교육을 통하여 임차업무에 필요한 전문성과 능력을 갖춤으로써 임차업무를 소수의 전문 인력으로 신속하고 정확하며 효율적으로 임차업무를 처리하도록 해야 한다.

임차업무를 전문업으로 하는 임차대행사 소속의 임차담당자의 경우에는 고도의 전문성과 능력을 확보해야 함은 물론이다.

기업의 임차담당자나 임차대행업체의 임차담당자가 전문성과 능력을 두루 갖추는 경우에는 다음과 같은 이익이 있다.

첫째, 최적의 임차목적물 조기 확보가 가능하고
둘째, 임차보증금의 위험관리(Risk Control)가 가능하여 부실채권의 미연방지와 최소화가 이룩되며
셋째, 임차 제비용이 크게 절감될 뿐 아니라
넷째, 신속 정확하고 효율적 임차업무 수행으로 임차업무 처리기간이 크게 단축되며
다섯째, 임차대행 위탁자는 자신의 본업에 전념할 수 있다.

(4) 건물임차실무활동의 원칙과 목표

1) 건물임차활동의 원칙

건물임차활동의 특성상 임차실무를 함에 있어서 신속성과 정확성, 안전성과 효율성 및 전문성을 요구하고 있다.

따라서 건물임차실무에는 전문화의 원칙, 신속화의 원칙, 정확화의 원칙, 안전화의 원칙 그리고 효율화의 원칙이 적용된다. 이를 분설하면 다음과 같다.

① 전문화의 원칙

전문화의 원칙이란 임차업무 한 가지 일을 전적으로 연구하거나 마음을 쏟아 능률적으로 처리되게 하는 원칙을 의미한다.

건물임차실무는 적정건물의 선정이나 임차업무 처리기간의 단축, 비용절감, 부실채권위험의 최소화 등을 위하여 정보수집, 조사 분석, 건물실사, 종합분석, 임차계약 체결, 부실채권관리 등 해당 업무마다 전문성을 요구하고 있어 임차담당자는 각 업무처리에 있어서 전문화 원칙이 적용되도록 해야 한다.

② 신속화의 원칙

신속화의 원칙이란 임차업무를 진행함에 있어서 빠르게 차질 없도록 하게하는 원칙이다. 임차업무는 1년 단위의 장기간에 걸쳐 처리될 수 없는 이른바 1~3개월 동안의 단기간 처리업무 성격을 가지고 있다.

또한 임차업무 위탁자의 사정과 형편이 빠른 임차업무의 처리로 신속히 이사하여 안정화되도록 희망하기 때문에 의뢰받은 임차담당자는 신속한 업무처리가 신속화 되도록 최선을 다해야 한다.

③ 정확화의 원칙

정확화의 원칙은 임차업무를 바르고 확실하게 하고자 하는 원칙이다. 건물임차업무는 가장 경제적 비용으로 적정자산을 선정하고 임차하여 새로운 생산, 사무공간을 확보하고 안정화하는 데있다.

즉, 임대보증금, 임대료, 관리비 등을 급부하는 의사결정이므로 임차업무진행과정마다 정확성이 크게 요구된다. 따라서 임차업무 정확화의 필요성이 있다.

정확화의 효과는 적정건물의 선정과 비용절감, 부실채권방지 등으로 나타난다.

④ 안전화의 원칙

안전화의 원칙이란 임차업무과정마다 위험을 방지하여 안전화가 유지되게 하는 원칙이다. 임차업무는 안전하게 처리되어야 한다. 특히 임차보증금의 안전화가 크게 요구된다.

특히 임차인이 신규 입주한 임차건물의 사용수익에 있어서 어떤 위험으로 인한 손실이 발생되지 않도록 안전화의 원칙이 적용되어야 한다.

⑤ 효율화의 원칙

효율화의 원칙이란 임차업무수행에 있어서 투입되는 비용, 시간, 노력보다 산출(Output)을 크게 해야 한다는 원칙이다. 효율화의 원칙의 효과는 비용절감, 적정임차건물 조기 확보 등으로 나타난다.

2) 건물임차실무활동의 목표

건물임차업무 담당자가 전문성과 요구능력을 두루 갖추고 임차실무활동을 통하여 얻고자 하거나 도달하고자 하는 목표는 다음과 같다.

① 최적의 입지와 적정 임차목적물 확보

임차인의 의뢰에 의하여 시작되는 임차대행서비스의 첫 번째 관건은 최적의 입지에 위치한 적정 임차목적물을 확보하는 일이다. 적정 임차목적물의 확보는 다양한 임대물건 정보망의 연계와 자체 Data-Base를 통하여 광범위한 정보수집능력과 시장분석능력이 동원되어야만 적정 임차목적물 확보의 목표를 달성할 수 있다.

② 임차보증금 부실방지와 피해 최소화

담보물권 설정 없이 규모 있는 임차보증금을 선지급하는 경우 건물소유자의 파산이나 경매시 임차보증금은 일반채권으로 취급되어 후순위(보통순위) 순서로 보호받음으로써 임차보증금 채권의 부실화가 되기 쉽다.

따라서 권리분석 임차채권에 대한 물권적 보호가 가능하도록 사전 협의가 요구되며 사후관리활동을 강화하여야만 채권부실화를 방지 또는 최소화 목표에 도달할 수 있다.

③ 임차업무 수행기간 단축

전문성을 가진 임차담당자는 전문성으로 인하여 임차업무 수행기간을 단축할 수 있다. 특히 필요한 정보가 Data-Base화 되어 있는 경우는 One Stop Service System 구축이 가능하므로 더더욱 업무수행기간 단축이 가능하게 된다.

따라서 임차담당자가 전문성을 발휘할 때 임차업무 수행기간 단축목표가 달성된다.

④ 임차비용의 절감

전문성을 확보한 임차담당자는 임대료, 관리비 등의 현황을 파악하고 있을 뿐 아니라 높은 협상력으로 집중 대응할 때 그리고 이사비용과 거래비용을 절감할 때 비로소 임차비용의 절감목표를 달성할 수 있게 된다.

(5) 건물임차계획 전 확인사항

임차담당자가 실무적으로 처리해야 하는 업무에는 수집업무, 조사업무, 확인업무, 분석업무, 처리업무, 관리업무 등이 있다.

그중 확인업무(Confirming Service)는 조사업무, 분석업무와 함께 정확성과 전문성 및 효율성과 신속성을 요하는 임차업무수행에 있어서 매우 중요한 업무라 인식된다. 특히 건물임차는 종국적으로 법률행위이므로(계약행위이므로) 사전조사와 확인 없이는 정확성을 요하는 임차업무는 실패할 수밖에 없다.

확인업무의 대상에는 등기공부, 지적공부, 건축준공도면, 건물 일반개요와 시설, 건물의 입지, 관리조직과 관리자의 관리기술, 임대면적, 건물임대인과 경쟁건물의 임대조건, 임차목적물의 주변 환경, 계약조항 및 임대료, 관리비, 주차사용료의 수준 등 여러 가지가 있으나 이 중 몇 가지 중요한 확인사항만을 분설하면 다음과 같다.

1) 공부조사 확인

등기공부와 지적공부를 열람하고 확인해야 한다. 임차목적물의 권리분석을 위하여 등기공부와 지적공부의 열람과 확인은 필수적이기 때문이다.

등기공부 확인은 토지등기부와 건물등기부 모두를 확인해야 하며 지적공부 역시 도시계획확인원, 국토이용계획확인원, 지적도, 공시지가확인원, 토지대장, 건축물관리대장 등을 모두 열람하고 직접 확인해야 한다.

2) 준공도서와 건축준공도면 확인

준공도서와 건축준공도면의 확인 목적은 건축물의 합법적 완공여부와 전체 연면적 및 층별 면적과 임차목적물의 정확한 임대평수(임대면적)를 확인에 있다. 또한 준공도면의 확인은 시설의 종류와 기능 등을 사전 확인하는 데도움이 된다.

3) 현지 확인

임대목적물이 위치한 인근지역을 답사하여 지역특성과 상권변화추이 및 교통이용현황과 교통시설현황, 편의시설, 거래기업, 관공서위치 확인과 임대물건수급현황, 공실현황, 임대가, 관리비, 시세조사, 정부・지방자치단체의 개발 계획, 진입도로와 접근방법 등을 면밀히 확인해야 한다.

4) 건물소유자 면담확인

건물임차계약은 건물소유자와의 법률행위이므로 소유주를 확인하고 신용상태를 확인해야 하며 소유권 행사에 대한 제약여부와 권리능력 유무를 확인해야 한다. 특히 채권확보 보장방법을 미리 확인해두어야 한다.

5) 건물의 종합현황 및 실태확인

임차예정건물현장을 직접 방문하여 건물의 일반개요, 건물시설, 입지여건, 건물관리상태, 임차비용 확인 및 표준계약 조항 등을 미리 확인해두어야 한다.

① 건물일반개요

건물의 일반개요 확인사항에는 건물명(빌딩명), 주소, 소유자, 대지면적, 연건평, 바닥면적, 기준층 면적, 층수, 준공일, 전용률과 공용률, 용적률과 건폐율, 법정 주차용량, 주차방법, 유료・무료 주차범위, E/L대수와 용량, 보일러 대수와 톤수, 공조시스템방식과 제어범위, Anchor 입주사 입주 여부, 불법시설 유무 등이 있다.

② 건축설비

건축설비는 쾌적성, 편리성, 안전성 등의 기능을 하므로 자세히 설비도면과 함께 확인해두어야 한다.

가. 전기설비

총 전기용량과 필요용량, UPS, 정전시 조치방법 등

나. 소방설비

옥내소화설비, 스프링클러, 자동화재탐지설비, 하론소화설비, 휴대소화기 배치현황, 대피통로(피난통로) 등

다. 기계설비

냉난방시스템과 용량, 냉난방시간, 공조설비, 자동제어 등

라. 통신설비

일반전화회선, LAN시설현황, 광선로 공급여부, 기타 통신시설 등

마. 기 타

남녀화장실수, 위치, 이용가능화장실, 적재하중, 내진설계 여부, 층고 등

③ 건물관리실태

관리실태는 관리비 납부와 관리서비스 공급 및 추가 부담과 관계되므로 구체적으로 다음 사항을 확인해야 한다.

관리주체, 관리조직, 관리방법, 관리비 성격과 부과방법, 청소범위, 경비범위, 냉난방기기 추가설치 필요성 여부, 칸막이·커튼공사, 책임과 비용부담 주체, 냉난방가동시간, E/L 기동시간, 조명기구 교체책임, 보수책임범위, 간판 부착허용여부·부착위치·부착방법, 개별간판 종합안내, 간판재료와 규격, 근무시간외 근무 신고방법, 주차장 사용범위 등

④ 임대차계약

계약당사자, 계약서식·작성책임, 계약기간, 해제·해지사유, 임대인과 임차인의 권리와 의무, 연체요율, 임대인과 임차인의 면책, 분쟁해결방법, 손해배상의 범위, 보증금의 계약금·중도금·잔금 지급시기와 금액, 채권확보방법과 담보의 평가 등을 확인해 두어야 한다.

특히 계약당사자가 법인의 경우 법인대표자의 성격이 공동대표인 경우 전원이 기명날인해야 한다. 정관을 확인하고 대표이사의 권한을 벗어나는 경우 이사회 결의서를 첨부해야 유효하다. 또한 회사 현재의 법적 지위(회사정리, 해산, 합병, 파산)를 확인하고 계약서에 날인한 인감이 사용인감일 때, 사용인감계와 인감증명서를 첨부해야 한다.

법인이 영리법인인 경우 관할 세무서로부터 등록번호만 부여받는 경우 상행위가 제한되어 있으므로 세금계산서 발행이 쉽지 아니하므로 이에 관한 사전확인도 필요하다. 법인이 외국법인인 경우에는 외국소재 본사의 승인이 필요하며 국내주재 자국 대사관의 승인서류 공증이 필요한 경우가 있다.

또한 건물소유자가 개인으로서 미성년자, 한정치산자, 금치산자인 경우는 법정대리인의

인감첨부 동의서와 가정법원 판결문을 반드시 유첨 시켜야 하고 계약당사자가 대리인인 경우에는 인감증명서 유첨한 건물소유자의 위임장을 지참해야 한다. 또한 건물소유자의 권리능력 유무와 연대보증인이 있는 경우 연대보증인의 자격 유무와 주민등록증을 사본화 하여 유첨 시켜야 한다.

⑤ 주변 여건

교통망, 접근도로, 교통시설현황, 편의시설, 공공시설, 금융기관, 버스・지하철 인접역의 위치와 거리, 접합도로와 이면도로, 위해시설, 기타 등을 확인해야 한다.

⑥ 임차비용

평당 임대보증금, 임대료, 관리비, 유료주차사용료, 보증금・임대료 비율과 전환이율, 보증금운용이율, 월간・연간 임대료, 월간・연간 관리비, 월간・연간 주차사용료, 월간 총 소요비용, 연간 총 소요비용, 연체요율과 최대 연체요율 등을 조사 확인해야 한다.

(6) 부실임대보증금 채권관리

임차업무 시작단계에서 권리분석과 위험분석을 다각도로 한 경우에도 임대인의 갑작스런 경제상황의 악화로 경매 또는 파산되는 경우가 발생하여 임차기간 만료 후 임차보증금 채권이 부실화되는 경우가 있다.

이는 전적으로 담보권을 확보하지 않았거나 물권등기 또는 연대보증인을 세우지 않는 등의 부실 권리분석과 위험분석의 결과이므로 임차대행사의 입장에서도 심각한 경제적 손실문제가 대두될 수 있다.

따라서 임차대행사는 임차준비단계에서 권리분석과 위험분석, 건물소유자의 신용 확인 등의 노력이 필요하며 임차계약단계와 유지관리단계에서 임대인의 신용상태를 계속해서 확인할 필요가 있다.

예컨대, 임대인의 출근시간이 일정하지 않거나, 임대인 소속 직원의 입에서 잦은 불만이 표출되거나, 임대인 소속 회사 직원의 이직률이 상승되거나, 비정상적 회의가 자주 목격되거나, 방송과 신문매체에서 나쁜 보도가 나오거나, 채권자의 잦은 방문과 갑작스런 세무조사나, 소유자의 이혼 등은 건물소유자의 신용상태에 문제가 있음을 시사하고 있다.

이와 같은 상황이 도래하면, 즉각적으로 임차보증금 회수를 위한 제도적 장치(담보물요구, 물권등기설정, 월세전환, 보증금비율 하향조정, 소유자명의 어음징구와 공증 등)를 즉각적으로 실시하고 부실방지에 적극 대응해야 한다. 임차기간 만료시의 임차보증금의 부실화는 단한번의 협상만으로 해결이 되지 않는 경우, 명도소송과 소송결과에 의한 강제집행 전략을 구사해야 한다.

제8절 FM용역업체관리 실무활동

1. 용역의 의의

건물관리에는 전기·가스 등 에너지와 부품·공구 등의 소모품만이 필요한 것이 아니라 일정한 기능과 서비스를 제공하는 용역이 필요하다. 다시 말하면, 건물관리에는 시설과 설비의 운전과 정비만 필요한 것이 아니라 시설물유지관리·청소·경비·주차관리·조경시설물관리·위생·소독 등 일정용도의 관리역할을 필요로 하는바 이를 내부에서 또는 외부로부터 그 기능을 담당할 용역을 필요로 한다.

특수관리 기능의 용역을 조달하는 경우 용역조달 계획을 수립하여 합리적으로 처리해야 하는바 이러한 용역조달 계획내용을 중심으로 이를 구체적으로 설명하면 다음과 같다.

용역이라 함은 물자의 형태를 취하지 아니하고 생산과 소비에 필요한 품을 제공하는 일로서 보통 서비스라고 용어사전에서 설명하고 있다. 이러한 용역개념을 중심으로 시설관리용역이란 신개념이 1960년대 후반부터 출현하기 시작하였다.

특히, 공동주택과 집합건물 및 주상복합건물 구분소유가 인정되는 오피스텔 등이 대거 출현되면서 시설의 대형화·집단화·고층화와 설비의 첨단화로 건물소유자 개인관리의 한계성을 느끼게 하여, 이러한 용역개념이 건물관리용역이라는 신개념으로 우리 사회에 나타나게 되었다.

시설관리용역(FM Service)이란 타인의 자산(토지 또는 건물)을 관리대행하고 그 대가를 받아 업으로서 영위하는 것을 의미한다. 종전의 용역개념은 단순한 노무제공만으로 위생청소관리 등이 이루어지는 경우 건물관리업무가 완성되었다고 인식하였다. 즉, 건물의 유지보수 업무가 관리의 전부로 인식되었을 당시만 해도 용역이란 개념은 크게 주목받지 못하였다.

그러나 오늘날 같이 대형화·첨단화된 건물에 대하여 단순노무나 단순기능관리만으로는 건물관리업무 전체를 해결할 성질이 아니므로 마침내 전문성과 기술을 함께 요구하는 관리용역의 시대가 도래 하였다.

뿐만 아니라, 구분소유권의 인정으로 사업자와 구분소유자간의 분쟁은 제3자의 입장에 있는 시설관리용역업자의 출현을 가속화시킨 계기가 되었다. 결론적으로, 건물 소유관계의 변화와 건물소유의 다양화 및 대형화·첨단화를 가져온 건축의 기술발전은 자치관리의 시대를 벗어나 위탁관리(용역관리) 시대의 장을 열게 하였다.

2. 관리방식 선택과 용역사용 여부 결정

건물의 관리방식에는 전술한 바와 같이 직영관리·자치관리·위탁관리·혼합관리방식 등이 있다. 자치관리방식은 관리업무 전반을 소유주체의 책임과 비용으로 관리하므로 용역의 개념을 생각할 수 없으나, 관리업무 전체를 위탁하는 경우와 일부 관리종목만 위탁하는 혼합관리방식에서는 용역의 개념이 반드시 등장하기 마련이다. 따라서 소유주체는 관리방식의 선택과 함께 용역의 필요성 여부를 결정하여야 한다.

3. 용역관리범위의 결정

관리방식과 관리대상 시설의 종류 등에 따라 용역관리 범위가 결정된다. 다시 말하면, 위탁관리방식의 경우 관리대상 전체 관리업무를 수탁관리회사나 관리업자에게 맡기게 되며, 혼합관리방식에서는 인사·경리·회계·자산관리·임대 등 회사 기밀이나 금전에 관계되는 업무는 직영 또는 자치관리 형태를 취하여 관리하고 기술성을 요하는 전기·기계·소방·통신 등의 설비와 전문성을 요하는 보안·위생·주차장관리 등을 전문용역업자에게 위탁관리하고 감독만 담당하는 업무를 하게 된다.

시설관리용역의 범위에는 다음과 같은 관리종목이 있다.

① 건물시설유지관리 업무
② 환경위생 청소관리 업무
③ 방역소독 업무
④ 엘리베이터 유지보수 업무
⑤ 경비·보안 업무
⑥ 소방·방재시설 검사대행 업무
⑦ 주차관리 업무
⑧ 조경시설물관리 업무
⑨ 폐기물처리 업무
⑩ 기타 용역이 필요한 임대·회계·세무·인사노무·영선·안전관리 등의 업무

4. 용역의 특성

용역은 서비스이기 때문에 제조회사의 업무와 다른 특성이 있다. 이와 같은 용역의 특성을 간략히 설명하면 대체로 다음과 같다.

① 용역은 사람에 의하여 이루어진다.
② 주로 의뢰자의 신뢰관계로부터 출발한다.
③ 장기간 되풀이되는 업무이다.
④ 대부분의 용역업무가 특정 시간대의 작업구분이 분명하지 않다.
⑤ 타인의 자산과 생명, 신체를 보호하는 분야이다.
⑥ 의뢰자는 용역업자에게 기술성과 전문성・신뢰성을 함께 요구하는 특성이 있다.
⑦ 물자의 형태를 취하지 아니하므로 눈으로 볼 수 없는 서비스로 이루어진다.
⑧ 장기간 계약관계로 의뢰자와 용역업자 사이에 정적인 인간관계가 수립되고 이로 인한 안일한 관리가 있을 수 있는 분야이다.
⑨ 객관적으로 용역의 질을 측정하기가 쉽지 않다.

5. 용역업자의 선정

용역을 제공하고 그 대가를 받아 업으로 영위하는 자가 용역업자임을 앞에 언급하였으나 1980년 후반부터 대단위 고층아파트의 출현과 집합건물, 주상복합건물 등 구분소유권 대상건물들이 대거 출현함에 따라 창업하기 시작한 관리대행용역업체는 엄청난 규모로 발전하였다.

이러한 용역업체의 용역업 구분을 살펴보면 다음과 같다.

① 주택 관리용역업
② 경비용역업
③ 청소용역업
④ 방역소독용역업
⑤ 시설관리용역업(건축물의 영선, 건축설비의 O&M(엘리베이터 유지보수・냉난방설비・전기설비・소방시설) 정화조 등)
⑥ 정비보수용역업
⑦ 주차관리용역업 등

또한 전문화하거나 관리업무 전체를 수주하여 종합관리 형태를 취하는 대형 용역 관리회사도 등장하고 있다. 그러나 건물관리회사의 현황을 보면 예외는 있으나 대부분 용역관리회사의 경우 역사가 짧고 기술성과 전문성이 축적이 되지 않고 있으며, 과잉 수주경쟁으로 수익성이 악화되어 재무상의 영세성을 가지고 있다. 그러므로 수주에 있어서 기술성・전문성・신뢰성으로 관리물량이 확보되는 것이 아니라 인적 연고나 기타 편법을 동원하여 수주한 후 경영의 채산성을 맞추려 하고 있는 경향도 엿보인다.

용역을 필요로 하는 관리주체는 먼저 관리방식을 결정하고 그 결정된 관리방식에 따라

용역관리 종목을 정한 다음, 용역회사 중 신뢰성과 기술성·전문성이 있는 2~3개회사를 지명하여 관계 필요서류를 제출받아 적격판정을 내린 다음, 관리대상과 내용을 제공하여 공개경쟁입찰형식으로 입찰에 응하게 한 후 개별협의를 거쳐 이를 종합, 소유주체 즉, 건물소유자 또는 건물관리에 권한 있는 자의 승인을 받아 관리용역계약을 체결한 후 계약조건에 따라 현장에 투입하고 사후관리 함으로써 용역의 선정업무가 종료된다.

용역업자 선정에 있어서 유의할 선정기준은 다음과 같다.

① 기술성·전문성·신뢰성
② 기술인력 보유자수 및 조달능력
③ 회사규모와 자본금, 경영재무상태
④ 관리회사 및 회사대표(경영자)의 신용상태
⑤ 회사와 현장의 지리적 위치
⑥ 정실외압 등 변칙성 있는 수주추진 여부
⑦ 관리종목에 적합한 장비보유 유무와 기술인력 보유현황
⑧ 관리종목과 유사한 관리경험과 관리실적
⑨ 관리회사의 타 관리업무 집행현장의 관리상태의 양호 여부
⑩ 관리책임자의 회사에 대한 인식도
⑪ 관리회사에 소속된 관리자에 대한 교육훈련 실적과 교육훈련 능력
⑫ 타 현장 관리시 사고경력 및 전현장 관리주체의 평가
⑬ 노사안정성 여부
⑭ 업무처리능력
⑮ 창의성과 적극성 및 책임성
⑯ 연평균 이직률
⑰ 최근 5년간 연간 매출 및 매출총액
⑱ 현장지원조직 및 지원시스템
⑲ 관리소장 예정자의 경력 등

6. 용역계약의 체결

(1) 용역계약의 의의

용역계약이라 함은 용역위탁자와 용역수탁업자 사이에 일정한 노무나 기술 등을 제공하는 대가로 일정금액을 지불할 것을 약정하는 계약을 의미한다.

계약방법에는 수의계약 또는 경쟁입찰계약 등의 방법이 있다. 용역업체의 현황을 볼 때 자격과 능력을 구비한 업자들이 참여할 수 있는 제한경쟁입찰방식으로 하되 입찰자중 가

장 유리한 조건을 제시한 용역업자를 선택하여 계약을 체결하는 것이 바람직하다. 제한경쟁입찰계약방식을 취하는 경우 사전에 예상 참가업체에게 PQ(Pre-Qualification)를 제출하게 하고, 이를 심사하여 기준에 합격한 업체만 입찰에 참여하게 하여야 한다.[97]

(2) 용역계약서의 필요적 기재사항

계약서 필요적 기재사항은 시설관리용역의 종목에 따라 다소 차이가 있으나 이를 종합하여 공통적인 사항만 언급하면 다음과 같다.

- 계약의 명칭
- 계약당사자의 주소, 상호, 대표자 성명, 전화번호
- 용역관리대상의 범위 및 용역의 내용(과업지시서)
- 용역기간(계약기간)
- 용역금액과 지불방법 · 시기
- 의뢰자의 권리의무
- 용역자의 권리의무
- 해지 사유 및 방법
- 계약당사자의 면책내용
- 재판의 관할법원
- 해지와 손해배상의 사유와 범위 및 방법
- 계약체결일 등

(3) 용역계약서식과 기재사항

건물자산관리를 위하여 필요한 여러 가지 용역계약에는 전술한 바와 같이 건물시설관리용역계약, 청소용역계약, 경비용역계약, 주차관리용역계약, 소독용역계약 등이 있으나 본 절에서는 예시하는 차원에서 건물청소용역계약과 시설경비용역계약만 수록하여 참고 되게 하였다.

1) 청소용역계약서 서식과 기재사항

여기에 소개하는 청소용역계약서와 경비용역계약서는 필요적 기재사항을 기재한 계약서이나 예시에 불과하며 용역의 내용과 범위에 따라 얼마든지 계약내용이 변경될 수 있음을 참고하기 바란다. 일반적 청소용역계약서식과 기재내용은 <표 9-5>와 같다.

97) P.Q는 Pre-qualification의 약자로서 사전자격심사원(서류)을 말한다.

〈표 9-5〉 시설물청소용역계약서(예)

건 물 청 소 용 역 계 약 서

________(이하 "갑"이라 한다)와 _____(이하 "을"이라 한다) 이상 양인은 청소용역도급계약을 아래와 같은 조건으로 체결하고 이를 성실히 이행키로 한다.

제1조(목적물의 표시)

1. 건물명칭 :
2. 소재지 :
3. 대지 :
4. 구조 및 연건평 :

제2조(청소용역의 범위) "을"은 청소업무에 필요한 기술과 인력 및 장비와 용품을 제공하여 본 계약서의 각 조항에 표시된 청소용역을 "갑"으로부터 도급받아 시행한다.

제3조(도급계약기간, 도급금액 및 지급방법)

1. 도급계약기간 :
2. 월 도급금액 :
3. 지급방법 : 익월15일까지 현금지급. 단, 외벽 및 외부유리 세척은 "갑"의 요구에 의하여 실시하고 별도 대금 청구한다.

제4조(도급금액의 주요 대상) ① "을"이 수행할 도급용역범위의 주요 대상은 다음과 같으며, 도급용역의 상세한 범위와 요령은 본 계약서의 각 조항에 의한다.

② (도급용역의 중요 대상)

1. 빌딩의 바닥(복도, 계단 및 각종 시설설치실의 바닥 포함)
2. 건물 내의 고정물품
3. 벽체, 천장 및 빌딩의 옥상
4. 변기, 세면기, 음수기, 형광등, 루버, 디퓨져 등
5. 유리창 내부
6. 건물부지 내외의 정원관계
7. 건물부지 내 및 외곽주위

제5조(도급범위 및 계약조건 변경) ① "갑"의 사정에 의하여 전 제4조의 청소용역 주요대상 범위를 축소 또는 증가할 필요가 있을시 본 계약에 관계없이 축소 또는 증가할 수 있다.

② 전항의 경우 "갑"은 축소 또는 증가에 따른 비율에 대하여 "갑", "을" 쌍방간 협의에 의하여 용역금액을 감액 또는 증액할 수 있다.

③ "갑"은 "을"이 계획된 작업을 2주 이상 지연시킬 때에는 "갑"이 일방적으로 제3자에게 지명·대행시키고 그 업자에게 지불한 금액을 "을"의 용역대금에서 공제하고 그 차액을 지급한다.

제6조(청소장비의 확보 및 유지관리) ① "을"은 계약이행에 필요한 일체의 청소장비를 계약체결과 동시에 구비하여 업무수행에 지장이 없도록 하여야 한다.

② "을"은 구비한 청소장비를 수리 및 교체하기 위하여 빌딩 외로 반출하고자 할 때에는 "갑"의 승인을 얻어야 한다.

③ "을"은 반입된 기계·기구 명세를 작성하여 "갑"에게 제출하여야 하며 "갑"은 수시로 검사하고 검사결과 청소기계로서 적합하지 아니하다고 인정하여 교체를 요구할 때에는 "을"은 이를 즉시 교체하여야 한다.

④ 청소용 장비는 "갑"이 지정한 장소에 "을"의 책임 하에 보관한다.

제7조(청소용 제재료의 통제와 감독) ① "을"이 본 계약업무 수행을 위하여 필요한 약품 및 세제와 소모품 등은 "을"의 책임으로 구입·사용하되 "갑"의 입회 하에 전량 반입(1개월분 소요량 이상)하고 "갑"의 검수 후 "갑"의 승인을 받아 적정한 용품과 적당한 양을 사용하여야 하며, 매월1회 이상 청소현황, 월 중 사용물자 현황을 제시하여야 한다.

② 청소용 제재료에 대하여 아래의 경우는 "갑"이 구입하고 "을"에게 매월 지급되는 청소대행료에서 공제하여도 이의를 제기할 수 없다.

1. 납기 내에 물품이 반입되지 아니한 때
2. "갑"의 검수에 불합격된 물품

제8조(창고 등 공급) "을"이 도급업탁 수행을 위하여 빌딩 내에서 사용하는 창고, 전력 및 용수 등은 "갑"이 제공한다.

제9조(근무성실의 의무) ① "을"은 빌딩 내외를 언제나 위생적으로 청결하게 유지하여야 한다.

② "을"은 빌딩 내외를 청소함에 있어 건물의 수명 등을 괴려하여 최선의 방법으로 업무의 수행은 물론 선량한 관리자로서의 주의의무를 다하여야 한다.

제10조(종업원 배치 및 인사기록 제출) ① "을"은 계약체결과 동시에 업무수행에 필요한 장소에 배치하여야 한다. 청소요원은 ○명 이상(여자○, 남자○) 확보하여야 하며, 남자는 50세 이하로 하여야 한다. 특히, 각 작업현장별로 능력 있는 자를 책임자로 배치하여 청소작업을 시행하거나 감독하게하며 "을"의 소속직원 중 감독요원을 주기적으로 파견하여 청소상태를 총괄적으로 점검·감독하도록 한다.

② 전항의 인원에 관하여는 사전에 배치계획서 및 인사기록을 당 건물관리 사무실에 제출하여 면접 후 "갑"의 동의를 얻어야 한다. 인원배치를 변경하고자 할 때에도 또한 같다.

③ "갑"은 "을"의 종업원 중 무자격 및 근무자 이탈, 근무시간 중 음주·취침, 빈번한 결근, 비위 사실, 당사 품위를 손상 시키는 행위 등 부적당하다고 인정되는 자나 "갑"의 공신력을 저해하는 자에 대하여 "을"에게 그의 교체를 요구할 수 있으며 "을"은 3일 이내에 결원을 보충하여야 하며, 거부당한 "을"의 종업원은 "갑"의 지역에 출입을 금한다.

제11조(종업원에 대한 책임 및 건강진단) "을"은 전 종업원의 건강진단서를 계약 후 1개월 이내에 제출하여야 하며, 전 종업원의 건강, 신원, 위생, 풍기 및 작업규율의 유지 등에 관하여 일체의 책임을 진다(필요한 경우 신원증명서도 제출해야 한다).

제12조(결원시 용역비 공제) "갑"의 업무지역에 배치되어 근무 중인 종업원의 결원이 발생하였을 때에는 아래와 같이 월 용역비에서 공제한다. 단, 예비군 훈련, 관혼상제를 포함하여 해당 월 총인원의 2%는 인정을 하고 그 이상의 결원이 발생하였을 때에는 월 평균 중 일급액의 300%에 해당하는 금액을 월 용역비에서 공제한다.

제13조(제복착용 및 친절의무) "을"은 종업원에게 "갑"이 정한 소정의 제복, 모자, 신발 및 스카프를 착용하여 항시 단정한 복장으로 작업에 임하여야 하며, 빌딩에 출입하는 고객에게 친절을 다하여야 한다.

제14조(청소상태의 기준) 당 빌딩의 청소상태 기준은 서울시내, 신축한지 5년 이내의 일류 호텔의 청소 상태 수준으로 한다.

제15조(근무규정 및 청소계획서 비치) ① "'을"은 이 계약서에 의한 도급업무의 개시와 동시에 종업원의 근무규정과 각 작업현장별로 청소계획서를 2통씩 각성하여 1통은 "갑"에게 제출하고 1통은 현장사무실에 비치하여야 한다.

② "을"은 업무수행을 위한 임시작업 계획서 및 정기작업 계획서를 제출하여 "갑"의 승인을 받아야 하며, 이에 따라 업무를 수행한 후 결과를 검사받아야 한다.

③ "을"의 청소감독은 청소상태, 인원현황 및 근무일지를 "갑"이 승낙한 서식에 의거 매일 "갑"의 관계 부서장에게 제출하여야 한다.

제16조(청소원의 교육훈련 및 이동금지) "을"은 청소원의 빈번한 교체로 인하여 숙달된 요원의 부족으로 청소작업에 지장을 초래해서는 안 되며 항상 숙달되도록 청소요령, 예의범절, 화재예방 및 안전사고 예방에 대한 교육을 월1회 이상 실시하고 교육일지를 작성하여 "갑"에게 확인을 하여야 한다.

제17조(일반청소) "을"은 정기적인 작업계획에도 불구하고 "갑"의 빌딩 내에서 작업하는 종사원을 "갑"의 요청이 있을 때를 제외하고 다른 일에 사용할 수 없다.

② "을"은 갑의 요청시 빌딩 내에서 물품운반 등을 이행해야 한다.

제18조(특별청소) ① "을"은 정기적인 작업계획에도 불구하고 "갑"의 행사, 의식 등의 필요에 따라 요구시 특별청소를 실시하여야 한다.

② 일반청소를 실시하였다 하더라도 불량하다고 인정될 시는 재청소를 실시하여야 한다.

제19조(안전관리) ① "을"은 업무수행 중 항상 안전관리에 최선을 다할 것이며, 만일 작업 중 사고가 발생하면 민·형사상의 모든 책임을 전적으로 "을"이 부담하고 "갑"은 하등의 책임을 지지 않는다.

② "을"은 종업원이 업무상 재해를 당하였을 때를 대비하여 본 계약 체결일로부터 1주일 이내에 산재보험에 가입하고 가입필증을 "갑"에게 제출하여야 한다.

제20조(업무감독 및 금지사항) ① "을" 또는 그 종업원은 업무를 진행함에 있어 "갑"의 제 규칙을 준수함은 물론 "갑"이 위임한 빌딩관리인의 감독·지시사항에 순응하여야 하며, 지적사항을 즉각 시정하여야 한다.

② "을" 또는 그 종업원은 다음 각 호의 행위를 하여서는 안 된다.

1. 빌딩 내 근무자의 업무진행에 지장이나 불편을 초래하는 행위
2. 담당 아닌 업무분야를 간섭하는 행위
3. 사전허가 없이 출입금지구역에 출입하는 행위
4. 근무를 태만하는 행위
5. 빌딩 내에서 음주 및 소란한 행동을 하는 행위
6. 빌딩 내에서 습득한 문서 또는 물품에 대하여 "갑"에게 신고하지 않는 행위

제21조(계약해지) ① "갑", "을" 쌍방 중 어느 일방이 이 계약을 해지하고자 할 때에는 적어도 1개월 전에 상대방에게 그 사유를 통보하여야 한다.

② "을" 또는 그 종업원이 다음 각 호의 1에 해당하는 때에는 계약기간 만료전이라도 "갑"은 일방적으로 해지할 수 있으며 "갑"은 "을"에 대하여 일체의 배상책임을 지지 아니한다.

1. 본 빌딩 내(입주자 포함)의 기밀을 누설하였거나 공무처리를 지연케 하는 행위
2. 빌딩 내의 문서 또는 물품을 무단반출하거나 훼손하였을 때
3. "을" 또는 종업원이 청소를 소홀히 하거나 "갑"의 업무상 지시에 불복할 때
4. 고의 또는 과실로 선량한 관리자로서의 주의의무를 태만히 하여 빌딩설비를 손괴하였거나 중대한 사고를 야기하였을 때

5. 제17조의 금지규정을 위반하여 "갑"으로부터 경고를 받았음에도 불구하고 이를 시정하지 않았을 때

6. "을"이 계약조항을 위반 또는 불이행하거나 빌딩의 청소용역 도급업체로서 심히 부적당하다고 "갑"이 인정할 만한 사유가 발생하였을 때

③ "을"은 청소작업 불량 및 청소작업 계획서대로 철저히 이행하지 않을 시는 "을"에게 경고를 하고 본 경고가 월 3회까지 통보되었을 시는 본 청소용역 도급계약 위반으로 간주하고 자동적으로 해약되며 "을"은 이의 없이 즉시 철수한다.

④ 전항의 규정에 의하여 계약이 해지되었거나 계약기간이 만료되었을 때에는 청소업무를 "갑" 또는 "갑"의 지정인에게 인계하여야 한다.

⑤ 전항의 인계가 완료될 때까지는 "갑"은 "을"의 소유물에 대한 반출을 제한할 수 있다.

제22조("을"의 배상책임) 다음 각 호의 1에 해당하는 경우에는 "을"은 이에 대하여 원상복구 또는 5일 이내에 배상의 책임을 진다.

1. "을" 또는 종업원의 귀책사유로 인하여 "갑"의 빌딩 또는 시설에 손실을 주었을 경우
2. "을" 또는 그 종업원이 귀책사유로 인하여 본 빌딩 내에 근무하는 직원 및 빌딩 내에 출입하는 자에게 손실을 주었을 때
3. "을" 또는 그 종업원이 "갑"의 물품 또는 "갑"으로부터 대여 받은 물품을 망실 또는 훼손하였을 때

제23조(계약조항의 해석) 이 계약 각 조항의 해석에 의문이 있을 때에는 "갑", "을" 상호 협의에 의하여 정하고 협의가 성립되지 않을 때에는 "갑"의 해석하는 바에 의한다.

제24조(통고방식) 본 계약의 통지 및 승낙은 문서로 함을 원칙으로 한다. 다만, 즉시 해결이 가능한 경미한 사항에 대하여는 구두로 할 수 있다.

제25조(이행보증금) 본 계약을 성실히 이행하기 위하여 계약이행 보증금조로 도급금액의 10%의 상당하는 금액을 "을"은 "갑"에게 예치한다(이행보증 보험증권으로 대치할 수도 있다).

제26조(계약의 효력) 이 계약에 첨부한 시방서 등 부속문서는 계약서의 일부가 되며, 그 효력은 계약서와 동일하다.

제27조(소송자) "갑"과 "을"이 본 계약과 관련하여 발생하는 소송은 "갑"의 주소지를 관할하는 법원에 제소한다.

제28조(계약서의 보관) 이 계약을 증명하기 위하여 계약서 2통을 작성하여 "갑", "을"이 서명날인하고 각 1통씩 보관한다.

년 월 일

(갑)		(을)
상 호 :		상 호 :
주 소 :		주 소 :
사업자번호 :		사업자번호 :
대표자성명 :	㊞	
대표자성명 :	㊞	

2) 시설경비용역계약서 서식과 기재사항

시설경비용역계약서 내용 역시 용역의 성격, 범위와 업무내용에 따라 얼마든지 변경될 수 있다. 시설물경비용역의 서식과 기재내용은 대체로 <표 9-6>과 같다.

〈표 9-6〉 시설물경비용역계약서 (예)

시 설 경 비 용 역 계 약 서

서울시 구 동 번지 대표_____(이하 "갑"이라 칭한다)와 서울시 구 동 대표_____(이하 "을"이라 칭한다)는 빌딩의 경비용역에 대한 도급계약을 아래와 같은 조건으로 체결하고 이를 성실히 이행키로 한다.

제1조(목적) 본 계약은 "갑"의 관리빌딩 및 빌딩 내 재산의 경비업무를 효율적으로 집행하기 위하여 "을"에게 그 경비업무를 도급하고 "을"은 수급 받아 그 용역을 제공하여 선량한 계약자로서의 주의의무를 다하여 본 계약서의 각 조항을 성실히 수행할 것을 목적으로 한다.

제2조(목적물의 표시)

1. 빌딩명칭 :
2. 소재지 :
3. 경비구역 :

제3조(용역금액 및 지불방법) ① 본 계약에 의한 1인당 월 용역비는 _____원으로 하며(부가세 별도) 월 용역비는 익월 15일 지불키로 한다(중식대 포함/인당). 단, 본 계약 내용과 위배되는 사항이 발생할 시 시정될 때까지 수수료지불을 일시중지할 수 있다.

② "갑"의 별도요구에 의한 인원의 추가 또는 감소가 있을 시는 "갑", "을" 상호 협의하여 월간용역비에서 가감정산 확정키로 한다.

③ 월 미만의 계산은 당해 월의 일수에 따라 일괄 계산하여 지급한다.

④ "갑"의 업무지역에 배치되어 근무 중인 경비원의 결원이 발생하였을 때는 결원기간의 3배수에 해당하는 금액을 월 용역비에서 공제한다.

제4조(계약기간) 본 계약의기간은 년 월 일부터 년 월 일까지로한다.

제5조(경비인원) 총 0명(반장포함)

제6조(경비원의 자격) 경비원의 자격은 다음 사항을 갖춘 자로 한다.

1. 신원보증과 재정보증을 갖춘 자로 한다.
2. 사상이 건전하고 품행이 단정한 자.
3. 만 45세 미만의 신체 건강한 자
4. 군복무를 필한 자
5. 신원조회 결과 신원과 사상이 건전하다고 회보된 자
6. 학력이 중졸 이상인 자
7. 용역경비업법 제7조의 결격사유에 해당되지 않는 자

제7조(경비원의 인사) ① "을"은 "갑"의 경비지역에 배치할 경비원의 인사기록을 "갑"에게 제출하여 면접 후 동의를 얻어 채용하되 신원조회 결과를 확인할 수 있는 증빙서류를 요구하면 이에 응하여야 한다.

② "갑"이 불성실이나 근무태만, 비위사실 등 부적당하다고 인정하여 교체 요구시는 즉시 이행하며 변경하고자 할 때도 또한 같다.

③ 전항의 근무태만이라 함은 근무지 이탈, 근무 중 음주, 취침, 빈번한 결근, 기타 "갑" 또는 "을"의 제 규정에 저촉되는 행위로서 경비업무수행에 지장을 초래함을 말한다.

④ "을"은 경비원이 결근시에는 교대인원을 배치해야 한다.

⑤ 경비원의 업무지시는 "을"이 하되 "갑"의 지시에 응해야 한다.

⑥ 경비원의 근무조건은 노동관계법규 등에 위배되지 않아야 하며 경비원의 업무상 재해 및 복리후생, 복무기간 등 그에 따르는 모든 책임은 "을"에 있다.

제8조(근무규정 및 경비요령) ① "갑"은 경비업무에 관하여 "을"에게 지시 통제할 수 있는 권한을 가지고 "을"은 이를 존중하여야 하며 근무요령과 '갑"의 제반 규정 및 규칙을 준수하여야 한다.

② "을"의 경비책임자는 경비근무 현황 및 이상 유무를 "갑"의 서식에 의거 "을"의 관계부서장에게 제출하여야 한다.

③ 근무규정

㉠ 근무규정

ⓐ 경비원은 복장을 단정히 하여야 하며 엄정한 태도로 근무하여야 한다.

ⓑ 항상 청결한 몸가짐으로 고운말 쓰기 및 미소와 친절로 응대하여야 한다.

ⓒ 모든 출입자는 손님으로 평등하게 응대하며 절도 있고 예의를 갖추어 하여야 한다.

ⓓ 무뢰한 불순분자, 잡상인 등은 빌딩의 질서와 평온을 유지하기 위하여 단호히 출입금지시킨다.

ⓔ 음료수 및 잡화물, 위험물, 중량물 등의 반출입은 사전 관리사무실에 승인을 득한후 반출입토록 한다.

ⓕ 항시 엘리베이터 운행상황을 파악하고 수용인원의 안전수송에 만전을 기한다.

ⓖ 빌딩의 출입문 개폐는 단순한 문단속보다도 빌딩의 개관·폐관을 표시하는 중요 작업이므로 정확을 기하여야 하고 출입문의 이상시에는 즉각 관리사무실에 보고하여야 한다.

㉡ 순찰근무규정

ⓐ 신속·정확한 기동력으로 빌딩 내외를 정기 또는 비정기적으로 순회점검 및 상황을 파악하여야 한다.

ⓑ 순찰자는 거점근무자와 긴밀한 연락 및 협조로 다음 사항을 신속·정확히 점검 예방한다.

- 소방 및 대피통로의 항시소통과 장애물 제거
- 수용인원의 파악 및 질서유지
- 도난 및 위험요소 제거 및 화기단속과 안전유지
- 출입인원 및 차량에 대한 통제 및 검색
- 사내시설 보안(통제·제한구역)
- 관리사무소의 지시에 따른 주차업무 보조

ⓒ 순찰자는 안전제일을 유념하여 위급 및 불안상태를 신속히 발견 현장에서 시정 조치하고 사후 "갑"의 관리사무실에 보고 승인을 득한다.

ⓓ 인화물질, 위험물, 폭발물 등의 반입 및 저장은 철저히 금지시켜 재해예방에 노력한다.

ⓔ 이유 없이 배회하는 자, 정신이상자, 불순분자, 무뢰한 잡상인 등은 철저히 단속하여 방화·방범에 주력하고 이상시 관리사무실에 즉각 보고한다.

제9조(인원교체의 제한) "갑"사에 배치한 후 6개월 내에 교체자가 5명 이상 발생시는 "갑"의 통지에 따라 자동 해지된다.

제10조(복장 및 장비) 경비원의 복장과 장비는 "을"의 부담으로 하며 경비용역법상의 제복을 착용한다.

제11조(배상책임) "을"은 다음의 각호에 해당하는 경우에는 이에 대하여 즉시 배상할 책임과 민·형사상의 책임을 진다.

1. "을" 또는 "을"이 고용한 경비원의 고의, 과실, 근무태만으로 계약에 명시된 임무를 다하지 못하여 "갑"이 빌딩 입주자에게 손실을 끼쳤을 때
2. "을"이 본 계약 수행중 제3자에게 손해를 가한 때
3. "을"은 원인 여하를 불문하고 경비원이 노동쟁의 및 기타 이에 준하는 단체행동 등으로 인한 경비업무의 차질로 "갑"이 손해를 입을 때
4. "갑"은 상기의 손해배상금을 "을"에게 지급할 용역비에서 우선적으로 공제할 수 있다.

제12조(배상금의 담보) "을"은 배상금의 담보를 위하여 용역경비업법 제14조에 정에 따라 이행보증 보험증권(10,000,000원 상당)을 본 계약 체결 후 1주 이내에 "갑"에게 제출하여야 한다.

제13조(양도금지) "을"은 계약상의 관리와 의무의 일부 또는 전부를 제3자에게 양도 또는 하청하거나 담보의 목적물로 할 수 없다.

제14조(계약의 해지) "갑"은 "을"이 다음 각 호의 사항에 해당하는 행위를 하였을 때에는 계약을 해지할 수 있다.

1. "갑"의 중요한 기밀을 누설하여 결정적인 손해가 발생하였을 때
2. "을"이 "갑"사에 순응하지 않고 경비업무용역을 불성실히 수행하였을 때
3. 빌딩 내의 문서 또는 물품을 무단반출하거나 훼손하였을 때
4. 제12조(배상책임)경우가 발생하여 "갑"이 필요하다고 인정할 때
5. "갑"과 "을"의 쌍방 중 어느 일방이 계약유효 기간 중에 계약을 해지하여야 할 사유가 발생할 때에는 1개월 전에 서면으로 해지의사를 표명한 때 또는 본 용역대금에 대한 압류 또는 가압류를 당했을 때

다만, 다음 각 호의 해당하는 경우 "갑"은 최고 없이 본 계약을 해지할 수 있다.

1) "을"이 파산선고를 당했거나 해산을 결의하였을 때
2) "을"이 본 계약 각 조항을 위반하였을 때

제15조(계약의 종료) 계약기간 종료시까지 "갑"의 서면에 의한 재계약 의사표시가 없을 시에는 계약기간의 종료시 본 계약은 자동 해지한다.

제16조(계약내용의 변경) 본 계약 유효기간 중이라도 계약내용의 변경사유가 발생하였을 경우 "갑"과 "을"이 협의에 의하여 계약내용을 수정할 수 있다.

제17조(금지사항) "을" 또는 경비원은 다음 행위를 하여서는 안 된다.

1. 업무집행에 지장이나 불편을 초래하는 행위
2. 사전허가 없이 출입금지구역에 출입하는 행위
3. 담당업무 외의 분야에 간섭하는 행위
4. 기타 "갑"이 금지하는 행위

제18조(계약조항의 해석) 이 계약조항의 해석에 의문이 있을 때에는 "갑", "을"이 상호협의에 의하여 정하고 협의가 성립되지 않은 때에는 "갑의" 해석하는 바에 의한다.

제19조(통고방식) 본 계약의 작업지시 통지 및 승낙을 문서로 함을 원칙으로 한다. 다만 해결이 가능한 경미한 사항에 대하여는 구두로 할 수 있다. 이상의 약정사항을 증명하기 위하여 계약서 2부를 작성하고 "갑"과 "을"이 서명날인하여 각 1부씩 보관한다.

년 월 일

(갑)	(을)
상 호 :	상 호 :
주 소 :	주 소 :
사업자번호 :	사업자번호 :
대표자성명 : ㊞	대표자성명 : ㊞

7. 용역업체의 사후관리

용역계약의 체결은 용역업무의 시작에 불과하다. 따라서 용역관리대장을 별도 유지하면서 용역업자의 현장투입과 관리업무대행의 진행과 결과를 평가·기록하고 개선할 점은 개선하도록 건의하고 시정 조치하여 완전한 용역관리의 효과가 나타날 수 있도록 조정하는 업무가 용역관리의 사후관리업무이다. 용역은 필요한 인력을 필요시기에 필요한 곳에 투입하여 기대하는 관리효과가 나타나도록 해야 한다.

사후관리의 대상이 되는 용역업체(협력업체)의 평가기준은 다음과 같다.

① 기술력
② 업무수행능력
③ 인원동원능력
④ 회사 신뢰도
⑤ 자금동원능력
⑥ 협력지수
⑦ 사고율
⑧ 계약이행상태
⑨ 업무추진능력

제9절 건물보수공사관리 실무활동

1. 보수공사관리실무의 의의

건물기술관리의 주된 관리활동은 I·O·2M·2R 활동이라 할 수 있다. 즉, 설비 또는 시설의 Inspection(점검)활동, Operation(운전·조작)활동, 시설물의 보전 활동인 Maintain활동, 설비의 정비활동인 Maintenance활동 그리고 보수·갱신활동인 Repairing과 Renovation (Remodelling) 활동이 기술관리(유지관리, 협의의 건물관리)에 있어서 가장 중요한 활동이라 할 수 있다.

기술활동 중에서 경미한 Repairing활동과 Maintenance는 기술관리종사자(영선담당자 포함)가 정비·보수할 수 있으나 고도의 기술을 요하는 정비·보수와 갱신은 반드시 전문건설업자에게 의뢰하여 보수·정비·갱신 공사를 수행해야 한다.

따라서, 보수공사 등의 표준발주절차에 의하여 공사도급공사계약과 작업으로 시설과 설비를 원상회복하여 시설과 설비의 정상적 기능과 성능을 나타내도록 해야 한다.

다음에서 기술을 요하는 보수·정비공사의 발주절차와 갱신공사(대수선공사) 발주절차에 대하여 구체적으로 살펴보고, 공사도급표준계약서(예)를 예시하여 관련 업무에 참고 되게 하였다. 인용한 공사도급계약서는 국가기관에서 사용하는 표준계약서임을 부기해둔다. 따라서 일반 공사에도 크게 참고될 것으로 판단된다.

2. 건물보수공사 발주절차

(1) 정비·보수공사 간이발주절차

경미한 정비보수공사는 간이발주절차를 통하여 처리된다.

① 설계 및 내역서 작성 → ② 내부품의(품신) → ③ 내부승인 → ④ 계약의뢰(담당부서) → ⑤ 공사입찰공고 → ⑥ 현장설명 → ⑦ 입찰실시 → ⑧ 공사도급계약 → ⑨ 착공 → ⑩ 완공 → ⑪ 준공검사 → ⑫ 완공보고 → ⑬ 대금지급(하자보증서 접수 후) → ⑭ 공사사후관리

(2) 갱신공사(대수선공사) 표준발주절차

대수선과 같은 규모 있는 갱신공사는 표준발주절차를 거쳐 체계적으로 발주처리 해야 한다.

① 추진계획수립 → ② 자료수집 및 타당성, 기술성, 경제성, 관계법령 검토 → ③ 관계부서협의 → ④ 기본계획수립 → ⑤ 내부품의 및 승인 → ⑥ 기본계획 확정 → ⑦ 기본설계 및 내역서 시방서 등 확정 → ⑧ 실시설계확정 → ⑨ 허가신청 및 허가 → ⑩ 입찰공고 → ⑪ 현장설명 → ⑫ 입찰 → ⑬ 입찰조건 검토 및 입찰자 확정(네고 후) → ⑭ 계약 → ⑮ 착공 → ⑯ 완공 → ⑰ 준공검사(커미셔닝 포함) → ⑱ 완공보고 → ⑲ 대금지급(하자보증서 접수 후) → ⑳ 공사 사후관리

3. 건물보수공사도급계약서의 필요적 기재사항

기술을 요하는 정비·보수공사 및 갱신공사의 공사도급표준계약서(예)와 건물보수공사 일반계약조건은 다음과 같다.

① 계약명칭
② 계약번호
③ 공고번호
④ 발주처
⑤ 계약상대자 인적사항
⑥ 연대보증인 인적사항
⑦ 공사명
⑧ 계약금액
⑨ 총공사부기금액
⑩ 계약보증금
⑪ 현장(현장명, 현장주소 등)
⑫ 지체상금률
⑬ 물가변동 계약금액 조정방법
⑭ 기성지급방법 및 지체상금(율)
⑮ 착공 연월일과 준공 연월일
⑯ 하자담보책임
⑰ 붙임서류
- 공사입찰유의서
- 공사계약 일반조건
- 공사계약 특수조건
- 설계서
- 산출내역서

⑱ 관서의 장 또는 계약담당 공무원
⑲ 계약상대자
⑳ 연대보증인
㉑ 공사계약 일반조건

4. 건물보수공사도급표준계약서의 서식과 기재내용

공사도급표준계약서(예)의 서식과 기재내용은 다음의 <표 9-7>과 같다. 공사도급계약은 공사도급계약서와 함께 공사입찰유의서, 공사계약일반조건, 공사계약특수조건, 설계서, 산출내역서 등이 하나의 공사도급계약서를 구성하고 도급계약의 효력을 갖는다.

〈표 9-7〉 공사도급표준계약서(예)

<table>
<tr><td colspan="3">공사도급표준계약서</td><td>계약번호 제 호
공고번호 제 호</td></tr>
<tr><td rowspan="3">계약자</td><td>발 주 처</td><td colspan="2"></td></tr>
<tr><td>계약대상자</td><td colspan="2">• 상호 또는 법인명칭 : • 법인등록번호 :
• 주 소 :
• 대표자 :</td></tr>
<tr><td>연대보증인</td><td colspan="2">• 상호 또는 법인명칭 : • 법인등록번호 :
• 주 소 :
• 대표자 :</td></tr>
<tr><td rowspan="9">계약내용</td><td>공 사 명</td><td colspan="2"></td></tr>
<tr><td>계 약 금 액</td><td colspan="2">금 원정(₩)</td></tr>
<tr><td>총 공 사 부 기 금 액</td><td colspan="2">금 원정(₩)</td></tr>
<tr><td>계 약 보 증 금</td><td colspan="2">금 원정(₩)</td></tr>
<tr><td>현 장</td><td colspan="2"></td></tr>
<tr><td>지 체 상 금 률</td><td colspan="2"></td></tr>
<tr><td>물가변동계약금액조정방법</td><td colspan="2"></td></tr>
<tr><td>착 공 연 월 일</td><td colspan="2"></td></tr>
<tr><td>기 타 사 항</td><td colspan="2"></td></tr>
</table>

하자담보책임(복합공종의 경우 공종별 구분 기재)

공 종	공종별 계약금액	하자보수보증금률(%) 및 금액	하자담보책임기간
		( )% 금 원정	년
		( )% 금 원정	년
		( )% 금 원정	년

중앙관서의 장(계약담당공무원)과 계약상대자는 상호 대등한 입장에서 붙임의 계약문서에 의하여 위의 공사에 대한 도급계약을 체결하고 신의에 따라 성실히 계약상의 의무를 이행할 것을 확인시 계약서를 작성하여 당사자 기명날인한 후 각각 1통씩 보관한다.

붙임서류 : 1. 공사입찰유의서 1부
2. 공사계약 일반조건 1부
3. 공사계약 특수조건 1부
4. 설계서 1부
5. 산출내역서 1부

관서의 장 또는
계약담당공무원

계 약 상 대 자
연 대 보 증 인

제10절 건물자산조세관리 실무활동

건물자산관리 PM실무에 관계되는 임대건물 조세와 부동산 조세 및 각종 부담금 등을 살펴보면 다음과 같다.

1. 임대건물 조세

일반임대건물의 관련조세는 대체로 다음과 같으나 구체적인 내용을 후술하는 《부동산 조세》 편에서 상세히 설명하고자 한다.

(1) 종합토지세

일반적으로 부동산을 보유하는 기간 중 토지에 대해서는 종합토지세를 부담하여야 하고, 주택과 같은 건물에 대해서는 재산세를 부담하여야 한다.

종합토지세는 개인이나 법인이 가지고 있는 전국의 모든 토지를 소유자별로 합산하여 그 토지가액에 따라 누진세율을 적용하여 과세하는 지방세이다.

종합토지세는 원칙적으로 모든 토지를 합산하여 과세하여야 하나, 과세대상 토지를 종합합산 과세대상, 별도합산 과세대상, 분리 과세대상의 3가지로 나누어 각각 별도의 과세표준과 세율을 적용하고 있다.

이것은 이용형태가 다양한 전국의 3,200만 필지에 대하여 하나의 세금체계 속으로 획일적으로 과세한다는 것이 현실적으로 어려움을 나타내어 주고 있다.

(2) 재산세

재산세는 건물 · 선박 · 항공기 등 등록된 재산에 대하여 부과되는 세금이다.

재산세의 납세의무자는 5월 1일(과세기준일) 현재 재산세 과세대장에 재산의 소유자로 등재된 재산명의자가 된다. 다만 권리의 양도, 도시계획사업의 시행, 또는 기타 사유로 인하여 재산세 과세대장에 등재된 자의 권리에 변동이 생겼거나 재산세 과세대장에 등재가 되지 아니하였을 때에는 사실상의 소유자가 재산세를 납부할 의무를 가진다. 또한 소유권의 귀속이 분명하지 아니하여 소유권을 알 수 없을 때에는 그 사용자가 재산세를 납부할 의무를 진다.

(3) 취득세 및 등록세

지방세법상 부동산의 취득에 관련된 주요한 세금으로 취득세와 등록세가 있다.

취득세의 과세대상은 토지 · 건물뿐만 아니라 골프회원권 · 콘도회원권 · 차량 · 중기 · 항공기를 취득하였을 때에도 취득세가 부과된다. 또한 매매 · 신축 · 상속 · 증여 · 교환 등 일체의 방법에 의하여 유 · 무상으로 부동산을 취득하였을 경우에도 해당된다.

등록세는 재산권 및 기타 권리의 취득 · 이전 · 변경 등에 관한 사항을 공부에 등기 · 등록하는 경우에 부과되는 세금이다.

(4) 사업소득세

사업을 하는 경우에는 원칙적으로 부가가치세를 내어야 하며, 모든 사업자는 소득세 납세의무가 있다. 또한 특별소비세를 내야 하는 업종도 있다.

1) 사업을 하는 경우 원칙적으로 부가가치세를 내야 한다.

그러나 다음과 같이 생활필수품의 판매나 의료 · 교육관련 용역의 제공 또는 신문 · 도서출판 판매의 경우에는 부가가치세를 내지 않는다.

- 곡물 · 과실 · 육류 · 생선 등 가공되지 아니한 식료품 판매
- 연탄 · 무연탄 · 담배 · 복권의 판매
- 병 · 의원의 의료보건용역업
- 허가받은 학원 · 강습소 · 교습소 등 교육용역업
- 도서 · 신문 · 잡지 발간

2) 모든 사업자는 소득세 납세의무가 있다.

사업을 해서 얻는 소득에 대해서는 소득세를 내야 한다. 그러나 소득세는 여러 가지 공제제도가 있어 영세 사업자는 다음해 5월 중 소득세 확정 신고를 하는 경우 공제 혜택을 받아 소득세를 내지 않는 때가 있다.

사업을 위하여 종업원을 채용하여 급여를 지급할 경우 급여액에 따라 근로소득을 원천징수하여 납부하여야 한다.

3) 소득할 주민세를 신고 납부하여야 한다.

소득세를 확정 신고 납부한 후 이에 따른 소득할 주민세(소득세액의 7.5%)도 6월 30일까지 관할 시 · 군 · 구청에 신고하여야 한다.

4) 특별소비세를 내야 하는 업종도 있다.

사업을 하는 사업자는 부가가치세와 소득세의 특별소비세를 다음과 같은 경우에는 납부하여야 한다.

- 카바레 · 나이트클럽 · 요정 · 사롱 · 디스코클럽 등 과세유흥장소
- 귀금속 · 고급기구 · 모피의복 등의 제조

특별소비세의 신고는 부가가치세 신고와 별도로 매월 신고를 하여야 한다.

(5) 부가가치세 · 주민세 · 갑종 근로소득세

- 공동주택관리에 관련된 조세 참조

(6) 기타 지방세

1) 도　세

등록세 · 취득세 · 면허세

2) 시군세

- 보통세 · 주민세 · 재산세 · 자동차세 · 농지세
- 목적세 · 도시계획세 · 소방공동시설세 · 사업조세

3) 재산세

- 재산세에는 개인이 소유하는 재산순액이 아니라 재산총액(순재산액 + 그 재산에 포함된 부채액)을 과세표준으로 하여 그 소유자의 조세부담 능력에 관계없이 부과하는 물세이다.
- 과세대상 및 과세표준
- 재산세의 과세대상은 토지 · 건물 · 선박이고, 과세표준도 재산가액이다.

2. 부동산 조세

(1) 부동산 관련 조세 분류

부동산의 취득・보유・양도에 관련한 조세를 분류하면 다음과 같다.

1) 부동산의 취득(권리의 취득)

① 국 세

- 직접세 : 상속세, 증여세
- 간접세 : 부가가치세, 인지세

② 지방세

- 간접세 : 취득세, 등록세, 면허세

2) 부동산의 보유(권리의 보유 및 변경)

① 국 세

- 직접세 : 소득세(개인부동산 소득), 법인세(법인부동산 소득), 종합부동산세
- 간접세 : 부가가치세(부동산 임대업), 인지세

② 지방세

재산세, 도시계획세, 공동시설세, 농업소득세, 주민세

3) 부동산의 양도(권리의 상실)

① 국 세

- 직접세 : 양도세(양도 및 사업소득), 법인세
- 간접세 : 부가가치세(부동산 매매업), 인지세

② 지방세

- 직접세 : 주민세

(2) 부동산 주요조세의 내용

1) 취득세

취득세란 간접세 성격의 지방세로 부동산 기타 일정한 재산의 취득행위에 담세력을 인정하고 취득자에게 부과하는 세금이다.

취득세는 행위세, 유통세, 대물세, 실질과세 성격의 지방세이다.

① 과세권자와 납세자

과세권자는 취득당시 물건 소재지의 특별시장, 광역시장, 도지사가 부과하고 납세자는 사실상의 취득자와 간주 취득자가 된다.

② 과세물건

과세물건에는 토지 · 건축물과 기타 부동산에 준하는 물건 또는 광업권 · 어업권 등이 있다.

③ 비과세 대상

취득세의 비과세 대상은 다음과 같다.

- 국가, 지방자치단체, 외국정부의 취득이나 국가 · 지방자치단체 기부체납시
- 비영리사업자가 공익목적의 부동산 취득
- 천재 기타 불가항력으로 인한 대체취득
- 토지수용으로 인한 취득
- 형식적인 소유권의 취득(재산신탁, 환매권, 상속, 법인합병, 건축물의 이전 등)

④ 취득시기

유상승계 취득의 취득시기는 사실상 잔금지급일, 계약상 잔금지급일 또는 계약일로부터 30일 경과되는 날, 등기일 또는 동록일 사실상의 연부금 지급일이고 무상승계 취득일은 상속개시일, 계약일이다.

그러나 원시취득의 경우에는 허가받은 건축물은 사용승인서 교부일 또는 사실상의 사용일 또는 임시사용 승인일을 취득시기로 보고 허가받지 아니한 건축물은 사실상의 사용일이 취득시기가 된다.

⑤ 과세표준

취득당시 가액으로 한다.

그러나 원칙적으로 취득신고자가 신고한 가액으로 하나 예외적으로 신고가 없거나 신고가액의 표시가 없거나 신고가액이 시가표준액에 미달하는 경우 시가표준액으로 한다.

⑥ 세 율

표준세율은 취득물건의 가액의 1000분의 20으로 한다. 그러나 별장, 골프장 또는 고급 주택을 취득할 경우에는 표준세율의 5배(10%) 중과하고 과밀억제권역의 사업용 부동산 취득이나 과밀억제권역의 공장신설, 증설 목적의 과세물건 취득 등에는 표준세율의 3배(6%)가 중과된다.

⑦ 부과징수

원칙적으로 취득일로부터 30일 이내 신고 납부해야 하며 상속의 경우에는 상속개시일로부터 6월로 한다. 부과징수절차는 취득자가 신고하면 물건소재지의 관할시장이 신고접수증과 OCR 납부서를 교부하게 되고 신고자가 물건소재지의 시・군 금고에 납부하면 된다.

2) 등록세

등록세란 재산권・기타 권리의 취득이나 이전 변경 또는 소멸에 대한 등기등록시 부과되는 지방세를 말한다.

등록세는 행위세, 유통세, 응능과세 명의자 과세 원칙성격 및 수수료적 성격의 조세이다.

① 과세권자와 납세의무자

과세권자는 등기일 또는 등록일 현재 재산의 소재지나 등기 또는 등록권자의 주소지를 관할하는 도에서 부과하나 납세의무자는 등기 등록을 받는 자가 된다.

② 과세물건과 납세지

과세물건은 재산권 기타 권리의 취득, 이전, 변경, 소멸에 관한 사항을 공부에 등기 또는 등록하는 경우에 그 등기 등록행위를 과세의 객체로 하고 부동산의 납세지는 부동산 소재지로 한다.

③ 과세표준

원칙적으로 신고한 가액이 과세표준이 되나 없거나 시가표준액에 미달하는 경우 시가표준액이 예외적으로 과세표준이 된다.

④ 부동산 등기의 세율

가. 소유권

- 상속의 경우 부동산가액의 1000분의 8
- 유상취득의 경우 과세표준인 부동산가액의 1000분의 20
- 소유권 보존의 경우 1000분의 8

나. 소유권 이외의 물권과 임차권의 설정 및 이전

- 지상권, 가등기의 경우 부동산가액의 1000분의 2
- 지역권의 경우 요역지가액의 1000분의 2
- 전세권의 경우 전세금액의 1000분의 2
- 임차권의 경우 월임대차금액의 1000분의 2
- 저당권, 경매신청, 가압류, 가처분의 경우 채권금액의 1000분의 2
- 위 이외의 등기의 경우 매 1건당 3,000원

⑤ 부과징수

원칙적으로 등기 또는 등록을 하고자 하는 자가 납세지관할 지방자치단체장에게 신고하고 등기 또는 등록일 이전까지 납부해야 한다.

3) 재산세

재산세라 함은 토지 · 건축물 · 주택이나 선박 · 항공기 등의 소유에 대하여 그 소유자에게 부과하는 지방세를 말한다.

재산세는 재산보유세의 성격과 대인세의 성격 및 수익세적 성격의 지방세이다.

① 과세권자

- 토지 : 토지 소재지 관할 시 · 군 · 구
- 건축물 : 건축물 소재지 관할 시 · 군 · 구
- 주택 : 주택 소재지 관할 시 · 군 · 구

② 납세의무자

재산세 과세일(6월 1일) 현재 사실상 재산소유자가 납세의무자가 된다.

그러나 예외적으로 공부상의 소유자 또는 주된 상속자가 납세의무자가 된다.

③ 과세대상

토지 · 건축물 · 주택 · 선박 · 항공기인 재산이 과세대상이 된다.

④ 과세표준

토지 · 건축물 · 주택에 대한 재산세의 과세표준은 시가표준액으로 한다.

⑤ 세 율

가. 종합합산과세대상 토지

납세자가 소유하고 있는 당해 시 · 군 · 구에 소재하는 종합과세대상 토지의 가액을 합

한 금액의 0.2%~0.5% 3단계 누진세율 적용

나. 별도합산과세대상 토지

납세의무자가 당해 시・군・구 안에 소재하는 별도합산과세대상 토지가액을 합한 금액을 과세표준으로 하여 0.2%~0.4% 3단계 초과 누진율 적용

다. 재산세 과세표준 적용 특례

2006년부터 2007년까지의 과세표준은 시가표준액에 일정 적용비율을 곱하여 적용함으로써 지방세법 부칙 제5조를 반드시 참고해야 한다.

라. 건축물의 세율

건축물의 세율은 다음과 같다.

- 골프장・고급오락용 건축물 : 과세표준액의 1000분의 40
- 특별시・광역시 안 등의 공장 : 과세표준액의 1000분의 5

마. 주택세율

- 4,000만원 이하 : 1000분의 1.5
- 4,000만원 이상 ~ 1억원 이하 : 6만원 + 4,000 초과금액의 1000분의 3
- 1억원 초과 : 24만원 + 1억원 초과금액의 1000분의 5

⑥ 부과징수

납세기준일은 매년 6월 1일로 한다.

납기는 다음과 같다.

- 토지 : 매년 9월 16일부터 9월 30일까지
- 건축물 : 매년 7월 16일부터 7월 31일까지
- 주택 : 산출세액의 2분의 1은 매년 7월 16일부터 7월 31일까지, 나머지 2분의 1은 매년 9월 16일부터 9월 31일까지로 한다.

징수방법은 관할 시장・군수가 세액을 산정하여 보통 징수방법에 의하여 징수한다.

재산세에 부가세(지방교육세)와 병기세(도시계획세와 공동시설세)는 재산세와 함께 부과징수할 수 있다.

4) 기타 지방세

재산취득 관련한 지방세에는 부가세인 농어촌특별세, 지방교육세, 목적세인 도시계획세와 공공시설세 등이 있다.

5) 종합부동산세

종합부동산세라 함은 재산세가 1차적으로 부과된 부동산 중 일정한 고액의 부동산소유자에게 2차적으로 재산세보다 더 높은 누진세율을 부과하는 국세로서 재산보유세의 성격과 응능과세 성격 당해 재산에 부과되는 국세를 의미한다.

① 과세권자

과세권자는 납세지를 관할하는 세무서장이 된다.

② 납세의무자와 납세지

개인 또는 법인으로 보지 아니하는 단체는 소득법상의 납세지인 주소지가 납세지가 되고 법인 또는 법인으로 보는 단체는 법인세법상 납세지인 본점이나 주된 사무소 소재지가 납세지가 된다.

③ 과세구분 및 세액

- 주택부동산세액과 토지종합부동산세액을 합한 종합부동산세액은 주택토지세액을 합한 금액을 그 세액으로 한다.
- 토지에 대한 종합부동산세의 세액은 토지분 종합합산세액과 토지분 별도합산세액을 합한 금액으로 한다.
- 건축물의 경우에는 1차 재산세 납부 후 주택공시가격이 6억원을 초과하는 경우 주택분 종합부동산세를 납부해야 한다.
- 일반건축물의 경우는 건물분재산세만 납부하면 된다.
- 토지의 경우 토지분재산세 납부 후 토지공시지가가 40억원을 초과시 별도합산과세와 공시지가 3억원 초과의 종합합산과세를 합하여 토지분종합부동산세가 부과되는 2단계 종합부동산세가 된다.

④ 납세의무자

납세기준일 현재 재산세의 납세의무자로서 국내 재산과세대상인 주택의 공시가격을 합한 금액이 주택분 과세금액인 6억원(개인은 세대별 합산)을 초과하는 자는 당해 주택에 대한 종합부동산세(종부세)를 납부할 의무가 있다.

⑤ 과세표준

주택분 종합부동산세의 과세표준은 주택의 공시가격 합계액에서 6억원을 제한 금액이 과세표준이 된다.

그러나 2006년도부터 2008년까지 납세의무가 성립하는 주택분 종합부동산세의 과세표준은 연도별로 2006년 70%, 2007년 80% 그리고 2008년에는 90% 적용하고 2009년에 100%가 달성되도록 규정하고 있다.

⑥ 세액과 세율

주택분 종합부동산세액은 (과세표준×2006년~2008년 연도별 적용비율×종합부동산세율) – 주택분 과세기준 금액 초과분에 대한 주택분 재산세 부과금액으로 한다.

주택분 종합부동산세의 세율은 다음과 같다.

- 3억원 이하 : 1000분의 10
- 3억원 초과 14억원 이하 : 1000분의 15
- 14억원 초과 94억원 이하 : 1000분의 20
- 94억원 초과 : 1000분의 30

⑦ 신고납부

과세기준일은 매년 6월 1일로 한다.

납세의무자는 12월 1일부터 12월 15일까지 관할 세무서장에게 신고해야 한다.

납부기한은 12월 1일~12월 15일 사이에 납부하여야 한다.

⑧ 종합부동산세법 개정

정부는 종합부동산세법을 개정하여 2009. 1. 1부터 다음의 과세기준, 과세표준, 세율을 적용하여 종합부동산세를 크게 완화하였다.

개정내용은 다음과 같다.

가. 개정취지

○ 헌법불합치 결정(2008. 11.13)을 반영하고 종합부동산세의 과도한 세부담 완화

나. 개정내용

<table>
<tr><th>종 전</th><th>개 정</th></tr>
<tr><td>o 세대별 합산과세

-세대별 6억원
〈추 가〉</td><td>o 과세표준 및 세율
- 인별 6억원
- 1세대 1주택자(단독명의)에 대해 기초공제 3억원 인정
* 과세 기준금액 9억원 상향조정과 동일한 효과</td></tr>
<tr><td>o 과세표준 및 세율
<table><tr><th>과세표준</th><th>세율</th><th>누진공제</th></tr><tr><td>3억원 이하</td><td>1,0%</td><td>-</td></tr><tr><td>14억원 이하</td><td>1.5%</td><td>150만원</td></tr><tr><td>94억원 이하</td><td>2.0%</td><td>850만원</td></tr><tr><td>94억원 초과</td><td>3.0%</td><td>1억 250만원</td></tr></table></td><td>o 과세표준 및 세율
<table><tr><th>과세표준</th><th>세율</th><th>누진공제</th></tr><tr><td>6억원 이하</td><td>0.2%</td><td>-</td></tr><tr><td>12억원 이하</td><td>0.75%</td><td>150만원</td></tr><tr><td>50억원 이하</td><td>1.0%</td><td>450만원</td></tr><tr><td>94억원 이하</td><td>1.5%</td><td>2,950만원</td></tr><tr><td>94억원 초과</td><td>2.0%</td><td>7,650만원</td></tr></table></td></tr>
</table>

다. 적용시기 및 적용례

○ 2009. 1.1 이후 최초로 납세의무 성립 분부터 적용

6) 양도소득세

개인이 당해연도에 일정한 양도를 하여 발생한 소득을 과세대상으로 하여 부과하는 소득세를 말한다.

즉, 자본이득세 성격과 대중세 성격, 실질과세 성격, 응능과세 성격을 가진 국세이다.

① 과세권자와 납세지

과세권자는 납세지를 관할하는 세무서장이고 납세지는 원칙적으로 양도자의 주소지이다.

② 납세의무자

양도세의 납세의무자는 개인인 거주자와 비거주자이다.

③ 과세대상

양도소득세의 과세대상에는 토지, 건물, 부동산권리, 기타 자산이 과세대상이 된다.

④ 비과세대상

파산선고에 의한 처분, 일정한 농지의 교환 또는 분할, 1세대 1주택과 2주택, 부수토지 등은 양도세의 비과세대상이 된다.

⑤ 양도소득세의 세율

- 토지 · 건물 · 부동산권리 : 9~36% 4단계 기본세율 적용
- 기타 자산 : 9~36% 4단계 기본세율 적용
- 보유기간이 1년 이상 2년 미만인 부동산의 경우(토지 · 건물) : 40%
- 보유기간이 1년 미만인 경우 : 50%
- 보유기간 2년 이상 : 9~36% 기본세율
- 1세대 3주택의 경우 : 60%
- 1세대 2주택의 경우 : 50%
- 1세대+1조합원 입주권의 경우 : 50%
- 비사업용 토지 : 60%
- 미등기 양도자산 : 70%

⑥ 양도소득신고

1월 1일부터 12월 31일까지는 예정신고하고 5월 1일부터 5월 31일까지 확정 신고해야 한다.

양도신고의무자는 양도이익이나 양도차손의 경우에도 자산양도거주자가 신고해야 한다. 신고기한 내에 양도소득과세표준예정신고서 및 자진납부계산서를 첨부하여 납세지관할세무서에 신고하여야 한다.

이상에서 설명한 임대건물 조세와 부동산 조세 및 각종 부담금을 정리하면 <표 9-8>과 같다.

〈표 9-8〉 건물 조세와 부담금 현황

구 분	부과근거와 세율	납세의무자
재 산 세	지방세법 제182조에 의거 소유재산의 시가표준액의 0.3% 해당가액을 과세	건물소유자
재산할사업소세	지방세법 제244조에 의거 환경개선/정비에 필요한 비용충당을 위하여 지역에 사업소를 둔 자에게 과세 (사업소 연면적 1㎡당 250원)	매년 7/1일 현재 사업소세 관리대장 등재 사업주
종 합 토 지 세	지방세법 제194조에 의거 토지가액의 0.2%~5%를 과세	토지소유자
공 동 시 설 세	지방세법 제239조에 의거 소방시설의 필요경비 충당을 위해 소유재산 시가표준액의 0.03% 과세	건물소유자
도 시 계 획 세	지방세법 제238조에 의거 도시계획사업에 필요한 비용을 충당하기 위하여 재산세 및 종합토지세 납부의무자에게 소유재산 시가표준액의 0.2% 과세	건물소유자
지 역 개 발 세	지방세법 제253조에 의거 지하수를 이용하기 위해 채수된 물의 1㎥당 20원 과세	건물소유자
교 육 세	재산세/종합토지세액의 20% 과세	건물소유자
간주임대부가세	부가세법 시행령에 의거 임대보증금에 일정 이자율을 곱해 계산한 간주임대료 기준으로 과세	건물임대인
인 지 세	재산의 권리 창설, 이전, 변경에 관한 문서작성시 부과되는 조세	문서작성자
환경개선부담금 (대기/수질)	환경개선비용부담법에 따라 유통/소비과정에서 환경오염물질을 다량으로 배출하는 건물에 오염시킨 만큼의 복구비용 해당액을 부과	부과기준일 현재 시설물 소유자
과 밀 부 담 금	특정도시 과밀억제권역에 새로 들어선 일정규모 이상 업무/판매시설에 대해 사업비의 일정액에 대해 부과 (신·증축/용도변경 건축비의 10%)	건축주
교통유발부담금	건교부장관이 도시교통의 원활한 소통과 교통편의 증진을 위하여 도시교통정비지역 안에서 교통유발의 원인이 되는 시설물에 부과	부과기준일 현재 시설물 소유자

제11절 PM의 직업윤리와 윤리적 자세

1. PM의 직업윤리

(1) 직업윤리의 개념

일반적으로 윤리라 함은 사람이 지켜야 할 도리나 규범을 의미한다. 또한 윤리의 다른 의미는 옳은 행동과 옳지 않은 행동의 기준이라 할 수 있다. 건물재산관리는 타인의 재산에 대한 관리이므로 고도의 윤리성이 요구되는 직업이다. 따라서 건물재산관리자는 이와 같은 고도의 윤리성을 갖추고 건물재산관리에 임해야 한다. 즉, 건물재산관리자는 재산관리자 이전에 사람으로서 지켜야 할 도리나 규범을 반드시 지켜야 한다.

건물재산관리 대상물은 고가의 부동산이므로 재산관리자는 물론 임대인과 임차인 또는 매도인과 매수인에게도 윤리성이 요구된다. 재산관리자가 준수해야 할 윤리를 건물재산관리자 직업윤리라 하며, 평가사에게는 평가사 직업윤리, 중개업자에게는 중개업자윤리가 있다.

건물재산관리자에게 고도의 재산관리자윤리가 강조되는 것은 건물재산관리는 부동산관리의 일종으로서 사회성과 공공성이 크게 요구되기 때문이다. 뿐만 아니라 건물재산관리자는 전문직업인이므로 전문직업인으로서의 지켜야할 규범이나 도리까지 준수해야 한다.

모든 전문직업인에게는 직업윤리가 있다. PM직업도 전문직업의 하나이고, 그 직업이 다루는 건물자산이나 건물자산관리활동은 높은 사회성·공공성(公共性)·사익성(私益性)이 강조되고 있어서 PM업자에 대한 직업윤리도 매우 중요시되고 있다.

(2) 건물자산관리 윤리의 유형

1) 고용윤리

경영관리자가 그의 종업원으로 하여금 법률규정과 해당되는 윤리규정을 준수하도록 충분한 감독을 하여야 한다. 최고경영자 스스로도 윤리규정을 준수하여야 하는 것은 물론, 종업원의 건물자산관리 윤리 면에 관한 지식 및 일반적 교양지식을 향상시키기 위한 교육을 게을리 하면 안 된다.

2) 조직윤리

조직윤리란 동업자 또는 동업자단체가 지켜야할 도리를 말한다.

① 동업자와의 관계

PM업자는 건물자산관리 윤리를 준수하지 않음으로써 동업자에게 불리한 결과를 입히지 않도록 노력하여야 한다.

② 동업자단체와의 관계

PM업자는 해당되는 동업자단체에 가입하여 동업자단체의 일원으로 단체의 목적·기능·지시사항에 성실하게 협력하여야 한다.

3) 서비스윤리

서비스윤리는 건물자산관리 윤리의 중심을 이루는 것으로 PM업자와 의뢰인과의 관계를 규정한다. 주로 PM업자의 양심적이고 성실한 업무수행을 요구하는 것이 그 내용이 된다.

① 의뢰인의 이익옹호

의뢰인은 PM업자에게 서비스를 요구한 사람이므로 PM업자는 그의 이익옹호를 위해 선량한 관리자의 주의로서 업무를 처리해야 한다. 그 이익에는 금전적인 것은 물론, 비금전적인 것도 포함된다.

② 비의뢰인의 이익옹호

PM업자에게 직접 서비스를 의뢰하지는 않았으나 PM업자의 서비스에 따라서 어떤 건물자산관리 결정을 하려는 위치에 있는 사람의 이익도 사회적으로 옹호되어야 한다.

③ PM업자의 사적 이해관계의 배제

PM업자가 이해관계를 갖는 건물자산관리가 업무의 대상이 되는 경우가 종종 있을 수 있다. 그러한 경우에 PM업자는 직접·간접의 사정을 불문하고 스스로의 이해관계를 배제하여 공정하게 그 업무를 취급하거나 업무의 수임을 거절해야 한다.

4) 공중윤리

PM업자와 직접적인 의뢰관계 등의 업무관계가 없는 공중에 대해서도 전문직업인으로서의 직업윤리가 요구된다.

(3) 규제방법

건물자산관리의 윤리적 수준향상을 위하여 행하는 윤리규제에는 다음 세 가지 유형이 있다.

1) 법률적 규제

윤리규제는 원래 업자단체를 통해서 업자들 스스로가 행하는 것이 통상적인 방법이다. 그러나 정부기관이 법률의 규정을 통해서 직접 규제업무를 담당하는 경우도 있다. 이는 비교적 단기간에 윤리적 수준향상의 효과가 있다.

2) 자율적 규제

업자의 비윤리적 행위를 업자단체의 손으로 규제하는 방법이다. 이 방법은 법률적 규제 방법에서 살핀 단점이 배제되는 것 외에 상당히 세밀한 사항에 이르기까지도 규제를 행할 수 있다. 그러나 업자단체의 조직력·전문성·공공성·신뢰성 등 권위 면에서 우수한 단체가 육성되기까지에는 상당한 시일이 요구된다.

3) 절충적 규제

법률적 규제와 자율적 규제에는 각각 장·단점이 있기 때문에 일정한 사항은 법률적 규제로, 다른 사항은 자율적 규제로 행하는 식의 절충식 방법을 쓸 수밖에 없는 경우도 있다. 이 경우에는 쌍방 간의 유기적인 협동이 필요하다.

2. Property Manager의 윤리적 자세

건물자산관리자는 타인의 재산을 관리하는 사람이므로 전문직업인으로서 지켜야할 도리나 규범을 성실히 이행하여야 한다.

건물자산관리자가 취해야할 직업상의 윤리적 자세는 다음과 같아야 한다.

(1) 성실하고 정직한 마음으로 타인의 재산관리업무에 충실해야 한다

건물자산관리는 타인의 재산관리이므로 건물소유자의 관리지침에 따라 성실한 태도와 정직한 마음으로 재산관리업무에 임해야 한다. 재산관리자가 임대에 관한 직무수행에 있어서 자기를 위한 업무집행이 되지 않도록 해야 하며, 감독자가 있을 때만 성실하게 업무를 수행하다가 감독관리자가 사라지면 불성실한 태도로 변하는 업무자세는 지양되어야할 직업인의 자세라 판단된다.

다시 말하면 건물자산관리자는 전문직업인으로서 건물의 소유자를 속이거나 기만하지 말아야 하며 건물소유자의 유익을 위하여 자기 직업에 언제나 충실해야 한다.

(2) 업무상 지득한 기밀이나 정보를 절대 외부에 누설하지 말아야 한다

건물자산과 같은 재산관리를 함에 있어서 업무상의 비밀을 알게 되는 경우에 재산관리자는 업무상 지득한 회사 기밀을 어떠한 경우에도 누설하거나 악용해서는 안 된다. 임대관리자는 한사람의 전문직업인으로서 의리가 있어야 하고, 불의하지 말아야 하기 때문이다.

(3) 회사의 자산과 금전을 자신을 위하여 사용하지 말아야 한다

자산관리자가 자기의 직책과 업무를 이용하여 사리사욕을 채우거나 회사의 자산이나 금전을 사적인 용도로 활용하거나 이용하는 것은 직업인으로서의 윤리에 반하는 행동이다. 직업윤리는 전문직업인으로서 지켜야할 도리의 의미와 함께 옳은 행동과 잘못된 행동에 대한 도덕적 기준이기 때문에 회사의 자산이나 금전은 회사를 위하여 사용되어야 하고, 개인을 위하여 유용하는 것은 옳지 않은 행동이기 때문이다. 그러므로 건물재산관리자는 어떠한 경우라도 회사의 자산과 금전을 개인적 용도로 사용하거나 사취하지 말아야 한다.

(4) 회사의 규칙이나 지침에 따라 옳지 않는 행동을 삼가야 한다

하나의 직업인은 직업을 수행하는 조직의 구성원이므로 소속된 조직의 규칙이나 지침에 순응하는 태도를 견지해야 한다.

회사가 제정한 규정이나 지침 등에서 요구하고 있는 것이 비록 사소한 것이라 하더라도 하나의 질서유지와 발전을 위해서, 그리고 경비절약을 위해서 반드시 따라야 하고, 요구하고 있는 규정을 실천하고 금지사항을 부작위 함으로써 조직구성원으로서의 책임을 다해야 한다.

예컨대, 회사의 규정에서 요구하고 있는 내용 중 정시간 출·퇴근, 지각조퇴 금지, 점심시간 엄수, 잦은 핑계로 결근하지 말 것 등은 반드시 지켜야 하며, 근무시간 중 개인적인 용무를 본다든지, 또는 회사전화를 개인적으로 사용하는 행동이나 회사비품을 집으로 가져가는 행위, 그리고 개인적인 식대나 경비를 회사비용으로 처리한 다든지, 출장 후 허위로 경비를 청구하는 행위 등도 마땅히 삼가야 할 비윤리적인 행동이라 판단된다.

비윤리적인 행동은 윤리의 기준으로 볼 때 옳지 않은 행위 등의 기준에 해당되므로 건물임대관리자는 윤리적인 행동(옳은 행동)만을 행해야 한다.

(5) 고객으로부터 선물과 향응으로 인하여 회사의 정보를 제공하거나 누를 끼치지 말아야 한다

건물자산관리자는 회사에 소속되어 회사를 위하여 회사업무를 담당하고 있으므로 언제나 회사의 이익을 위하여 노력하여야 한다.

거래 고객으로부터 선물을 받거나 고객이 베푸는 향응에 응하여 회사에 손해나 누를 끼치는 행위는 지극히 옳지 않은 행동에 해당되므로 매우 조심하고 삼가야할 행위이다. 특히 건물자산관리자는 건물소유자와 임차인 사이에서 임차인 또는 매수인으로부터 여러 가지 형태로 유혹을 받는 경우가 있을 수 있으므로 언제나 건물소유자를 위하여 유혹에 넘어가지 않도록 마음가짐을 바르게 해야 한다.

(6) 재산관리자는 신뢰받는 대리인으로 행동해야 한다

건물자산관리자는 건물소유자를 대신해서 건물자산을 관리하고 있으므로 주인의 입장에서서 공정하고 정직하며 성실하게 임대업무를 처리함으로써 신뢰 있는 언행과 모습을 견지해야 한다. 건물자산관리자가 건물이해관계자로부터 신뢰를 잃으면 더 이상 재산관리자가 될 수 없기 때문이다.

건물자산관리자는 건물자산을 관리함에 있어서 전문적인 지식과 경험을 최대로 활용하고 문제를 스스로 해결하여 재산관리목적이 조기에 경제적인 방법으로 달성되도록 최선의 노력을 다해야 한다.

제10장 건물자산관리 FM실무활동

이 책의 마지막 장인 제II편 제10장 건물자산관리 FM실무활동에서는 전체 다섯 개의 절을 두고 FM의 개념과 FM업무의 내용, FM의 현황과 문제점, Facility Manager의 업무와 요구능력, FM의 제안과 계약체결 방법 그리고 건물FM 실무활동의 내용을 간략하게 소개하고 있다.

제1절 FM의 개념과 업무내용

1. FM의 개념

(1) FM개념의 정의

FM이란 Facilities Management를 의미하는 것으로 시설물에 대한 물리적 유지관리개념을 의미한다.

FM개념은 건물자산관리 3대 측면(AM측면, PM측면, FM측면)의 하나로서 물리적 유지관리를 위한 공학적 · 기술적 측면의 건축물유지관리, 환경적 측면의 청소위생관리, 안전적 측면의 안전 및 방재관리 등을 의미하며 협의의 건물자산관리개념이라 할 수 있다.

그러나, PM측면의 재산관리는 건물자산관리의 주요 건물자산관리 업무로서 임대관리, 수지관리, 세입자관리, 시설관리 등 포괄적 시설운영 관리개념이나 AM측면의 자산관리는 투자관리 개념으로서 재무분석, 물건분석, 시장분석, 위험분석 그리고 자산가치 평가, 건물자산의 매입과 매각 등 FM과 PM 모두를 포함하는 포괄적 건물자산 자산운용개념이다. 따라서 FM개념은 PM과 AM 등과 연관성을 가지고 서로 보완하는 상호작용을 하고 있다. FM의 개념에 대한 외국의 학자와 관계자의 견해를 살펴보면 다음과 같다.

첫째, IFMA(International Facility Management Association)에서는 FM개념을 물리적인 작업장소로서 공간을 조직의 구성원과 작업 간에 조화시키는 행위로 정의하고 있다.

둘째, Perter Barrett는 그의 저서 Facility Management toward Best Practice에서 FM이란 조직의 주요목표를 강력하게 지원할 수 있는 환경을 조성하기 위하여 건물을 관리하고 개선하며 적용하는 통합적인 접근으로 정의하고 있다.

셋째, 일본 Kajima 건설사의 Nobuyki Kimata는 FM개념에 대하여 통합적인 전략 하에서 전체 시설물을 개발하고 관리하는 활동으로 정의하고 있다.

다섯째, 일본 FM업계의 견해에 의하면 FM은 비투자 건물자산이나 자사 사용건물의 관리운영과 건물사용 비용 최소화에 필요한 활동으로 정의하고 있다.

상대적으로 AM을 건물자산의 매입과 매각을 업으로 하는 투자자의 포트폴리오를 관리하고 운영하는 활동으로 이해하면서 PM은 투자건물의 운영관리와 건물의 경제가치를 최대화를 위한 활동정도로 인식하고 있다.

결국 시설관리(FM)의 개념은 완공 후부터 철거 또는 붕괴, 멸실 전까지의 보유기간 동안 건물의 물리적 상태를 양호하게 보존하고 정상적 기능과 성능을 유지하며 바람직한 시설의 개량을 통하여 자산가치를 유지 또는 제고하고 사용가치를 높여 최유효 건물사용화 하는 데 필요한 기술적 활동이라 할 수 있다.

다시 말하면, 시설물이용자의 편의와 안전을 위하여 일상적으로 점검 정비하고 손상된 부분은 원상복구하며 경과시간 등에 따라 요구되는 보수・보강・개량 활동을 기초로 재해를 미연에 방지하며 건물의 사용가치를 높이고 에너지를 절약하며 사무 생산성을 높이고 고정자산의 가치를 유지하여 최유효 건물사용화를 도모하는 물리적 유지관리활동이라 할 수 있다.

(2) FM의 기능과 역할

FM은 다음과 같은 기능과 역할을 담당하여 건물자산관리에 이바지하고 있다.

① 건물시설물의 정상적 기능과 성능의 유지와 장기화
② 조기노후화 방지와 내구연한 연장
③ 에너지 비용절약과 자원낭비 방지
④ 위험관리, 각종 재해를 미연에 방지하여 인적・물적 손실방지
⑤ 건물자산 경제가치 유지 및 제고
⑥ 건물실내의 환경개선으로 건물 사용성과 생산성을 높임으로써 건물사용의 쾌적화, 안전화, 보건화, 편리화, 내구화 달성
⑦ 건물시설관리의 경제화, 안전화, 효율화 도모
⑧ 시설관리업무의 적정화와 능률화
⑨ 유지관리 비용의 최소화와 관리효용의 최대화
⑩ 최유효 건물사용화

(3) FM의 핵심목표

AM(Asset Management/자산운용과 재무관리)의 핵심목표는 투자자산가치의 극대화에 있으며 PM(Property Management/취득자산 운영관리)의 핵심목표는 운영수익극대화에 있으나 FM(Facility Management/시설관리대행)의 핵심목표는 운영비용의 최소화와 효용의 최대화 및 장래 변화에 대한 유연성의 확보, 사용가치 극대화와 최유효 건물사용화에 있다.

따라서 FM의 목표를 성공적으로 달성하려면 시설운영비의 최소화(Expense Minimum)와 기능성 효용・쾌적성 효용・생산성 효용・환경적합성의 효용・합리성의 효용, 경제성의 효용 등을 포괄하는 효용의 극대화(Effect Maximum) 그리고 장래 환경변화에 적절히 대응할 수 있는 유연성(Flexibility)의 강화로 사용가치 극대화와 최유효 건물사용화에 FM의 핵심목표가 있으며 이를 FM 목표효과라 한다.

(4) FM의 성격

FM은 단순한 물리적 시설의 기능과 성능을 유지하고 내구화와 안전과 편의를 높여 최유효 건물사용화하는 것을 목표로 하고 있으므로 운영 수익최대화의 PM과 자산가치 극대화를 목표로 하는 AM과는 상이한 성격을 가지고 있다.

이와 같은 FM의 성격을 분설하면 다음과 같다.

첫째, FM은 현장중심관리 성격을 가지고 있다.

둘째, FM은 물리적, 공학적 관리 성격을 유지하고 있다.

셋째, FM은 건물자산관리의 기초관리 성격을 가지고 있다.

넷째, FM은 PM과 AM 모두를 지원하는 성격을 가지고 있다.

다섯째, FM은 시설관리를 통하여 재산의 가치 유지 보존 및 제고 등을 기본으로 하나 건물유익[98]을 통하여 주(住)측면에서 인간의 생존을 지원하는 특별한 성질을 가지고 있다.

여섯째, FM은 건물자산의 매입 후 매각(또는 붕괴, 철거 등) 전까지의 보유기간동안 진행되는 이른바 보유관리활동의 성격을 가지고 있다.

일곱째, FM은 기술・경제・행정・법률・환경・안전측면의 시설관리이므로 다양한 기술과 지식을 기반으로 이루어지는 이른바 기술+지식의 종합적 관리 성격을 가지고 있다. 즉, 부동산 지식 외에 건축학・경영학・경제학・법학・환경공학・심리학・재무학, 회계학, 행정학 등의 지식이 필요하다.

여덟째, FM은 선계획, 후실시의 성격이 있다. 즉, 분석・평가・기획이 건물시설관리 실시 이전에 미리 준비되어야 하기 때문이다.

아홉째, FM의 관리대상 건물시설의 최적화를 최우선으로 하는 물건관리 성격과 이를 위한 운영비용의 최소화, 효용의 최대화, 유연성의 극대화가 기반이 되는 특별한 성질을 가지고 있다.

열 번째, FM은 현재의 시설의 최적화외에 미래의 시설까지 최적화를 목표로 하는 현재+미래의 관리활동의 성질이 있다.

열한 번째, FM의 건물시설관리는 보존 유지 외에 적극적 개량활동의 성격을 가지고 있다.

열두 번째, FM은 단순한 시설관리가 아닌 복합적인 시설물 유지관리활동의 성격을 가지고 있다.

---

98) 건물의 유익이란 실존하는 건물에 관리활동을 접목시켜 만들어 내는 쓸모 있는 공간, 바람직한 시설기능과 일반기능 그리고 건물의 질서와 조화, 미(美) 등을 의미한다.

2. FM업무의 내용

FM의 업무에는 FM 목적을 달성하는 데없어서는 안 될 핵심업무와 주요업무 및 핵심업무와 주요업무를 지원하는 부수적 업무 등이 있다.

(1) FM의 핵심업무와 주요업무

FM의 핵심업무와 주요업무는 FM의 필요적 업무로서 이에는 기술관리업무, 환경관리업무, 안전관리 업무 등이 있다. 시설(물) 관리업무, 건물 청소위생관리업무, 시설경비관리업무, 건물유지보수업무, 주차시설 관리업무 등이 있다. FM 주요업무의 내용을 분설하면 다음과 같다.

1) 시설(물) 관리업무

공용 또는 개인이나 단체가 이용하는 건물의 구조체와 주요 부재 및 마감부재의 보전과 소방・배전・공조・급배수・이동 등의 건축설비 그리고 부속시설물 및 부대시설에 대한 점검・운전・유지보수와 에너지관리 등 시설물에 대한 물리적이고 효율적 관리를 통하여 이용자의 안전과 편의를 높이고 사용가치를 높이며 경제적이고 쾌적한 시설사용 환경을 조성하여 건물로 하여금 최유효 사용화하는 데 필요한 업무의 전부 또는 일부를 대행하는 것을 말한다. 시설(물)관리는 FM실무의 대표적 관리업무영역으로서 일반적으로 인식되는 업계의 시설관리개념, 법제도상의 시설관리개념 그리고 건물 Life Cycle상의 시설관리개념 등이 있다.

시설(물)관리의 업무범위는 크게 건축물의 영선관리, 건축설비관리(공조 냉난방, 위생, 소화, 통신, 자동제어, 전기, 방재, 승강 설비 등), 안전관리, 에너지관리, 자재관리 등을 포함한다.

건물시설관리 관련법에 의한 시설관리의 범위는 건축법 제35조와 건축법 시행령 제23조에 의한 건축물 유지관리는 건축법이 정하는 기준에 적합하게 유지관리 하도록 규정하는 외에 국유재산법, 주택법, 시설물의안전관리에관한특별법 등에서도 관리대상 건물자산에 대한 별도의 유지관리개념을 가지고 있다.

또한 환경보전법의 경우 소음, 진동, 분진에 대하여 관리규정을 두고 있으며 다중이용시설의공기질관리법은 미세먼지, CO, CO_2, NO_2, SO_2, 소음, 총부유세균, 석면, 포름알데히드 공기질관리규정을 두고 있다. 또한 폐기물관리법은 정화조, 하수 적합성 관리를, 소방법에는 방화관리자, 소방시설점검, 소방계획, 유류탱크안전점검 등의 규정을 두고 있다. 뿐만 아니라 고압가스안전관리법의 경우 고압가스시설사용 검사신청과 검사, 도시가스사업법의 경우 도시가스시설과 보일러 및 정압기 관리규정을 각각 두고 있다.

또한 에너지이용합리화법의 경우, 보일러와 열교환기, 검사신청과 검사, 실내온도 관리 규정을 두고 있으며, 승강기안전관리법의 경우 승강기안전검사와 안전사항을, 전기사업법의 경우 수변전시설 안전검사에 관하여 명시하고 있다.

그리고 통신사업법의 경우 구내사설교환 및 정보통신부문에 대하여 규정하고 있으며 건축법에서 유지관리기준 적합성외에 용도변경, 건폐율, 용적률, 대수선 허가 등을 명시하고 있다. 또한 도로법은 도로점용, 지하도, 도로개설 및 폐쇄에 관하여 규정하고 있으며 도시정비사업법의 경우 간판, 사인, 광고, 네온사인, 팻말 등의 허가 및 관리에 대하여 상세히 규정하고 있다.

또한 도시계획법의 경우 연결도로, 육교, 도로확장에 대하여 시설관리 명문규정을 두고 있으며 상하수도법과 시도조례에서 지하수개발 및 사용, 시수요금정산, 하수도 관계에 대하여 관리규정을 두고 있다. 뿐만 아니라, 시특법의 1종시설물과 2종시설물의 안전검사, 정밀안전진단과 주택법의 공동주택 유지관리제도 등을 구체적으로 명시함으로써 시설관리 관련법상의 해당 법에 따라 시설관리를 산발적으로 명시하고 있다.

결론적으로, 건물관리 관련법에 의한 구체적 시설관리 항목은 다음과 같다.

① 건축물관리 – 건축법
② 수변전시설관리 – 전기사업법
③ 공동주택유지관리 – 주택법
④ 집합건물관리 – 집합건물의소유및관리에관한법률
⑤ 검사대상기기관리 – 에너지이용합리화법
⑥ 에너지관리 – 에너지이용합리화법
⑦ 냉동기관리 – 고압가스안전관리법
⑧ 특정고압가스관리 – 고압가스안전관리법
⑨ LPG(액화석유가스)관리 – 액화석유가스안전관리법
⑩ LNG(도시가스)관리 – 도시가스사업법
⑪ 대기환경관리 – 대기환경사업법
⑫ 수질환경관리 – 수질환경사업법
⑬ 소음환경관리 – 소음진동규제법
⑭ 방화관리 – 소방기본법, 소방시설유지및안전관리에관한법률
⑮ 오수관리 – 오수및축산폐수처리에관한법률
⑯ 건물폐기물관리 – 폐기물관리법
⑰ 공중위생관리 – 공중위생관리법
⑱ 위험물관리 – 소방기본법, 소방시설유지및안전관리에관한법률
⑲ 주차장관리 – 주차장법
⑳ 상수도・중수도・저수조관리 – 수도법, 공중위생법, 수도시설위생관리에관한규칙
㉑ 건물승강기관리 – 승강기제조 및 관리에 관한 법률

㉒ 토양오염관리 – 토양환경보전법
㉓ 시설물안전관리 – 시설물안전관리에관한특별법
㉔ 건물폐기물 재활용관리 – 자원절약과재활용촉진에관한법
㉕ 산업재해 보상관리 – 산업재해보상보호법
㉖ 국유재산관리 – 국유재산법
㉗ 임대주택관리 – 임대주택법

전술한 FM의 주요핵심 관리업무의 하나인 시설(물) 관리업무의 항목을 요약 정리하면 다음과 같다.

첫째, 건축물 영선관리 업무(유지관리업무)
둘째, 건축설비관리 업무(운전과 정비업무)
셋째, 시설 안전관리 업무
넷째, 소모 자재관리 업무
다섯째, 에너지관리 업무

이상에서 요약 정리한 시설(물) 관리항목의 내용 설명은 해당되는 장, 절에서 설명하기로 한다.

2) 건물 청소위생관리업무

건물의 보건성과 청결성 및 미관성 확보에 필요한 청소, 쓰레기 수거, 위생, 소독 관리 등의 업무를 말한다.

청소위생관리의 구체적 내용 역시 해당 절에서 설명키로 한다.

3) 시설경비보안관리업무

발주대상 중요시설, 산업시설, 공공시설, 기업자산, 개인소유자산 등 경비를 필요로 하는 시설 및 장소에서의 도난, 화재, 안전사고위험, 기타 혼잡 등으로 인한 위험 발생을 방지하는 업무 또는 그 업무의 일부를 말한다.

시설경비관리업무 내용 역시 해당 절에서 구체적으로 설명키로 한다.

이밖에도 시설물안전관리업무, 화재소방관리업무, 유관기관업무, 관리관계법령 관리업무 등이 있다.

(2) FM의 부수업무

FM의 부수업무(주변업무)는 FM의 핵심업무와 주요업무를 부수적으로 지원하는 업무로서 이에는 다음과 같은 관리항목들이 있다.

① 인사노무관리 업무
② 세무, 회계관리 업무
③ 보험관리 업무
④ 소모용품구매관리 업무
⑤ 문서사무관리 업무
⑥ 주간/월간/연간 FM 보고업무
⑦ 기타 건물소유자 또는 Property Manager의 협조업무 등

제2절 FM의 현황과 국내 FM업계의 문제점

1. FM의 현황

FM(Facility Management)기법은 1978년 생산성에 대한 퍼실리티의 영향이란 회의로부터 시작되었다. FM교육은 1980년대 후반 미국의 코넬대학에서 시작되었고 미국 외 여러 나라와 우리나라의 한국빌딩경영협회도 회원으로 가입되고 있으며 한국 퍼실리티 매니지먼트 학회도 설립되어 연구 활동을 수행하고 있다.

우리나라 건물자산관리 측면의 FM은 시설유지관리개념으로서 건축물 영선관리, 건축설비관리, 안전관리, 에너지관리, 자재관리 등을 통하여 건물의 정상기능과 성능을 장기화하고 관리비용을 최소화하며 안전과 편의를 높이고 사용성과 생산성을 높여 최유효 건물사용화에 목표를 두고 수행하는 물리적, 기능적 물건관리로 인식하고 있다.

2007년 통계청의 서비스총괄 총조사자료 부동산관리업 자료에 의하면 부동산 관리업체의 수는 21,265개 업체이고 시설관리시장에 참여하고 있는 회사의 수는 810개사로 확인

되고 있으나 IMF이후 소규모의 영세업체의 수가 크게 증가하여 업계 추산 약 3,000여개 회사가 영업활동 중인 것으로 추정되고 있다.

시설관리시장의 규모는 1997년의 경우 약 2조원으로 추정되었으나 5년이 경과한 2002년의 경우 2조5,000억으로 증가하여 1997년 대비 25%의 성장을 보이고 있다.

국내 시설관리업계의 최근의 동향을 살펴보면 관리인력의 다기능, 다역화 미흡, 경제적 대우 열악, 저가경쟁 위주의 마케팅으로 열악한 시설관리시장 환경으로 변질되어가고 있으며 관리업체의 오너마저 단기손익 위주의 경영만을 추구하고 있으며 시설관리업계 전체의 기술개발은 요원한 실정이다.

세계선진 시설관리업체는 글로벌 스탠더드화하여 표준화된 매뉴얼과 효율적 관리시스템, 전문화된 인력으로 무장한 채 국내 시설관리시장을 점차적으로 잠식하고 있다. 대부분의 시설관리회사들이 영세성을 보이고 있는 가운데 소수의 대기업 계열소속 또는 분사회사 정도와 대형 시설관리업체만이 관리기술과 교육의 차별화를 보이고 있는 실정이다.

우리나라 건물자산관리시장의 FM도입과 변화는 1970년대 경제성장기에 시작되어 오늘에 이르고 있다. FM의 도입과 변화는 1970년대의 FM도입시기와 1980년대의 FM도약기를 지나 1998년의 외환위기 때 처음으로 PM개념이 도입되었으며, 2000년대에 접어들면서 PM의 도약기와 함께 AM의 도입기를 맞고 있다. 이를 분설하면 다음과 같다.

(1) FM의 도입기

우리나라는 1970년 경제성장기에 처음으로 FM이 도입되어 시설관리 분야에 BAS (Building Automation System)를 도입하여 체계적 건물시설관리가 시도되었다. 이때 비로소 대형빌딩(삼성빌딩, 대우빌딩 등)의 출현으로 FM업체가 처음으로 등장하기 시작하였다. 우리나라의 건물시설관리 역사는 1970년대의 경제성장기와 맥을 같이하며 삼성빌딩과 대우빌딩 등의 대형빌딩의 신축은 전문적 관리업체의 등장을 촉발하도록 하였다. 이때가 바로 FM의 도입기에 해당되며 시설관리 분야에서 처음으로 BAS가 도입되었다.

(2) FM의 도약기

1980년에 진입하면서 거행된 ‘86 아시안게임과 ’88올림픽게임의 개최로 수많은 체육시설과 대형 IBS빌딩 등이 급증되었으며 질적 시설관리의 요구가 증대되는 가운데 중소 FM업체가 등장하기 시작하였으며 시설관리별 자동제어시스템이 도입되어 관리비용의 경제화와 효율화를 앞당기게 하였다.

(3) PM도입기

유수 기업들이 1997년 IMF로 인한 도산으로 부실자산이 채권은행에 유입되면서 공실이 크게 증가하고 수익성이 악화되면서 건물시설관리측면에서도 일대 변화의 바람이 불기 시작하였다. 즉, 임대수익의 극대화의 요구와 관리비용의 최소화가 건물자산관리업계의 화두가 되었으며 이때 비로소 외국의 건물자산투자회사가 국내시장에 진입하였으며 PM개념의 도입이 시작되었다.

PM도입시기와 때를 같이하여 FMS(Facilities Management System)가 도입되어 자동제어시스템(BAS)과 함께 통합시스템으로 시설관리가 시작되었다.

(4) PM도약기와 AM도입기

2000년대에 접어들면서 IMF를 슬기롭게 극복한 우리나라 경제는 재도약의 시기를 맞고 있으며 투자목적 역시 보유목적에서 수익목적으로 변화되어 임대시장의 활성화가 시작되었다.

특히 건물자산의 매입・임대・매각과 건물관리서비스, 자산위험관리 등을 내용으로 하는 자산관리 One-stop 서비스가 강조되고 있으며 군관리(群管理)시스템이 도입을 준비하고 있다. 그러나 2009년 연초부터 미국발 금융위기는 우리나라에도 치명적인 경제타격을 주고 있으며 이로 인한 건물자산관리시장의 개편이 예상되고 있다.

2. 국내 FM업계의 문제점

이상의 FM현황에서 살펴본 바와 같이 투자비용의 감소나 인재양성의 미흡 등의 문제의 산적으로 FM업계 스스로의 발전을 가로막고 있다. 이와 같은 국내 FM업계의 문제점과 현황 등을 소개하면 <표 10-1>과 같다.

〈표 10-1〉 FM업계의 문제점과 현황

업계의 문제점	업계의 현황
1. 가격출혈경쟁 심화	• 기술력에 의한 업체선정이 아닌 저가입찰자가 낙찰되는 시스템으로 현재 출혈경쟁으로 인한 저가경쟁 불가피
2. 투자비용 감소	• 저가낙찰로 인한 기술투자 감소 및 고급인력 사용 회피
3. 수익성 악순환	• 계속되는 수익성 악화 및 기술개발 소홀로 인한 경쟁력 약화
4. 인재양성 미흡	• 관리자 개개인의 기술력은 있으나 그 기술력을 체계화할 수 있는 시스템 및 인재양성 투자 미흡
5. 국제경쟁력 미흡	• 국내 서비스 부분의 시장도 개방시점이 임박했으나 그에 대한 대비 전무
6. 외국계업체 시장 잠식	• 대규모 빌딩의 경우 기술력을 갖춘 외국계 건물관리회사가 시장 잠식
7. 인력의 중복으로 고비용구조	• 인력의 분업화, 전문화 부족과 중복 투입으로 관리비용의 고비용화
8. 표준화된 매뉴얼과 효율적 관리시스템 부재	• 국내 현실에 맞는 최적화된 표준 건물관리시스템 및 매뉴얼 부재로 자원비용 낭비

제3절 Facility Manager의 요구능력과 업무범위

1. Facility Manager의 요구능력

(1) Facility Manager의 호칭

건물자산관리 3측면 중 시설관리현장업무를 총괄하는 직책의 호칭에는 Facility Manager 또는 Building Manager의 호칭 등을 사용하기도 한다. 그러나 현실적으로 우리나라의 경우 FM을 담당하는 시설관리현장 총괄책임자를 일반적으로 FM소장, 시설관리소장 또는 관리사무소소장 등으로 호칭하고 Facility Manager와 유사한 시설관리총괄 직무와 책임을 가지고 있는 것으로 인식하고 있다.

따라서 본서에서는 Facility Manager와 시설관리소장을 동일 직책개념으로 병용하여 사용하기로 한다.

(2) 시설관리소장의 직책개념

소장이라 함은 연구소·사무소 등과 같이 소(所)자가 붙은 기관 또는 직장의 사무를 총괄하는 책임자를 의미한다. 본래 소(所)란 연구소·영업소 등과 같이 연락이나 영업 등의 용어 뒤에 붙어서 연락하는 곳, 영업하는 곳 즉, 연락이나 영업을 하는 장소를 의미한다.

이와 비슷한 원(院)은 명사 뒤에 붙어서 그것을 위해 일하는 관청이나 시설(건물)을 나타내는 의미를 가지고 있다. 즉, 학술원·연구원·고아원 등과 같이 사용되어 학술·연구·고아의 건물이나 기관, 시설 등을 의미한다.

일반적으로 사용되는 소장 호칭의 예는 대리점·물류창고·운송·구매·하역과 같은 유통사업의 경우 관리소장이라 하고, 건설현장의 경우 현장소장이라 호칭하며, 시설관리 개념에서 볼 때 오피스·공장·아파트·빌딩 등의 경우에는 시설관리소장이라 통용하여 사용된다. 그러나 기업경영, 정부조직 산하의 보건지소, 보건소, 산림지소, 영업소 등에서는 보건소장, 영업소장 등으로 호칭하고 있다.

본래 소장의 의미는 자기분야의 재능이나 가장 능한 재주를 나타내는 말이나 본서에서 소장이라 함은 일반적으로 사용되는 호칭의 의미와 건물관리 단위사업장의 현장사무소, 시설관리사무소, 청소, 경비 등의 관리현장 등의 의미를 함께 가지고 있는 기업경영상 현장단위 조직의 대표를 의미한다. 그러므로 관리소장이란 경영자로부터 관리권을 넘겨받아 대내적으로 관리업무를 총괄하고, 대외적으로 단위사업장을 대표는 직책을 의미한다.

결론적으로 시설관리소장이란 관리대상건물을 경영자(관리주체, 소유자 등)로부터 넘겨받은 시설관리권을 가지고 단위사업장(관리사무소)을 대외적으로 관리조직을 대표하고, 대내적으로 관리업무를 총괄 또는 지원하는 관리책임자를 말한다.

이와 같이 소장이라는 직책은 단위사업장 관리조직의 책임자로서 기능과 역할이 주어지고 책임지는 자를 의미한다.

즉, 관리소장은 건물관리 단위사업장인 시설관리사무소의 관리책임자로서 대리인은 아니나 대리인과 유사한 법적 지위를 가지며, 관리대상건물에 대하여 관리권을 행사하는 자이다. 건물자산관리현장의 관리소장에는 이른바 갑(甲)측 소장과 을(乙)측 소장의 부류가 있다.

전자는 건물소유자나 경영자로부터 임명된 관리소장을 의미하고, 후자는 건물소유자나 경영자로부터 관리용역계약에 의하여 관리권을 위임받은 관리용역회사로부터 임명된 관리소장을 의미한다.

이와 같은 소장의 직책에 대한 본래의 개념으로 볼 때 갑(甲)측 소장은 본래 의미의 관리소장의 법적 지위를 갖게 되나 을(乙)측 소장은 일반적으로 담당 관리업무를 총괄 수행하며 갑(甲)측 소장을 보좌하는 지위 즉, 담당관리 부분의 관리감독자의 지위에 있기 때문에 일반적으로 관리권이 없을 뿐 아니라 관리대상건물 전체의 관리권을 행사할 수 없는 위치에 있다(소속 용역회사가 법적으로 관리주체의 지위에 있고 소속회사의 대표로부터 관리권을 위임받을 경우 예외적으로 관리권이 있는 경우도 있다). 그러므로 갑(甲)측의 관리소장만이 법적 지위의 관리소장이고, 을(乙)측 소장은 호칭상의 소장에 불과하다. 즉, 감독자의 지위에 있다.

그러나 관리업무 처리에 있어서 책임과 의무는 거의 동일한 선상에 있다.

다시 말하면 관리소장의 직책이란 관리대상건물의 관리활동에 대한 방향과 목표를 정하고 관리조직과 인적·물적 설비를 적절히 배분, 활용, 감독하여 적정한 관리효과를 창출하며 입주자와 건물 이용자·소유자 등에 만족을 제공하며, 성실히 봉사하고 환경·안전·인력 등에 대하여 고용회사에 책임을 지는 자이기 때문이다.

(3) 시설관리소장의 법적 지위와 위치

관리소장에는 권리자로부터 특정 법률행위의 대리권을 수여받아 관리하는 자와 대리권을 수여받지 아니하고 고용·위임·계약·법령 등에 의한 일반 관리권을 행사하여 관리하는 자로 구분된다.

전자는 대리권을 넘겨받은 자이므로 수권한 대리권에 속하는 특정 법률행위(예 자산처분)와 일반관리권을 동시에 행사할 수 있는 포괄적 관리자의 법적 지위를 가지고 있는 자이다. 그러므로 대리권을 수권한 관리소장은 건물자산경영관리의 경영자 대리인의 지위에 서게 된다. 그러나 특정 법률행위에 대한 대리권을 수권하지 아니한 일반관리소장은 관리대상건물에 대하여 관리대상건물의 보존행위·이용행위·개량행위만 가능하고 처분행위나 경영행위는 할 수 없다. 이때의 관리행위의 내용은 관리대상건물의 보존활동은 무제한적으로 활동이 가능하나 이용·개량 활동은 관리대상건물의 모양이나 성질을 변형하지 아니한 범위 내에서만 관리행위를 할 수 있다.

일반건물의 자치관리조직에 있어서 관리소장의 위치는 수직적으로는 위에는 건물경영자(소유자)가 있고 아래로는 건물관리감독자(을측 소장 포함)와 관리근무자 등이 있다. 그리고 수평적으로는 좌우로 관리협력자와 관리관계자 등이 있다. 따라서 관리소장의 위치는 그들의 중심에 있다. 관리소장의 위치는 관리권을 행사하는 관리총괄책임자(예외적으로 경영자대리인의 지위를 겸하는 경우도 있음)로서 위로는 건물소유자(건물경영자)를 보좌하고 아래로 건물관리감독자와 관리근무자 등을 지휘·감독·통제·평가·지원하는 위치에 있는 자이다. 관리를 총지휘하는 관리중심의 위치에 있는 자이기도 하다.

따라서 건물관리현장의 관리소장(갑측 소장)은 건물시설관리조직으로 볼 때 관리조직의 꽃이며, 정상의 자리에 있는 자이다.

그러므로 관리소장은 법적 지위와 위치 및 업무의 범위로 볼 때 건물자산관리조직상 가장 중요한 직분을 수행하는 자라 할 수 있다. 따라서 관리효과 역시 관리소장의 능력과 자세에 따라 천차만별로 나타난다.

이와 같은 연유로 유능한 관리자(관리소장)의 양성과 배출은 시급한 건물자산관리산업의 발전과 건물관리의 문제점을 개선하는 데가장 중요한 당면실천과제라 판단된다.

(4) 시설관리소장의 관리권한과 의무

관리소장은 관리대상건물을 관리함에 있어서 권한과 함께 관리권을 적법하고 공정하게 사용해야 하는 의무를 부담하는 자이다.

권한이란 권리가 아닌 것으로 어떤 행위를 할 수 있는 자격 또는 법적 지위를 의미한다. 관리소장이 가지는 관리권은 엄격한 의미에서 권리가 아닌 권한으로서 일정한 관리행위를 할 수 있는 법적 지위나 자격을 의미한다.

관리소장의 권한의 내용에는 대체로 다음과 같은 것이 있다.

- 대외적으로 시설관리사무소를 대표하는 대표권한
- 대내적으로 시설관리업무를 총괄하는 총괄지휘권한

관리소장은 관리에 관하여 관리권의 행사와 관리업무 등에 대하여 법적 의무와 취업규칙, 인사규정 등의 의무를 부담하는 것이다. 의무란 법적 구속을 의미하며, 관리소장의 의무에는 작위의무와 부작위의무로 분류된다.

관리소장은 건물관리의 작위의무와 부작위의무를 동시에 가지는 자이며, 의무를 해태하거나 이행하지 않을 경우 법적 또는 도의적으로 책임을 지게 된다.[99] 손해가 발생되면 손해를 배상해야 함은 물론이다.

관리소장의 작위의무와 부작위의무는 <표 10-2>와 같다.

---

99) 건물관리의 작위의무란 건물자산관리에 관하여 적극적으로 이행해야할 의무를 의미하며, 부작위의무란 소극적으로 이행하지 말아야 할 의무를 의미한다.

〈표 10-2〉 시설관리소장의 작위 의무와 부작위 의무

관리소장의 작위의무	관리소장의 부작위의무
① 선량한 관리자의 주의의무 ② 공정관리의무 ③ 성실관리의무 ④ 인명과 재산보호의무 ⑤ 재난방지의무 ⑥ 주(住)측면의 생존지원 의무 ⑦ 관리자 품위유지 의무 ⑧건물이해관계자 만족제공 의무 ⑨ 시설설비의 정상기능 유지관리의무 ⑩ 입주자 사용수익 협조의무 ⑪ 방해배제 의무 ⑫ 재정보증 의무 ⑬ 회사기밀 엄수의무 ⑭ 경영목표 달성의무 ⑮ 관리목표 달성의무 ⑯ 관리대상건물 보존의무 ⑰ 건물경영자 보좌의무 ⑱ 관리관계법령 준수의무 ⑲ 회계의무 ⑳ 복종의무 ㉑ 경영자에 대한 보고의무 ㉒ 고지의무 등	① 자기 관리행위 금지의무 ② 사익우선 금지의무 ③ 부당 관리 금지의무 ④ 불공정 관리비 징수집행 금지의무 ⑤ 부적절한 보수공사 발주 및 구매행위 금지의무 ⑥ 불공정 용역관리 금지의무 ⑦ 관리비밀 누설 금지의무 ⑧ 불법행위 금지의무 ⑨ 금품 향응 금지의무 ⑩ 입주자 비밀문서 · 정보 · 기밀 외부유출 금지의무 ⑪ 쌍방대리 금지의무 ⑫ 자기계약 금지의무 등

(5) 시설관리소장의 구비조건과 요구능력

관리소장은 건물경영자나 건물소유자로부터 막대한 건물자산의 관리를 위임받아 관리하는 자이고, 건물 내의 수많은 입주자들의 귀중한 생명과 재산을 보호해야 하는 자이므로 타 직종의 책임자보다 고도의 관리능력과 경영능력을 함께 구비해야 한다.

건물관리는 매우 위험하고 복잡하며, 사람과 장소, 사람과 물건, 사람과 사람의 관계를 원만하고 효율적으로 관리해야 하므로 우선 인격적으로 원만한 성격과 품성을 지녀야 하고, 신뢰와 성실성을 갖추고 정신적으로나 육체적으로 그리고 사회적으로 건강해야 한다. 뿐만 아니라 관리업무에 대한 체계적인 지식과 정보 및 충분한 관리경험 등을 가지고 있어야 하며, 전문성과 기술성을 함께 확보한 자이어야 한다.

관리소장이 특히 구비해야 하는 구비조건과 요구능력에 대하여 정리하면 다음과 같다.

1) 시설관리소장의 구비조건

건물자산관리현장의 책임자인 관리소장은 적어도 다음과 같은 조건을 구비해야 한다.

① 관리업무에 대한 체계적인 지식과 정보를 확보한 자일 것
② 관리자 법정자격(법정자격 필요시)의 자격을 갖추고 있는 자일 것
③ 충분한 관리경험을 가진 자일 것
④ 관리자다운 품성을 가진 자일 것
⑤ 관리자의 건강상태가 육체적 · 정신적 · 사회적으로 건강할 것
⑥ 관리자 윤리적 자세가 확립된 자일 것

2) 시설관리소장의 요구능력

건물관리소장이 성공적인 관리현장을 영위하려면 다음과 같은 능력이 요구된다.

① 관리업무 통합조정 능력
② 대인관리 능력
③ 대물관리 능력
④ 건물경영 관리능력
⑤ 관리업무 추진능력
⑥ 상황변화 능동적 대처능력
⑦ 대관업무 처리능력
⑧ 조직관리 및 장악능력
⑨ 설득능력(커뮤니케이션 능력, 대화능력)
⑩ 지휘능력(리더쉽)
⑪ 기술관리 능력
⑫ 행정관리 능력
⑬ 관리업무 총괄능력
⑭ 지원능력
⑮ 대외적 대표능력
⑯ 기획관리 능력
⑰ 의사결정 능력
⑱ 비상상황 수습능력
⑲ 통솔지휘 능력
⑳ 경영자, Property Manager 보좌 능력 등

2. 시설관리소장의 업무범위

(1) 업무범위의 내용

관리소장의 업무범위는 대외적으로 관리사무소를 대표하는 대외업무와 대내적으로 관리업무를 총괄하고 지원하는 대내업무 및 건물경영자 보좌업무로 국한된다. 따라서 관리소장의 업무는 다음과 같다.

- 대외적으로 관리사무소를 대표하는 대외업무
- 대내적으로 관리업무를 총괄하고 지원하는 대내업무
- 건물자산소유자나 경영자 및 Property Manager를 직접 보좌하는 경영자 보좌 업무

그러므로 건물관리소장의 직분을 현재 수행하고 있거나 관리소장이 되고자 하는 자는 반드시 대외적 대표로서의 품성과 조건에 손색이 없어야 하고, 대내적으로는 관리업무를 총괄하고 지원하는 자로서 충분한 기술성과 전문성을 가지고 있어야 하며, 건물경영자를 보좌하고 대리하는 경영능력도 함께 가지고 있어야 한다.

관리소장의 대외업무와 대내업무 및 경영 보좌업무 등을 개괄적으로 기술하면 다음과 같다.

(2) 시설관리소장 대외업무

관리소장은 건물의 소유자(경영자 포함), 관리주체, 법령상 관리권한이 있는 자 등으로부터 관리권을 수여·위임·계약·법령 등에 의하여 넘겨받은 자이므로 이들을 대신함은 물론 관리사무소를 대표하는 자격과 권한이 주어진다. 따라서 관리소장은 대외적으로 관리사무소를 대표하여 관리에 관한 의사표시를 하거나 수령하는 위치에 있다. 그러나 관리소장은 건물소유자(권리자, 권한자 포함)로부터 대리권을 수여받거나 위임·계약·법령 등에 의하여 대리권을 행사할 수 있는 자이므로 관리권을 넘겨준 권리자·소유자·권한자 등을 위하여 관리권을 적법하고 타당성이 있으며, 권한범위 내에서 권리자를 위하여 관리권을 행사하여야 한다.

다시 말하면 건물의 소유자, 권리자 등의 이익을 보호하고 고의적으로 손실을 초래하거나 관리자 스스로의 이익을 위하여 관리권을 행사하지 말아야 한다. 즉, 건물의 소유자, 권리자를 해하는 불법한 행위는 할 수 없으며, 오직 적법하고 유익한 관리행위만 할 수 있다.

만일의 경우 관리자 스스로의 이익을 위하여 관리하거나 건물소유자에게 손해를 가져오는 불법한 관리행위는 전적으로 관리자(관리소장) 스스로 책임져야 한다.

건물관리소장이 대외적으로 관리사무소를 대표하기 위해서는 관리소장으로서의 품성조건을 충족해야 함은 전술한 바와 같다.

관리소장의 대외적 대표와 관련한 바람직한 행동과 태도에 대하여 구체적으로 살펴보면 다음과 같다.

① 건물관리 업무에 대하여 중요성과 필요성을 깊이 인식하고 건물자산관리에 대한 확실한 신념과 사명감을 가져야 하며 이를 위하여 체계적인 관리이론으로 무장되어야 한다.
② 품위를 유지해야 한다.
③ 신뢰성 있는 언어 사용과 예의바른 행동을 해야 한다.
④ 사소한 일에 흥분하거나 화를 내는 것을 삼가고, 참고 인내하는 성격을 가져야 한다.
⑤ 대인관계가 유연하고 모나지 않아야 한다.
⑥ 작업시를 제외하고는 언제나 단정한 복장과 정중한 몸가짐을 유지해야 한다.
⑦ 관리소장의 직분을 천직으로 알고 일찍 출근하고 늦게 퇴근하며 근무시간 동안에는 언제나 정위치하는 근무태도를 견지해야 한다.
⑧ 건물자산관리이해관계자의 전폭적인 신뢰와 지지를 받아야 한다.
⑨ 건물관리관계자 등과 인간적 유대관계를 유지해야 한다.
⑩ 관리관계 업무에 대한 다방면의 경험과 전문성을 갖추고, 관리현안에 대하여 언제나 능동적이고 적극적으로 대처해야 한다.
⑪ 조직 장악 능력이 있어야 하고, 근무자 등으로부터 신뢰를 확보해야하며 항상 모범을 보여야 한다.

관리소장이 관리사무소를 대표하기 위해서는 위와 같은 관리소장으로서의 자세, 행동, 태도를 갖추는 외에 사회적으로 신뢰받는 외모・연령・경험・학력・자격・기술・전문성 등의 조건을 갖추는 것이 매우 바람직하고 유리하다.

관리소장의 직책은 현실적 입장에서 살펴볼 때 사회적으로 크게 인정받지 못하고 있는 직업이나 향후 사회적으로 크게 평가받는 전문 직업으로 발전될 것으로 확실히 전망되며 관리소장이 담당하고 있는 관리업무는 건물 내의 귀중한 인명과 재산을 보호하는 자이므로 사회적으로나 국가적으로 어떤 직업보다 훌륭한 일을 담당하고 있는 자라 할 수 있다.

뿐만 아니라 건물관리소장(관리자)은 향후 영국의 OM 매니저, 미국의 CPM(공인 건물자산관리사), 일본의 빌딩경영관리사와 같은 사회적 인정과 높은 대우를 받게 될 것이 확실시되므로 관리소장 스스로 자부심을 가지고 자기개발과 발전에 스스로 노력해야 하는 것은 물론이려니와 관리소장(관리자)들이 직업상의 문제가 있다면 전국적인 규모로 합심연합하여 현재 당면하고 있는 관리소장의 애로와 문제들을 이성적이고 합법적으로, 그리고 서로 도와서 해결하는 것이 바람직한 문제해결의 한 방법이라 판단된다.

(3) 시설관리소장 대내업무

관리소장은 대외적으로 관리사무소를 대표하면서 한편으로는 대내적으로는 관리대상건물의 관리업무를 총괄하고 지원하는 직분도 함께 가지고 있다.

왜냐하면 관리권을 위임·수여·계약·법령 등에 의하여 행사할 수 있는 자이기 때문이다. 관리소장이 관리업무를 총괄 및 지원하기 위해서는 다음과 같은 건물관리 업무 전체에 대하여 소상하고 철저하게 파악하고 이를 이해하고 있어야 한다. 관리소장이 관리책임자로서 처리해야 할 관리업무의 종류와 내용은 대체로 다음과 같다.

1) 건물행정관리업무

① 건물경영목표 지원업무
② 경영조직과 경영조직의 각종 운영규정과 방침 및 정책 지원업무
③ 인사노무관리업무
④ 회계업무(경리업무 포함)
⑤ 세무업무
⑥ 임대관리업무(해당되는 경우)
⑦ 구매관리업무(물품 및 용역구매관리업무)
⑧ 건물보험업무
⑨ 자산운용관리(수익관리업무, 경제가치 보존 및 제고 업무) 지원업무
⑩ 문서사무업무
⑪ 기타 건물경영과 관련된 업무 등

2) 건물기술관리업무

① 관리대상 건축물의 시설과 설비의 유지와 보전
② 주요설비의 운전과 점검, 정비보수
③ 기술관리조직 내의 기술 인력의 기술의 정도와 자격과 기술수준 유지관리
④ 위험시설물의 종류와 성능유지 및 안전관리
⑤ 기술관리를 위한 설계도서, 건축물관리대장, 기술 스팩, 기술 매뉴얼, 운전관리 또는 사용설명서(설비·장비)등의 보존관리
⑥ 기술관리를 위한 준공도서, 건축물 이력서, 장비·공구·기기·부품·원료·재료·에너지 등의 현황 파악 및 보관, 사전준비와 유지관리
⑦ 기술관리대상(건축물·건축대지·건축설비)의 주요 관리와 정보 파악과 활용

3) 건물법률관리업무

① 계약 및 계약 사후관리업무

② 관리관계법령의 법적조치사항 파악과 준수
③ 권리보존관련 업무
④ 유관기관관련 업무(대관업무, 관계기관업무, 대외기관업무)
⑤ 관리관련 규정・지침・계약・약정・세칙・행정명령・규약・방침・계획・수칙 등의 관련 업무
⑥ 입주자 민원・진정・소송 및 채권보전 등에 관한 업무 등

4) 건물안전관리업무(건물위험관리업무)

① 위험시설물 파악 및 특별안전관리대상의 안전관리
② 관리업무별 위험관리대상 파악 및 위험관리
③ 예방안전관리
④ 관계법령관리
⑤ 안전조직 운영과 활동
⑥ 재해발생시 대처, 수습, 조기정상 복구
⑦ 화재방지
⑧ 경비보안
⑨ 야간휴무 안전관리
⑩ 재난방지
⑪ 자연재해 방지업무
⑫ 비상연락망 파악 및 비상대처 등

5) 건물환경관리업무

① 청소관리
② 위생관리
③ 소독방역관리
④ 조경시설물관리
⑤ 수질오염방지
⑥ 실내 공기질 관리업무
⑦ 건물 이미지 관리업무
⑧ 건물미화관리업무
⑨ 건물환경개선업무 등

결론적으로 시설관리소장의 바람직한 역할은 대외적으로 시설관리사무소를 대표하는 것과 대내적으로 시설관리업무를 총괄 및 지원하기 위해서는 복합적인 관리대상을 종합 오케스트라 지휘자 같이 지휘하고 조정하며 변화하는 관리현장 환경에 맞게 능동적으로 대처하며 입주자와 사용자들에 대한 끊임없는 봉사와 공동사회에 책임지는 역할을 감당해야 한다.

(4) 경영자, Property Manager 보좌업무

경영자, Property Manager 보좌업무는 수익성 건물의 경우 건물 소유자·경영자와 비수익성 건물의 관리주체나 관리권한 있는 자를 보좌하는 업무로서 가장 중요한 관리소장의 업무이다. 건물경영자나 관리주체를 보좌하기 위해서는 그들의 의도와 경영 및 관리정책이나 방침을 완전히 이해해야 한다. 뿐만 아니라 매일 또는 정기적으로 업무현황을 보고하고 경영자가 의사결정을 바르게 할 수 있도록 보좌해야 한다.

또한 경영자가 결정한 경영목표 달성에 최선을 다해야 한다. 경영보좌업무는 관리소장의 업무 중 가장 비중이 큰 업무로서 경영자 보좌업무의 실패는 곧 바로 관리소장의 직책을 쉬게 하는 직접요인이 된다.

3. 시설관리소장의 역할

관리소장의 역할이라 함은 건물자산관리를 함에 있어서 관리소장이 해야 할 구실과 기능을 의미한다. 관리소장은 대내외로 매우 중요한 위치에 있는 자이므로 그 역할 역시 매우 중요하다.

시설관리소장의 주요 역할은 대체로 다음과 같다.

① 관리사무소 대표자 역할
② 건물경영자 대리역할·보좌역할
③ 건물관리업무 총괄 지원자 역할
④ 건물관리감독자, 관리근무자, 종사자 등의 업무조정자 역할
⑤ 관리직원의 직무에 관한 교육자 역할
⑥ 관리문제 해결을 위한 해결자 역할
⑦ 관리업무 총괄관리자 역할
⑧ 관리직원을 내외부로부터 보호하는 보호자 역할
⑨ 관리의 공정과 적절한 관리를 위한 감독자 역할
⑩ 경영자로부터 관리행위 승인을 위한 결재승인, 의사결정 정보제공 역할
⑪ 관리협력자, 관계자로부터 적정한 지원과 공적 서비스와 사적 서비스 확보를 위한 인간관계 유지자 역할
⑫ 관리상 분쟁을 설득·조정·해결하기 위한 분쟁 조정자 역할
⑬ 관리상황 변화에 대처하기 위한 기획조사자 역할
⑭ 건물자산관리 오케스트라 지휘자 역할
⑮ 관리업무 추진결과 최종 책임자 역할
⑯ 관리현장 비상시 진압 및 수습자 역할

제4절 FM의 제안과 계약체결방법

1. FM의 제안

FM의 실무는 PMC 또는 건물소유주 나 관리주체에 대한 FM의 제안은 FM용역을 수주받기 위한 첫 단계의 FM실무로서 서면 상으로는 제안서와 함께 관리소요예산서를 첨부하여 제출하는 것이 일반적이다.

관리실행예산은 수주 받고자 관리대상건물의 규모나 용도·성격 등에 따라 상당히 상이한 내용이 되므로 본절에서는 FM제안에 관한 일반사항과 표준성 있는 조달청의 용역계약방법을 원용키로 한다.

FM제안서의 주요내용은 다음과 같다.

① 회사소개
② 사업영역과 재무능력
③ 시설관리시스템과 기술능력 및 보유 장비현황
④ 시설관리 주요 실적과 현장현황 소개
⑤ 현장조직과 지원조직 및 지원방안
⑥ 시설관리 성공사례
⑦ 시설관리서비스 제공방안
⑧ 시설관리 소요예산
⑨ 기타 도움 되는 사항

이상의 정보를 순서대로 FM제안서에 보기 좋게 배열하고 한눈에 볼 수 있도록 칼라링하여 편집함이 현명하다. 특히 FM제안서 작성시 유의할 사항은 왜, 우리 회사가 귀하의 FMC(시설관리업체)로 선정되어야 하는 이유(이익이 되는 이유)를 각인될 수 있도록 제안서가 작성되어야 한다는 점이다.

FM용역을 발주하는 건물주나 Property Manager의 최대 관심사항은 시설관리비이 최소화와 최적의 시설관리 품질에 있으며 이를 위한 시설관리 수행능력, 재정능력, 기술능력, 회사의 신용, 예정 관리소장의 자질과 기술능력 등을 중요시하므로 이를 적극적으로 부각시켜 작성해야 한다.

또한 최적의 시설관리서비스 제공 방안을 집중 각인시켜 시설관리능력을 인정받도록 노력해야 한다.

2. FM용역 발주체계와 단계별 처리절차

(1) FM용역 발주체계

건물자산관리에 있어서 PM관리방식이 적용되거나 FM방식이 적용되는 일반 개인소유 건물자산 또는 법인자산에 대한 FM의 계약실무는 비표준적이나 국유 또는 공공건물에 대한 조달청의 시설관리용역업무 처리절차나 단계별 업무 처리절차 및 계약방법과 낙찰방법은 표준성이 있으므로 조달청의 용역발주체계와 처리절차에 대한 FM용역 발주체계를 소개하면 [그림 10-1]과 같다.

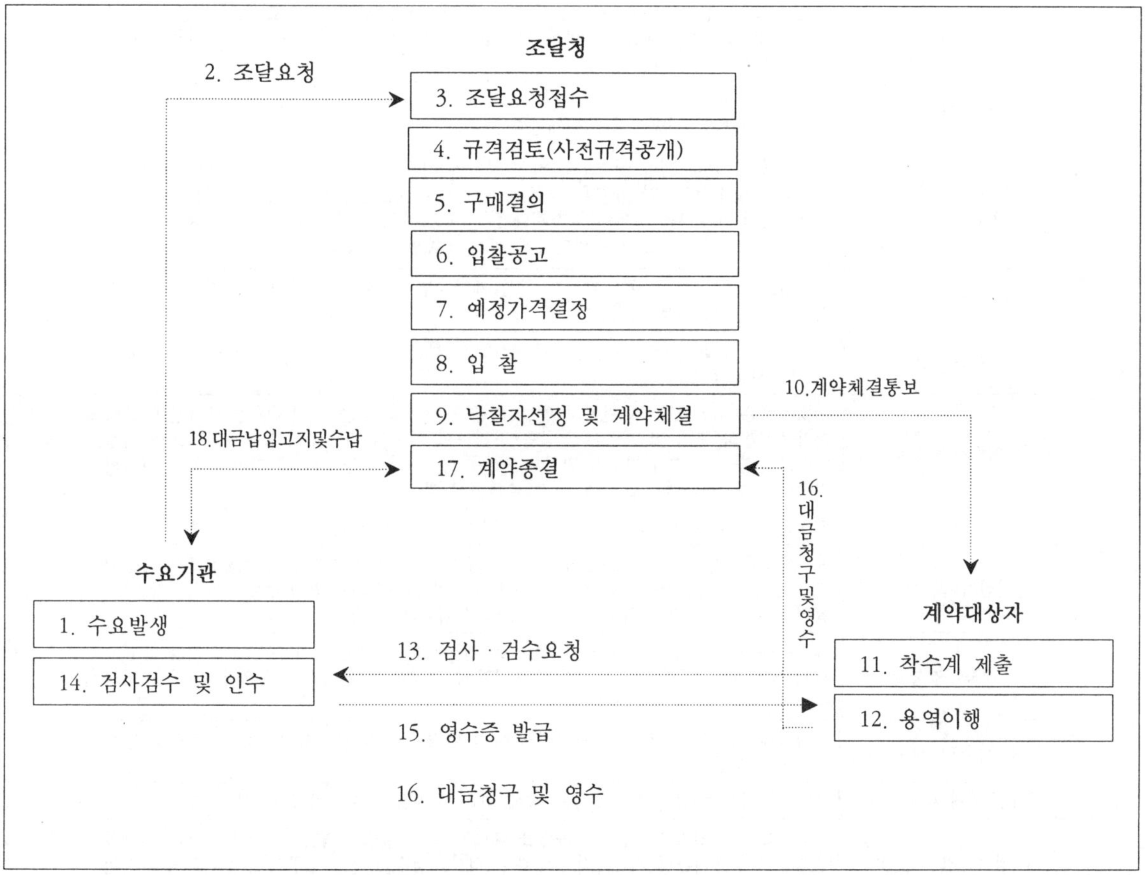

(자료출처 : 조달청용역 발주절차자료)

[그림 10-1] 조달청 시설관리용역 발주체계

(2) 시설관리용역 발주단계별 처리절차

표준성이 있는 조달청의 시설관리용역 발주절차는 일반 기업소유 건물의 시설관리용역 발주에 표준이 되는 절차이므로 이를 소개하면 <표 10-3>과 같다.

시설관리실무자는 소속회사의 발주사정에 따라 이를 업무에 참고할 때 가감하여 인용하는 것이 시설관리 실무에 도움이 될 것으로 판단된다.

〈표 10-3〉 시설관리용역 발주단계별 업무처리절차

1. 수요발생	수요발생은 수요기관의 사업목적에 필요한 물품 및 용역에 따른 것이며, 해당 예산을 확보함으로써 발생한다.
2. 조달요청	수요기관의 장은 수요물자를 필요할 때는 품명, 규격, 납기, 특수조건 및 추산가격, 배정예산 및 물품수급 관리계획 반영여부 등을 기재하여 나라장터 시스템을 이용하여 조달요청한다.
3. 조달요청 접수	조달요청서는 본청 및 수요기관을 관할하는 지방청에서 접수하여 접수와 동시에 홈페이지에 게재하여 일반인에게 공개한다.
4. 규격검토 (사전규격공개)	용역구매는 일반경쟁을 원칙으로 하여 국가에 가장 유리한 구매가 가능하도록 규격을 검토하여 일정기간동안 규격을 사전 공개하고 이해당사자의 의견을 청취한다. 그러나 수요기관이 요청하는 용역이 국가계약법 시행령 제26조 각호에 해당하는 경우에는 규격을 사전 공개하지 않고 수의계약에 의거 구매할 수 있다.
5. 구매결의	규격검토가 끝난 요청서는 가장 적합한 계약방법, 낙찰자선정방식, 입찰일시 등을 결정하여 구매결의서를 작성한다.
6. 입찰공고	경쟁입찰방법에 의하여 낙찰자를 결정하고자 하는 경우에는 나라장터(G2B)를 이용하여 공고하여야 한다.
7. 예정가격결정	예정가격은 계약담당공무원이 구매를 위한 경쟁입찰 또는 수의시담을 하기전에 당해 계약목적물의 특성 및 계약여건 등을 고려하여 예산의 범위내에서 구매가격으로 적정하다고 판단하여 정한 가격을 말하며 동 가격은 입찰 또는 시담에 의한 낙찰자 선정의 기준이 되며 계약체결에 대한 최고 금액이 된다.
8. 입찰	입찰은 입찰공고에 명기된 입찰시간과 장소에서 실시한다.
9. 낙찰자선정 및 계약체결	계약체결은 권리, 의무변동(발생, 변경, 소멸)의 효과가 발생하는 법률행위로서 경쟁입찰은 입찰 후 낙찰예정자로 선정된 자와 수의계약은 수의계약 대상자와 계약서에 상호날인(전자계약인 경우 상호인증)함으로써 성립한다.
10. 계약체결통보	계약서에는 인지세법에 의한 인지세액을 합산하여 과세문서(계약서)에 인지를 붙임으로써 납부케하고 계약당사자 및 수요기관에 송부한다.(전자계약인 경우 인지세 미징수)
11. 착수계 제출	계약상대자는 일반용역을 착수시에는 관련 법령에서 정한 서류 및 착수신고서를 발주기관에 제출한다.
12. 용역 이행	계약상대자는 계약문서에 정하는 바에 따라 용역을 착수 · 이행하여야 한다.
13. 검사 · 검수 요청	계약상대자는 일반용역을 완성하였을 때에는 그 사실을 서면으로 계약담당공무원에게 통지하고 수요기관에 계약목적물에 대한 검사 · 검수 요청을 납품일까지 서면으로 신청한다.
14. 검사 · 검수 및 인수	"검사"는 계약목적물이 관련법령에 의거 적합하고 구매규격대로 이행되었는지 여부를 검사공무원이 확인하는 것이며, "검수"는 검사에 합격된 계약목적물이 손상 또는 훼손품이 없고 납품서류상의 수량대로 납품되었는지 여부를 물품출납공무원이 확인하는 것을 말한다.

15. 영수증 발급	계약물품을 이상 없이 검사·검수한 후 수요기관은 물품납품 및 영수증을 발급하여, 계약조건에 따른 하자보수보증금 및 세금계산서 발행여부 등을 확인하여야 하며 기타 대금지급시 참고할 내용을 부기한다.
16. 대금청구 및 영수	수요기관에서 검사·검수가 완료되어 물품납품 및 영수증, 기타 제출서류를 첨부하여 계약자가 조달청에 대금청구를 하는 경우에는 제반기재 사항, 계약물품의규격 및 수량, 납품기한 대 실제 납품일, 하자보증금 적립여부, 계약자에게 지급될 금액에 관한 사항 등을 확인 후 대금을 청구한다. 다만, 수요기관 직불의 경우에는 해당 수요기관에서 대금청구와 관련된 업무를 처리한다.
17. 계약종결	납품서류 확인결과 하자가 없거나 보완이 완료된 경우에는 계약종결서류를 작성하고, 계약종결 및 분할납품이행 내용(수요기관 직불의 경우는 수요기관 통보내용)을 조달 EDI에 입력한다. 경영법무담당관은 해당 계약과에서 지급을 의뢰한 계약종결서류를 확인하고 계약자에게 지급(계좌입금)을 한다.

3. FM계약체결방법

(1) 조달청 시설관리 계약방법

일반기업소유 건물자산의 계약방식에는 A계약방식, B계약방식 그리고 C계약방식이 있었으나 이는 일반건물자산에 대한 용역업자, 용역비 정산을 기준으로 설정한 계약방식이나 조달청의 시설관리용역 발주방식은 경쟁여부를 기준으로 경쟁계약방식과 수의계약방식으로 분류하고 일정 용역금액이 초과되는 경우 반드시 일반경쟁계약방식을 취하고 있다.

조달청의 시설관리계약방식을 소개하면 <표 10-4>와, <표 10-5>와 같다.

〈표 10-4〉 시설관리경쟁계약방식

구 분	개 념	참가자격 및 기준
일반경쟁	- 불특정 다수의 입찰희망자를 경쟁입찰에 참가토록한 후 그 중에서 국가에 가장 유리한 조건을 제시한 자를 선정하여 계약을 체결하는 방법 - 입찰방식의 기본원칙	- 당해 입찰목적물의 제조·공급에 필요한 시설, 점포를 소유하고 있는 자 - 관련법령의 규정에 의한 면허, 허가, 인가 등록 등을 받은 자 ※ 조달청 입찰참가자격 등록
제한경쟁	- 계약의 목적, 성질 등에 비추어 필요한 경우 경쟁참가자의 자격을 일정한 기준에 의하여 제한하여 입찰케 하는 방법	- 고시금액(2.1억원) 미만의 용역에 대한 지역제 - 특수한 기술이 요구되는 용역계약의 경우 - 중소기업간 경쟁지정물품 - 재무상태 등에 의한 제한입찰
지명경쟁	- 기술력·신용 등에 있어서 적당하다고 인정하는 특정 다수의 경쟁입찰참가자를 지명하여 입찰케 하는 방법	- 계약의 성질·목적에 비추어 특수한 기술 - 실적을 갖춘 자가 10인 이내인 경우 - 중소기업간 경쟁지정물품 - 수의계약에 의할 수 있는 경우

〈표 10-5〉 시설관리수의계약방식

구 분	개 념	참가자격 및 기준
수의계약	- 경쟁입찰에 부치지 않고 특정의 상대를 선정하여 그 자와 계약을 체결하는 것으로, 특수목적을 위하여 예외적으로 인정하는 경우	〈대상〉 - 천재지변, 긴급한 행사 등 경쟁에 부칠 여유가 없을 경우 - 비밀리에 할 필요가 있는 경우 - 특정인의 기술을 요하는 조사 · 설계 · 감리 · 특수 측량 · 훈련 · 시설관리 - 3천만원 미만인 용역 - 중소기업(협)조합과의 단체수의계약 〈참가자격〉 - 일반경쟁 참가자격과 동일함
재공고에 의한 수의계약	- 입찰에 부쳤으나 입찰자가 없거나 입찰자가 있어도 낙찰자가 없어 유찰이 되는 등 입찰의 목적을 달성하지 못하였을 경우 실시하는 계약	〈대상〉 - 입찰참가자는 물론 당해 입찰에 참가하지 않은 자로서 국가에 가장 유리한 가격을 제시한 자 〈참가자격〉 - 일반경쟁 참가저격과 동일함
단체수의계약	- 중소기업의 판로지원 및 육성을 위해 정부 등 공공기관이 중소기업협동조합과 수의계약을 통하여 물품을 구매하는 제도	〈대상〉 - 단체수의계약에 의하여 당해연도 우선 구매할 물품은 중소기업청장이 물품분류번호, 물품명, 계약대상 지역 및 해당 조합명을 명시하여 매 년 지정 〈참가자격〉 - 중소기업협동조합에 가입한 업체

(2) 시설관리용역입찰 낙찰자 결정방법

1) 적격심사제도

입찰자의 계약이행능력을 심사하여 일정수준 이상의 평점을 받은 우량업체를 낙찰자로 결정하는 제도로서 덤핑입찰에 의한 낙찰 예방, 계약이행의 신뢰성 확보, 업체의 경영합리화 및 품질 향상을 유도하기 위하여 적격심사제도를 적극 활용하고 있다.

2) 시설관리용역 계약절차

시설관리용역 계약절차는 다음의 [그림 10-2]와 같다.

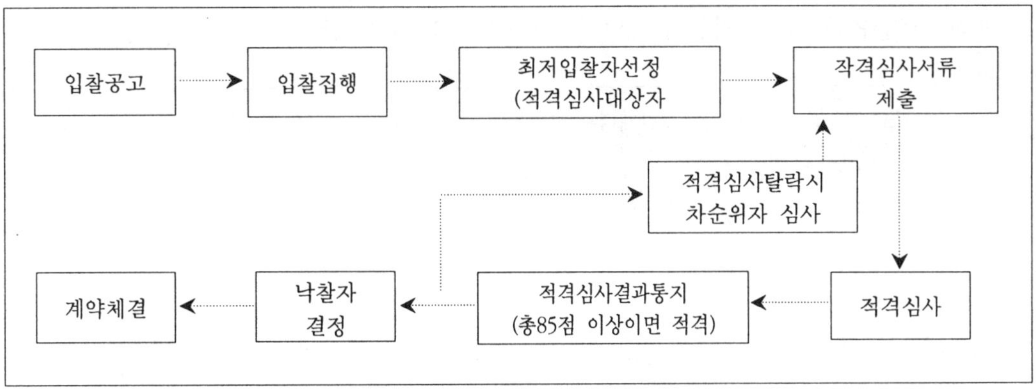

[그림 10-2] 시설관리용역 계약절차

3) 낙찰자 공급방법별 분류

공급방법별 분류와 내용은 <표 10-6>과 같다.

〈표 10-6〉 공급방법별 분류

구 분	개 념	참가자격 및 기준
총액계약	- 당해 계약목적물 전체에 대하여 총액으로 계약체결	- 수요빈도가 적고, 제시된 규격에 의하여 제조·납품하는 물품 및 용역
단가계약	- 제조, 수리, 공급, 사용 등 일정 기간동안 계약목적물의 안정적 공급을 가능하게 하기 위하여 단가에 대하여 계약을 체결	- 수요빈도가 많고, 정형화된 규격에 의하여 제조·공급되는 물품(철근, 시멘트, 레미콘, 아스콘 등 계약물량을 조정·통제할 필요가 있는 물품)
제3자 단가 계약	- 조달청에 계약자에게 납품 요구 - 계약방법의 특례로서 각 수요기관에서 공통적으로 사용하는 물자로 수요기관에서 직접 계약자에게 납품요구	- 행정사무자동화 기기, 우수제품 등 계약자 규격물품으로 제조·공급되는 물품(전자복사기, FAX 등)

4) 2단계 규격과 가격분리 입찰

2단계 경쟁 및 규격·가격분리 입찰은 물품의 제조·구매 또는 용역계약에 있어서 미리 적절한 규격 등의 작성이 곤란하거나 기타 계약의 특성상 필요하다고 인정되는 경우의 입찰방법으로서 입찰자가 제출한 제안서를 평가하여 적격자로서 최저가격으로 입찰한 자를 낙찰자로 결정하는 방법으로 일반건물의 시설관리용역 입찰에도 유용하게 활용될 수 있을 것으로 판단된다.

2단계 규격과 가격분리 입찰의 계약절차는 [그림 10-3]과 같다.

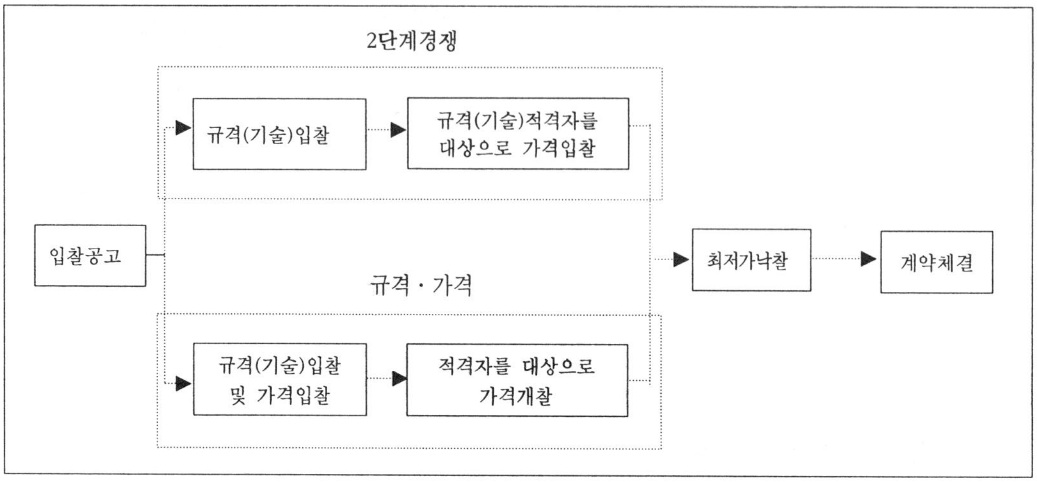

[그림 10-3] 2단계 규격과 가격분리 입찰계약절차

2단계 경쟁 입찰과 규격·가격분리 입찰의 차이점은 <표 10-7>과 같다.

〈표 10-7〉 2단계 경쟁과 규격·가격분리 입찰의 차이점

구 분	입찰 방식	입찰 유·무효	낙찰자 결정
2단계 경쟁 입찰	- 규격(기술)입찰을 먼저 실시, 적격자 선정 - 적격자를 대상으로 가격 입찰	- 각 단계별 2인 이상의 유효한 입찰	최저가 낙찰
규격·가격분리 입찰	- 규격(기술)입찰과 가격 입찰을 동시 실시 - 적격자를 대상으로 가격 개찰	- 규격과 가격입찰 2인 이상의 유효입찰 - 규격 적격자가 1인인 경우에도 가격개찰	최저가 낙찰

5) 협상 계약

용역사업을 수행함에 있어서 계약이행의 전문성·기술성·긴급성·공공시설물의 안전성 및 그 밖에 국가안보목적 등의 이유로 필요하다고 인정되는 경우에는 입찰참가자가 제시한 제안서와 입찰가격을 종합 평가하여 국가에 가장 유리하다고 인정되는 자와 협상절차를 통하여 계약을 체결하는 것으로 특히, 정보과학기술 등 집약도가 높은 지식을 활용하여 고부가가치를 창출하는 지식기반사업의 계약을 체결하는 경우에 협상에 의한 계약을 우선적으로 적용함이 타당하다.

협상계약 절차는 다음의 [그림 10-4]와 같다.

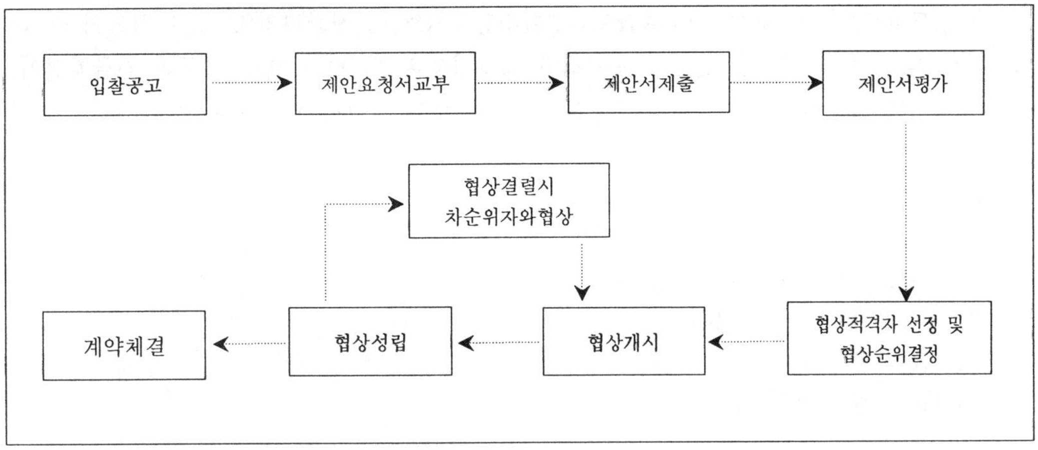

[그림 10-4] 협상계약 절차

제5절 FM 실무활동

1. FM 실무활동의 의의

FM 실무활동이라 함은 건물자산관리 6대 관리영역 중 기초관리영역으로서 환경관리영역과 위험관리영역, 법률관리영역과 행정관리영역의 지원을 받아 사용가치를 높여 최유효사용화함으로써 건물자산의 핵심관리 영역으로서 수익가치를 높여 최유효 수익화의 핵심목표를 자기고 있는 건물자산의 경제관리를 직접 지원하는 기술환경, 안전측면의 물적유지관리를 의미한다.

2. FM 실무활동의 영역과 주요 실무

FM 실무활동의 영역에는 기술관리영역, 환경관리영역, 안전관리영역 등이 있으며 주요 실무는 다음과 같은 업무가 있으나 구체적인 실무내용은 이 책의 해당 각론인 건물자산기술관리론, 건물자산환경관리론, 건물자산위험관리론 등을 참고하기 바란다.

(1) 기술관리영역 FM실무활동

1) 건축물유지관리 실무
2) 건축설비 O & M 실무
3) 기술작업관리 실무
4) 에너지관리 실무

(2) 환경관리영역 FM실무활동

1) 건물청소관리 실무
2) 건물위생관리 실무
3) 건물조경시설물관리 실무
4) 실내공기질관리 실무

(3) 안전관리영역 FM실무활동

1) 시설경비보안관리 실무
2) 건물방범관리 실무
3) 건물방화관리 실무

참고문헌

- 길동민, 《건물자산기술관리론》, 남두도서, 2006
- 김규식 외, 《건물기술관리론》, 평단문화사, 2001
- 김영진, 《부동산학총론》, 법론사, 1992
- 김원규 외, 《건물경영관리론》, 남두도서, 2004
- 김원규, 《부동산학개론》, 남두도서, 2008
- 김원규, 《사무관리》, 남두도서, 2000
- 김원규 외, 《건물관리행정론》, 평단문화사, 2001
- 김일효, 《건물자산관리학개론》, 남두도서, 2007
- 김일효, 《건물자산법률관리론》, 남두도서, 2006
- 김일효, 《건물관리학원론》, 평단문화사, 2001
- 김일효, 《건물자산위험관리론》, 남두도서, 2000
- 김재명, 《경영학원론》, 박영사, 2001
- 목진호, 《건물환경관리론》, 남두도서, 2004
- 문영기 외, 《공동주택관리론》, 법론사, 1999
- 방경식, 《부동산학개론》, 범론사, 1999
- 삼성에버랜드 기술아카데미, 《현장소장양성과정》, 삼성에버랜드, 2000
- 신쌍식, 《노동법해설 법률지식》, 청림출판, 2003
- 신창득 외(역), 《자산관리》, 부연사, 2005
- 신현길 외, 《밀레니엄회계원리》, 탐진, 2003
- 이래영, 《부동산투자론》, 삼영사, 2004
- 이창석, 《부동산관리론》, 신광문화사, 2001
- 최영길 외, 《환경과 인간》, 교학사, 1999
- 추암대, 《보험모집조직관리》, 보험감독원, 보험연수원, 1991
- 한국감정원, 《유형고정자산 내용연수표》, 1999
- 한국건축물관리교육원, 《건물관리소장양성과정(Ⅰ)》, 평단문화사, 2001
- 한국건축물관리교육원, 《건물관리소장양성과정(Ⅱ)》, 평단문화사, 2001
- 한국건축물관리교육원, 《건물관리소장양성과정(Ⅲ)》, 평단문화사, 2001
- 한국생산성본부, 《기업부동산 자산관리실무》, 2006

- 한국생산성본부, 《자산관리실무》, 2001
- 황재성 외, 《부동산세법》, 경록, 2003
- (사)한국위생관리협회, 《위생교육실무교재》, (사)한국위생관리협회, 2001
- (사)한국방역협회, 《소독업무종사자교재》, (사)한국방역협회, 1999
- (사)한국소방안전협회, 《방화관리자실무교본》, (사)한국소방안전협회, 2001
- (사)한국산업안전협회, 《관리감독자안전관리》, (사)한국산업안전협회, 1999

- 산업자원부(현, 지식경제부) 기술표준원, 〈시설관리서비스 표준화연구〉, 2005
- 구제삼, 〈옥상녹화가 건물자산관리에 미치는 영향에 관한 연구〉, 2005
- 건설교통부(현, 국토해양부), 한국건설교통기술평가원, 〈집합건축물의 유지관리 및 보수 기법개발연구보고서〉, 2006
- 김남규, 〈사무소건물 설비시스템의 통합적 성능개선 방법에 관한 연구〉, 2000
- 김일효, 〈건물자산관리제도 개선방안에 관한 연구〉, 2007
- 김일효, 〈FM직종별 적정인원 산정방안에 관한 연구〉, 2008
- 김일효, 〈건물유지관리 통합매뉴얼 개발연구〉, 2008
- 박태원, 〈건물유지관리에 관한 연구〉, 1998
- 이순모, 〈대형건물관리 개선방안에 관한 연구〉, 2006
- 정해근, 〈건물전산시스템의 활용방안에 관한 연구〉, 2005
- 최강진, 〈건물임대제도 개선방안에 관한 연구〉, 2005

찾아보기

ııı 저자 소개 ııı

■ 김 일 효

<학력 및 경력>

- 건국대학교 법정대학 법학과(법학사/법학전공)
- 건국대학교 행정대학원 부동산학과(행정학 석사/부동산경영 전공)
- 극동대학교 대학원(경영학 박사/빌딩경영 전공)
- 풍림산업(주) 사우디얀부 모빌홈 건축현장소장 및
  마카타이프 담수처리공장 신축공사현장소장 역임
- 풍림산업 사옥관리부장 역임
- 건국대학교 기성회장 역임
- 한국생산성본부 건물자산관리실무 강사 역임
- 전북과학대학 건물관리과 겸임교수 역임
- 한국표준협회 시설관리서비스 KS인증 강사(현)
- 지식경제부 기술표준원 시설관리서비스 KS인증심사원(현)
- 사단법인 한국건물관리학회 회장(현)
- 동원대학 부동산컨설팅과 건물자산관리학 교수 역임
- 극동대학교 대학원 건물자산관리학 외래교수(현)

<저서 및 논문>

- 《건물자산관리학총론》 (남두도서, 2009)
- 《건물자산경영관리론》 (남두도서, 2006)
- 《건물자산법률관리론》 (남두도서, 2006)
- 《건물자산위험관리론》 (남두도서, 2006)
- 《건물관리실무용어》 (남두도서, 2004)
- 《건물자산임대관리론》 (남두도서, 2009)
- 《교회건물관리론》 (남두도서, 2007)
- 《건물자산관리학개론》 (남두도서, 2007)
- 《건물자산환경관리론》 (남두도서, 2009)
- 《건물자산행정관리론》 (남두도서, 2010)
- 〈부동산 거래사고 예방대책에 관한 연구〉 (1979)
- 〈집합건물관리기본법의 문제점과 개선대책에 관한 연구〉 (2006)
- 〈건물자산관리제도 개선방안에 관한 연구〉 (2007)
- 〈FM 직종별 적정인원 산정방안에 관한 연구〉 (2008)
- 〈건물유지관리 통합매뉴얼 개발 연구〉 (2008)
- 〈대학시설물유지관리 평가모델 연구〉 (2010)

건물자산관리학총론

3판 2쇄 발행 2011년 3월 10일

저 자 김 일 효
발행인 남 승 우

발행처 남두도서

서울시 동작구 사당로9가길 6(사당동 220-43)
TEL : (02)595-1692~4
FAX : (02)595-1394
E-mail : namdoo6@unitel.co.kr

신고 : 5-76호 (1998. 11. 4)

정가 30,000 원

ISBN 978-89-5780-106-2 13320